● 中学数学拓展丛书

本册书是湖南省教育厅科研课题《教育数学的研究》（编号06C510）成果之七

数学应用展观

Shuxue Yingyong Zhanguan

第2版

沈文选　杨清桃　编著

哈爾濱工業大學出版社
HARBIN INSTITUTE OF TECHNOLOGY PRESS

内 容 简 介

本书共分为十三章,涉及整数、分数,平面几何,三角,函数,集合,不等式,数列,立体几何,平面解析几何的实际应用以及向量与复数,排列组合与概率统计,微积分,矩阵的初步应用.

本书可作为高等师范院校、教育学院、教师进修学院数学专业及国家级、省级中学数学骨干教师培训班的教材或教学参考书,是广大中学数学教师及数学爱好者的数学视野拓展读物.

图书在版编目(CIP)数据

数学应用展观/沈文选,杨清桃编著. —2 版. —哈尔滨:哈尔滨工业大学出版社,2018.1

ISBN 978-7-5603-6771-2

Ⅰ.数… Ⅱ.①沈… ②杨… Ⅲ.数学课-中学-教学参考资料 Ⅳ.①G633.603

中国版本图书馆 CIP 数据核字(2017)第 174108 号

策划编辑 刘培杰 张永芹
责任编辑 张永芹 杜莹雪
封面设计 孙茵艾
出版发行 哈尔滨工业大学出版社
社　　址 哈尔滨市南岗区复华四道街 10 号 邮编 150006
传　　真 0451-86414749
网　　址 http://hitpress.hit.edu.cn
印　　刷 哈尔滨市工大节能印刷厂
开　　本 787mm×1092mm 1/16 印张 25.5 字数 652 千字
版　　次 2008 年 1 月第 1 版 2018 年 1 月第 2 版
　　　　 2018 年 1 月第 1 次印刷
书　　号 ISBN 978-7-5603-6771-2
定　　价 68.00 元

序

我和沈文选教授有过合作,彼此相熟.不久前,他发来一套数学普及读物的丛书目录,包括数学眼光、数学思想、数学应用、数学模型、数学方法、数学史话等,洋洋大观.从论述的数学课题来看,该丛书的视角新颖,内容充实,思想深刻,在数学科普出版物中当属上乘之作.

阅读之余,忽然觉得公众对数学的认识很不相同,有些甚至是彼此矛盾的.例如:

一方面,数学是学校的主要基础课,从小学到高中,12 年都有数学;另一方面,许多名人在说"自己数学很差"的时候,似乎理直气壮,连脸也不红,好像在宣示:数学不好,照样出名.

一方面,说数学是科学的女王,"大哉数学之为用",数学无处不在,数学是人类文明的火车头;另一方面,许多学生说数学没用,一辈子也碰不到一个函数,解不了一个方程,连相声也在讽刺"一边向水池注水,一边放水"的算术题是瞎折腾.

一方面,说"数学好玩",数学具有和谐美、对称美、奇异美,歌颂数学家的"美丽的心灵";另一方面,许多人又说,数学枯燥、抽象、难学,看见数学就头疼.

数学,我怎样才能走近你,欣赏你,拥抱你?说起来也很简单,就是不要仅仅埋头做题,要多多品味数学的奥秘,理解数学的智慧,抛却过分的功利,当你把数学当作一种文化来看待的时候,数学就在你心中了.

我把学习数学比作登山,一步步地爬,很累,很苦.但是如果你能欣赏山林的风景,那么登山就是一种乐趣了.

登山有三种意境.

首先是初识阶段.走入山林,爬得微微出汗,坐拥山色风光.体会"明月松间照,清泉石上流"的意境.当你会做算术,会记账,能够应付日常生活中的数学的时候,你会享受数学给你带来的便捷,感受到好似饮用清泉那样的愉悦.

其次是理解阶段.爬到山腰,大汗淋漓,歇足小坐.环顾四周,云雾环绕,满目苍翠,心旷神怡.正如苏轼名句:"横看成岭侧成峰,远近高低各不同;不识庐山真面目,只缘身在此山中."数学理解到一定程度,你会感觉到数学的博大精深,数学思维的缜密周全,数学的简洁之美,使你对符号运算能够有爱不释手的感受.不过,理解了,还不能创造."采药山中去,云深不知处."对于数学的伟大,还莫测高深.

第三则是登顶阶段.攀岩涉水,越过艰难险阻,到达顶峰的时候,终于出现了"会当凌绝顶,一览众山小"的局面.这时,一切疲乏劳顿、危难困苦,全都抛到九霄云外."雄关漫道真如铁",欣赏数学之美,是需要代价的.当你破解了一道数学难题,"蓦然回首,那人却在,灯火阑珊处"的意境,是语言无法形容的快乐.

好了,说了这些,还是回到沈文选先生的丛书.如果你能静心阅读,它会帮助你一步步攀登数学的高山,领略数学的美景,最终登上数学的顶峰.于是劳顿着,但快乐着.

信手写来,权作为序.

张奠宙
2016 年 11 月 13 日
于沪上苏州河边

附　文

(沈文选先生编著的丛书,是一种对数学的欣赏.因此,再次想起数学思想往往和文学意境相通,2007 年年初曾在《文汇报》发表一短文,附录于此,算是一种呼应.)

数学和诗词的意境

张奠宙

数学和诗词,历来有许多可供谈助的材料.例如:

一去二三里,烟村四五家.
亭台六七座,八九十枝花.

把十个数字嵌进诗里,读来朗朗上口.郑板桥也有题为《咏雪》的诗云:

一片二片三四片,五六七八九十片.
千片万片无数片,飞入梅花总不见.

诗句抒发了诗人对漫天雪舞的感受.不过,以上两诗中尽管嵌入了数字,却实在和数学没有什么关系.

数学和诗词的内在联系,在于意境.李白《送孟浩然之广陵》诗云:

故人西辞黄鹤楼,烟花三月下扬州.
孤帆远影碧空尽,唯见长江天际流.

数学名家徐利治先生在讲极限的时候，总要引用"孤帆远影碧空尽"这一句，让大家体会一个变量趋向于0的动态意境，煞是传神.

近日与友人谈几何，不禁联想到初唐诗人陈子昂《登幽州台歌》中的名句：

前不见古人，后不见来者.

念天地之悠悠，独怆然而涕下.

一般的语文解释说：上两句俯仰古今，写出时间绵长；第三句登楼眺望，写出空间辽阔；在广阔无垠的背景中，第四句描绘了诗人孤单寂寞、悲哀苦闷的情绪，两相映照，分外动人.然而，从数学上看来，这是一首阐发时间和空间感知的佳句.前两句表示时间可以看成是一条直线(一维空间).陈老先生以自己为原点，前不见古人指时间可以延伸到负无穷大，后不见来者则意味着未来的时间是正无穷大.后两句则描写三维的现实空间：天是平面，地是平面，悠悠地张成三维的立体几何环境.全诗将时间和空间放在一起思考，感到自然之伟大，产生了敬畏之心，以至怆然涕下.这样的意境，数学家和文学家是可以彼此相通的.进一步说，爱因斯坦的四维时空学说，也能和此诗的意境相衔接.

贵州省六盘水师专的杨老师告诉我他的一则经验.他在微积分教学中讲到无界变量时，用了宋朝叶绍翁《游园不值》中的诗句：

春色满园关不住，一枝红杏出墙来.

学生每每会意而笑.实际上，无界变量是说，无论你设置怎样大的正数M，变量总要超出你的范围，即有一个变量的绝对值会超过M.于是，M可以比喻成无论怎样大的园子，变量相当于红杏，结果是总有一枝红杏越出园子的范围.诗的比喻如此恰切，其意境把枯燥的数学语言形象化了.

数学研究和学习需要解题，而解题过程需要反复思索，终于在某一时刻出现顿悟.例如，做一道几何题，百思不得其解，突然添了一条辅助线，问题豁然开朗，欣喜万分.这样的意境，想起了王国维用辛弃疾的词来描述的意境："众里寻它千百度，蓦然回首，那人却在，灯火阑珊处."一个学生，如果没有经历过这样的意境，数学大概是学不好的.

◎前言

音乐能激发或抚慰情怀，绘画使人赏心悦目，诗歌能动人心弦，哲学使人获得智慧，科技可以改善物质生活，但数学却能提供以上的一切.

——Klein

任何一门数学分支，不管它如何抽象，总有一天会在现实的现象中找到应用.

——Lobachevsky

数学是有用的，如果谁想理解自然并利用它的能量，那他甚至不能离开数学.

——A. Renyi

数学甚至在其最纯的与最抽象的状态下，也不与生活相分离. 它恰恰是掌握生活问题的理想方式，这正如同雕刻把人的体形理想化，或者如同诗和画，分别把形象与景物理想化一样.

——C. J. Keyser

人们喜爱音乐，因为它不仅有神奇的乐谱，而且有悦耳的优美旋律！

人们喜爱画卷,因为它不仅描绘出自然界的壮丽,而且可以描绘人间美景!

人们喜爱诗歌,因为它不仅是字词的巧妙组合,而且有抒发情怀的韵律!

人们喜爱哲学,因为它不仅是自然科学与社会科学的浓缩,而且使人更加聪明!

人们喜爱科技,因为它不仅是一个伟大的使者或桥梁,而且是现代物质文明的标志!

而数学之为德,数学之为用,难以用旋律、美景、韵律、聪明、标志等词语来表达!

你看,不是吗?

数学精神,科学与人文融合的精神,它是一种理性精神!一种求简、求统、求实、求美的精神!数学精神似一座光辉的灯塔,指引数学发展的航向!数学精神似雨露阳光,滋润人们的心田!

数学眼光,使我们看到世间万物充满着带有数学印记的奇妙的科学规律,看到各类书籍和文章的字里行间有着数学的踪迹,使我们看到满眼绚丽多彩的数学洞天!

数学思想,使我们领悟到数学是用字母和符号谱写的美妙乐曲,充满着和谐的旋律,让人难以忘怀,难以割舍!让我们在思疑中启悟,在思辨中省悟,在体验中领悟!

数学方法,人类智慧的结晶,它是人类的思想武器!它像画卷一样描绘着各学科的异草奇葩般的景象,令人目不暇接!它的源头又是那样的寻常!

数学解题,人类学习与掌握数学的主要活动,它是数学活动的一个兴奋中心!数学解题理论博大精深,提高其理论水平是永远的话题!

数学技能,在数学知识的学习过程中逐步形成并发展的一种大脑操作方式,它是一种智慧!它是数学能力的一种标志!操控数学技能是追求的一种基础性目标!

数学应用,给我们展示出了数学的神通广大,在各个领域与角落闪烁着人类智慧的火花!

数学建模,呈现出了人类文明亮丽的风景!特别是那呈现出的抽象彩虹——一个个精巧的数学模型,璀璨夺目,流光溢彩!

数学竞赛,许多青少年喜爱的一种活动.这种数学活动有着深远的教育价值!它是选拔和培养数学英才的重要方式之一.这种活动可以激励青少年对数学学习的兴趣,可以扩大他们的数学视野,促进创新意识的发展!数学竞赛中的专题培训内容展示了竞赛数学亮丽的风景!

数学测评,检验并促进数学学习效果的重要手段.测评数学的研究是教育数学研究中的一朵奇葩!测评数学的深入研究正期待着我们!

数学史话,充满了前辈们创造与再创造的诱人的心血机智,让我们可以从中汲取丰富的营养!

数学欣赏,对数学喜爱的情感的流淌.这是一种数学思维活动的崇高情表!数学欣赏,引起心灵感撼!真、善、美在欣赏中得到认同与升华!从数学欣赏中领略数学智慧的美妙!从数学欣赏走向数学鉴赏!从数学文化欣赏走向文化数学研究!

因此,我们可以说,你可以不信仰上帝,但不能不信仰数学.

从而,提高我国每一个公民的数学文化水平及数学素养,是提高我国各个民族整体素质的重要组成部分,这也是数学基础教育中的重要目标.为此,笔者构思了这套丛书.

这套丛书是笔者学习张景中院士的教育数学思想:对一些数学素材和数学研究成果进行再创造并以此为指导思想来撰写的;是献给中学师生,期于为他们扩展数学视野、提高数学素养以响应张奠宙教授的倡议:建构符合时代需求的数学常识,享受充满数学智慧的精彩人生的书籍.

不积小流,无以成江河,不积跬步,无以至千里.没有积累便没有丰富的素材,没有整合创新便没有鲜明的特色.这套丛书的写作,是笔者在多年资料的收集、学习笔记的整理及笔者已发表的文章的修改并整合的基础上完成的.因此,每册书末都列出了尽可能多的参考文献,在此,衷心地感谢这些文献的作者.

这套丛书,作者试图以专题的形式,对中、小学中典型的数学问题进行广搜深掘来串联,并以此为线索来写作的.因而,形成了这十二册书.

这一本是《数学应用展观》.

数学无处不在,无处不用.人类生存的每时每刻都要和数学打交道,在生活中,在生产中,在社会生活的各个领域里,都在运用着数学的概念、法则和结论.

衣食住行,三万六千行,几乎没有一行不和数学有关.量体裁衣需要数学帮助计算用料、度量尺寸、画线落料、绘制图样;淘米下锅、量米计水和菜肴烹饪、调味辅料、营养成分、装盘图式等也离不开数学.

在科学技术各个领域,数学的应用自不待言.

精确科学,如力学、热学、电磁学、天文学、化学等,都需要数学的表述,用数学的符号、公式法则来表述这些学科的定律和规律.特别是宇宙航行的时代,人造地球卫星的上天,航天飞船的回返等高技术领域中,从宇宙速度的计算、火箭推力的计算、卫星形状的设计、卫星轨道的确定,无一不与高深的数学发生关系.时至今日的生物科学已是数学大显身手的重要领域,生物工程、遗传变异、生物优选、遗传基因、生物统计、生物医学、CT扫描的医疗设备等各个领域都广泛地应用着数学的丰硕成果.

数学在经济学研究中,在促进经济发展中发挥着极为重要的作用.每一个经济问题,都要涉及大量的数据.企业的管理、规划和质量分析以及生产过程控制等各方面要运用到数学中的规划论、控制论、泛函分析、微分方程等各方面的知识.因而有人说:“经济学如果没有数学将不是真正的经济学.”

数学在工程学研究中的作用也是不言而喻的.材料的选择与定量地预测其状态和性能、仪器的安装与测试、工程的设计与实施等各方面都离不开数学,甚至组织大规模战争的运筹方案也离不开数学.

数学在社会科学,如语言学、心理学、考古学中都有着广泛的应用,这也是有目共睹的.

综上可知,如果没有数学,全部现代科学、现代技术将成为不可能.因而,可以说,一切高技术都可归结为数学技术,现代化就是数学化.正因为如此,我国著名的数学家、数学教育家华罗庚教授早于1959年5月在《人民日报》上发表了《大哉数学之为用》,精彩地描述了数学的各种应用:宇宙之大、粒子之微、火箭之速、化工之巧、地球之变、生物之谜、日用之繁等各个方面无处不有数学的重要贡献.

注重数学的实际应用,也是中国数学中的优良传统.例如,我国最著名的数学典籍《九章算术》就是246个实际应用题的汇集.

加强数学应用教育,是数学教育的一个重要方面.这不仅是促进教育现代化的重要途径之一,也是激发学生学习数学的兴趣的根本措施.在我们的课堂内外增加一些有生活、生产、学习背景的应用问题,并通过学习这些实际应用范例逐步使学生领悟到怎样运用数学知识去分析、处理、解决一些实际问题，让学生在学数学中做数学，在做数学中学数学，这也将极大地提高学生的数学素养.

衷心感谢刘培杰数学工作室，感谢刘培杰老师、张永芹老师、杜莹雪老师等诸位老师，是他们的大力支持，精心编辑，使得本书以新的面目展现在读者面前！

衷心感谢我的同事邓汉元教授，我的朋友赵雄辉、欧阳新龙、黄仁寿，以及我的研究生们：羊明亮、吴仁芳、谢圣英、彭熹、谢立红、陈丽芳、谢美丽、陈淼君、孔璐璐、邹宇、谢罗庚、彭云飞等对我写作工作的大力协助，还要感谢我们的家人对我们写作的大力支持！

让我们展观数学应用！让我们在数学应用展观中有所收获吧！

沈文选　杨清桃

2017年3月于岳麓山下

目 录
CONTENTS

第一章　整数、分数知识的实际应用

第二章　平面几何知识的实际应用

目录 CONTENTS

第三章 三角知识的实际应用

第四章　函数知识的实际应用

第五章　集合知识的应用

第六章　不等式知识的实际应用

目　录
CONTENTS

目录 CONTENTS

第七章　数列知识的实际应用

第八章　立体几何知识的实际应用

第九章　平面解析几何知识的实际应用

第十章 向量与复数知识的初步应用

目 录
CONTENTS

目录 CONTENTS

第十一章　排列组合与概率统计知识的初步应用

第十二章　微积分知识的初步应用

第十三章　矩阵知识的初步应用

目 录
CONTENTS

第一章　整数、分数知识的实际应用

早在 2 000 多年前,人们就认识到数的重要性,中国古代哲学家老子在《道德经》中说:"道生一,一生二,二生三,三生万物". 古希腊毕达哥拉斯学派信奉"万物皆数",这个学派的思想家菲洛劳斯说得更加确定有力:"庞大、万能和完美无缺是数字的力量所在,它是人类生活的开始和主宰者,是一切事物的参与者,没有数字,一切都是混乱和黑暗的."

1.1　整数知识的应用

由于计算机技术的迅速普及,数字化时代也急驶而来. 数字化管理、数控设备、数字通信、数字电视等名称成了人们的日常用语. 下面,我们列举几个简单的例子来看看整数的广泛应用.

1.1.1 诗歌中的数字

数字入诗,别具韵味,情趣横溢,诗意盎然,给人以美的享受和隽永的印象.[24]

小学课本中有这样一首诗,巧妙地运用了一至十这 10 个数词,为我们描绘了一幅自然的乡村风景画:

一去二三里,烟村四五家.
亭台六七座,八九十枝花.

清代女诗人何佩玉擅长作数字诗,她写过一首诗,连用 10 个"一",勾画了一幅"深秋僧人晚归图":

一花一柳一鱼矶,一抹斜阳一鸟飞.
一山一水中一寺,一林黄叶一僧归.

骆宾王的一首诗以数词作对,利用数的抽象概念,让诗意大放异彩:

百年三万日,一别几千秋.
万行流别泪,九折切惊魂.

杜甫的一首以数词作对,让数字深化了时空的意境:

两个黄鹂鸣翠柳,一行白鹭上青天.
窗含西岭千秋雪,门泊东吴万里船.

李白的一首诗中有两句以数词作对,表现了高度的艺术夸张:

飞流直下三千尺,疑是银河落九天.

毛泽东主席的一首诗中两句以数词作对,表现了作者宏伟的气势:

坐地日行八万里,巡天遥看一千河.

1.1.2 证件编号中的数字

每一个人都有一系列证件,如出生证、学生证、毕业证、工作证、身份证等. 每一个证件都有一个编号,整数在编号中发挥了重要作用,下面我们来看身份证号码.

身份证号码先后曾有15位数字和18位数字两种. 它们的区别主要在两处:一处是先前15位数字的,出生年份的代码只用了公元纪年4个数字的后两个数字,如,只用61来表示1961年. 而后来18位数字的出生年份的代码则完整地使用公元纪年的4个数字. 之所以由两位数字改用完整的4位数字表示出生年份,这主要是因为“千年虫”的缘故,如1902年出生与2002年出生的,只用后两个数字02,就没法区分了;另一处是加了一个尾号检验码,18位的相对于15位的多出最后一位,有的人称这最后一位代码为识别码,也有人称其为校对码,还有人称其为校别码、特殊代码、X代码. 一般地,称其为校验码,这是因为作为尾号的校验码,是由号码编制单位按统一的公式计算出来的,共有11个数字,即0 ~ 9这10个数字再加上X,X是罗马数字,代表10. 可以利用电脑,只要输入规范的身份证号码的前17位数字,就可以随机生成最后一位的校验码,有人指出,为防止伪造,公安部门设立了最后一位校验码,也有人指出,校验码是为了防止输入时出错而设置的,它是由前17个数字通过某种运算模式算出来的结果. 在输入时,只要前17个数字中有一个输错,那就不可能等于最后这个校验码. 需注意,校验码采用ISO7064:1983,MOD11 - 2校验码系统.

可见,信息的呈现与隐匿并存,这是一种辩证的统一体. 如果说前17位数字算是明文的话,那么加上这最后一位校验码构成的18位数字就成为密文了,因为由前17位数字本体码产生第18位数字是一种加密处理. 因此,从先前的15位数码到后来的18位数码是一种进步,经过社会实践自然产生的必然结果,可能是出于社会公共秩序与公共安全的需要考虑的.

身份证号码的前6位表示地址码,我们称其为省、市、县代码或地区代码、行政区划代码. 例如,4301是湖南省长沙市的编码,430104指湖南省长沙市岳麓区. 又如,第5,6两位数码25指临澧县,00指开福区,24指常德市,等等. 再如,3501是福建省福州市的编码,512222指四川省开县. 行政区划代码,按GB/T2260的规定执行. 地址码的前两位数字码代表省(自治区、直辖市、特别行政区);第3,4两位数字码中01 ~ 20,51 ~ 70表示省直辖市,21 ~ 50表示地区(州、盟);第5,6两位数字码中,01 ~ 20表示市辖区或地辖区,21 ~ 80表示县(旗),81 ~ 99表示省直辖县级市.

地址码的编制说明,全国的省份,每个省份所辖的地、市,以及每个地、市所辖的县(市、旗、区)的数量均没有超过两位数.

地址码后的八位数字,即第7 ~ 14位数字(旧版的是六位数字,即第7 ~ 12位数字)表示出生日期码,同学们都能准确识读,如月份和日期不够两位的,则在其前分别用0占位,就可统一为两位数字,这是常识,如1967年3月15日出生的公民,其出生日期码,旧版是670315,新版是19670315. 出生日期码表示编码对象出生的年、月、日,按GB/T7408的规定执行,年、月、日代码之间不用分隔符.

校验码前的三位数字,即第15 ~ 17位数字(旧版的最后三位数字,即13 ~ 15位数字)表顺序码. 这些数码一般都能识读出,该顺序码可以识别性别,是单数(奇数)的表男性,是双数(偶数)的表女性. 我们在识读中还需注意,为防止两个人于同年同月同日同地出生,又是同性,地址码和出生日期码就都相同,无法区别,所以设置了三位数字,容纳量大了,可避免重复. 我们在识读时,顺序码102指的是在同一天内出生的第51个女婴. 即002指第一个出生的女婴,004指第二个,006指第三个,……. 又如,001指第一个出生的男婴,003指第二个,005指第三个,……. 还可进一步补充,顺序码指的是出生那一天第几个(出生)登记户口,001 表示所有当天出生的人口中,第一个申请身份证的男同胞,002 表示所有当天出生的人中,第一个申请身份证的妇女同胞.

在古希腊“万物皆数”的思想中,奇数可以用来表示男人,偶数可以用来表示女人. 中国古代的《周易》记有阴阳奇偶的说法,即奇数为阳,偶数为阴. 因为偶数是双数,具有再生现象. 可见这种思想观念一直延续和沿用至今.

根据我国的法律,未满 18 周岁的公民具有不完全刑事责任,而年满 18 周岁为完全刑事责任人,过去是“成人的身份证号码”制度,婴孩、儿童和少年都没有推行身份证制度. 而现在,自 2003 年开始,出生的婴儿,只要父母愿意,就可以代为申请身份证. 全国人大已通过的《身份证法》于 2004 年 1 月 1 日施行. 公民身份号码的编码对象是具有中华人民共和国国籍的公民. 公民身份号码是特征组合码,由 17 位数字本体码和 1 位数字校验码组成. 排列顺序从左至右依次为:6 位数字地址码,8 位数字出生日期码,3 位数字顺序码和 1 位数字校验码. 另有人提出,随着社会的发展和科技的进步,未来的身份证是否会增加血型、指纹或基因的信息?

1.1.3 车牌号码中的数字

随着科学技术的飞速发展,人们的生活水平在不断提高. 走在路上,看到川流不息的汽车就会想到:每辆汽车都有一个车牌号,这些车牌号有相同的吗? 对于不同地区的车辆,通常在车牌号码的最前面,加上一些特殊的汉字和字母加以区别. 例如,湖南省长沙市的车辆用“湘 A”表示. 除了这个地区性的标志外,原来只用 0 ~ 9 这 10 个阿拉伯数字表示车牌号码,最近几年,由于车辆的迅速增加,加之用户的需要,在车牌号码中,不仅使用阿拉伯数字,同时还夹杂着一些英文字母,一般用 2 个英文字母和 3 个阿拉伯数字组成,这是为什么呢? 下面我们来看看不夹杂英文字母的情形.

显然,这个城市一共可以提供 10^5 个不同的车牌号码,其中,各位数字都是奇数的有 5^5 个;各位数字都是偶数的也有 5^5 个. 在这 10^5 个车牌号码中,有些车牌号码中的 5 个数字均不相同,而有些车牌号码却含有若干个相同的数字. 具体说来,含有 2 个相同数字的车牌号码有 $C_{10}^1C_5^2A_9^3 = 50\,400$ 个,其中的 $C_{10}^1C_5^2$ 表示从 10 个数字中任取一个放在车牌号码的两个位置上(即含有 2 个相同的数字),A_9^3 表示 5 位车牌号码中另外 3 个位置可以从另外 9 个数字中任取 3 个进行排列;同理,含有 3 个相同数字的车牌号码有 $C_{10}^1C_5^3A_9^2 = 7\,200$ 个;含有 4 个相同数字的车牌号码有 $C_{10}^1C_5^4A_9^1 = 450$ 个;含有 5 个相同数字的车牌号码有 $C_{10}^1C_5^5A_9^0 = 10$ 个. 所以,含有相同数字的车牌号码的总个数为

$$m = C_{10}^1C_5^2A_9^3 + C_{10}^1C_5^3A_9^2 + C_{10}^1C_5^4A_9^1 + C_{10}^1C_5^5A_9^0 = 58\,060$$

由此可以看出,有相同数字的车牌号码并不新鲜,因为这样的车牌号码占到总数的一半以上. 其中,各位数字都相同的车牌号码也是有一定数量的. 事实上,在 10^5 个不同的车牌号码中,有 10 个车牌号码的各位数字都相同,可占所有车牌号码的万分之一. 这也说明了为什么要在牌号中夹杂两个英文字母.

1.1.4 书号、刊号中的数字

书号的全称是“中国标准书号”,也称“ISBN 号”,它由标识符 ISBN 和 13 位数字(分为 5 段)组成,在每一本书封底的定价旁边或条形码上,我们都能见到它的身影,它是图书的身

份证. 例如:本书第1版书号为 ISBN 978 - 7 - 5603 - 2638 - 2.

我们该如何识别一个书号的真假呢?下面介绍一个简单的方法.

书号的最后1位数字称为校验码,它是由13位数字书号的前12位数字采用模数10加权算法计算得到的,其功能就在于对书号的正确与否进行检验. 举例说明:

13 位数字书号	ISBN 978 - 7 - 5603 - 2638 - 2											
取前 12 位数字	9	7	8	7	5	6	0	3	2	6	3	8
每个数字分别同 1,3 相乘	1	3	1	3	1	3	1	3	1	3	1	3
乘得的积	9	21	8	21	5	18	0	9	2	18	3	24
12 个乘积的和	138											
和被 10 除所得的余数	8											
用 10 减去余数得出校验码	2											

需要提醒注意的是,2007年1月1日前国内出版的图书书号只有10位数字(分为4段,与13位数字的书号相比,少了"978"这一段),其检验码的算法有所不同,仍举例说明如下:

10 位数字书号	ISBN 7 - 5357 - 1735 - 7								
取前 9 位数字	7	5	3	5	7	1	7	3	5
每个数字分别同 10 ~ 2 中的某个数相乘	10	9	8	7	6	5	4	3	2
乘得的积	70	45	24	35	42	5	28	9	10
9 个乘积的和	268								
和被 11 除所得的余数	4								
用 11 减去余数得出校验码	7								

此书为作者于1996年在湖南科学技术出版社出版的《矩阵的初等应用》,该书修改后于2016年由哈尔滨工业大学出版社出版,名为《从 Cramer 法则谈起 —— 矩阵论漫谈》.

如果一本图书的书号的最后一位数字(即校验码)与我们用上述方法算出来的数字不符,那么这本图书一定是非法图书.

下面再来说说刊号及其真假的简单识别. 刊号的全称是"中国标准连续出版物号",它由"国际标准连续出版物号"(也称国际刊号 ISSN 号)和"国内统一连续出版号"(也称国内刊号,CN 号)两部分组成,例如,《数学通讯》的刊号为

$$\frac{\text{ISSN 0488 - 7395}}{\text{CN 42 - 1152/O1}}$$

其中 ISSN 0488 - 7395 就是国际刊号,CN 42 - 1152/O1 就是国内刊号,刊号的真假也有类似的简单识别方法.

8位数字的国际刊号的最后一位数字就是检验码,算法如下:

8 位数字国际刊号	ISSN 0488 - 7395						
取前 7 位数字	0	4	8	8	7	3	9
每个数字分别同 8 ~ 2 中的某个数相乘	8	7	6	5	4	3	2
乘得的积	0	28	48	40	28	9	18
7 个乘积的和	171						
和被 11 除所得的余数	6						
用 11 减去余数得出校验码	5						

如果一本期刊的国际刊号的最后一位数字(即校验码)与我们用上述方法算出来的数字不符,那么这本期刊一定是非法期刊.

1.1.5 小广告中的数字

节约型社会要求各行业尽可能节约资源,有回收价值的物品尽可能回收. 因此,许多啤酒店都贴有类似于下面的小广告:

> 好消息
>
> 空瓶换酒.
>
> 为方便顾客,3 个空啤酒瓶可换 1 瓶啤酒.
>
> 本店启

小明的爸爸喜欢喝啤酒,爸爸对小明说:"家中有 10 个空瓶,你算一算,能够换到几瓶酒?"

我们可能会不假思索地脱口而出:"能换 3 瓶酒". 因为这个问题太简单了,3 个空瓶换 1 瓶酒,9 个空瓶换 3 瓶酒,还剩 1 个空瓶就是了. 但如果回过头一想,这换回的 3 瓶酒喝完后,3 个空瓶又可换回 1 瓶酒,不就可以换回 4 瓶酒了吗?

小明开始也是这样想的,他还想到:按上面的方法,原先还剩 1 个空瓶,现在换了 2 次之后又有 1 个空瓶,若能借 1 个空瓶,就又可以换 1 瓶酒,喝完之后将空瓶还给人家,这样不就可以换到 5 瓶酒了吗?

爸爸对小明回答的可以换到 5 瓶酒的答案很满意. 但要求小明把道理讲得简单一些. 小明想了想,告诉爸爸:道理很简单,写出两个式子就行了:由 3 个空瓶 = 1 瓶酒 = 1 个空瓶 + 1 瓶的酒,得 2 个空瓶 = 1 瓶的酒. 因此,10 个空瓶的价值相当于不包括瓶的 5 瓶酒.

1.1.6 用数字描述生活现象

用数字可以描述生活中的各种现象,下面看看神奇数字"7".

"7"实在是个异常神秘的数字. 如果你看过圣经的旧约,那么你一定知道:上帝用七天造亚当,取出亚当的第七根肋骨造了夏娃. 撒旦的原身是有七个头的火龙,共有七名堕落天使被称为撒旦. 到 16 世纪后,基督教用撒旦的七个恶魔的形象来代表七种罪恶,也就是我们平常说的七宗罪,分别是傲慢、嫉妒、暴怒、懒惰、贪婪、饕餮以及贪欲. 相对于七宗罪,还有七德行,分别是谦卑、温纯、善施、贞洁、适度、热心及慷慨. 美国导演曾拍摄过一部电影《七宗罪》,在电影里,七罪、七罚、七次下雨、故事发生在七天,甚至结局也由罪犯定在第七天的下午七时,七无处不在.

本书中,后面还要介绍的将正方形分割成七块特殊的三角形、四边形,可以拼成许多形形色色的图案,提供了一种非常有趣的智力游戏玩具 —— 七巧板,这又离不开“七” 这个数字!

如果说这些还不算神奇的话,那么我们可以随便找一张纸,将它连续对折,我们会惊奇地发现无论纸有多大多薄,任何一张纸能够对折的次数最大限度为7次! 更为神奇的是,7个1组成的数字与自身相乘(1 111 111 × 1 111 111) 得出的数字竟然是1 234 567 654 321! 这些还不算,如果把7这个数字分开呢? 我们看1/7 = 0. 142 857 142 857 142 857 142 857…,当我们看到这个循环小数时,麻烦大了:142 857,这个据说是在金字塔中发现的世界上最神秘的数字.

除了以上这些,生活中还有很多与7 有关的东西,这到底是为什么呢?

20 世纪 80 年代初,研究者西蒙开始涉足人工智能这一领域的研究,力求使计算机能更像人那样进行“思考”,而不必去求助于效率欠佳的穷举法来求解. 他的这项研究,有不少重大的发现. 然而,最重要的发现却给了我们关于“7” 的谜的解答提供了线索. 西蒙和他的同事们通过对人如何善于处理大量新数据的研究发现,能保存在人们的短期记忆里而不至于被遗忘的数据,充其量也不过是六七项而已. 也就是说,多数人的短时记忆容量最多只有 7 个,超过了 7,就会发生遗忘,因此多数人都把记忆内容归在 7 个单位之内.

为什么一周要7天呢? 事实上,苏联就曾经把一周定为5天,可是因为种种不便而夭折. 为什么音阶是7个? 为什么PH中性是7? 为什么是七天造人,…… 或许上面的解释还不够有说服力,更多理性的答案还等着我们去探索.

1. 1. 7 公元(阳历) 年与干支(阴历) 年的换算

公元年又称为阳历年,纪年是从传说中的耶稣降生年算起. 干支年就是农历或阴历年,平年 12 个月,大月 30 天,小月 29 天,全年354 天或355 天,平均每年的天数比公元年约差11天,所以在 19 年里设置 7 个闰月(参见本书 1. 4. 3). 有闰月的年份为闰年,闰年全年 383 天或384 天. 纪年用天干地支(简称干支) 搭配,60 年周而复始. 天干的数目有 10 位,依次是:甲、乙、丙、丁、戊、己、庚、辛、壬、癸. 地支的数目有 12 位,依次是:子、丑、寅、卯、辰、巳、午、未、申、酉、戌、亥.[39]

由10个天干和12个地支,按照天干在前,地支在后的顺序搭配,而且规定奇数位天干与奇数位地支相搭配,偶数位天干与偶数位地支相搭配,依次排列为甲子、乙丑、丙寅 …… 共有60 种不同的搭配,以此来表示年的次序. 每年用1 个干支来表示,60 年一循环,因此叫“六十甲子”. 10 个天干和 12 个地支,按照天干在前,地支在后的顺序搭配为什么只有60 种不同的搭配,这是由于 10 与 12 的最小公倍数为 60,它们的不同的搭配有且只有 60 种.

公元年与干支年的换算:已知公元年,试求它对应的干支纪年. 由于公元 4 年是甲子年,所以公元年要比干支年的顺序大 3. 设某个公元年为 n,则它对应的干支年为 x. 由于天干位数十进位,所以它的天干位是 $n - 3$ 的末位;由于地支位按十二进位,所以它的地支位是$(n - 3) \div 12$ 的余数对应的位. 例如求 1937 年的干支年,由于 $1\,937 - 3 = 1\,934$ 的末位为 4,与天干的第 4 位“丁” 对应,故知该年的天干为丁;将 $1\,934 \div 12 = 161$,余 2,故对应地支为丑,二者搭配为丁丑年. 在此注意:1937 年对应的干支年不是从 1937 年元旦开始,而是从 1937

年2月11日(大年初一)开始.据统计干支年大年初一最早出现在1月21日,最晚在2月20日.

反之,已知干支纪年,试求它对应的公元年:由于干支纪年每隔60年一循环,所以已知干支纪年则它对应的公元年不是唯一的,而是一多对应.

下面列出60年干支表:

1. 甲子	11. 甲戌	21. 甲申	31. 甲午	41. 甲辰	51. 甲寅
2. 乙丑	12. 乙亥	22. 乙酉	32. 乙未	42. 乙巳	52. 乙卯
3. 丙寅	13. 丙子	23. 丙戌	33. 丙申	43. 丙午	53. 丙辰
4. 丁卯	14. 丁丑	24. 丁亥	34. 丁酉	44. 丁未	54. 丁巳
5. 戊辰	15. 戊寅	25. 戊子	35. 戊戌	45. 戊申	55. 戊午
6. 己巳	16. 己卯	26. 己丑	36. 己亥	46. 己酉	56. 己未
7. 庚午	17. 庚辰	27. 庚寅	37. 庚子	47. 庚戌	57. 庚申
8. 辛未	18. 辛巳	28. 辛卯	38. 辛丑	48. 辛亥	58. 辛酉
9. 壬申	19. 壬午	29. 壬辰	39. 壬寅	49. 壬子	59. 壬戌
10. 癸酉	20. 癸未	30. 癸巳	40. 癸卯	50. 癸丑	60. 癸亥

例如,已知辛酉年,求它对应的公元年.由上表看出辛酉排序58,由于公元年比干支年的顺序数大3,故公元1世纪(0 ~ 99)年,辛年对应公元年为$58+3=61$年;一般地,辛酉年对应公元年为$61+60k(k=1,2,3,\cdots,n,\cdots)$.如果要求辛酉年对应21世纪(2000 ~ 2099)的公元年,由公式$61+60k\geqslant 2\,000$,解不等式得$k\geqslant 32$.当$k=32$,得20世纪的辛酉年$61+60\times 32=1981$年.所以辛酉年对应21世纪的公元年为$1981+60=2041$年.

1.1.8 怎样推算任一天是星期几?

根据历法原理,公历年平年365天,闰年366天,且公元元年元月1日为星期一,从公元元年开始的某一年x都按平年计算,由于365天里有52个星期还多一天,公元元年到x年前一年共增加了$x-1$天;又由于每四年加一闰,每百年少一闰,每四百年又要加一闰,由此得$S=(x-1)+\left[\frac{x-1}{4}\right]-\left[\frac{x-1}{100}\right]+\left[\frac{x-1}{400}\right]+C$,这里$x$是公元的年数,$[a]$表示$a$的整数部分,$C$是从这一年的元旦算到这天为止(这一天包括在内)的天数,求出S后,用7除,如果恰能除尽,这一天就是星期日;若余数为$r(1\leqslant r\leqslant 6)$,这一天就是星期$r$.

1.2 分数知识的应用

在小学里就已经学到分数,有真分数、假分数、带分数.在以后又见过像下面形式的繁分数

$$1+\cfrac{1}{5+\cfrac{1}{3}},\cfrac{3}{2+\cfrac{1}{6}},\cdots$$

上述第一个繁分数中,分子位置上的数均为1,我们称这一类分数为简单连分数.

分数,特别是连分数,是数学中古老、奇妙而应用广泛的内容之一,在我国的数学史上也

占有光辉的一页.

1.2.1 钟表问题

钟表有如下特性：

(1)1 小时分针顺转 360° 角，时针顺转 30° 角，所以，每分钟分针顺转 6° 角，时针顺转 $(\frac{1}{2})°$ 角.

(2) 分针走12周，时针才走1周，它们的速度比是12∶1. 若把一周划成60等分格，每分钟分针走1格，而时针走$\frac{1}{12}$格.

(3) 分针、时针绕中心作同向圆周运动，若设分针每赶上时针 1 周需 x 分钟，那么由 $x-\frac{x}{12}=60$，可求得 $x=65\frac{5}{11}$(分).

(4) 把1周划成60等分格后，秒针每走1周，分针才走$\frac{1}{60}$周，而时针才走$\frac{1}{720}$周. 类似地，我们可以研究它们之间的速度比以及赶超的具体时间等.

由上可知，分数在描述与刻画时间中起到了十分准确的作用，例如，时钟在1点到4点这段时间里，时针与分针有几次成直角？它们分别是什么时刻？我们就可以根据上述特性进行描述与刻画. 从1点开始，当分针赶上时针20格(每周60格)时，两针第一次成直角. 设这时分针走了 x 格(亦即 x 分钟)，那么时针走了$\frac{x}{12}$格，应有 $x-\frac{x}{12}=20$，即 $x=21\frac{9}{11}$(分)，这时应是1点$21\frac{9}{11}$分，以后分针每赶上半周，即$65\frac{5}{11}\div 2$(格)，也即每过$32\frac{8}{11}$分钟时，又成一直角，每周可成两次直角. 所以1点到4点，分针与时针共6次成直角，相邻两次相差 $32\frac{8}{11}$ 分钟，这六次时刻应是1时$21\frac{9}{11}$分，1时$54\frac{6}{11}$分，2时$27\frac{3}{11}$分，3时，3时$32\frac{8}{11}$分，3时$5\frac{5}{11}$分.

下面再看两个实际应用问题.

例1 甲、乙两块表都不准，某天正午，甲、乙两表跟电台对了时. 第二天甲表12点时，乙表是 11 时 48 分，之后不久，乙表重跟电台报时对准，甲表还照原样走. 第三天，当乙表 12 点时，甲表是 12 时 18 分. 问甲、乙两表在一昼夜时间里分别走了多少时多少分？

解 由题意，在这段时间里，甲、乙两表走时情况如下图所示：

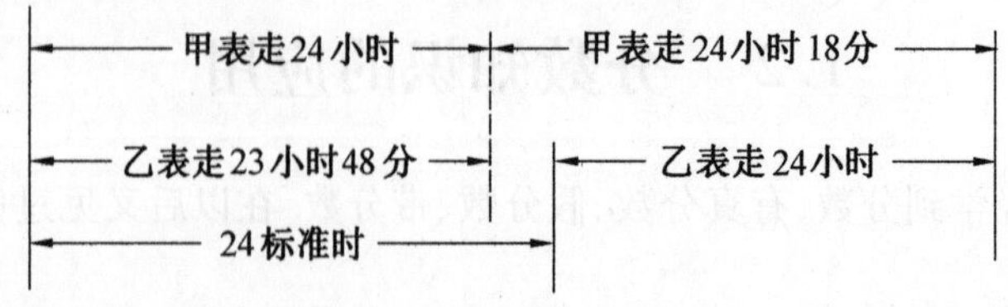

由此可知，如果在48小时18分中减去甲表在乙表走24小时这段时间的走时，则应是甲表一昼夜的走时. 设甲表一昼夜走 x 小时，由题设，甲表走 $48\frac{18}{60}-x$ 小时，乙表走24小时. 又甲表走24小时，乙表走 $23\frac{48}{60}$ 小时. 于是由前述特性(3)，有

$$\frac{48\frac{3}{10}-x}{24}=\frac{24}{23\frac{4}{5}}$$

求得 $x=24\frac{117}{1\,190}$(小时) = 24 时 $5\frac{107}{119}$ 分.

设乙表在一昼夜里走了 y 小时,但甲表一昼夜时间走 $24\frac{117}{1\,190}$ 小时,于是

$$\frac{24\frac{117}{1\,190}}{y}=\frac{24}{23\frac{4}{5}}$$

求得 $y=23\frac{1\,077}{1\,200}$(小时) = 23 时 $53\frac{51}{60}$ 分.

注:将 $\frac{117}{1\,190}$ 小时化为分是将分数乘以 60 得到.

例 2 英国作家盖伊·波斯比回忆录中的一则故事:1887 年 1 月 12 日清晨,英国伦敦河滨街一家码头的工作人员,上早班时发现,失窃了一大笔钱款. 同日夜间,水上警察局发现了守夜老头的尸体,经过法医鉴定,他是被谋杀后抛入泰晤士河的,在死者的衣袋里发现了一只走时十分精确的高级挂表,但已经停了,无疑表针所指示的时间是一个十分重要的线索. 可是有一个手脚笨拙的警察为了逗趣,他把挂表的指针拨了几圈 …… 后来侦探长问他是否还记得刚发现挂表时,表针所指的钟点,警察说,具体时间他没有看清,但有一点印象十分深刻,就是时针和分针正好重叠在一起,而秒针正好停在表面上一个斑点的地方. 侦探长听后,看了看挂表,表面上有斑点的地方是 49 秒. 他想了想,拿出一张纸做了一些简单的计算,确定了尸首被抛入河中的确切时刻,你能确切算出这一时刻吗?

解 由于午夜零点,三针合一,再根据钟表的特性(3),分针每追上时针一周得花费 $65\frac{5}{11}$ 分钟. 那么,分针与时针第一次再重合时,秒针走的"零头"秒是 $\frac{5}{11}\times 60$ 秒.

设零点后经 x 次重合,该表停止不走,按题意应有 $\frac{5\times 60}{11}\cdot x=49+60k$($x,k$ 均为整数),

求得 $x=\frac{660k+539}{300}=\frac{60k-61}{300}+2k+2\approx\frac{k-1}{5}+2k+2$.(注意此时 x 的误差是 $\frac{1}{300}$,从而时间的误差是 $\frac{1}{11}$ 秒.)当 k 取整数 $\cdots,0,1,6,11,\cdots$ 时,x 的值相应地取 $\cdots,0,4,15,26,\cdots$. 考虑到从 0 点到 12 点时针和分针有且仅有 11 次重合,其后又周而复始,所以在一天 24 小时中,只有两次(取 $x=4$ 或 15)符合题设条件,具体时间是 $4\times 65\frac{5}{11}=261\frac{9}{11}$(分) = 4 时 $21\frac{9}{11}$(分) ≈4 点 21 分 49 秒,$15\times 65\frac{5}{11}=16$ 时 $21\frac{9}{11}$(分) ≈ 16 点 21 分 49 秒. 又因案件发生在夜里,所以尸首被抛入河中的确切时刻是 4 点 21 分 49 秒.

1.2.2 叠砖问题

著名的意大利比萨斜塔,虽斜而至今不倒,其中的道理你一定知道吧! 物理学告诉我

们：把一个平底的物体放在水平面上，只要重心不落在它的底面之外，就不会倒. 何况，比萨斜塔还有深埋于土中的塔基呢！当然，如果它太斜了，终究还是要倒的.

著名数学家张景中先生由此便提出有趣的叠砖问题：请你用一些砖叠一座小斜塔，你能使它斜到什么程度呢？准确地说，你能使最上面一块砖的重心和最下面一块砖的重心的水平距离达到多远呢？

张先生告诉我们，这个有趣的问题可以运用分数研究它. 下面介绍他的研究方法与结论：首先假定这些砖是一模一样的，都是质量均匀的好砖. 是标准的长方体形状，长为1，高为h，宽为d，$0 < h < d < 1$. 现在像搭积木那样地摆斜塔. 为了简化问题，我们要求整个塔要夹在两张铅直平面之间，这两张平面的距离为d.

一开始，也许你这样摆：每块砖比下面的那一块伸出长度为a的那么一小段，n块砖可以伸出$(n-1)a$那么长，这个$(n-1)a$能够达到多大呢？

也许不出你所料，它不会太大，甚至还不到一砖之长.

此时，为了"斜塔"不倒，上面$n-1$块砖的重心不能落在最下面那块砖之外（图1.1），因而必须有

$$DC > BC$$

但$DC = \frac{1}{2}EF = \frac{1}{2}[1+(n-2)a]$，$BC=(n-1)a$，故

$$\frac{1}{2}[1+(n-2)a] > (n-1)a$$

即
$$(n-1)a < \frac{n-1}{n}$$

这就是说，这样均匀伸出的摆法，最多只能使上层比底层伸出$\frac{n-1}{n}$砖长，即不到一块砖长.

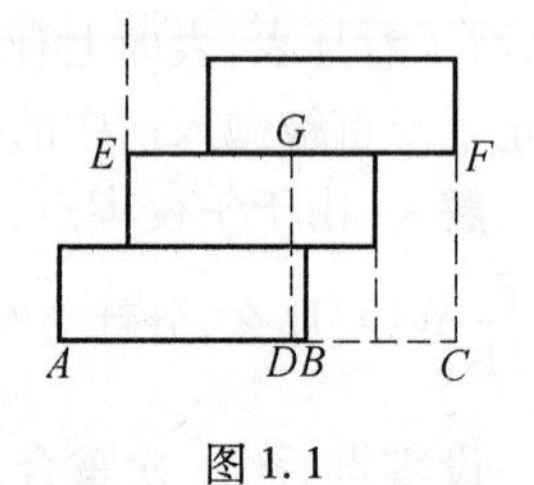

图1.1

如果允许每块砖伸出的长度各不相同，结论出人意料：只要砖足够多，伸出多么远都可以.

从最简单的情形开始，如果只有两块砖，显然最多只能伸出$\frac{1}{2}$，即上面一块长的一半. 但为了稳定，应当让它伸出得比$\frac{1}{2}$略少一点点. 但这样将使计算变得复杂一些. 所以我们可先将塔建起来，然后再让每层都减少一点点伸出量，最后变得稳定.

如果是三块砖，可以把上面摆好的两块砖再摆在另外那块砖上，这又只能伸出上面两块砖长的一半，即$\frac{1}{2}(1+\frac{1}{2})=\frac{3}{4}$. 此时，第二块砖可以比最下面的第一块砖伸出$\frac{1}{4}$长.

以此类推，如果有$n+1$块砖，第二块砖可以比最下面的第一块伸出$\frac{1}{2n}$.（这可运用数学归纳法证.）

于是，用$n+1$块砖建塔，总的最大伸出量为

$$S_n = \frac{1}{2}+\frac{1}{4}+\frac{1}{6}+\cdots+\frac{1}{2n} = \frac{1}{2}(1+\frac{1}{2}+\frac{1}{3}+\cdots+\frac{1}{n})$$

此时,我们要问,当砖很多时,即 $n+1$ 很大时,伸出量 S_n 是不是能要多大就有多大呢?

确实如此. 当 n 越大时 $\frac{1}{n}$ 越小,而且随 n 趋于无穷大时 $\frac{1}{n}$ 趋于 0,但加起来

$$1+\frac{1}{2}+\frac{1}{3}+\cdots+\frac{1}{n}$$

却可以比任何固定的数都大,事实上,由于

$$\frac{1}{3}+\frac{1}{4}>\frac{1}{4}+\frac{1}{4}=\frac{1}{2}$$

$$\frac{1}{5}+\frac{1}{6}+\frac{1}{7}+\frac{1}{8}>\frac{1}{8}+\frac{1}{8}+\frac{1}{8}+\frac{1}{8}=\frac{1}{2}$$

$$\frac{1}{9}+\frac{1}{10}+\cdots+\frac{1}{16}>8\cdot\frac{1}{16}=\frac{1}{2}$$

$$\vdots$$

$$\frac{1}{2^{n-1}+1}+\frac{1}{2^{n-1}+2}+\cdots+\frac{1}{2^{n-1}+2^{n-1}}>2^{n-1}\cdot\frac{1}{2^n}=\frac{1}{2}$$

从而

$$1+\frac{1}{2}+\frac{1}{3}+\cdots+\frac{1}{2^n}>1+\frac{n}{2}=\frac{n+2}{2}$$

故

$$1+\frac{1}{2}+\frac{1}{3}+\cdots+\frac{1}{m}>1+\frac{1}{2}+\frac{1}{2^2}+\cdots+\frac{1}{2^k}(k=[\log_2 m])>$$

$$\frac{k+2}{2}=\frac{[\log_2 m]+2}{2}$$

(其中 $[\log_2 m]$ 表示不超过 $\log_2 m$ 的最大整数,此处即为其正整数部分)这说明,数 $1+\frac{1}{2}+\cdots+\frac{1}{m}$ 要比 $\log_2\sqrt{m}$ 大.

例如,如果有 65 块砖,知 $\log_2\sqrt{65}>4$,便可使顶层比底层伸出 4 块砖长还要多.

1.3 繁分数(式)的应用问题

例 1 海滩上有一堆苹果,这是五只猴子的财产,它们要平均分配. 第一只猴子来了,它左等右等,别的猴子都不来,它便把苹果分成五堆,每堆一样多,还剩下一个,它把剩下的一个扔到海里,自己拿走了五堆中的一堆;第二只猴子来了,它把苹果分成五堆,又多了一个,它又扔掉了一个,拿了一堆走了,以后每只猴子来了,都是如此处理,问原来至少有多少个苹果? 最后至少有多少个苹果?

这是李政道教授 1979 年春访问中国科技大学和科大少年班与同学见面时,提出的一个趣题. 问题提出后,许多杂志提出了多种解法,有的运用线性方程组的通解理论,有的通过计算迭代函数,这些方法都要用到较深的数学知识. 我们根据题意特点,运用繁分数(式)表示猴子分苹果的运作过程,连初中生也能解.

解 设最初有 N 个苹果,最后剩下的苹果是 $4M$(即第五只猴子取 M 个),则第一只猴子取 $\frac{N-1}{5}$ 个后余 $\frac{4N-4}{5}$ 个,其余类推,可得

$$\cfrac{4\cdot\cfrac{4\cdot\cfrac{4\cdot\cfrac{\frac{4N-4}{5}-1}{5}-1}{5}-1}{5}-1}{5}=M$$

化简得

$$256N=3\ 125M+2\ 101$$

则

$$N=12M+8+\frac{53(M+1)}{256}$$

又53与256互质,则M的最小正整数为255,故$N=3\ 121$,$4M=1\ 020$.

因此原来至少有3 121个苹果,最后至少有1 020个苹果.

例2 一次运动会相继开了n天,共发出m枚奖牌.已知第一天上午发了1枚,下午发了剩下的$m-1$枚奖牌的$\frac{1}{7}$;第二天上午发了2枚,下午发了剩下奖牌的$\frac{1}{7}$枚;依此类推,最后在第n天上午发n枚奖牌,至此奖牌全部发完.试问这次运动会开了几天,共发了多少枚奖牌?

解 第一天发奖牌后剩下的奖牌数是$6\cdot\frac{m-1}{7}$,以此类推,可得

$$\cfrac{6\cdot\cfrac{6\cdot\cfrac{6\cdot\cfrac{6\cdot\frac{m-1}{7}-2}{7}-3}{7}-4}{\begin{matrix}7\\ \vdots\end{matrix}}-(n-1)}{7}-n=0$$

即

$$\left(\frac{6}{7}\right)^{n-1}(m-1)-\left(\frac{6}{7}\right)^{n-2}\cdot 2-\left(\frac{6}{7}\right)^{n-3}\cdot 3-\cdots-\frac{6}{7}(n-1)-n=0$$

则

$$m\left(\frac{6}{7}\right)^{n-1}=\left(\frac{6}{7}\right)^{n-1}+2\cdot\left(\frac{6}{7}\right)^{n-2}+3\cdot\left(\frac{6}{7}\right)^{n-3}+\cdots+\frac{6}{7}(n-1)+n \quad ①$$

把式①两边同乘以$\frac{6}{7}$,得

$$m\left(\frac{6}{7}\right)^{n}=\left(\frac{6}{7}\right)^{n}+2\cdot\left(\frac{6}{7}\right)^{n-1}+3\cdot\left(\frac{6}{7}\right)^{n-2}+\cdots+(n-1)\left(\frac{6}{7}\right)^{2}+n\cdot\frac{6}{7} \quad ②$$

由②-①得

$$-\frac{1}{7}m\cdot\left(\frac{6}{7}\right)^{n-1}=\left(\frac{6}{7}\right)^{n}+\left(\frac{6}{7}\right)^{n-1}+\cdots+\frac{6}{7}-n$$

化简得

$$m=\frac{7^{n}(n-6)}{6^{n-1}}+36$$

因为7与6互质,m,n为正整数,所以$\frac{n-6}{6^{n-1}}$需为整数,但当$n\geqslant 1$时有$|n-6|<6^{n-1}$,

唯有 $n-6=0$，即 $n=6$ 时，$m=36$.

故这次运动会共开了 6 天，此时 $m=36$.

1.4　连分数的应用问题

1.4.1 连分数与渐近分数

任何一个分数都可以展开为有限简单连分数. 例如

$$\frac{49}{94}=\frac{1}{\frac{94}{49}}=\frac{1}{1+\frac{45}{49}}=\frac{1}{1+\frac{1}{\frac{49}{45}}}=\frac{1}{1+\frac{1}{1+\frac{4}{45}}}=$$

$$\frac{1}{1+\frac{1}{1+\frac{1}{\frac{45}{4}}}}=\frac{1}{1+\frac{1}{1+\frac{1}{11+\frac{1}{4}}}}$$

这样不断地用辗转相除法，一直到余数为零，就把一个分数展开成有限简单连分数了. 一般地，把上式简单地表示为

$$\frac{49}{94}=0+\cfrac{1}{1+\cfrac{1}{1+\cfrac{1}{11+\cfrac{1}{4}}}} \qquad ①$$

（注意"+"的位置，从第 2 个加法开始都写低一层）或者记为

$$\frac{49}{94}=[0;1,1,11,4]$$

又如

$$\frac{67}{29}=2+\frac{1}{3+\frac{1}{4+\frac{1}{2}}}=[2;3,4,2]=$$

$$2+\frac{1}{3+\frac{1}{4+\frac{1}{1+\frac{1}{1}}}}=[2;3,4,1,1]$$

对于负分数，规定表示式中只允许第一个数字为负（即整数部分为负数，此后各数字为正）. 例如 $-\frac{37}{44}=-1+\frac{7}{44}=-1+\frac{1}{6+\frac{1}{3+\frac{1}{2}}}=[-1;6,3,2]=[-1;6,3,1,1]$.

一般地，我们所说的有限连分数，就是形如

$$a_1+\cfrac{b_1}{a_2+\cfrac{b_2}{a_3+\cfrac{b_3}{a_4+\cdots+\cfrac{b_{n-1}}{a_n}}}}$$

的分数. 当 $b_1=b_2=b_3=\cdots=b_{n-1}=1$ 时的连分数,我们叫作有限简单连分数. 有限简单连分数可方便记为

$$a_1+\cfrac{1}{a_2+\cfrac{1}{a_3+\cdots+\cfrac{1}{a_n}}}=[a_1;a_2,a_3,\cdots,a_n]$$

于是,我们有结论:任一有限简单连分数表示一个有理数. 反过来,任一有理数 $\frac{p}{q}$ 都可以表示为一个有限简单连分数,且表示式唯一(如果最后一位数码为 k,还可换写成 $k-1,1$).

如果在简单连分数的简单表示(例如式①)中,依次取式中的两个加号,三个加号,……而把后面的项略去,则可以得到该分数的一系列近似分数,又叫作渐近分数. 如在式①中,$\frac{49}{94}$ 的渐近分数为 $\frac{1}{2},\frac{12}{23},\frac{49}{94}$.

可以看出 $\frac{12}{23}$ 是最接近 $\frac{49}{94}$ 的近似值. 注意这里不是约分得到的,而是连分数展开的渐近分数. 当然,对于有限连分数来说,这样得出的最后一个分数就是它本身.

1.4.2 无理数展开为无限连分数

任何无理数都可以写成无限不循环小数,将过剩(或不足)近似小数写成分数便可展成连分数. 例如无理数 π,取得小数点第 10 位则为

$$\pi\approx 3.141\ 592\ 653\ 6=3\frac{1\ 415\ 926\ 536}{10\ 000\ 000\ 000}=$$

$$3+\cfrac{1}{7+\cfrac{1}{15+\cfrac{1}{1+\cfrac{1}{292+\cfrac{1}{1+\cfrac{1}{1+\cfrac{1}{1+\cfrac{1}{4+\cfrac{1}{1+\cfrac{1}{1+\cfrac{1}{1+\cfrac{1}{45+\cfrac{1}{1+\cfrac{1}{1+\cfrac{1}{8}}}}}}}}}}}}}}}=$$

$$[3;7,15,1,292,1,1,1,4,1,1,1,45,1,1,8]$$

故
$$\pi=[3;7,15,1,292,1,1,1,4,1,1,\cdots]$$

例1　数学中的“黄金分割”，可以归结为解一个一元二次方程：$x^2+x-1=0$. 试用连分数表示这一方程的正根.

如果应用一元二次方程的求根公式，可知上述方程的正根为 $x=\frac{1}{2}(\sqrt{5}-1)=0.618\ 033\ 988\ 7\cdots$，类似于上面的方法就可以把这个正根表示为连分数.

对于比例，我们也可以用如下方法表示为连分数：原方程可变形为 $x=\frac{1}{1+x}(x>0)$.

既然 $x=\frac{1}{1+x}$，当然可以把 $\frac{1}{1+x}$ 重复代入右端中的 x，即

$$x=\cfrac{1}{1+\cfrac{1}{1+x}}=\cfrac{1}{1+\cfrac{1}{1+\cfrac{1}{1+\cfrac{1}{1+\cdots}}}}=$$

$$0+\cfrac{1}{1+\cfrac{1}{1+\cfrac{1}{1+\cfrac{1}{1+\cfrac{1}{1+\cdots}}}}}=$$

$$[0;1,1,1,1,1,\cdots]=[0;\overline{1}]$$

(其中 $\overline{1}$ 表示1循环出现，下同) 于是，有 $\frac{1}{2}(\sqrt{5}-1)=[0;\overline{1}]$

例2　若 m 为自然数，则 $\sqrt{m^2+1}$ 为无理数，且

$$\sqrt{m^2+1}=[m;2m,2m,2m,\cdots]=[m;\overline{2m}] \qquad ②$$

证明　由一元二次方程 $x^2-m^2-1=0(m\in\mathbf{N})$，知 $x=\sqrt{m^2+1}$ 为一正的无理根. 事实上，设 $f(x)=x^2-m^2-1(m\in\mathbf{N})$，则 $f(m)=-1<0$，$f(m+1)=2m>0$，知 $f(x)$ 有一正根在 $(m,m+1)$ 内，而 $m<\sqrt{m^2+1}<m+1$，用反证法可证得 $\sqrt{m^2+1}$ 为无理数(略).

再由
$$x^2-m^2-1=0\Rightarrow(x-m)(x+m)=1\Rightarrow x=m+\frac{1}{m+x}$$

故
$$x=m+\cfrac{1}{2m+\cfrac{1}{m+x}}=\cdots=m+\cfrac{1}{2m+\cfrac{1}{2m+\cfrac{1}{2m+\cdots}}}=$$

$$[m;2m,2m,2m,\cdots]=[m;\overline{2m}]$$

类似于此例，我们可推导得：

若 $m\in\mathbf{N}$，则 $\sqrt{m^2+2}$ 为无理数，且

$$\sqrt{m^2+2}=[m;m,2m,m,2m,\cdots]=[m;\overline{m,2m}] \qquad ③$$

若 $m \in \mathbf{N}$,则$\frac{1}{2}(-m+\sqrt{m^2+4})$为无理数,且

$$\frac{1}{2}(-m+\sqrt{m^2+4})=[0;\overline{m}] \quad ④$$

若 $m \in \mathbf{N}$,则$\sqrt{\frac{1}{5}(5m^2+6m+2)}$为无理数,且

$$\sqrt{\frac{1}{5}(5m^2+6m+2)}=[m;1,1,1,1,2m,1,1,1,1,3m,\cdots] \quad ⑤$$

若 $m \in \mathbf{N}, n \in \mathbf{N}$ 或自然数减去$\frac{1}{2}$,则$\sqrt{m^2+\frac{m}{n}}$为无理数,且

$$\sqrt{m^2+\frac{m}{n}}=[m;\overline{2n,2m}] \quad ⑥$$

还可以列出一些:

对于式②,$m=1$ 时,有$\sqrt{2}=[1;\overline{2}]$;

对于式③,$m=1$ 时,有$\sqrt{3}=[1;\overline{1,2}]$;

对于式④,$m=1$ 时,有$\frac{1}{2}(\sqrt{5}-1)=[0;\overline{1}]$;

对于式⑤,$m=3$ 时,有 $\sqrt{13}=[3;1,1,1,1,6,1,1,1,1,9,\cdots]$;

对于式⑥,$m=1, n=2$ 时,有$\frac{\sqrt{6}}{2}=[1;\overline{4,2}]$.

将无理数展开成无限连分数后,如果再看看它的渐近分数,就可以更清楚地看到它的意义了.

例如,看看 π 的渐近分数:

第一个渐近分数是 $3+\frac{1}{7}=\frac{22}{7}$,这就是疏(约)率,它与 π 的误差是 0.001 264 5;

第二个渐近分数是 $3+\cfrac{1}{7+\cfrac{1}{15}}=\frac{333}{106}$,它与 π 的误差是 0.000 088 3;

第三个渐近分数是 $3+\cfrac{1}{7+\cfrac{1}{15+\cfrac{1}{1}}}=\frac{355}{113}$,这就是密率,它与 π 的误差是 0.000 000 3.

中国古代的数学家祖冲之(429—500 年)最早得到圆周率 π 为 $3.141\,592\,6<\pi<3.141\,592\,7$,他用$\frac{22}{7}$作为约率,用$\frac{355}{113}$作为密率均为 π 的连分数的两个渐近分数,这是数学史上的世界纪录,1 000 多年后,相继才有法国数学家韦达等人获得这些结论.

再看看"黄金分割"数$\frac{1}{2}(\sqrt{5}-1)$的渐近分数依次为:$\frac{0}{1},\frac{1}{1},\frac{1}{2},\frac{2}{3},\frac{3}{5},\frac{5}{8},\frac{8}{13},\frac{13}{21},\frac{21}{34},\frac{34}{55},\frac{55}{89},\frac{89}{144},\cdots$.

这一系列分数有如下的规律：后一个分数的分子是前一个分数的分母，后一个分数的分母是前一个分数的分母与分子之和. 这些数字就是著名的斐波那契(Fibonacci)数列$\{F_n\}$：$F_0=1, F_1=1, F_{n+1}=F_n+F_{n-1}, n\in \mathbf{N}_+$的各项，这类渐近分数多么奇妙！不仅如此，渐近分数还给出了用有理数逼近无理数(实数)的方法.

1.4.3 连分数在天文学中的应用

(1) 为什么四年一闰，而百年又少一闰？

大家都知道，每四年有一个闰年，平年是365天，闰年是366天(闰年的二月是29天). 如果某一年的公元数是4的倍数的话，这一年就是闰年. 例如1 996是4的倍数，所以是闰年. 不过也有例外，1 900是4的倍数，但是1900年并不是闰年，这是为什么呢？这必须从为什么要设置闰年谈起.

经过天文学家精密的测量，地球绕太阳一周的时间是365天5小时48分46秒 = 365.242 2天，因此真正的“一年”应是365.242 2天. 但是制定历法的时候，一年的天数总不能带“零头”，而把小数部分四舍五入，因此平年就规定为365天. 不过这样规定之后，每年就少了0.242 2天，为了消除这个缺陷，历法中就设置了闰年，规定每4年设一个闰年，这一年是366天，比平年多1天，以弥补平年的欠缺. 不过这样规定之后，平均每年多了$\frac{1}{4}=$ 0.25天，即平均每年是365.25天，比真正的“一年”又多了0.078天，不得已，制订历法的时候，又把某些闰年改回成平年，例如1900年，这年应该是闰年，但历法把它规定为平年. 也就是说，“逢百之年”，它的公元数必须是400的倍数，才规定为闰年，不然的话仍是平年，例如1600年是闰年，2000年是闰年，而1700年，1800年，1900年都不是闰年. 这样每400年就少了三个闰年，只有97个闰年. 为什么如此规定呢？为了说明其理由，还是让我们计算一下365.242 2的渐近分数吧

$$365+\frac{5}{24}+\frac{48}{24\times 60}+\frac{46}{24\times 60\times 60}=365\frac{10\ 463}{43\ 200}(\text{天})$$

将它展为连分数

$$365\frac{10\ 463}{43\ 200}=365+\cfrac{1}{4+\cfrac{1}{7+\cfrac{1}{1+\cfrac{1}{3+\cfrac{1}{5+\cfrac{1}{64}}}}}}$$

分数部分的渐近分数是

$$\frac{1}{4},\frac{7}{29},\frac{8}{33},\frac{31}{128},\frac{163}{673},\frac{10\ 463}{43\ 200}$$

这些渐近分数一个比一个精密地逼近$\frac{10\ 463}{43\ 200}$，这说明四年加1天是初步的最好的近似值，但29年加7天更精密些，33年加8天又更精密些，而99年加24天正是我们百年少一闰的由来，因$\frac{8}{33}=\frac{96}{396}$，而分母应是4的倍数，制订历法时取误差稍大一点的近似分数$\frac{96+1}{396+4}=\frac{97}{400}$，这

就是400年只有97个闰年的理由. 由数据也可知道,128年加31天更精密.

积少成多,如果过了43 200年,按照百年24闰的算法,一共加了$432 \times 24 = 10\ 368$(天),但是按照精密的计算,却应当加10 463天,这样一来,少加了95天,不过我们的历法除规定四年一闰,百年少一闰外,还规定每400年又加一闰,这就差不多补偿了少加的天数.

(2) 农历为什么有月大月小,闰年闰月?

农历的大月30天,小月29天是怎样安排的?

我们首先说明什么叫朔望月. 出现相同月面所间隔的时间称为朔望月. 也就是从满月(望)到下一个满月,从新月(朔)到下一个新月,从蛾眉月(弦)到下一个同样的蛾眉月所间隔的时间. 我们把朔望月取作农历月.

已经知道朔望月是29.530 6天,把小数部分展为连分数

$$0.530\ 6 = \frac{1}{1} + \cfrac{1}{1 + \cfrac{1}{7 + \cfrac{1}{1 + \cfrac{1}{2 + \cfrac{1}{33 + \cfrac{1}{1 + \cfrac{1}{2}}}}}}}$$

它的渐近分数是

$$\frac{1}{1}, \frac{1}{2}, \frac{8}{15}, \frac{9}{17}, \frac{26}{49}, \frac{867}{1\ 634}, \frac{893}{1\ 683}$$

这就是说,就一个月来说,最近似的是30天,两个月就应当一大一小,而15个月中应当8大7小,17个月中9大8小等,就49个月来说,前两个17个月里,都有9大8小,最后15个月里,有8大7小,这样在49个月中,就有26个大月.

下面再谈农历的闰月的算法. 地球绕太阳一周需365.242 2天,朔望月是29.530 6天,而它正是我们通用的农历月,因此一年中应该有

$$\frac{365.242\ 2}{29.530\ 6} \approx 12.37\cdots \approx 12\frac{10.875\ 0}{29.530\ 6}$$

个农历的月份,也就是多于12个月. 因此农历有些年是12个月,而有些年是13个月并称为闰年.

把0.37… 展成连分数

$$0.37\cdots = \cfrac{1}{2 + \cfrac{1}{1 + \cfrac{1}{2 + \cfrac{1}{2 + \cfrac{1}{1 + \cfrac{1}{3}}}}}}$$

它的渐近分数是

$$\frac{1}{2}, \frac{1}{3}, \frac{3}{8}, \frac{7}{19}, \frac{10}{27}$$

因此,两年一闰太多,三年一闰太少,八年三闰太多,十九年七闰太少. 如果算得更精密

些，由$\frac{10.875\ 0}{29.530\ 6}=\cfrac{1}{2+\cfrac{1}{1+\cfrac{1}{2+\cfrac{1}{1+\cfrac{1}{1+\cfrac{1}{16+\cfrac{1}{1+\cfrac{1}{5+\cfrac{1}{2+\cfrac{1}{6+\cfrac{1}{2+\cfrac{1}{2}}}}}}}}}}}}$，知其渐近分数为

$$\frac{1}{2},\frac{1}{3},\frac{3}{8},\frac{4}{11},\frac{7}{19},\frac{116}{315},\frac{123}{334},\frac{731}{1\ 935},\cdots$$

在此顺便指出，我们的祖先至迟在春秋时代就已经创造了“十九年七闰法”，相当完满地把历法建筑在科学的基础之上，远远走在世界各国的前列.

闰月到底应当放置在哪个月，主要依据农历的二十四节气，二十四节气在农村是家喻户晓的，农民常根据节气进行耕作. 一般每个月都有两个节气，在前面的一般称为“节气”，后面的称为“中气”，我们现在将“节气”和“中气”统称为节气. 下表列出了各月份(阳历)的节气和中气：

节气中气分布表

	二月	三月	四月	五月	六月	七月
节气	立春	惊蛰	清明	立夏	芒种	小暑
中气	雨水	春分	谷雨	小满	夏至	大暑
	八月	九月	十月	十一月	十二月	元月
节气	立秋	白露	寒露	立冬	大雪	小寒
中气	处暑	秋分	霜降	小雪	冬至	大寒

由于两个节气或两中气之间的平均天数为365. 242 2 ÷ 12 = 30. 436 85 天，而一个月的实际时间为29. 530 6 天，两者有接近一天的差额，那么二十四节气在农历中的日期将逐月推迟，这样有的农历月份的中气将落在月末，而下个月就没有中气了，因此农历上就将没有中气的月规定为闰月. 例如2009 年农历五月份的中气(夏至) 落在五月二十九日，则接下来这个月只有节气小暑而没有了中气大暑，因此我们将这个月作为闰五月，后面的月份从六月起顺延.

一般每过两年多就有一个没有中气的月，大家不妨翻开万年历利用我们今天所学的知识看看下一个闰年或闰月在哪一年呢？

(3) 日月食的周期是多少？

前面已经介绍过朔望月，现在再介绍交点月. 大家知道地球绕太阳转，月亮绕地球转. 地球的轨道在一个平面上，称为黄道面，而月亮的轨道并不在这个平面上，因此月亮的轨道和这黄道面有交点. 具体地说，月亮从地球轨道平面的这一侧穿到另一侧时有一个交点，再从

另一侧又穿回这一侧时又有一个交点,其中一个在地球轨道圈内,另一个在圈外,从圈内交点到圈外交点所需时间称为交点月.交点月约为27.212 3天.

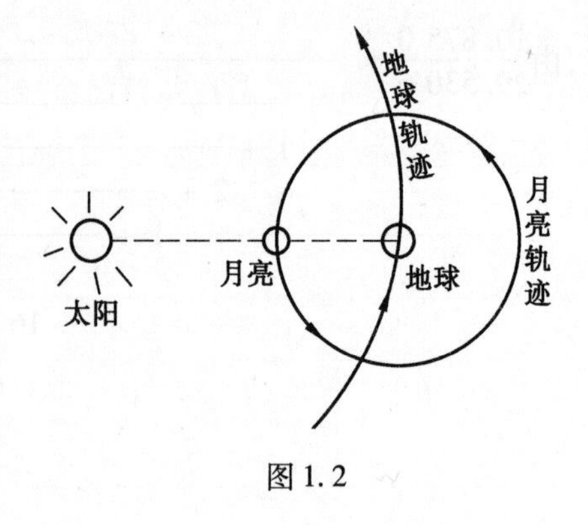

图 1.2

当太阳、月亮和地球的中心在一直线上,这时就发生日食(图 1.2)或月食(如果月亮在地球的另一侧).由于三点在一直线上,因此月亮一定在地球轨道平面上,也就是月亮在交点上;同时也是月亮全黑的时候,也就是朔.从这样的位置再回到同样的位置必须要满足两个条件:从一交点到同一交点(这和交点月有关);从朔到朔(这和朔望月有关).现在我们来求朔望月和交点月的比

$$\frac{29.530\,6}{27.212\,3}=1+\cfrac{1}{11+\cfrac{1}{1+\cfrac{1}{2+\cfrac{1}{1+\cfrac{1}{4+\cfrac{1}{2+\cfrac{1}{9+\cfrac{1}{1+\cfrac{1}{25+\cfrac{1}{2}}}}}}}}}}$$

它的前四个渐近分数为$\frac{12}{11},\frac{13}{12},\frac{38}{35},\frac{63}{58}$,而第五个渐近分数为 $1+\frac{1}{11}+\cfrac{1}{1+\cfrac{1}{2+\cfrac{1}{1+\frac{1}{4}}}}=$ $\frac{242}{223}$是符合前述条件的.

又注意到 $223\times 29.530\,6$ 天 $=6\,585$ 天 $=18$ 年 11 天.

这就是说,经过242个交点月或223个朔望月以后,太阳、月亮和地球又差不多回到原来的相对位置.应当注意的是不一定这三个天体的中心准在一直线上时才出现日食或月食,稍偏一些也会发生,因此在 18 年 11 天中会发生好多次日食和月食(约有 41 次日食和 29 次月食),虽然相邻两次日食(或月食)间隔时间并不是一个固定的数,但是经过18年11天以后,由于这三个天体又回到原来的相对位置,因此在这 18 年 11 天中日食、月食发生的规律又重复实现了,这个交食(日食、日食总称)的周期常称为沙罗(即重复)周期.求出了沙罗周期,就大大便于日食和月食的测定.

1.4.4 用连分数解指数方程

中学数学课本中习惯用对数解指数方程,大概是运算方便之故,若用连分数解指数方程,看起来烦琐,但给人以美的享受,是解指数方程的又一种方法,比用对数法求得的值更精

确些.举例如下:

例1　求指数方程 $2^x=6$.

解　由

$$2^x=6 \tag{⑦}$$

易知 $2<x<3$.

设 $x=2+\frac{1}{x'}$ 代入式⑦,则得

$$2^{2+\frac{1}{x'}}=6$$

即

$$2^2\times 2^{\frac{1}{x'}}=6$$

$$2^{\frac{1}{x'}}=\frac{3}{2}$$

则

$$\left(\frac{3}{2}\right)^{x'}=2 \tag{⑧}$$

由式⑧知 $1<x'<2$.

设 $x'=1+\frac{1}{x''}$,代入式⑧,则得

$$\left(\frac{3}{2}\right)^{1+\frac{1}{x''}}=2$$

化简得

$$\left(\frac{4}{3}\right)^{x''}=\frac{3}{2} \tag{⑨}$$

由式⑨知 $1<x''<2$.

设 $x''=1+\frac{1}{x'''}$,代入式⑨,得

$$\left(\frac{4}{3}\right)^{1+\frac{1}{x'''}}=\frac{3}{2}$$

即

$$\left(\frac{4}{3}\right)^{\frac{1}{x'''}}=\frac{9}{8}$$

$$\left(\frac{9}{8}\right)^{x'''}=\frac{4}{3} \tag{⑩}$$

由式⑩知 $2<x'''<3$.

设 $x'''=2+\frac{1}{x^{\mathrm{IV}}}$,代入式⑩,得

$$\left(\frac{9}{8}\right)^{2+\frac{1}{x^{\mathrm{IV}}}}=\frac{4}{3}$$

即

$$\left(\frac{256}{243}\right)^{x^{\mathrm{IV}}}=\frac{9}{8} \tag{⑪}$$

由式⑪知,$2<x^{\mathrm{IV}}<3$,则

$$x^{\mathrm{IV}} = 2 + \cdots$$

以 $2 + \cdots$ 代入 $x''' = 2 + \frac{1}{x^{\mathrm{IV}}}$ 中的 x^{IV}，得

$$x''' = 2 + \frac{1}{2 + \cdots}$$

以 $2 + \frac{1}{2 + \cdots}$ 代入 $x'' = 1 + \frac{1}{x'''}$ 中的 x'''，得

$$x'' = 1 + \cfrac{1}{2 + \cfrac{1}{2 + \cdots}}$$

以 $1 + \cfrac{1}{2 + \cfrac{1}{2 + \cdots}}$ 代入 $x' = 1 + \frac{1}{x''}$ 中的 x''，得

$$x' = 1 + \cfrac{1}{1 + \cfrac{1}{2 + \cfrac{1}{2 + \cdots}}}$$

再以 $1 + \cfrac{1}{1 + \cfrac{1}{2 + \cfrac{1}{2 + \cdots}}}$ 代入 $x = 2 + \frac{1}{x'}$ 中的 x'，得

$$x = 2 + \cfrac{1}{1 + \cfrac{1}{1 + \cfrac{1}{2 + \cfrac{1}{2 + \cdots}}}}$$

即为连分数，则 $x = 2\frac{7}{12} = 2.583\cdots$

若用对数的解法来求指数方程 $2^x = 6$，方程两边各取对数，得

$$\lg 2^x = \lg 6$$

即
$$x = \frac{\lg 6}{\lg 2} = \frac{0.778\ 151}{0.301\ 030} = 2.584\cdots$$

比较两法求得的值相差约 $\frac{1}{1\ 000}$.

1.4.5 连分数在优选法中的应用

优选方法的问题处处有、常常见，有时问题简单，易于解决，而不为人们所注意. 自从工艺过程日益繁复、质量要求精益求精，优选的问题也就提到日程上来了. 例如，一支粉笔多长最好？每支粉笔都要丢掉一定长度的粉笔头，单就这一点来说，愈长愈好，但太长了，使用起来既不方便，又容易折断，每断一次，必然多浪费一个粉笔头，反而不合适，因而就出现了“粉笔多长最合适”的问题，这就是一个优选问题. 诸如怎样选取合适的配方，合适的制作过程，使产品的质量最好？在质量的标准要求下，使产量最高成本尽可能最低，生产过程最快？已有的仪器怎样调试，使其性能最好等，这都是优选方法的用武之地.

优选方法的目的就在于减少实验次数，找到最优方案. 因大量的试验要花去大量的时间、精力和器材，而且有时还不一定是可能的. 特别是在限制试验次数的情况下，我们就需要优选方法了. 分数法（即把黄金分割数展成连分数后考虑其渐近分数的方法）是优选法中的一种重要方法.

例如，有一台车床，它有 12 档速度，现在要求不超过 6 次试验确定出生产或加工一个工件的最好的速度.

我们注意到"黄金分割"数

$$\frac{1}{2}(\sqrt{5}-1)=[0;1,1,1,1,\cdots]=[0;\dot{1}]$$

的渐近分数为$\frac{0}{1},\frac{1}{1},\frac{1}{2},\frac{2}{3},\frac{3}{5},\frac{8}{13},\cdots,\frac{F_n}{F_{n+1}},\cdots$，其中 F_n 是斐波那契数.

首先在第 8 档速度做第 1 个试验，然后用对称法，在第 5 档速度做第 2 个试验（这里的 8，5 是第 6 个渐近分数中的分母和分子），比比看哪个好. 如果 8 档好，便甩掉第 1 至 5 档，只考虑后面的 7 个档次，不然，则甩掉最后的 5 个档次，只考虑第 1 至 7 档. 不管怎样，都考虑 7 个档次.

不妨假定第 8 档的结果好些，再用对称法，在第 10 档做试验. 如果第 8 档还是好些，则又甩掉第 10 至 12 档，只考虑第 6 至 9 档. 再用对称法在第 7 档做试验，如果第 7 档好，便只考虑第 6，7 两档. 最后在第 6 档做实验，如果第 6 档较第 7 档好，则第 6 档是 12 档内最好的一档，我们就用第 6 档的速度进行生产或加工. 诸如此类有 9 至 12 种情形的问题，若限定做 5 次实验，均可这样处理.

类似地，如果对于有 145 至 232 种情形的问题，限定做 10 次实验，我们就考虑运用分数$\frac{89}{144}$；如果对一个有 90 至 143 种情形的问题限定做 9 次实验，我们就考虑运用分数$\frac{55}{89}$.

作为本节的结束语，我们小结一下连分数的三大奇妙之处.

连分数的内容我们并不陌生，它是一类特殊的繁分数. 它可分为有限连分数与无限连分数两类. 任何一个有理分数可以用有限连分数表示，无理数也可以用无限的连分数表示，当然有些数展开成连分数时相当复杂. 可以说，连分数既简单又繁杂，这是它的奇妙处之一.

连分数是古老的. 数学史上，6 世纪印度数学家爱雅哈塔在求一次不定方程时就已使用了连分数. 16 世纪意大利数学家柏利首先把连分数表示为近代数学的符号，一直沿用到现在. 17 世纪荷兰物理学家惠更斯，曾应用连分数于行星观测仪上的齿轮设计. 我国学者吕子方发现，早在前 104 年，记载于《汉书》上的《太阳历》，又称《三统历》，就已使用连分数了，这样，使得古老的连分数更加古老了.

连分数是古老的，也是年轻的，近代和现在许多著名的数学家都在连分数这个领域做过工作. 18 世纪的数学家欧拉，发现了自然对数的底 e 可以展为连分数. 19 世纪的数学家高斯、拉格朗日、拉普拉斯等，都对连分数的理论做出了贡献，群论的创立者，数学家伽罗瓦，生前发表的一篇数学论文，就是证明一项循环连分数的定理. 20 世纪伟大的数学家希尔伯特，喜欢研究连分数的一种推广，并曾准备以此为题目做他的博士论文，而希尔伯特的好友，相对论的几何解释者闵可夫斯基，在一篇长达 100 多页的数学报告中曾介绍了他对连分数方面的研究，可以说，连分数既古老而又年轻. 这就是连分数奇妙处之二.

数学的内容十分丰富,有的偏重于理论,有的偏重于应用. 而连分数在偏重于理论或偏重于应用的书籍中均占有一席之位. 连分数是数论中的一个重要内容,华罗庚教授的巨著《数论导引》中就专辟一章讲了连分数. 连分数除了天文历法的重要计算外,还有许多实际应用,优选法中的分数法,就是把$\frac{1}{2}(\sqrt{5}-1)$用连分数展开. 应用电子计算机时,特别是复杂函数的图形绘制和快速计算,更是大量用到连分数作近似计算. 因而连分数既有一套深奥的抽象理论,又有不少具体的实际应用,这可算是连分数奇妙处之三.

思考题

1. 一道俄罗斯古题:狮子1小时吃完1只羊,狼2小时吃完1只羊,熊3小时吃完1只羊. 问狮子、狼和熊一起吃,1小时吃几只羊? 吃1只羊需要多少时间?

2. 已知:挂钟比标准时间每小时慢2分钟;台钟比挂钟每小时快2分钟,闹钟比台钟每小时慢2分钟,手表比闹钟每小时要快2分钟. 试问:手表走时是否标准,若不标准,判断是快还是慢,快多少或慢多少? 为什么?

3. 下面连分数的值等于多少?

(1)$1+\cfrac{1}{2+\cfrac{1}{2+\cfrac{1}{2+\cfrac{1}{2+\cdots}}}}$;(2)$2+\cfrac{1}{2+\cfrac{1}{2+\cfrac{1}{2+\cfrac{1}{a}}}}$,其中$a$是方程$x^2-x-1=0$根.

4. 设$\cfrac{1}{1+\cfrac{1}{1+\cfrac{1}{1+\cdots+\cfrac{1}{1}}}}=\frac{m}{n}$,其中$m$和$n$是互质的正整数,而等式左边含1 998条分数线,试计算m^2+mn-n^2的值.

5. 试证:若m为自然数,则$\frac{1}{2}(\sqrt{m^2+4}-m)$为无理数,且$\frac{1}{2}(\sqrt{m^2+4}-m)=[0;\overline{m}]$.

6. 试证: 若m为自然数,n为自然数或自然数减$\frac{1}{2}$, 则$\sqrt{m^2+\frac{m}{n}}$为无理数, 且$\sqrt{m^2+\frac{m}{n}}=[m;\overline{2n,2m}]$.

7. 1959年苏联第一次发射了一个人造行星,报上说:某专家算出,五年后这个人造行星将接近地球,果真如此,但他又预计2113年又将非常接近地球,这是怎样算出来的?(人造行星绕太阳一周需450天,地球绕太阳一周按365.25天算.)

8. 在地球轨道和火星轨道最前接近处,并且与太阳、地球和火星差不多在一直线上的现象称为大冲,若火星绕太阳一周需687天,地球绕太阳一周按365.25天算,求大冲周期.

思考题参考解答

1. 可先考虑6小时(因在6小时里狮、狼和熊吃羊的只数都是整数)的情况:6小时狮子吃完6只羊,狼吃完3只羊,熊吃完2只羊,因此它们一起吃,6小时吃完11只羊,所以1小时吃$\frac{11}{6}$只羊，吃 1 只羊所需时间为$\frac{6}{11}$小时.

或者由 $1+\frac{1}{2}+\frac{1}{3}=\frac{11}{6}$(只)及 $1\div\frac{11}{6}=\frac{6}{11}$(小时)求得.

2. 标准时间走60分钟时，挂钟时间走58分钟. 因为台钟比挂钟每小时快2分钟，所以挂钟走60分钟，台钟走62分钟. 设当标准时间走60分钟时，即挂钟走58分钟. 台钟走x_1分钟，则$x_1=\frac{62\times 58}{60}$(分钟). 因为闹钟比台钟每小时慢 2 分钟，所以台钟走 60 分钟，闹钟走 58 分钟. 设当标准时间走60分钟，台钟走x_1分钟，闹钟走x_2分钟，则$x_2=\frac{58x_1}{60}=\frac{62\times 58^2}{60^2}$(分钟). 注意到手表比闹钟每小时快2分钟，所以闹钟走60分钟时，手表走62分钟. 设当标准时间走60分钟，闹钟走x_2分钟，手表走x_3分钟，则$x_3=\frac{62x_2}{60}=\frac{62^2\times 58^2}{60^3}\approx 59.867$(分钟). 故手表走时不准，走慢了，每小时慢 0.133 分钟，即大约慢 8 秒钟.

3. (1) 设$\cfrac{1}{2+\cfrac{1}{2+\cfrac{1}{2+\cdots}}}=y(y>0)$，则$\frac{1}{2+y}=y$. 因此$y^2+2y-1=0$，故$y_1=\sqrt{2}-1$(除去$-\sqrt{2}-1$)，从而原式的值等于$\sqrt{2}$.

(2) 由 $a^2-2a-1=0$，有 $a=2+\frac{1}{a}$，代入原式等于 a.

4. 设题目中含有 k 条分数线的繁分数的值为$\frac{m_k}{n_k}$，$(m_k,n_k)=1$(即 m_k 与 n_k 互质)，则$\frac{m_{k+1}}{n_{k+1}}=\cfrac{1}{1+\cfrac{m_k}{n_k}}=\frac{n_k}{m_k+n_k}$，即由$(m_k,n_k)=1$，知$(m_k+n_k,n_k)=1$，故知 $m_{k+1}=n_k$ 且 $n_{k+1}=m_k+n_k=n_k+n_{k-1}$ 或 $m_{k+2}=m_{k+1}+m_k$. 注意到$\frac{m_1}{n_1}=1$，$m_1=1$，$n_1=1$，将它与斐波那契数列 $F_1=1$，$F_2=1$，$F_{k+1}=F_k+F_{k-1}$ 比较知，$m_k=F_k$，$n_k=F_{k+1}$，于是 $m^2+mn-n^2=F_{1998}^2+F_{1998}F_{1999}-F_{1999}^2=F_{1998}^2+F_{1998}(F_{1998}+F_{1997})-(F_{1997}^2+2F_{1998}\cdot F_{1997}+F_{1998}^2)=-(F_{1997}^2+F_{1997}\cdot F_{1998}-F_{1998}^2)=F_{1996}^2+F_{1996}F_{1997}-F_{1997}^2=F_2^2+F_2F_3-F_3^2=1^2+1\times 2-2^2=-1$.

5. 设一元二次方程 $x^2+mx-1=0(m\in\mathbf{N})$，则可证 $x=\frac{1}{2}(\sqrt{m^2+4}-m)$ 为一正无理数. 事实上，令 $f(x)=x^2+mx-1(m\in\mathbf{N})$，则 $f(0)=-1<0$，$f(1)>0$，知 $f(x)$ 有一正根在(0,1)内. 又因为 $\sqrt{m^2+4}<m+2$，所以 $\frac{1}{2}(\sqrt{m^2+2}-m)<1$，且 $m<\sqrt{m^2+4}$，$\frac{1}{2}(\sqrt{m^2+4}-m)>0$，可由反证法证得$\frac{1}{2}(\sqrt{m^2+4}-m)$为一正无理数. 再由 $x^2+mx-1=0$，有 $x=\frac{1}{m+x}$，故 $x=\cfrac{1}{m+\cfrac{1}{m+x}}=\cdots=[0;\overline{m}]$.

6. 设$f(x)=x^2-m^2-\frac{m}{n}$($m\in\mathbf{N},n\in\mathbf{N}$或自然数减$\frac{1}{2}$)，则有$f(m)=-\frac{m}{n}<0$，$f(m+1)=2m+1-\frac{m}{n}$，当$n$为自然数时，$0<\frac{m}{n}\leqslant m$，则$f(m+1)\geqslant m+1>0$；当$n$为自然数减$\frac{1}{2}$时，$0<\frac{m}{n}\leqslant 2m$，则$f(m+1)\geqslant 1>0$，从而$f(x)$在$(m,m+1)$内有一正根，而$m<\sqrt{m^2+\frac{m}{n}}<m+1$，用反证法可证$\sqrt{m^2+\frac{m}{n}}$为无理数. 再令$x^2-m^2-\frac{m}{n}=0$，于是有$\frac{1}{(x-m)(x+m)}=\frac{n}{m}(x>0)$，$\frac{1}{x-m}-\frac{1}{x+m}=2n$，$\frac{1}{x-m}=2n+\frac{1}{x+m}$，$x=m+\cfrac{1}{2n+\cfrac{1}{m+x}}=m+\cfrac{1}{2n+\cfrac{1}{2m+\cfrac{1}{2n+\cdots}}}=[m;\overline{2n,2m}]$.

7. 由$\frac{450}{365.25}=\frac{1\ 800}{1\ 461}=1+\cfrac{1}{4+\cfrac{1}{3+\cfrac{1}{4+\cfrac{1}{2+\cfrac{1}{1+\cfrac{1}{2}}}}}}$可得其渐近分数为$1$，$1+\frac{1}{4}=\frac{5}{4}$，$1+\cfrac{1}{4+\cfrac{1}{3}}=\frac{16}{13}$，$1+\cfrac{1}{4+\cfrac{1}{3+\cfrac{1}{4}}}=\frac{69}{56}$，$1+\cfrac{1}{4+\cfrac{1}{3+\cfrac{1}{4+\cfrac{1}{2}}}}=\frac{154}{125}$，….

第一个渐近分数说明了地球绕太阳转5圈，人造行星绕太阳转4圈，即5年后人造行星和地球接近，但地球转16圈，人造行星转13圈更接近些，地球转69圈，人造行星转56圈还要接近些；而地球转154圈，人造行星转125圈又更接近些，这就是报上所登的苏联专家算出的数字了，这也就是在$1959+154=2113$年，人造行星将非常接近地球的道理.

当然，由于连分数还可以做下去，所以我们可以更精密地算下去，但是因为450天和365.25天这两个数字本身并不精确，所以再继续算下去也就没有太大的必要了.

8. 由$\frac{687}{365.25}=1+\cfrac{1}{1+\cfrac{1}{7+\cfrac{1}{2+\cfrac{1}{1+\cfrac{1}{1+\cfrac{1}{11}}}}}}$，考虑它的渐近分数$1+\cfrac{1}{1+\cfrac{1}{7}}=\frac{15}{8}$.

它说明地球绕太阳转15圈和火星绕太阳转8圈的时间差不多相等，也就是大约15年后火星、地球差不多回到原来的位置，即从前一次大冲到这一次大冲需间隔15年. 此即为大冲的周期（若取渐近分数$1+\frac{1}{1}=2$，说明两年多有一次冲，实际可推算得每2年50天就有一次冲）.

第二章　平面几何知识的实际应用

平面几何知识，作为我们对所生活的空间进行了解、描述和与之相互影响的一种工具，也许是数学中最为直观具体并与实际关系最为密切的部分.

2.1　我们生活在几何图形的世界里

我们生活的世界充满着千姿百态的形状，其中，既有大自然经过亿万年精雕细刻的得意杰作，也有千百年来人类智慧的结晶.

抬头不见低头见的三角形、四边形等多边形以及圆 —— 最简单的几种形状，不仅是大自然的宠儿，也是现代文明所离不开的. 这几种图形，弥散在我们周围世界的各个角落里，它们的行迹在整个宇宙中无处不在.

从日常生活到工农业生产，到处都可以找到几何原理的具体事例. 人们走路总要走直路，不走弯路. 因为两点之间以直线段距离为最短.

我们身边的书、练习本、黑板、房屋、门窗、桌子、坐凳、书架、床、衣柜等都是矩形的；农舍的房顶、房屋顶上的人字梁架、修建房屋的脚手架、支撑高压电线的铁塔架、很多广告牌的支架、火车硬卧铺的支架、房屋墙壁上放物品的支撑架等都是三角形的，窗户上的风钩，也是利用三角形稳定性原理制作的；门与窗的活动铁护栏的联结栓、活动门栅等都是菱形的；木(或竹)梯、台扇的底座、玻璃杯及提水桶的轴截面等都是梯形的；硬币、车轮、纽扣、碗、瓢、盆、杯、碟、缸、桶等都是圆形的，圆形的器皿既美观，又易于制作还节省原材料. 从小至肉眼看不见的原子、电子，大到人类赖以生存的地球、太阳，乃至整个宇宙天地，无一不与圆发生着密切的关系.

再看我们的身体，人的眼珠是圆的；食管、气管、血管的横截面是圆的，血管里流动的血液中的红细胞和血小板仍然是圆的；动物的外形，如蚯蚓、蛇、鳝鱼等身体的外形像一个圆柱，尾部接上去的像一个圆锥；喜鹊、麻雀等小鸟，其小脑袋是圆球似的等，植物更是离不开圆，其绝大多数的根、茎及果实的截面也都是圆形的.

又如汽车、火车的轮子也都是圆形的，没有方的或扁的，这是因为圆周上任一点距圆心的距离都相等，这一性质使滑动变为滚动，车子行走时也少颠簸，阻力也不多了.

物体运动最常见的是圆周运动，它把整个世界的运动统一在有序的和谐之中. 车轮的飞转，把人们从此地运送到遥远的彼地；时针的旋转，度量着时光的流逝；机器的运转，创造着人类的物质财富和精神食粮；地球的自转和公转，带来了昼夜和春夏秋冬的交替；原子中电子的旋转泄露了微观世界的奥秘.

2.2　用多边形花砖展铺地面、墙面

建筑物的墙壁或地面，经常用一些形形色色的多边形花砖装饰起来，显得非常美观.

用多边形花砖铺设墙壁或地面时，必须满足下面的条件，即当若干个多边形的角的顶点

集中在一点时,这些角的和恰好等于一个周角,也就是等于 360°. 这样在铺设时才能将地面或墙壁铺满而不留空隙.

下面,我们主要介绍用正多边形来铺设地面,即展铺平面.

注意到多边形的内角和公式为 $(n-2)\cdot 180°$,则知每个正 n 边形的一个内角的度数为 $\dfrac{(n-2)\cdot 180°}{n}$.

2.2.1 用同一种正多边形花砖

假设 m 个正 n 边形的角的顶点集中在一点,则有下面的关系

$$m\cdot\frac{(n-2)\cdot 180°}{n}=360°$$

化简得

$$(m-2)(n-2)=4$$

由于 m,n 都是正整数,且 $m>2,n>2$,故 $m-2,n-2$ 也都是正整数,从而 m,n 的取值只能是如下三种情形(其中 n 表示数组中数的值,m 表示数的个数):

(1)(6,6,6);(2)(3,3,3,3,3,3);(3)(4,4,4,4).

第(1)种情形是由三个正六边形拼成的,如图 2.1(a);第(2)种情形是由六个正三角形拼成的,如图 2.1(b);第(3)种情形是由四个正方形拼成的,如图 2.1(c).

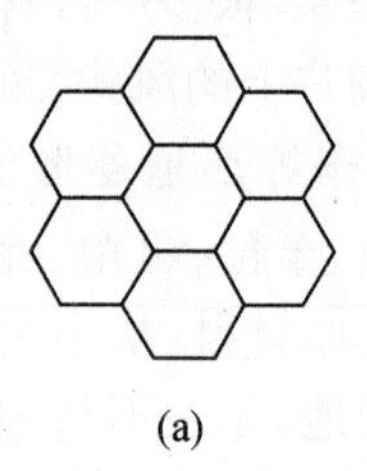
(a)

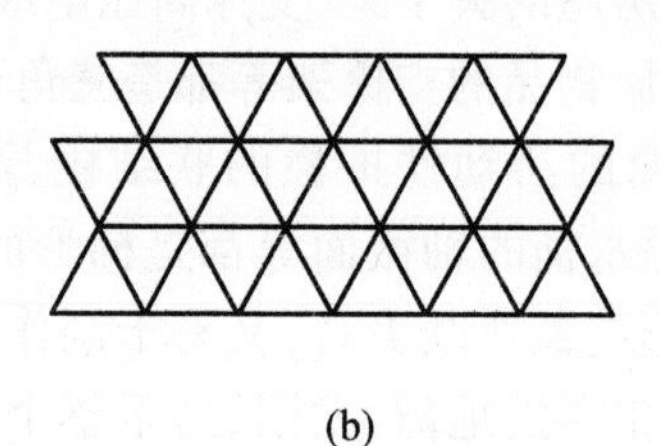
(b)

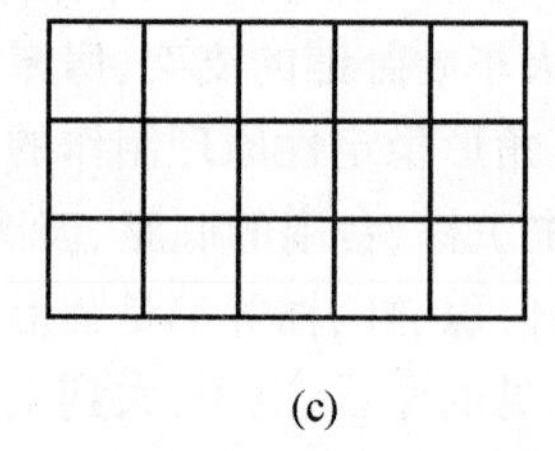
(c)

图 2.1

2.2.2 用两种正多边形花砖

为了便于观察,我们把几种正多边形的每一个内角的度数列表如下:

正多边形边数	三	四	五	六	八	十	十二	二十
每一个内角度数	60°	90°	108°	120°	135°	144°	150°	162°

(1) 用正三角形和其他正多边形

假若用一个正三角形,由于它的每个内角等于 60°,当这些多边形的顶点集中于一点时,它们的总和等于 360°,除正三角形的内角 60°,还剩下 300°,从上表可以看出,由于正十二边形的内角 150° 是 300° 的约数,它们的商是 2. 这样,用一个正三角形和两个正十二边形可以铺满平面,如图 2.2(a).

假若用两个正三角形,它们的两个内角的和为 120°,从周角中减去 120°,还剩 240°,从表中观察,由于正六边形的内角 120° 是 240° 的约数,它们的商是 2. 这样,用两个正三角形及两个正六边形可以铺满平面,如图 2.2(b).

假若用三个正三角形,它们三个内角的和等于 180°,从周角中减去 180°,还剩 180°,从

表中观察，由于正方形的内角 90° 是 180° 的约数，它们的商是 2. 这样，用三个正三角形及两个正方形可以铺满平面，如图 2.2(c).

假若用四个正三角形，它们四个内角的和等于 240°，从周角中减去 240°，还剩 120°. 从表中观察，由于正六边形的内角 120° 是它的约数，它们的商是 1. 这样，用四个正三角形及一个正六边形可以铺满平面，如图 2.2(d).

假若用五个正三角形，那么五个内角的和为 300°，从周角中减去 300°，还剩 60°. 从表中看出没有一个多边形（除正三角形外）的内角是 60° 的约数，故不能用五个正三角形及另一个正多边形铺满平面.

假若用六个正三角形，虽可铺满平面，但不符合两种正多边形的前提条件.

由上可知，若用正三角形和其他正多边形铺地，只有四种情形：(3,12,12)；(3,3,6,6)；(3,3,3,4,4)；(3,3,3,3,6).

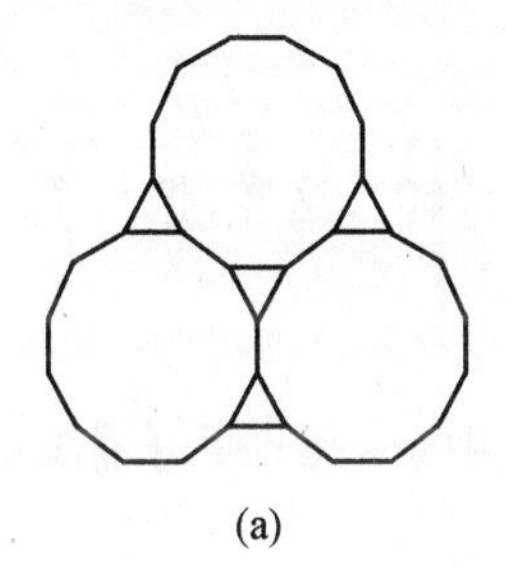
(a)

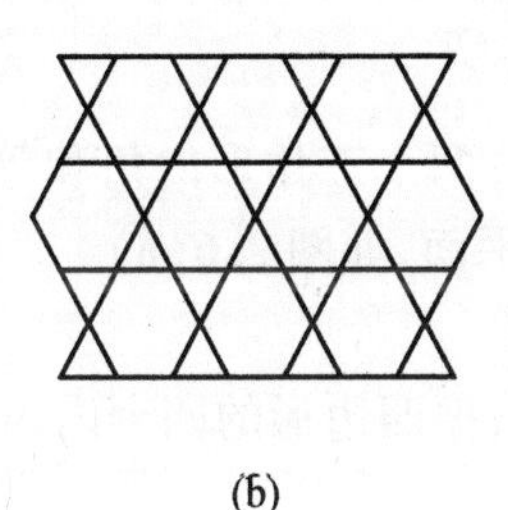
(b)

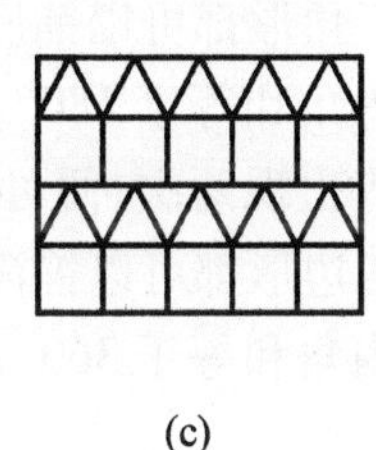
(c)

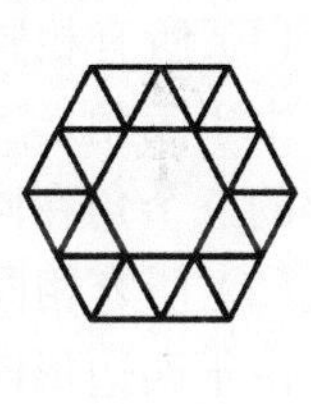
(d)

图 2.2

(2) 用正方形和其他正多边形

假若用一个正方形，它的一个内角等于 90°，用周角减去 90°，还剩 270°. 从表中观察，正八边形的内角 135° 是 270° 的约数，它们的商是 2. 这样，用一个正方形和两个正八边形可以铺满平面，如图 2.3.

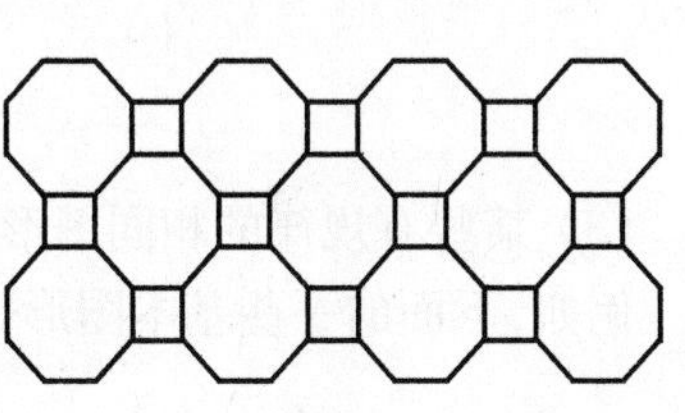
图 2.3

假若用两个正方形或用四个正方形的情形，只可能是再用三个正三角形或两个正方形，这均已包括在前面已讨论的情形中. 若用三个正方形，则没有其他的正方形配合.

(3) 用正五边形和其他正多边形

假若用一个正五边形，它的内角为 108°，从周角中减去 108°，还剩 252°. 从表中看出，没有一种多边形的内角是 252° 的约数，也就是说，用一个正五边形和其他的一种正多边形不能铺满平面. 同样道理用两个、三个正五边形和其他的一种正多边形不能铺满平面.

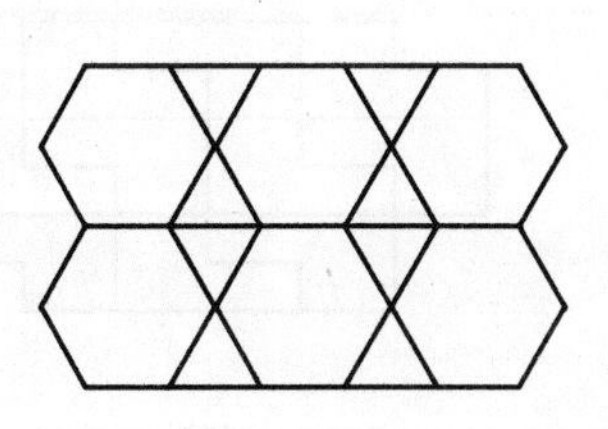
图 2.4

(4) 用正六、八、十二边形和其他正多边形

我们仿照前面的讨论方法，由正六、八、十二边形和其他一种正多边形能铺满平面的情形已包括在前面讨论的情形中，再没有新的情形.

由正十、二十边形和其他一种正多边形均不能铺满平面.

综上所述，用两种正多边形铺设地面，只有如上五种情况. 当然，在每种情形中，铺设的方法可能不是唯一的，例如(3,3,6,6) 除了图2.2(b) 的铺设方法外还有图2.4 的铺设方法.

2.2.3 用三种正多边形花砖

用三种正多边形铺设平面，情况比前面复杂得多，但仿照前面的讨论方法，也是不难找到铺设方法的. 例如(3,4,4,6)，(3,3,4,12)，(4,6,12)，(4,5,20) 等. 如图 2.5 就是其中一种.

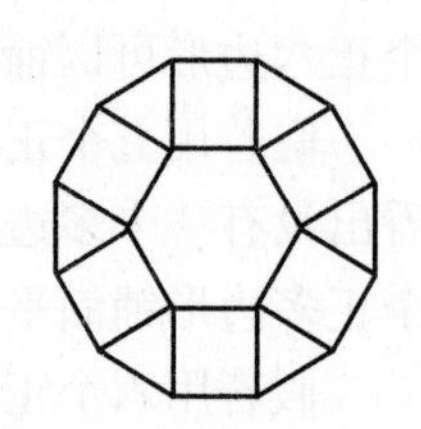

图2.5

2.2.4 用其他图形花砖

显然，我们不能用四种或四种以上的正多边形铺设平面，如果我们不用正多边形，而用其他的图形，例如三角形、四边形、圆弧形等，是不是也能够铺满平面呢？下面就来讨论这个问题.

(1) 所有相同的三角形都可以铺满平面

由于三角形三个内角和等于 180°，因此，两个三角形内角和等于 360°，这样，把一个三角形的三个角在同一点出现两次，便可铺满平面，如图 2.6(a).

(2) 所有相同的四边形都可以铺满平面

由于四边形四个内角和等于 360°，因此，把四边形的四个内角集中于一点，便可铺满平面，如图 2.6(b).

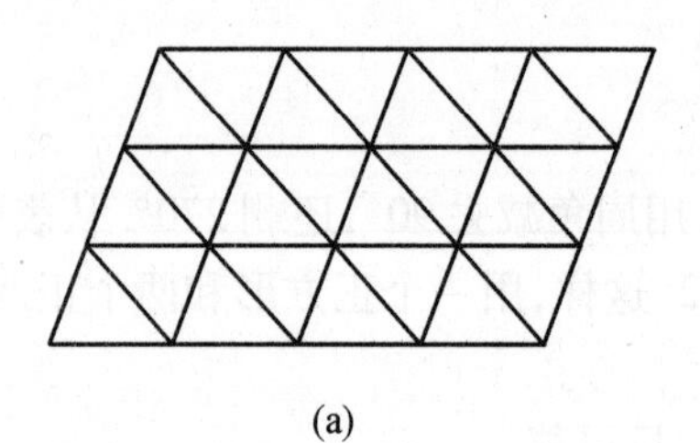

(a)

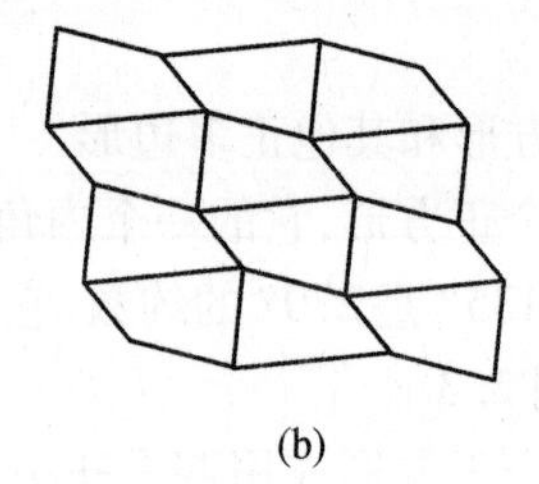

(b)

图2.6

(3) 某些有规律的相同图形也可以铺满平面

例如，下面的一些基本图形也可以用来铺满平面.

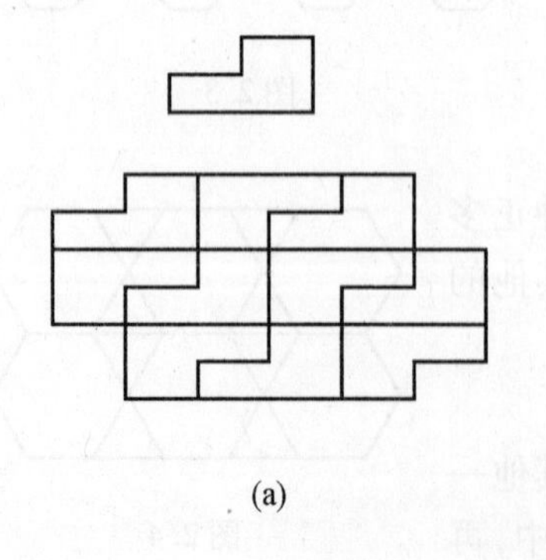

(a)

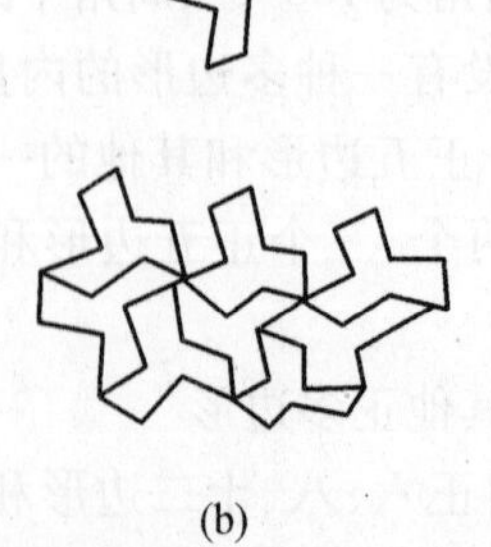

(b)

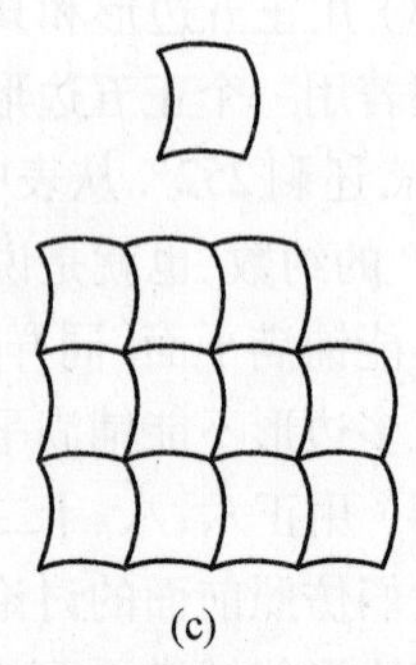

(c)

图2.7

由上可知，当你掌握了其中的规律，便可以自己设计许多美丽的图形. 将来在设计花布、设计花砖地、设计墙壁纸等许多方面都能派上用场.

2.3　直角三角板的新用途

直角三角板是大家十分熟悉的作图工具. 一副三角板有2个:其中一个三角板是等腰直角三角形,它的3个内角分别是45°,45°,90°,3条边之比为$1:1:\sqrt{2}$,如图2.8所示;另一个三角板是半等边三角形(等边三角形的一边上的高将其分成2个相同的三角形,将这样的三角形称为"半等边三角形"),它的3个内角分别是30°,60°,90°,3条边之比为$1:\sqrt{3}:2$,如图2.9所示(注意:一副三角板中的等腰直角三角形的斜边与半等边三角形中的较长直角边相等).

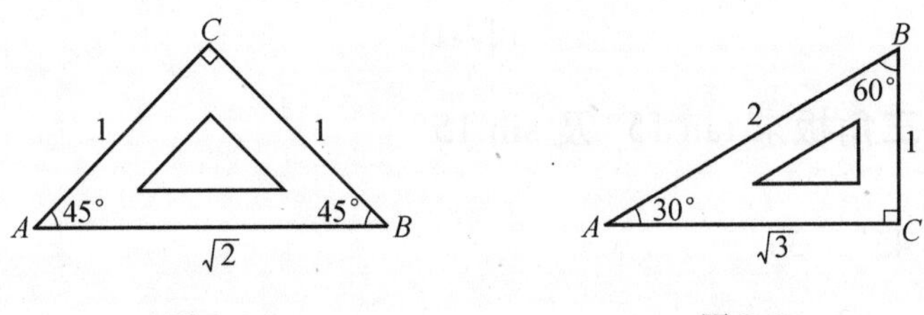

图2.8　　　　图2.9

直角三角板是我们画图的主要工具之一,利用它可以很方便地画出许多几何图,例如画三角形、四边形等多边形,可以作平行线、垂线等. 这里,我们介绍它的几个新用途.

2.3.1 等分圆周

用含有30°的直角三角板,可以很方便地把一个圆周三等分,如图2.10(30°的角在上,60°的角在下).

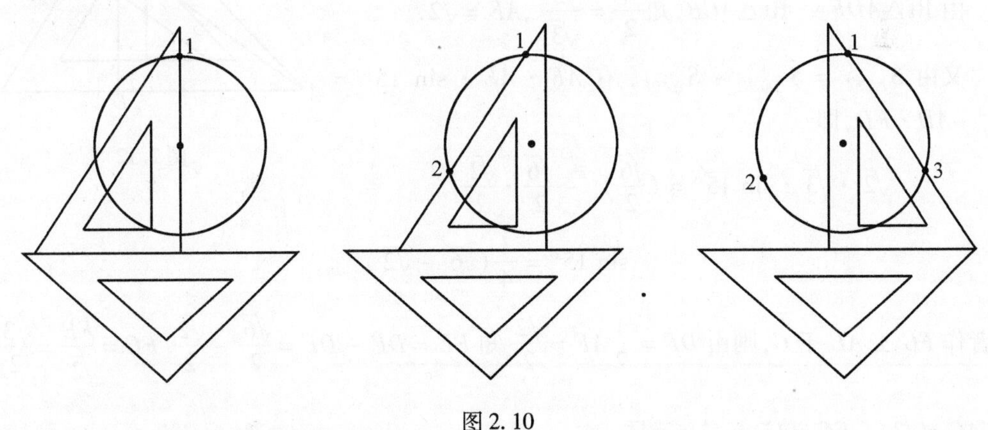

图2.10

用含有30°的直角三角形也可以很方便地把一个圆周六等分,此时,只需在上图的基础上,颠倒一下这个三角板的位置,便可类似等分(图略).

用含有45°的等腰直角三角形可以很方便地把一个圆周四等分、八等分,如图2.11.

上面,我们给出了用一副直角三角板来三、四、六、八等分圆周的一种画法,当然也还有其他画法,留给读者自己去画.

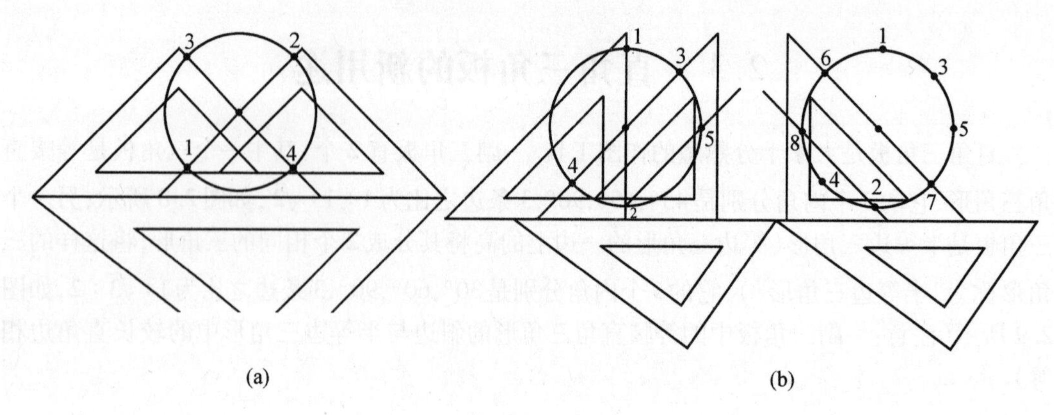

图 2.11

2.3.2 拼叠三角板求 tan 15° 及 sin 15°

1. 利用 15° = 45° − 30°

方法1 为了讨论问题的方便，我们设这副直角三角板的边长分别为 $BC=1$，$AC=\sqrt{3}$，$AB=2$ 与 $AD=\frac{\sqrt{6}}{2}$，$DE=\frac{\sqrt{6}}{2}$，$AE=\sqrt{3}$，即两个三角板的斜边分别为 $AB=2$ 和 $AE=\sqrt{3}$.

将两个三角板 ABC，ADE 拼叠成图 2.12 的形状，即使含 30° 角的顶点与含 45° 角的顶点重合，此时 $\angle EAF=15°$.

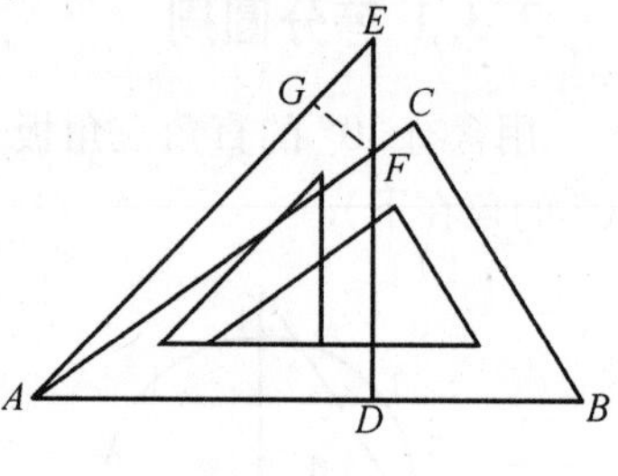

图 2.12

由 $Rt\triangle ADF \backsim Rt\triangle ACB$，知 $\frac{AF}{2}=\frac{\frac{\sqrt{6}}{2}}{\sqrt{3}}$，$AF=\sqrt{2}$.

又由 $S_{\triangle EFA}=S_{\triangle ADE}-S_{\triangle ADF}$，有 $AF\cdot AE\cdot \sin 15°=AD^2-AD\cdot FD$，即

$$\sqrt{2}\cdot\sqrt{3}\cdot\sin 15°=(\frac{\sqrt{6}}{2})^2-\frac{\sqrt{6}}{2}\cdot\frac{\sqrt{2}}{2}$$

故

$$\sin 15°=\frac{1}{4}(\sqrt{6}-\sqrt{2})$$

或者作 $FG\perp AE$ 于 G，则由 $DF=\frac{1}{2}AF=\frac{\sqrt{2}}{2}$ 知 $FE=DE-DF=\frac{\sqrt{6}}{2}-\frac{\sqrt{2}}{2}$. $FG=\frac{FE}{\sqrt{2}}=\frac{\sqrt{3}}{2}-\frac{1}{2}$，$AG=\sqrt{3}-FG=\frac{\sqrt{3}}{2}+\frac{1}{2}$. 于是

$$\sin 15°=\sin\angle GAF=\frac{FG}{AF}=\frac{1}{4}(\sqrt{6}-\sqrt{2}),\tan 15°=\frac{FG}{AG}=2-\sqrt{3}$$

方法2 将一副三角板按图 2.13 所示的方式拼接，其中 AC 与 AE 在一条直线上，BC 与 AD 交于点 M，则 $\angle BAD=45°-30°=15°$. 过点 M 作 $MN\perp AE$ 于点 N，则 $\triangle MNC$ 是等腰直角三角形，$\triangle AMN$ 是半等边三角形.

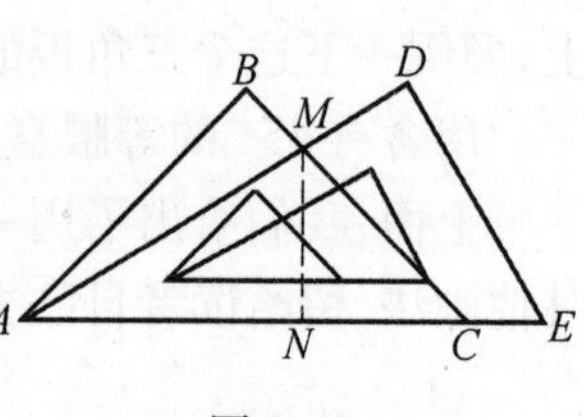

图 2.13

设 $MN=1$，则 $CN=1$，$AN=\sqrt{3}$，$CM=\sqrt{2}$，从而

$$AC=AN+CN=\sqrt{3}+1$$

$$AB=BC=\frac{\sqrt{3}+1}{\sqrt{2}}=\frac{\sqrt{6}+\sqrt{2}}{2}$$

得
$$BM=BC-CM=\frac{\sqrt{6}+\sqrt{2}}{2}-\sqrt{2}=\frac{\sqrt{6}-\sqrt{2}}{2}$$

故
$$\tan 15^\circ=\tan\angle BAD=\frac{BM}{AB}=\frac{\frac{\sqrt{6}-\sqrt{2}}{2}}{\frac{\sqrt{6}+\sqrt{2}}{2}}=2-\sqrt{3}$$

$$\sin 15^\circ=\sin\angle BAD=\frac{BM}{AM}=\frac{BM}{2MN}=\frac{1}{4}(\sqrt{6}-\sqrt{2})$$

方法3　将一副三角板按图2.14所示的方式拼接，其中 AB 与 AD 在一条直线上，BC 与 AE 交于点 M，则 $\angle CAE=45^\circ-30^\circ=15^\circ$. 过点 M 作 $MN\perp AC$ 于点 N，则 $\triangle MNC$ 是等腰直角三角形，$\triangle ABM$ 是半等边三角形.

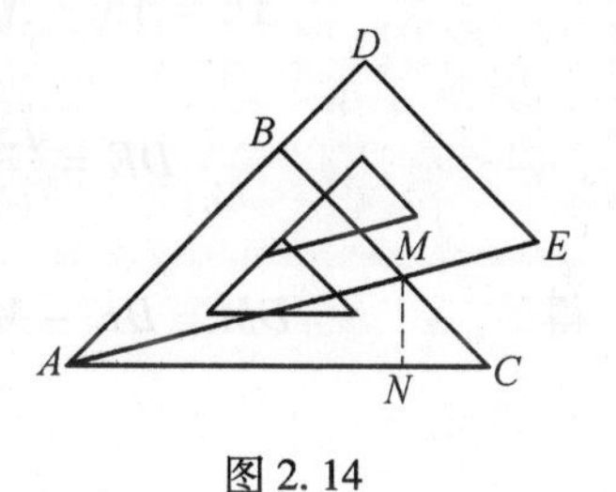

图2.14

设 $BM=1$，则 $AB=BC=\sqrt{3}$，$AC=\sqrt{3}\times\sqrt{2}=\sqrt{6}$，从而

$$CM=BC-BM=\sqrt{3}-1$$

$$MN=CN=\frac{\sqrt{3}-1}{\sqrt{2}}=\frac{\sqrt{6}-\sqrt{2}}{2}$$

得
$$AN=AC-CN=\sqrt{6}-\frac{\sqrt{6}-\sqrt{2}}{2}=\frac{\sqrt{6}+\sqrt{2}}{2}$$

故
$$\tan 15^\circ=\tan\angle CAE=\frac{MN}{AN}=\frac{\frac{\sqrt{6}-\sqrt{2}}{2}}{\frac{\sqrt{6}+\sqrt{2}}{2}}=2-\sqrt{3}$$

$$\sin 15^\circ=\sin\angle CAE=\frac{MN}{AM}=\frac{MN}{2BM}=\frac{1}{4}(\sqrt{6}-\sqrt{2})$$

注　将方法2中的 $\triangle ADE$ 绕点 A 逆时针旋转 15° 即是方法3的拼接方式.

方法4　将一副三角板按图2.15所示的方式拼接，其中等腰直角三角形的斜边与半等边三角形的较长直角边重合，BD 与 AE 交于点 M，则 $\angle BAE=45^\circ-30^\circ=15^\circ$.

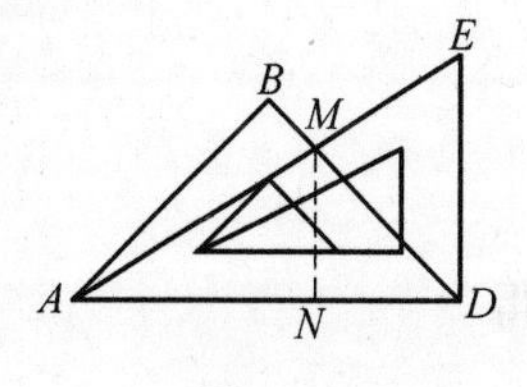

图2.15

以下解法同方法2.

注　将方法2中的 $\triangle ADE$ 绕点 A 顺时针旋转 30° 再沿直线 AC 翻折即是方法4的拼接方式.

方法5 将一副三角板按图2.16所示的方式拼接，其中AB与AE在一条直线上，BC与AD交于点M，则$\angle CAD=45°-30°=15°$.

以下解法同方法3.

注 将方法4中的$\triangle ADE$绕点A逆时针旋转15°即是方法5的拼接方式.

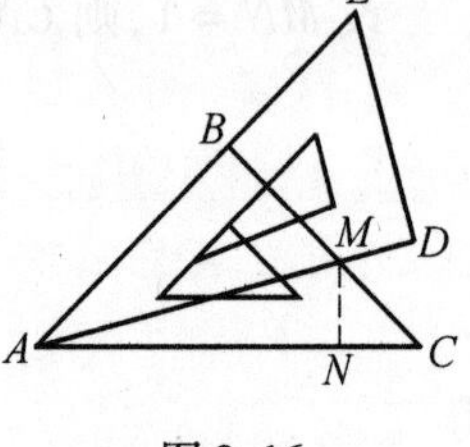

图2.16

2. **利用**$15°=60°-45°$

方法6 将一副三角板按图2.17所示的方式拼接，其中AC与AE在一条直线上，AB与DE交于点M，则$\angle BAD=60°-45°=15°$. 过点M作$MN\perp AE$于点N，则$\triangle AMN$是等腰直角三角形，$\triangle MNE$是半等边三角形.

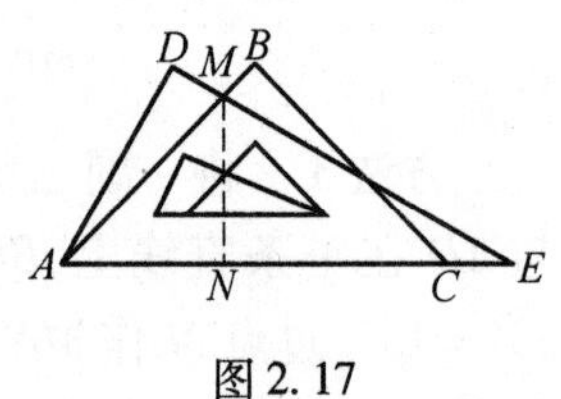

图2.17

设$MN=1$，则$AN=1$，$NE=\sqrt{3}$，$ME=2$，从而

$$AE=AN+NE=\sqrt{3}+1,AD=\frac{\sqrt{3}+1}{2}$$

$$DE=\frac{\sqrt{3}+1}{2}\times\sqrt{3}=\frac{\sqrt{3}+3}{2}$$

得
$$DM=DE-ME=\frac{\sqrt{3}+3}{2}-2=\frac{\sqrt{3}-1}{2}$$

故
$$\tan 15°=\tan\angle BAD=\frac{DM}{AD}=\frac{\frac{\sqrt{3}-1}{2}}{\frac{\sqrt{3}+1}{2}}=2-\sqrt{3}$$

$$\sin 15°=\sin\angle BAD=\frac{DM}{AM}=\frac{DM}{\sqrt{2}MN}=\frac{1}{4}(\sqrt{6}-\sqrt{2})$$

方法7 将一副三角板按图2.18所示的方式拼接，其中AD与AB在一条直线上，AC与DE交于点M，则$\angle CAE=60°-45°=15°$. 过点M作$MN\perp AE$于点N，则$\triangle ADM$是等腰直角三角形，$\triangle MNE$是半等边三角形.

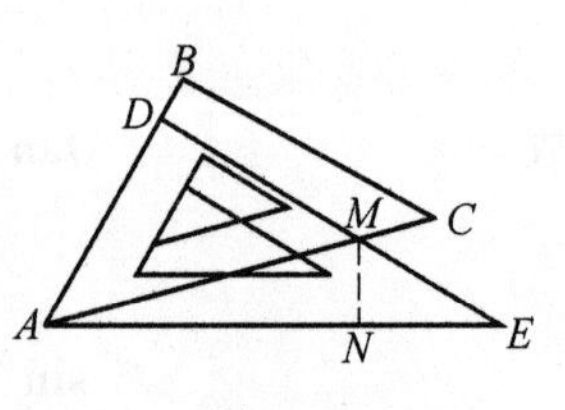

图2.18

设$AD=1$，则$DM=1$，$DE=\sqrt{3}$，$AE=2$，从而

$$ME=\sqrt{3}-1,MN=\frac{\sqrt{3}-1}{2}$$

$$NE=\frac{\sqrt{3}-1}{2}\times\sqrt{3}=\frac{3-\sqrt{3}}{2}$$

得
$$AN=AE-NE=2-\left(\frac{3-\sqrt{3}}{2}\right)=\frac{\sqrt{3}+1}{2}$$

故
$$\tan 15°=\tan\angle CAE=\frac{MN}{AN}=\frac{\frac{\sqrt{3}-1}{2}}{\frac{\sqrt{3}+1}{2}}=2-\sqrt{3}$$

$$\sin 15° = \sin\angle CAE = \frac{MN}{AM} = \frac{MN}{\sqrt{2}DM} = \frac{1}{4}(\sqrt{6} - \sqrt{2})$$

注　将方法6中的 $\triangle ABC$ 绕点 A 逆时针旋转15°即是方法7的拼接方式.

方法8　将一副三角板按图2.19所示的方式拼接，其中 AB 与 AE 在一条直线上，AC 与 DE 交于点 M，则 $\angle DAC = 60° - 45° = 15°$.

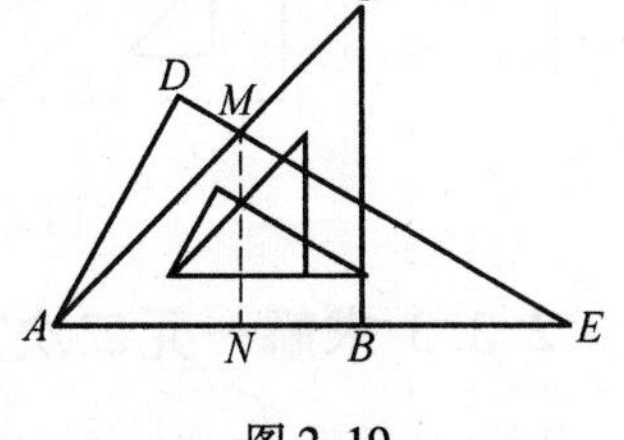

图2.19

以下解法同方法6.

注　将方法6中的 $\triangle ABC$ 绕点 A 顺时针旋转45°再沿直线 AE 翻折即是方法8的拼接方式.

方法9　将一副三角板按图2.20所示的方式拼接，其中 AC 与 AD 在一条直线上，则 $\angle BAE = 60° - 45° = 15°$. 过点 B 作 $BM \perp AE$ 于点 M，$BF \perp AC$ 于点 F，BF 的反向延长线交 AE 于点 N，则 $\triangle ABF$ 是等腰直角三角形，$\triangle BNM$ 是半等边三角形.

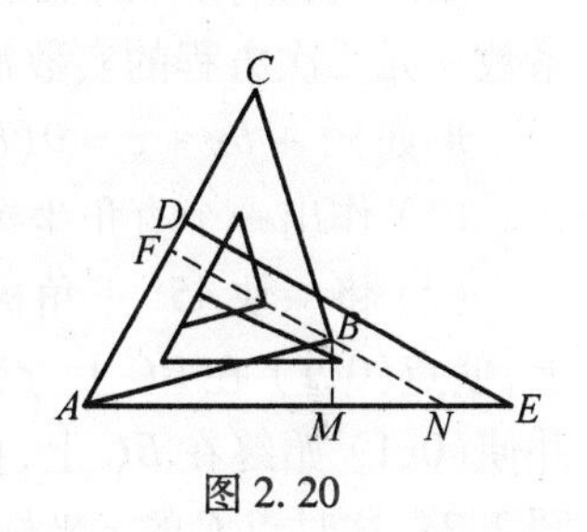

图2.20

以下解法同方法7.

注　将方法8中的 $\triangle ABC$ 绕点 A 逆时针旋转15°即是方法9的拼接方式.

3. **利用** $15° = 90° - 45° - 30°$

方法10　将一副三角板按图2.21所示的方式拼接，其中等腰直角三角形的斜边与半等边三角形的较长直角边重合. 过点 D 作 $DE \parallel AC$ 交 BC 的反向延长线于点 E，过点 A 作 $AF \parallel BC$ 交 DE 的反向延长线于点 F，则 $\angle DAF = 90° - 45° - 30° = 15°$，$\triangle BDE$ 是等腰直角三角形.

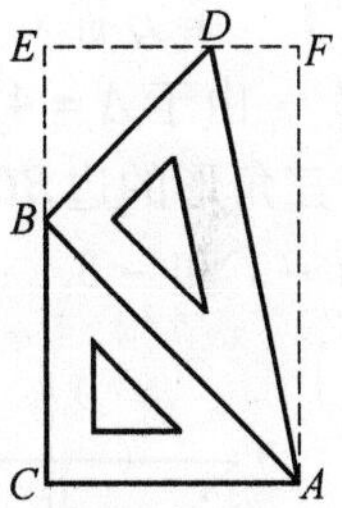

图2.21

设 $BE = 1$，则 $DE = 1$，$BD = \sqrt{2}$，$AB = \sqrt{2} \times \sqrt{3} = \sqrt{6}$，$AC = BC = \frac{\sqrt{6}}{\sqrt{2}} = \sqrt{3}$，从而

$$AF = CE = BC + BE = \sqrt{3} + 1$$

$$DF = EF - DE = AC - DE = \sqrt{3} - 1$$

故

$$\tan 15° = \tan\angle DAF = \frac{DF}{AF} = \frac{\sqrt{3} - 1}{\sqrt{3} + 1} = 2 - \sqrt{3}$$

$$\sin 15° = \sin\angle DAF = \frac{DF}{AD} = \frac{DF}{2\sqrt{2}DE} = \frac{1}{4}(\sqrt{6} - \sqrt{2})$$

上面的拼接方式中，2个三角板都有一条边（或其中的一部分）重合. 其实，我们也可以无须使一条边（或其中的一部分）重合，但要保持其中一条边平行，同样可以求出 tan 15° 及 sin 15° 的值. 如图2.22（其中 $EF \parallel BC$）和图2.23（其中 $AC \parallel DF$），你能根据这2个图形求出 tan 15° 及 sin 15° 的值吗？

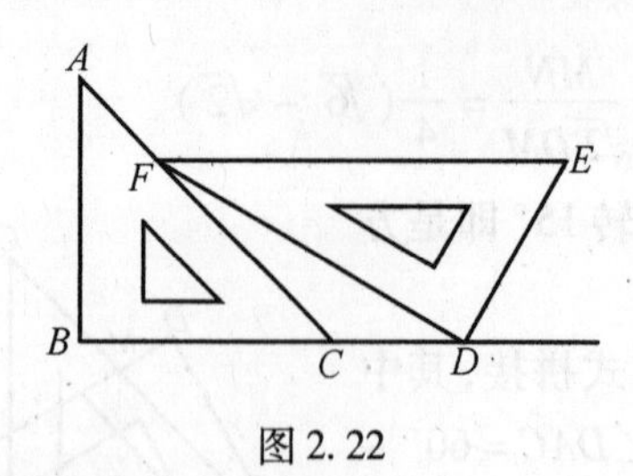

图 2.22

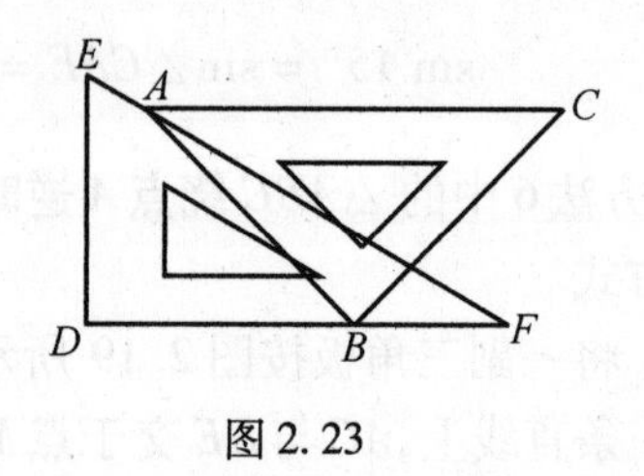

图 2.23

2.3.3 求解一元二次方程

用一块含有45°的三角板和一支笔可以在画了直角坐标系的纸(或坐标格纸)上求出实系数一元二次方程的实数根.

形如 $x^2+bx+c=0(b^2-4c\geqslant0)$ 的方程的求解方法如下:

(1) 作出一个直角坐标系,使 x 轴和 y 轴单位相同,并在坐标系中标出点 (b,c).

(2) 将一块45°三角板 ABC(C 为直角顶点) 置于图上,使点(0,1) 在 BC 上,点 C 在 x 轴上,沿 x 轴移动点 C,并使(0,1) 始终在 BC 上,直到 AC 通过点 (b,c) 为止,见图2.24. 这时点 C 的 x 坐标就是此方程一个根的相反数.

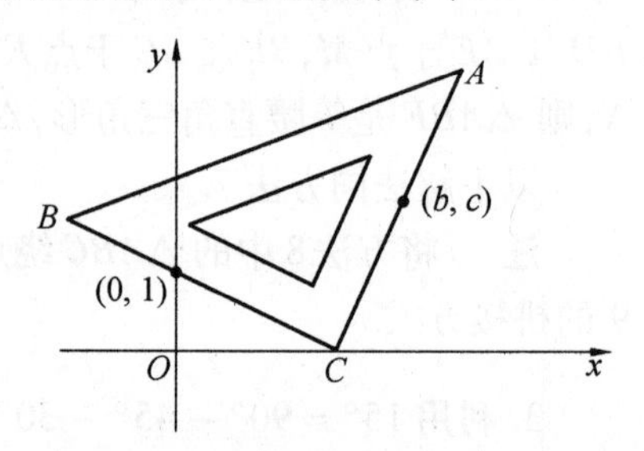

图 2.24

(3) 求另一根时,沿 x 轴移动点 C,直到上述所有条件又一次被满足,如果满足条件的第二点不存在,则有重根.

例1 解方程 $x^2+4x+3=0$.

解 由于 $\Delta=4^2-4\times1\times3=4>0$,所以可用三角板方法求解.

当三角形的边 BC 通过(0,1),边 AC 通过(4,3)时,C 在(1,0)或(3,0),见图2.25,故所求根为 -1 和 -3.

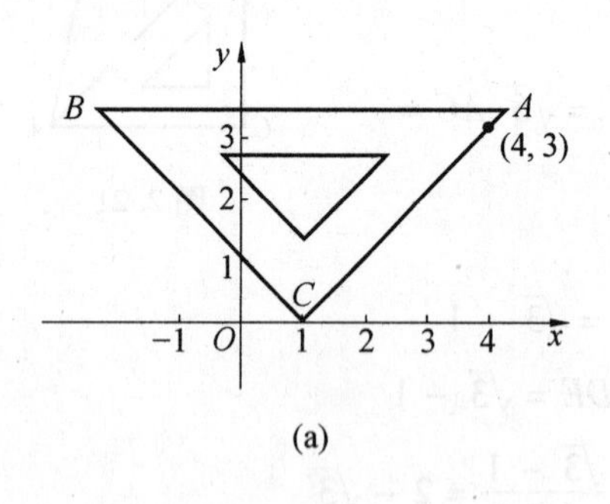

(a)

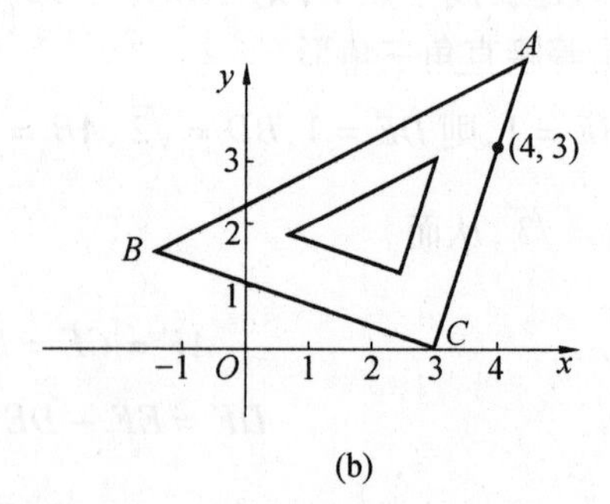

(b)

图 2.25

如上求解方法的根据是什么?

事实上,若设实系数方程为 $x^2+bx+c=0(b^2-4c>0)$,则有实根 x_1,x_2,且 b,c,x_1,x_2 间的关系是

$$-(x_1+x_2)=b,x_1\cdot x_2=c$$

从而有 $x_2=\frac{c}{x_1}$,亦有 $-(x_1+\frac{c}{x_1})=b$,即

$$c=-x_1b-x_1^2 \quad ①$$

这是斜率为 $-x_1$ 并通过点$(0,-x_1^2)$的直线方程. 垂直于此直线的直线有形式

$$c=\frac{1}{x_1}b+k$$

若这条直线通过(0,1),则 $k=1$,此方程式成为

$$c=\frac{1}{x_1}b+1 \qquad ②$$

故式②和①是交于点$(-x_1,0)$的互相垂直的直线方程,且直线②通过点(0,1).

那么,此时 $\triangle ABC$ 有没有多于两个不同的位置满足如下条件呢?

BC 通过点(0,1),AC 通过点(b,c),C 在 x 轴上.

我们说,这是没有的. 假定有多于两个这样的位置,设$(x_1,0)$,$(x_2,0)$和$(x_3,0)$为满足上述条件之 ABC 任意三个位置时点 C 的坐标,对第一点,由式②,边 AC 的方程是 $x_1c+b=x_1$.

同样,对以上另两点,可得

$$x_2c+b=x_2, x_3c+b=x_3$$

若 $x_1\neq x_2$,则 b 和 c 的值可由 $x_1c+b=x_1$ 与 $x_2c+b=x_2$ 唯一决定. 于是,这三个方程不矛盾,只有在 $x_1=x_3$ 或 $x_2=x_3$ 的条件下才有可能.

因此,使所需条件同时满足的 ABC 至多有两个不同的位置.

2.3.4 导出一个数学命题

令等腰直角三角板 ABC 的直角顶点为 B,则 $\angle B:\angle A=2:1$,令 $AB=BC=1$,则 $AC=\sqrt{2}$. 经计算知 $AC^2-BC^2=1=BC\cdot AB$;又令含30°角的 Rt$\triangle ABC$ 的直角顶点为 C,$\angle A=30°$,则 $\angle B:\angle A=2:1$,令 $BC=1$,$AC=\sqrt{3}$,则 $AB=2$,经计算得 $AC^2-BC^2=2=BC\cdot AB$. 由此我们猜想有如下数学命题:

如果三角形有两个内角的比是2∶1,那么这两个内角对边的平方差等于两条对边中的小边与第三边的乘积.

事实上,这个猜想是正确的,可证明如下:

设 $\triangle ABC$ 的 $\angle B=2\angle A$,如图2.26,延长 AB 至 D,使 $BD=BC$,联结 CD,则 $AC=CD$ 且有 $\triangle CAD\backsim\triangle BCD$,即知 $\frac{AC}{BC}=\frac{AD}{CD}$,即有 $AC\cdot CD=BC\cdot AD$,亦即 $AC^2=BC(AB+BC)$,故 $AC^2-BC^2=BC\cdot AB$.

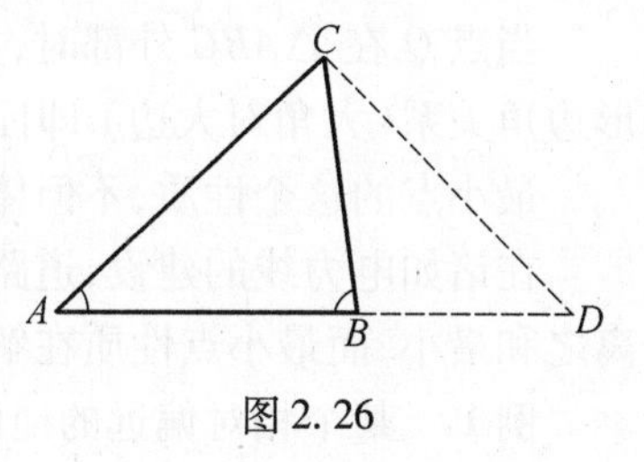

图2.26

2.4　三角形最小点性质与一类最优化问题

在平面上到 $\triangle ABC$ 三顶点距离之和为最小的点叫作这个三角形的最小点. 我们可以证明:当 $\triangle ABC$ 的最大内角小于120°时,它的最小点就是对各边张120°角的点(此时最小点又称为费马点),当 $\triangle ABC$ 的最大内角大于或等于120°时,它的最小点是钝角的角顶.

事实上:(1)若 $\triangle ABC$ 的最大内角小于120°时,以三角形每条边为弦,在该边含三角形的一侧作120°的圆弧(圆心在三角形外侧,以三角形的边为底,顶角为120°的等腰三角形顶

点). 设其中某两条弧除在三角形顶点处的交点外,另一交点为P,则P必在三角形内,因此P对三边的张角不重叠,组成周角,于是P对第三边也张$120°$角,因而第三条弧必过点P,即点P唯一,如图2.27.

要证P到$\triangle ABC$三顶点距离之和最小,只需证三角形所在平面上任一点Q,有$PA+PB+PC<QA+QB+QC$,只要把线段$PA,PB,PC;QA,QB,QC$以某种方式首尾相连,前三者恰好连成一条直线段,后三者是与前直线段有共同端点的折线段. 为此,将$\triangle ABP,\triangle ABQ$绕点$A$顺时针方向都旋转$60°$到$\triangle AB'P'$, $\triangle AB'Q'$的位置,如图2.27. 此时$AP=AP'$, $AQ=AQ'$,且$\angle PAP'=60°,\angle QAQ'=60°$,则$\triangle APP',\triangle AQQ'$均为正三角形,而$\angle APC+\angle APP'=\angle AP'P+\angle AP'B'=180°,\angle AQC+\angle AQQ'\neq 180°,\angle AQ'Q+\angle AQ'B'\neq 180°$,由此知$C,P,P',B'$在一条直线上,$C,Q,Q',B'$不在一直线上. 从而$CP+PP'+P'B'<CQ+QQ'+QB'$,即$PC+PA+PB<QC+QA+QB$. 结论获证.

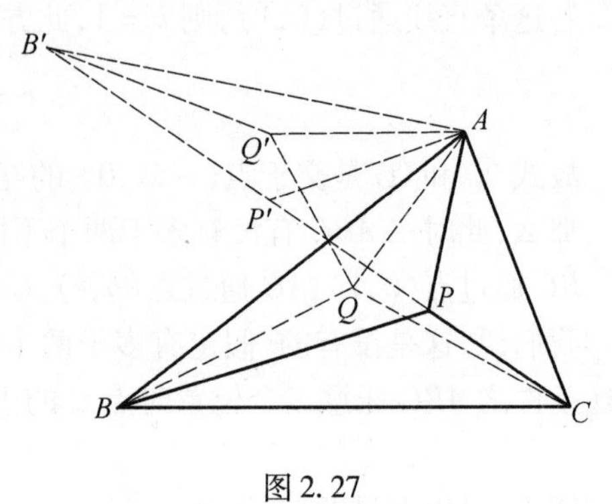

图2.27

(2) 若$\triangle ABC$的最大内角大于或等于$120°$时,不妨设$\angle A\geqslant 120°$. 设Q是A以外的点,此时,只需证$AA+AB+AC=AB+AC<QA+QB+QC$即可.

若点Q在$\triangle ABC$内部或边上时,把AB(以及关联的点Q)绕A旋转至AB',使B'在CA的延长线上. 由于$\angle BAC\geqslant 120°$,则旋转角$\angle BAB'\leqslant 60°,\angle QAQ'\leqslant 60°$,故$QQ'\leqslant QA$.

当点Q在$\triangle ABC$内部或边BC(不含B)上或边AC上,则Q'不在CB'上;当Q在AB上,则Q'不在CB'上,总之C,Q,Q',B'不在一直线上. 故$AA+AB+AC=AB+AC=AB'+AC<CQ+QQ'+Q'B'\leqslant QA+QB+QC$.

当点Q在$\triangle ABC$外部时,分六个区域讨论,注意到三角形两边之和大于第三边及三角形边角关系(大角对大边)即证(下略). 结论获证.

最小点的这个性质,不但体现了数学美,而且具有实际应用价值.

在诸如电力线的建设,道路修建中,需要选定最佳点位置,以使该点与其他相关点的距离之和最小. 而最小点性质在解决有关"距离和最小"类实际问题中,具有独特的功效.

例1 某个相对偏远的地区内有三个规模相当的集镇,现要在这三个集镇之间建设一个火力发电厂,为了尽可能减少架电线费用,设计中要求该电厂与三镇之间距离和最小,问该电厂应建在何处?

解 将三个集镇所在地视为一个三角形的三个顶点,由三角形最小点的性质知,电厂应建设在该集镇三角形的最小点处.

例2 如图2.28,假设河的一条岸边为直线MN,又$AC\perp MN$于C,点B,D在MN上,现需将货物从A处运往B处,经陆路AD与水路DB. 已知$AC=10$千米,$BC=30$千米,又陆路单位距离和运费是水路运费的2倍. 为使运费最少,点D应选在距离点C有多远处?

解 由于陆路单位距离运费是水路的2倍,故点D应选在使$2AD+DB$最小的地方.

如图2.28,作A关于MN的对称点A',则$A'D=AD$,故点D应选在相当于使$AD+A'D+DB$最小处. 由三角形的最小点性质知,点D应选在$\triangle ABA'$的最小点处,即点D应选在离点C

距离为 $CD = AC \cdot \cot 60° = \frac{10}{3}\sqrt{3}$（千米）处.

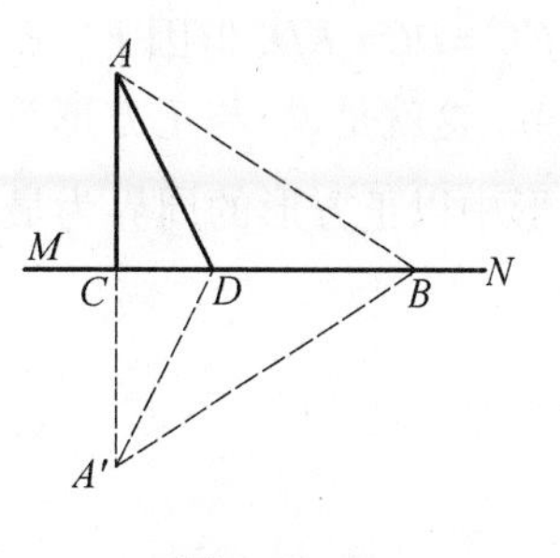

图 2.28

注　本题常规解法是设 $CD = x$，建立费用关于 x 的函数，然后求此函数的最小值. 但没有如上解法简单明了.

例 3　有 4 个大型工厂，设有 3 个位于一条直线上而呈凸四边形四顶点状，现准备用电缆线连成一个网络（即电流可以从任一工厂流出并可沿此网络中的线路流到任何别的工厂）. 问此网络应以什么方式连接这四个工厂，使所用的电缆线总长最小？

解　由三角形最小点性质及其证明过程，网络连接方式可由如下步骤获得：

步骤 1　用 A,B,C,D 分别表示四个工厂，在四边形 $ABCD$ 外侧分别作正 $\triangle ABM$ 和 $\triangle CDN$（M,N 为所作三角形的顶点），联结 M,N.

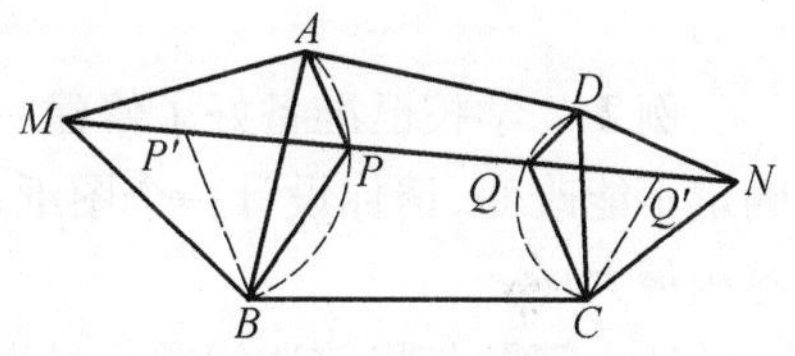

图 2.29

在四边形 $ABCD$ 内分别作含角为 120° 的 $\overset{\frown}{AB}$ 和 $\overset{\frown}{CD}$，设 $\overset{\frown}{AB}$ 和 $\overset{\frown}{CD}$ 分别交 MN 于 P,Q，若这样的交点 P,Q 不都存在（即 $\overset{\frown}{AB}$ 和 $\overset{\frown}{CD}$ 不都与 MN 相交）；或虽存在，但 P 在 QN 上，则本步骤失效，转下一步骤：

否则，有 $AP + BP + PQ + QC + QD = MN$ 为所求，本步骤有效，转下一步骤：

步骤 2　令 $A' = B, B' = C, C' = D, D' = A$（即将原来的四边形 $ABCD$ 轮换），类似步骤 1，对四边形 $A'B'C'D'$ 作图，若有效，则有 $A'P + B'P + PQ + QC' + QD' = M'N'$ 为所求.

步骤 3　若步骤 1,2 均有效，比较这两个作图中总长度较小者即为所求；若步骤 1,2 中仅一个有效，则有效步骤中所得图即为所求.

步骤 4　若步骤 1,2 均失效，则作 $\triangle ABC$ 的最小点 P_1，有 $l_1 = P_1A + P_1B + P_1C + \min\{DA, DC\}$；类似地再分别作 $\triangle BCD, \triangle CDA, \triangle DAB$ 的最小点，得 l_2, l_3, l_4；再连 AC, BD 设交于 P_5，有 $l_5 = P_5A + P_5B + P_5C + P_5D$. 最后比较 l_1, l_2, l_3, l_4, l_5，其中最小者即为所求.

2.5　矩形性质的奇妙应用

2.5.1 正方形性质与经济用料

例 1　要用围墙或篱笆或栅栏围起一块土地来，这块土地的面积是一定的，所围的区域要是个矩形，不过两邻边长度的比可以随意，要使围墙或篱笆或栅栏的用料尽可能经济，应怎样设计？

这个设计就要应用到正方形的一个奇妙性质：

正方形的周界比任何与它等积的矩形都短.

事实上，我们可把正方形 $ABCD$ 的周界和与它等积的任意矩形 $BEFG$ 的周界比较一下.

如图 2.30，设正方形的边长为 a，与它等积的矩形的长边为 b，短边为 c，则 $b > a > c$. 把正方形与矩形的公共部分 $ABEK$ 切下，剩下两个互相等积的矩形 $AKFG$ 和 $KECD$，就是 $AG \cdot$

$FG = DC \cdot KD$. 但因 $FG < DC$,所以 $AG > KD$ 或 $b - a > a - c$,从而 $b + c > 2a$ 或 $2b + 2c > 4a$. 这就是说,与正方形等积的任意矩形的周界都比正方形的周界长,亦即在一切等积的矩形中以正方形的周界为最短(当然也可由 $b + c > 2\sqrt{bc} = 2a$ 证).

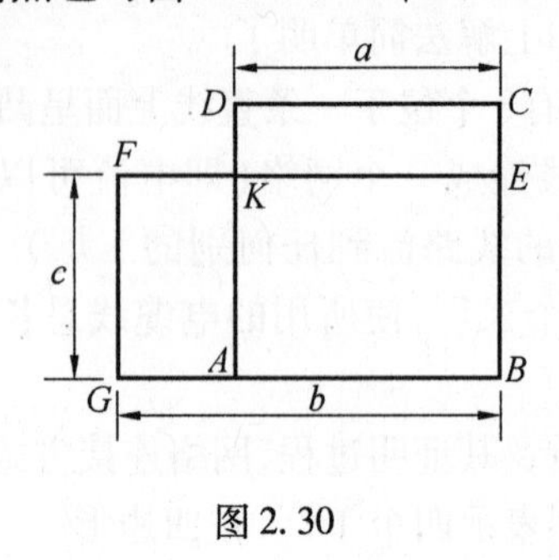

图 2.30

例 2 学校已准备好了修建一个矩形储水池的墙壁的铺设材料,储水池的墙壁高度已确定不能改变,请你设计一个图纸,怎样恰好用完这些准备好了的墙壁铺设材料,使储水池容积最大.

这个问题是将前述问题反过来,假设现在我们已知的不是矩形的面积而是周界,那么也可以作出很多具有同样周界但却有不同面积的矩形. 这些矩形中什么样的矩形面积最大呢? 这里的设计,也要用到正方形的一个奇妙性质:

正方形的面积比任何与它周界相等的矩形都大.

事实上,可以像通常证明逆定理那样从反面来证明这个结论. 设正方形的四条边长为 a,面积为 P. 如果有这样一个矩形,它的四条边长也为 a,而面积 $Q > P$. 我们作一个与此矩形等积的新的正方形,那么这个新的正方形的面积必然大于已知正方形,但按照此例前面的正方形的性质,新正方形周界长 $a' < a$,即新正方形的面积大于已知正方形而周界小于已知正方形的周界. 这是不可能的. 因此,周界等于正方形周界而面积大于同一正方形的矩形,是不可能有的. 同时,周界等于正方形周界而面积等于已知正方形面积的矩形也是不可能有的,因为在这种情况正方形的周界一定会比矩形的小,而这刚好与所设的条件相矛盾. 因此,在一切周界相等的矩形中,要以正方形的面积为最大.

在有关实际问题的设计中,有时还要用到正方形的如下两条奇妙性质:

在围绕一已知矩形的所有外接矩形(已知矩形顶点在新矩形的四边上)中,以正方形的面积为最大.

在一已知正方形的所有内接正方形(新正方形顶点在已知正方形四边上)中,以顶点位于已知正方形各边中点的内接正方形的面积为最小.

这两条奇妙性质的证明,留给读者去思考. 它们在实际中的应用,也请读者自己举出恰当的例子. (可参见本章思考题中第 5,6 题)

2.5.2 正方形材料的分割拼图用法

将正方形材料(例如皮革、布料、金属板、合成板等)分割拼成我们所需要的图案材料,或将有关材料的切边(或“废料”)变成有用的东西如正方形图案等. 我们不仅可以节约大量的原材料,而且可以物尽其用,减少废料. 下面介绍几种分割拼图:

（1）由下图中正方形分割拼成一个等腰三角形：

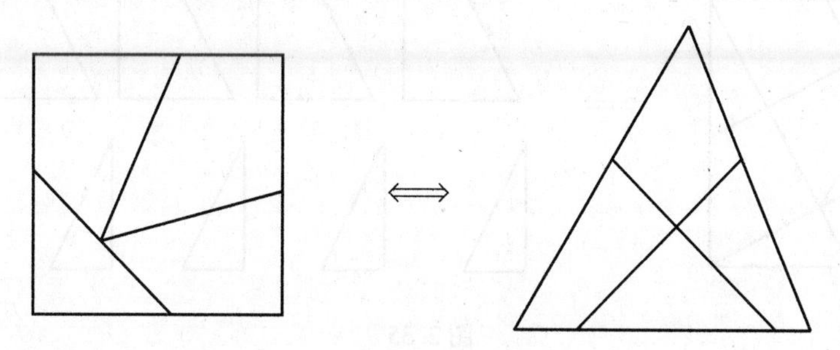

图 2.31

（2）由下图中正方形分割拼成一个直角三角形：

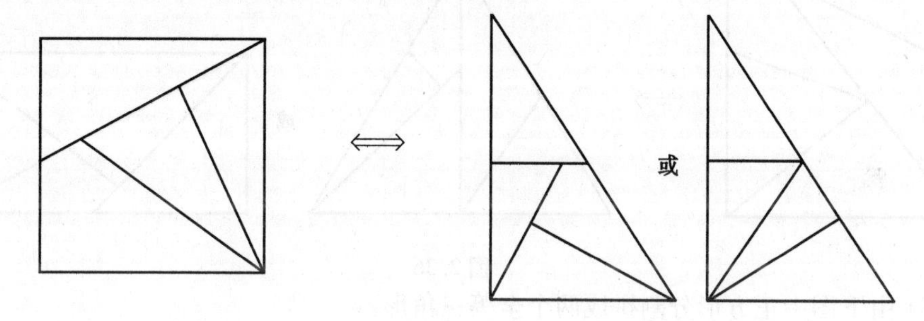

图 2.32

（3）由下图中正方形分割拼成一个正六边形：

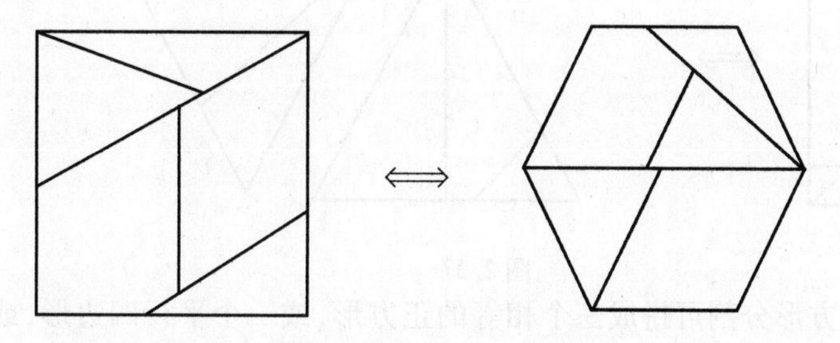

图 2.33

（4）由下图中正方形分割拼成一个五边形：

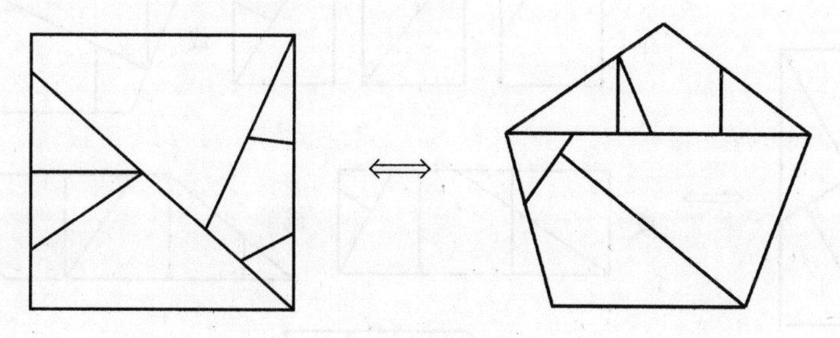

图 2.34

（5）由下图中正方形分割成五个同样的直角梯形和五个同样的直角三角形：

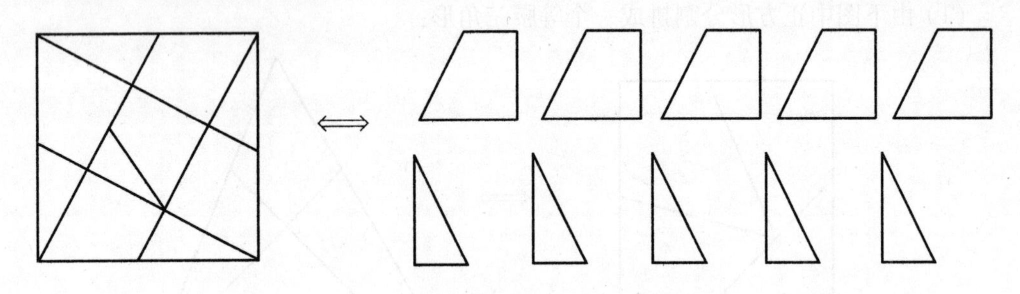

图 2. 35

(6) 由下图中正方形分割拼成一个正三角形或一个矩形：

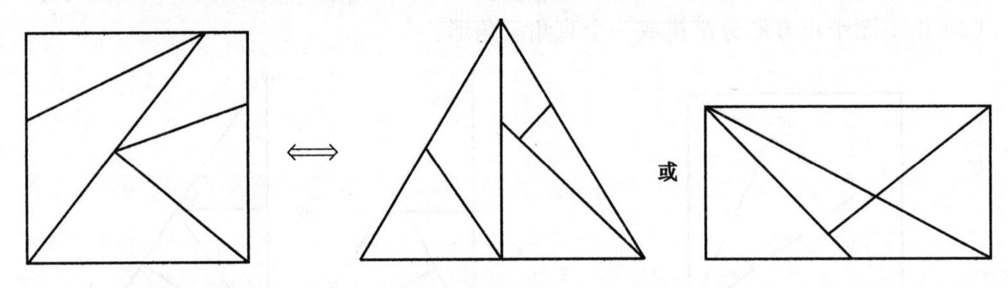

图 2. 36

(7) 由下图中正方形分割拼成两个全等三角形：

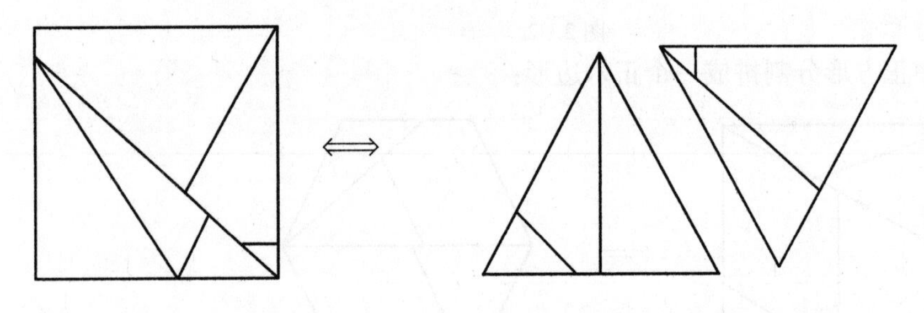

图 2. 37

(8) 由下图中正方形分割可拼成三个相等的正方形，或一个平行四边形，或一个矩形，或一个等腰梯形：

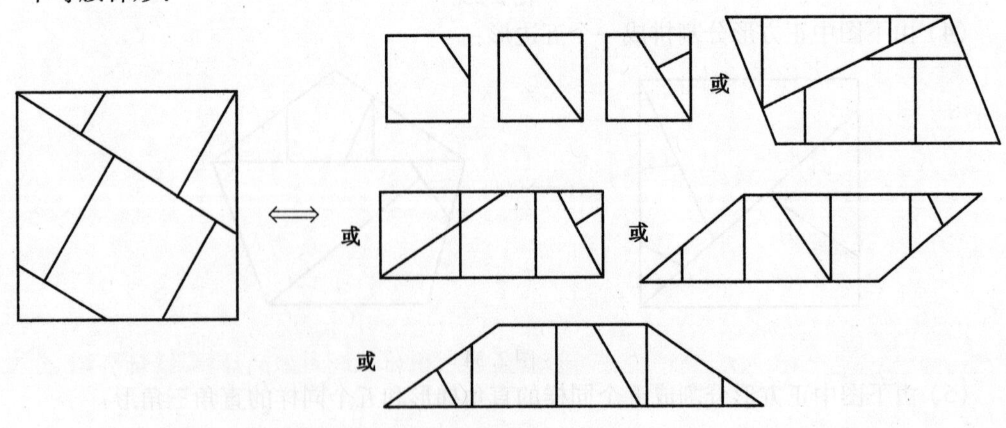

图 2. 38

(9) 由下图中正方形分割可拼成一个平行四边形，或三个正方形(用最前面的两个正方形又可拼成一个正方形或矩形)：

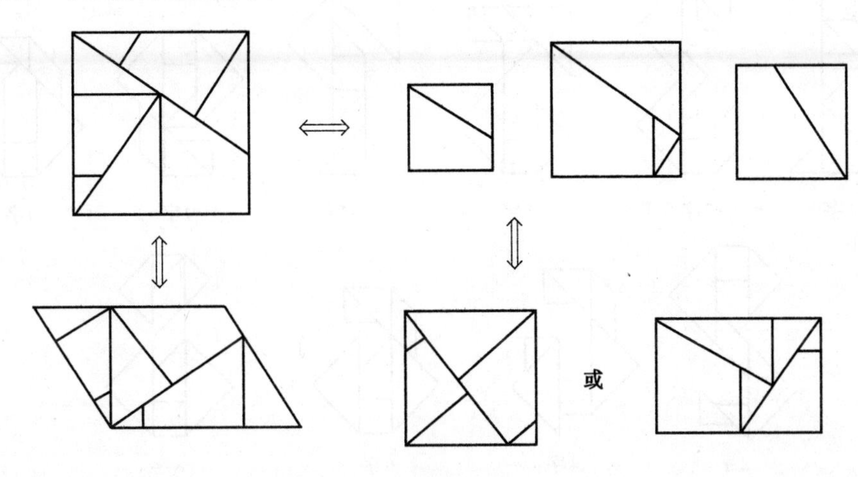

图 2.39

(10) 由下图中正方形分割可拼出一个等腰直角三角形,或一个矩形,或一个平行四边形,或一个等腰梯形,或一个直角梯形,或一个五边形或一个六边形等：

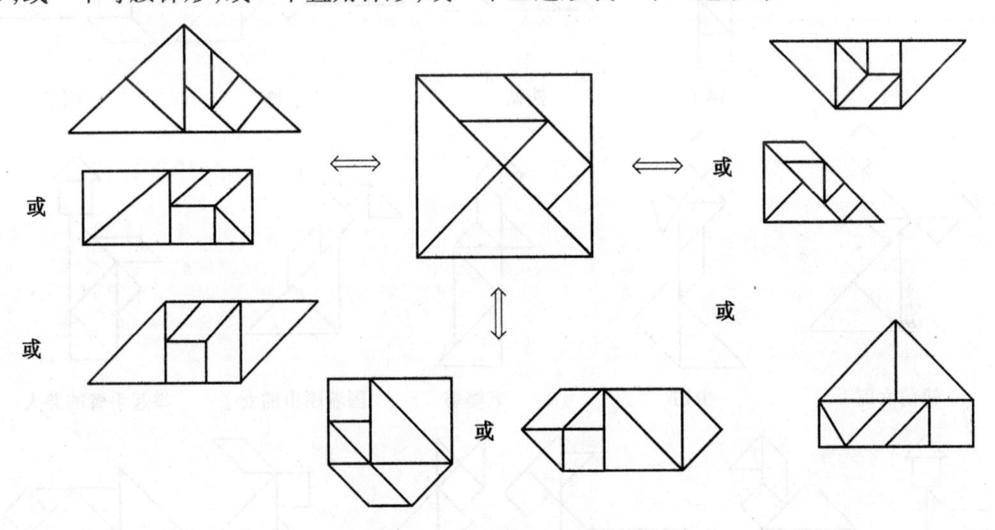

图 2.40

由于(10) 中正方形分割出来的多边形是一些特殊多边形(如角为45°,90°,135°),因而能拼出许多有趣的图形.

2.5.3 正方形分割拼图与智力游戏(七巧板)

(1) 七巧板拼图

将上一节的正方形分割拼图用于智力游戏也是十分恰当的,特别是对于情形(10) 中的正方形分割而成的七块,用它们不仅可拼成一些特殊的多边形图案,而且可以拼成许多形形色色的图案:动物、人物、器皿、建筑物、车辆等,还可以拼一些有趣的故事. 这种分割,就是我国祖先发明的七巧板游戏板分割. 下面介绍一些有趣的拼图：

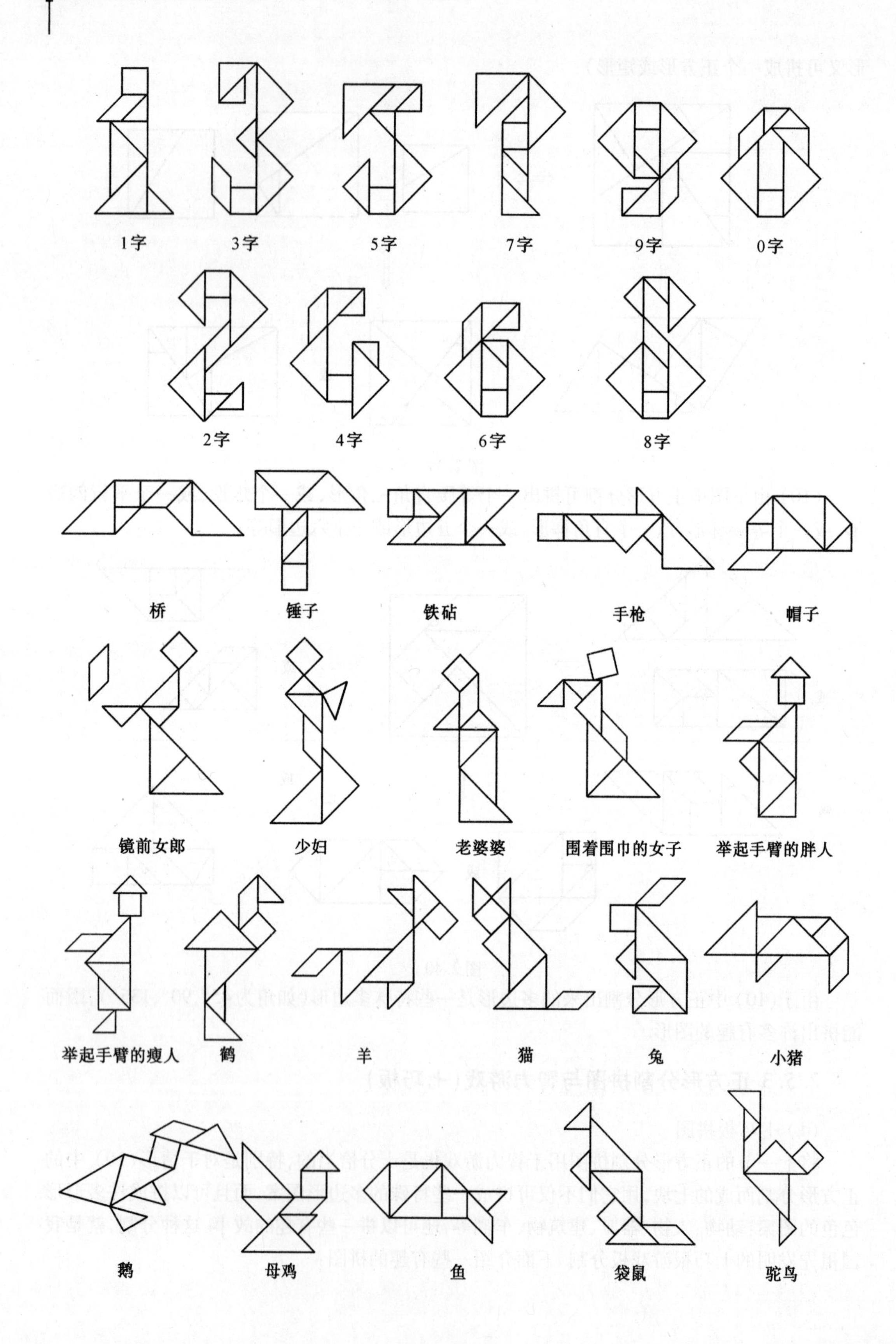
1字
3字
5字
7字
9字
0字
2字
4字
6字
8字
桥
锤子
铁砧
手枪
帽子
镜前女郎
少妇
老婆婆
围着围巾的女子
举起手臂的胖人
举起手臂的瘦人
鹤
羊
猫
兔
小猪
鹅
母鸡
鱼
袋鼠
驼鸟

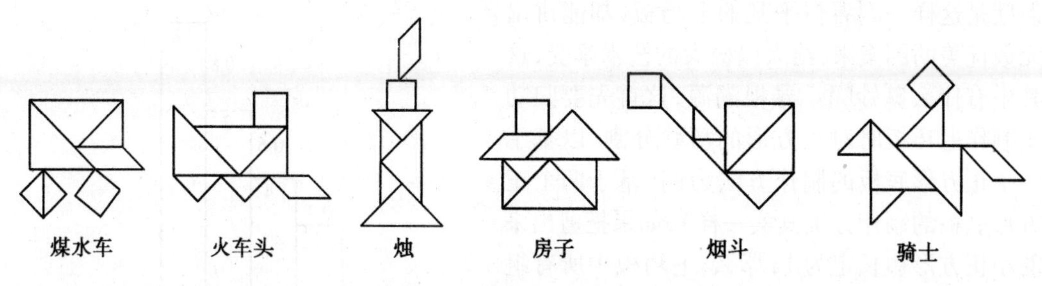

图 2.41

还可以拼出许多图案. 如果你肯动脑筋,用一副七巧板可拼出一些有趣的故事. 下面就是《矛与盾》的故事:

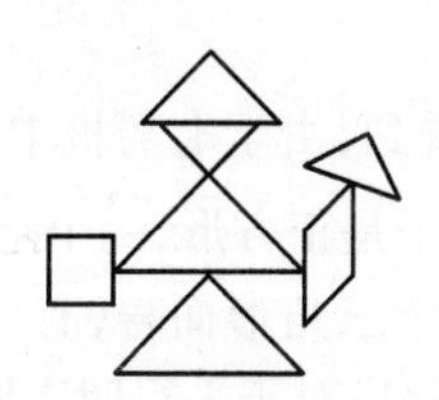

(a) 古代有一个人,拿着自制的矛和盾到集市上去卖.

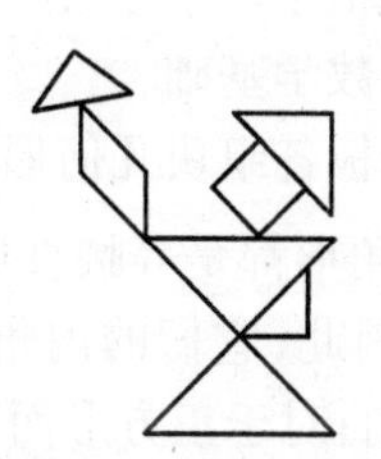

(b) 他带着矛吹嘘着:"我的矛最好了,什么样的盾都能刺透."

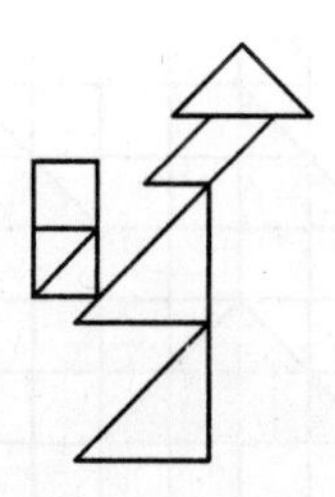

(c) 然后,他又拿起盾说:"我的盾最好了,什么样的矛都刺不透."

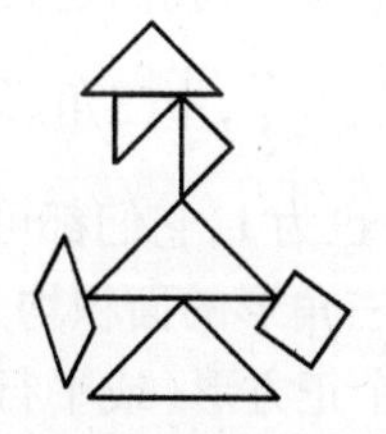

(d) 有人问他:"用你的矛去刺你的盾,那结果怎样?" 卖矛和盾的人低下了头,答不上来了.

图 2.42

上面的各种图案都是由一副七巧板拼成的. 如果用两副或更多副的七巧板,可以拼成一幅幅更有趣的图案. 下图中的两个人打乒乓球的图案就是由三副七巧板拼成的,这非常有意思.

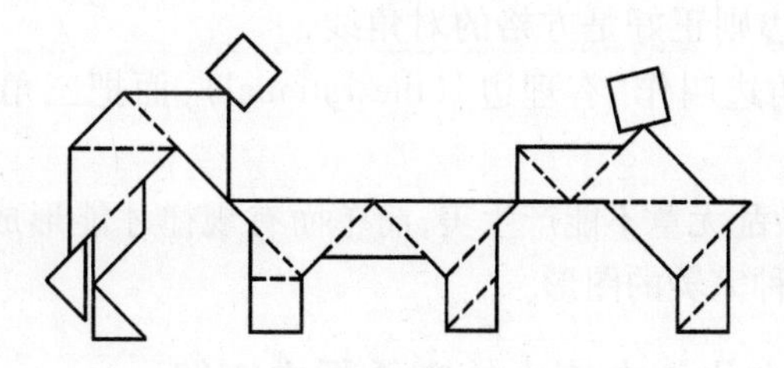

图 2.43

(2) 七巧板无穷奥妙的数学基础

组成七巧板的三角形、正方形、平行四边形都是规则多边形,由直线围成,缺乏变化,很难说能给人以优美的感觉和艺术的享受. 其数量"7" 则是一个素数,不能分为对称的两半.

但就是这样一副看似平凡的七巧板，却能拼出无数优美的图案来，给人以极大的艺术享受，这其中有什么奥妙呢？寻根溯源，这首先要归功于制作七巧板时对正方形的巧妙分割. 以基于一个正方形底板的制作方法为例（基于两个正方形底板的制作方法其实一样），如果把剪出来的小正方形边长定为1，那么，七巧板中所有组块的边长只有以下四个值，即1，$\sqrt{2}$，2，$2\sqrt{2}$，这四个长度之间近似形成0.4，0.6和0.8三个均匀递增的台阶，如图2.44所示. 这是七巧板奥妙所在的第一个数学基础.

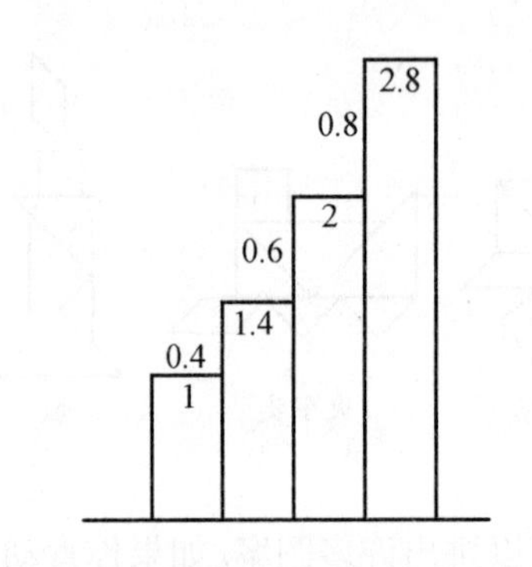

图2.44　七巧板中4种线段长度的关系

其次是七巧板各组块几何形体之间的角度关系. 我们看到，由于七巧板中包括的2大1中2小共5个三角形都是等腰直角三角形，另外2个中的一个是正方形，一个是边长为$1:\sqrt{2}$的平行四边形，因此，它们的内角都是45°的整倍数，即对于三角形而言，有一个直角（$2\times45°$），两个45°角；对于正方形而言，4个角都是直角（$2\times45°$）；对于平行四边形而言，2个是45°角，2个是135°（$3\times45°$）角. 这样，7个拼板的所有内角形成1∶2∶3的简单关系，为拼出丰富的图形奠定了另一个数学基础.

再从面积上来看，我们定义正方形的面积为1，则小三角形的面积为$\frac{1}{2}$，中三角形和平行四边形的面积和正方形相同，也为1，它们都可以分为2个相同的小三角形；2个大三角形的面积均为2而且各可分为2个小三角形加一个正方形（或平行四边形），或者分为4个小三角形，如图2.45所示. 这样，一副七巧板可看成是由16个小三角形（以后我们称为基本三角形）所组成，总面积为8，7个组块的面积之间存在着1∶2∶4∶8的关系，这为它们相互替代、组合创造了条件.

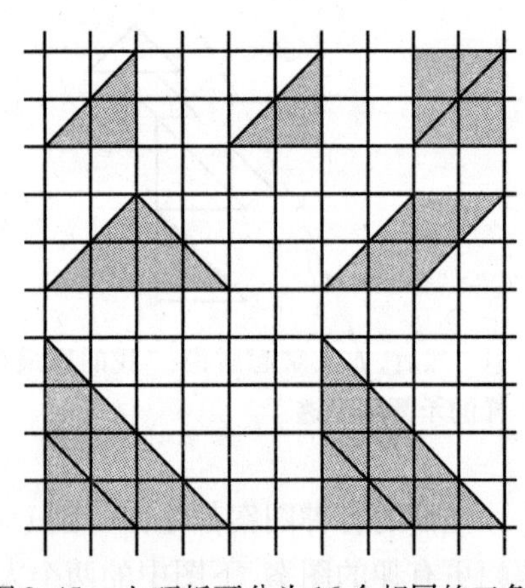
图2.45　七巧板可分为16个相同的三角形

图2.45中的七巧板是画在方格纸上的. 由图可见，三角形的直角边都位于纵、横坐标线上，而且都取整数格长度；三角形的斜边则正好是方格的对角线，后面，我们把三角形的直角边叫作“有理边”（the rational），而把三角形的斜边叫作“无理边”（the irrational）.

美学常识告诉我们，杂乱无章不能产生美，简单而有规律才能形成美. 七巧板正是由于简单但有规律才能拼出种种完美的图形.

2.5.4 矩形完全正方化与电流中的克希霍夫定律

把一个正方形（或矩形）分成有限数个互不相等的边长为整数的小正方形，这样我们叫作正方形（或矩形）的完全正方化；把用互不相等的边长为整数的小正方形组成的正方形（或矩形）叫作完全正方形（或完全矩形）. 其中小正方形的个数称为它的阶.

是否存在由一些大小不同的边长是整数的正方形拼成的大正方形？这是苏联数学家鲁金于1926年提出的一个猜想“一个边长是整数的正方形可以分割成有限个大小不同的边长是整数的小正方形”的另一种想法.

如果条件降低一些,比如允许有相同边长的小正方形(此时可称为广义完全正方形),则问题较易解决.例如:

$2^2=4\times1^2$;

$3^2=9\times1^2=2^2+5\times1^2$;

$4^2=16\times1^2=4\times2^2=3\times2^2+4\times1^2=3^2+7\times1^2$;

$5^2=25\times1^2=4^2+9\times1^2=3^2+3\times2^2+4\times1^2=3^2+16\times1^2=4\times2^2+9\times1^2$;

$\vdots$

$13^2=7^2+2\times6^2+4^2+2\times3^2+3\times2^2+2\times1^2=\cdots$.

但是,鲁金的猜想要难得多,因此人们在很长时间里未能找到例子,便有人提出否定的意见.直到1939年有人给出了一个55阶的完全正方形,证实了鲁金猜想的正确性.1940年加拿大数学家达特相继又给出许多解.

图2.46是20世纪50年代给出的26阶(边长为608)完全正方形(图中数字代表正方形边长,下同),20世纪60年代末最好结果是24阶(边长为175)完全正方形.

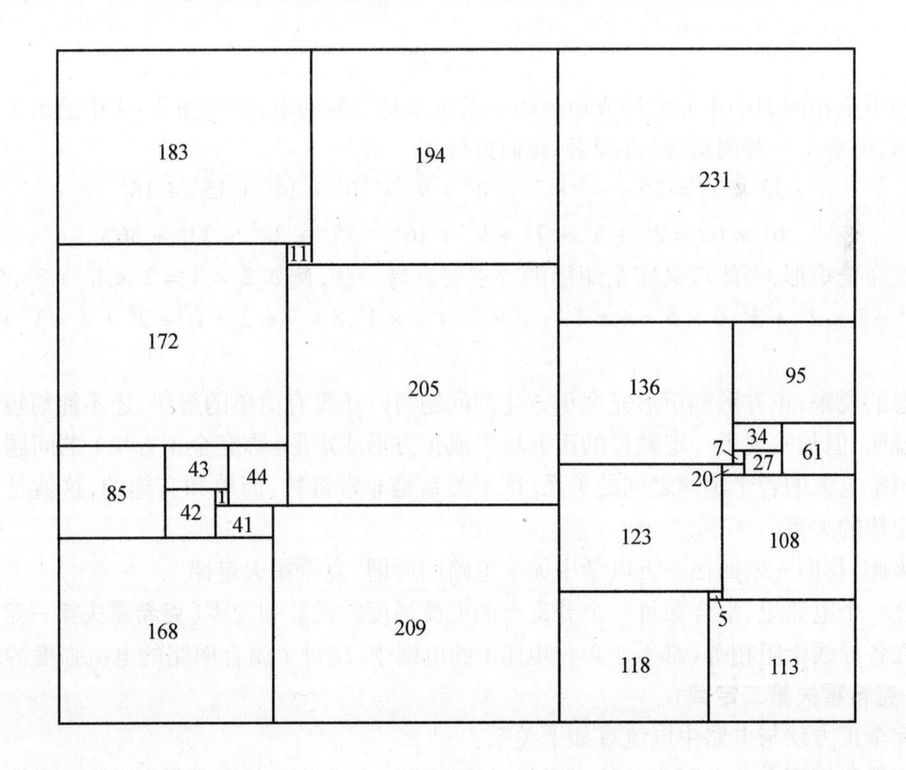

图2.46

理论上的数字最好的阶数应是21,找到这个阶数的完全正方形是1978年的事了:荷兰数学家刁阿贝司派因利用电子计算机经过长时间的工作,才求得这个21阶的完全正方形,如图2.47.有趣的是:边长为2,4,8的正方形排在同一对角线位置上.这是继1976年美国哈肯等人用大型电子计算机解决世界著名难题 —— 四色定理之后，用机器证明数学问题的又一出色的例子，完全正方形的寻求，经历着许多艰难的岁月.

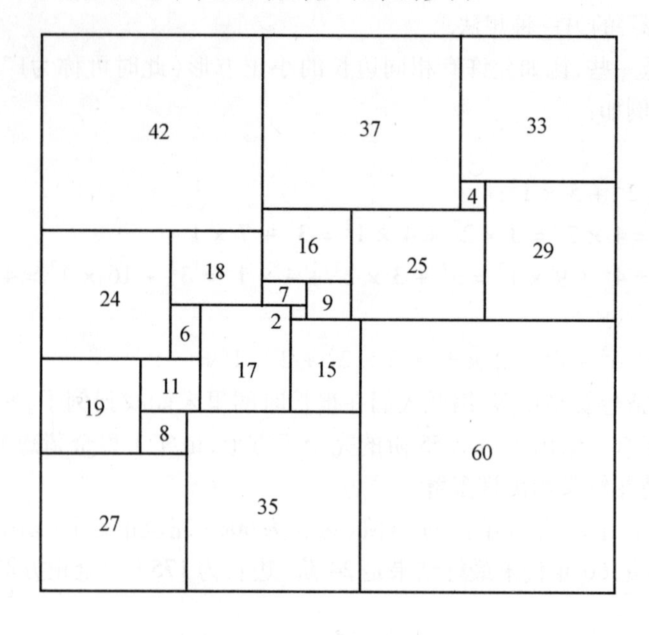

图 2.47

用不全相同的小正方形拼成矩形的寻求也不是容易的事，虽然图 2.44 中给出了 3 个完全矩形，但费了一些周折. 经过探索，我们可得到

$$32 \times 33 = 1^2 + 4^2 + 7^2 + 8^2 + 9^2 + 10^2 + 14^2 + 15^2 + 18^2$$

$$61 \times 69 = 2^2 + 5^2 + 7^2 + 9^2 + 16^2 + 25^2 + 28^2 + 33^2 + 36^2$$

等一些完全矩形，当然广义完全矩形的寻求要容易一些，例如 $2 \times 3 = 2 \times 1^2 + 2^2$，$4 \times 5 = 3 \times 1^2 + 2 \times 2^2 + 3^2$，$6 \times 5 = 4 \times 1^2 + 2 \times 2^2 + 2 \times 3^2$，$8 \times 7 = 2 \times 1^2 + 2^2 + 2 \times 3^2 + 2 \times 4^2$ 等.

总的说来，正方形和矩形完全正方化的问题暂时还没有简单的解法，还不能简短通俗地加以说明. 但却发现了一定数目的正方块组成正方形或矩形(称完全正方块)的问题与电路网中恒定电流的若干定律之间的关系. 这个关系是非常奇特、简单和有趣的，这就是和克希霍夫定律的关系.

为此，我们先来回忆一下电学中关于电路的所谓"克希霍夫定律"：

在一个电路里，汇合在每一个分支点的电流强度的代数和为零(**克希霍夫第一定律**)；

在各导线电阻相等(都等于单位电阻)的电网中，绕每个闭合回路的电流强度的代数和为零(**克希霍夫第二定律**).

完全正方块与电路中电流有如下关系：

如果我们用 n 条电阻为单位电阻的导线构成一个有若干闭合回路的电网，当算出各条导线上相应的电流强度时，它们的值就是构成完全矩形所必需的 n 个正方形的边长数.

换句话说，就是，组成一个完全矩形(或正方形)所必须的全部 n 个正方形边长，相当于由 n 条导数按一定形式构成的电路网络中按克希霍夫定律分配于各导数上的电流数.

反过来说,由 n 条导线按一定形式构成的电路网络中按克希霍夫定律分布于各导线上的电流数,相当于可以组成某个完全矩形(或正方形)的全套 n 个正方形边长.

因为这个结论的证明较为复杂,我们不作一般的证明了,但随便举一些例子就可以说明它的正确性.

假若我们决定用 9 个任意大小的正方形(边长是未知的)来组成矩形,现在我们应当自己来确定这些正方形的适当边长.

如果把不足取的情形,即 9 个相等正方形的情形除外,很明显的只有特别选择的一些正方形才适合我们的要求,但怎样来选择呢?如果只用试验的方法,要想得到解答是很困难的.现在,我们用 9 条单位电阻的导线按下列条件构成一个电网络,设 A,F 为主要分支点;A 只有电流流入,F 仅有电流流出,而其余各分支点的电流强度各不相等(但方向都是由强度高的方向往低的方向流),显然作出这样一个已知导线数目的电网络是不困难的,例如图 2.48 便是一个由 9 条导线组成的电网络.

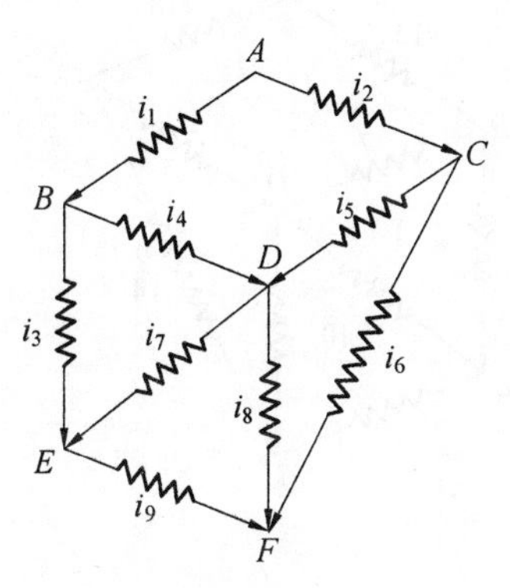

图 2.48

设各导线电流分别是 $i_1,i_2,i_3,\cdots,i_q$,如图 2.48,由克希霍夫定律有:

对于支点 B:$i_1-i_3-i_4=0$;

对于支点 C:$i_2-i_5-i_6=0$;

对于支点 D:$i_4+i_5-i_7-i_8=0$;

对于支点 E:$i_3+i_7-i_9=0$;

对于回路 $A-C-D-B-A$:$i_2+i_5-i_4-i_1=0$;

对于回路 $B-D-E-B$:$i_4+i_7-i_3=0$;

对于回路 $C-F-D-C$:$i_6-i_8-i_5=0$;

对于回路 $D-F-E-D$:$i_8-i_9-i_7=0$.

以上是 9 个未知数 8 个方程的不定方程组,我们不难解出其中一组解(它有有限组解)

$$i_2=\frac{18}{15}i_1,i_3=\frac{8}{15}i_1,i_4=\frac{7}{15}i_1,i_5=\frac{4}{15}i_1,$$

$$i_6=\frac{14}{15}i_1,i_7=\frac{1}{15}i_1,i_8=\frac{10}{15}i_1,i_9=\frac{9}{15}i_1$$

令 $i_1=15$,即可有

$$i_1=15,i_2=18,i_3=8,i_4=7,i_5=4,i_6=14,i_7=1,i_8=10,i_9=9$$

这里所得到的数字就是我们欲求一套正方形的边长.如何用它们去拼一个矩形?电路上的电流分配给了我们一把解答的钥匙.

电网络的每一个支点相当于这些正方形的上面一条水平方向的边,这些边长恰好为该支点流出电流的强度.

如 $i_1=15$ 表示，先放好边长为15的正方形，靠着它的下面放边长为 $i_3=8$，$i_4=7$ 的两个正方形. 和边长 $i_1=15$ 的正方形上边对齐而并排放的正方形边长为 $i_2=18$，而靠着它的下面的正方形是边长为 $i_5=4$ 和 $i_6=14$ 的两个. 由分支点 D 流出的电流为 $i_7=1$ 和 $i_8=10$，表示边长为1和10的正方形在边长为7和4的正方形的下面，再把边长为9的正方形放到左下方的位置上，完全矩形便拼成了，如图 2.49 所示.

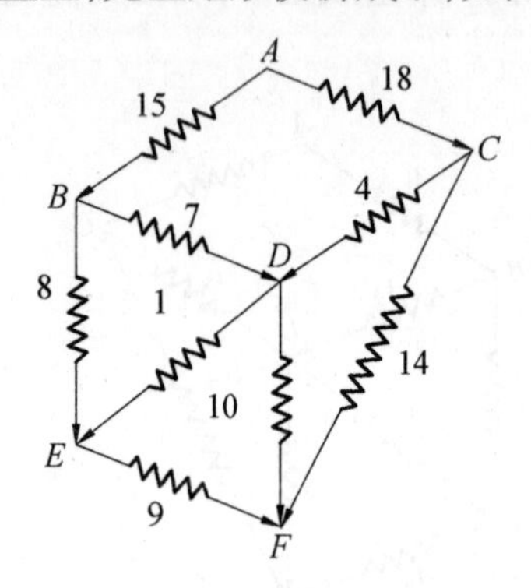

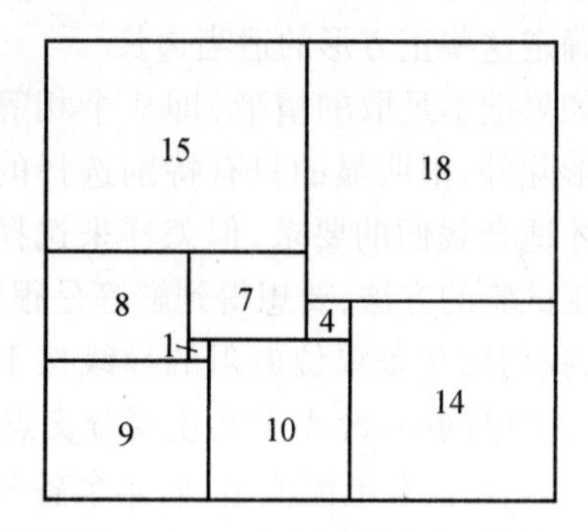

图 2.49

如果将这 9 条导线构成另外的电路网络，如图 2.50(a)，应用克希霍夫定律同样可以列出 8 个方程(请读者自列)，并且不难解得

$$i_2=\frac{16}{25}i_1,i_3=\frac{28}{25}i_1,i_4=\frac{9}{25}i_1,i_5=\frac{7}{25}i_1,i_6=-\frac{5}{25}i_1,i_7=\frac{2}{25}i_1,i_8=\frac{33}{25}i_1,i_9=\frac{36}{25}i_1$$

这里 i_6 是负值，只需将电路中 i_6 的方向稍加修正(不是由 C 至 D，而应改为由 D 至 C)，这样令 $i_1=25$，不难得到一组 $i_k(k=2,\cdots,9)$ 的值

$$i_1=25,i_2=16,i_3=28,i_4=9,i_5=7,i_6=5,i_7=2,i_8=33,i_9=36$$

相应的电路图及其对应的完全矩形如下图：

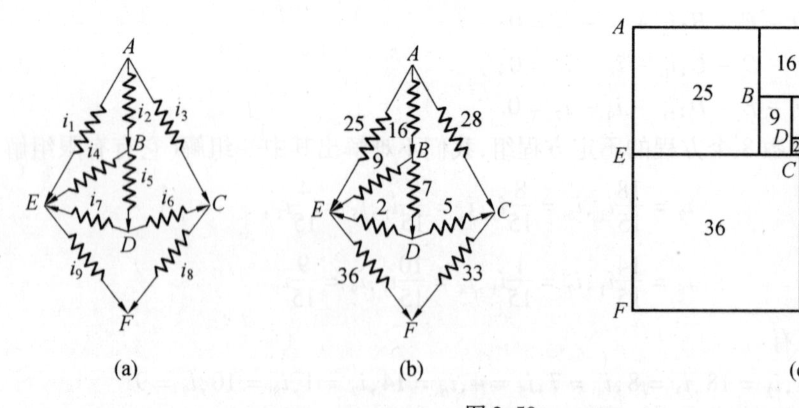

图 2.50

由于对电路网络结构的讨论和通过对各支点电流强度的计算知道：9 阶完全矩形只有以上两种(除去通过旋转、反射得到的图形以及与它们相似的图形).

顺便指出：用4,5,6,7或8条导线组成的有两个主分支点的电路网络，也仅有两种解，即4,5,6,7或8阶的完全矩形各只有两套正方形块. 而10条导线组成的电路网有6种，故可以得6种(套)不同的10阶完全矩形.

最后,我们还要计算一个用 11 条导线构成的电路网络(图 2.51):由网络的构造可知,因为 D 处仅两条导线汇聚,故 $|i_6|=|i_7|$,从而至少有两个正方形边长相等.

由克希霍夫定律,可有

$$i_1 - i_4 - i_6 = 0$$
$$i_2 - i_4 - i_1 = 0$$
$$i_2 + i_4 - i_5 - i_8 = 0$$
$$i_3 - i_5 - i_2 = 0$$
$$i_6 - i_7 = 0$$
$$i_4 + i_8 - i_7 - i_6 = 0$$
$$i_3 + i_5 - i_9 - i_{11} = 0$$
$$i_5 + i_9 - i_8 = 0$$
$$i_7 + i_8 + i_9 - i_{10} = 0$$
$$i_{11} - i_{10} - i_9 = 0$$

它们分别对应于支点(左列)B,C,D,E,F 和闭合回路(右列)$ACBA,AECA,BCFDB,CEFC,EGFE$.

令 $i_1=3$ 可得

$$i_1=3,i_2=4,i_3=5,i_4=1,i_5=2,i_6=2,i_7=2,i_8=3,i_9=1,i_{10}=6,i_{11}=7$$

这样我们可以得到形如图 2.51(a) 的广义完全矩形.

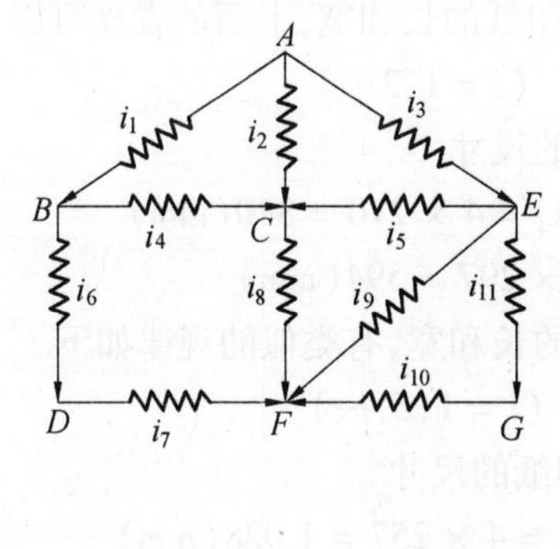

(a)

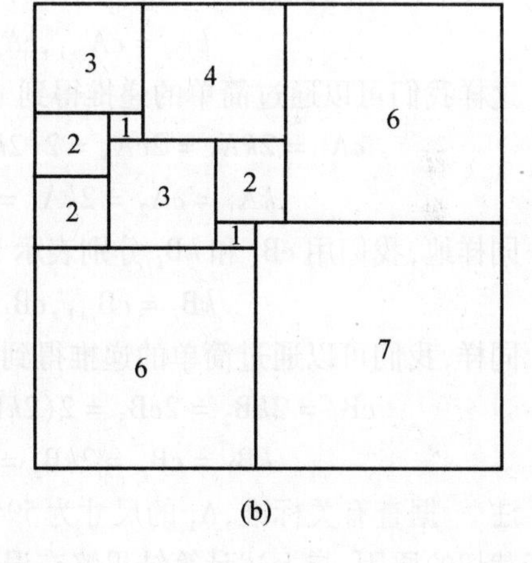

(b)

图 2.51

由此可见,完全矩形(或正方形)与广义完全矩形(或正方形)的组合均与电路中的克希霍夫定律有着密不可分的联系.

2.5.5 矩形在复印纸中的应用

能不能根据手边的几种常见的复印纸的大小(如 A4,A5,B4,B5 复印纸)推算出 A1 及 B1 复印纸的大小?它们的尺寸之间有什么数量关系?

我们可首先观察若干复印纸的样品,容易发现如图 2.52 所示的规律:

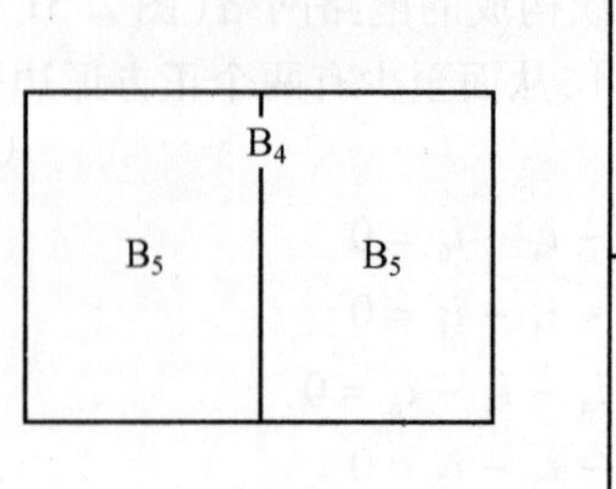

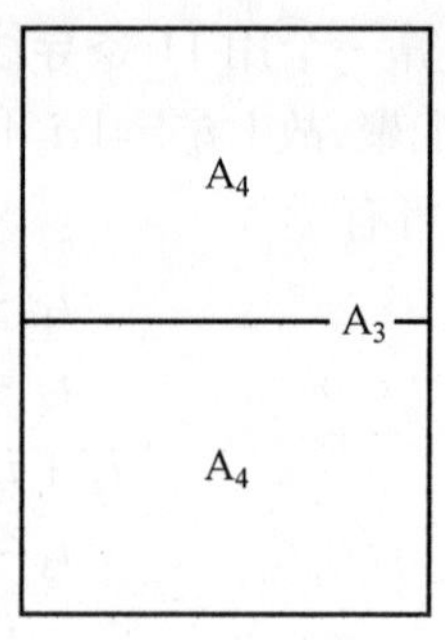

图 2.52

再利用文字处理软件(如 Word,WPS 等软件)的“页面设置”栏目下的信息,可以具体查出 A4,A3,B5 和 B4 的尺寸如下(单位:mm):

复印纸的型号	长	宽
A4	297	210
A3	420	297
B5	257	182
B4	364	257

我们可以发现,A_i 复印纸的宽度与 A_{i+1} 复印纸的长度一样,A_i 复印纸的长度是 A_{i+1} 复印纸宽度的两倍. 我们用 $c\mathrm{A}_i$ 和 $k\mathrm{A}_i$ 分别表示 A_i 复印纸的长和宽,上面的发现可以表示成

$$k\mathrm{A}_i = c\mathrm{A}_{i+1}, c\mathrm{A}_i = 2k\mathrm{A}_{i+1} \quad (i = 1,2\cdots)$$

这样我们可以通过简单的递推得到 A_1 复印纸的尺寸

$$c\mathrm{A}_1 = 2k\mathrm{A}_2 = 2c\mathrm{A}_3 = 2(2k\mathrm{A}_4) = 4k\mathrm{A}_4 = 4 \times 210 = 840(\mathrm{mm})$$

$$k\mathrm{A}_1 = c\mathrm{A}_2 = 2k\mathrm{A}_3 = 2c\mathrm{A}_4 = 2 \times 297 = 594(\mathrm{mm})$$

同样地,我们用 $c\mathrm{B}_i$ 和 $k\mathrm{B}_i$ 分别表示 B_i 复印纸的长和宽,有类似的规律如下

$$k\mathrm{B}_i = c\mathrm{B}_{i+1}, c\mathrm{B}_i = 2k\mathrm{B}_{i+1} \quad (i = 1,2,\cdots)$$

同样,我们可以通过简单的递推得到 B_1 型复印纸的尺寸

$$c\mathrm{B}_1 = 2k\mathrm{B}_2 = 2c\mathrm{B}_3 = 2(2k\mathrm{B}_4) = 4k\mathrm{B}_4 = 4 \times 257 = 1\ 028(\mathrm{mm})$$

$$k\mathrm{B}_1 = c\mathrm{B}_2 = 2k\mathrm{B}_3 = 2c\mathrm{B}_4 = 2 \times 364 = 728(\mathrm{mm})$$

注 据查有关标准,A_1 的尺寸为 594 mm × 841 mm,B_1 的尺寸为 728 mm × 1 030 mm,由于裁切的原因,与上述计算结果略有误差.

我们观察各种型号复印纸,感到它们“长得都很像”,我们可以猜想它们应该相似,为此,我们将表中的相邻的两行数做商发现

$$\frac{420}{297} \approx \frac{297}{210} \approx \sqrt{2}; \frac{364}{257} \approx \frac{257}{182} \approx \sqrt{2}$$

这就印证了我们的发现,而且它们满足相似形的面积比等于相似比的平方,即如果我们用 S_i, T_i 来分别表示 A_i, B_i 复印纸的面积,则有 $S_i = 2S_{i+1}, T_i = 2T_{i+1}$. 这和直接观察的结果是一致的. 进一步有如下递推关系

$$k\mathrm{A}_i \approx \sqrt{2}k\mathrm{A}_{i+1}, c\mathrm{A}_i \approx \sqrt{2}c\mathrm{A}_{i+1}$$

$$c\mathrm{B}_i \approx \sqrt{2}c\mathrm{B}_{i+1}, k\mathrm{B}_i \approx \sqrt{2}k\mathrm{B}_{i+1} \quad (i = 1,2,\cdots)$$

于是，我们又可以得到这样的近似结果

$$cA_i \approx \sqrt{2}kA_i, cB_i \approx \sqrt{2}kB_i \quad (i=1,2,\cdots)$$

这些发现的意义在于我们可以仅通过A系列各型复印纸的一个尺寸（如A_4的长），近似推出A系列各型复印纸所有的尺寸．对B系列也是如此．

2.6　平面几何知识在实际测量中的应用

几何学起源于古埃及的土地测量，中国的天文学计算等实际问题，因而平面几何知识在实际测量中有着广泛的应用．下面看几个测量问题：

例1　巧测地球半径．早在公元前230多年，希腊数学家埃拉托色尼就运用圆的弧长公式和两条平行线的性质，巧妙地测算出了地球的半径．

在夏至那天，塞恩城（图2.53中点A）的太阳光线在正午时刻垂直地照射在地面上．埃拉托色尼于同一时刻，在与塞恩城相距500英里（1英里＝1.6093千米）的亚历山大里亚城（图2.53中B点）测得太阳光线与垂直于地面的直线之间成7°的角．根据平行线间的同位角相等，得知$\overset{\frown}{AB}$所对的圆心角$\angle AOB=7°$．因而可推算出地球大圆周长为$\frac{500\times360}{7}\approx 25\,700$（英里，约合4万千米），从而计算出地球的半径为6 370千米．

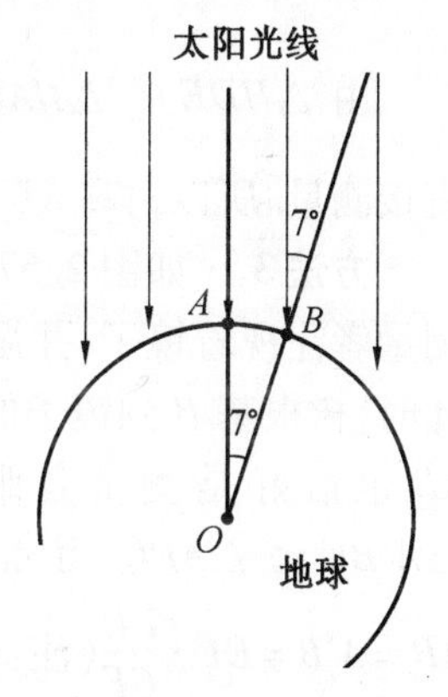

图2.53

现在，人们利用最先进的测量工具测得地球大圆周长是4万零76千米，半径为6 371千米．相差竟不到一千米，真令人惊叹！

例2　有一个方池，每边长一丈，池中央长了一棵芦苇，露出水面恰好1尺（1尺＝0.3333米），一阵大风吹来，把芦苇顶端吹向一岸边正中间，苇顶和岸边水面恰好相齐．问水深、苇长各多少？

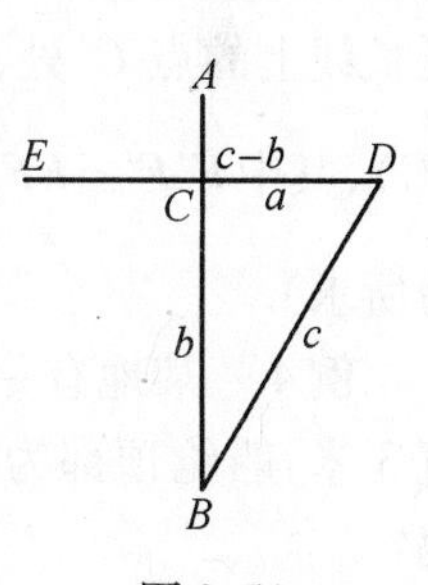

图2.54

如图2.54，设池宽$ED=2a=10$尺，C是ED的中点，那么，$DC=a=5$尺，生长在池中央的芦苇是AB，露出水的$AC=1$尺，而$AB=BD$．设$BD=c$，水深$BC=b$，在$\mathrm{Rt}\triangle BDC$中，有$a^2=CD^2=BD^2-BC^2=c^2-b^2$，又$AC=AB-BC=c-b=1$（尺），从而$a^2-(c-b)^2=c^2-b^2-(c-b)^2=c^2-b^2-(c^2-2bc+b^2)=2b(c-b)$，所以$b=\frac{a^2-(c-b)^2}{2(c-b)}$且$c=b+(c-b)$．

将a，$c-b$的数值代入上述两式，很容易求得水深$b=12$尺，芦苇长$c=13$尺．

例3　测量一棵大树的高度．

方法1　利用三角形相似的有关性质．

如图2.55，分别在太阳光下量出树AB的影子长BC，人$A'B'$的影子长$B'C'$．若$BC=30$米，$B'C'=2$米，而人的身高$A'B'=1.7$米，则由$AB:A'B'=BC:B'C'$得$AB:1.7=30:2$，所以$AB=25.5$米．

方法2　如图2.56，将一根适当长的竹竿（比身高略高）竖起插入地面，人沿CE方向，从竹竿DF的F处后退至点G，使自己的眼睛可以看到竹竿顶端D与树尖A在同一条直线上，同时，用眼睛打出水平方向与竹竿 DF 和树 AB 的交点 E,C,HG 为眼睛离地面的距离.

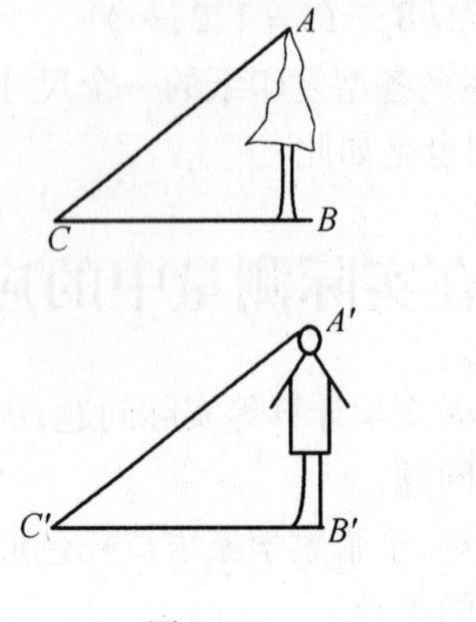

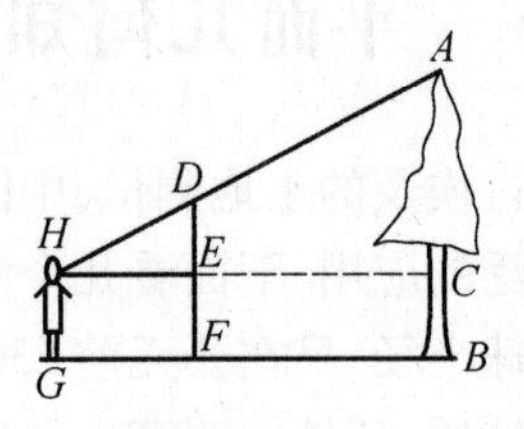

图 2.55　　　　图 2.56

由 $\triangle HDE \backsim \triangle HAC$，有 $HE : HC = DE : AC$，所以 $AC = \dfrac{HC \cdot DE}{HE}$，其中 HC,DE,HF 均可直接测量. 所以树高 $AB = AC + CB$.

方法 3　如图 2.57，把一面小镜子放在距树有一定距离的点 C，测量者注视着镜子，并慢慢离开镜子，直到镜子中出现树尖 A 方止步. 此时，树根基 B 到镜子的距离 BC 是镜子到测量的距离的几倍，树高 AB 也恰好是测量者眼睛到地面距离 EF 的几倍. 这是因为由 $\triangle A'BC \cong \triangle ABC$，而 $\triangle A'BC \backsim \triangle EFC$，有 $BA' : EF = BC : CF$，因此，$AB = A'B = EF \cdot \dfrac{BC}{CF}$(注：若树边有一障碍物，无法测得 BC 的数值时，可两次利用镜子. 第一次把镜子放在点 C，由前知有 $AB \cdot CF = EF \cdot BC$. 第二次镜子放在 BC 的延长线上的点 C' 处，同理有 $AB \cdot C'F' = E'F' : BC'$. 两式相减得 $AB(C'F' - CF) = EF(BC' - BC)$，其中 $E'F' = EF$，且 $C'F',CF,BC' - BC = CC',EF$ 均可直接测量，故树高 $AB = \dfrac{EF \cdot CC'}{C'F' - CF}$ 为所求).

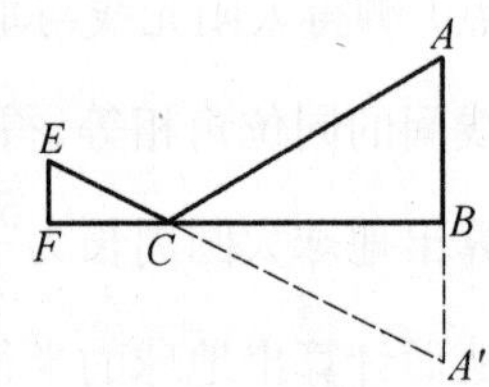

图 2.57

例 4　某地有一座圆弧形拱桥，桥下水面宽度为 7.2 米，拱顶高出水面 2.4 米，现有一艘宽 3 米，船舱顶部为方形并高出水面 2 米的货船要经过这里，此货船能顺利通过这座拱桥吗?

解　货船能否通过这座拱桥，关键看船舱顶部两角是否会被桥拱拦住，即当货船位于桥下正中位置时，两角的高度是否小于图 2.58 中的 FN. 这里 $\overset{\frown}{AB}$ 表示桥拱，$AB = 7.2$ 米，$CD = 2.4$ 米，$EF = 3$ 米，D 为 AB,EF 的中点，且 CD,ME,NF 均垂直于 AB，MN 交 CD 于 H. 作出 $\overset{\frown}{AB}$ 所在圆心 O，设 $OA = r$，则 $OD = r - 2.4$，$AD = 3.6$. 在 $\mathrm{Rt}\triangle OAD$ 中，有 $r^2 = 3.6^2 = (r - 2.4)^2$，知 $r = 3.9$. 又在 $\mathrm{Rt}\triangle ONH$ 中，有 $OH = \sqrt{ON^2 - NH^2} = 3.6$，从而 $FN = DH = 2.1$ 米.

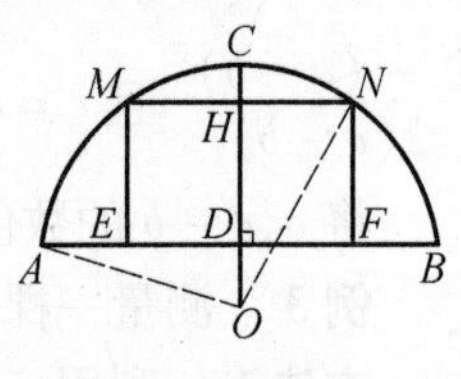

图 2.58

这里 2 米 < 2.1 米，因此货船可以通过，但需小心.

例 5　如图 2.59，某大楼上装有一块宽 $AB = 6.9$ 米的广告牌，广告牌底边距地面 $BD =$

11.6 米. 当你从远处正对广告牌走近时,在何处看广告牌效果最好?

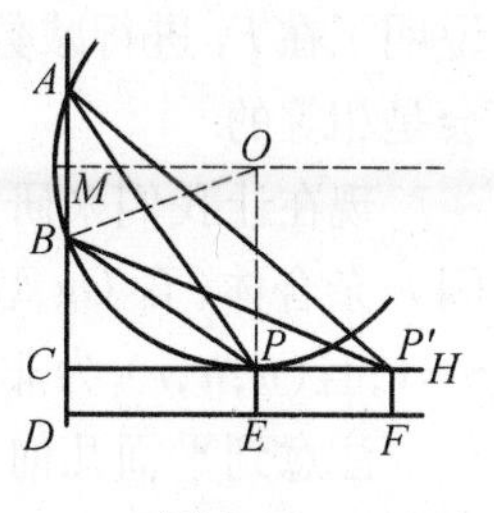

图 2.59

分析　人们在自然地观看景物时,视线有一定的范围. 在人的自然视线范围内,对某一物体的视角越大,则看得越清楚,效果也越好. 于是,我们要选择最佳点,即当人的眼部高度为 1.6 米时,在高出地面 1.6 米的水平线 CH 上求作一点 P,使 $\angle APB$ 最大.

设点 P 符合条件,即对 CH 上任一异于 P 的点 P',有 $\angle AP'B < \angle APB$. 注意到圆中有关角的定理,点 P 在某一通过 A,B 两点的圆上,点 P' 则在圆外,并且为了保证点 P 的唯一确定,此圆与 CH 只应有一个交点(相切),这样,过 A,B 两点作一圆 O 与 CH 相切,切点 P 是所要求作的点.

根据切割线定理,应有 $PC^2 = AC \cdot BC = (AB + BC) \cdot BC = 16.9 \times 10 = 169$,从而 $PC = 13$ 米. 故站在离广告牌底 13 米处的地方看广告牌效果最好.

此例说明,观看某一物体时应站在对其视角较大的点观看,远了或近了效果都会差一些. 这也启发人们,在安装某广告牌或景观点应注意设计恰当的安装位置和形状大小.

例 6　电视塔是用来发射电视广播信号的天线. 由于传送电视信号的电磁波频率很高,因此它只能像光线那样直线传播,遇到地面上的各种障碍物便会被吸收和反射,为了扩大电视信号的覆盖面积,避免干扰,一般的电视塔都建得很高. 现有某市的电视塔高 196 米,向它的信号可以传播多远?

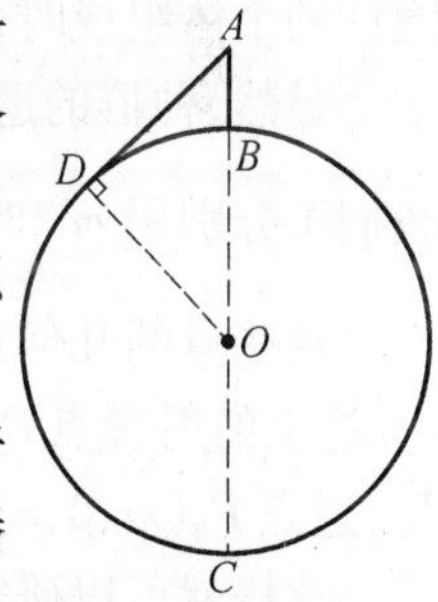

解　如图 2.60,过电视塔 AB 作地球截面得圆 O,延长 AB 交圆 O 于 C,则 BC 为圆 O 直径. 过 A 作圆 O 的切线 AD,D 为切点,则 AD 即为传播的距离. 设地球半径 $R = 6\ 371\ 000$ 米,则

$$AD^2 = AB \cdot AC = AB \cdot (AB + BC) = 196 \times (196 + 12\ 742\ 000)$$

图 2.60

于是 $AD \approx 49\ 974$ 米 ≈ 50 千米,故电视塔的信号可以传播约 50 千米远.

2.7　几何变换与生物中的种群遗传

用几何变换的图示可使生物种群遗传的某些问题具有十分明显的直观性. 对于一些本来需通过周期相当长的种群遗传后代实验的观察、分析,才能了解的种群遗传后代的变化趋势,一旦将种群遗传问题划归为“几何点”及其变换图示之后,通过对几何图形的分析和研究,其结果变得十分直观而简洁.

在中学生物课的“遗传和变异”部分介绍了:生物的性状遗传主要是通过染色体上的基因(遗传物质的基本单位)传递给后代的,生物的体细胞中,控制每一相对性状的基因都是成对地存在着. 例如,纯种高茎豌豆(A)的每一个体细胞都含有成对的高茎基因(GG),纯种矮茎豌豆(C)的每一个体细胞中都会有成对的矮茎基因(gg).

以高茎豌豆与矮茎豌豆作亲本(A),进行异花传粉,得到杂种第一代(F_1),其长成的植株都是高茎. 而 F_1 中体细胞都是含有 Gg 型基因的,这说明 G 对 g 有显性作用. 如果将仅含有 Gg 型基因的种群(B)的雌雄配子结合,产生的后代 F_2 中便出现三种基因组合:GG,Gg,gg,对足够多的后代个体来说,它们之间的比接近于 1∶2∶1;即它们分别占总体的$\frac{1}{4}$,$\frac{1}{2}$,$\frac{1}{4}$,这

说明了在 F_1 进行减数分裂时,等位基因随之分离,雌雄配子的比接近于1∶1,它们的结合机会是相等的.

现在让我们来研究某一确定的生物种群 P,设 d,h 和 r 分别表示显性个体(含 GG 型基因)、杂合体(含 Gg 型基因)和隐性个体(含 gg 型基因)占总体的比例,那么显然有 $d+h+r=1$,且(d,h,r)为非负的三数组.

注意到平面几何中一个颇为熟悉的命题:等边三角形内的任一点到其三边距离之和为定值(等于等边三角形的高). 我们考虑边长为 $\frac{\sqrt{3}}{2}$ 的等边 $\triangle ABC$,那么其内任一点 P 到三边 BC,AC,AB 的距离 d,h,r 之和等于1(即 $\triangle ABC$ 的高),如图2.61,我们称数 d,h,r 为点 P(关于 $\triangle ABC$)的坐标,并且如同通常的坐标写法,记 $P=P(d,h,r)$. 于是,具有显性、杂性、隐性的个体占总数之比例为 d,h,r 的每一种群,便对应着 $\triangle ABC$ 内的点 $P(d,h,r)$. 尤其是当种群单纯由显性的或杂合的或隐性的个体组成时,它们便分别对应于 $\triangle ABC$ 的顶点 $A(1,0,0)$,$B(0,1,0)$ 和 $C(0,0,1)$.

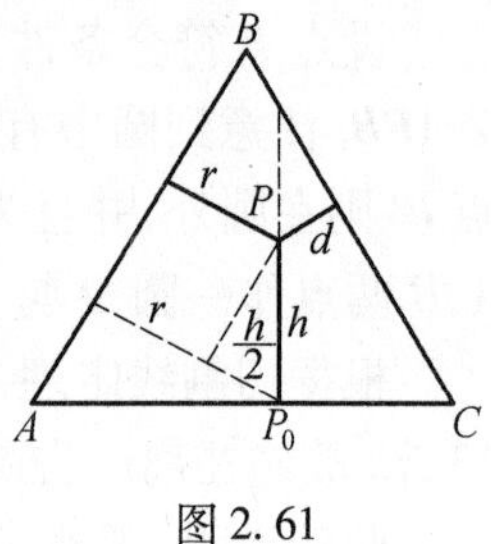

图2.61

显然,种群的遗传特征与其个体中的 G 和 g 占所有个体的基因总数之比例有关,这两者我们可分别用 m 和 n 来表示. 易知,对于种群 $P(d,h,r)$ 有 $m=d+\frac{h}{2}$,$n=r+\frac{h}{2}$.

这些量的几何意义是什么? 从图2.61中可以看出,m 和 n 是 $\triangle ABC$ 中的点 $P(d,h,r)$ 在 AC 边上的射影点 P_0 的坐标,因此,遗传基因的组成为 $m:n(m+n=1)$ 的种群,其几何表示是:过点 $P_0(m,0,n)$ 引 AC 的垂线,该垂线上在 $\triangle ABC$ 内的某一个点.

这样就可以研究我们的基本问题了,如果某种群 P,它可以表示为 $\triangle ABC$ 的某点 $P(d,h,r)$,该种群经与具有某种基因组合的种群配对后,所产生的遗传后代种群 P',它对应于 $\triangle ABC$ 中的某点. 那么,从 $\triangle ABC$ 中的点如何作出其"遗传变换"而得到点 P'? 请看下面的例子.

例1 假设种群 $P=P(d,h,r)$ 仅与显性个体 A 配对,那么其杂交后代的每个体细胞的基因之一显然是显性的,而另一种来自种群 P 中的亲本遗传基因则有两种类型可供选择. 可以认为种群 P 中所有遗传基因被结合的机会是相等的,所以在后代中第二个基因是 G 型的比例等于种群 P 中的 m,而第二个基因是 g 型的比例则等于 n. 在第一种情况下,后代的个体是显性的;在第二种情况下,产生的将是杂合体. 所以,在遗传后代的种群 P' 中,A,B 和 C 型个体的比例 d',h' 和 r' 的构成是

$$d'=m=d+\frac{h}{2},h'=n=r+\frac{h}{2},r'=0$$

下面来阐述如何作出相应的变换 f_1:在 $\triangle ABC$ 中,$P\to P'$.

比较点 $P'(m,n,0)$ 和点 $P_0(m,0,h)$ 的坐标(P_0 是点 P 在 AC 上的身影)如图2.62. 注意到点 P' 在边 AB 上,由平面几何知识易知 P' 与 A 的距离 $|AP'|=|AP_0|$. 设点 P_1 为直线 P_0P 和 AB 的交点,即 P_1 是点 P 沿垂直于 AC 的方向与直线 AB 的交点(简称为"沿 h 的方向"),这时,$|AP_1|=\frac{|AP_0|}{\cos 60^\circ}=2|AP_0|$,即 $|AP'|=\frac{1}{2}|AP_1|$. 换句话说,要从点 P 得到点 $P'=f_1(P)$,需将点 P 沿 h 的方向投影到直线 AB 上,然后取 AP_1 的中点,即为点 P'.

于是,遗传变换f_1就是依次施行下列两次变换的合成:沿h方向平移到直线AB上的变换,及以A为位似心,位似比为$\frac{1}{2}$的位似变换.

由此可见,该变换可使整个$\triangle ABC$(一切可能的种群的集合)变换为一条线段——它的一边AB(不含隐性个体的种群集合).同时,点A是该变换下唯一的不动点,这从遗传学的观点来看是显然的.如果种群P'再与显性个体A配对,那么其遗传后代的种群P''便很容易表示了,即以A为位似心,位似比为$\frac{1}{2}$的位似变换,便将P'变成P''.每进行一次这样的变换,所得到的点便更加接近于显性种群A.

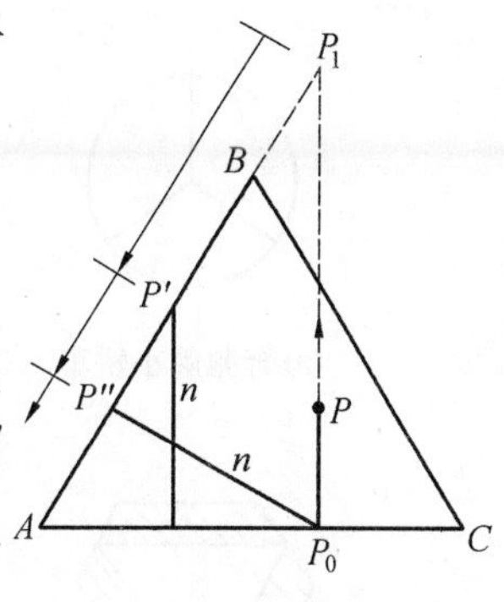

图 2.62

例 2　今设种群$P=P(d,h,r)$与杂合体B配对,在其后代中,得自杂合体亲本的基因中,G型和g型将各占一半.后代个体(得自亲本P)的第二个基因为G的比例恰为m,第二个基因为g的比例为n.因此,对遗传后代种群$P'(d',h',r')$有$d'=\frac{m}{2}=\frac{d}{2}+\frac{h}{4}$,$h'=\frac{m}{2}+\frac{n}{2}=\frac{1}{2}$,$r'=\frac{n}{2}=\frac{r}{2}+\frac{h}{4}$.

比较点$P'(\frac{m}{2},\frac{1}{2},\frac{n}{2})$和点$P_0(m,0,n)$的坐标,说明点$P'$是点$P_0$在以$B$为位似心,位似比为$\frac{1}{2}$的位似变换下得到的图 2.63.

这就是说,点P到P'的变换是:点P沿h方向投影到过AB,CB中点的直线MN的变换及以$\triangle ABC$的中位线MN的中点T为位似心,位似比为$\frac{1}{2}$的位似变换的合成.由此可见,遗传变换f_2可将$\triangle ABC$(一切可能的种群集合)变换到中位线MN(杂合体占一半的种群集合),并且点$T(\frac{1}{4},\frac{1}{2},\frac{1}{4})$是在该变换下唯一的不动点(保持其成分稳定的种群).

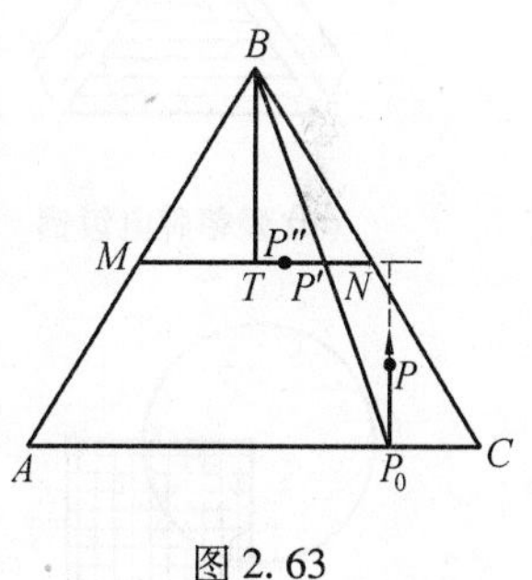

图 2.63

依次与杂合体配对的后代种群P',$P''=f_2(P')$,…,可用线段MN上的点来表示,其中每个点变到下一个点的变换,都是以T为位似中心,位似比为$\frac{1}{2}$的位似变换(显然,这时无须进行投影变换).所以种群P',P'',…,无限地趋近于稳定种群T.

2.8　几何图形在商标设计中的应用

平面几何中的基本图形——三角形、长方形、正方形、梯形、菱形、正多边形以及圆等已进入商标设计,并扮演越来越重要的角色,因为平面几何图形商标,在多种类型的商标中,具有显著的广告宣传优势.从而这为平面几何知识联系实际,为市场经济服务,开辟了一条有效途径;同时,也给中学数学的教与学增添了生动的内容,还可提高学生学习几何知识的兴趣.

下面的图形是常见的几何图形商标:

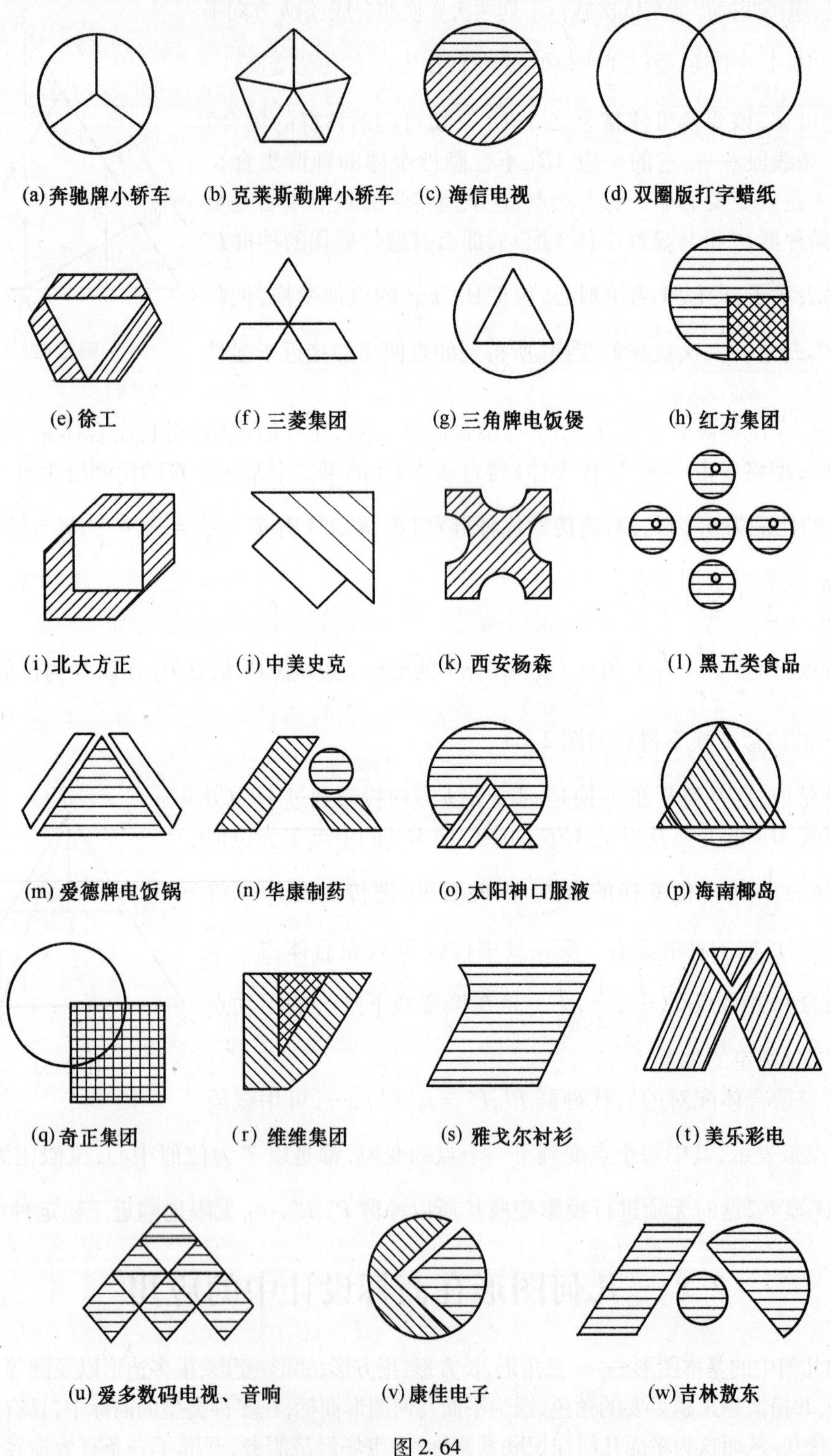

图 2.64

从上述图形中可以看出几何图形商标有以下鲜明特点:(1) 构图简洁明快,立体感强. 这是由基本几何图形形体规则所决定的:单独成形、分开成形(如(a),(b),(c) 等)、相似组形(如(e), (f),(i),(l) 等)、混合组形(如(h),(j),(m),(n),(o),(p),(q) 等)、变形(如(r),(s),(t) 等)、拟形(如(i),(n) 等). 因此它给人们的整体印象鲜明而突出;(2) 彼此差异显著,易于人们识别和辨认. 因为不同种类的几何图形的本质属性不同,决定了人们的视觉效果有很大不同. 即使同为直线图形,由于基本几何图形的组合不同,色彩不同,也会显示出较大差别,因而不易被混淆;(3) 规范性强,易于制作. 由于基本几何图形的作图,都有既定标准和作法,而且只用圆规和直尺这两种工具就可以完成. 这给几何图形商标的制作,带来了极大方便,一旦制图规范确定下来,便可整齐划一地制作出各种大小尺寸的几何图形商标出来.

由于具有如上鲜明特点,这给几何图形商标带来了良好的广告效应(这正是商标的主要价值所在). 直线形粗实而富有力度,曲线形优美而富有美感,对称形表现为均衡形美,不对称形表现出和谐美,黑白图形庄严而有力,着色图形明丽而悦目,…… 以体现广告的力度和美感;几何图形商标中粗拙的线条使人联想到产品的质量坚实可靠,优雅的图案使人联想到产品美妙、灵巧;有的与商品或厂家名称结合得惟妙惟肖,形物合一,使人一看便知其名称(如(f),(h),(i) 等);有的富有变化发人思索,有的构思巧妙,耐人寻味,如(h) 喻义大脑思维与外部世界的联系,从而达到"联想" 意味,又如(k) 喻义四方都吃该厂药品,厂家有向八方发展的雄心,…… 正因为如此,所以国内外不少著名商标,都采用几何图形.

2.9　几何图形在体育运动会会徽设计中的应用

几何图形在运动会会徽设计中被广泛地运用. 下面仅以几届奥运会的会徽设计为例说明.

2.9.1 运用合同变换绘制会徽

1988 年在加拿大卡尔加里举办的第十五届冬季奥运会会徽,最引人注目的是体现民族风格的雪花图形,以及传统意义上的枫叶形象. 加拿大和卡尔加里的第一个字母是 C,这片枫叶和雪花正是由大小、形状不同的字母 C 组成的,表达了加拿大人民对奥运的强烈渴望.

仔细观察这一由大小不同、形状相同的字母 C 所构成的会徽,可以看到它由五个相等的小半圆和五个相等的大半圆构成,十个半圆的圆心则位于一个正五边形各边的中点,相邻两个大半圆相交,得到十个交点,靠近图形中央的五个交点构成一个"曲边正五边形",其中心恰为正五边形的中心,靠近外面的五个交点正好是正五边形的五个顶点. 每一个大半圆都与相邻的小半圆相叠,五个大半圆与五个小半圆奇妙地构成了雪花与枫叶. 如图 2.65,各圆相互叠加,叠加部分的宽度为各圆环宽度. 五个大小半圆环均如此叠加,得到最终图形如图 2.66.

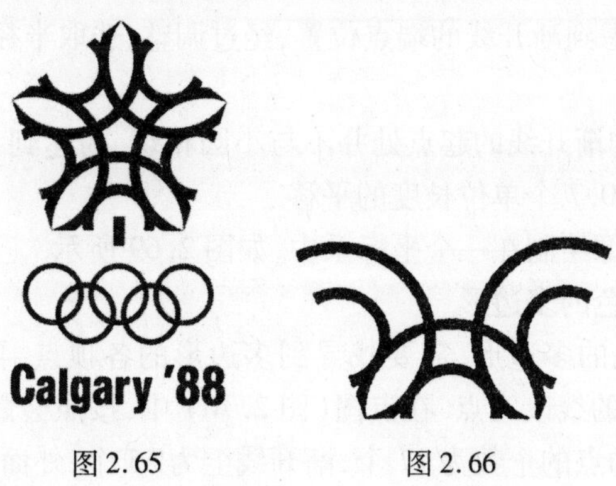

图 2.65　　图 2.66

利用了平面几何图形的全等、叠加、旋转、组合，可以类似绘制 1960 年冬季奥运会会徽，1976 年夏季奥运会会徽等，如图 2.67.

图 2.67

2.9.2 采用几何图形与函数曲线综合绘制会徽

1972 年在德国慕尼黑举办的第二十届夏季奥运会会徽只有黑白两种色彩，主体部分是一顶光芒四射的桂冠，喻义着慕尼黑奥运会的主体精神：光明、清新、崇高.

初看这一会徽如图 2.68，被其螺旋形所吸引，加上图片所选用的黑白两色，有着奇妙的视觉效果. 直觉上，这个图案与数学的函数间有着密切的关系. 由螺旋形首先想到阿基米德螺线，后来由会徽最中心位置的小圆和最外边的大的同心圆，想到了圆的渐开线，于是转向寻找圆的渐开线方程.

图 2.68

(1) 绘制圆

① 中心位置的小圆：选取半径为 2 的圆，选定圆的参数方程，再利用 Mathematica 绘制图像.

② 最外的大圆：考虑到渐开线的端点位置，经过调整，选取半径为 10.6，作出大圆.

(2) 画圆的渐开线

对比会徽，发现圆的渐开线的起点处并不与小圆相切，为达到和会徽相似的效果，选用的渐开线沿 x 轴进行了 0.7 个单位长度的平移.

(3) 将上述三个图像绘制在一个坐标系中，如图 2.69 所示.

(4) 绘制会徽中黑色的多边形

① 观察会徽中黑色的多边形，需要找寻到多边形的各顶点，再将顶点相连，得到多边形. 所以，将上述图形中的线改为点. 在点图(图 2.70) 中，按照会徽中的黑色多边形个数确定取的点数，中间小圆的点的个数为 17 个，渐开线上为 55 个，外面大圆为 35 个.

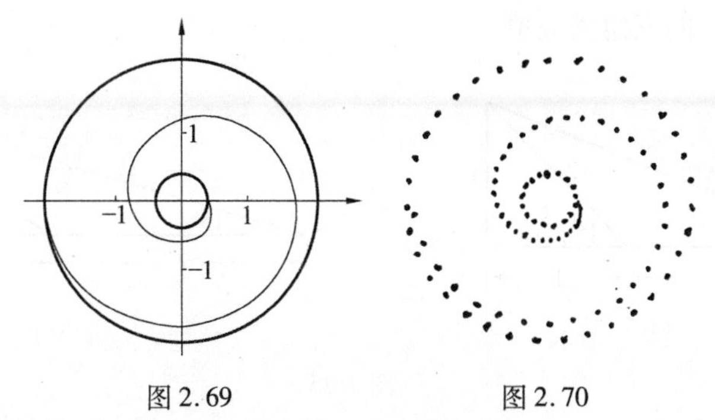

图 2.69　　　　图 2.70

为了联结多边形，将坐标轴隐去，保留中间小圆的圆心.

② 绘制多边形：

a. 从小圆到第一层渐开线，将小圆的点与渐开线的各点相连，如图 2.71.

b. 外层多边形：从小圆圆心联结外面各点，构成以圆心为一个顶点的三角形，如图2.72.

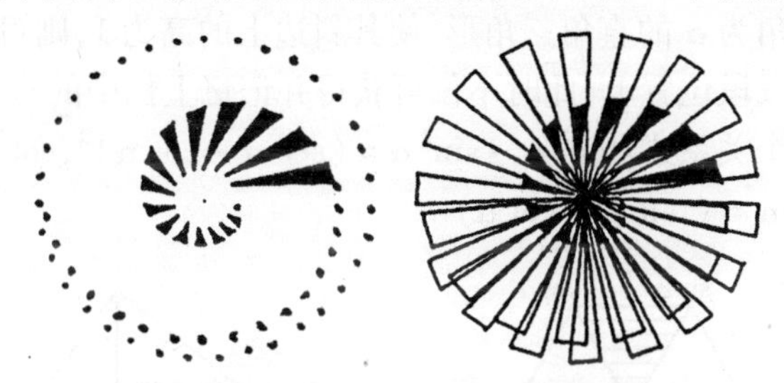

图 2.71　　　　图 2.72

c. 将以圆心为一个顶点的各三角形，沿渐开线切割，使其成为多边形如图 2.73.

d. 擦除从圆心出发的多余线段，得到最终的图案，如图 2.74.

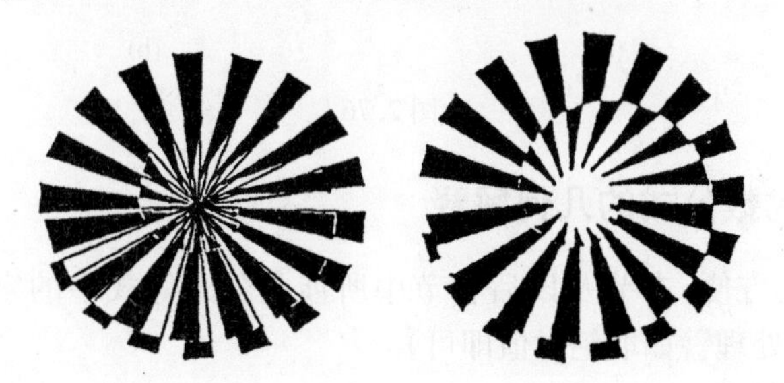

图 2.73　　　　图 2.74

运用以上方法可以绘制 1988 年韩国汉城奥运会会徽，2006 年都灵冬奥会等. 这一组会徽的绘制方法主要是将函数曲线通过旋转、组合，综合运用平面几何图形的绘制方法.

2.10 几何图形及性质在诠释或获得数学结论中的作用

平面图形中元素的位置关系与度量关系蕴含着数学知识的奥妙. 深入发掘平面图形的有趣性质，便可认识并理解甚至获得数学各分支中的一系列重要结论.

2.10.1 利用简单图形得到和帮助我们记忆数学公式

例 1　设直角三角形某一边长为 1，利用图 2.75，则很容易得到和记忆 30°，60°，75°，15°

与 45°,22.5°,67.5° 的三角函数值.

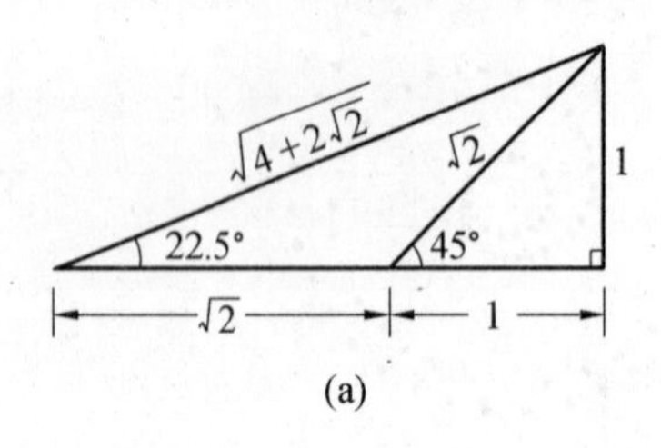

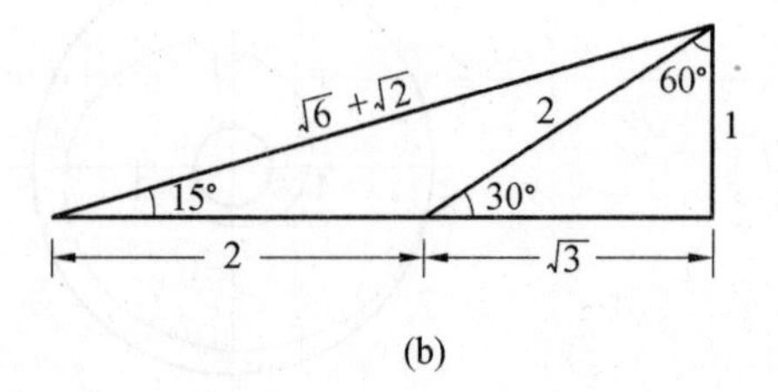

图 2.75

例 2 把六个三角函数按次序写在正六边形的角顶上,把 1 写在中心上,则可帮助记忆三角函数的八个基本关系式:$\sin\alpha\cdot\csc\alpha=1$,$\cos\alpha\cdot\sec\alpha=1$,$\tan\alpha\cdot\cot\alpha=1$,$\sin^2\alpha+\cos^2\alpha=1$,$\sec^2\alpha-\tan^2\alpha=1$,$\csc^2\alpha-\cot^2\alpha=1$,$\tan\alpha=\dfrac{\sin\alpha}{\cos\alpha}$,$\cot\alpha=\dfrac{\cos\alpha}{\sin\alpha}$,如图 2.76(a).

例 3 作一个锐角为 α 的直角三角形,使其斜边上的高为 1,则可把六个三角函数标在如图 2.76(b) 所示的线段位置上,此时不仅可获得并记忆上例中的八个基本关系式,而且还可获得并记忆如下三个关系式:$\tan^2\alpha-\sin^2\alpha=(\sec\alpha-\cos\alpha)^2$,$\cot^2\alpha-\cos^2\alpha=(\csc\alpha-\sin\alpha)^2$,$\sec^2\alpha+\csc^2\alpha=(\tan\alpha+\cot\alpha)^2$.

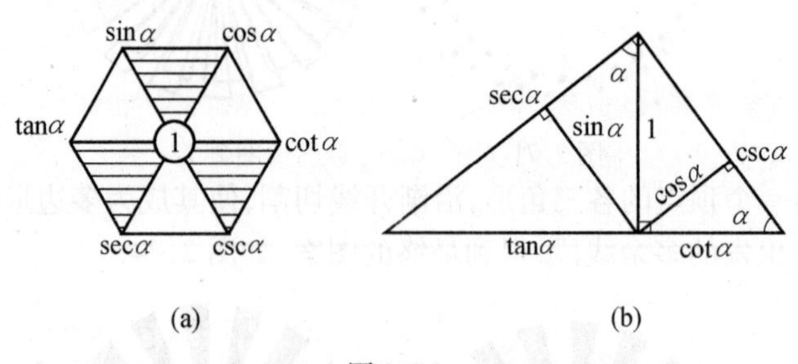

图 2.76

2.10.2 几个代数公式的几何解释

为了讨论问题的方便,本节及以后各节中所涉及公式等式中的字母都假定表示正数(因负数只需作技术处理譬如取绝对值即可).

(1) 多项式乘法公式:$(a+b)(c+d)=ac+bc+ad+bd$.

长、宽分别为 $a+b$,$c+d$ 的一个长方形 $ABCD$ 被十字分成四个小长方形,大长方形面积是 $(a+b)(c+d)$,四个小长方形面积分别是 ac,bc,ad,bd,如图 2.77(a).

(2) 和的平方公式:$(a+b)^2=a^2+2ab+b^2$.

一个边长为 $a+b$ 的正方形 $ABCD$ 被十字分成两个小正方形和两个小长方形,大正方形面积为 $(a+b)^2$,两个小正方形面积为 a^2,b^2,两个小长方形面积为 ab,ab,如图 2.77(b).

(3) 差的平方公式:$(a-b)^2=a^2-2ab+b^2$

将边长分别为 $a,b(a>b)$ 的两个正方形拼在一起,把大正方形用十字分成两个小正方形和两个小长方形,这两个小正方形面积分别为 $(a-b)^2,b^2$,这两个小长方形面积都为 $(a-b)b$,如图 2.77(c).

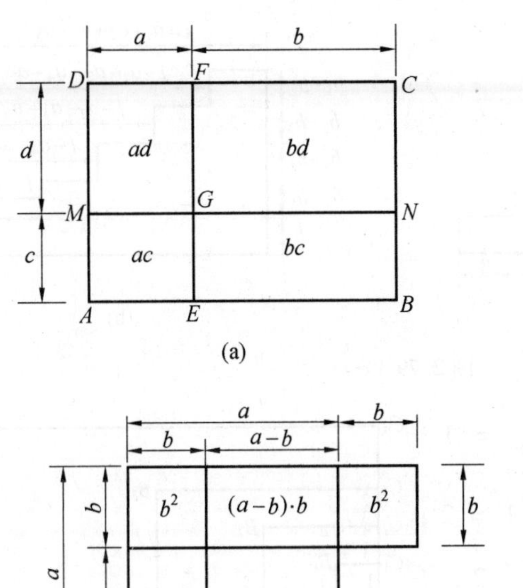

(a)

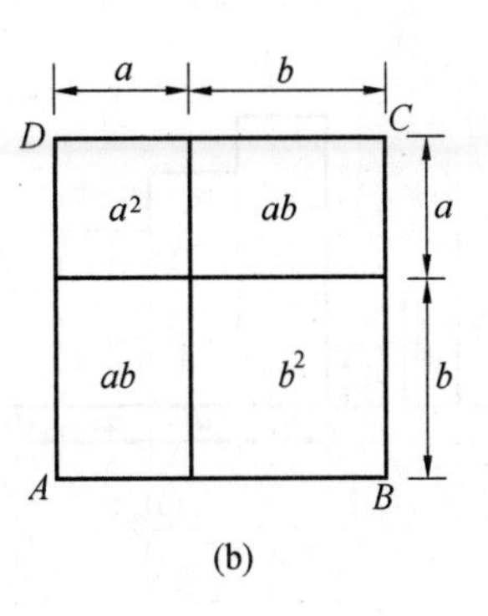

(b)

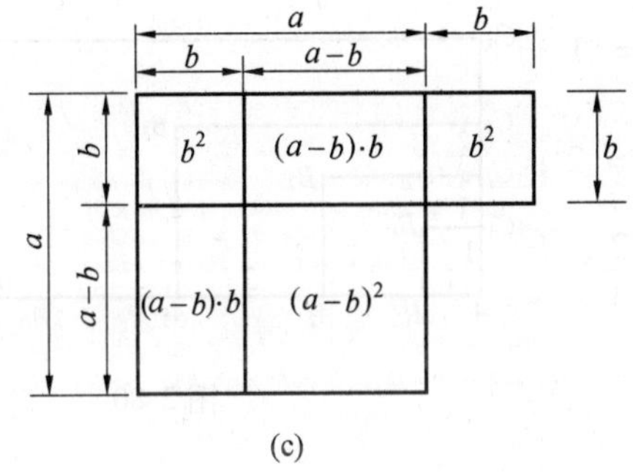

(c)

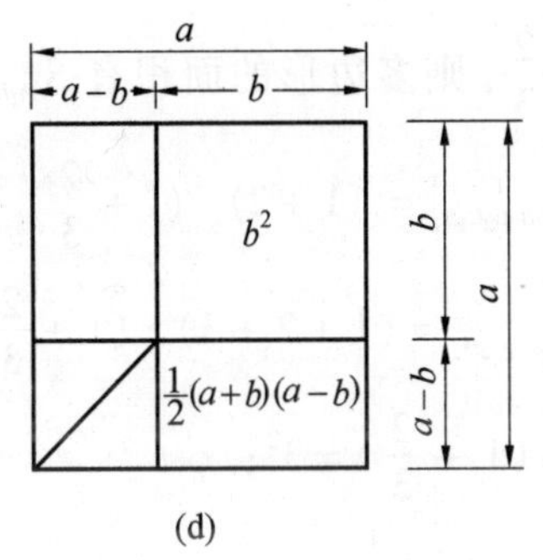

(d)

图 2.77

(4) 平方差公式:$a^2-b^2=(a+b)(a-b)$.

以边长为 a 作正方形,用十字分成两个小正方形和两个小长形,这两个小正方形面积分别为 $(a-b)^2$ 和 $b^2(a>b)$,又用斜线将面积为 $(a-b)^2$ 的小正方形用斜线分开,得到图中两个面积均为 $\frac{1}{2}(a+b)(a-b)$ 的直角梯形,如图 2.77(d).

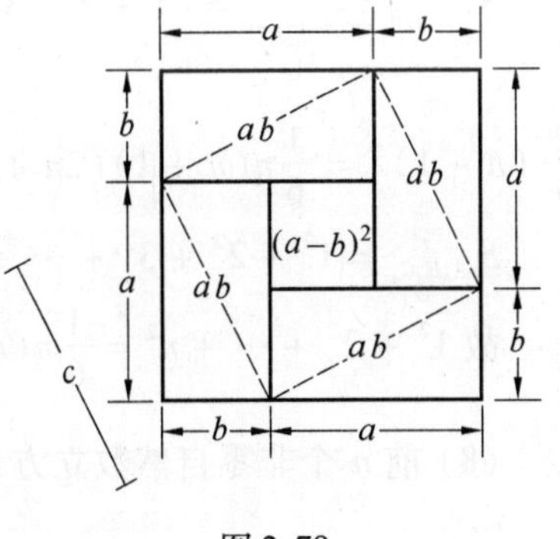

图 2.78

(5) 勾股公式:$c^2=a^2+b^2$.

以 $a+b(a>b)$ 为边长作正方形,将正方形分割成四个小长方形和一个小正方形,如图 2.78,则有 $(a+b)^2=4ab+(a-b)^2$.

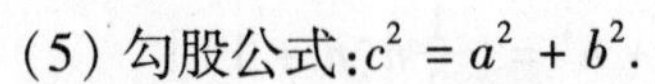

在四个小长形上连上如图所示的虚线,令其长为 c,则 $c^2=4\cdot\frac{ab}{2}+(a-b)^2=a^2+b^2$.

(6) 阿贝尔公式:$a_1b_1+a_2b_2+a_3b_3+a_4b_4+a_5b_5=a_1(b_1-b_2)+(a_1+a_2)(b_2-b_3)+(a_1+a_2+a_3)(b_3-b_4)+(a_1+a_2+a_3+a_4)(b_4-b_5)+(a_1+a_2+a_3+a_4+a_5)\cdot b_5$.

如图 2.79 作出如下两个一样的台阶形进行不同分割即得.

(7) 前 n 个非零自然数平方和公式:$1^2+2^2+\cdots+n^2=\frac{1}{6}n(n+1)(2n+1)$.

如图 2.80,将 $\frac{1}{6}n(n+1)(2n+1)$ 看作是长为 $\frac{1}{2}n(n+1)$,宽为 $\frac{1}{3}(2n+1)$ 的矩形的面积.

在矩形 $AA_nB_nC_n$ 中,$AA_1=1,A_1A_2=2,A_2A_3=3,\cdots,A_{n-1}A_n=n,AC_1=1,C_1C_2=C_2C_3=\cdots=$

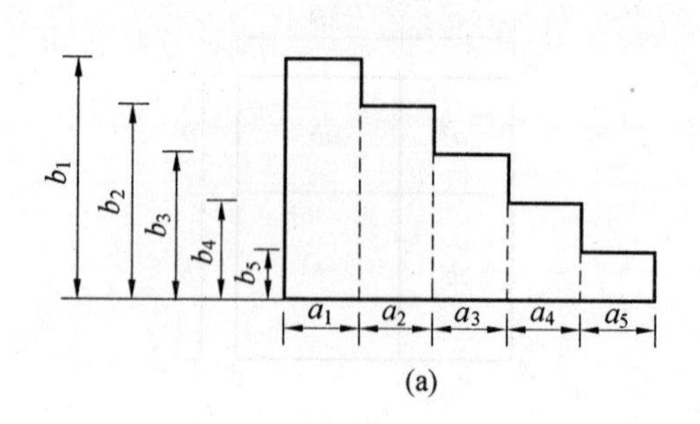

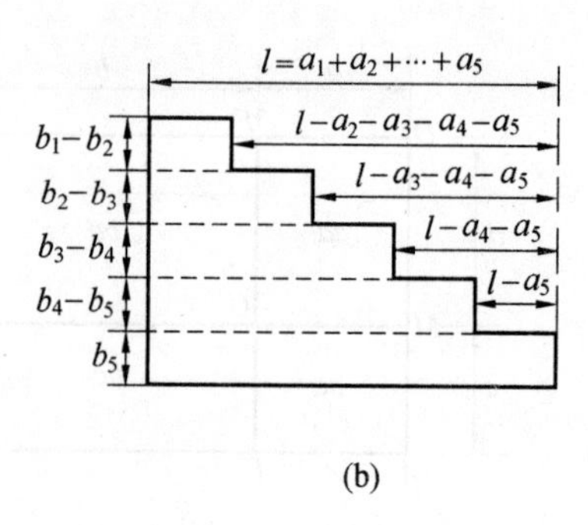

图 2.79

$C_{n-1}C_n = \dfrac{2}{3}$，则多边形的面积有：$S_{AA_1B_1C_1} = 1 \cdot 1 = 1^2$；$S_{A_1A_2B_2C_2C_1B_1} = (1+2)\cdot(1+\dfrac{2}{3}) - 1^2 = 2^2$；

$$S_{A_2A_3B_3C_3C_2B_2} = (1+2+3)\cdot(1+\frac{2}{3}+\frac{2}{3}) - (1+2)\cdot(1+\frac{2}{3}) = 3^2;$$

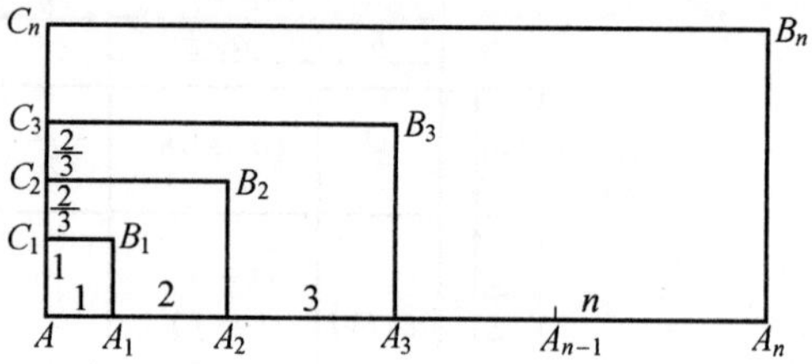

图 2.80

$$\vdots$$

$$S_{A_{n-1}A_nB_nC_nC_{n-1}B_{n-1}} = (1+2+3+\cdots+n)\cdot(1+\underbrace{\frac{2}{3}+\cdots+\frac{2}{3}}_{n-1\text{个}}) = \frac{1}{2}n(n+1)\cdot\frac{1}{3}[1+\frac{2}{3}(n-1)] = \frac{1}{6}n(n+1)(2n+1);$$

$$S_{AA_nB_nC_n} = 1^2+2^2+3^2+\cdots+n^2.$$

故 $1^2+2^2+\cdots+n^2 = \dfrac{1}{6}n(n+1)(2n+1)$

(8) 前 n 个非零自然数立方和公式：$1^3+2^3+3^3+\cdots+n^3 = [\dfrac{1}{2}n(n+1)]^2$.

如图 2.81，将 $[\dfrac{1}{2}n(n+1)]^2$ 看作是边长为 $\dfrac{1}{2}n(n+1)$ 的正方形面积. 在正方形 $AA_nB_nC_n$ 中，$AA_1=1, A_1A_2=2, \cdots, A_{n-1}A_n=n, AC_1=1, C_1C_2=2, \cdots, C_{n-1}C_n=n$，从而 $S_{AA_nB_nC_n} = 1^3+2^3+\cdots+n^3$；

另一方面，$S_{AA_nB_nC_n} = (1+2+\cdots+n)(1+2+\cdots+n) = [\dfrac{1}{2}n(n+1)]^2$，故 $1^3+2^3+\cdots+n^3 = [\dfrac{1}{2}n(n+1)]^2$.

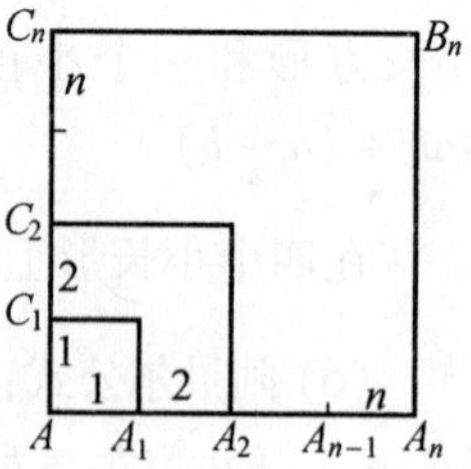

图 2.81

2.10.3 几个代数不等式的几何解释

(1) 不等式 $a^2+b^2 \geqslant 2ab$，当且仅 $a=b$ 时等号成立.

由图 2.78，即有 $a^2+b^2 = 2ab+(a-b)^2 \geqslant 2ab$. 下面再构出一图，以 $\sqrt{2}a+\sqrt{2}b$ 为直径即 $AD+DB=AB$ 作半圆 O，并以直径 AB 为斜边，顶点 C 在半圆上作等腰直角三角形 ABC，过 D 作 $DE \perp AB$ 交半圆于 E，作 $DM \perp AC$ 于 M，作 $DN \perp BC$ 于 N，则 $DM=a, DN=b$. 显然

$a^2+b^2=CD^2 \geqslant CO^2 \geqslant DE^2=AD\cdot DB=2ab$，如图 2.82.

(2) 不等式$\frac{1}{2}(a+b)\geqslant\sqrt{ab}$，当且仅当 $a=b$ 时等号成立.

以 $a+b$ 为直径(即以 $AD+DB=AB$)作半圆，过 D 作 $DC\perp AB$ 交半圆于 C，显然 $\frac{1}{2}(a+b)=OC\geqslant CD=\sqrt{AD\cdot DB}=\sqrt{ab}$，如图 2.83.

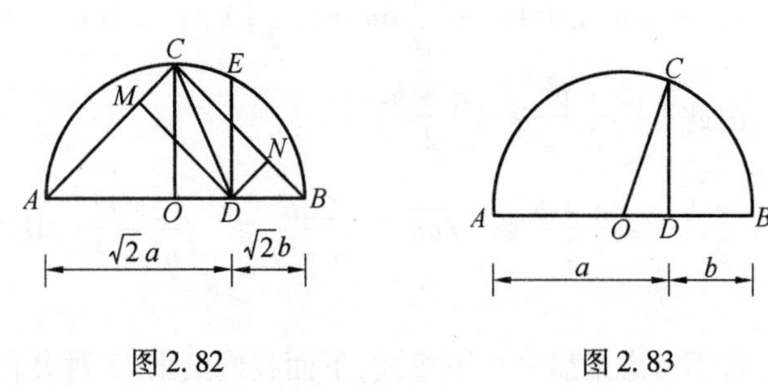

图 2.82　　图 2.83

(3) 不等式$\sqrt{\frac{a^2+b^2}{2}}\geqslant\frac{a+b}{2}$，当且仅当 $a=b$ 时等号成立.

以边长为 $a+b$ 作正方形 $ABCD$，用十字把正方形分成两个小正方形和两个小长方形，十字顶点设为 G，则 $AG+GB\geqslant AB$，即 $2\sqrt{a^2+b^2}>\sqrt{2}(a+b)$，亦即有$\sqrt{\frac{a^2+b^2}{2}}\geqslant\frac{a+b}{2}$，如图 2.84(a). 由此也可有下述不等式(4).

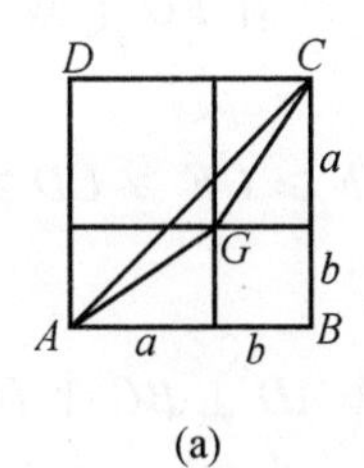

(a)

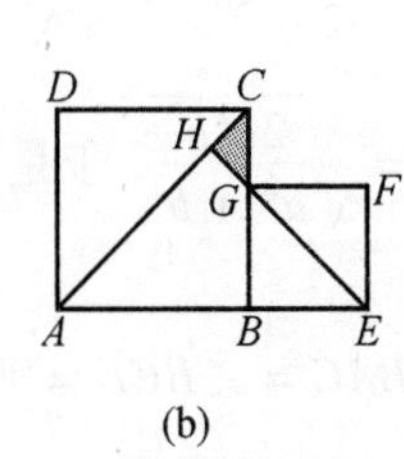

(b)

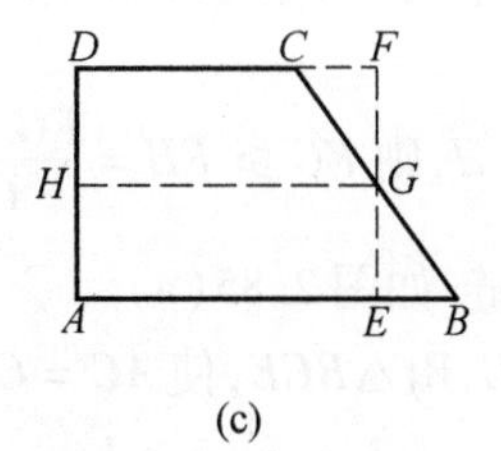

(c)

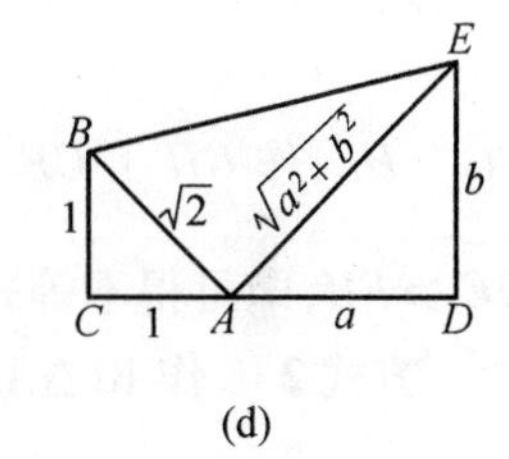

(d)

图 2.84

(4) 不等式$\frac{1}{2}(a^2+b^2)\geqslant(\frac{a+b}{2})^2$，当且仅当 $a=b$ 时等号成立.

方式 1　作正方形 $ABCD$，$BEFG$，如图 2.84(b)，使 $AB=a$，$BE=b(a>b)$，延长 EG 交 AC 于 H，则 $S_{\triangle ABC}=\frac{a^2}{2}$，$S_{\triangle BEG}=\frac{b^2}{2}$，$S_{\triangle AEH}=(\frac{a+b}{2})^2$.

显然，$S_{\triangle ABC}+S_{\triangle BEG}=S_{\triangle AEH}+S_{\triangle GCH}\geqslant S_{\triangle AEH}$，当且仅当 G,H,C 重合时，等号成立，即知 $\frac{1}{2}(a^2+b^2)\geqslant(\frac{a+b}{2})^2$.

方式 2　作直角梯形 $ABCD$ 如图 2.84(c)，其中 AD 是直角腰，作中位线 GH，过 G 作 $EF\,/\!/\,AD$ 交 AB 于 E，交 DC 的延长线于 F，则 $\mathrm{Rt}\triangle EBG\cong\mathrm{Rt}\triangle FCG$，有 $BE=CF$，$AE=DF=HG$. 设 $AB=a$，$CD=b$，则 $HG=\frac{a+b}{2}$.

于是，$\frac{1}{2}(a^2+b^2)=\frac{1}{2}(AB^2+CD^2)=\frac{1}{2}[(AE+EB)^2+(DF-CF)^2]=HG^2+EB^2\geqslant$

$HG^2=(\frac{a+b}{2})^2$,其中等号当且仅当 B 与 E 重合,亦即 $a=b$ 时成立.

方式3 如图2.84(d)作直角梯形 $BCDE$,使 $BC=1,CA+AD=1+a,DE=b$,则 $AB=\sqrt{2},AE=\sqrt{a^2+b^2}$. 由 $S_{梯形BCDE}=S_{\triangle ABC}+S_{\triangle AEB}+S_{\triangle ADE}$,有$\frac{1}{2}(1+b)(1+a)=\frac{1}{2}\cdot 1\cdot 1+\frac{1}{2}\cdot\sqrt{2}\cdot\sqrt{a^2+b^2}\cdot\sin\angle BAE+\frac{1}{2}ab\leqslant\frac{1}{2}[1+\sqrt{2(a^2+b^2)}+ab]$,亦即 $\sqrt{2(a^2+b^2)}\geqslant a+b$,由此有$\frac{a^2+b^2}{2}\geqslant(\frac{a+b}{2})^2$.

(5)不等式链$\sqrt{\frac{a^2+b^2}{2}}\geqslant\frac{a+b}{2}\geqslant\sqrt{ab}\geqslant\frac{2ab}{a+b}\geqslant\sqrt{\frac{2a^2b^2}{a^2+b^2}}$,其所有等号当且仅当 $a=b$ 时取得.

这个不等式链中,若不考虑最后一个不等式,下面我们给出13种几何图形证明.

方式1 以 $AB=AC+CB=a+b$(设 $a\geqslant b$)为直径作半圆 O,过 C 作 $DC\perp AB$ 交半圆于 D,则 $CD=\sqrt{ab}$,O 为 AB 中点,则 $OD=\frac{1}{2}(a+b)$. 过 C 作 $CE\perp OD$ 于 E,则 $CD^2=DE\cdot OD$,有 $DE=\frac{2ab}{a+b}$. 而 $DE\leqslant CD$,故$\frac{2ab}{a+b}\leqslant\sqrt{ab}$.

过 O 作 $OF\perp AB$ 交半圆于 F,联结 CF,由 $OC=\frac{a-b}{2}$ 得 $CF=\sqrt{\frac{a^2+b^2}{2}}$. 在 FO 上截取 $FG=DE$,作 $GH\perp CF$ 于 H,则 $FG\geqslant FH=\frac{FG\cdot FO}{CF}=\sqrt{\frac{2a^2b^2}{a^2+b^2}}$. 于是由 $CF\geqslant OF\geqslant CD\geqslant DE\geqslant FH$,即可得不等式链. 如图2.85(a).

方式2 作 Rt$\triangle ABC$,Rt$\triangle BCE$,使 $AC=CE$,$\angle BAC=\angle BCE=90°$,作 $AD\perp BC$ 于 D,作 $DF\perp BE$ 于 F. 令 $BC=\frac{a+b}{2},AC=\frac{a-b}{2}$,则 $AB=\sqrt{BC^2-AC^2}=\sqrt{ab}$,$BD=\frac{AB^2}{BC}=\frac{2ab}{a+b}$,$BE=\sqrt{BC^2+CE^2}=\sqrt{\frac{a^2+b^2}{2}}$,$BF=\frac{BD\cdot BC}{BE}=\sqrt{\frac{2a^2b^2}{a^2+b^2}}$.

由 $BE\geqslant BC\geqslant BA\geqslant BD\geqslant BF$,即得不等式链,如图2.85(b).

方式3 以线段 $AB=AC+CB=a+b$ 为直径作圆 O,作 $CD\perp AB$ 交圆 O 于 D,F 是$\overparen{ADB}$的中点,E 是线段 OC 的中垂线与$\overparen{FD}$的交点,作 $\angle GCD=\angle ECD$ 交圆 O 于 G,作 $\angle HCD=\angle FCD$ 交圆 O 于 H,则 $DC=\sqrt{ab}$,$EC=EO=\frac{a+b}{2}$,$FC=\sqrt{FO^2+OC^2}=\sqrt{\frac{a^2+b^2}{2}}$. 延长 EC 交圆 O 于 G',则 $GC=G'C=\frac{DC^2}{EC}=\frac{2ab}{a+b}$. 延长 FC 交圆 O 于 H',则 $HC=H'C=\frac{DC^2}{CF}=\sqrt{\frac{2a^2b^2}{a^2+b^2}}$.

由 $FC\geqslant EC\geqslant DC\geqslant GC\geqslant HC$ 即得不等式链,如图2.85(c).

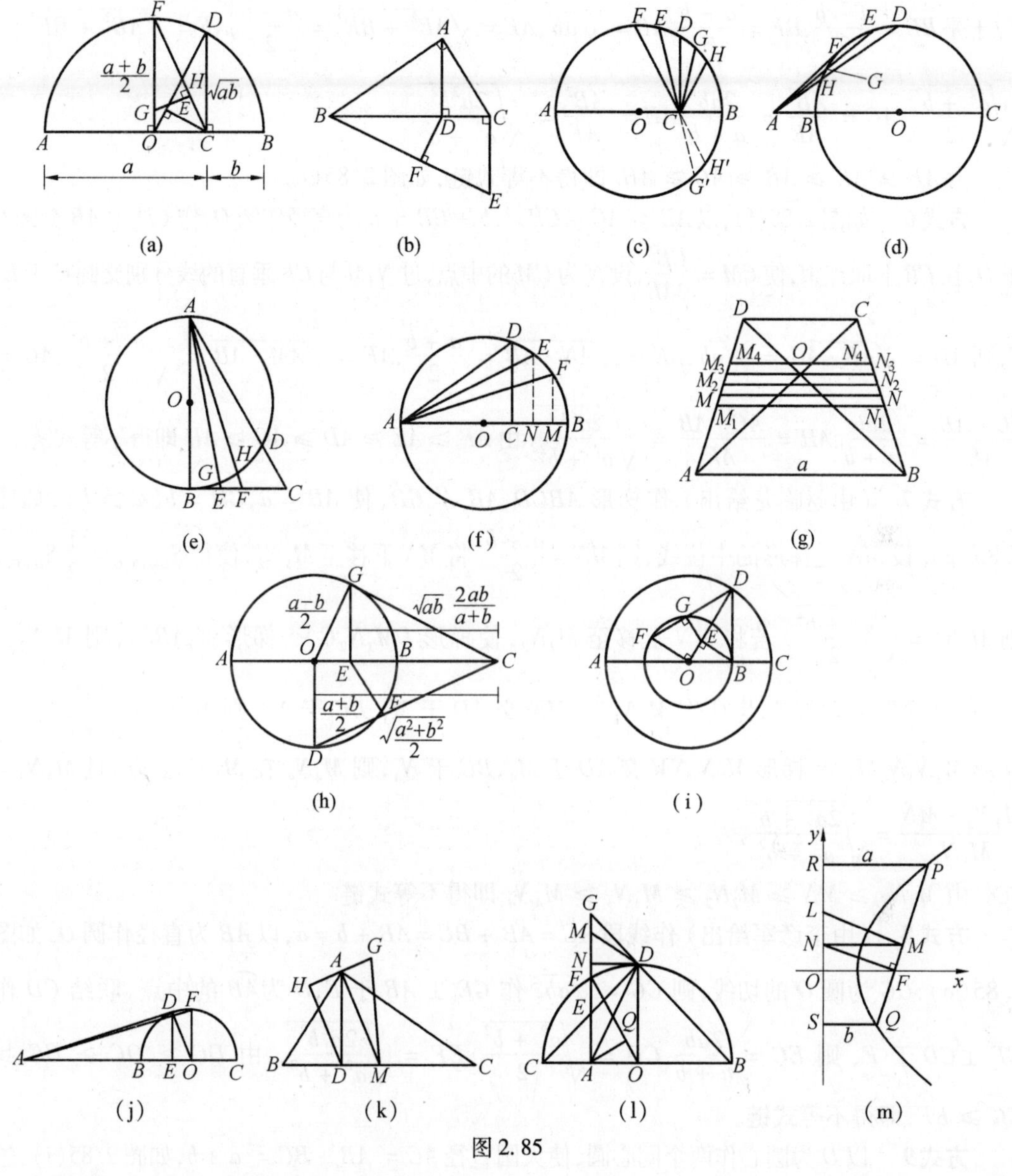

图 2.85

方式 4　（由赵临龙给出）作线段 $AB+BC=b+BC=a$，以 BC 为直径作圆 O，AF 切圆 O 于 F，D 为 $\overset{\frown}{BFC}$ 的中点，在 $\overset{\frown}{FD}$ 上取点 E，使 $AE=AO$，AE 交圆 O 于 G，AD 交圆 O 于 H，则 $AF=\sqrt{ab}$，$AE=AO=\dfrac{a+b}{2}$，$AD=\sqrt{AO^2+OD^2}=\sqrt{\dfrac{a^2+b^2}{2}}$，$AG=\dfrac{AF^2}{AE}=\dfrac{2ab}{a+b}$，$AH=\dfrac{AF^2}{AD}=\sqrt{\dfrac{2a^2b^2}{a^2+b^2}}$.

由 $AD\geqslant AE\geqslant AF\geqslant AG\geqslant AH$ 即得不等式链，如图 2.85(d).

方式 5　设 D 为 $\mathrm{Rt}\triangle ABC$ 的直角顶点 B 在 AC 上的射影，使 $AC=a$，$AD=b$，则以 AB 为直径的圆 O 过点 D. 在 BC 上取点 E，F，使 $BE=\dfrac{DC}{2}$，$BF=\sqrt{2}BE$. 联结 AE，AF 分别交圆 O 于 G，

H,于是$BE=\frac{a-b}{2}$,$BF=\frac{a-b}{\sqrt{2}}$,$AB=\sqrt{ab}$,$AE=\sqrt{AB^2+BE^2}=\frac{a+b}{2}$,$AF=\sqrt{AB^2+BF^2}=\sqrt{\frac{a^2+b^2}{2}}$,$AG=\frac{AB^2}{AE}=\frac{2ab}{a+b}$,$AH=\frac{AB^2}{AF}=\sqrt{\frac{2a^2b^2}{a^2+b^2}}$.

由$AF\geqslant AE\geqslant AB\geqslant AG\geqslant AH$.即得不等式链,如图2.85(e).

方式6 如图2.85(f),以$AB=AC+CB=b+CB=a$为直径作圆O,作$CD\perp AB$交圆O于D,在CB上取点M,使$CM=\frac{CB^2}{2AB}$,设N为CM的中点,过N,M与CB垂直的线分别交圆O于E,F,则$AD=\sqrt{AB\cdot AC}=\sqrt{ab}$,$AE=\sqrt{AN\cdot AB}=\frac{a+b}{2}$,$AF=\sqrt{AM\cdot AB}=\sqrt{\frac{a^2+b^2}{2}}$,$AG=\frac{AC\cdot AB}{AE}=\frac{2ab}{a+b}$,$AH=\frac{AC\cdot AB}{AF}=\sqrt{\frac{2a^2b^2}{a^2+b^2}}$.由$AF\geqslant AE\geqslant AD\geqslant AG\geqslant AH$即得不等式链.

方式7 (由赵临龙给出)作梯形$ABCD$,$AB\parallel CD$,使$AB=a$,$CD=b(a\geqslant b)$,如图2.85(g).设MN是梯形的中位线,则$MN=\frac{a+b}{2}$.将MN下移至M_1N_1,使得$S_{DM_1N_1C}=\frac{1}{2}S_{DABC}$,则$M_1N_1=\sqrt{\frac{a^2+b^2}{2}}$.若将$MN$上移至$M_2N_2$,使梯形$DM_2N_2C\backsim$梯形$M_2ABN_2$,则$M_2N_2=\sqrt{ab}$.过梯形对角线交点$O$作$M_3N_3\parallel MN$交$AD$于$M_3$,$BC$于$N_3$,则$M_3N_3=\frac{2ab}{a+b}$.又作梯形$M_3N_3N_4M_4\backsim$梯形$M_1N_1NM$交$AD$于$M_4$,$BC$于$N_4$,则$M_4N_4$在$M_3N_3$上方,且$M_4N_4=\frac{M_3N_3\cdot MN}{M_1N_1}=\sqrt{\frac{2a^2+b^2}{a^2+b^2}}$.

由$M_1N_1\geqslant MN\geqslant M_2N_2\geqslant M_3N_3\geqslant M_4N_4$即得不等式链.

方式8 (由李彦军给出)作线段$AC=AB+BC=AB+b=a$,以AB为直径作圆O,如图2.85(h),CG为圆O的切线,则$CG=\sqrt{ab}$.作$GE\perp AB$于E,D为$\overset{\frown}{AB}$的中点,联结CD作$EF\perp CD$于F,则$EC=\frac{2ab}{a+b}$,$CD=\sqrt{\frac{a^2+b^2}{2}}$,$EF=\sqrt{\frac{2a^2b^2}{a^2+b^2}}$.由$DC\geqslant OC\geqslant GC\geqslant EC\geqslant EF$,即得不等式链.

方式9 以O为圆心作两个同心圆,使大圆直径$AC=AB+BC=a+b$,如图2.85(i),过B作切线交大圆于D,联结OD,作$BE\perp OD$于E,过O作OF交小圆于F,联结DF,作$EG\perp DG$于G,则$BD=\sqrt{ab}$,$OC=\frac{1}{2}(a+b)$,$DE=\frac{BD^2}{OD}=\frac{2ab}{a+b}$,$DF=\sqrt{OD^2+OF^2}=\sqrt{\frac{a^2+b^2}{2}}$,$DG=\frac{DE\cdot DO}{DF}=\sqrt{\frac{2a^2b^2}{a^2+b^2}}$.由$DF\geqslant DO\geqslant DB\geqslant DE\geqslant DG$即得不等式链.

方式10 (由徐章韬给出)如图2.85(j),作$AB=a$,$AC=b$,以BC为直径作半圆.过A作半圆的切线交半圆于D,联结OD过D作$DE\perp AC$于E,过O作$OF\perp AC$交半圆周于F,联结AF.

由切割线定理有

$$AD^2=AB\cdot AC,AD=\sqrt{ab}$$

$$AO = AB + BO = \frac{a+b}{2}$$

在 Rt$\triangle ADO$ 中,由射影定理有

$$AE = \frac{AD^2}{AO} = \frac{1}{\frac{1}{a}+\frac{1}{b}}$$

在 Rt$\triangle AOF$ 中

$$AF = \sqrt{AO^2 + OF^2} = \sqrt{\frac{a^2+b^2}{2}}$$

显然,$AE \leqslant AD \leqslant AO \leqslant AF$,即

$$\frac{2}{\frac{1}{a}+\frac{1}{b}} \leqslant \sqrt{ab} \leqslant \frac{a+b}{2} \leqslant \sqrt{\frac{a^2+b^2}{2}}$$

不等式中的等号在 $a = b$ 时成立.

方式 11　(由方华平给出)如图 2.85(k),调和平均值,记为 U,几何平均值,记为 V,算术平均值记为 S,均方根平均值记为 T. 作 Rt$\triangle ABC$,其中 $\angle A = 90°$,AD,AM 分别为 BC 边上的高及中线. 过 D 作 $DH \parallel AM$,过 A 作 $AH \perp DH$,垂足为 H;在 HA 的延长线上取 $AG = DM$,设 $BD = a$,$CD = b$,则 $AD = V$,$AM = S$. 又由 $\triangle AHD \backsim \triangle ADM$,得 $HD = AD^2/AM = U$. 而 $AG = DM = |S - a| = \frac{|b-a|}{2}$,故 $MG = \sqrt{AM^2 + AG^2} = T$. 因 $\triangle ADH$,$\triangle MAD$,$\triangle GMA$ 均为直角三角形,则 $HD \leqslant AD \leqslant AM \leqslant MG$,即 $U \leqslant V \leqslant S \leqslant T$.

当 $a = b$ 时,$\triangle ABC$ 为等腰三角形,此时 D 与 M 重合,H 与 G 重合于 A,上述不等式链均取等号.

方式 12　(由刘淑珍给出)作半径 $r = \frac{a+b}{2}$ 的半圆,圆心为 O,作 $OD \perp CB$,交半圆于点 D. 联结 CD,BD,则 $\triangle CDB$ 为等腰直角三角形. 设 A 是 OC 上的点且 $CA = a$,则 $AB = b$. 过 A 作 $AG \perp CB$ 交 CD 于 E,交半圆于 F,交 BD 的延长线于 G,则 $AE = CA = a$,$AG = AB = b$,$AF^2 = CA \cdot AB = ab$,则 $AF = \sqrt{ab}$. 显然 $AF \leqslant OD$,则

$$\sqrt{ab} \leqslant \frac{a+b}{2} \qquad ①$$

联结 OF,过 A 作 $AQ \perp OF$,交 OF 于 Q. 在 Rt$\triangle OAF$ 中

$$AF^2 = FQ \cdot OF$$

则 $FQ = \frac{AF^2}{OF} = \frac{2ab}{a+b}$. 显然 $FQ \leqslant AF$,则

$$\frac{2ab}{a+b} \leqslant \sqrt{ab} \qquad ②$$

又 $a = OC - OA$,$FQ = OF - OQ$,$OC = OF = \frac{a+b}{2}$,且 $OA \geqslant OQ$,则 $a \leqslant FQ$,即

$$a \leqslant \frac{2ab}{a+b} \qquad ③$$

联结 AD,在 Rt$\triangle AOD$ 中

$$OA=\frac{a+b}{2}-a=\frac{b-a}{2}$$

则

$$AD^2=OA^2+OD^2=(\frac{b-a}{2})^2+(\frac{a+b}{2})^2=\frac{a^2+b^2}{2}$$

$$AD=\sqrt{\frac{a^2+b^2}{2}}$$

显然 $OD\leqslant AD$，则

$$\frac{a+b}{2}\leqslant\sqrt{\frac{a^2+b^2}{2}} \quad ④$$

又 $\angle CDG=90°$，则 $\angle ADG>90°$. 过 D 作 $MD\perp AD$，交 AG 于点 M（M 必在 A,G 之间），过 D 作 $DN\perp AG$. 在 $\mathrm{Rt}\triangle ADM$ 中，$AD^2=AM\cdot AN$，则 $AM=\frac{AD^2}{AN}=\frac{a^2+b^2}{a+b}$.

显然 $AD\leqslant AM\leqslant AG$，则

$$\sqrt{\frac{a^2+b^2}{2}}\leqslant\frac{a^2+b^2}{a+b}\leqslant b \quad ⑤$$

由 ①,②,③,④,⑤，得：对任意正数 $a,b(a\leqslant b)$，有

$$a\leqslant\frac{2ab}{a+b}\leqslant\sqrt{ab}\leqslant\frac{a+b}{2}\leqslant\sqrt{\frac{a^2+b^2}{2}}\leqslant\frac{a^2+b^2}{a+b}\leqslant b \quad ⑥$$

当且仅当 $a=b$ 时，$AE=FQ=AF=OD=AD=AM=AG=OD=a$，故当且仅当 $a=b$ 时，式 ⑥ 等号成立.

方式13 （由安振平给出）如图2.85(m)，过抛物线的焦点弦 PQ 的端点作 y 轴（即抛物线的准线）的垂线分别为 PR,QS，若 $PR=a,QS=b$，不妨设 $a>b$，则抛物线方程可设为 $y^2=2p(x-\frac{p}{2})(p>0)$，因而点 P,Q 的坐标为 $P(a,\sqrt{2p(b-\frac{p}{2})})$，$Q(b,-\sqrt{2p(b-\frac{p}{2})})$，

因 P,F,Q 三点共线，则 $\begin{vmatrix} a & \sqrt{2p(a-\frac{p}{2})} & 1 \\ b & -\sqrt{2p(b-\frac{p}{2})} & 1 \\ p & 0 & 1 \end{vmatrix}=0$，所以 $p=\frac{2ab}{a+b}$，从而抛物线方程为 $y^2=\frac{4ab}{a+b}(x-\frac{ab}{a-b})$，$F(\frac{2ab}{a+b},0)$，$P(a,\frac{2a}{a+b}\sqrt{ab})$，$Q(b,-\frac{2b}{a+b}\sqrt{a+b})$.

过 PQ 的中点 M 作 y 轴的垂线交 y 轴于 N，则 $M(\frac{a+b}{2},\frac{a-b}{a+b}\sqrt{ab})$，$N(0,\frac{a-b}{a+b}\sqrt{ab})$.

在 y 轴上取点 $L(0,\frac{a-b}{a+b}\sqrt{ab}+\frac{a-b}{2})$，因此

$$|OF|=\frac{2}{\frac{1}{a}+\frac{1}{b}}$$

$$|FN|=\sqrt{(\frac{2ab}{a+b}-0)^2+(0-\frac{a-b}{a+b}\sqrt{ab})}=\sqrt{ab}$$

$$|MN| = \frac{a+b}{2}$$

$$|ML| = \left\{\left(\frac{a+b}{2} - 0\right)^2 + \left[\frac{a-b}{a+b}\sqrt{ab} - \left(\frac{a-b}{a+b}\sqrt{ab} + \frac{a-b}{2}\right)\right]^2\right\}^{\frac{1}{2}} = \sqrt{\frac{a^2+b^2}{2}}$$

又

$$k_{NF} = \frac{0 - \frac{a-b}{a+b}\sqrt{ab}}{\frac{2ab}{a+b} - 0} = -\frac{a-b}{2\sqrt{ab}}$$

$$k_{PQ} = \frac{\frac{2a}{a+b}\sqrt{ab} + \frac{2b}{a+b}\sqrt{ab}}{a-b} = \frac{2\sqrt{ab}}{a-b}$$

$$k_{NF} \cdot k_{PQ} = -1, \text{即 } NF \perp PQ$$

在 $\mathrm{Rt}\triangle NOF$, $\mathrm{Rt}\triangle NFM$ 和 $\mathrm{Rt}\triangle MNL$ 中,由直角三角形的斜边大于任一直角边得

$$|OF| < |FN| < |MN| < |ML|$$

即

$$\frac{2}{\frac{1}{a} + \frac{1}{b}} < \sqrt{ab} < \frac{a+b}{2} < \sqrt{\frac{a^2+b^2}{2}}$$

特别当 $a = b$ 时

$$\frac{2}{\frac{1}{a} + \frac{1}{b}} = \sqrt{ab} = \frac{a+b}{2} = \sqrt{\frac{a^2+b^2}{2}}$$

故

$$\frac{2}{\frac{1}{a} + \frac{1}{b}} \leqslant \sqrt{ab} \leqslant \frac{a+b}{2} \leqslant \sqrt{\frac{a^2+b^2}{2}}$$

(6) 排序不等式的简单形式

$$\text{若 } a \leqslant b, c \leqslant d, \text{则 } ac + bd \geqslant ad + bc \tag{⑦}$$

切比雪夫不等式的简单形式

$$\text{若 } a < b, c < d, \text{则}(a+b)(c+d) \leqslant 2(ac+bd) \tag{⑧}$$

闵可夫斯基不等式的简单形式

$$\sqrt{(a+b)^2 + (c+d)^2} \leqslant \sqrt{a^2+c^2} + \sqrt{b^2+d^2} \tag{⑨}$$

由图2.77(a),沿图中水平线 MN 向上翻折比较剩余(即不重叠合)部分面积,再沿中垂直线 EF 向右翻折比较剩余部分面积,此即为一个小长方形面积,且为 $(b-a)(d-c)$. 由 $(b-a)(d-c) \geqslant 0$ 即得式⑦;此说明左下与右上一双小长方形的面积不小于左上与右下一双小长方形面积,由此即得式⑧;若联结 AG, GC, AC,则 $AG = \sqrt{a^2+c^2}$, $GC = \sqrt{b^2+d^2}$, $AC = \sqrt{(a+b)^2+(c+d)^2}$,显然 $AC \leqslant AG + GB$,由此即得式⑨.

(7) 柯西不等式的简单形式:$(a^2+b^2)(c^2+d^2) \geqslant (ac+bd)^2$ 或 $\sqrt{(a^2+b^2)(c^2+d^2)} \geqslant ac+bd$ 其中等号当且仅当 $\frac{a}{c} = \frac{b}{d}$ 时取得.

如图2.86(a),作直角梯形 $ABCD$,使 $\angle A = \angle D = 90°$, $CD = a$, $DE = b$, $EA = c$, $AB = d$,联

结 EC,EB. 由 $S_{梯形ABCD} = S_{\triangle CDE} + S_{\triangle CEB} + S_{\triangle ABE}$，有 $\frac{1}{2}(a+d)(b+c) = \frac{1}{2}ab + \frac{1}{2}\sqrt{a^2+b^2} \cdot \sqrt{c^2+d^2} \cdot \sin\angle CEB + \frac{1}{2}cd \leqslant \frac{1}{2}(ab+cd) + \sqrt{a^2+b^2} \cdot \sqrt{c^2+d^2}$，即 $ac+bd \leqslant \sqrt{a^2+b^2} \cdot \sqrt{c^2+d^2}$，当 $\frac{a}{c} = \frac{b}{d}$ 时，$\mathrm{Rt}\triangle CDE \backsim \mathrm{Rt}\triangle EAB$，此时 $\sin\angle CEB = 1$，因此等号成立，反之亦然.

(8) 若 $0 < a_1 < a_2 \leqslant a_3 < a_4$，且 $a_1 + a_4 = a_2 + a_3$，则 $\sqrt{a_1} + \sqrt{a_4} < \sqrt{a_2} + \sqrt{a_3}$.

如图 2.86(b)，在线段 $AB = AD + DB = \sqrt{a_3} + \sqrt{a_1}$ 的同侧作 $\mathrm{Rt}\triangle ADC$，$\mathrm{Rt}\triangle CDB$，使 $\angle ADC = \angle CDB = 90°$，$AC = \sqrt{a_4}$，$BC = \sqrt{a_2}$（因 $a_1 + a_4 = a_2 + a_3$，有 $(\sqrt{a_4})^2 - (\sqrt{a_3})^2 = (\sqrt{a_2})^2 - (\sqrt{a_1})^2$，故这样的图形是可作的），又 $a_1 < a_3$，有 $AD > BD$. 在 AD 上截取 $B'D = BD$，联结 $B'C$，则 $AB' = \sqrt{a_3} - \sqrt{a_1}$，$B'C = \sqrt{a_2}$. 显然，$AB' + B'C > AC$，由此即得不等式.

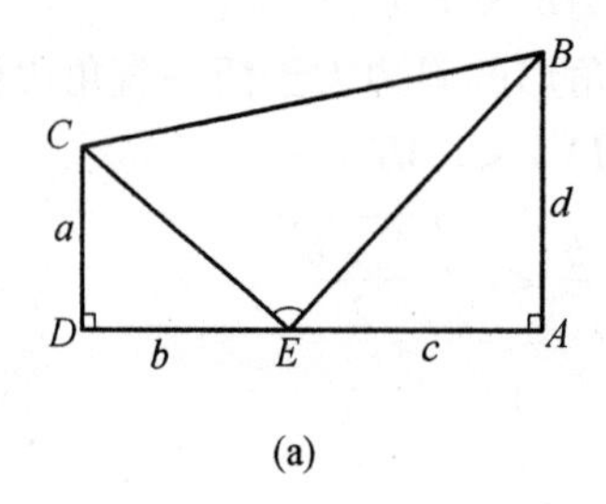

(a)

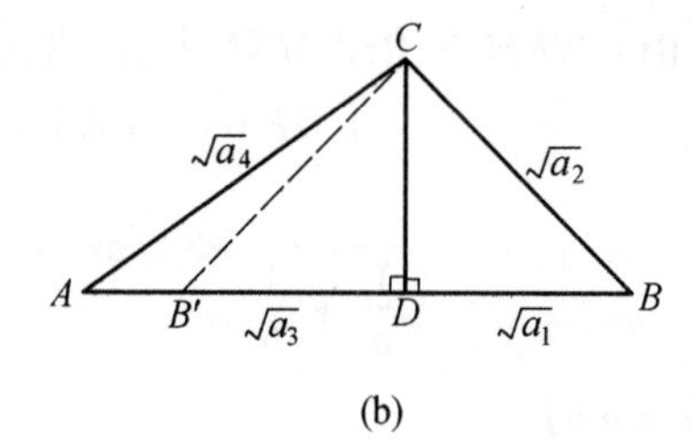

(b)

图 2.86

(9) $a,b,m \in \mathbf{R}^+$，且 $a < b$，则 $\frac{a+m}{b+m} > \frac{a}{b}$.

如图 2.87(a)，作 $\mathrm{Rt}\triangle ABC$，使 $\angle B = 90°$，$AB = a$，$AC = b$，再延长 AB 至 D，使 $BD = m$，作 $DF \perp AB$ 与 AC 的延长线交于 F. 过 C 作 $CE \perp DF$ 于 E，则 $CE = m$，$\frac{a}{b} = \frac{AB}{AC} = \frac{AD}{AF} = \frac{AB+BD}{AC+CF} = \frac{a+m}{b+CF}$，而 $CF > CE$，故 $\frac{a+m}{b+m} > \frac{a+m}{b+CF} = \frac{a}{b}$.

此不等式的其他几何图形证法可参见本套丛书中的《数学眼光透视》第三章思考题第 1 题.

(10) $a_1,a_2,b_1,b_2 \in \mathbf{R}^+$，且 $\frac{a_1}{b_1} < \frac{a_2}{b_2}$，则 $\frac{a_1}{b_1} < \frac{a_1+a_2}{b_1+b_2} < \frac{a_2}{b_2}$.

如图 2.87(b)，设矩形 $ABCD$ 被 EF，PQ 分为四个小矩形，其中 $AE = b_1$，$EB = b_2$，$BQ = a_1$，$QC = a_2$，由条件知 $a_1b_2 < a_2b_1$，即 $S_{矩形EBQG} < S_{矩形PGFD}$，从而

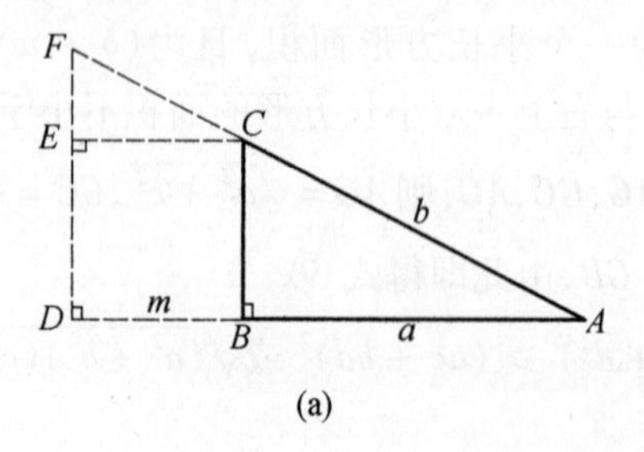

(a)

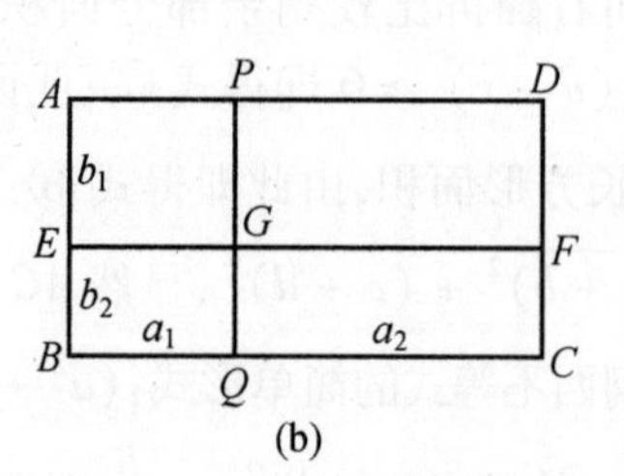

(b)

图 2.87

$$S_{矩形PQCD} > S_{矩形EBCF}，即(b_1+b_2)a_2 > (a_1+a_2)b_2 \qquad ⑩$$

$$S_{矩形ABQP} > S_{矩形AEFD}，即(b_1+b_2)a_1 < (a_1+a_2)b_1 \qquad ⑪$$

由⑩，⑪即有不等式$\frac{a_1}{b_1} < \frac{a_1+a_2}{b_1+b_2} < \frac{a_2}{b_2}$.

2.10.4　一些三角公式与不等式的几何解释

(1) 两角和与差的正、余弦公式

两角和与差的正弦、余弦公式共有4个，这4个公式的几何解释较多，现行课本中已给出一种，在这里再给出6种(未作说明的均假定α，β为锐角，且$\alpha+\beta$为锐角).

方式1　作$\angle BAC=\alpha$，$\angle CAD=\beta$，引AC的垂线交AD于D，引AD的垂线BE，交AC于F，如图2.88.

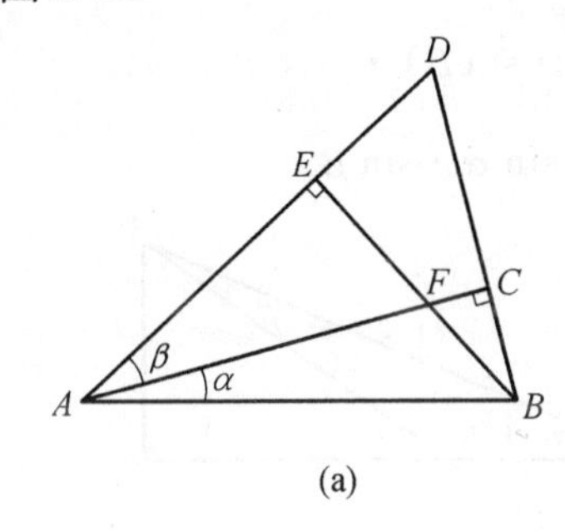

(a)

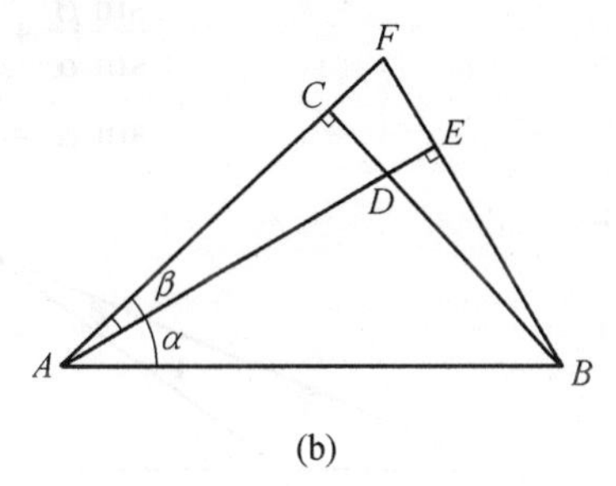

(b)

图2.88

在图2.88(a)中，有$BE\cdot AD=2S_{\triangle ABD}=BD\cdot AC$，则

$$\sin(\alpha+\beta)=\frac{BE}{AB}=\frac{AD\cdot BE}{AB\cdot AD}=\frac{BD\cdot AC}{AB\cdot AD}=\frac{(BC+CD)AC}{AB\cdot AD}=$$

$$\frac{BC}{AB}\cdot\frac{AC}{AD}+\frac{AC}{AB}\cdot\frac{CD}{AD}=\sin\alpha\cdot\cos\beta+\cos\alpha\cdot\sin\beta$$

在图2.88(b)中，由$\mathrm{Rt}\triangle DEB\backsim\mathrm{Rt}\triangle DCA$，有$BE\cdot AD=BD\cdot AC$，则

$$\sin(\alpha-\beta)=\frac{BE}{AB}=\frac{AD\cdot BE}{AB\cdot AD}=\frac{BD\cdot AC}{AB\cdot AD}=\frac{(BC-CD)AC}{AB\cdot AD}=$$

$$\frac{BC}{AB}\cdot\frac{AC}{AD}-\frac{AC}{AB}\cdot\frac{CD}{AD}=\sin\alpha\cdot\cos\beta-\cos\alpha\cdot\sin\beta$$

仿照上法，在图2.88(a)，(b)中可得

$$\cos(\alpha\pm\beta)=\frac{AE\cdot AF}{AB\cdot AF}=\frac{(AC\mp FC)AE}{AB\cdot AF}=\frac{AC}{AB}\cdot\frac{AE}{AF}\mp\frac{BC}{AB}\cdot\frac{EF}{AF}=$$

$$\cos\alpha\cdot\cos\beta\mp\sin\alpha\cdot\sin\beta(其中BC\cdot EF=FC\cdot AE)$$

方式2　如图2.89(a)，作$\mathrm{Rt}\triangle ADC$，$\angle C=90°$，$AD=1$，$\angle ADC=\alpha+\beta$，延长CD至B，使$\angle ABC=\alpha$，则$\angle BAD=\beta$，作$DE\perp AB$于E，则$DE=\sin\beta$，$BE=\cot\alpha\cdot\sin\beta$，从而

$$\sin(\alpha+\beta)=AC=AB\cdot\sin\alpha=(AE+EB)\cdot\sin\alpha=$$

$$(\cos\beta+\cot\alpha\cdot\sin\beta)\cdot$$

$$\sin\alpha=\sin\alpha\cdot\cos\beta+\cos\alpha\cdot\sin\beta$$

$$\cos(\alpha+\beta)=DC=BC-BD=AB\cdot\cos\alpha-\frac{DE}{\sin\alpha}=$$

$$(\cos\beta+\cot\alpha\cdot\sin\beta)\cdot\cos\alpha-\frac{\sin\beta}{\sin\alpha}=$$
$$\cos\alpha\cdot\cos\beta-\sin\alpha\cdot\sin\beta.$$

如图 2.89(b)，作 Rt$\triangle ABC$，$\angle C=90°$，$AB=1$，$\angle ABC=\alpha-\beta$，在 BC 上取 D，使 $\angle ADC=\alpha$，则 $\angle BAD=\beta$，作 $BE\perp AD$ 交 AD 的延长线于 E，则 $AE=\cos\beta$，$DE=\cot\alpha\cdot\sin\beta$，从而

$$\sin(\alpha-\beta)=AC=AD\cdot\sin\alpha=(AE-DE)\cdot\sin\alpha=$$
$$(\cos\beta-\cot\alpha\cdot\sin\beta)\cdot\sin\alpha=$$
$$\sin\alpha\cdot\cos\beta-\cos\alpha\cdot\sin\beta$$

$$\cos(\alpha-\beta)=BC=BD+DC=\frac{BE}{\sin\alpha}+AD\cdot\cos\alpha=$$
$$\frac{\sin\beta}{\sin\alpha}+(\cos\beta-\cot\alpha\cdot\sin\beta)\cdot$$
$$\sin\alpha=\cos\alpha\cdot\cos\beta+\sin\alpha\cdot\sin\beta$$

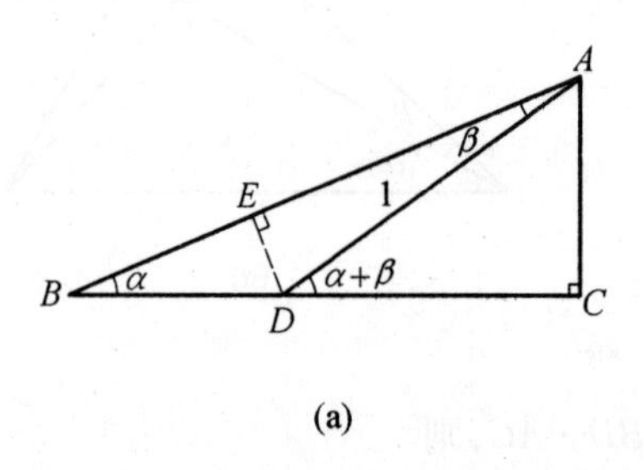

(a)

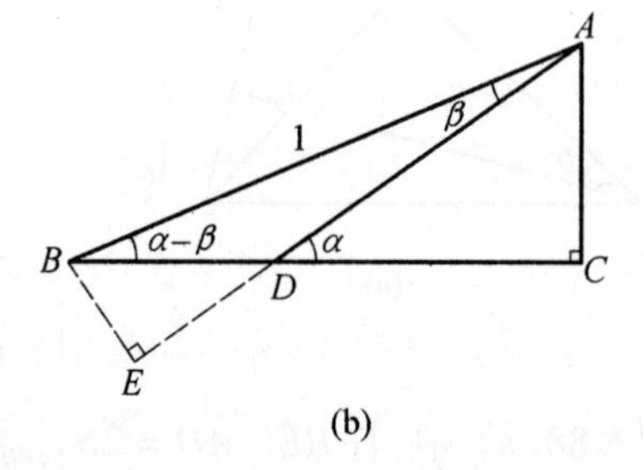

(b)

图 2.89

方式 3 如图 2.90(a)，作 $\triangle ABC$，$CD\perp AB$ 于 D，使 $\angle ACD=\alpha$，$\angle DCB=\beta$，则 $0<\alpha+\beta<180°$，令 $AC=b$，$BC=a$，则 $\frac{CD}{b}=\cos\alpha$，$\frac{CD}{a}=\cos\beta$. 由 $S_{\triangle ABC}=S_{\triangle ACD}+S_{\triangle CDB}$ 有 $\frac{1}{2}ab\sin(\alpha+\beta)=\frac{1}{2}b\cdot CD\cdot\sin\alpha+\frac{1}{2}a\cdot CD\cdot\sin\beta$，进而有

$$\sin(\alpha+\beta)=\sin\alpha\cdot\cos\beta+\cos\alpha\cdot\sin\beta$$

$$\cos(\alpha+\beta)=\frac{a^2+b^2-(b\sin\alpha+a\sin\beta)^2}{2ab}=\frac{a^2\cos^2\alpha+b\cdot\cos^2\beta}{2ab}-\sin\alpha\cdot\sin\beta=$$
$$\frac{2CD^2}{2\,\frac{CD}{\cos\alpha}\cdot\frac{CD}{\cos\beta}}-\sin\alpha\cdot\sin\beta=\cos\alpha\cdot\cos\beta-\sin\alpha\cdot\sin\beta$$

如图 2.90(b)，在 $\triangle ABC$ 中，$CD\perp AB$ 于 D，$\angle ACD=\alpha$，$\angle DCB=\beta(\alpha>\beta)$，在 $\angle ACD$ 内作 $\angle ECD=\beta$，则 $\angle ACE=\alpha-\beta$，且 $0<\alpha-\beta<90°$. 令 $AC=b$，$BC=a$，则 $CE=a$，且 $\frac{CD}{b}=\cos\alpha$，$\frac{CD}{a}=\cos\beta$. 由 $S_{\triangle ACE}=S_{\triangle ACD}-S_{\triangle CDB}$，有 $\frac{1}{2}ab\sin(\alpha-\beta)=\frac{1}{2}b\cdot CD\cdot\sin\alpha-\frac{1}{2}a\cdot CD\cdot\sin\beta$，进而有

$$\sin(\alpha-\beta)=\sin\alpha\cdot\cos\beta-\cos\alpha\cdot\sin\beta.$$

$$\cos(\alpha-\beta)=\frac{a^2+b^2-(b\sin\alpha-a\sin\beta)^2}{2ab}=\cos\alpha\cdot\cos\beta+\sin\alpha\cdot\sin\beta$$

方式4　如图2.90(c),设 $\angle XOA=\alpha,\angle AOB=\beta,OB=1,BC\perp OA$ 于 $C,CD\perp OX$ 于 $D,BE\perp OX$ 于 $E,CF\perp BE$ 于 F,于是 $\angle CBF=\alpha$.

$$\begin{aligned}\sin(\alpha+\beta)&=EB=EF+FB=DC+FB=\\&OC\cdot\sin\alpha+CB\cdot\cos\alpha=\\&\cos\beta\sin\alpha+\sin\beta\cos\alpha=\\&\sin\alpha\cos\beta+\cos\alpha\sin\beta\end{aligned}$$

$$\begin{aligned}\cos(\alpha+\beta)&=OE=OD-ED=OD-FC=\\&OC\cdot\cos\alpha-CB\cdot\sin\alpha=\\&\cos\beta\cos\alpha-\sin\beta\sin\alpha=\\&\cos\alpha\cos\beta-\sin\alpha\sin\beta\end{aligned}$$

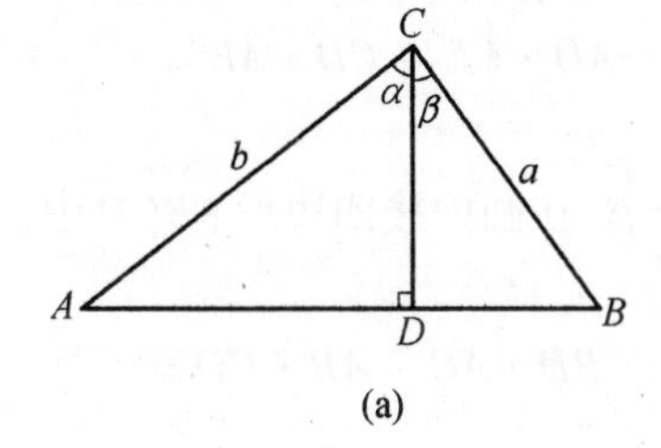

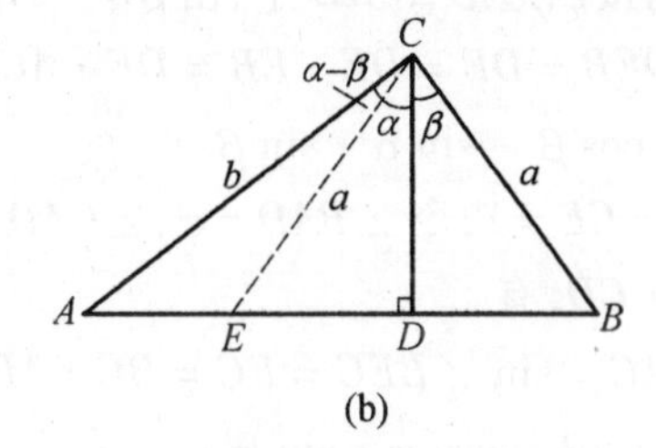

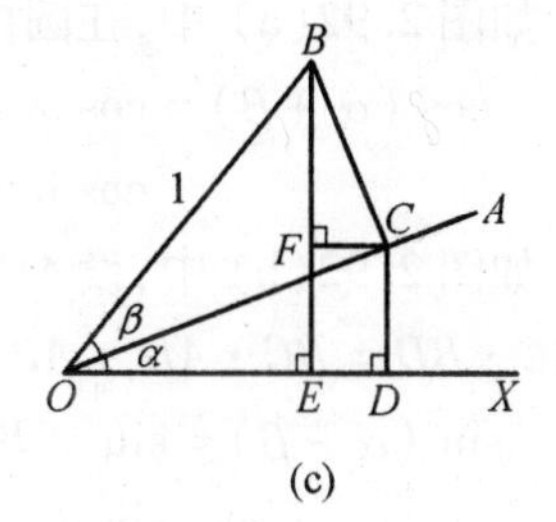

图2.90

方式5　作直径 $2R=1$ 的圆 O 的内接 $\triangle ABC$. 令 $\angle A=\alpha,\angle B=\beta$,则 $\angle C=180^\circ-(\alpha+\beta)$.

记 $BC=a,AC=b,AB=c$,则 $a=\sin\alpha,b=\sin\beta,c=\sin(\alpha+\beta)$,如图2.91(a),(b)所示.

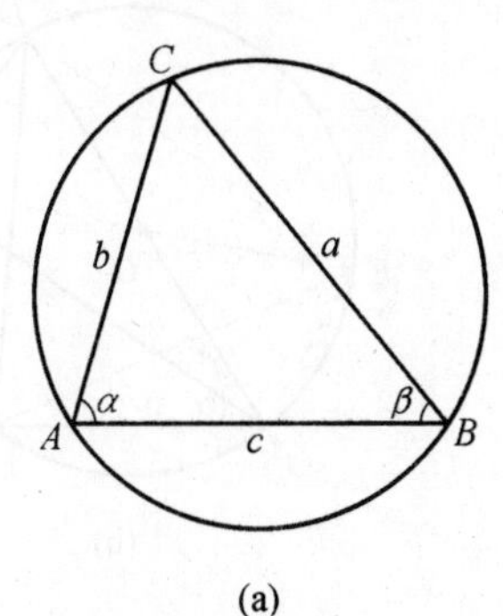

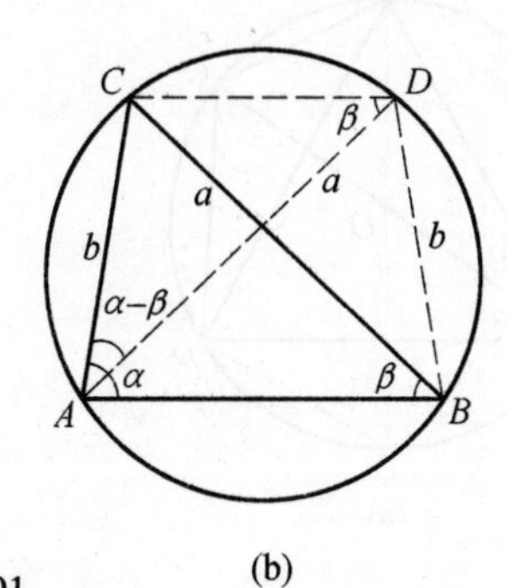

图2.91

在图2.91(a)中,显然 $0<\alpha+\beta<\pi$,且 $c=a\cdot\cos\beta+b\cdot\cos\alpha$,故

$$\sin(\alpha+\beta)=c=a\cdot\cos\beta+b\cdot\cos\alpha=\sin\alpha\cdot\cos\beta+\cos\alpha\cdot\sin\beta$$

$$\begin{aligned}\cos(\alpha+\beta)=-\cos C=\frac{c^2-a^2-b^2}{2ab}&=\frac{(a\cdot\cos\beta+b\cdot\cos\alpha)^2-\sin^2\alpha-\sin^2\beta}{2\sin\alpha\cdot\sin\beta}=\\&\frac{2\sin\alpha\cdot\cos\alpha\cdot\sin\beta\cdot\cos\beta-2\sin^2\alpha\cdot\sin^2\beta}{2\sin\alpha\cdot\sin\beta}=\\&\cos\alpha\cdot\cos\beta-\sin\alpha\cdot\sin\beta\end{aligned}$$

在图2.91(b)中,令 $\angle A>\angle B$,则 $\alpha>\beta$,在 $\angle A$ 内作 $\angle BAD=\angle B$ 交圆于 D,则 $\angle CAD=\alpha-\beta,\angle ADC=\beta$,且 $AD=a,BD=b$,故

$$\sin(\alpha-\beta)=CD=a\cdot\cos\beta+b\cdot\cos(180^\circ-\alpha)=\sin\alpha\cdot\cos\beta-\cos\alpha\cdot\sin\beta$$

$$\cos(\alpha-\beta)=\frac{a^2+b^2-CD^2}{2ab}=\frac{2\sin\alpha\cdot\cos\alpha\cdot\sin\beta\cdot\cos\beta+2\sin^2\alpha\sin^2\beta}{2\sin\alpha\cdot\sin\beta}=$$
$$\cos\alpha\cdot\cos\beta+\sin\alpha\cdot\sin\beta$$

方式6 在圆 O 内作内接四边形 $ABCD$,如图2.92(a),(b).在图2.92(a)中,对角线 AC 是圆的直径,再引直径 BE,且令 $BE=AC=1$,联结 AE.由托勒密定理:"圆的内接四边形每组对边乘积之和等于两对角线的乘积",即有 $AC\cdot BD=AB\cdot CD+AD\cdot BC$.令 $\angle DAC=\alpha$,$\angle BAC=\beta$,则

$$\sin(\alpha+\beta)=\sin\angle DEB=DB=DB\cdot EB=DB\cdot AC=CD\cdot AB+AD\cdot BC=$$
$$\sin\alpha\cdot\cos\beta+\cos\alpha\cdot\sin\beta$$

如图2.92(a)中,在圆内接四边形 $ACDE$ 中,由 $AD\cdot CE=AE\cdot CE+AC\cdot DE$,有

$$\cos(\alpha+\beta)=\cos\angle DEB=DE=DE\cdot EB=DE\cdot AC=AD\cdot CE-CD\cdot AE=$$
$$\cos\alpha\cdot\cos\beta-\sin\alpha\cdot\sin\beta$$

如图2.92(b)中,设 $AD=CE=1$,令 $\angle BAD=\alpha$,$\angle CAD=\beta$,在圆内接四边形 $ABCD$ 中,由 $AC\cdot BD=BC\cdot AD+AB\cdot CD$,有

$$\sin(\alpha-\beta)=\sin\angle BAC=\sin\angle BEC=BC=BC\cdot AD=BD\cdot AC-AB\cdot CD=$$
$$\sin\alpha\cdot\cos\beta-\cos\alpha\cdot\sin\beta$$

如图2.92(b)中,在圆内接四边形 $ABDE$ 中,由 $BE\cdot AD=AB\cdot ED+BD\cdot AE$,有

$$\cos(\alpha-\beta)=\cos\angle BAC=\cos\angle BEC=BE=$$
$$BE\cdot EC=BE\cdot AD=AB\cdot ED+BD\cdot AE=$$
$$\cos\alpha\cdot\cos\beta+\sin\alpha\cdot\sin\beta$$

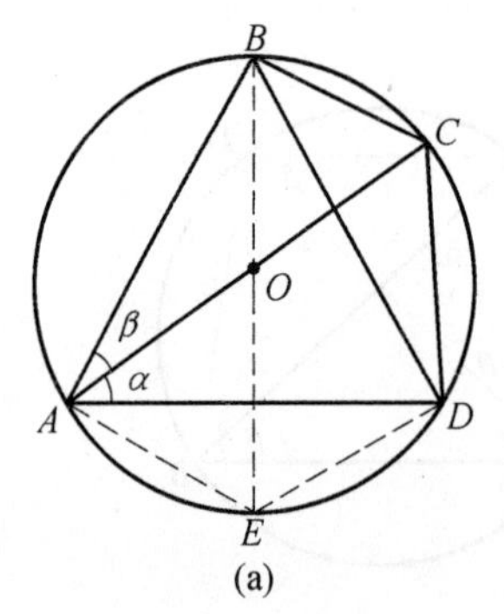

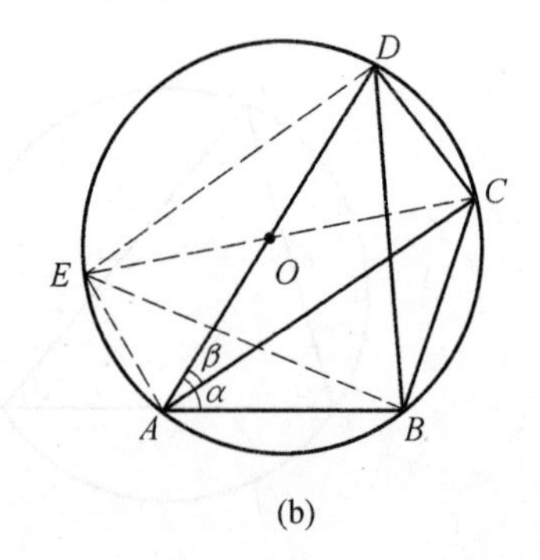

图2.92

方式7 如图2.93(a),作矩形 $ABCD$,使得 $AB=AE+EB=\sin\alpha+\sin\beta$,$BC=BF+FC=\cos\beta+\cos\alpha$,其中 α,β 均为锐角,则 $0<\alpha+\beta<\pi$,且得边长为1的内接菱形 $EFGH$.(或者作直角梯形 $ABFH$,AB 为直角边腰,$AB=\sin\alpha+\sin\beta$,$AH=\cos\alpha$,$BF=\cos\beta$,其中 α,β 均为锐角,则 $0<\alpha+\beta<\pi$,且得腰长为1的等腰 $\triangle EFH$).由 $S_{梯形ABFH}=S_{\triangle AEH}+S_{\triangle EBF}+S_{\triangle EFH}$,有 $\frac{1}{2}(\cos\alpha+\cos\beta)(\sin\alpha+\sin\beta)=\frac{1}{2}\sin\alpha\cdot\cos\alpha+\frac{1}{2}\sin\beta\cdot\cos\beta+\frac{1}{2}\cdot1\cdot1\cdot\sin(\alpha+\beta)$,化简得 $\sin(\alpha+\beta)=\sin\alpha\cdot\cos\beta+\cos\alpha\cdot\sin\beta$.

在图2.93(a)中,由 $AB^2+(AH-BF)^2=HF^2=EH^2+EF^2-2EH\cdot EF\cdot\cos\angle HEF$,有 $(\sin\alpha+\sin\beta)^2+(\cos\alpha-\cos\beta)^2=1+1-2\cos(\alpha+\beta)$,化简得

$$\cos(\alpha+\beta)=\cos\alpha\cdot\cos\beta-\sin\alpha\cdot\sin\beta$$

如图 2.93(b),作矩形 $ABCD$,使 $AB=AE+EB=-\cos\alpha+\cos\beta$,$BC=BF+FC=\sin\beta+\sin\alpha$,其中 β 为锐角,α 为钝角,且得边长为1的菱形 $EFGH$(或者作直角梯形 $ABFH$,AB 为直角边腰,$AB=-\cos\alpha+\cos\beta$,$AH=\sin\alpha$,$BF=\sin\beta$,其中 β 为锐角,α 为钝角,且得腰长为 1 的等腰 $\triangle EFH$). 由 $S_{梯形ABFH}=S_{\triangle AEH}+S_{\triangle EBF}+S_{\triangle EFH}$,有 $\frac{1}{2}(\sin\alpha+\sin\beta)\cdot(-\cos\alpha+\cos\beta)=-\frac{1}{2}\sin\alpha\cdot\cos\alpha+\frac{1}{2}\sin\beta\cdot\cos\beta+\frac{1}{2}\cdot 1\cdot 1\cdot\sin(\alpha-\beta)$,化简得 $\sin(\alpha-\beta)=\sin\alpha\cdot\cos\beta-\cos\alpha\cdot\sin\beta$.

在图 2.93(b) 中,由 $AB^2+(AH-BF)^2=HF^2=EH^2+EF^2-2EH\cdot EF\cdot\cos\angle HEF$,有 $(-\cos\alpha+\cos\beta)^2+(\sin\alpha-\sin\beta)^2=2-2\cos(\alpha-\beta)$,化简得 $\cos(\alpha-\beta)=\cos\alpha\cdot\cos\beta+\sin\alpha\cdot\sin\beta$.

注　对于图 2.93(a),若作成图 2.93(c) 的情形,则菱形 $EFGH$ 的面积为 $\sin(\alpha+\beta)$. 由 $S_{菱形EFGH}+S_{\triangle AEH}+S_{\triangle EBF}+S_{\triangle FCG}+S_{\triangle HGD}=S_{矩形ABCD}$,即可得 $\sin(\alpha+\beta)=\sin\alpha\cdot\cos\beta+\cos\alpha\cdot\sin\beta$, 或由 $S_{菱形EFGH}=S_{矩形A_1B_1C_1D_1}+S_{\triangle EB_1H}+S_{\triangle EFC_1}+S_{\triangle D_1FG}+S_{\triangle HA_1G}$, 亦即可得 $\sin(\alpha+\beta)=\sin\alpha\cdot\cos\beta+\cos\alpha\cdot\sin\beta$.

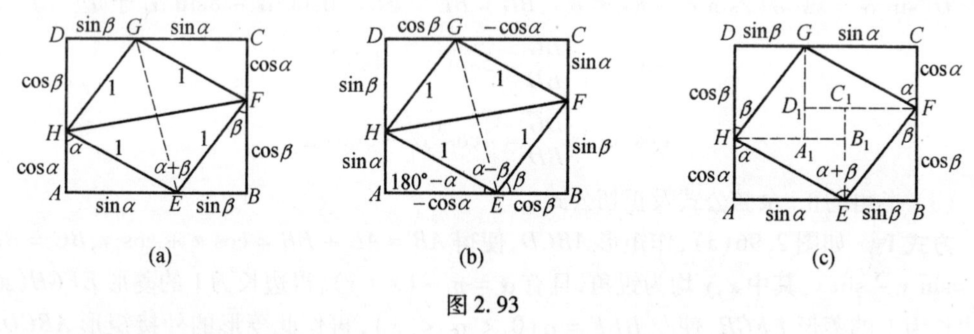

图 2.93

(2) 倍角的正、余弦公式

两倍角与三倍角的正、余弦公式的几何解释均可由上述和角的正、余弦公式的几何解释取 $\alpha=\beta$ 与 $2\alpha=\beta$ 即得. 下面介绍三倍角的正、余弦公式的另一几何解释.

如图 2.94,在锐角 $\angle A=\alpha$ 的两边上分别取点 B,C,D 三点,使 $AB=BC=CD=1$,作 $DE\perp AE$ 于 E,则 $\angle CBD=\angle CDB=2\alpha$,$\angle DCE=3\alpha$.

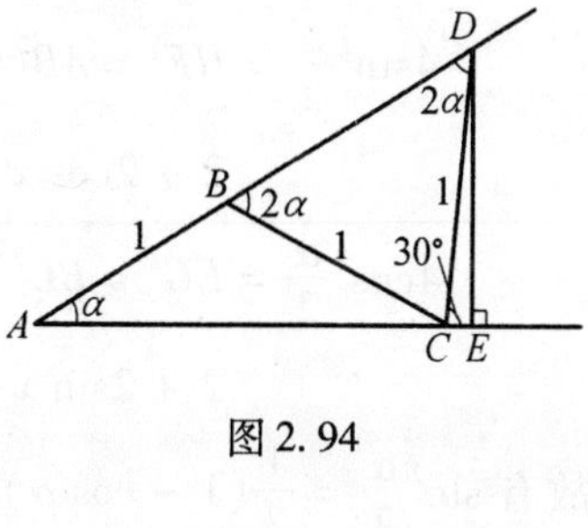

在 $\triangle BCD$ 中,由余弦定理有 $BD=2\cos 2\alpha=4\cos^2\alpha-2=2-4\sin^2\alpha$. 在 $\triangle ABC$ 中,由余弦定理有 $AC=2\cos\alpha$,则

图 2.94

$$\begin{aligned}\cos 3\alpha=CE=AE-AC=AD\cdot\cos\alpha-AC=\\(AB+BD)\cdot\cos\alpha-AC=\\(4\cos^2\alpha-1)\cdot\cos\alpha-2\cos\alpha=\\4\cos^3\alpha-3\cos\alpha\end{aligned}$$

$$\begin{aligned}\sin 3\alpha=DE=AD\cdot\sin\alpha=(AB+BD)\cdot\sin\alpha=\\(3-4\sin^2\alpha)\sin\alpha=3\sin\alpha-4\sin^3\alpha\end{aligned}$$

注　若作 $CF\perp BD$ 于 F,作 $BG\perp AC$ 于 G,则直接得 BD,AC,而不用余弦定理,并且还

可直接得到 $\sin 2\alpha = CF = AC \cdot \sin\alpha = 2\sin\alpha \cdot \cos\alpha$，$\cos 2\alpha = BF = AF - AB = AC \cdot \cos\alpha - AB = 2\cos^2\alpha - 1$.

也可以用同一个图给出两倍角、三倍角的正弦与余弦公式的几何解释：

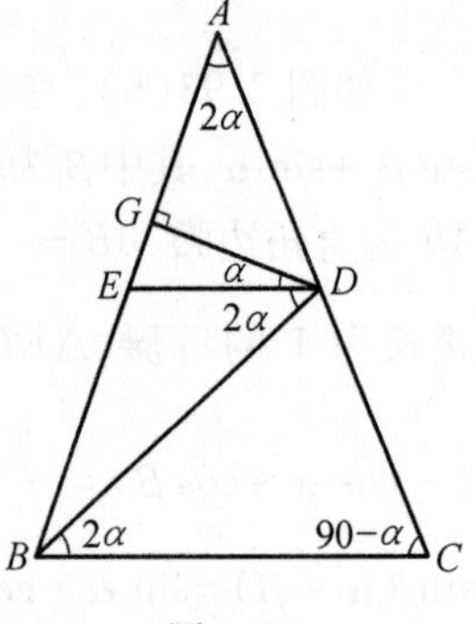

图 2.95

如图 2.95，作 $\triangle ABC$，使 $AB = AC = 1$，$\angle A = 2\alpha$，则 $\angle B = \angle C = 90^\circ - \alpha$，由上图讨论知 $BC = 2\sin\alpha$，由 $\frac{BC}{\sin 2\alpha} = \frac{AB}{\sin(90^\circ - \alpha)}$，有

$$\sin 2\alpha = \frac{BC \cdot \sin(90^\circ - \alpha)}{AB} = 2\sin\alpha \cdot \cos\alpha$$

由 $BC^2 = AB^2 + AC^2 - 2AB \cdot AC \cdot \cos 2\alpha$，有

$$\cos 2\alpha = \frac{AB^2 + AC^2 - BC^2}{2AB \cdot AC} = 1 - 2\sin^2\alpha = 2\cos^2\alpha - 1$$

又在 AC 上取点 D，使 $BD = BC = 2\sin\alpha$，作 $DE \parallel BC$ 交 AB 于 E，$DG \perp AB$ 于 G，则 $BE = CD = 4\sin^2\alpha$，且 $DE = \frac{BC \cdot AE}{AB} = 2\sin\alpha - 8\sin^3\alpha$，$DG = DE\cos\alpha = \cos\alpha(2\sin\alpha - 8\sin^3\alpha)$，$EG = DE\sin\alpha = \sin\alpha(2\sin\alpha - 8\sin^3\alpha)$，$BG = BE + EG = 6\sin^2\alpha - 8\sin\alpha$. 于是

$$\sin 3\alpha = \frac{BG}{BD} = 3\sin\alpha - 4\sin^3\alpha$$

$$\cos 3\alpha = \frac{DG}{BD} = 4\cos^3\alpha - 3\cos\alpha$$

(3) 半角的正、余弦公式及正切公式

方式 1 如图 2.96(a)，作矩形 $ABCD$，使得 $AB = AE + EB = \cos x + \cos y$，$BC = BF + FC = \sin y + \sin x$，其中 x, y 均为锐角，且有 $\alpha = \pi - (x + y)$，得边长为 1 的菱形 $EFGH$(或者作边长为 1 的菱形 $EFGH$，使 $\angle HEF = \alpha(0 < \alpha < \pi)$，再作此菱形的外接矩形 $ABCD$，令 $AB = AE + EB = \cos x + \cos y$，$BC = BF + FC = \sin y + \sin x$，则 $x + y = \pi - \alpha$).

联结 EG，则 EG 平分 $\angle HEF$，则 $HF = 2\sin\frac{\alpha}{2}$，$EG = 2\cos\frac{\alpha}{2}$. 从而

$$4\sin^2\frac{\alpha}{2} = HF^2 = AB^2 + (AH - BF)^2 = (\cos x + \cos y)^2 + (\sin x - \sin y)^2 =$$

$$2 + 2\cos x \cdot \cos y - 2\sin x \cdot \sin y = 2 - 2\cos\alpha$$

$$4\cos^2\frac{\alpha}{2} = EG^2 = BC^2 + (BE - CG)^2 = (\sin x + \sin y)^2 + (\cos x - \cos y)^2 =$$

$$2 + 2\sin x \cdot \sin y - 2\cos x \cdot \cos y = 2 + 2\cos\alpha$$

故有 $\sin^2\frac{\alpha}{2} = \frac{1}{2}(1 - \cos\alpha)$，$\cos^2\frac{\alpha}{2} = \frac{1}{2}(1 + \cos\alpha)$.

方式 2 如图 2.96(b)，作菱形 $ABCD$，设 $AB = 1$，$\angle BAD = \alpha$，AC 交 BD 于 E，作 DF, CG, EH 分别垂直直线 AB 于 F, G, H，则 $\angle BDF = \angle BAC = \frac{\alpha}{2}$，$AE = \cos\frac{\alpha}{2}$，$BE = \sin\frac{\alpha}{2}$，$GC = FD = \sin\alpha$，$BG = AF = \cos\alpha$.

由 $AG = AC \cdot \cos\angle GAC$，得

$$1+\cos\alpha=2\cos^2\frac{\alpha}{2}$$

由 $BF=BD\sin\angle BDF$,得 $AB-AF=BD\cdot\sin\angle BDF$,从而有

$$1-\cos\alpha=2\sin^2\frac{\alpha}{2}$$

由 $DF=BD\cos\angle BDF$,得

$$\sin\alpha=2\sin\frac{\alpha}{2}\cos\frac{\alpha}{2}$$

由 $AF=AH-FH$,即 $AF=AE\cdot\cos\angle BAC-DE\sin\angle EDF$,得

$$\cos\alpha=\cos^2\frac{\alpha}{2}-\sin^2\frac{\alpha}{2}$$

由 $\tan\angle GAC=\dfrac{GC}{AG}$,得

$$\tan\frac{\alpha}{2}=\frac{\sin\alpha}{1+\cos\alpha}$$

由 $\tan\angle BDF=\dfrac{BF}{DF}$,得

$$\tan\frac{\alpha}{2}=\frac{1-\cos\alpha}{\sin\alpha}$$

由公式 $1+\cos\alpha=2\cos^2\dfrac{\alpha}{2}$ 和公式 $1-\cos\alpha=2\sin^2\dfrac{\alpha}{2}$ 可得

$$\cos\alpha=2\cos^2\frac{\alpha}{2}-1$$

$$\sin\frac{\alpha}{2}=\pm\sqrt{\frac{1-\cos\alpha}{2}}$$

$$\cos\frac{\alpha}{2}=\pm\sqrt{\frac{1+\cos\alpha}{2}}$$

公式 $\tan\dfrac{\alpha}{2}=\dfrac{1-\cos\alpha}{\sin\alpha}=\dfrac{\sin\alpha}{1+\cos\alpha}$ 当 $0<\alpha<90°$ 的四种几何解释如下:

方式1　如图2.96(c),在 $\triangle ABC$ 中,$AB=AC=1$,$CD\perp AB$ 于 D. 设 $\angle A=\alpha<90°$,则 $90°-\angle BCD=\angle B=90°-\dfrac{\alpha}{2}$,从而 $\dfrac{\alpha}{2}=\angle BCD$,故 $\tan\dfrac{\alpha}{2}=\tan\angle BCD=\dfrac{BD}{CD}=\dfrac{1-AD}{CD}$.

又在 $\mathrm{Rt}\triangle ACD$ 中,有 $CD=\sin\alpha$,$AD=\cos\alpha$,$CD^2=AC^2-AD^2=(1+AD)(1-AD)$,即 $\dfrac{1-AD}{CD}=\dfrac{CD}{1+AD}$,故 $\dfrac{1-\cos\alpha}{\sin\alpha}=\dfrac{\sin\alpha}{1+\cos\alpha}$,即 $\tan\dfrac{\alpha}{2}=\dfrac{1-\cos\alpha}{\sin\alpha}=\dfrac{\sin\alpha}{1+\cos\alpha}$.

方式2　如图2.96(d),在图2.96(c)的基础上延长 BA 到 E,使 $AE=AB=AC=1$,从而易知 $\triangle EBC$ 为直角三角形,$\angle E=\dfrac{\alpha}{2}(0<\alpha<90°)$,又 $CD\perp AB$ 于 D,在 $\mathrm{Rt}\triangle ACD$ 和 $\mathrm{Rt}\triangle ECD$ 中,得

$$CD=\sin\alpha,AD=\cos\alpha,\tan\frac{\alpha}{2}=\frac{CD}{ED}=\frac{CD}{EA+AD}=\frac{\sin\alpha}{1+\cos\alpha}$$

又由射影定理,得 $CD^2=ED\cdot DB=(AE+AD)(AB-BD)$,从而可证 $\dfrac{1-\cos\alpha}{\sin\alpha}=$

$\frac{\sin\alpha}{1+\cos\alpha}$,故 $\tan\frac{\alpha}{2}=\frac{1-\cos\alpha}{\sin\alpha}=\frac{\sin\alpha}{1+\cos\alpha}$.

方式3 如图2.96(e),由图2.96(c)的基础上可证:$CD=\sin\alpha$,$AD=\cos\alpha$,$\tan\frac{\alpha}{2}=\frac{1-\cos\alpha}{\sin\alpha}$.过点$A$作$AF\perp AC$交$CD$的延长线于$F$,又$CD\perp AB$,则$\angle F=\angle BAC=\alpha$,$\cot\alpha=\frac{DF}{AD}$,故

$$DF=\cos\alpha\cdot\cot\alpha=\frac{\cos^2\alpha}{\sin\alpha}$$

由射影定理,得$CA^2=CD\cdot CF$,即$1=\sin\alpha(\sin\alpha+\frac{\cos^2\alpha}{\sin\alpha})$,从而$\frac{1-\cos\alpha}{\sin\alpha}=\frac{\sin\alpha}{1+\cos\alpha}$,故 $\tan\frac{\alpha}{2}=\frac{1-\cos\alpha}{\sin\alpha}=\frac{\sin\alpha}{1+\cos\alpha}$.

方式4 如图2.96(f),作半径为1的圆O,BC为直径,作$\angle AOC=\alpha$,$AE\perp BC$于E交圆O于D,联结AB,CD,则$\angle ABE=\angle EDC=\frac{\alpha}{2}$,$AE=\sin\alpha$,$OE=\cos\alpha$.

在Rt$\triangle ABE$中,$\tan\frac{\alpha}{2}=\frac{AE}{BE}=\frac{AE}{BO+OE}=\frac{\sin\alpha}{1+\cos\alpha}$.

在Rt$\triangle CDE$中,$\tan\frac{\alpha}{2}=\frac{CE}{ED}=\frac{OC-OE}{AE}=\frac{1-\cos\alpha}{\sin\alpha}$.

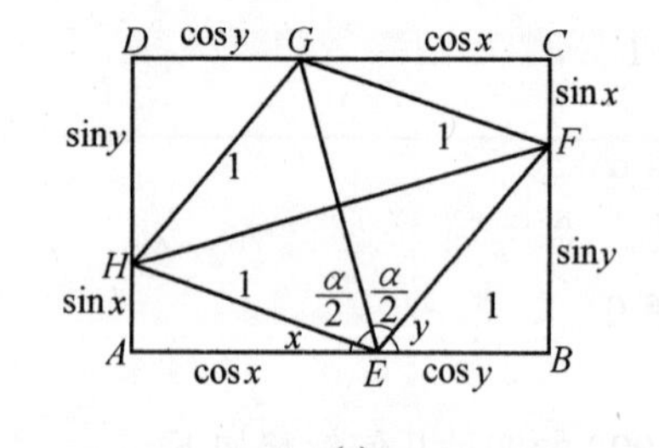

(a)

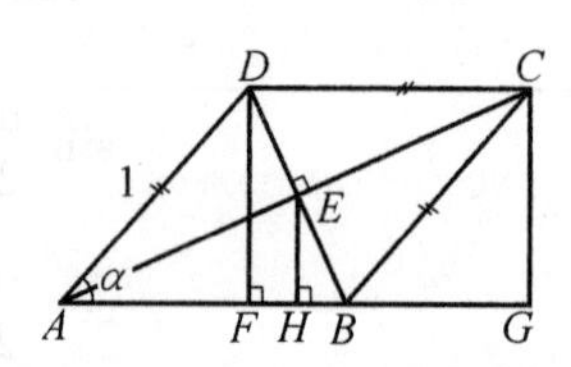

(b)

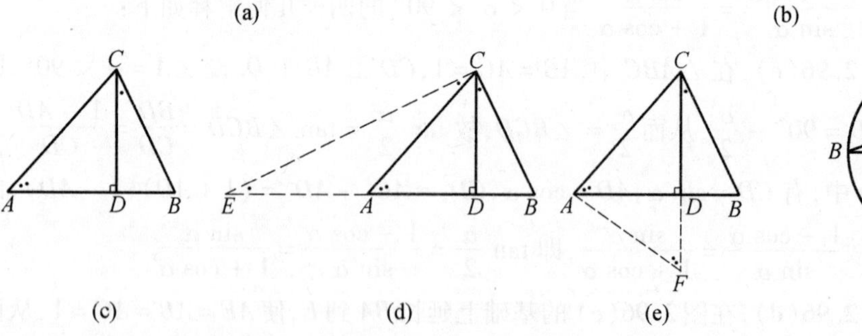

(c) (d) (e) (f)

图2.96

(4)和差化积公式

方式1 如图2.97(a),作腰边长为1的等腰三角形$ABC(AB=AC)$,使得顶角$\angle BAC=\angle BAE+\angle EAC=\alpha+\beta(\alpha>\beta)$,设$AE=l$,作$AD\perp BC$于$D$,$\angle BAF=\beta$,$AF$交$BC$于$F$,则$AF=l$,$\angle DAE=\frac{\alpha-\beta}{2}$,$\angle ACB=90^\circ-\frac{\alpha+\beta}{2}$.于是$S_{\triangle ABE}=\frac{1}{2}l\sin\alpha$,$S_{\triangle ACE}=\frac{1}{2}l\sin\beta$,$BD=$

$DC = l \cdot \sin\dfrac{\alpha+\beta}{2}$,$DE = DF = l \cdot \sin\dfrac{\alpha-\beta}{2}$,由 $S_{\triangle ABE} + S_{\triangle ACE} = S_{\triangle ABC}$ 有 $\dfrac{l}{2}\sin\alpha + \dfrac{l}{2}\sin\beta = BD \cdot AD = l\sin\dfrac{\alpha+\beta}{2} \cdot \cos\dfrac{\alpha-\beta}{2}$,故 $\sin\alpha + \sin\beta = 2\sin\dfrac{\alpha+\beta}{2} \cdot \cos\dfrac{\alpha-\beta}{2}$.

由 $S_{\triangle ABE} - S_{\triangle AEC} = S_{\triangle ABE} - S_{\triangle ABF} = S_{\triangle AEF} = DF \cdot AD$,亦有 $\sin\alpha - \sin\beta = 2\cos\dfrac{\alpha+\beta}{2} \cdot \sin\dfrac{\alpha-\beta}{2}$. 又

$$\cos\alpha = \frac{l^2 + 1 - (\sin\frac{\alpha+\beta}{2} + l\sin\frac{\alpha-\beta}{2})^2}{2l}$$

$$\cos\beta = \frac{l^2 + 1 - (\sin\frac{\alpha+\beta}{2} - l\sin\frac{\alpha-\beta}{2})^2}{2l}$$

故

$$\cos\alpha + \cos\beta = \frac{2\cos^2\frac{\alpha+\beta}{2} + 2l^2\cos\frac{\alpha-\beta}{2}}{2l} = \frac{2AD^2}{l} = 2AD \cdot \cos\frac{\alpha-\beta}{2} = 2\sin\angle C \cdot \cos\frac{\alpha-\beta}{2} = 2\cos\frac{\alpha+\beta}{2} \cdot \cos\frac{\alpha-\beta}{2}$$

$$\cos\alpha - \cos\beta = \frac{-4l\sin\frac{\alpha+\beta}{2} \cdot \sin\frac{\alpha-\beta}{2}}{2l} = -2\sin\frac{\alpha+\beta}{2} \cdot \sin\frac{\alpha-\beta}{2}$$

方式2　如图 2.97(b),设 $\angle XOA = \alpha$,$\angle XOB = \beta$,$OA = OB = 1$,作菱形 $OBCA$,则 $\angle XOC = \dfrac{\alpha+\beta}{2}$,若 AB 交 OC 于 D,分别作 AG,BH,CE 垂直 OX 于 G,H,E,过 B 作 OX 的平行线交 AG,CE 于 K,F,则 $\angle BAK = \angle XOC = \dfrac{\alpha+\beta}{2}$,$\angle BOC = \angle COA = \dfrac{\alpha-\beta}{2}$,$OD = \cos\dfrac{\alpha-\beta}{2}$,$AD = \sin\dfrac{\alpha-\beta}{2}$,$OG = BF = HE = \cos\alpha$,$GA = FC = \sin\alpha$,$OH = \cos\beta$,$HB = GK = EF = \sin\beta$.

$$\sin\alpha + \sin\beta = FC + EF = EC = OC \cdot \sin\angle XOC = 2\sin\frac{\alpha+\beta}{2}\cos\frac{\alpha-\beta}{2}$$

$$\cos\alpha + \cos\beta = HE + OH = OE = OC \cdot \cos\angle XOC = 2\cos\frac{\alpha+\beta}{2}\cos\frac{\alpha-\beta}{2}$$

$$\sin\alpha - \sin\beta = GA - K = AK = AB \cdot \cos\angle BAK = 2\cos\frac{\alpha+\beta}{2}\sin\frac{\alpha-\beta}{2}$$

$$\cos\alpha - \cos\beta = OG - OH = -KB = -AB \cdot \sin\angle BAK = -2\sin\frac{\alpha+\beta}{2}\sin\frac{\alpha-\beta}{2}$$

图 2.97(b)中,若设 $\angle XOC = \alpha$,$\angle COA = \angle BOC = \beta$,其余假设不变,则 $\angle XOA = \alpha + \beta$,$\angle XOB = \alpha - \beta$,$\angle BAK = \angle XOC = \alpha$,故

$$2\sin\alpha\cos\beta = 2 \times OD\sin\alpha = OC\sin\alpha = EC = FC + EF = GA + HB = \sin(\alpha+\beta) + \sin(\alpha-\beta)$$

$$2\cos\alpha\sin\beta = 2 \times AD\cos\alpha = AB\cos\alpha = KA = GA - GK = GA - HB =$$

$$\sin(\alpha+\beta)-\sin(\alpha-\beta)$$

$$2\cos\alpha\cos\beta = 2\times OD\cos\alpha = OC\cos\alpha = OE = HE + OH = OG + OH =$$

$$\cos(\alpha+\beta)+\cos(\alpha-\beta)$$

$$2\sin\alpha\sin\beta = 2\times AD\sin\alpha = AB\sin\alpha = KB = GH = OH - OG =$$

$$\cos(\alpha-\beta)-\cos(\alpha+\beta)$$

方式3 如图2.97(c),(d),设$\triangle ABC$的边$AB > AC$,$\angle A$的一条外角平分线交$\triangle ABC$的外接圆于E,E在AB与CA的延长线上的射影分别为F,G,则由三角形全等有$BF = CG$.从而由$AB - AF = CA + AG = AC + AF$有$AB - AC = 2AF$,$AB + AC = 2BF$.

在图2.97(c)中,令$\angle ACB = \alpha$,$\angle ABC = \beta(\alpha > \beta)$,$\triangle ABC$外接圆直径$2R = 1$,则$\angle EBF = \angle EBC - \beta = \angle GAE - \beta = \frac{1}{2}(\alpha-\beta)$,$\angle EAB = \frac{1}{2}\angle GAB = \frac{1}{2}(\alpha+\beta)$,$AB = \sin\alpha$,$AC = \sin\beta$,$EA = \sin\frac{\alpha-\beta}{2}$,$EB = \sin\frac{\alpha+\beta}{2}$,$AF = AE\cdot\cos\frac{\alpha+\beta}{2} = 2\sin\frac{\alpha-\beta}{2}\cdot\cos\frac{\alpha+\beta}{2}$,$BF = EB\cdot\cos\frac{\alpha-\beta}{2} = \sin\frac{\alpha+\beta}{2}\cdot\cos\frac{\alpha-\beta}{2}$.

由$AB + AC = 2BF$,有

$$\sin\alpha + \sin\beta = 2\sin\frac{\alpha+\beta}{2}\cdot\cos\frac{\alpha-\beta}{2}$$

由$AB - AC = 2AF$,有

$$\sin\alpha - \sin\beta = 2\cos\frac{\alpha+\beta}{2}\cdot\sin\frac{\alpha-\beta}{2}$$

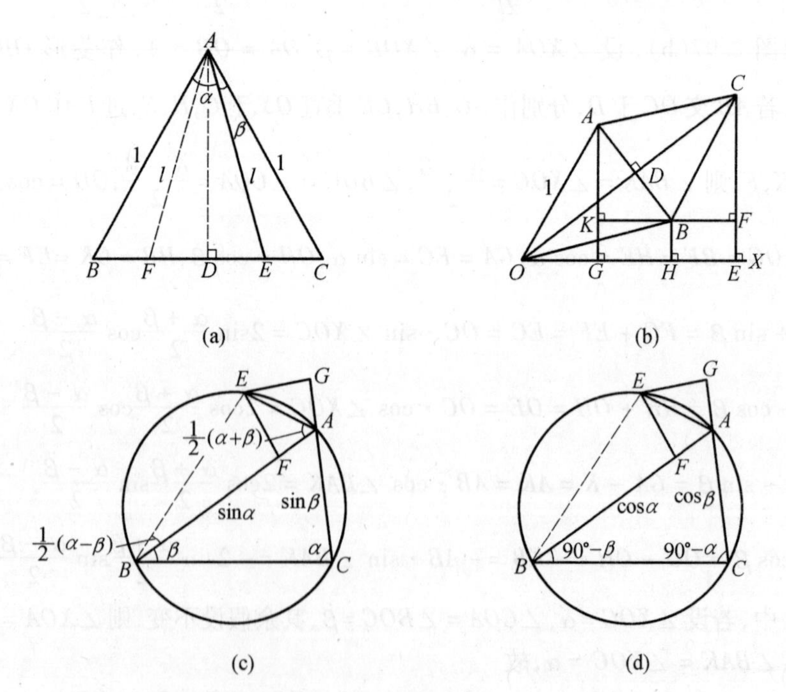

图2.97

在图2.97(d)中,令$\angle ACB = 90° - \alpha$,$\angle ABC = 90° - \beta$($\alpha$,$\beta$为锐角且$\alpha < \beta$),则同理

可得:由 $AB + AC = 2BF$,有

$$\cos\alpha + \cos\beta = 2\cos\frac{\alpha+\beta}{2}\cdot\cos\frac{\alpha-\beta}{2}$$

由 $AB - AC = 2AF$,有

$$\cos\alpha - \cos\beta = -2\sin\frac{\alpha+\beta}{2}\cdot\sin\frac{\alpha-\beta}{2}$$

(5) 万能公式

三角公式:$\sin\alpha = \dfrac{2\tan\frac{\alpha}{2}}{1+\tan^2\frac{\alpha}{2}}$,$\cos\alpha = \dfrac{1-\tan^2\frac{\alpha}{2}}{1+\tan^2\frac{\alpha}{2}}$,$\tan\alpha = \dfrac{2\tan\alpha}{1-\tan^2\frac{\alpha}{2}}$通常叫作万能公式.

在这里给出以下四种几何解释:

方式1　作 Rt$\triangle ABC$,使 $\angle C = 90°$,$\angle ABC = \dfrac{\alpha}{2}$,在 BC 上取点 D,使 $\angle ADC = \alpha$,令 $AD = BD = 1$,如图 2.98(a) 所示

$$\sin\alpha = AC = \frac{2AC(1+DC)}{2(1+DC)} = \frac{2AC(1+DC)}{1+2DC+DC^2+1-DC^2} =$$

$$\frac{2AC\cdot BC}{BC^2+AC^2} = \frac{2\cdot\frac{AC}{BC}}{1+(\frac{AC}{BC})^2} = \frac{2\tan\frac{\alpha}{2}}{1+\tan^2\frac{\alpha}{2}}$$

$$\cos\alpha = DC = \frac{2DC(1+DC)}{2(1+DC)} = \frac{1+2DC+DC^2-1+DC^2}{1+2DC+DC^2+1-DC^2} =$$

$$\frac{(1+DC)^2-(1-DC^2)}{(1+DC)^2+(1-CD^2)} = \frac{BC^2-AC^2}{BC^2+AC^2} = \frac{1-\tan^2\frac{\alpha}{2}}{1+\tan^2\frac{\alpha}{2}}$$

$$\tan\alpha = \frac{AC}{CD} = \frac{2AC(1+DC)}{2CD+(1+DC)} = \frac{2AC\cdot BC}{(1+CD)^2-AC^2} = \frac{2\tan\frac{\alpha}{2}}{1-\tan^2\frac{\alpha}{2}}$$

方式2　作 Rt$\triangle ABC$,使 $\angle C = 90°$,设 $\angle CAB = \alpha$,$AC = 1$,AD 为 $\angle CAB$ 的平分线,如图 2.98(b),则 $AB = \dfrac{BD}{DC}$,$DC = \dfrac{BC}{1+AB}$

$$\sin\alpha = \frac{BC}{AB} = \frac{2BC(AB+1)}{2AB(AB+1)} = \frac{2BC(AB+1)}{(AB+1)^2+BC^2} =$$

$$\frac{2\frac{BC}{AB+1}}{1+(\frac{BC}{AB+1})^2} = \frac{2CD}{1+CD^2} = \frac{2\frac{CD}{AC}}{1+(\frac{CD}{AC})^2} = \frac{2\tan\frac{\alpha}{2}}{1+\tan^2\frac{\alpha}{2}}$$

同样的可得 $\cos\alpha$ 及 $\tan\alpha$(下略).

方式3　以 AB 为直径作半圆,圆心角 $\angle BOC = \alpha$(α 为锐角),作 $CD\perp AB$ 于 D,连 AC 如图 2.98(c),则 $\angle CAB = \dfrac{\alpha}{2}$,且 $CD^2 = AD\cdot DB$

$$\sin\alpha=\frac{CD}{OC}=\frac{2CD}{AD+DB}=\frac{2CD\cdot DA}{AD^2+CD^2}=\frac{2\tan\frac{\alpha}{2}}{1+\tan^2\frac{\alpha}{2}}$$

同样的可得 $\cos\alpha$ 及 $\tan\alpha$(下略).

方式4 如图2.98(d),设半径为R的圆O是等腰$\triangle ABC$的外接圆,H为$\triangle ABC$的垂心,作直径CP,联结AP,BP. 设高$AD=1$,$\angle BAC=\alpha$(α为锐角),则$\angle BAD=\angle DAC=\frac{\alpha}{2}$,$\angle BPC=\angle BAC=\alpha$,$AD(2R-AD)=BD\cdot DC=BD^2$.

易证得四边形$APBH$为平行四边形. 于是

$$\sin\alpha=\frac{BC}{PC}=\frac{2BD}{2R}=\frac{2AD\cdot\tan\frac{\alpha}{2}}{\frac{AD^2+BD^2}{AD}}=\frac{2\tan\frac{\alpha}{2}}{1+\tan\frac{2\alpha}{2}}$$

$$\cos\alpha=\frac{PB}{PC}=\frac{AH}{PC}=\frac{AD-HD}{2R}=\frac{1-\tan^2\frac{\alpha}{2}}{1+\tan^2\frac{\alpha}{2}}$$

$$\tan\alpha=\frac{BC}{BP}=\frac{2\tan\frac{\alpha}{2}}{1-\tan^2\frac{\alpha}{2}}$$

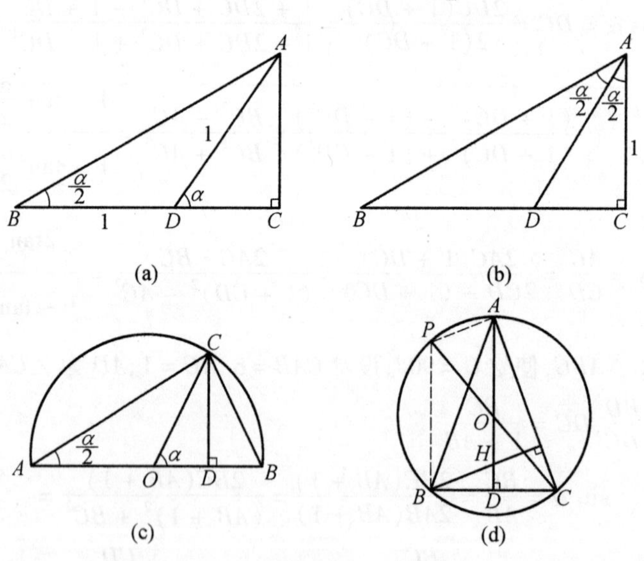

图2.98

(6)$\sin x<x<\tan x$,其中$x\in(0,\pi)$

如图2.99,作半径为$OA=1$的圆O,设圆心角$\angle AOC=x$,OC交圆于C,交过点A的切线于B,则$CD=\sin x$,$AB=\tan x$. 由$S_{\triangle OAC}<S_{扇形OAC}<S_{\triangle OAB}$即有

$$\sin x<x<\tan x$$

(7) 在 $\triangle ABC$ 中, $\sin A+\sin B+\sin C\leqslant\frac{3}{2}\sqrt{3}$

如图2.100,作半径为1的圆,过圆心作三条直径,将周角分成六个角 A,B,C,A,B,C,显然 $A+B+C=\pi$,知 A,B,C 为三角形三内角. 又由于圆内接 n 边形以正 n 边形面积为最大,知

$$S_{\text{六边形}EFGHKL}\leqslant S_{\text{正六边形}}=\frac{3}{2}\sqrt{3}(\text{边长})^2$$

从而

$$2\left(\frac{1}{2}\cdot1\cdot1\cdot\sin A+\frac{1}{2}\cdot1\cdot1\cdot\sin B+\frac{1}{2}\cdot1\cdot1\cdot\sin C\right)\leqslant\frac{3}{2}\sqrt{3}$$

故
$$\sin A+\sin B+\sin C\leqslant\frac{3}{2}\sqrt{3}$$

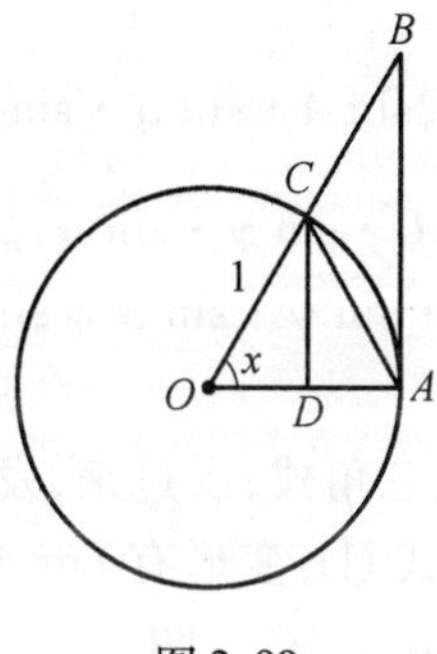

图2.99

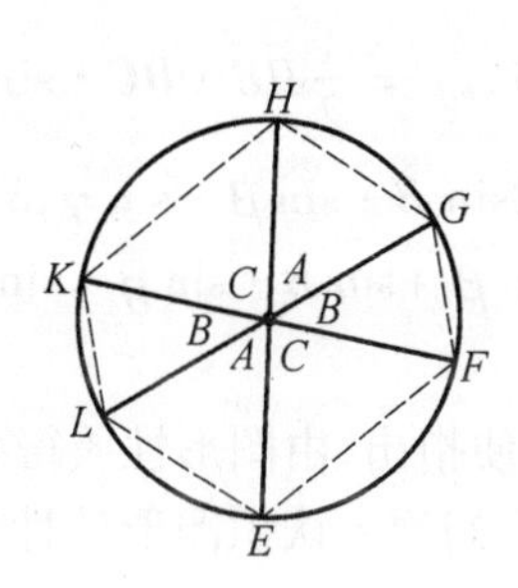

图2.100

2.10.5 从几何图形到等式或不等式

作出一个平面几何图形,分析图形的性质,可发掘出一系列代数的、三角的等式或不等式.

例如,如图2.101,作出锐角 $\triangle ABC$,设 H 为其垂心, D,E,F 为 H 分别在边 BC,AC,AB 上的射影,则由 $\triangle AEH\backsim\triangle BCE$,有 $\frac{AH}{BC}=\frac{AE}{BE}=\cot A$,同理

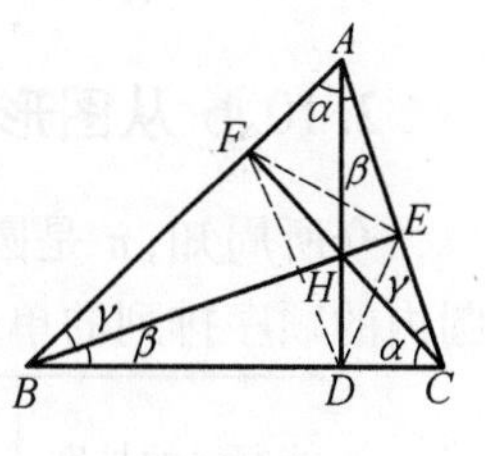

图2.101

$$\cot B=\frac{BH}{AC},\cot C=\frac{CH}{AB}$$

而

$$\frac{S_{\triangle ABH}}{S_{\triangle ABC}}=\frac{AH}{BC}\cdot\frac{BH}{CA}\cdot\frac{\sin\angle AHB}{\sin\angle ACB}=\cot A\cdot\cot B(\text{注意 }\angle AHB+\angle ACB=\pi)$$

同理

$$\frac{S_{\triangle ACH}}{S_{\triangle ABC}}=\cot C\cdot\cot A$$

$$\frac{S_{\triangle BCH}}{S_{\triangle ABC}}=\cot B\cdot\cot C$$

由此有

$$\cot A\cdot\cot B+\cot B\cdot\cot C+\cot C\cdot\cot A=1 \quad ①$$

又由 $\triangle AEF\backsim\triangle ABC$,有 $S_{\triangle AEF}=S_{\triangle ABC}\cdot\cos^2A$(其中 $AE:AB=\cos A$). 同理

$$S_{\triangle BDF}=S_{\triangle ABC}\cdot\cos^2 B, S_{\triangle DCE}=S_{\triangle ABC}\cdot\cos^2 C$$

$$S_{\triangle DEF}=\frac{1}{2}DE\cdot DF\cdot\sin\angle EDF=\frac{1}{2}AC\cdot AB\cdot\cos B\cdot\cos C\cdot\sin(180°-2A)=$$

$$2S_{\triangle ABC}\cdot\cos A\cdot\cos B\cdot\cos C$$

而

$$S_{\triangle AEF}+S_{\triangle BDF}+S_{\triangle DCE}+S_{\triangle DEF}=S_{\triangle ABC}$$

因此有

$$\cos^2 A+\cos^2 B+\cos^2 C+2\cos A\cdot\cos B\cdot\cos C=1 \quad ②$$

若令 $\triangle ABC$ 的外接圆半径为 1，$\angle HAB=\alpha,\angle HAC=\beta,\angle HCA=\gamma$，则 $\angle HCD=\alpha$，$\angle CBH=\beta,\angle HBA=\gamma$. 由 $\frac{BC}{\sin\angle BHC}=\frac{BC}{\sin(180°-A)}=\frac{BC}{\sin A}=2$，$HB=2\sin\alpha$，$HC=2\sin\beta$，有

$$S_{\triangle BHC}=\frac{1}{2}HB\cdot HC\cdot\sin\angle BHC=2\sin A\cdot\sin\alpha\cdot\sin\beta$$

同理 $S_{\triangle AHC}=2\sin B\cdot\sin\beta\cdot\sin\gamma$，$S_{\triangle AHB}=2\sin C\cdot\sin\gamma\cdot\sin\alpha$，故

$$\sin A\cdot\sin\alpha\cdot\sin\beta+\sin B\cdot\sin\beta\cdot\sin\gamma+\sin C\cdot\sin\gamma\cdot\sin\alpha=\sin A\cdot\sin B\cdot\sin C \quad ③$$

在此我们也顺便指出，由图形性质得到的代数或三角式，反过来，发掘代数或三角式的内涵，有时又可使我们深入认识图形的性质. 例如由式 ①，变形有 $\tan A+\tan B+\tan C=\tan A\cdot\tan B\cdot\tan C$，由此我们可得 $\frac{BC}{AH}+\frac{AC}{BH}+\frac{AB}{CH}=\frac{BC}{AH}\cdot\frac{AC}{BH}\cdot\frac{AB}{CH}$（我们也可运用面积法，即用公式 $S_{\triangle}=\frac{abc}{4R}$ 证明此几何式，而得到前面的三角式）.

2.10.6 从图形到 π 的实验计算

众所周知，π 是圆的周长与直径的比值常数. 在这里我们介绍运用圆的半径与其圆上与圆内的顺序排列的单位正方形的顶点数的一种比值关系来近似地表示 π，如下表：

半径 r 的长度	图　示	圆上及圆内顺序排列单位正方形顶点数 $r(n)$	$\pi\approx\frac{r(n)}{r^2}$
$r=2$		$r(2)=13$	$\pi\approx\frac{13}{4}=3.25$
$r=3$		$r(3)=29$	$\pi\approx\frac{29}{9}=3.22$

续表

半径 r 的长度	图 示	圆上及圆内顺序排列单位正方形顶点数 $r(n)$	$\pi \approx \frac{r(n)}{r^2}$
$r = 30$	（略）	$r(30) = 2\ 821$	$\pi \approx 3.134$
$r = 100$	（略）	$r(100) = 31\ 417$	$\pi \approx 3.141\ 7$
$r = 200$	（略）	$r(200) = 125\ 629$	$\pi \approx 3.140\ 7$
$r = 300$	（略）	$r(300) = 282\ 697$	$\pi \approx 3.141\ 0$
…	…	…	…
$r \to \infty$	（略）	$r(\infty)$	$\to \pi$

由上表可知，$r \in \mathbf{N}$ 时，由 $\pi \approx r(n)/r^2$，有 $S \approx \pi r^2$.

2.10.7 用平面几何知识求解几类数学问题

(1) 用平面几何知识来解一道概率问题

问题：如将一根棒随机地折成三部分，试求这三部分能组成一个三角形的概率.

这道问题粗看似乎很难解决，但数学中的许多知识都是有联系的，注意到平面几何知识，我们可作如下分析：

用线段 AB 表示题中的棒，作正 $\triangle ABC$. 设 D 是左边的折断点，E 是右边的折断点，F 是过 D,E 分别作 AC,BC 平行线的交点. 如图 2.102(a).

又设 G,K,J 分别是 AB,BC,AC 的中点，则 $\triangle AGJ \cong \triangle JGK \cong \triangle KGB \cong \triangle CJK$. 下面分别讨论：

（ⅰ）如点 F 在 $\triangle AJG$ 内部，则 D 在 AG 上，E 在 AG 上，$EB > GB > AD + DE$，可知此时 AD,DE,EB 不能组成一个三角形；

同理，如点 F 在 $\triangle KGB$ 内部，此时 AD,DE,EB 也不能组成一个三角形；

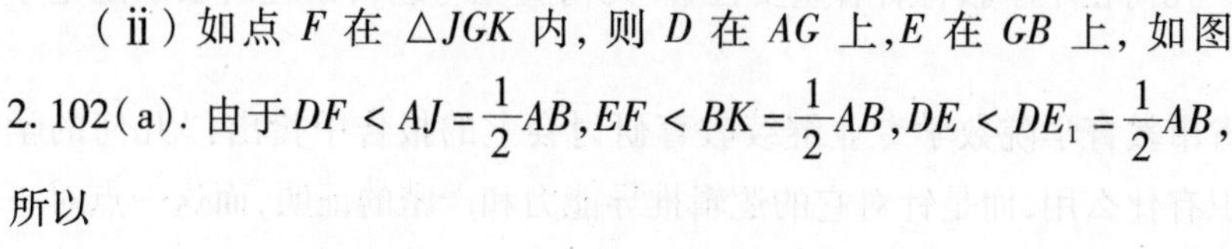

（ⅱ）如点 F 在 $\triangle JGK$ 内，则 D 在 AG 上，E 在 GB 上，如图 2.102(a). 由于 $DF < AJ = \frac{1}{2}AB, EF < BK = \frac{1}{2}AB, DE < DE_1 = \frac{1}{2}AB$，所以

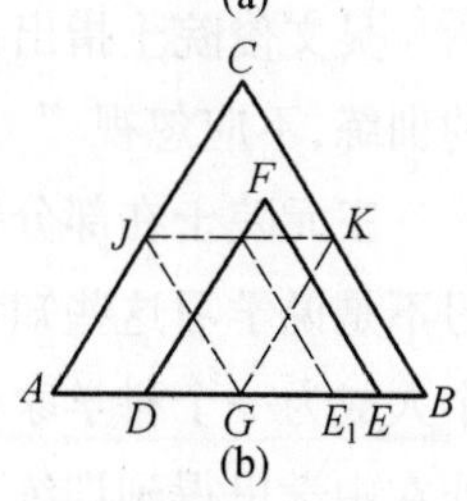

图 2.102

$$DF + EF = AB - DE > \frac{1}{2}AB > DE$$

$$DF + DE = AB - EF > \frac{1}{2}AB > EF$$

$$DE + EF = AB - DF > \frac{1}{2}AB > DF$$

此时，AD,DE,EB 能组成一个三角形；

（ⅲ）如点 F 在 $\triangle JKC$ 内部，如图 2.102(b)，则 D 在 AG 上，E 在 GB 上. 由于 $AD + E_1B = JK = \frac{1}{2}AB$，所以 $DE_1 = AD + E_1B$，从而 $DE > DE_1 = AD + E_1B > AD + FB$. 此时 AD，

DE,EB 不能组成一个三角形.

因 $S_{\triangle JGK}=\frac{1}{4}S_{\triangle ABC}$,故所求概率为$\frac{1}{4}$.

(2) 用平面几何知识求解一道积分问题

问题:计算积分$\int_a^b\sqrt{(x-a)(b-x)}\,\mathrm{d}x(a<b)$.

此道问题如果用常规方法计算是较烦琐的,下面我们应用平面几何中的一个定理而简洁获解.

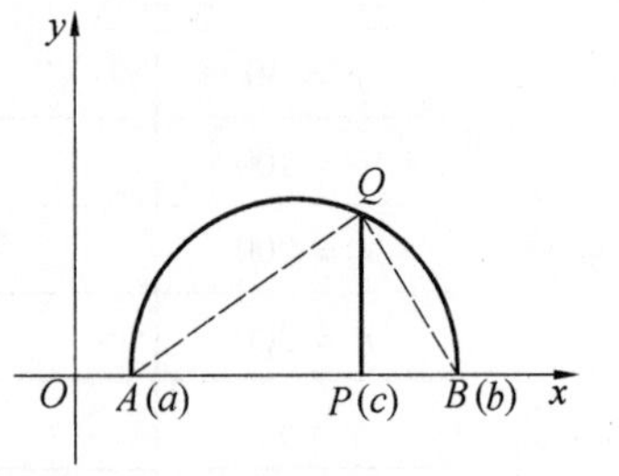

图 2.103

把 $P(x)(a\leqslant x\leqslant b)$ 看作线段 AB 上的一个动点,如图 2.103,则 $x-a$ 与 $b-x$ 便是线段 AP 及 PB 的长度,而以 $\sqrt{(x-a)(b-x)}$ 为长度的线段 PQ 是 AP 与 PB 的比例中项,其中 $PQ\perp AB$.

根据定理:在直角三角形中,弦上的高是勾股在弦上射影的比例中项,即可知道线段 PQ 的另一端点 Q 是在以 AB 为直径的半圆上,就是说,当点 P 从 A 移动到 B 时,点 Q 就描画出半圆曲线,故由定积分的几何意义,可知其积分值就是该半圆的面积,所以 $\int_a^b\sqrt{(x-a)(b-x)}\,\mathrm{d}x=\frac{\pi}{2}(\frac{b-a}{2})^2=\frac{\pi}{8}(b-a)^2$.

2.11 平面几何内容的学习对培养逻辑推理能力有着不可替代的地位和作用

平面几何内容的学习对培养逻辑推理能力有着不可替代的地位和作用.我国的一些著名数学家、数学教育家有过许多精辟的论述(参见作者论文载于《数学教育学报》2004 年第4期).

吴文俊院士指出:"几何在中学教育有着重要位置.几何直觉与逻辑推理的联系是基本的训练,不应忽视."

王元院士在部分省市教育学院数学专业继续教育研讨会上的报告中指出:"几何的学习不是说学习这些知识有什么用,而是针对它的逻辑推导能力和严密的证明,而这一点对一个人成为一个科学家,甚至成为社会上素质很好的一个公民都是非常重要的,而这个能力若能在中学里得到训练,会终身受益无穷."

李大潜院士在上海市中小学数学教育改革研讨会上指出:"培养逻辑推理能力这一重要的数学素质,最有效的手段是学习平面几何,学习平面几何自然要学一些定理,但主要是训练思维,为此必须要学习严格的证明和推理.""对几何的学习及训练要引起足够的重视.现在学生的几何观念差,逻辑推理的能力也比较薄弱,是和对几何这门课程的学习及训练不到位有关的.如果不强调几何观念及方法的训练,将几何学习简单地归结为对图形与测量这类实用性知识的了解上,岂不是倒退到因尼罗河泛滥而重新丈量土地的时代去了吗?"

张景中院士在一次访谈中论及几何教学时指出:"我认为几何是培养人的逻辑思维能

力,陶冶人的情操,培养人良好性格特征的一门很好的课程. 几何虽然是一门古老的科学,但至今仍然有旺盛的生命力. 中学阶段的几何教育,对于学生形成科学的思维方法与世界观具有不可替代的作用. 为什么当前西方国家普遍感到计算机人才缺乏,尤其是编程员缺乏,其中一个原因是他们把中学课程里的几何内容砍得太多,造成学生的逻辑思维能力以及对数学的兴趣大大降低."

陈重穆、宋乃庆等撰文指出:"平面几何对学生能同时进行逻辑思维与形象思维训练,使左、右脑均衡发展,最能发展学生智力,提高学生思维素质. 此外,平面几何在国内外皆有其深厚的文化品质,对学生文化素质的培养也有重要影响,平面几何这种贴近初中学生思维实际,对素质教育能起多方面作用的品质,是其他任何学科难以企及的."

作者在多年的教学实践中也体会到:平面几何内容的教学对顶尖人才的培养具有方法论意义. 几何概念为抽象的科学思维提供直观的模型,几何方法在所有的领域都有广泛的应用,几何直觉是数学地理解高科技和解决问题的工具,几何的公理系统是组织科学体系的典范,几何思维习惯则能使一个人终身受益. 因而,袁震东先生也撰文指出:"平面几何中的难题证明,可能不是普遍需要,然而对于未来各行各业的领袖人物而言,平面几何的训练,包括若干难题的证明,却是非常重要的."

思考题

1. 请你运用长皮尺和木桩平分地面上的 $\angle ABC$.

2. 一轮船沿河岸由 A 地行驶到 B 地,$AB=1$ 千米,α 和 β 是由发电站(在河岸 A 地的河对面)的方向线和轮船航行的方向线所组成的角. 如果(1)$\alpha=45°$,$\beta=90°$;(2)$\alpha=30°$,$\beta=120°$;(3)$\beta=2\alpha$. 怎样根据这两个角(α 和 β)求轮船到发电站 C 的距离 BC.

3. 某地大陆海岸线为一条直线 l,此地的一港口有两座珊瑚礁石对峙锁海口于 A,B 两点. 今欲在海岸线上寻找一点 P,准备建造一座嘹望哨所,使对 A,B 有最大视角,问如何选择点 P? 事先应测出哪些必要的数据?

4. 在一个科学实验室中有一个圆盘仪器,设 AB 为此圆盘 O 的一个固定直径,P 为圆周上一固定已知点,$\angle AOP=45°$. 由此点发射的一种光线与半圆周交于 R,并与固定位置直径 AB 交于点 Q. 如何确定点 R 的位置,使 $RQ=RO$?

5. 学校有一个长方形运动场,其四个角顶都载有一棵大树. 现准备将这个运动场保持矩形样尽可能扩大场地,并使这四棵树在矩形的边上,应怎样设计?

6. 金刚石的大小具有特别的价值,它的价值跟它的质量的平方成正比. 有一次,有一块金刚石碎成了两块,总质量没有改变,但价值改变了,试问价值是怎样变化的?

7. 在边长为 1 的正方形中,在每边 $a:b$ 分点处作正方形,以此类推,求折形等速螺线的长. 并以此题为背景,证明勾股定理.

8. 一盘 60 分钟的盒式录音带,它的磁带长和它的单层磁带的厚度各是多少?

9. 请用七巧板再拼出几种图案或数字.

10. (1) 观察磁带盒中两个带轮的中心之间的距离是多少? (2) 当磁带全绕于一边如

左轮时,左轮的外缘与右轮的外缘的最小距离 d_0 是多少?(3) 在放音过程中,两轮外缘间的最小距离 d 会变化吗?怎样变化?设 x 是走至右轮的磁带长度,试求 $d(x)$. (4) 要使得在放音的任何时刻,两轮磁带的外缘互不接触,左、右两轮圆心之间的最小距离至少是多少?

11. 某电机厂按照2∶1的比例生产一批直径分别为10厘米和20厘米的圆形硅钢片,现有宽度为20厘米的硅钢长片,请你帮助设计几种排料方法,并对用料情况加以比较.

12. 某人想利用树影测树高,他在某一时刻测得长为1米的竹竿影长为0.9米,但当他马上测树高时,因树靠近一幢建筑物,影子不全落在地面上,有一部分影子上了墙. 他测得留在地面部分的影子长2.7米,留在墙壁部分的影高1.2米,求树高.

13. 有两个正方形,大的边长等于小的对角线长,你能用这两个正方形把105°角七等分吗?

14. 请你再给出如下不等式链的一个几何解释

$$\frac{2ab}{a+b} \leqslant \sqrt{ab} \leqslant \frac{a+b}{2} \leqslant \sqrt{\frac{a^2+b^2}{2}}$$

15. 试给出如下不等式的几何解释:

(1) $\sqrt{(a+b+c)^2+(p+q+r)^2} \leqslant \sqrt{a^2+p^2}+\sqrt{b^2+q^2}+\sqrt{c^2+r^2}$(字母均表示正数);

(2) $a(r+q)+br \geqslant c(p+q)+bp$(其中 $a,b,c,p,q,r \in \mathbf{R}^+$,且 $a \geqslant b, a \geqslant c; r \geqslant p, r \geqslant q$).

16. 试再给如下公式的几何解释:

(1) 万能公式;

(2) $\cos(\alpha-\beta)=\cos\alpha\cdot\cos\beta+\sin\alpha\cdot\sin\beta$($\alpha,\beta$ 均为锐角);

(3) $\sin\alpha-\sin\beta=2\sin\dfrac{\alpha-\beta}{2}\cdot\cos\dfrac{\alpha+\beta}{2}$($0<\beta<\alpha<\dfrac{\pi}{2}$).

17. 给出下列三角等式或不等式的几何解释:

(1) $(\tan\theta+1)^2+(\cot\theta+1)^2=(\sec\theta+\csc\theta)^2$;

(2) $\dfrac{1}{\sin\alpha}+\dfrac{1}{\sin\frac{\alpha}{2}}+\dfrac{1}{\sin\frac{\alpha}{4}}+\cdots+\dfrac{1}{\sin\frac{\alpha}{2^n}}=\cot\dfrac{\alpha}{2^{n+1}}-\cot\alpha \geqslant n+1$;

(3) $2^n\tan\dfrac{\alpha}{2}+2^{n-1}\tan\dfrac{\alpha}{4}+\cdots+\tan\dfrac{\alpha}{2^{n+1}}=\cot\dfrac{\alpha}{2^{n+1}}-2^{n+1}\cot\alpha$.

18. 给出 $\triangle ABC$ 中的 $\sin 2A+\sin 2B+\sin 2C=4\sin A\cdot\sin B\cdot\sin C$ 的几何解释.

19. 再给出2.7.4中的概率问题的几何知识证明.

20. 蜜蜂为了构筑一个蜂巢,要使用最少的蜂蜡而造出最大的蜂室,正六边形恰能满足这个要求,这是为什么?

思考题参考解答

1. 在这角的两边 BA 和 BC 上用长皮尺量取两条等长的线段 BA_1 和 BC_1,并在 A_1,C_1 处打上木桩,再将长皮尺的两端拴在两木桩上,手握住长皮尺的中点 O,拉紧长皮尺,固定点 O 的位置,则 BO 就是 $\angle ABC$ 的平分线.

2. (1) $\triangle ABC$ 是等腰直角形，$CB = 1$ 千米；

(2) $CB = \frac{1}{2}$ 千米；

(3) 由 $\beta = \angle A + \angle C$ 知 $\alpha = \alpha + \angle C$，所以 $\angle C = \alpha$，$CB = AB = 1$ 千米.

3. 此问题转化为过两定点求作一圆并切于一定直线问题. 若 $AB \parallel l$，则 AB 的垂直平分线与 l 的交点 P 即为所求. 若 $AB \nparallel l$，则设 A，B 所在直线交 l 于点 C，若 C 在 AB 的延长线上，则过 B 作 AC 的垂线交以 AC 为直径所作的圆于 D，再以 C 为圆心 CD 之长为半径作圆弧交 l 于 P，则点 P 即为所求. 若用计算方法，则只要测出 AC，BC 之长即可（因 $CP = CD$，而 $CD^2 = CB \cdot CA$）.

4. 由于点 P 是固定的，我们不妨将弦 PR 的另一端点 R，沿着（由点 A 出发）半圆 AB 滑动，容易看到，QR 的长度逐步由小变大. 在某一时刻，确定存在 $QR = OR$. 再继续向前滑动，则 $QR > OR$. 当点 R 滑动到 PO 的延长线上时，此时记为 R'. 显然这时 Q 与圆心 O 重合. $QR' = OR'$ 是一个特殊情况. 若点 R 再向前滑行，则 $QR < OR$.

由此可知，所求的点 R（即 $QR = OR$）是存在的. 又因点 P 是定圆 O 上一定点 $\angle AOP = 45°$. 若定弦 PQR 已作得，则 $QR = OR = OP$，即 $\angle P = \angle R$. $\angle RQO = \angle ROQ = \angle P + \angle AOP = \angle P + 45°$. 又 $\angle R + \angle RQO + \angle ROQ = 180°$，则 $\angle R + 2(\angle P + 45°) = 180°$，即 $3\angle P = 90°$，$\angle P = 30°$. 于是作 $\angle OPR = 30°$ 交 AB 于 Q，则弦 PQR 即为所求.

5. 运用正方形的性质："在围绕已知矩形的所有外接矩形中，以正方形的面积为最大."进行设计. 在原长方形的中心点 O 处（即此长方形的两对角线交点处）作与长方形两边分别平行的两直线，以 O 为圆心，以原长方形对角线长为直径作圆与所作两互相垂直的直线交于四点则此四点为所扩建的矩形运动场的顶点. 因为在这个长方形的所有外接矩形中，所增加的面积的大小由长方形外的四个直角三角形面积确定，亦即由这些直角三角形的顶点位置到长方形的距离确定，只有在如上所作图形中，直角三角形顶点到长方形边的距离最大.

6. 可根据正方形的特性，给出这个问题的清楚解答. 取线段 AB 表示没有碎的金刚石的质量 p. 设单位金刚石质量的价值等于某种单位货币. 此时整块金刚石的价值是 p^2，就用正方形 $ABCD$ 的面积来表示它.

当金刚石碎成了两块，质量分别是 m 和 n 单位，它们可以用适当的线段 AE 和 EB 来表示，因 $m + n = p$，所以 $AE + EB = AB$. 在正方形 $ABCD$ 的边上截取 $AH = DG = CF = BE$，并作出 $EFGH$，则 $EFGH$ 为正方形. 两块金刚石的总价值是 $m^2 + n^2$，可以用以 AE 和 EB 为边的两个正方形面积的和来表示，或以 AE 和 AH 为边的正方形面积的和来表示，根据勾股定理，也就是以正方形 $EFGH$ 的面积来表示，而没有碎时的金刚石的价值是以正方形 $ABCD$ 的面积来表示的. 但内接正方形 $EFGH$ 的面积小于正方形 $ABCD$ 的面积，并且当点 E 平分 AB 时的内接正方形面积最小.

这样，就得到这个问题的解答：金刚石碎成两块后的价值比没有碎的一整块的价值小，并且当碎成的两块金刚石一样重时损失的价值最大. 损失的价值为：$p^2 - m^2 - n^2$ 或 $(m + n)^2 - m^2 - n^2 = 2mn$. 当金刚石碎成相等的两块时，损失的价值是原来价值的一半.

7. 如右图,图中粗黑部分即为折形等速螺线的一部分,设 $a+b=1$,又设粗黑折线总长为 l,从第二个正方形开始的粗黑线总长为 l',则 $l=l'+a$. 设第二个正方形的边长为 h,则 $h=\sqrt{a^2+b^2}$. 由相似形性质,前一个正方形与后一个正方形边长之比为 $\frac{a+b}{\sqrt{a^2+b^2}}$,从而 $l:l'=(a+b):\sqrt{a^2+b^2}=1:\sqrt{a^2+b^2}$,故 $l=\sqrt{a^2+b^2}l+a$. 从而 $l=\frac{a}{1-\sqrt{a^2+b^2}}=\frac{1+\sqrt{a^2+b^2}}{2b}$(注意 $(a+b)^2=a^2+b^2+2ab=1$).

以此为背景我们可证明勾股定理:

由于两相继正方形的相似比为 $\frac{h}{a+b}$,若设图中粗黑线与虚线所围图形的面积为 A,设除去第一个正方形后类似上述情况的面积为 A',则 $A'=(\frac{h}{a+b})^2A$,又 $A=A'+\frac{ab}{2}$,则有 $A=(\frac{h}{a+b})^2A+\frac{ab}{2}$,注意到 $A=\frac{1}{4}(a+b)^2$,则 $[1-(\frac{h}{a+b})^2][\frac{1}{4}(a+b)^2]=\frac{ab}{2}$,两边同乘 4 并化简即得 $a^2+b^2=h^2$.

又可以观察图形,完成从无穷到有穷的转化. 直接观察到 $(a+b)^2-h^2=\frac{1}{2}ab\cdot 4=2ab$,即得 $a^2+b^2=h^2$. 这又得另一个证明.

8. 以 SONYEF60 磁带为例:实测左轮满带半径为 $R=24$ 毫米,右轮空带半径为 $r=10.5$ 毫米,因而磁带区域可以看成是一个圆环,它可近似看成是长为 L 宽为 h(磁带厚度)的"细长"矩形"环绕填充"而成,因此这个矩形面积应与环的面积近似相等. $S_{环}=\pi(R^2-r^2)=L\cdot h=S_{矩形}$,得

$$L=\frac{\pi(R^2-r^2)}{h} \qquad (*)$$

要解决问题(*),有两种方案:① 测量 h,再由(*)求 L;② 测量 L,再由(*)求 h.

若采用方案①:可将磁带抽出一段绕在钢笔帽上绕 20 匝(双层),再用卡尺量出内外径,求出 40(80)匝磁带的总厚度,再平均一下可得 $h=0.016\,5$ 毫米,这样由公式(*)可求得磁带长度为 $L\approx 88.7$ 米.

若采用方案②:可从磁带头起,在录音机上放音1分钟,停止,取出磁带,做上标志,量出从头到标记处的长度(对折测量长度即可),测出的实际长度约为 2.9 米(录音机不同可能稍有细小差异). $L=2.9\times 30=87$ 米(实际60分钟磁带半面的录、放音的时间都略大于30分钟,故 L 略长于 87 米). 再由(*)求得 $h=0.016\,8$ 毫米(有材料记载60分钟磁带的制作长度为90米).

8.

108 个人物造型

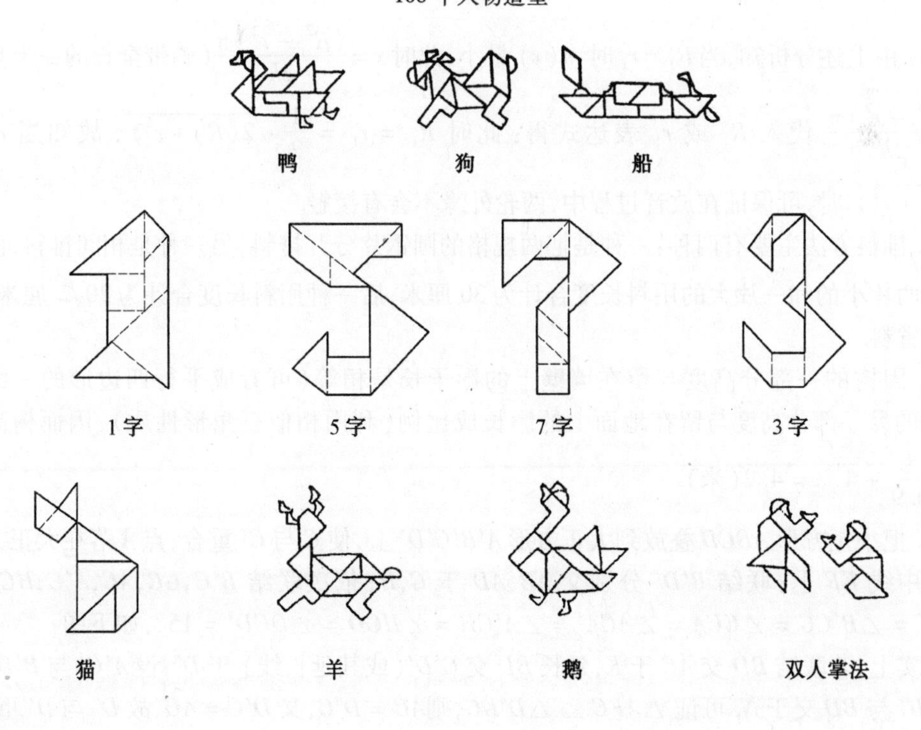

鸭　狗　船

1字　5字　7字　3字

猫　羊　鹅　双人掌法

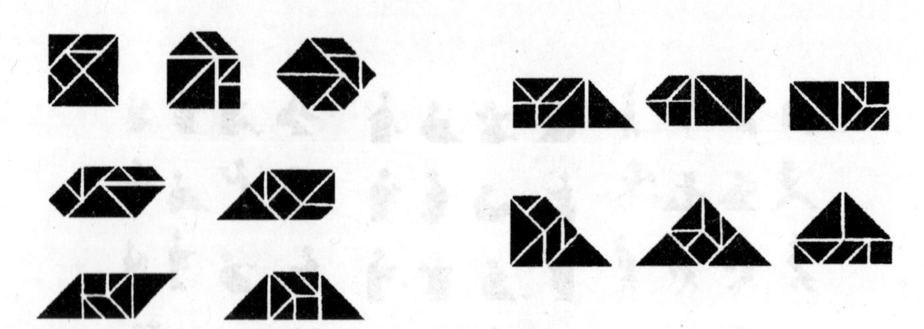

13 个凸多边形拼图

10. (1),(2) 略.

(3) 放音初期,受带轮转得快,供带轮转得慢,因此大盘直径变小的速度小于小盘直径变大的速度. 两盘间间隙渐渐缩小. 放音后期,受带轮外径大于供带轮外径,受带轮转速度变慢,供带轮转速度快,两盘间空隙渐渐变大. 当磁带从 O 向受带轮盘走过 x 长度时,供带盘的俯视面积减少 $x\cdot h$,其外缘半径 $R_1=\frac{\sqrt{\pi R^2-xh}}{\sqrt{\pi}}=\sqrt{R^2-\frac{xh}{\pi}}$. 受带盘的俯视面积增大 $x\cdot h$,其外缘半径 $r_1=\frac{\sqrt{\pi r^2+xh}}{\sqrt{\pi}}=\sqrt{r^2+\frac{xh}{\pi}}$. 于是 $d(x)=R+r+d_0-(R_1+r_1)=R+r+d_0-(\sqrt{R^2-\frac{xh}{\pi}}+\sqrt{r^2+\frac{xh}{\pi}})$.

(4) 由上述分析知,当 $R_1=r_1$ 时,$d(x)$ 最小,此时 $x=\frac{(R^2-r^2)\pi}{2h}$(磁带全长的一半). 将 $x=\frac{(R^2-r^2)\pi}{2h}$ 代入 R_1 或 r_1 表达式得:此时 $R_1=r_1=\frac{1}{2}\sqrt{2(R^2+r^2)}$,故知当 $d>\sqrt{2(R^2+r^2)}$ 时,可保证在放音过程中,两轮外缘不会有接触.

11. 排料方法主要有两种:一种是把两规格的圆钢片分开排料,另一种是相间排料,前一种加工两片小的和一片大的用料长度合计为 30 厘米;后一种用料长度合计为 $20\sqrt{2}$ 厘米,比前一种省料.

12. 因树的一部分高度与留在墙壁上的影子长是相等(可看成平行四边形的一组对边),树的另一部分高度与留在地面上的影长成比例(利用相似三角形性质),因而树高为 $2.7\times\frac{1}{0.9}+1.2=4.2$(米).

13. 把小正方形 $ABCD$ 叠放到大正方形 $A'B'C'D'$ 上,使 C 与 C' 重合,点 A 落在大正方形的一条中线 EF 上;联结 $B'D'$ 分别交 AB,AD 于 G,H;依次联结 $B'C,GC,AC,A'C,HC$,则 $\angle BCB'=\angle B'CG=\angle GCA=\angle ACA'=\angle A'CH=\angle HCD=\angle DCD'=15°$,如下图:

事实上,若联结 BD 交 AC 于 K,延长 BD 交 $C'D'$(或其延长线)于 D'',设 $A'C'$ 与 $B'D'$ 交于 M,HC 与 BD 交于 N. 可证 $\triangle AFC\cong\triangle D''KC$,则 $AC=D''C$,又 $D'C=AC$,故 D'' 与 D' 重合.

由 $CK=\frac{1}{2}CD'$,$\angle CKD'=90°$,故 $\angle 8=30°$,于是 $\angle 5+\angle 6=45°-\angle 7$. 而 $\angle 8=\angle 9-\angle 7=45°-\angle 7$,故 $\angle 5+\angle 6=\angle 8=30°$,即 $\angle 7=45°-(\angle 5+\angle 6)=15°$,且 $\angle 4=45°-$

$(\angle 5+\angle 6)=15°$，易证 $\mathrm{Rt}\triangle CMH\cong \mathrm{Rt}\triangle CDH$，故 $\angle 5=\angle 6=\frac{1}{2}(45°-\angle 4)=15°$，$\angle 1=90°-\angle B'CD=90°-\angle B'C'D=\angle 7=15°$. 又易证 $\mathrm{Rt}\triangle CBG=\mathrm{Rt}\triangle CMG$，故 $\angle 1+\angle 2=\angle 3+\angle 4$，即 $\angle 2=\angle 3=\frac{1}{2}(45°-\angle 1)=15°$.

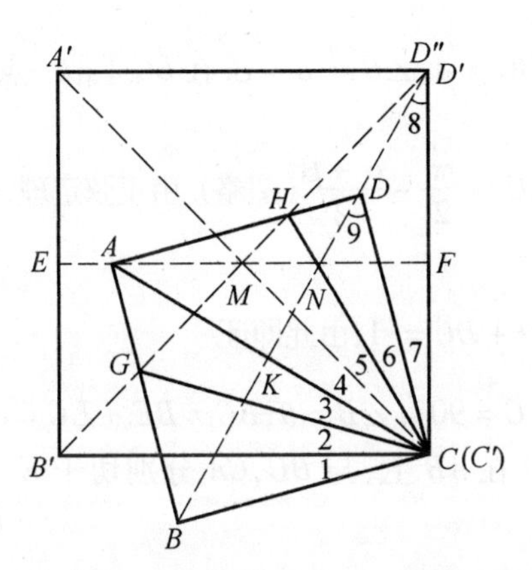

14. 作 $\mathrm{Rt}\triangle ABC$，作斜边上的高 CD 和中线 CE，自 D 引 CE 的垂线与 CE 交于 F，又作 $EG\perp AB$，使 $EG=DE$. 联结 AG，令 $AD=a$，$BD=b$，则知 $CD=\sqrt{ab}$，$CE=\frac{1}{2}(a+b)$. 由 $\triangle CDF\backsim\triangle CED$，有 $CF=\frac{CD^2}{CE}=\frac{2ab}{a+b}$. 由 $AG^2=AE^2+DE^2$，而 $DE=BE-BD=\frac{1}{2}(a-b)$，$AE=\frac{1}{2}(a+b)$，知 $AG=\sqrt{\frac{a^2+b^2}{2}}$. 由 $CF\leqslant CD\leqslant CE=AE\leqslant AG$ 即证.

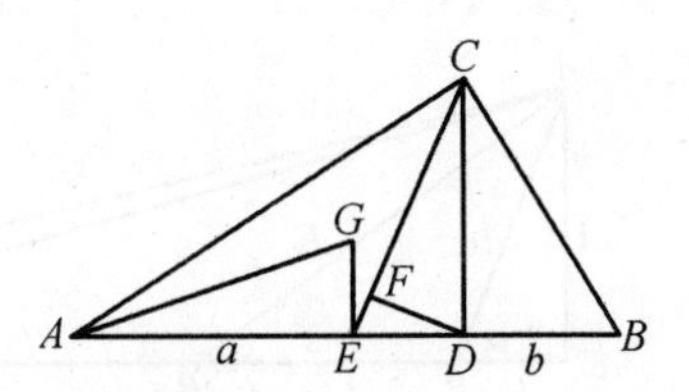

15. 作矩形 $ABCD$，使 $AB=AE+EF+FB=a+b+c$，$AD=AG+GH+HD=p+q+r$. 由 AC 不大于对角线 AC 上的三个不同小矩形的对角线所组成的折线长 $AM+MN+NC$ 即得(1)；由 $S_{\triangle ABC}\geqslant S_{\triangle AEM}+S_{EFNM}+S_{FBCN}$，即得(2).

16. (1) 作 $\mathrm{Rt}\triangle AEC$，$\angle E=90°$，$AC=2$，且 $AE>EC$，在 AB 上取 B 使 $AB=BC$，令 $\angle CBE=\alpha$，则 $\angle A=\angle ACB=\frac{\alpha}{2}$，作 $BD\perp AC$ 于 D（图略），则 $AD=DC=1$，$\tan\frac{\alpha}{2}=BD$，$AB=\sqrt{AD^2+BD^2}=\sqrt{1+\tan^2\frac{\alpha}{2}}$. 由 $\frac{CE}{AC}=\frac{BD}{AB}$ 知 $CE=\frac{2\tan\frac{\alpha}{2}}{\sqrt{1+\tan^2\frac{\alpha}{2}}}$. 又 $CE=BC\cdot\sin\alpha=\sqrt{1+\tan^2\frac{\alpha}{2}}\cdot\sin\alpha$，代入上式即有 $\sin\alpha=\frac{2\tan\frac{\alpha}{2}}{1+\tan^2\frac{\alpha}{2}}$. 同理可得另两式，略.

(2) 以 O 为圆心作单位圆(即半径为1). 设半径 OP,OQ 分别与半径 OA 成 α,β 角. 联结 PQ,引 OA 的垂线 PM,QN,又引 OQ 的垂线 PS 及 PM 的垂线 QR(图略),于是 $PQ^2=QR^2+RP^2=(ON-OM)^2+(PM-QN)^2=OA^2[(\cos\beta-\cos\alpha)^2+(\sin\alpha-\sin\beta)^2]$. 又 $PQ^2=2OA(OA-OS)=2OA^2[1-\cos(\alpha-\beta)]$,由此即有 $\cos(\alpha-\beta)=\cos\alpha\cdot\cos\beta+\sin\alpha\cdot\sin\beta$.

(3) 作 $\triangle ABC$,使 $AB=BC=1$,$\angle B=\alpha-\beta$. 在 BC 上取一点 D,使 $\angle ADC=\alpha$,则 $\angle BAD=\beta$,$\angle DCA=\frac{\pi}{2}-\frac{\alpha-\beta}{2}$,$\angle DAC=\frac{\pi}{2}-\frac{\alpha+\beta}{2}$(图略). 由正弦定理,$\frac{DC}{\sin\left(\frac{\pi}{2}-\frac{\alpha+\beta}{2}\right)}=\frac{2\sin\frac{\alpha-\beta}{2}}{\sin\alpha}$ 及 $\frac{BD}{\sin\beta}=\frac{1}{\sin(\pi-\alpha)}$,又 $BD+DC=1$,由此即证.

17. (1) 作 $\mathrm{Rt}\triangle ABC$,$\angle C=90°$,$\angle B=\theta$,$BC=BE+EC=\cot\theta+1$,$CA=CF+FA=1+\tan\theta$,再作半位圆,使圆心 O 在 AB 上,与 BC,CA 分别切于 E,F,如图,则 $BO=\csc\theta$,$OA=\sec\theta$,且 $\tan\theta=\frac{\tan\theta+1}{\cot\theta+1}$.

(2) 作 $\mathrm{Rt}\triangle ABC$,$\angle C=90°$,$AC=1$,$BC=l_1$,$AB=l_2$,在线段 CB 的延长线上取 $B_1,B_2,\cdots,B_{n+1}$,且使 $BB_1=AB=l_2$,$B_1B_2=AB_1=l_3$,$\cdots$,$B_nB_{n+1}=AB_n=l_{n+2}$,则

$$\frac{1}{\sin\alpha}+\frac{1}{\sin\frac{\alpha}{2}}+\cdots+\frac{1}{\sin\frac{\alpha}{2^n}}=l_2+l_3+\cdots+l_{n+2}=BB_{n+1}=CB_{n+1}-CB=\cot\frac{\alpha}{2^{n+1}}-\cot\alpha=$$

$$l_2+\cdots+l_{n+2}>AB+AB_1+\cdots+AB_n>(n+1)AC=n+1$$

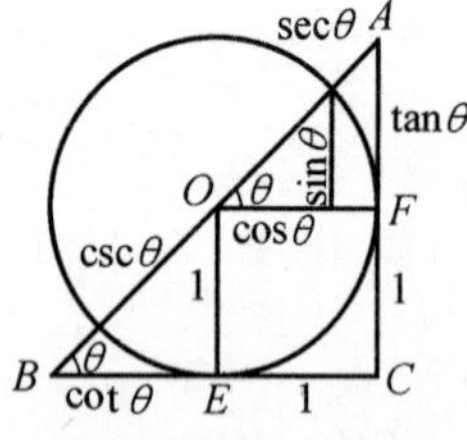

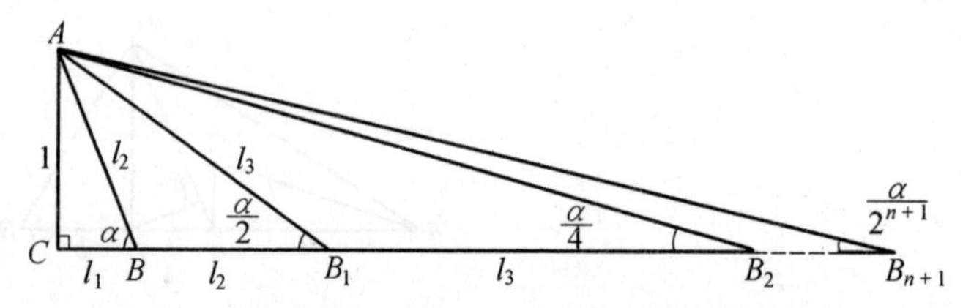

(3) 因 $\tan\frac{\alpha}{2^m}=\frac{1}{CB_m}=\frac{1}{AB_{m-1}+CB_{m-1}}=\frac{AB_{m-1}-CB_{m-1}}{AB_{m-1}^2-CB_{m-1}^2}=\frac{AB_{m-1}-CB_{m-1}}{AC^2}=l_{m+1}-l_m-\cdots-l_1$,$2^{m-1}+2^{m-2}+\cdots+1=2^m-1$,故 $2^n\tan\frac{\alpha}{2}+2^{n-1}\cdot\tan\frac{\alpha}{4}+\cdots+\tan\frac{\alpha}{2^{n+1}}=2^n(l_2-l_1)+2^{n-1}(l_3-l_2-l_1)+\cdots+(l_{n+2}-l_{n+1}-\cdots-l_1)=l_2+l_3+\cdots+l_{n+2}-(2^{n+1}-1)l_1=(l_1+\cdots+l_{n+2})-2^{n+1}l_1=CB_{n+1}-2^{n+1}l_1=\cot\frac{\alpha}{2^{n+1}}-2^{n+1}\cot\alpha$.

18. 设 $\triangle ABC$ 外接圆半径为1,外心为 O,联结 AO,BO,CO,则 $\angle AOB=2C$,$\angle AOC=2B$,$\angle BOC=2A$,由 $S_{\triangle ABC}=S_{\triangle AOB}+S_{\triangle AOC}+S_{\triangle BOC}=\frac{1}{2}AC\cdot BC\cdot\sin C=2\sin A\cdot\sin B\cdot\sin C$,即证.

19. 作等边 $\triangle ABC$,使其高的长度与原棒长相等. 鉴于等边三角形内一点到三边的距离之和等于原等边三角形任一高线之长,又设 D,E,F 分别是 AB,BC,CA 的中点,则若点 $G\in$

$\triangle DEF$ 内部，设 D'，E'，F' 分别为 G 在 AB，BC，CA 边上的射影，由 $D'G < \frac{1}{2}CD$，$E'G < \frac{1}{2}CD$，$F'G < \frac{1}{2}CD$，此时这三条线段可以组成三角形，若 $G \notin \triangle DEF$ 内部，则 $D'G$，$E'G$，$F'G$ 中必有一个等于或大于 $\frac{1}{2}CD$，此时这三条线段不能组成三角形. 由 $S_{\triangle DEF} = \frac{1}{4}S_{\triangle ABC}$，可知所求概念为 $\frac{1}{4}$.

20. 首先考虑用一种正多边形能拼成平面的情形有几种，由本章第 2 节知识可能有三种情形，6 个正三角形，4 个正方形，3 个正六边形，因而只有这三种情形可作为蜂巢的巢室横截面的形状. 其次来考虑以同样的周长所围成的平面图形的面积问题. 经简单计算知圆的面积最大：设 p 为周长，则对于正三角形、正方形、正六边形、图的面积分别为 $\frac{\sqrt{3}p^2}{36} \approx 0.05p^2$，$\frac{p^2}{16} \approx 0.06p^2$，$\frac{\sqrt{3}}{24}p^2 \approx 0.07p^2$，$\frac{p^2}{4\pi} \approx 0.08p^2$. 由此知，考虑面积而选择正三角形和正方形做蜂巢的巢室是不合适的. 以下又以正六边形和圆作比较，显然从面积角度来看，巢室应做成圆形，但是这样就会出现无用的间隙（三圆相切的中间部分），因而用圆来构巢也是不合适的.

第三章　三角知识的实际应用

三角知识是从天文和大地测量开始，运用代数方法来研究而获得的数学知识. 三角知识发展于人类的实践之中，也广泛地应用于人们的生活之中.

3.1　天文与实地的测量

3.1.1 古代的一些天文测量

古代以已知的地球半径 R 为基础，测量地月距 D_M，地日距 D_S 和月半径 R_M，日半径 R_S. 方法如下（改用现在的数据）.

第一步：求地日距 D_S 与地月距 D_M 之比.

如图 3.1，正当月面的一半明亮时，$\angle M = 90°$，从地球测得 $\angle\alpha = 89°51'12''$，则 $D_S = \dfrac{D_M}{\cos 89°51'12''} \approx 391D_M$.

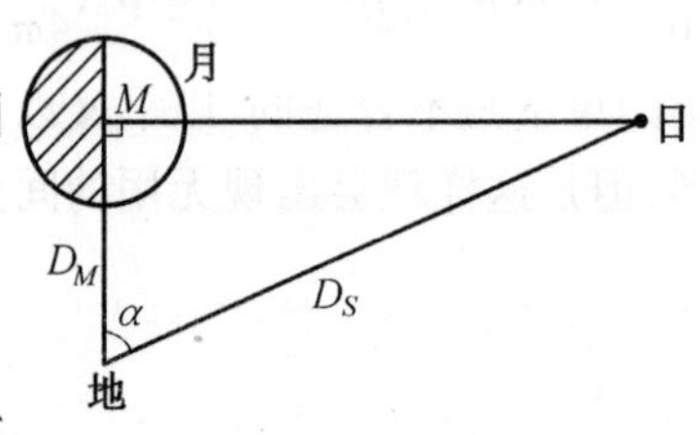

图 3.1

第二步：求日半径 R_S 与月半径 R_M 之比.

如图 3.2，日食时，从地球上看到月球恰好遮住太阳（实际略有差异）. 因此，利用相似关系，$R_S : R_M = D_S : D_M$，得 $R_S = 391R_M$.

第三步：求地月距 D_M 与月半径 R_M 之比.

如图 3.3，从地球上看月球的张角 $\angle AOB = 31.2'$，其一半为 $15.6' = 15'36''$，从而 $D_M = \dfrac{R_M}{\sin 15.6'} \approx 220R_M$.

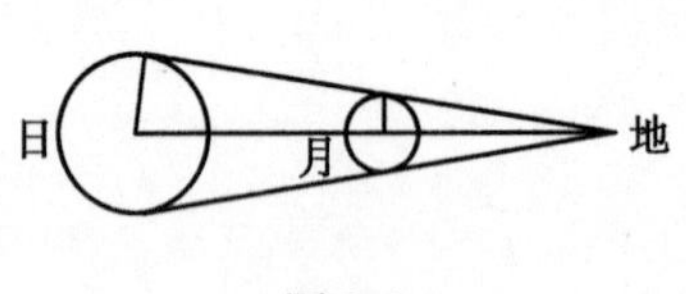

图 3.2

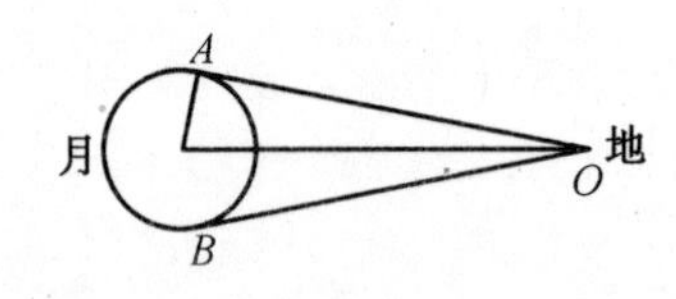

图 3.3

第四步：求月半径 R_M 及其他.

如图 3.4，根据月食时月球通过地球的影子所需要的时间，测得 $MC = 2.66R_M$，作 $B'A$，CB 均平行于 SM. 由 $\triangle A'AB \backsim \triangle B'BC$，可得

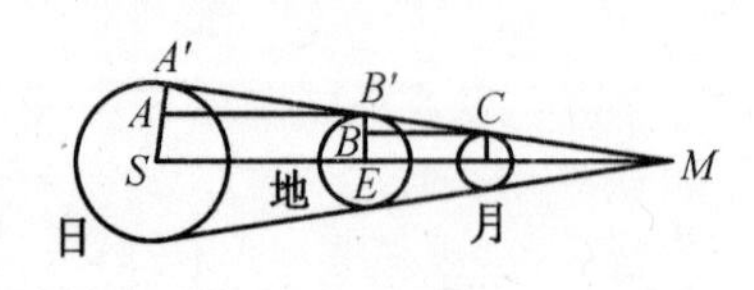

图 3.4

$$\frac{R_S - R}{D_S} = \frac{R - 2.66R_M}{D_M}$$

用 $R_S = 391R_m$，$D_S = 391D_M$ 代入，得

$$391R_M - R = 391(R - 2.66R_M)$$

由此可得，$R_M = 0.274R$.

根据地球半径 R 为 6 370 千米，即可依次求得

$$R_M = 0.274R \approx 1\,740\text{ 千米}$$
$$D_M = 220R_M \approx 383\,000\text{ 千米}$$
$$D_S = 391D_M \approx 150\,000\,000\text{ 千米}$$
$$R_S = 391R_M \approx 680\,000\text{ 千米}$$

3.1.2　实地测量问题

例 1　设 AB 是一个铅直建筑物的高，建筑物基底 A 能够到达. 如何测量这个建筑物的高？

解　如图 3.5，选定离建筑物某一距离 d 的一点 O. 从点 O 观测建筑物下位于通过 O 的水平线上一点 C，其次观测位于 C 的铅直线上的建筑物顶 B，可测得仰角 $\angle BOC = \alpha$，并在地面上测得距离 $d = AO' = OC$ 的长度以 OO' 的高度 h，于是 $AB = AC + CB = h + d\cdot\tan\alpha$ 即为所求.

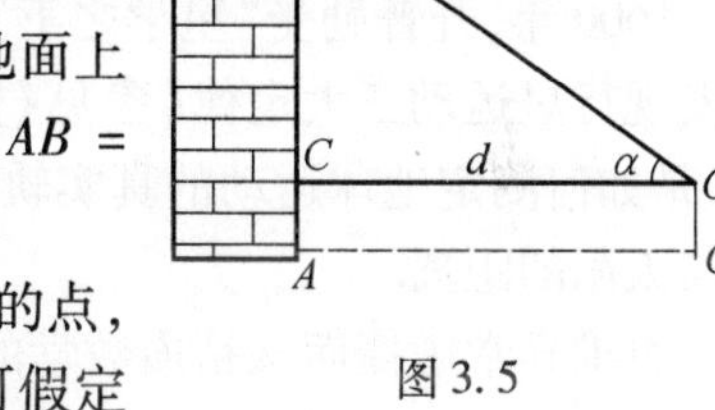

图 3.5

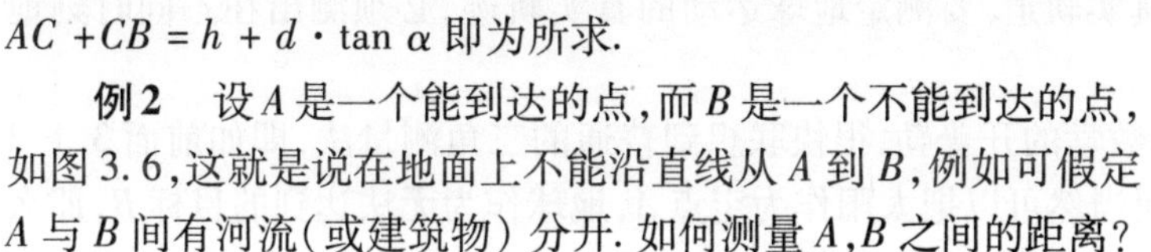

例 2　设 A 是一个能到达的点，而 B 是一个不能到达的点，如图 3.6，这就是说在地面上不能沿直线从 A 到 B，例如可假定 A 与 B 间有河流（或建筑物）分开. 如何测量 A，B 之间的距离？

解　为了测量 AB，我们在能到达的地面上选定一个第二点 C，直接测量出距离 $AC = b$，然后用测量来度量 $\triangle ABC$ 的两个内角 A 与 C. 于是在三角形中已知边 b 与两邻角，容易求得 $AB = \dfrac{b\sin C}{\sin(A+C)}$.

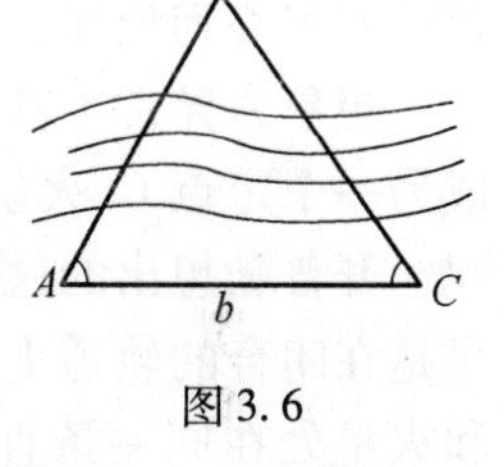

图 3.6

例 3　设 A 与 B 是两个都不能到达的地点，如图 3.7，例如这两点与观测者隔一条河流. 如何测量 A，B 两点之间的距离？

解　在能到达的地面上选定两点 C 与 D，首先测定距离 $CD = a$. 设想已两两联结四点 A，B，C，D，由 C 与 D 处作观测，测得四角

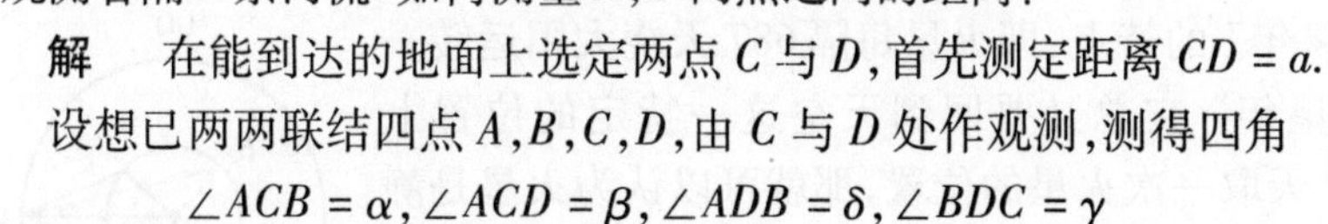

$$\angle ACB = \alpha, \angle ACD = \beta, \angle ADB = \delta, \angle BDC = \gamma$$

在两个 $\triangle ADC$ 与 $\triangle BDC$ 中，已知边 $DC = a$ 与邻角，因此可计算 AC 与 BC 的长度

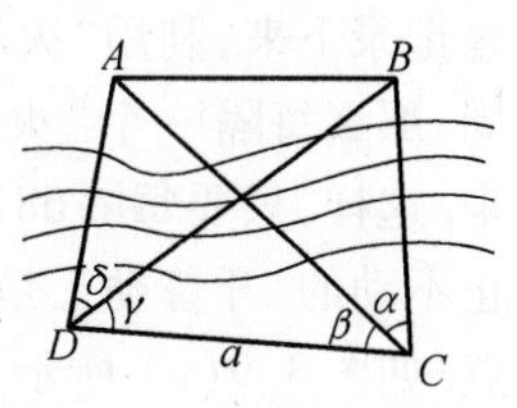

图 3.7

$$AC = \frac{a\cdot\sin(\gamma+\delta)}{\sin(\beta+\gamma+\delta)}, BC = \frac{a\cdot\sin\gamma}{\sin(\alpha+\beta+\gamma)}$$

求出 AC 与 BC 后，在 $\triangle ABC$ 中，已知两边与夹角 α，因此可以求出边 AB 的长度了.

例 4　设 A 是山的最高点，而 P 是从它开始计算高度的水平面. 设 AH 是自 A 向平面 P 所作的垂线，如图 3.8. 需要测量 AH，而 H 是不能到达的. 怎样测量？

解　选择地面上能够到达的两点 B 与 C（直线 BC 是否为水平线无关紧要）. 首先，测量直线段距离 $BC = a$，然后自点 C 先后观测 A 与 B，这就可以量出 $\triangle ABC$ 的角 C，又自 B 观测 A 与 C 来量出角 B. 这样，在 $\triangle ABC$ 中已知边 $BC = a$ 与二邻角 B 与 C，因而可以计算边 AB 为

$$AB = \frac{a\sin C}{\sin(B+C)}$$

然后测量直线 AB 与位于铅直面 HAB 上的水平线 BO 所作成角 $\angle ABO = \alpha$. 这可以由 B 观测 A,然后测出这视线与水平线所成的角. 在 Rt$\triangle AOB$ 中,已知斜边与锐角 α,因此能够计算 AO

$$AO = AB \cdot \sin \alpha = \frac{a \cdot \sin C \cdot \sin \alpha}{\sin (B + C)}$$

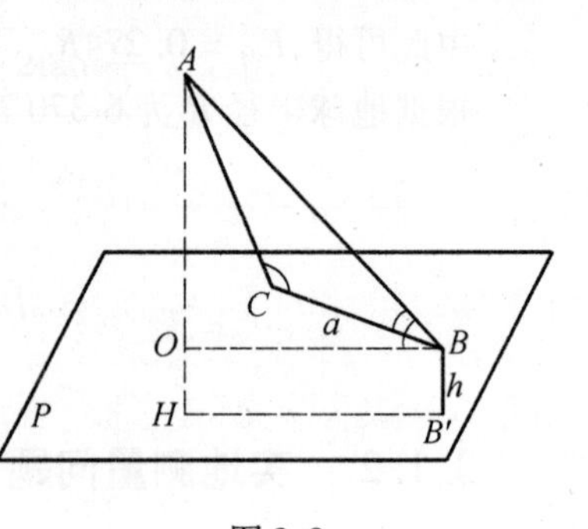

图 3.8

为了得出高 AH,只要在 AO 加上距离 OH 或由点 B 测得相等的距离 $BB' = h$. 最后即有

$$AH = h + \frac{a \cdot \sin C \cdot \sin \alpha}{\sin (B + C)}$$

3.1.3 开普勒测定地球运行的真实轨道

1600 年,开普勒受“星学之王”——第谷的邀请,来到布拉格当了第谷的助手,从此走上了发现行星运动三大定律(参见《数学建模导引》3.1.2 节)的道路. 他所遇到的第一个难题,是如何测定地球运动的真实轨道. 要测定地球运动的真实轨迹,必须测出在不同时刻地球与太阳的距离.

思维异常敏捷而又精通数学的开普勒,很快联想到普通的三角测量法,即如前面 3.1.2 节中的例 2 的方法. 天体之间当然可以把太阳作为定点 A,地球作为无法达到的目标 B,那么定点 C 又在何处呢? 开普勒所遇到的正是这个困难.

想象力异常丰富的开普勒想出了一个绝妙的办法:他把火星当成另一个定点 C. 火星是不断围绕太阳运转的,怎么能作为一个定点呢? 开普勒想出的这个办法之所以绝妙,恰恰就绝妙在这个地方:火星是在闭合的轨道上运动,那么总会有这么一个时刻,即太阳、地球和火星处在同一条直线上,如果我们把这个时刻火星在天空中的位置记录下来,利用“火星年”的特点,即火星每隔 687 天绕太阳运转一周,那么每隔一个“火星年”它总又要回到天空这一特定的位置上来. 这样,只要每隔 687 天取一次火星的位置,那就可以认为火星是静止不动的. 开普勒正是通过这种“动中取静”的办法把动点转换为定点. 如图 3.9(a) 所示,某一特定时刻太阳、地球、火星在一条直线时的情形,图 3.9(b) 是隔 687 天以后火星又回到原来的始点 M 处,而地球却不能回到始点,设在另一个位置 E_1 处,联结 S, E_1, M 三点,就构成了一个 $\triangle SE_1M$. 在这个三角形中,SM 是根据观测选定的一条基线,角 $\beta = \angle E_1SM$ 的大小可以从地球向径(SE_1)同基线 SM 所夹的角,这个角的大小可以通过对恒星的观测来确定,角 α 的大小可以从地球上同时观测太阳和火星来确定($180° - \beta - \angle SE_1M = \alpha$). 有了这些条件,地球 E_1 相对于基线 SM 的位置完全可以确定. 同样,再隔 687 天,又可得到一个三角形 SE_2M. 只要找到几组每隔一个火星年的观测数据,地球轨道的形状就可以确定了.

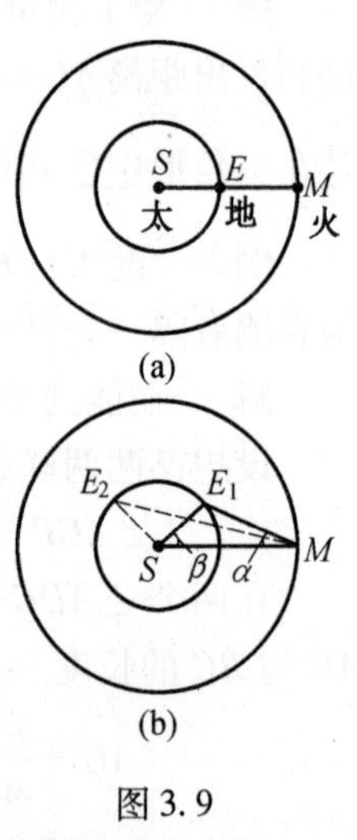

图 3.9

开普勒发现,地球的轨道的形状几乎是一个圆周但不是圆周(实际上是椭圆),太阳稍稍偏离圆心. 这在天文学上不能不说是一个奇迹.

综上所述,在天文与实地的测量中,善于开动脑筋,就能灵活运用三角知识为人类造福.

3.2　物体的测量与计算

例1　如图3.10,有一个燕尾工件,其中燕尾角$\alpha=55°$,下端宽$l=60$毫米,加工时l的尺寸不易直接量得,常用钢柱测量法进行检验,就是用两个直径相同的钢柱放在燕尾角里,用卡尺测量的钢柱的外围尺寸y. 如果钢柱直径$D=10$毫米,y等于多少时,才能使l的尺寸符合要求?

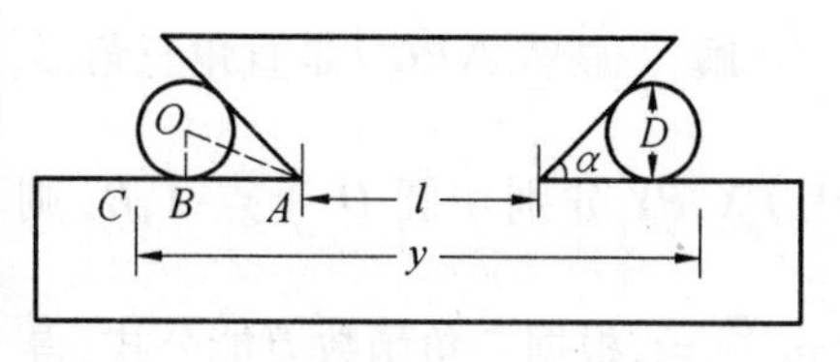

图3.10

解　由图知,要求y的长,可先求AB的长,在$\mathrm{Rt}\triangle ABO$中,$\angle OAB=\dfrac{\alpha}{2}$,$OB=\dfrac{D}{2}$,$AB=\dfrac{D}{2}\cdot\cot\dfrac{\alpha}{2}$,所以

$$y=l+2(AB+BC)=l+2\left(\frac{D}{2}\cdot\cot\frac{\alpha}{2}+\frac{D}{2}\right)=l+D\left(\cot\frac{\alpha}{2}+1\right)$$

把l,D,α的值代入,得

$$y=60+10(\cot 27°30'+1)=60+10(1.921+1)\approx 89.21(\text{毫米})$$

所以,钢柱外围尺寸y等于89.21毫米时,才能使l的尺寸符合要求.

例2　计算开口皮带(或链条)长. 两轮的半径分别为$R,r(R>r)$,如图3.11,$O'E\perp AO$,$\angle EO'O=\alpha$,求联结两轮的皮带(或链条)传动装置的皮带(或链条)长.

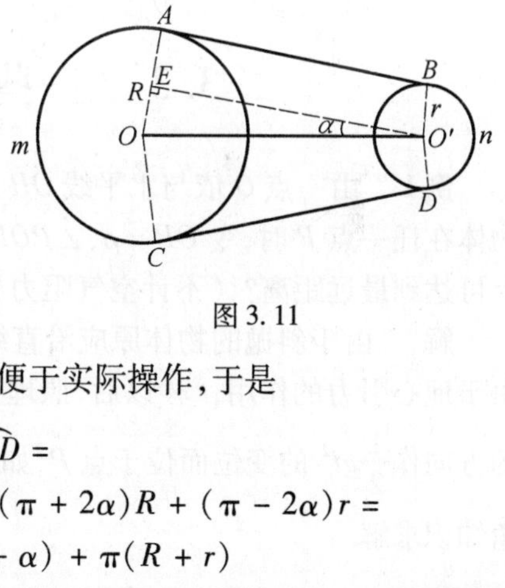

图3.11

解　在这里,给出的数据是R,r和α,当然R和r是可测数据,但是α是个虚设的数据,在装配开口皮带(或链条)中它是很难测定的. 因此,在实际处理中,先按已给数据推导出一般公式,再作技术处理使之便于实际操作,于是

$$\begin{aligned}l&=2AB+\overset{\frown}{AmC}+\overset{\frown}{BnD}=\\&2\cdot OE\cdot\cot\alpha+(\pi+2\alpha)R+(\pi-2\alpha)r=\\&2(R-r)(\cot\alpha-\alpha)+\pi(R+r)\end{aligned}$$

但在实际操作中,两轮心间的距离C是容易测定的,虽然上述公式对锐角α的一切值都能适用,但它存在计算烦琐的缺点,如果在一般情况下,$R-r$与c的比值很小时,也就是说角α很小时,我们可做如下处理,以便于实际操作. 当α不超过2°时,我们有$\alpha=\sin\alpha=\dfrac{R-r}{c}$,则$\cos\alpha=\sqrt{1-\sin^2\alpha}\leqslant\sqrt{1-\sin^2\alpha+\left(\dfrac{1}{2}\sin^2\alpha\right)^2}=1-\dfrac{\sin^2\alpha}{2}=1-\dfrac{1}{2}\cdot\left(\dfrac{R-r}{c}\right)^2=1-\dfrac{(R-r)^2}{2c^2}$,此时$l=\pi(R+r)+2c\cdot\cos\alpha+2(R-r)\alpha\approx\pi(R+r)+2c+\dfrac{(R-r)^2}{c}$.

以上两公式就是有关书籍或手册中介绍的公式.

例3　为了快速测量树木(截面看作圆)的直径,林场工人制作了如图3.12所示的测量工具:点 C,D 分别在 $\angle XPY$ 的边 PX,PY 上,且在 $\triangle PCD$ 中,$PC=3$,$CD=4$,$PD=5$. 测量时只要用测量工具($\angle XPY$)卡住树木(使 $\angle XPY$ 的边与圆 O 相切),读出切点 A 的读数(切线长 PA),就是树木的直径. 你知道它的原理吗?

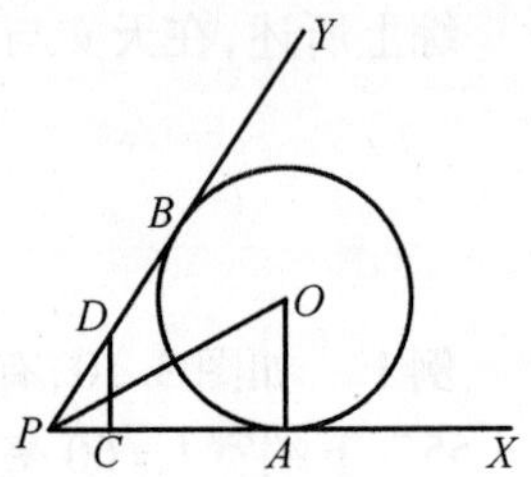

图 3.12

解 显然 $\triangle PCD$ 是直角三角形,设 $\angle XPY=\alpha$,则 $\sin\alpha=\frac{4}{5}$. 因 PX,PY 分别切圆 O 于点 A,B,则 $OA\perp PA$,$\angle OPA=\frac{\alpha}{2}$. 记 $\tan\frac{\alpha}{2}=t$,根据三角函数万能公式,得

$$\sin\alpha=\frac{2t}{1+t^2}$$

即

$$\frac{2t}{1+t^2}=\frac{4}{5}$$

解得 $t=\frac{1}{2}$($t=2$ 不合题意,舍去),从而 $\frac{OA}{PA}=\frac{1}{2}$,即 $PA=2OA$. 也就是说,PA 等于圆 O 的直径.

注 此时,$\angle XPY\approx 53°08'$. 此外,本例也可用相似形、三角形角平分线的性质来证明,这里从略.

3.3 一些最佳方案的计算制定

例 1 由一点 O 依与水平线 OH 成倾角 α 的 OA 方向将物体斜抛出去,它的速度是 v. 当物体在任一点 P 时,令 $OP=\rho$,$\angle POH=\theta$,求 ρ 和 θ 的关系式. α 为何值时,物体落于水平线上可达到最远距离?(不计空气阻力)

解 由于斜抛的物体原应沿直线 OA 的方向作等速运动,由于地心引力的作用,t 秒以后,照理在点 A 的物体必得依引力的方向作 $\frac{1}{2}gt^2$ 的变位而位于点 P,如图 3.13 所示. 这可运用三角知识求解.

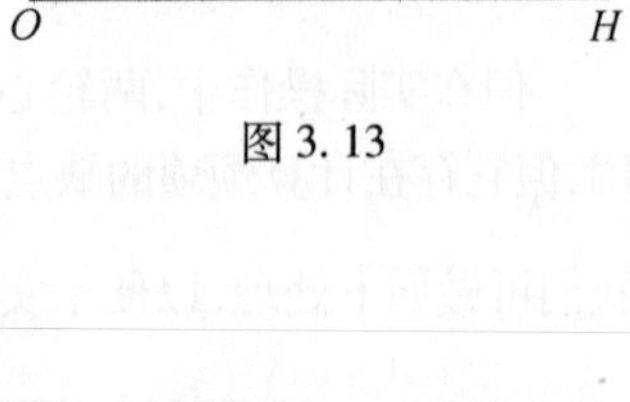

图 3.13

在 $\triangle OPA$ 中,由正弦定理,$\frac{OA}{\sin\angle OPA}=\frac{PA}{\sin\angle AOP}=\frac{OP}{\sin\angle OAP}$,即 $\frac{vt}{\sin(90°+\theta)}=\frac{\frac{1}{2}gt^2}{\sin(\alpha-\theta)}=\frac{\rho}{\sin(90°-\alpha)}$,亦即 $\frac{vt}{\cos\theta}=\frac{gt^2}{2\sin(\alpha-\theta)}=\frac{\rho}{\cos\alpha}$. 于是 $t=\frac{2v\sin(\alpha-\theta)}{g\cos\theta}$,且 $\rho=\frac{vt\cos\alpha}{\cos\theta}$,从而 $\rho=\frac{2v^2\cdot\cos\alpha\cdot\sin(\alpha-\theta)}{g\cos^2\theta}$.

当 $\theta=0$ 时,则得抛物体落于水平线 OH 上时与 O 的距离是 $\rho_0=\frac{v^2}{g}\sin 2\alpha$.

显而易见,在 $\alpha = 45°$ 时抛物体可达到最大水平距离是$\frac{v^2}{g}$.

例2　发电厂主控制室的工作人员,主要根据仪表的数据变化加以操作控制的,若仪表高 m 米,底边距地面 n 米,如图 3.14 所示,工作人员坐在椅子上眼睛距地面的高度一般为1.2米($n > 1.2$).问工作人员坐在什么位置看得最清楚?

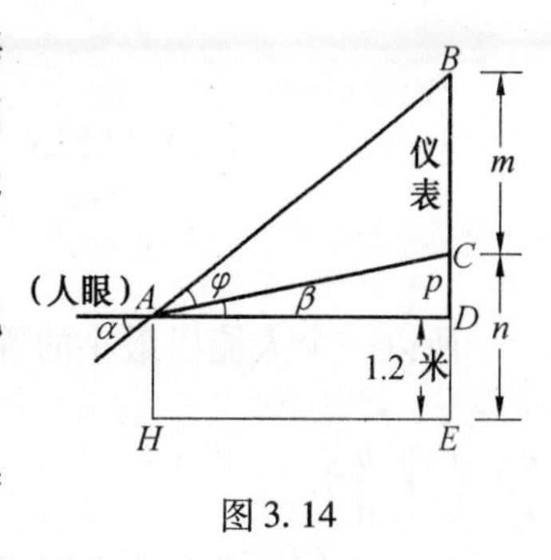

图 3.14

解　欲使仪表盘看得最清楚,也就是人眼 A 对盘面的视角 φ 达到最大.

设 $AD=x$, $CD=p$,在 Rt△ABD 中, $\tan\alpha = \frac{BD}{AD} = \frac{BC+CD}{AD} = \frac{m+p}{x}$.

在 Rt△ACD 中, $\tan\beta = \frac{CD}{AD} = \frac{p}{x}$,于是

$$\tan\varphi = \tan(\alpha-\beta) = \frac{\tan\alpha - \tan\beta}{1+\tan\alpha\cdot\tan\beta} = \frac{m}{x+\frac{p(m+p)}{x}}$$

此式中,分子为常数, $\tan\varphi$ 的值取决于分母中两个加数 x 及$\frac{p(m+p)}{x}$的和,故使分母达到最小值时, $\tan\varphi$ 最大.

因为 $x\cdot\frac{p(m+p)}{x} = p(m+p)$(定值),所以当 $x = \frac{p(m+p)}{x}$ 时,即 $x=\sqrt{p(m+p)}$ 时,分母达最小值.

另外,由于 $0° < \varphi < 90°$,故当 $\tan\varphi$ 最大时, φ 达最大.

由于 $p = n - 1.2$,所以工作人员看得最清楚的位置应该为

$$x = \sqrt{(n-1.2)(m+n-1.2)}\ (\text{米})$$

例3　一队宽度都是 a 的相同的汽车沿着一条宽度是 c 的直马路,以等速率(即在横道线地段限速) v 行驶,而且后一辆车的车头到前面一辆车的车尾的距离都是 b. 在横道线处,一个人要以最小的等速沿直线安全穿过马路的速度应该是多大?所需的时间是多少?

解　如图 3.15 所示,设行人的等速是 w,则得

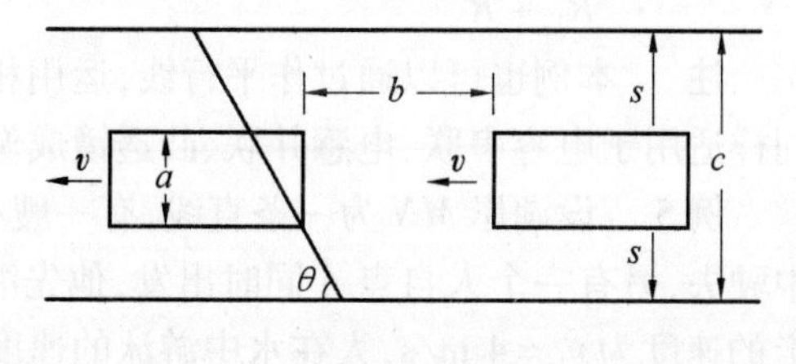

图 3.15

$$\frac{a\cdot\cos\theta}{w} = \frac{b+a\cdot\cot\theta}{v}$$

故

$$w = \frac{av\cdot\csc\theta}{b+a\cdot\cot\theta} = \frac{av}{b\cdot\sin\theta + a\cdot\cos\theta} = \frac{av}{\sqrt{a^2+b^2}\cos(\theta-\varphi)}$$

其中 $\varphi = \arcsin\frac{b}{\sqrt{a^2+b^2}}$,由此可知

仅当 $\theta=\varphi$ 时，$w_{\min}=\dfrac{av}{\sqrt{a^2+b^2}}$，所需时间为

$$t=\frac{c\cdot\csc\varphi}{w_{\min}}=\frac{\dfrac{c\cdot\sqrt{a^2+b^2}}{b}}{\dfrac{av}{\sqrt{a^2+b^2}}}=\frac{c}{v}\cdot\frac{a^2+b^2}{ab}=\frac{c}{v}\left(\frac{a}{b}+\frac{b}{a}\right)$$

所以一个人能以最小的等速沿直线安全穿过马路的最小速度是 $\dfrac{av}{\sqrt{a^2+b^2}}$，所需时间是 $\dfrac{c}{v}\left(\dfrac{a}{b}+\dfrac{b}{a}\right)$.

例 4 如何求两个电阻 R_1,R_2 并联后的总电阻？

解 先在平面上任取一点 O，用 OX,OZ,OY 三矢量作为坐标轴，且 $\angle XOZ=\angle ZOY=60°$. 再在 OX 轴上取 OA 的长度等于 R_1 的值，在 OY 轴上取 OB 的长度等于 R_2 值，联结 AB，交 OZ 轴于点 C，则 OC 的长度即为电阻 R_1,R_2 并联后的总电阻 R（图 3.17）.

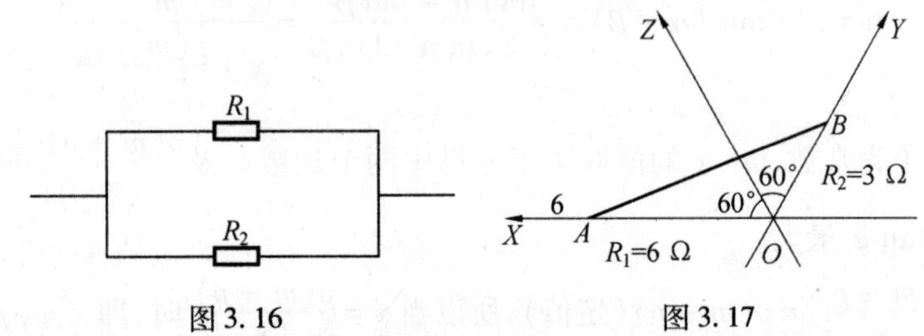

图 3.16　　图 3.17

例如：$R_1=6\ \Omega,R_2=3\ \Omega$，可求得并联总电阻 $R=2\ \Omega$.

事实上，由 $S_{\triangle AOB}=S_{\triangle AOC}+S_{\triangle BOC}$，即

$$\frac{1}{2}OA\cdot OB\cdot\sin 120°=\frac{1}{2}OA\cdot OC\cdot\sin 60°+\frac{1}{2}OA\cdot OC\cdot\sin 60°$$

有

$$OA\cdot OB=OA\cdot OC+OB\cdot OC$$
$$R_1\cdot R_2=R_1\cdot R+R_2\cdot R$$

故 $R=\dfrac{R_1R_2}{R_1+R_2}$.

注 本例也可以通过作平行线，运用相似形的性质来证明，这里从略. 此外，以上方法同样适用于电容串联、电感并联、凸透镜成像等与电阻并联有类似计算公式的问题.

例 5 设湖岸 MN 为一条直线，有一艘小船自岸边的点 A 沿与湖岸成 $\alpha=15°$ 匀速向湖中驶去，另有一个人自点 A 同时出发，他先沿岸走一段再入水中游泳去追船，已知人在岸上走的速度为 $v_1=4$ m/s，人在水中游泳的速度为 $v_2=2$ m/s，则人要能追上船，船的最大速度 v 为多少？如图 3.18.

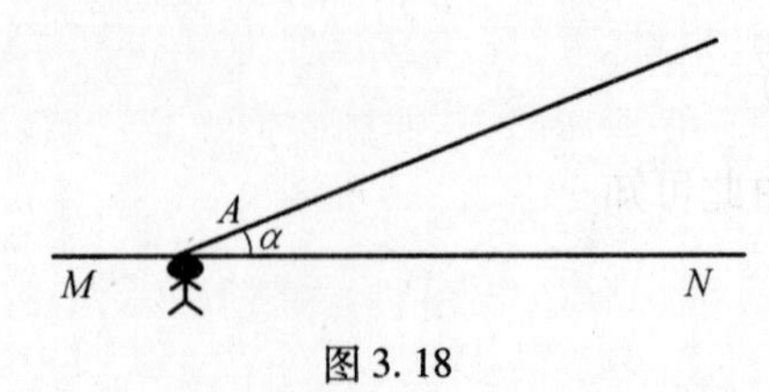

图 3.18

解　如图 3.19，船从 A 出发，不妨设人从 A 走到 C 处，然后游泳至 B 处，记 $\angle ABC=\theta(0^\circ<\theta<165^\circ)$，此时船与人在 B 处恰好相遇，船用时 t，人用时 $t=t_1+t_2$（t_1 表示 AC 段用时，t_2 表示 BC 段用时），所以，在 $\triangle ABC$ 中，由正弦定理得

$$\frac{vt}{\sin(15^\circ+\theta)}=\frac{2t_2}{\sin 15^\circ}=\frac{4t_1}{\sin\theta}(0^\circ<\theta<165^\circ)$$

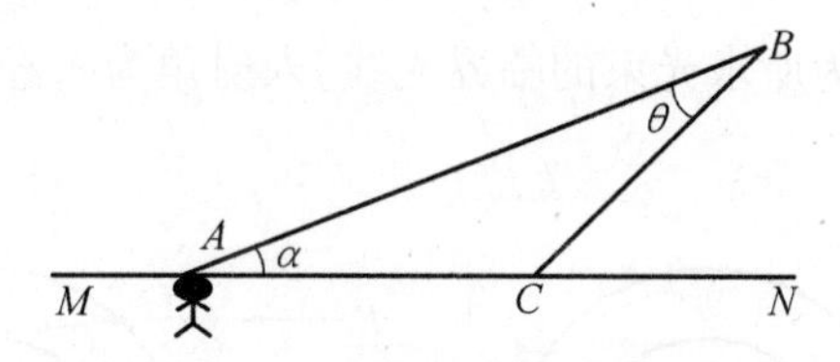

图 3.19

又由合比性质：$\frac{vt}{\sin(15^\circ+\theta)}=\frac{4t_2+4t_1}{2\sin 15^\circ+\sin\theta}$，所以

$$\frac{v}{\sin(15^\circ+\theta)}=\frac{4}{2\sin 15^\circ+\sin\theta}$$

$$v=\frac{4\sin(15^\circ+\theta)}{2\sin 15^\circ+\sin\theta}(0^\circ<\theta<165^\circ)$$

于是

$$v=\frac{4\sin(15^\circ+\theta)}{2\sin 15^\circ+\sin[(15^\circ+\theta)-15^\circ]}$$

令 $15^\circ+\theta=\beta$，则 $15^\circ<\beta<180^\circ$，所以

$$v=\frac{4\sin\beta}{2\sin 15^\circ+\sin(\beta-15^\circ)}$$

两边取倒数，所以

$$\frac{1}{v}=\frac{2\sin 15^\circ+\sin(\beta-15^\circ)}{4\sin\beta}$$

$$\frac{1}{v}=\frac{\cos 15^\circ}{4}-\frac{\sin 15^\circ}{4}\cdot\frac{\cos\beta-2}{\sin\beta}(*)$$

只需求 $\frac{\cos\beta-2}{\sin\beta}(15^\circ<\beta<165^\circ)$ 的最大值即可！

再令 $k=\frac{\cos\beta-2}{\sin\beta}(15^\circ<\beta<180^\circ)$，所以 $k=\frac{\sin(90^\circ-\beta)-2}{\cos(90^\circ-\beta)}(-90^\circ<90^\circ-\beta<75^\circ)$，此时求 k 的最大值可看成两点间斜率问题！利用数形结合，可求之.

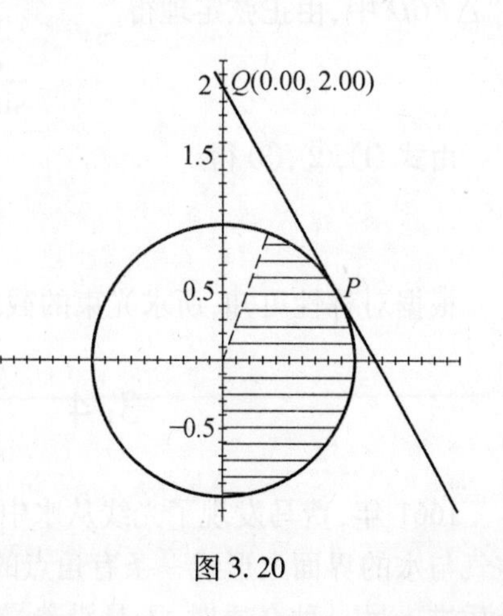

图 3.20

记 $P(\cos(90^\circ-\beta),\sin(90^\circ-\beta))$，$Q(0,2)$，如图 3.20 所示. P 在 $-90^\circ\sim75^\circ$ 的单位圆边界上运动，要 k 取得最大值，只需 PQ 为切线即可. 由三角形知识，解得 $k_{\max}=-\sqrt{3}$，代入式 $(*)$，所以

$$\left(\frac{1}{v}\right)_{\min}=\frac{\cos 15^\circ}{4}+\frac{\sin 15^\circ}{4}\cdot\sqrt{3}=\frac{\sin 45^\circ}{2}=\frac{\sqrt{2}}{4}$$

所以 $v_{\max}=2\sqrt{2}(\mathrm{m/s})$，易得此时 $\theta=45^\circ$.

例 6 用折射率为 n 的透明物质做成内外半径分别为 a,b 的空心球壳，如图 3.21 所示. 当一束平行光射向此球壳，经球壳外、内表面两次折射后，能进入空心球壳的入射平行光线的横截面半径多大?

解 设入射光线 EF 为所求光束的临界光线，入射角为 i，经球壳折射后折射角为 r，如图 3.22 所示.

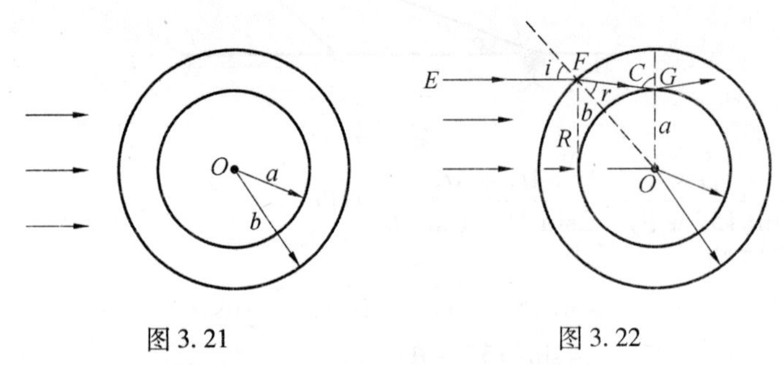

图 3.21　　图 3.22

由折射率定义得

$$n=\frac{\sin i}{\sin r} \quad ①$$

因 EF 为临界入射光线，故经外球壳表面折射后射向内球壳面的入射角正好等于临界角 C. 则有

$$\sin C=\frac{1}{n} \quad ②$$

在 $\triangle FGO$ 中，由正弦定理得

$$\frac{a}{\sin r}=\frac{b}{\sin(180^\circ-C)} \quad ③$$

由式①,②,③得

$$\sin i=\frac{a}{b} \quad ④$$

根据对称性可知，所求光束的截面 S 应是一个圆，设圆半径为 R，则 $R=b\cdot\sin i=a$.

3.4 费马最小时间原理

1661 年，费马发现了光线从水中的物体进入到水上的眼 B 中，在空气与水的界面上形成一条有角点的折线. 如图 3.23，即光线由一种介质进入另一种介质时，不是沿着最短的路径进行，而是沿着费时最少的路径进行，这就是"最小时间原理". 从数学上来说，费马的观念导致了一个最小问题：已知 A 和 B 两点，隔开 A,B 的直线 L 以及 u 和 v 两种速度. 假定从 A 到 L 的速度是 u，而从 L 到 B 的速度是 v，求从 A 到 B 所需要的最小时间.

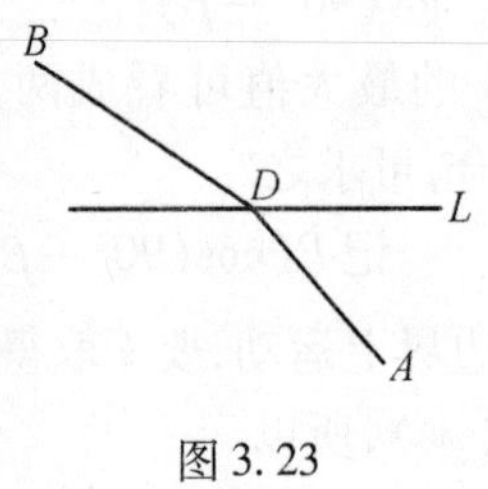

图 3.23

显而易见，最快的路线应该是从 A 沿着直线到 L 上的某一点 D，再沿着从 D 到 B 的另一条直线. 问题的实质就在于确定点 D. 此时从 A 到 D 再从 D 到 B 所需要的时间等于 $\frac{AD}{u}+\frac{DB}{v}$. 问题是选取直线 L 上的点 D，以使和式为最小. 也就是当 A,B,u,v 和 L 都给定时，如何找出点 D?

费马给出了最小条件：$\frac{\sin\alpha}{\sin\beta}=\frac{u}{v}$. 其中 u,v 分别是光在第一种介质和第二种介质中的速度，α,β 分别为入射角和反射角，这就是光的折射定律.

费马用数学的方法根据他的最小时间原理导出了光的折射定律. 更有意思的是费马用光的折射定律解决了一个古老的、流传了一千多年的数学难题——“胡不归”问题：

一个身在他乡的小伙子得知父亲病危的消息后，便急匆匆地沿直线赶路回家. 然后，当他回到父亲身边时，老人刚刚去世. 家人告诉他在老人弥留之际，还在不断地叨念：“胡不归？胡不归？”

设想小伙子的路线如图3.24所示. A 是出发点，B 是目的地，AC 是一条驿道（过去传递信息的人走的路），驿道靠家的一侧是砂土地带. 小伙子为了急切回家. 他选择了直线砂土路径 AB.

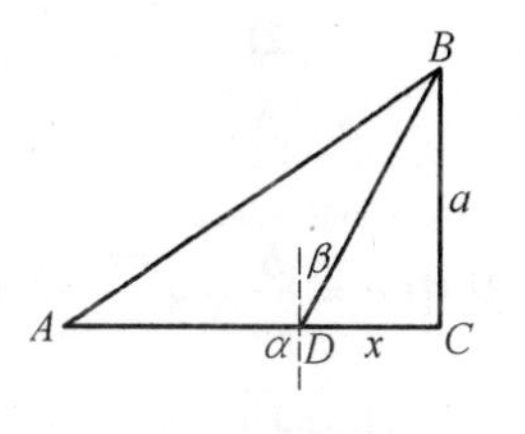

图 3.24

急不择路的小伙子忽略了在砂土地上行走要比在驿道上行走慢的这一事实，如果他能选择一条合适的路线，本来是可以提前回家的. 根据两种道路的不同情况，小伙子行走的速度不同，应在 AC 上选取一点 D，先从 A 到 D，再由 D 到 B.

这种说法可等价地陈述为：已知 B,C 相距为 a，小伙子在驿道和砂土上行走的速度分别为 u 和 v，在 AC 上求一点 D，使得从 A 到 D 再从 D 到 B 的行走时间最短.

诚然，这个问题用现代数学的方法是不难解决的，但在当时要解决这一问题却并不容易. 费马突破传统概念，应用光的折射定律解决了“胡不归”问题：既然小伙子和光一样，都是选择最快的路径，那么以 AD 作为入射线，则 $\alpha=90°$，$\sin\alpha=1$，设 $DC=x$，而 $\sin\beta=\frac{x}{\sqrt{x^2+a^2}}$，根据公式 $\frac{\sin\alpha}{\sin\beta}=\frac{u}{v}$，解得 $x=v\cdot a\cdot\frac{1}{\sqrt{u^2-v^2}}$，即点 D 应选在距离点 C 为 $v\cdot a\cdot\frac{1}{\sqrt{u^2-v^2}}$ 处.

后来，人们又把“胡不归”问题演变成如下问题：

在船上的一个人在 A 处离海岸最近的点 S 是 b 千米，点 S 沿海岸线到他住的地方点 H 是 a 千米，如图3.25. 如果这个人以 γ 千米／小时均速划行或以较快的速度 w 千米／小时步行，为了以最短的时间到家，他应该在 S 和 H 之间哪点 B 着陆？

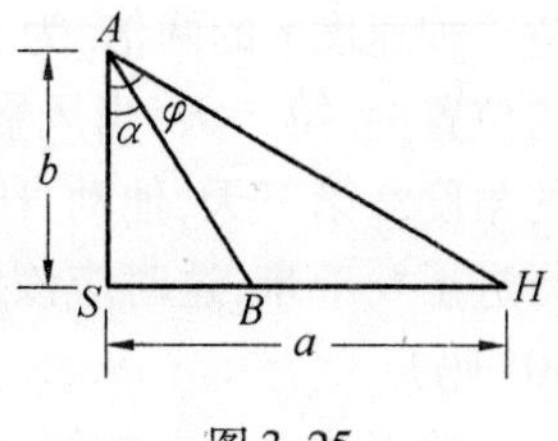

图 3.25

求解这个问题，也就找到 B，使

$$T(\alpha)=\frac{AB}{\gamma}+\frac{BH}{w}$$

的值最小，其中 $T(\alpha)$ 表示与角度 α 有关的时间值.

设 α 表示这个人的划行路线与到岸边点 S 的连线的夹角，定义 $\varphi=\arctan\frac{a}{b}$. 这时用 $T(\alpha)$ 表示他行程所花费的时间总数，则

$$T(\alpha)=\frac{b\cdot\sec\alpha}{\gamma}+\frac{a-b\cdot\tan\alpha}{w}$$

如何求上式的最小值呢？我们可充分利用三角恒等式的变形，而巧妙求解.

注意到，$b\sec\alpha$ 和 $a-b\tan\alpha$ 都表示距离，因而它们都是非负的. 因此，我们要求 $0\leqslant\alpha\leqslant\varphi$. 又

$$T(\alpha)=\frac{a}{w}+\frac{b}{\gamma w}(w\cdot\sec\alpha-\gamma\cdot\tan\alpha) \quad ①$$

我们从三角知识知道 $w\cdot\sec\alpha-\gamma\cdot\tan\alpha$ 可以用以 w 作斜边，γ 作为直角边其对角为锐角 θ 的直角三角形来表示（图略）. 因此，式 ① 可改写为

$$T(\alpha)=\frac{a}{w}+\frac{b}{\gamma w}\sqrt{w^2-r^2}\left(\frac{w}{\sqrt{w^2-r^2}}\sec\alpha-\frac{r}{\sqrt{w^2-r^2}}\tan\alpha\right)=$$

$$\frac{a}{w}+c(\sec\theta\cdot\sec\alpha-\tan\theta\cdot\tan\alpha)$$

其中 $c=\frac{b}{\gamma w}\sqrt{w^2-r^2}$.

注意到 $\sec\theta\cdot\sec\alpha-\tan\theta\cdot\tan\alpha=1+\sec\theta\cdot\sec\alpha-1-\tan\theta\cdot\tan\alpha=1+\sec\theta\cdot\sec\alpha(1-\cos\theta\cdot\cos\alpha-\sin\theta\cdot\sin\alpha)=1+\sec\theta\cdot\sec\alpha[1-\cos(\theta-\alpha)]\geqslant1$. 从而，我们看到，对于在 0 和 $\varphi=\arctan\frac{a}{b}$ 之间的所有 α，都有 $T(\alpha)\geqslant\frac{a}{w}+c$. 而且，如果 $0<\theta<\varphi$，那么当 $\alpha=\theta=\arcsin\frac{\gamma}{w}$ 时，$T(\alpha)$ 取最小值 $\frac{a}{w}+c$. 于是，如果 $\theta<\varphi$，即如果 $\arcsin\frac{\gamma}{w}<\arctan\frac{a}{b}$，那么这个人应该在离点 S 的距离为 $b\cdot\tan\theta=\frac{b\gamma}{\sqrt{w^2-r^2}}$ 的点 B 着陆，如果 $\theta\geqslant\varphi$. 那么这个人应该在点 H 着陆.

也许上述解法的最惊奇的结果是这里的 α 不依赖于距离 a 和 b，了解这一事实，我们可求解下面的更有趣的问题：

某人以捕鱼为生，凭着多年的经验，一般他在离开家 H 的 10 千米处 B 离岸. 昨天（第一天），当狂风吹来时，他正在离海岸 6 千米处捕鱼，已知他的步行速度是划速（以后两天也保持这种速度）的两倍. 为了尽快地到家，他把指南针放在以划艇到 S 的连线为一边朝家 30° 的位置上. 第二天，当风暴上升时，他正在离点 S 3 千米处捕鱼，今天他应该如何放置指南针的角度？第三天，他动身晚一些，所以他仅仅从家向南步行了 6 千米就离岸，并且划艇离岸行进了 6 千米，这时应该怎样放置指南针的角度才能尽快地回家？是与第一天一样放置成 30° 吗？

关于这个问题的解，我们的结论是：第一天放置 30° 是正确的，而且后两天必须同样放置. 你能凭直觉猜到怎样放置指南针的角度吗？

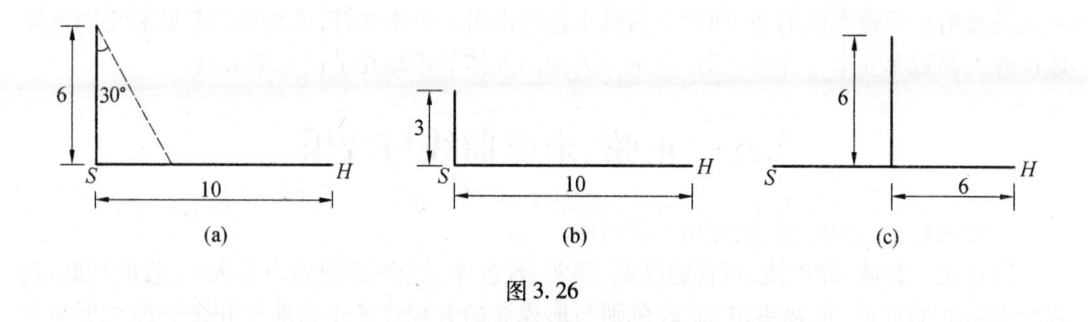

图 3.26

3.5　三角正弦曲线与人体节律

每个人或许都有过那么一两次抱着“信不信由你”或“无所谓”的心态去关心人体节律.事实上,人在出生后,就遵循着身体(physical)、情感(emotional)、智慧(intellectual)这三个人体节律.

20 世纪初,德国医生弗里斯观察到患者的状态呈周期性变化,便开始着手对人体节律进行研究.他发现以身体节奏为主的男性因子周期为 23 日,而易受情感节奏支配的女性因子周期为 28 日.起初他认为不同的人各有不同的周期,但后来发现所有的男性或女性都具有相同的身体周期和情感周期,分别是 23 日和 28 日.

在此基础上,奥地利医生泰尔茨又发现了周期为 33 日的智慧节律.

人体节律呈三角函数的正弦曲线,但是因为三种节律的周期不同,所以其正弦曲线形状也略有差异.如果曲线值位于正弦曲线水平轴之上,则表示状态良好的积极期;如果位于正弦曲线水平轴之下,则为精神不振的消极期.

曲线值与正弦曲线水平轴的交叉点被视为危险日,需要引起注意的是,危险期不是在最低点,而是在身体、情感、智慧曲线值从正到负或由负到正发生变化的不稳定期.

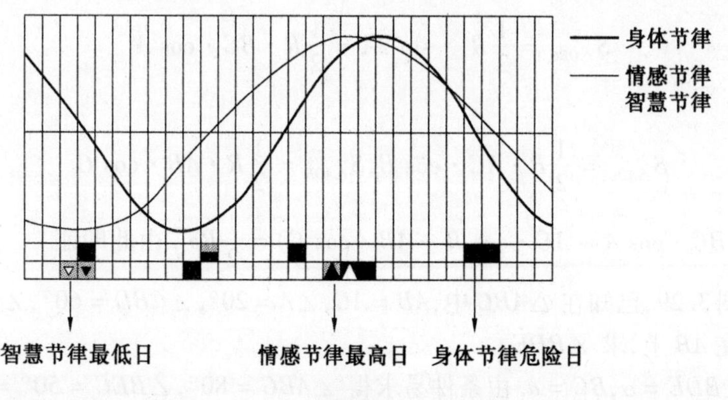

图 3.27

相信人体节律的人喜欢以在奥运会上获得 7 块金牌的马克·施皮茨为例子,因为 1972 年 9 月 5 日摘取金牌的这一天,他的情感节律和身体节律几乎达到最高点.

人体节律以出生日为起点,所以,同一天出生的人一生都有相同的人体节律,很多人认为这是伪科学,因为他们也有很好的反例.

对于进入棒球荣誉殿堂的杰克逊来说,1977 年 10 月 18 日是他一生中最幸福的日子.这一天迎战洛杉矶道奇队的他，面对3名投手连续击出3个本垒打，为纽约扬基队获得职业棒球世界大赛冠军立下了汗马功劳. 而这一天他的人体节律却几乎位于最低点.

3.6　正弦、余弦曲线与音乐

三角函数正、余弦曲线也应用于音乐中.

声音是一种波，即声波. 声音的高低、强弱、音色等三个要素决定声音大小. 音的高低、强弱分别由波的振数、振幅决定，而音色则与形成波的方程式的正弦曲线和余弦曲线形态有关.

钢琴或小提琴的美妙旋律用数学方程式来表示，这多少有些降低艺术情趣. 不过，事实上所有乐器的声音都可用正弦曲线和余弦曲线的合成来表示，反过来，合成正弦曲线和余弦曲线也可制作各种音色，这就是电子琴.

3.7　三角知识在求解几类数学问题中的应用

例1　如图3.28，在锐角 $\triangle ABC$ 中，AD,BE,CF 分别为三边 BC，AC,AB 上的高. 设 $\triangle ABC$ 的内切圆，外接圆半径分别为 r,R，$\triangle EDF$ 与 $\triangle ABC$ 的周长分别为 p_1,p_2. 求证：$\dfrac{p_1}{p_2}=\dfrac{r}{R}$.

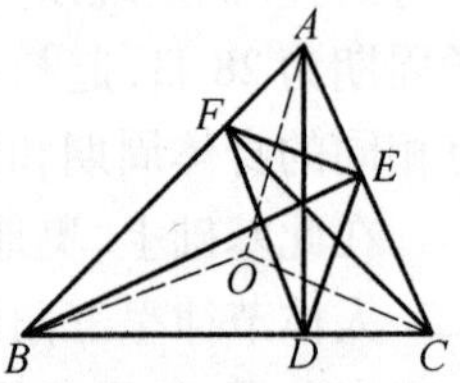

证明　由题设知 $DC=AC\cdot\cos C, EC=BC\cdot\cos C$，从而 $\triangle DEC\backsim\triangle ABC$，于是 $DE=AB\cdot\cos C$.

图3.28

同理 $EF=BC\cdot\cos A, DF=AC\cdot\cos B$，故 $p_1=DE+EF+FD=AB\cdot\cos C+BC\cdot\cos A+AC\cdot\cos B$.

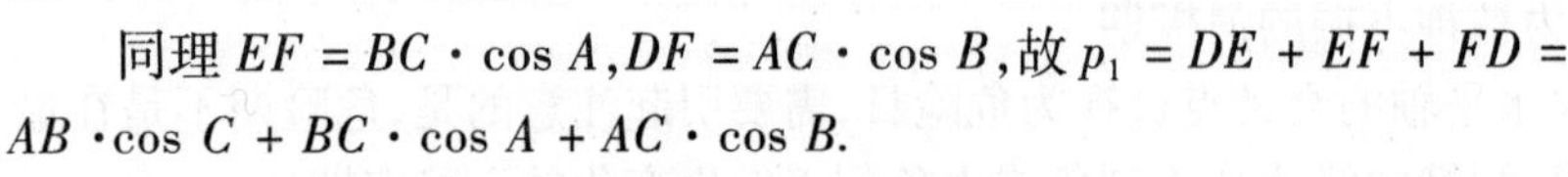

设 O 为 $\triangle ABC$ 的外心，则

$$S_{\triangle OBC}=\frac{1}{2}R^2\cdot\sin 2A=\frac{1}{2}R\cdot BC\cdot\cos A$$

同理

$$S_{\triangle AOC}=\frac{1}{2}R\cdot AC\cdot\cos B, S_{\triangle AOB}=\frac{1}{2}R\cdot AB\cdot\cos C$$

故 $\frac{1}{2}p_2r=\frac{1}{2}R(BC\cdot\cos A+AC\cdot\cos B+AB\cdot\cos C)=\frac{1}{2}Rp_1$. 由此即证.

例2　如图3.29，已知在 $\triangle ABC$ 中，$AB=AC$，$\angle A=20°$，$\angle CBD=60°$，$\angle BCE=50°$，点 D 在 AC 上，E 在 AB 上，求 $\angle BDE$.

解　记 $\angle BDE=\alpha, BC=a$. 由条件易求得 $\angle ABC=80°$，$\angle BEC=50°=\angle BCE$，因而 $BE=BC=a$.

在 $\triangle BCD$ 中，$\angle BCD=80°$，$\angle BDC=40°$，应用正弦定理有 $BD:\sin 80°=a:\sin 40°$.

在 $\triangle BED$ 中，$\angle EBD=20°$，由正弦定理有 $\dfrac{BD}{\sin(\alpha+20°)}=\dfrac{a}{\sin\alpha}$. 则 $\sin(\alpha+20°):\sin\alpha=\sin 80°:\sin 40°$. 即

$$\sin\alpha\cdot\cos 20°+\cos\alpha\cdot\sin 20°=2\cos 40°\cdot\sin\alpha$$

亦即

$$\cos 20° + \cot\alpha \cdot \sin 20° = 2\cos(60° - 20°) = \cos 20° + \sqrt{3}\sin\alpha$$

故 $\cot\alpha = \sqrt{3}, \alpha = 30°$.

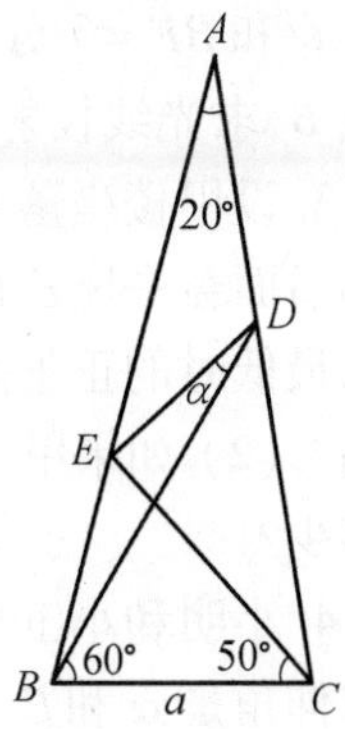

图 3.29

例 3　解方程 $\sqrt{3x+1} + \sqrt{4x-3} = \sqrt{5x+4}$.

解　设 $\begin{cases} 3x+1 = (5x+4)\cdot\cos^4 t \\ 4x-3 = (5x+4)\cdot\sin^4 t \end{cases} \quad (x > \frac{3}{4})$　①②

$31\times$① $-7\times$② 并约去 $5x+4(\neq 0)$,得

$$13 = 31\cos^4 t - 7\sin^4 t$$

则 $$12\cos^4 t + 7\cos^2 t - 10 = 0$$

故 $$\cos^2 t = \frac{2}{3}, \cos^2 t = -\frac{5}{4}(\text{舍去})$$

于是

$$3x+1 = (5x+4)\cdot\frac{4}{9}$$

得 $x=1$. 经检验,知 $x=1$ 为原方程的解.

例 4　解方程 $\sqrt{x^2+4x-2} - \sqrt{x^2-2x+1} = \sqrt{2x-1}$.

解　令 $2x-1=0$,得 $x=\frac{1}{2}$. 检验知其为方程的根. 下设

$$\begin{cases} x^2+4x-2 = (2x-1)\sec^4 t \\ x^2-2x+1 = (2x-1)\tan^4 t \end{cases} \quad (x > \frac{1}{2})$$

两式相减并约去非零因式 $2x-1$,得

$$3 = \sec^4 t - \tan^2 t = 1 + 2\tan^2 t$$

则 $\tan^2 t = 1$,即 $x^2+4x-2 = 8x-4$,故 $x = 2\pm\sqrt{2}$. 经检验,$x_1 = \frac{1}{2}, x_{2,3} = 2\pm\sqrt{2}$ 均为原方程的解.

例 5　求 $y = x + \sqrt{10ax - 23a^2 - x^2}$ 的极值.

解　由于 $10ax - 23a^2 - x^2 = 2a^2 - (x-5a)^2 \geqslant 0$,则 $|x-5a| \leqslant \sqrt{2}|a|$.

设 $x - 5a = \sqrt{2}|a|\cdot\sin\theta(-\frac{\pi}{2}\leqslant\theta\leqslant\frac{\pi}{2})$,则

$$x = \sqrt{2}|a|\cdot\sin\theta + 5a, y = \sqrt{2}|a|\cdot\sin\theta + 5a + \sqrt{2}|a|\cdot\cos\theta$$

若 $a>0$,则 $y = 2a\sin(\theta+\frac{\pi}{4}) + 5a, y_{\max} = 7a, y_{\min} = (5-\sqrt{2})a$.

若 $a<0$,则 $y = -2a\sin(\theta+\frac{\pi}{4}) + 5a, y_{\max} = 3a, y_{\min} = (5+\sqrt{2})a$.

思考题

1. 在山顶有一座电视塔,在塔顶 B 处测得地面上一点 A 的俯角为 α,在塔底 C 处测得 A 的俯角为 β. 已知塔高 $BC = a$ 米,求山高 CD.

2. 在一平面镜的两侧,有相隔 15 分米的两点 A 和 B,它们与平面镜的距离分别是 $AE =$

5 分米 和 $BF=7$ 分米. 现在要使由点 A 射出的光线经平面镜反射后过点 B,求光线投射角 θ. 你能用这种方法测量某一物体的高吗?

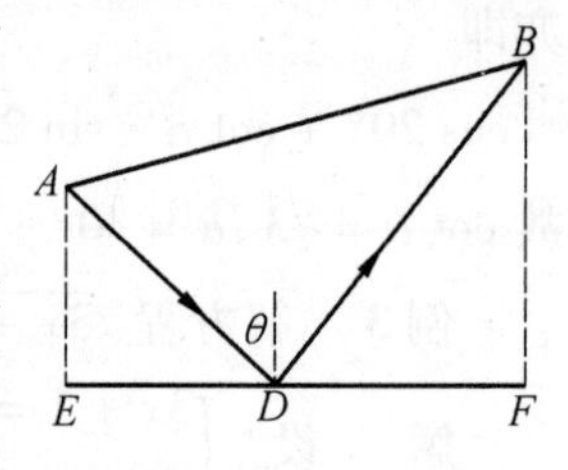

3. 设甲楼坐落正南正北方向,楼高16米($AB=16$米). 现在在甲楼的后面盖一座乙楼,如果两楼相距 20 米($BD=20$ 米),已知冬天太阳最低时的正午高度为32°. 试求:(1) 甲楼的影子落在乙楼上有多高? (2) 如果甲楼的影子刚好不影响乙楼,那么两楼的距离应当是多少?

4. 小明和小王从平地上的 B,D 两处用测角器同时望见气球 E 在它们的正西,分别测得气球仰角是 α 和 β. 已知 B,D 间距离是 a,测角器高度是 b. 求气球的高 EF.

5. 一个工厂的 $n(\geqslant 3)$ 个自动化车间均匀地分布在半径为1千米的圆周上,今要在此圆围上建一值班室. 问值班室建在何处,才能使它到各车间的距离之和最小?

6. 解下列方程:

(1) $\sqrt{2x-1}+\sqrt{x+3}=4$;(2) $\sqrt{x}+\sqrt{x-\sqrt{1-x}}=1$;

(3) $\sqrt{2x-4}-\sqrt{x+5}=1$;(4) $\sqrt{2x+\dfrac{9}{x}}-\sqrt{\dfrac{x}{2x^2+9}}=\dfrac{8}{3}$.

7. 求下列极值:

(1) $y=x+4+\sqrt{5-x^2}$;

(2) $y=\sqrt{3x+6}+\sqrt{8-x}$;

(3) $y=\dfrac{\sqrt{3}x+1}{\sqrt{x^2+1}}+2$.

思考题参考解答

1. 设 $CD=x$ 米,则 $BD=(a+x)$ 米. 在 Rt$\triangle ACD$ 中,$AD=CD\cdot\cot\beta=\dfrac{x}{\tan\beta}$. 在 Rt$\triangle ABD$ 中,$AD=BD\cdot\cot\alpha=\dfrac{x+a}{\tan\alpha}$. 求得 $x=\dfrac{a\tan\beta}{\tan\alpha-\tan\beta}$ 即为所求山高.

2. 设光线由点 A 射出,投射于平面镜上的点 D,再由平面反射到点 B. 作法线 DK(即 $DK\perp EF$ 于 D),则 $\angle ADK=\theta$. 由光的反射定律,$\angle ADK=\angle BDK=\theta$,作 $AC\perp BF$ 于 C,则 $EF=AC=\sqrt{15^2-2^2}=\sqrt{221}$. 又 $EF=ED+DF=5\tan\theta+7\tan\theta=12\tan\theta$,于是$12\tan\theta=\sqrt{221}\approx 14.866\ 1$,即 $\tan\theta=1.238\ 8$,查表得 $\theta=51°5'$.

把眼光看成光线,量得 AE,ED,DF 及 θ 可用这样方法测量某一物体的高.

3. (1) 设冬天太阳最低时,甲楼最高处点 A 的影子落在乙楼的 C 处,那么 CD 的长就是甲楼在乙楼上的影子的高度. 设 $CE\perp AB$ 于点 E,那么在 $\triangle AEC$ 中,$\angle AEC=90°$,$\angle ACE=32°$,$EC=20$ 米,所以 $AE=EC\cdot\tan 32°=20\cdot\tan 32°=20\times 0.62\approx 12.4$(米),于是 $CD=EB=AB-AE=16-12.4=3.6$(米).

(2) 设 A 的影子落在地上某一点 C,则在 $\triangle ABC$ 中,$\angle ACB=32°$,$AB=16$ 米,从而有 $BC=AB\cdot\cot 32°=16\times 1.60=25.6$(米). 此即为所求.

4. 在 $\triangle ACE$ 中,$AC=BD=a$,$\angle ACE=\beta$,$\angle AEO=\alpha-\beta$. 由正弦定理,$AE=\dfrac{a\sin\beta}{\sin(\alpha-\beta)}$,

在 Rt$\triangle AEG$ 中,$EG = AE \cdot \sin\alpha = \dfrac{a \cdot \sin\alpha \cdot \sin\beta}{\sin(\alpha - \beta)}$,$EF = EG + b = \dfrac{a \cdot \sin\alpha \cdot \sin\beta}{\sin(\alpha - \beta)} + b$.

或者由 $CG = EG \cdot \cot\beta$,$AG = EG \cdot \cot\alpha$,得 $a = EG \cdot (\cot\beta - \cot\alpha)$,故 $EF = EG + b = \dfrac{a}{\cot\beta - \cot\alpha} + b$.

5. 以圆心 O 为原点建立直角坐标系,记 n 个车间依次为 $Ak(\cos\dfrac{2k\pi}{n}, \sin\dfrac{2k\pi}{n})$,$(k = 1, 2, \cdots, n)$. 不妨设值班室 $A_0(\cos\theta, \sin\theta)$ 建在 $\widehat{A_1A_n}$ 上,即 $\angle A_0OA_n = \theta(0 \leqslant \theta \leqslant \dfrac{2\pi}{n})$,则 $|A_0A_k| = \sqrt{(\cos\theta - \cos\dfrac{2k\pi}{n})^2 + (\sin\theta - \sin\dfrac{2\pi}{n})^2} = 2\sin(\dfrac{k\pi}{n} - \dfrac{\theta}{2})(k = 1, 2, \cdots, n)$. 于是

$$f(\theta) = |A_0A_1| + |A_0A_2| + \cdots + |A_0A_n| = 2[\sin(\frac{\pi}{2} - \frac{\theta}{2}) + \cdots + \sin(\frac{n\pi}{2} - \frac{\theta}{2})]$$

上式两边同乘以 $\sin\dfrac{\pi}{2n}$,右边各项积化和差,得 $\sin\dfrac{\pi}{2n}f(\theta) = \cos(\dfrac{\pi}{2n} - \dfrac{\theta}{2}) - \cos(\dfrac{2n+1}{2n}\pi - \dfrac{\theta}{2}) = 2\cos(\dfrac{\theta}{2} - \dfrac{\pi}{2n})$,而 $-\dfrac{\pi}{2n} \leqslant \dfrac{\theta}{2} - \dfrac{\pi}{2n} \leqslant \dfrac{\pi}{2n}$,从而当 $\theta = 0$ 或 $\theta = \dfrac{2\pi}{n}$ 时,$f_{\min}(\theta) = 2\cot\dfrac{\pi}{2n}$,故值班室建在任何一个车间都可以.

6. (1) 由 $2x - 1 = 16\cos^4 t$,$x + 3 = 16\sin^4 t(\dfrac{1}{2} < x < \dfrac{13}{2})$,消去 x 有 $7 = 3\sin^4 t - 16\cos^4 t$,求得 $x = 52 - 8\sqrt{39}$;

(2) 由 $x = \cos^4 t$,$x - \sqrt{1 - x} = \sin^4 t$,求得 $x = \dfrac{16}{25}$;

(3) 由 $2x - 4 = \sec^4 t$,$x + 5 = \tan^4 t\ (x > 9)$,求得 $x = 20$;

(4) 由 $\sqrt{2x + \dfrac{9}{x}} = \dfrac{8}{3}\sec^2 t$,$\sqrt{\dfrac{x}{2x^2 + 9}} = \dfrac{8}{3}\tan^2 t$,求得 $x = 3$ 或 $\dfrac{3}{2}$.

7. (1) 令 $x = \sqrt{5}\sin\theta(-\dfrac{\pi}{2} \leqslant \theta \leqslant \dfrac{\pi}{2})$,求得 $y_{\max} = 4 + \sqrt{10}$,$y_{\min} = 4 - \sqrt{10}$;

(2) 令 $\sqrt{x + 2} = \sqrt{10}\sin\theta$,$\sqrt{8 - x} = \sqrt{10}\cos\theta(0 \leqslant \theta \leqslant \dfrac{\pi}{2})$,求得 $y_{\max} = 2\sqrt{10}$,$y_{\min} = \sqrt{10}$;

(3) 令 $x = \tan\theta(-\dfrac{\pi}{2} < \theta < \dfrac{\pi}{2})$,求得 $y_{\max} = 4$,$y_{\min} = 2 - \sqrt{3}$.

第四章　函数知识的实际应用

函数概念反映了事物之间的广泛联系,从千变万化的世间万物中,我们可发现函数知识的广泛实际应用.

4.1　经济关系中的经济函数

在市场经济迅猛发展的今天,生产者必然会遇到供应、需求、成本、收入、利润等问题,且这类问题常以函数的形式出现在我们的生活中.

4.1.1　几种经济函数

下面首先介绍这类函数的具体内容,然后再从几个方面介绍其实际应用.

需求函数　消费者对某种商品的需求量 q 与人口数、消费者收入及该商品价值等诸多因素有关,常常只考虑其价格(其他因素取定值)p,则 q 是 p 的函数,记为

$$q = g(p)\ (p > 0) \tag{①}$$

称①为需求函数.一般地,商品需求量 q 随其价格 p 上涨而减少,即①为减函数.

价格函数　需求函数的反函数就是价格函数,记为

$$p = g^{-1}(q)\ (q > 1) \tag{②}$$

供应函数　商品供应者对社会提供的商品量 s 主要受其价格 p 的影响,当其他因素取定值时,则 s 是 p 的函数,记为

$$s = f(p)\ (p > 0) \tag{③}$$

称③为供应函数.一般地,商品供应量 s 随其价格 p 上涨而增加,即③是增函数.

需求函数与供应函数密切相关.在同一个坐标系中作出①与③的图形(略),其交点记为(p_0, q_0),即 p_0 为方程$f(p) = g(p)$ 的解,$q_0 = g(p_0)$,称 p_0 为市场供求平衡价格(亦叫均衡价格),q_0 为供求平衡数量.当$0 < p < p_0$时,则 $q < s$,即需求量大于供应量(求大于供);当$p > p_0$时,则$q < s$,即供应量大于需求量(供大于求)(参见《数学建模导引》练习题一中的第34题及4.1.5中例12等).

成本函数　成本是指对生产的投入.在成本投入中一般可分为两部分:其一是在短期内不随产品数量增加而变化的部分,如厂房、设备等,称此部分为固定成本,常用 c_1 表示;其二是随产品数量增加而直接变化的部分,如原材料、能源等,称这部分为可变成本,常用 c_2 表示,它是产品数量 q 的函数,即 $c_2 = h(q)$.称固定成本与变动成本之和为总成本,常用 c 表示,则

$$c = k(q) = c_1 + c_2 = c_1 + h(q)\ (q \geqslant 0) \tag{④}$$

称④为成本函数.特别地,$k(0)$ 为固定成本,即 $k(0) = c_1$.

一般地,常用平均成本

$$A(q) = \frac{k(q)}{q}\ (q > 0) \tag{⑤}$$

来衡量企业生产的好坏.

收入函数　总收入 R 是指售出数量 q 的商品所得的全部收入,则 R 是 q 的函数.

设商品价格为 p,则 $R=pq$. 销售量 q 对消费者而言,q 又为需求量,由式②知 $p=g^{-1}(q)$,则有收入函数

$$R=r(q)=pq=q\cdot g^{-1}(q)\quad (q\geqslant 0) \tag{6}$$

由式②,⑥知,平均收入

$$\bar{R}=\bar{r}(q)=\frac{r(q)}{q}=g^{-1}(q)\quad (q>0)$$

是商品的价格函数.

利润函数　利润 L 是指生产数量 q 的产品售出后的总收入 $r(q)$ 与其总成本 $k(q)$ 之差,则利润函数为

$$L=l(q)=r(q)-k(q) \tag{7}$$

当 $l(q)>0$ 时,表示生产处于赢利状态;

当 $l(q)<0$ 时,表示生产处于亏损状态;

当 $l(q)=0$ 时,表示生产处于无盈亏状态,记这种状态的产量为 q_1,则称 q_1 为无盈亏点(或保本点).

类似于上面的分析,还可以给出经济关系中的一些函数,这就留给读者了.

用函数来表示经济关系有很多好处. 在经济学中,需求函数、供给函数、成本函数、利润函数等都是被研究的主要经济函数. 用函数表示经济关系的目的,并不仅仅是为了用此函数来计算相应的因变量的数值,更重要的是为了构造经济关系的数学模式,以此为根据来分析经济结构,从而用来进行预测、对策、决策等各项工作.

4.1.2　产品调运与费用

例1　A 市和 B 市分别有某种库存产品12件和6件,现决定调运到 C 市10件,D 市8件. 若从 A 市调运一件产品到 C 市和 D 市的运费分别是400元和800元,从 B 市调运一件产品到 C 市的运费分别是300元和500元. (1) 设 B 市运往 C 市产品为 x 件,求总运费 W 关于 x 的函数关系式;(2) 若要求总运费不超过9 000元,共有几种调运方案? (3) 求出总运费最低的调运方案和最低运费.

解　通过列表,可直观地显示各数量关系:

台数 终点 / 起点	C 市	D 市	合计
A 市	$10-x$	$8-(6-x)$	12
B 市	x	$6-x$	6
合计	10	8	18

运费 终点 / 起点	C 市	D 市
A 市	4	8
B 市	3	5

(1) 由题意,若运费以百元计,则得总运费 W 关于 x 的函数关系式为

$$W=4(10-x)+8[8-(6-x)]+3x+5(6-x)=2x+86$$

(2) 根据题意,可列出不等式组

$$\begin{cases}0 \leqslant x \leqslant 6\\2x + 86 \leqslant 90\end{cases}$$

解得 $0 \leqslant x \leqslant 2$.

因为 x 只能取整数，所以 x 只有三种可能的值，即 0，1，2. 故共有三种调运方案.

(3) 一次函数 $W = 2x + 86$，随 x 的增大而增大，而 $0 \leqslant x \leqslant 2$，故当 $x = 0$ 时，函数 $W = 2x + 86$ 有最小值，$W_{最小值} = 86$（百元），即最低总运费是 8 600 元. 此时调运方案是，B 市的 6 件全部运往 D 市，A 市运往 C 市 10 件，运往 D 市 2 件.

4.1.3 成本与产量

例 2 当产品产量不大时，成本 C 是产量 q 的一次（或线性）函数，而当产品产量较大时，由于固定成本，可变成本不能再认为是不变的，所以成本 C 与产量不再是线性关系，而是非线性关系. 现有某产品成本与产量的关系如下

$$C = C(q) = \begin{cases}10\ 000 + 8q & (0 \leqslant q \leqslant 4\ 000)\\15q - 0.001\ 25q^2 & (4\ 000 < q \leqslant 6\ 000)\end{cases}$$

这就是说，当产品产量不超过 4 000 单位时，成本以 $C = 10\ 000 + 8q$ 计算，而当产品产量在 4 000 单位与 6 000 单位之间时，成本以 $C = 15q - 0.001\ 25q^2$ 计算，即可按照产品产量计算出来.

4.1.4 销售利润与市场需求

例 3 某商人开始将进货单价为 8 元的商品按每件 10 元售出，每天可销售 100 件. 现在他想采用提高出售价格的办法来增加利润，若这种商品每件提价 1 元，每天销售量就要减少 10 件. (1) 写出售出价格 x 元与每天所得毛利润（即销售价 − 进货价）y 元之间的函数关系式；(2) 问每件售出价为多少时，才能使每天获利最大？

解 若每件销售价为 x 元时（$x \geqslant 10$），则每件提价（$x - 10$）元，每天销售量减少 $10(x - 10)$ 件，每天销售量为 $100 - 10(x - 10)$ 件 $= 200 - 10x$ 件. 根据题意，销售价 x 元与每天所得毛利润 y 元之间的函数关系式为

$$y = (x - 8)(200 - 10x) = -10(x - 14)^2 + 300 \quad (10 \leqslant x \leqslant 20)$$

而 $-10 < 0$，$10 \leqslant 14 \leqslant 20$. 故当 $x = 14$ 时，$y_{最大值} = 360$ 元.

例 4 某香蕉店以 R_1 元的单价购进香蕉而以 R_2 元的单价卖出（$R_2 > R_1$）. 当天卖不完的又必须以 R_3 元的单价处理掉. 设该店每天进货量为 Q，试确定该店每天的利润 W 与当天香蕉需求量 D 之间的关系.

解 该店每天的利润 W 取决于当天香蕉的需求量 D. 这要分两种情况：

(1) $D < Q$（供大于求）. 这时，在进货量为 Q 的香蕉中，以单价 R_2 和 R_3 销售的量依次是 D 和 $Q - D$，所以利润为

$$W = R_2D + R_3(Q - D) - R_1Q = (R_2 - R_3)D + (R_3 - R_1)Q$$

(2) $D \geqslant Q$（供不应求）. 这时香蕉以单价 R_2 售出，利润为

$$W = R_2Q - R_1Q = (R_2 - R_1)Q$$

从而

$$W = \begin{cases}(R_2 - R_3)D + (R_3 - R_1)Q & (D < Q)\\(R_2 - R_1)Q & (D \geqslant Q)\end{cases}$$

其中 D 为自变量，Q,R_1,R_2,R_3 为常量，此函数的定义域为 $[0,+\infty)$，值域为 $[(R_3-R_1)Q,(R_2-R_1)Q]$.

4.1.5　数量折扣与价格差

例 5　设企业对某种商品规定了如下的价格差(每千克价)：购买量不超过 10 千克时为 10 元，购买量不超过 100 千克时，其中 10 千克以上的部分为 7 元，购买量超过 100 千克的部分为 5 元，试确定购买费 $C(Q)$ 与购买量 Q 之间的关系式.

解　由题设，购买费 $C(Q)$ 按有关价格的规定与购买量 Q 之间有如下函数关系

$$C(Q)=\begin{cases}10Q & (0\leqslant Q\leqslant 10)\\ 100+7(Q-10) & (10<Q\leqslant 100)\\ 100+630+5(Q-100) & (Q>100)\end{cases}$$

4.1.6　设备折旧费的计算

设有一设备原价值为 C，使用到第 n 年末的残值为 S，$C-S$ 之差即该设备在 n 年内的折旧费. 在财务计划中，一个企业为了补偿设备的折旧，必须每年为折旧基金提交一笔折旧费. 若用确定折旧费的直线法，则它可求出每年应提交折旧基金的数额. 在此暂假设基金设有利息及设备在整个使用期内每年提交的折旧金额相等. 这样每年提交基金的数额

$$R=\frac{1}{n}(C-S)$$

是一常数，而第 t 年底时已提的折旧基金

$$F=Rt$$

是 t 的正比例函数，而设备在任何日期的账面价值

$$V(t)=C-F$$

它仍然是 t 的一次函数.

4.2　市场营销与函数图像

例 1　某公司计划今年独家推出“夜莺牌智能型”电子琴. 该琴的总成本是 2 460 元/架. 试售情况如下表：

销售价(元/架)	3 280	3 310	3 600	4 000
销售量(架)	1 720	1 695	1 398	1 000

试问：(1) 为在今年内能获得最大利润，销售价应定为多少？(2) 年最大利润是多少？获得最大利润时的销售量是多少？

解　根据题意该电子琴处在垄断竞争市场，公司有权自己定价以谋求最大利润的情形. 但是，定价必须慎重. 作为决策人必须明白，在这种情况下产品的需求曲线是一条向下倾斜的曲线，并且随着价格的微小变化，销售量可能变化很大. 因此定价的关键是确定(或估计)需求关系，求获得最大利润的价格的方法是：第一步，根据试销情况确定(或估计)需求关系；第二步，确定总利润与销售价之间的函数关系；第三步，用求函数最大(最小)值的方

法，确定价格.

将试销所得的销售价与销售量的每对对应值用点 A,B,C,D 分别表示在坐标平面上，可以看出这些点大致成一直线（图 4.1），所以所求的需求关系（近似）为一次函数关系. 为了保证所求的函数关系较为准确，选直线上距离较远的两点 $A(3\ 280,1\ 720)$，$D(4\ 000,1\ 000)$，当然，也可以尝试 B,C 两点来确定直线方程，（或者用最小二乘法（可参见《数学建模导引》中 4.2.4 节）来确定）设所求的一次函数式为 $y=kx+b$，把点 A,D 的坐标代入，得方程组

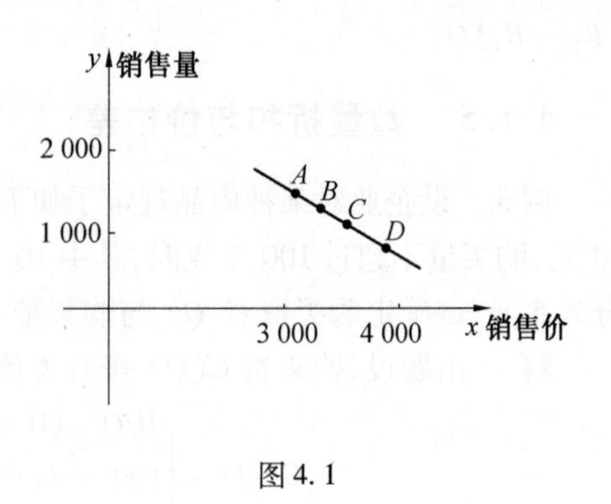

图 4.1

$$\begin{cases}1\ 720=3\ 280k+b\\1\ 000=4\ 000k+b\end{cases}$$

解得 $\begin{cases}k=-1,\\b=5\ 000.\end{cases}$

于是 y 与 x 之间的函数关系是

$$y=-x+5\ 000\quad (x\text{ 是不大于 }5\ 000\text{ 的整数})$$

设总利润为 z 元，则

$$z=(x-2\ 460)(-x+5\ 000)=-(x-3\ 730)^2+1\ 612\ 900$$

（其中 $0\leqslant x\leqslant 5\ 000$，$x$ 是正整数）

由试销情况可知 $2\ 460<x<5\ 000$. 故当 $x=3\ 730$ 时，z 有最大值 1 612 900 元.

因此，(1) 在今年内能获得最大利润，销售价应定为 3 730 元／架；(2) 年最大利润是 1 612 900 元，获得最大利润时的销售量是 1 270 架.

例 2　某年 1 月 24 日《文汇报》登载了一幅根据深圳大学股票分析智能系统 TSAS3.0 绘制的上海股市走势图，如图 4.2：

请从图中提供下列信息：

(1) 从某年 5 月 21 日到下一年 1 月 22 日之间，大约在何时上海指数处于最高峰？最高峰值是多少？大约何时处于最低谷？最低指数是多少？

(2) 成交量何时最高，其成交股数是多少？指数最高的时候成交量是多少？

(3) 11 月 23 日到 12 月 8 日半个月内指数上升最快，试测算这段时期的日平均增长率.

解　(1) 约在 5 月下旬达到最高指数，约 1 440 点，在 11 月 23 日左右达到最低指数，约 440 点.

(2) 成交量在 12 月 25 日至年底的某天达到最大值 99 273 股. 在指数最高的 5 月下旬，成交量约为 43 000 股.

(3) 从图中估算，11 月 23 日为最低指数 391.30 点，12 月 8 日约为 830 点. 故日增长率为

$$(830-391.30)\div 15\approx 29.25(\text{点／天})$$

注：股票将会成为未来经济生活中重要的一部分. 图 4.2 直接取自计算机荧屏，很清晰，但可供大致地估算，了解股市的大致走向，由图得到信息，捕捉各种信息来源，提出有价值的问题来进行研究.

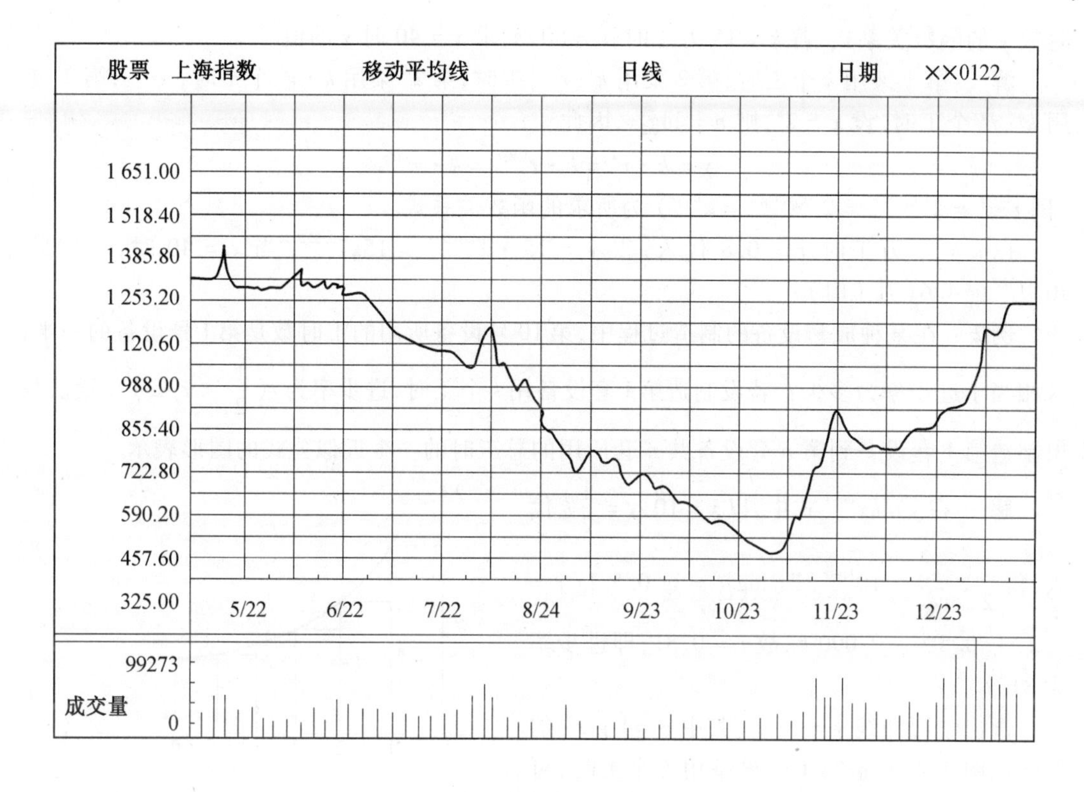

图 4. 2

从上述两例可以看到,研究函数图像可以非常直观地观察到各种信息特点,从而为确立我们的策略思想提供根据.

在一个完整的产品生命周期的四个阶段(投入期、成长期、成熟期和衰退期)中,也可以以时间为横坐标、销售量为纵坐标,描绘出产品生命周期的一条S型函数曲线图像. 这样可直观地观察到各个时期的特点,以便进行生产决策. 在成长期和成熟期是有利可图的阶段,故企业决策者应考虑缩短投入期,在"快"字上做文章,使产品尽快为消费者所接受;延长成长期,在"好"字上下功夫,使产品尽可能保持增长势头;维持成熟期,在"长"字上动脑筋,使产品尽量保持高销售额,增加利润投入;推迟衰退期,在"转"字上想办法,设法撤退老产品,开发新产品.

4.3 学习曲线

在飞机制造业中,发现一条规律:制造第2架飞机所需的工时数是第1架的80%,第$4(2^2)$架又是第2架的80%,第$8(2^3)$架又是第4架的80%,……. 这就是说,通过积累经验,可以提高效率. 这也是符合学习规律的,这里的80%称为"进行率",所制造的飞机架数与所需工时数之间的函数关系所确定的曲线常称为"学习曲线". 实际上,其他行业中也有类似的规律:刚开始时,技术不熟练,生产单位生产产品需要较多的工时,随着熟练程度逐步提高,生产单位生产产品的工时越来越短,但进步率不完全相同.

例 1 设制造第1架飞机需要用k个工时,进步率为r,试求出制造第x架飞机需用的工

时数 y 的函数关系式. 若 $k=15$ 万工时, $r=80\%$, 求 $x=40$ 时 y 的值.

解 第1架用 k 个工时, 第2架用 $k\cdot r$ 个工时, 第 2^2 架用 $k\cdot r^2$ 个工时, ……, 第 2^n 架用 $k\cdot r^n$ 个工时. 设 $x=2^n$, 则 $n=\log_2 x$, 因此

$$y=k\cdot r^n=k\cdot r^{\log_2 x}=k\cdot x^{\log_2 r}$$

(因 $r^{\log_2 x}=2^{\log_2 r^{\log_2 x}}=2^{\log_2 x\cdot\log_2 r}=x^{\log_2 r}$) 为所求的函数关系式.

以 $k=15$ 万工时, $r=0.8$ 代入, 得 $y=15\cdot x^{\log_2 0.8}=15x^{-0.322}$. 当 $x=40$ 时, $y=15\cdot 40^{-0.322}\approx 4.6$(万工时).

例2 在某种成套设备的制造过程中, 第10号设备所用的工时数是第1号设备的一半, 这相当于进步率为多少? 若设制造第1套设备用 k 个工时, 进步率为 $r(\frac{1}{2}<r<1)$. 设法找出制造第1套设备到第 n 套设备共 n 套所用的总工时的一个近似公式的图形表示.

解 在 $y=kx^{\log_2 r}$ 式中, 以 $x=10$, $y=\frac{1}{2}k$ 代入, 得 $\frac{1}{2}k=k\cdot 10^{\log_2 r}$, 即 $\log_2 r=\lg 0.5$. $\lg r=\lg 2\cdot\lg 0.5=-0.0906$, 故 $r=0.81$, 即进步率为 81%.

画出学习曲线 $y=k\cdot x^{\alpha}$(其中 $\alpha=\log_2 r$) 的图像如图4.3. 制造第1套设备用 k 个工时, 可用图像中第1个矩形面积表示; 制造第2套设备用 kr 个工时, 可用第2个矩形面积表示, ……. 所以制造第1套设备到第 n 套设备共 n 套设备所用的总工时数近似于曲线 $y=kx^{\alpha}$ 下方从 $x=0$ 到 $x=n$ 的面积. (即 $\int_0^n kx^{\alpha}\mathrm{d}x$. 但因 $\alpha<0$, 故 $x=0$ 时, y 无意义. 这个积分可用 $\lim\limits_{\varepsilon\to 0}\int_{\varepsilon}^{n}kx^{\alpha}\mathrm{d}x$ 来计算, 求得结果为 $\frac{k\cdot x^{\alpha+1}}{\alpha+1}$)

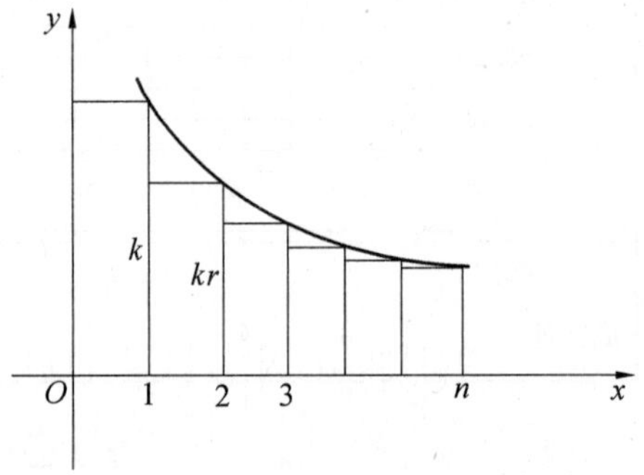

图 4.3

4.4 函数周期性的简单应用

函数的周期性在物理、工程、数学中都有广泛的应用. 这里, 我们介绍几种常见的应用.

4.4.1 简谐振动的合成

振动是物理学中的概念, 如单摆的运动, 是一种周期运动, 即振动. 单摆在运动过程中, 有一个重要的性质: 单摆运动的加速度与单摆相对于平衡位置的位移成正比而方向相反, 即

$$\alpha=-w^2x(\alpha \text{ 为加速度}, x \text{ 为位移}, w \text{ 为正常数})$$

又 $\alpha=\frac{\mathrm{d}^2x}{\mathrm{d}t^2}$, 则由 $\frac{\mathrm{d}^2x}{\mathrm{d}t^2}+w^2x=0$ 解得 $x=A\sin(wt+\varphi)$.

这就是简谐振动的数学表达式, $|A|$ 称为振幅, $T=\frac{2\pi}{w}$ 称为振动的周期, φ 称为初位相(决定于开始计算时间时振动点的位置).

记 $r=\frac{1}{T}$, r 称为振动的频率. 由简谐振动的数学表达式可见, 简谐振动是一种周期运动.

振动的周期 T，即正弦型函数 $A\sin(wt+\varphi)$ 的最小正周期（这时 $w>0$）. 振动的频率 r，即单位时间内，振动点完成全振动的次数.

当质点同时参与几个振动，例如，当有两个声波同时传播到空间某一点时，该点就同时参与两个振动，这时，质点所作的运动就是两个振动的合成. 最简单的合成是几个周期相同的简谐振动的合成，用数学归纳法容易证明. 这时合成的是一个周期不变的简谐振动. 如两个简谐振动的合成，即

$$A_1\sin(wt+\varphi_1)+A_2\sin(wt+\varphi_2)=A\sin(wt+\varphi)$$

其中 $A=\sqrt{A_1^2+A_2^2+2A_1A_2\cdot\cos(\varphi_1-\varphi_2)}$，$\tan\varphi=\dfrac{A_1\sin\varphi_1+A_2\sin\varphi_2}{A_1\cos\varphi_1+A_2\cos\varphi_2}$　⑧

（$0\leqslant\varphi<2\pi$，φ 所在的象限由式⑧的分子、分母的符号确定）.

不同周期的简谐振动的合成，情况比较复杂. 下以两个简谐振动的合成为例来说明：

设 $y_1=A_1\sin(w_1t+\varphi_1)$，$y_2=A_2\sin(w_2t+\varphi_2)$. 当 $\dfrac{w_1}{w_2}$ 为有理数时，y_1+y_2 是一个周期函数，它的最小正周期为 $\left[\dfrac{2\pi}{w_1},\dfrac{2\pi}{w_2}\right]$（即 $\dfrac{2\pi}{w_1}$ 与 $\dfrac{2\pi}{w_2}$ 的最小公倍数），只要 $|w_1|\neq|w_2|$ 和函数 y_1+y_2 不再是正弦型函数. 从物理学来说，当 $\dfrac{w_2}{w_1}(\neq\pm1)$ 为有理数，两个简谐振动的合成 $A_1\sin(w_1t+\varphi_1)+A_2\sin(w_2t+\varphi_2)$ 称为复谐振动. 这可以推广到周期可公度的有限个简谐振动的合成.

如声学中，音叉的振动是简谐振动，发出来的声音很单纯，称为纯音，又叫单音. 而一般乐器发出来的声音就比较复杂，是由若干个周期不同的纯音组成，这种声音称为复音.

当 $\dfrac{w_1}{w_2}$ 为无理数时，y_1+y_2 不是周期函数，所以，作为两个简谐振动的合成不再是周期运动了.

4.4.2　谐波分析

我们知道，一个复谐振动是几个简谐振动的合成. 在工程技术和生产实践中，常常要把一个比较复杂的周期运动（非复谐振动）分解成一系列不同频率的简谐振动的合成. 在电工学上，往往要把周期变化的非交变电流，分解成直流分量和若干个交变电流的和.

在微积分学中，有以下的重要结论：以 l 为周期的周期函数 $f(x)$ 满足迪利克雷条件（$f(x)$ 在一个周期内连续或只有有限个第一类间断点，且至多存在有限个极值点），则函数 $f(x)$ 在它的连续点处，有

$$f(x)=\frac{a_0}{2}+\sum_{n=1}^{\infty}(a_n\cos nwt+b_n\sin nwt)$$

其中 $a_0,a_n,b_n(n\in\mathbf{N})$ 为函数的傅里叶系数.

上式可恒等变形为

$$f(t)=A_0+\sum_{n=1}^{\infty}A_n\sin(nwt+\varphi_n)\qquad⑨$$

其中 $A_0=\dfrac{a_0}{2}$，$|A_n|=\sqrt{a_n^2+b_n^2}$. A_n 的符号：$b_n\neq0$ 时，A_n 与 b_n 同号，$b_n=0$ 时，A_n 与 a_n 同号.

φ_n 的值：$b_n \neq 0$ 时，$\varphi_n = \arctan \dfrac{a_n}{b_n}$，$b_n = 0$ 时，$\varphi_n = \dfrac{\pi}{2}$.

在电工学上，这种展开称为谐波分析. 其中：

常数项 A_0 称为 $f(t)$ 的直流分量；

$A_1 \sin(wt + \varphi_1)$ 称为 $f(t)$ 的一次谐波（又叫基波）；

$A_n \sin(nwt + \varphi_n)$ 称为 $f(t)$ 的 n 次谐波.

利用式⑨，可以把满足迪利克雷条件的非正弦型周期函数，用正弦型函数表示（实质上就是将非正弦型周期函数展开成它的傅里叶级数）. 例如，设立 2π 为周期的周期函数

$$f(x) = \begin{cases} -x & (-\pi \leqslant x < 0) \\ x & (0 \leqslant x < \pi) \end{cases}$$

（其图像为锯齿波形）可用如下正弦型函数表示

$$f(x) = \frac{\pi}{2} - \frac{4}{\pi} \sum_{n=1}^{\infty} \frac{1}{(2n-1)^2} \sin\left[(2n-1)x + \frac{\pi}{2}\right]$$

4.4.3 在解三角方程中的应用

三角方程是关于未知数的三角函数的代数方程，由于三角函数的周期性，使三角方程的解与通常的代数方程不同，如果三角方程有解，就有无穷多个解. 如果用三角函数的周期性帮助讨论三角方程的解，就能将讨论无穷多个解的问题转化成未知数在一个周期范围内有限个解的问题，收到事半功倍的效果.

例 1 解方程 $\tan\left(x + \dfrac{\pi}{4}\right) + \tan\left(x - \dfrac{\pi}{4}\right) = 2\cot x$.

解法 1 原方程变形，得

$$\frac{\tan x + 1}{1 - \tan x} + \frac{\tan x - 1}{1 + \tan x} = \frac{2}{\tan x}$$

则
$$\tan^2 x = \frac{1}{3}，即 \tan x = \pm \frac{\sqrt{3}}{3}$$

故
$$x = k\pi \pm \frac{\pi}{6} \quad (k \in \mathbf{Z})$$

由于第一步，第二步变形未知数的取值范围先是缩小了，接着又扩大了. 经检验，虽无增根，但有遗根 $x = k\pi + \dfrac{\pi}{2} (k \in \mathbf{Z})$，故原方程的解为

$$x = k\pi \pm \frac{\pi}{6} 及 x = k\pi + \frac{\pi}{2} \quad (k \in \mathbf{Z})$$

解法 2 原方程变形为

$$\frac{\sin\left(x + \frac{\pi}{4}\right) \cdot \cos\left(x - \frac{\pi}{4}\right) + \sin\left(x - \frac{\pi}{4}\right) \cdot \cos\left(x + \frac{\pi}{4}\right)}{\cos\left(x + \frac{\pi}{4}\right) \cdot \cos\left(x - \frac{\pi}{4}\right)} = \frac{2\cos x}{\sin x}$$

则
$$\frac{\sin 2x}{\frac{1}{2}\sin\left(2x + \frac{\pi}{2}\right)} = \frac{2\cos x}{\sin x}$$

即
$$\cos 3x = 0$$
故
$$x = \frac{k\pi}{3} + \frac{\pi}{6} \quad (k \in \mathbf{Z})$$

经检验，$x = \frac{k\pi}{3} + \frac{\pi}{6}(k \in \mathbf{Z})$ 为原方程的解.

从上述两种解法中可看到：同一个三角方程，用不同的解法，通解式往往不同. 其实，只要解法正确，答案的形式上的不同是无关紧要的. 但形式上的不同往往掩盖了实质的一致性，常使某些人迷惑不解. 因此，怎样判断不同的通解式是否等效？这只要利用周期性，检查在同一周期内它们的结果是否完全一致即可. 例如，此例在区间$\left[-\frac{\pi}{2},\frac{\pi}{2}\right]$内均是$-\frac{\pi}{2}$，$-\frac{\pi}{6}$，$\frac{\pi}{6}$，故通解实质是一样的.

4.5　锯齿波函数与理想库存问题

被定义在$(0,l)$上（即以l为周期）的函数$f(x)=\frac{1}{2}x$，作出图像来像锯齿，故人们将这一类函数叫作锯齿波函数.

在工农业生产和商业经营中，都需要将部分物资贮存在仓库中，研究如何使贮存物资的总成本费用减至最少的问题就叫库存问题.

一个最理想的贮存办法，是分批贮存适量的物质x（暂视为固定量），随着时间的推移，当每次物质x将近用完时，另一批新的物质x又及时存入仓库中，重复上述贮存办法，所得到的库存量函数$Q(t)=(k+1)x-\frac{x}{l}t, kl \leqslant t < (k+1)l(k=0,1,2,\cdots,n)$，这也是一个锯齿波函数，如图4.4.

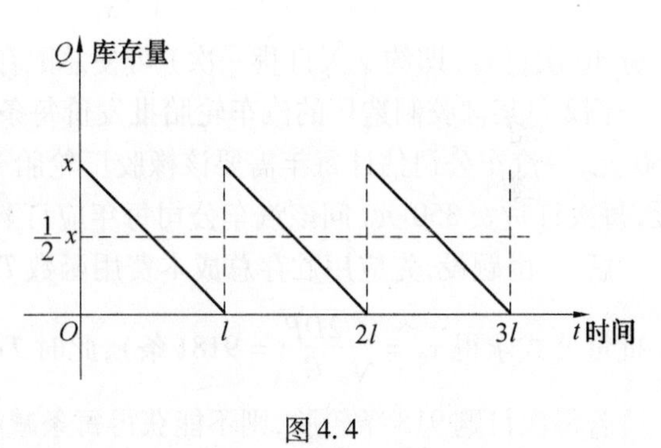

图4.4

在这一贮存中，总成本费包括两个部分：

（ⅰ）贮存费. 包括使用仓库、保管货物、冷冻（需要的话）、物质损坏变质以及流动资金积压的利息等项支付费用.

（ⅱ）订货费. 包括订货手续费、电信往来费、派人外出采购等项费用.

由于是分批而不是一次贮存，订购次数相对增加也会增加订货费. 因此，若每次贮存量放大些，订货量虽少，但贮存费增大. 反之，若每次少贮存一些，贮存费虽小，但订货次数多，订货费用增大. 这是一个矛盾，如何解决呢？这就自然而然地想到求某函数的极值了. 为此，需要建立贮存总成本费用函数$T(x)$.

设某仓库一年需贮存D单位物资，贮存费每单位货物一年需C元，假定每次贮存x单位，由锯齿波函数图显见，一年中平均库存量正好是最大库存量的一半，即$\frac{1}{2}x$. 共需贮存费是$\frac{1}{2}xC$元.

另一方面,每次订货x单位,故要订货$\frac{D}{x}$次. 若每次订货费为B元,则共需订货费$\frac{D}{x}B$元.

因此,总共需要贮存成本费为

$$T(x)=\frac{x}{2}C+\frac{D}{x}B(\text{元})\quad(0<x\leqslant Q)$$

现在的问题是要找到$T(x)$的最小值,这可运用判别式法(由$T(x)=\frac{x}{2}C+\frac{D}{x}B$有$Cx^2-2Tx+2DB=0$. 因$x\in\mathbf{R}$,有$\Delta=4T^2-8BCD\geqslant0$,得$T\geqslant\sqrt{2BCD}$)或平均值不等式法(由$\frac{x}{2}C=\frac{D}{x}B$时,$\frac{x}{2}C+\frac{D}{x}B\geqslant\sqrt{2BCD}$取等号)求得当$x_0=\sqrt{\frac{2DB}{C}}$时,$T(x)$有最小值$\sqrt{2BCD}$. 此时称$x_0=\sqrt{\frac{2DB}{C}}$为每次订货物的批量单位,而$\frac{D}{x_0}$为一年中的订货次数公式.

例1 某贸易公司,每年供应12 000套某设备,每套设备贮存在仓库一年的成本是24元,每次订货费为90元,欲使库存成本减至最小,问该贸易公司每次应订多少套设备?一年订多少次?

解 由题设,先应用贮存总成本费用函数$T(x)$,此时,$C=24$,$D=12\ 000$,$B=90$,代入批量公式和订货次数公式求得$x_0=300$,$\frac{D}{x_0}=40$(次). 即该贸易公司每次订购300套设备,一年分40次订货(即约9天订货一次)可使总贮存成本费最少.

例2 某橡胶制造厂的汽车轮胎批发价每条800元. 若订购1 000条以上,则每条售价为760元. 一汽车公司估计每年需要该橡胶厂轮胎10 000条,每条轮胎的贮存成本为每年8.5元,每次订货费350元. 问该汽车公司每年应订购轮胎多少次,每次应订购多少?

解 由题设,先应用贮存总成本费用函数$T(x)$,此时,$C=8.5$,$B=350$,$D=10\ 000$. 代入批量公式求得$x_0=\sqrt{\frac{2DB}{C}}=918$(条),此时$T(x_0)$取最小.

若每次订购918条轮胎,则不能获得每条减价费40元的优惠. 订购$x_0=918$条,全部总成本费为$T(x)=\frac{918}{2}\times8.5+\frac{10\ 000}{918}\times350+10\ 000\times800=8\ 007\ 714$(元).

订购$x_0=1\ 000$条,全部总成本费为

$$T(x)=\frac{1\ 000}{2}\times8.5+\frac{10\ 000}{1\ 000}\times350+10\ 000\times760=7\ 607\ 750(\text{元})$$

所以每次订购轮胎1 000条,每年订货10次比每次订购918条,每年订货11次,可节约近40万元,即每次订购轮胎1 000条,每年订货10次是最优决策.

作为本节结束语,我们还顺便指出:自有无线电技术以来,锯齿波函数(还有矩形波函数、三角形波函数等)就广泛地用来研究电路系统. 它是由电振荡器发出的信号输入示波器,从示波器的荧光屏上就直接显示出这类波函数的图像来,然后,将波函数$f(x)$向整个实数轴延拓成$F(x)=\frac{x}{2}-\frac{kl}{2}$,$kl\leqslant x\leqslant(k+1)l$,$k=0,\pm1,\pm2,\cdots$,此时$F(x)$与定义在$(0,l)$

上的$f(x)=\frac{x}{2}$为同周期函数. 再(用傅里叶级数)来逼迫波函数$F(x)$,从而把波函数$f(x)$分解为基波,一次谐波,二次谐波,……. 经这样复杂处理后,就可为系统的设计提供理论上的依据.

4.6　弹性函数与交通安全的坡阻梁设计

在快车道与慢车道之间,铺设一条水泥横梁,就可以代替摆放着的铁管梯,产生更为安全的效果,而且美观、造价低. 当行车通过横梁时,就自觉地减速,以此克服反弹,从而减少或避免行车转道时带来的车祸. 所铺设的这种横梁,亦可称坡阻效应梁,或简称坡阻梁.

不同形状、不同大小的坡阻效应梁,产生反弹的大小是不同的. 分析这种弹性大小的方法,可用数学里的弹性函数进行讨论.

一元函数$y=f(x)$所确定的初等函数,一般的是确定了平面直角坐标系里的一条曲线. 在坐标系里,竖直方向上的相对变化$\frac{\Delta y}{y}$与水平方向上的相对变化$\frac{\Delta x}{x}$(其中Δx表变量x在某一阶段内的改变量)的比率称为函数的弹性. 写成式子,即为:$E=\frac{\Delta y}{y}\Big/\frac{\Delta x}{x}$,$E$称为函数的弧弹性. 另外,还有一种弹性的表示为$\eta=\lim\limits_{\Delta x\to 0}\frac{\Delta y}{\Delta x}\Big/\frac{y}{x}$,称为函数的点弹性. E或η都称为弹性函数.

弹性函数E或η有如下特征:

$|E|$或$|\eta|$很大时,称函数$f(x)$很有弹性;

$|E|$或$|\eta|$比1大时,称为函数$f(x)$相当有弹性;

$|E|$或$|\eta|$比1小时,称函数$f(x)$有单位相当无弹性;

$|E|$或$|\eta|$等于1时,称函数$f(x)$有单位弹性.

这样,如果给出一个一元函数,我们便可简单方便地进行弹性分析.

铺设平面斜坡的坡阻梁,常采用以下三种类型:第一种,截面为抛物线型的凸面坡阻梁;第二种,截面为三角形线型的平面坡阻梁;第三种,截面为双曲线型的凹面坡阻梁. 这些坡阻梁的底面,都可以视为平面,其截面底线就都是直线. 这些线型,都可以找到适当的一元函数来表示. 这样,就可以用构成该截面的直线或曲线的一元函数进行弹性分析. 下面就逐一分析作出比较结果:

第一种,凸面坡截面,构成截面曲线的函数,可用$y=b-ax^{2n}$表示($b>0,a>0,n\in\mathbf{N}$),如图4.5.

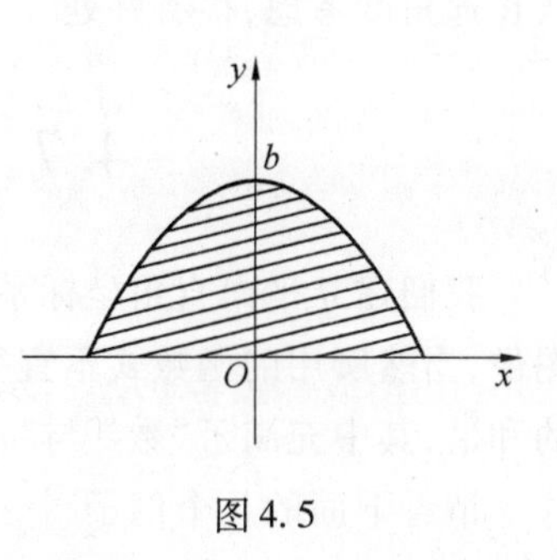

图4.5

这类函数的弹性函数计算结果为$\eta=\frac{2n}{1-\frac{b}{a}x^{-2n}}$,$x=\pm 2n\sqrt{\frac{1}{2n+1}\cdot\frac{b}{a}}$时,$\eta=-1$,为单位弹性点;可以算出,其强弹性区间为$\left(-\sqrt[2n]{\frac{b}{a}},-\sqrt[2n]{-\frac{1}{2n+1}\cdot\frac{b}{a}}\right)$与

$\left(\sqrt[2n]{\frac{1}{2n+1}\cdot\frac{b}{a}},\sqrt[2n]{\frac{b}{a}}\right)$，$x$ 取值于这两个区间内时，$|\eta|>1$.

第二种，平面坡截面，构成截面曲线的函数，可用 $y=b+ax$ 与 $y=b-ax$ 表示($a>0,b>0$)，如图 4.6.

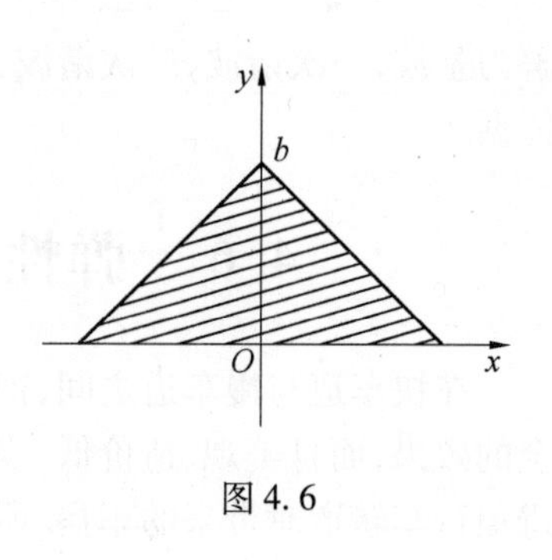

图 4.6

这类函数的弹性函数计算结果为 $\eta=\frac{1}{1+\frac{b}{\pm a}\cdot\frac{1}{x}}$($x>0$ 时取负，$x<0$ 时正)，$x=-\frac{1}{2}\cdot\frac{b}{(\pm a)}$ 时，$\eta=-1$，为单位弹性点. 可以计算出，其强弹性区间为 $\left(-\frac{b}{a},-\frac{b}{2a}\right)$ 与 $\left(\frac{b}{2a},\frac{b}{a}\right)$，即 x 取值于这两区间内时，$|\eta|>1$.

第三种，凹面坡截面，构成截面曲线的函数，可用 $y=b|x|^{-2n}$ 表示($b>0,n\in\mathbf{N}$)，如图 4.7.

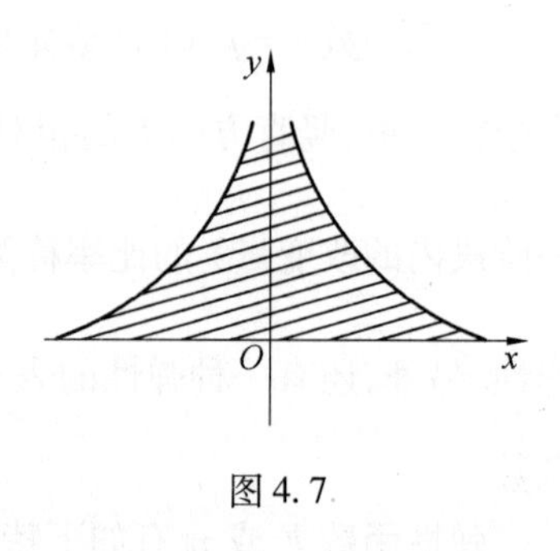

图 4.7

这类函数的弹性函数计算结果为 $\eta=-2n$，因而 $|\eta|=2n$，即水平方向上变化1%时，竖直方向上就变化 $2n$%，弹性是很大的. 因而这类截面的坡阻梁不大适用，很易被撞毁；实用上宜于做路面交通标志确定的行车通道“隔断”.

在实际应用中，可采用按步长(步行时，两脚间距)与步高分别取 40 厘米、20 厘米时，算出平面坡截面直线函数 $y_1=20\pm x$，第一种凸面坡截面曲线函数的指数取 $n=1$ 时，$y_2=20-\frac{1}{20}x^2$. 其弹性函数分别为：$\eta_1=\frac{1}{1+\frac{20}{\pm x}}$ 与 $\eta_2=\frac{2}{1-\frac{400}{x^2}}$，其强弹性区间为 η_1 是 $-20<x<-10$ 与 $10<x<20$；η_2 是 $-20<x<-11.55$ 与 $11.55<x<20$. 很明显地在 $-20<x<-10$ 与 $10<x<20$，$|\eta_1|>|\eta_2|$. 因而可以得出结论：在同样宽度、高度的条件下，平面斜坡的坡阻梁与凸面斜坡的坡阻梁产生的反弹大，在公路的快车道与慢车道之间，宜于铺设平面斜坡的坡阻梁；在街道、居民区等平面路面上可铺设凸面斜坡的坡阻梁以减少交通事故.

改铁管梯为平面斜坡或凸面斜坡的坡阻梁，既经济又美观，既作为限速品又方便行人，从长远角度考虑，很有好处.

4.7 用函数图像组成卡通画

我们建立平面直角坐标系，用一些适当函数的图像，可拼凑出一些神态各异的卡通人面图像，当然所用的函数式不宜很复杂，而构成的卡通图像应达到“神似”与“简洁”之间平衡的和谐，其中充满了“数”与“形”统一的一种和谐的情趣.

请看下面的几个例子[24]：

(一)“平静”图

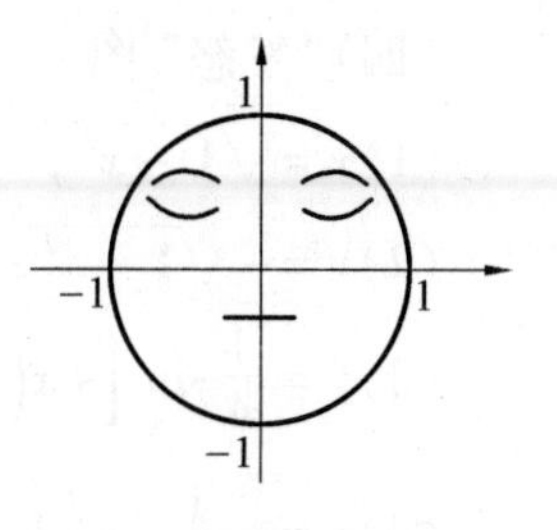

图 4.8

(1) $y=\sqrt{1-x^2}$;

(2) $y=-\sqrt{1-x^2}$;

(3) $y=-\frac{1}{6}\sqrt{1-16\left(x+\frac{1}{2}\right)^2}+\frac{1}{2}$;

(4) $y=\frac{1}{6}\sqrt{1-16\left(x+\frac{1}{2}\right)^2}+\frac{1}{2}$;

(5) $y=\frac{1}{6}\sqrt{1-16\left(x-\frac{1}{2}\right)^2}+\frac{1}{2}$;

(6) $y=-\frac{1}{6}\sqrt{1-16\left(x-\frac{1}{2}\right)^2}+\frac{1}{2}$;

(7) $y=-\frac{1}{4}\left(x\in\left[-\frac{1}{2},\frac{1}{2}\right]\right)$.

(二)"微笑"图

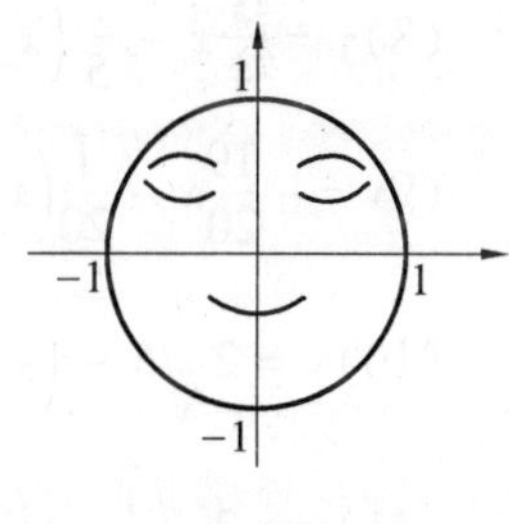

图 4.9

(1) $y=\sqrt{1-x^2}$;

(2) $y=-\sqrt{1-x^2}$;

(3) $y=-\frac{1}{6}\sqrt{1-16\left(x+\frac{1}{2}\right)^2}+\frac{1}{2}$;

(4) $y=\frac{1}{6}\sqrt{1-16\left(x+\frac{1}{2}\right)^2}+\frac{1}{2}$;

(5) $y=\frac{1}{6}\sqrt{1-16\left(x-\frac{1}{2}\right)^2}+\frac{1}{2}$;

(6) $y=-\frac{1}{6}\sqrt{1-16\left(x-\frac{1}{2}\right)^2}+\frac{1}{2}$;

(7) $y=-\frac{1}{6}\sqrt{1-8x^2}-\frac{1}{4}$.

(三)"不满"图

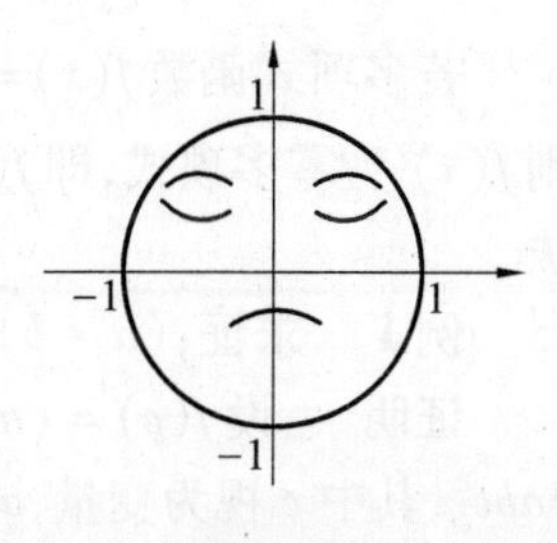

图 4.10

(1) $y=\sqrt{1-x^2}$;

(2) $y=-\sqrt{1-x^2}$;

(3) $y=-\frac{1}{6}\sqrt{1-16\left(x+\frac{1}{2}\right)^2}+\frac{1}{2}$;

(4) $y=\frac{1}{6}\sqrt{1-16\left(x+\frac{1}{2}\right)^2}+\frac{1}{2}$;

(5) $y=\frac{1}{6}\sqrt{1-16\left(x-\frac{1}{2}\right)^2}+\frac{1}{2}$;

(6) $y=-\frac{1}{6}\sqrt{1-16\left(x-\frac{1}{2}\right)^2}+\frac{1}{2}$;

(7) $y=\frac{1}{6}\sqrt{1-8x^2}-\frac{1}{4}$.

(四)“发怒”图

(1) $y=\sqrt{1-x^2}$;

(2) $y=-\sqrt{1-x^2}$;

(3) $y=\frac{1}{4}\sin\left[4\pi\left(x+\frac{1}{4}\right)\right]+\frac{2}{5}\left(x\in\left[\frac{1}{4},\frac{3}{4}\right]\right)$;

(4) $y=-\frac{1}{4}\sin\left[4\pi\left(x-\frac{3}{4}\right)\right]+\frac{2}{5}\left(x\in\left[-\frac{3}{4},-\frac{1}{4}\right]\right)$;

(5) $y=2\sqrt{\frac{1}{40}-\left(x-\frac{3}{10}\right)^2}+\frac{1}{10}$;

(6) $y=-2\sqrt{\frac{1}{40}-\left(x-\frac{3}{10}\right)^2}+\frac{2}{5}$;

(7) $y=-2\sqrt{\frac{1}{40}-\left(x+\frac{3}{10}\right)^2}+\frac{2}{5}$;

(8) $y=\frac{3}{4}x-\frac{2}{5}\left(x\in\left[-\frac{3}{10},\frac{1}{4}\right]\right)$;

(9 $y=-\frac{19}{20}x-\frac{1}{20}\left(x\in\left[\frac{3}{20},\frac{1}{2}\right]\right)$;

(10) $y=2\sqrt{5-\left(x-\frac{3}{10}\right)^2}-\frac{99}{20}\left(x\in\left[-\frac{3}{10},\frac{1}{2}\right]\right)$;

(11) $y=2\sqrt{\frac{1}{40}-\left(x+\frac{3}{10}\right)^2}+\frac{1}{10}$.

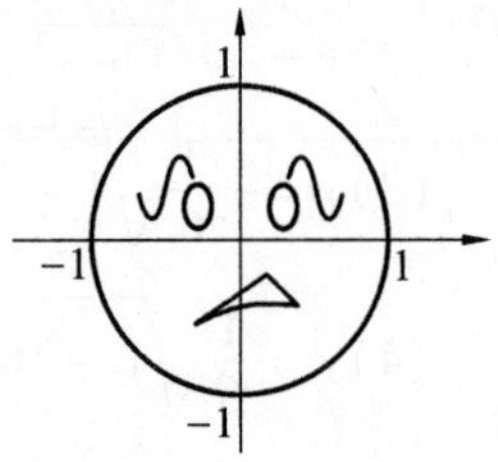

图 4.11

4.8 函数的零点、不动点、非负性、单调性在数学解题中的应用

4.8.1 函数零点的应用

若多项式函数 $f(x)=ax^n+a_{n-1}x^{n-1}+\cdots+a_1x+a_0$ 在复系数范围内有 $n+1$ 个零点(根),则 $f(x)$ 为零多项式,即 $f(x)\equiv 0$. 这为我们在证明恒等式时提供了一种特殊方法 —— 检根法.

例 1 求证:$(a+b)^2(b+c-a)(c+a-b)+(a-b)^2(a+b+c)(a+b-c)=4abc^2$.

证明 设 $f(c)=(a+b)^2(b+c-a)(c+a-b)+(a-b)^2(a+b+c)(a+b-c)-4abc^2$,其中 c 视为变量,a,b 视为常量.

$c=a+b$ 时,$f(a+b)=(a+b)^2\cdot 2b\cdot 2a-4ab(a+b)^2=0$;

$c=-(a+b)$ 时,$f[-(a+b)]=(a+b)^2(-2a)(-2b)-4ab(a+b)^2=0$;

$c=0$ 时,$f(0)=-(a+b)^2(a-b)^2+(a+b)^2(a-b)^2=0$.

当 $a\neq -b$ 时,$f(c)$ 有三个不等根 $\pm(a+b),0$,而 $f(c)$ 关于 c 的次数不超过两次,故 $f(c)\equiv 0$. 原题获证.

例 2 设 AD 为 $\triangle ABC$ 的边 BC 上的中线,过 C 引任一直线交 AD 于 E,交 AB 于 F,如图

4.12,证明:$\frac{AE}{ED}=\frac{2AF}{FB}$.

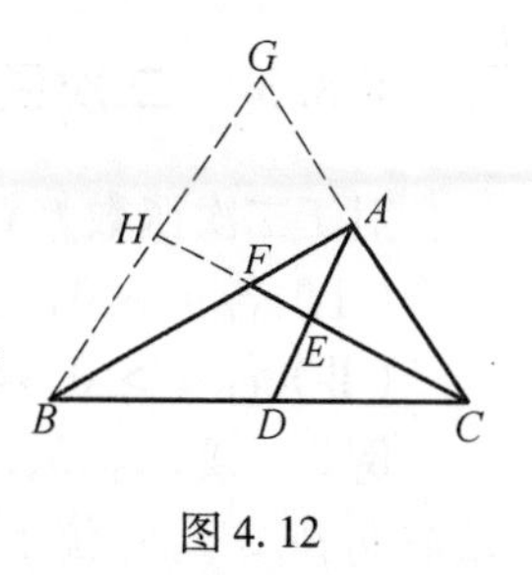

图 4.12

证明　考察关于 AE 的一次多项式 $f(AE)=\frac{AE}{ED}-\frac{2AF}{FB}$.

当 $AE=-\frac{2}{3}AD$ 时,E 为 $\triangle ABC$ 的重心,故 $AF=FB$. 从而 $f(AE)=f(-\frac{2}{3}AD)=0$.

当 $AE=\frac{1}{2}AD$ 时,过 B 作 $BG\parallel AD$ 交 AC 的延长线于 G,交 CF 的延长线于 H,则 CH 为 $\triangle BGC$ 边 BG 上的中线,故 BA 为 CG 边上中线,从而 F 为 $\triangle BGC$ 的重心,有 $AF=\frac{1}{2}FB$,亦有 $f(AE)=f(\frac{1}{2}AD)=0$.

但$\frac{2}{3}AD\neq\frac{1}{2}AD$,故有 $f(AE)=0$. 原结论获证.

4.8.2　函数不动点的应用

设$f(x)$是一个关于x的代数函数,我们称方程$f(x)=x$的零点(根)为函数$f(x)$的不动点.

若一次函数$f(x)=ax+b(a\neq 1)$,则$f(x)$的不动点为$\frac{b}{1-a}$,$f(x)$的n次迭代(复合)函数的解析式可用数学归纳法证得为$\underbrace{f(\cdots(f}_{n个}(x))\cdots)=a^n(x-\frac{b}{1-a})+\frac{b}{1-a}$.(证略)

若线性分式函数$f(x)=\frac{Ax+B}{Cx+D}$有两个不动点x_1,x_2,且由$a_{n+1}=f(a_n)$确定着数列$\{a_n\}$. 当$x_1\neq x_2$时,则可证明数列$\left\{\frac{a_n-x_1}{a_n-x_2}\right\}$是等差数列;当$x_1=x_2$时,则可证明数列$\{\frac{1}{a_n-x_1}\}$是等差数列了.(证略)

例 3　已知复合函数$f(f(f(x)))=8x+7$,求一次函数$f(x)$.

解　设一次函数为$f(x)=ax+b(a\neq 1)$,则由

$a^3(x-\frac{b}{1-a})+\frac{b}{1-a}=8x+7$ 可求得 $a^3=8$,$\frac{(a^3-1)}{1-a}b=-7$,从而所求一次函数为 $f(x)=2x+1$,$f(x)=(-1+\sqrt{3}\mathrm{i})x-2+\sqrt{3}\mathrm{i}$ 及 $f(x)=(-1-\sqrt{3}\mathrm{i})x-2-\sqrt{3}\mathrm{i}$.

例 4　已知 $a_1=1$,$a_n=1+\frac{1}{a_{n-1}}$,求 a_n.

解　因$f(x)=1+\frac{1}{x}$有两相异不动点$\frac{1}{2}(1+\sqrt{5})$,$\frac{1}{2}(1-\sqrt{5})$,则有$\frac{a_n-\frac{1}{2}(1+\sqrt{5})}{a_n-\frac{1}{2}(1-\sqrt{5})}=$

$\left(\frac{A-Cx_1}{A-Cx_2}\right)^{n-1}\cdot\frac{a_1-\frac{1}{2}(1+\sqrt{5})}{a_1-\frac{1}{2}(1-\sqrt{5})}=\left(\frac{1-\sqrt{5}}{1+\sqrt{5}}\right)^n$ 及 $a_n=\frac{1}{2}\left[\frac{(1+\sqrt{5})^{n+1}-(1-\sqrt{5})^{n+1}}{(1+\sqrt{5})^n-(1-\sqrt{5})^n}\right]$.

4.8.3 二次函数非负性的应用

对于二次函数$f(x)=ax^2+bx+c(a\neq 0)$,由其图像可知,有:

(Ⅰ)若$a>0$,则$f(x)\geqslant 0$的充要条件为$\Delta=b^2-4ac\leqslant 0$,

(Ⅱ)若$a>0$,且存在$x_0\in(-\infty,0]$,使得$f(x_0)\leqslant 0$,那么$\Delta=b^2-4ac\geqslant 0$.

例5 设a,A,b,B是正数,$a<A,b<B$,若n个正数$a_1,a_2,\cdots,a_n$位于a与A之间,n个正数$b_1,b_2,\cdots,b_n$位于b与B之间,则有

$$1\leqslant\frac{(a_1^2+a_2^2+\cdots+a_n^2)(b_1^2+b_2^2+\cdots+b_n^2)}{(a_1b_1+a_2b_2+\cdots+a_nb_n)^2}\leqslant\left(\frac{\sqrt{\frac{AB}{ab}}+\sqrt{\frac{ab}{AB}}}{2}\right)^2$$

证明 设$f(x)=(\sum\limits_{i=1}^n a_i^2)x^2-2(\sum\limits_{i=1}^n a_ib_i)x+\sum\limits_{i=1}^n b_i^2=\sum\limits_{i=1}^n(a_ix-b_i)^2\geqslant 0(x\in\mathbf{R})$. 又二次项系数$\sum\limits_{i=1}^n a_i^2>0$,故有$\Delta=4(\sum\limits_{i=1}^n a_ib_i)^2-4(\sum\limits_{i=1}^n a_i^2)(\sum\limits_{i=1}^n b_i^2)\leqslant 0$,由此即证得原不等式链左边的不等式.

又对任意$x\in\mathbf{R}$,考察二次函数

$$f(x)=(\sum_{i=1}^n a_i^2)x^2+\left[\left(\sqrt{\frac{AB}{ab}}+\sqrt{\frac{ab}{AB}}\right)\sum_{i=1}^n a_ib_i\right]x+\sum_{i=1}^n b_i^2=$$

$$\sum_{i=1}^n\left(a_ix+\sqrt{\frac{AB}{ab}}b_i\right)\left(a_ix+\sqrt{\frac{ab}{AB}}b_i\right)$$

取$x_0=-\sqrt{\dfrac{bB}{aA}}<0$,则$f(x_0)=\dfrac{1}{aA}\sum\limits_{i=1}^n(Ab_i-a_ib)(ab_i-a_iB)$.

由$0<a\leqslant a_i\leqslant A,0<b\leqslant b_i\leqslant B(i=1,2,\cdots,n)$,则$Ab_i-a_ib\geqslant 0,ab_i-a_iB\leqslant 0$,从而$f(x_0)\leqslant 0$. 又$f(x)$的二次项系数为正,故$\Delta=\left[\left(\sqrt{\frac{AB}{ab}}+\sqrt{\frac{ab}{AB}}\right)\sum\limits_{i=1}^n a_ib_i\right]^2-4(\sum\limits_{i=1}^n a_i^2)(\sum\limits_{i=1}^n b_i^2)\geqslant 0$. 此即为原不等式链右边的不等式. 命题获证.

4.8.4 函数单调性的应用

利用函数的单调性,可巧妙地求解许多问题.

例6 已知$x,y\in\mathbf{R}$,且同时满足$x^2-3x^2+2\,000x=1\,997$,$y^3-3y^2+2\,000y=1\,999$,求$x+y$的值.

解 原条件式可变为$(x-1)^3+1\,997(x-1)=-1$,且$(1-y)^3+1\,997(1-y)=-1$. 考虑函数$f(x)=t^3+1\,997t$在$(-\infty,+\infty)$单调增加,而$f(x-1)=f(1-y)$,故$x-1=1-y$,即$x+y=2$为所求.

例7 设$a,b\in\mathbf{R}^+$,求证:$\dfrac{1}{2}(a^n+b^n)\geqslant(\dfrac{a+b}{2})^n(n\in N)$.

证明 设$f(n)=\dfrac{\frac{1}{2}(a^n+b^n)}{(\frac{a+b}{2})^n}$,则

$$\frac{f(n+1)}{f(n)}=\frac{\frac{1}{2}(a^{n+1}+b^{n+1})/(\frac{a+b}{2})^{n+1}}{\frac{1}{2}(a^{n}+b^{n})/(\frac{a+b}{2})^{n}}=\frac{2(a^{n+1}+b^{n+1})}{a^{n+1}+b^{n+1}+ab^{n}+a^{n}b}$$

又 $2(a^{n+1}+b^{n+1})-(a^{n+1}+b^{n+1}+ab^{n}+a^{n}b)=(a-b)(a^{n}-b^{n})\geqslant 0$,从而 $\frac{f(n+1)}{f(n)}\geqslant 1$,即 $f(n)$ 是单调递增函数.

而 $f(1)=\frac{\frac{1}{2}(a+b)}{\frac{1}{2}(a+b)}=1$,所以 $f(n)\geqslant 1$,故 $\frac{a^{n}+b^{n}}{2}\geqslant(\frac{a+b}{2})^{n}$.

由此例说明,某些运用数学归纳法证明的等式、不等式,均可试用如上的函数单调法来证.

思考题

1. 某工厂生产的产品每件单价是80元,直接生产成本是60元. 该工厂每月其他总开支是50 000元. 若该工厂计划每月至少要获得200 000元利润,假定生产的全部产品都能卖出,问每月的生产量应是多少?

2. 批发部经营某种商品,它的批发价(销售价)每只500元,毛利率为4%. 该库存商品的资金有80%向银行借款,月利率4.2%,商品的保管经营费每月每只0.3元. 求不发生亏本的商品的平均储存期.

3. 某类产品按质量共分10个档次,生产最低档次产品每件利润为8元. 如果每提高一个档次,每次利润增加2元. 用同样的工时,最低档产品每天可生产60件,提高一个档次将减少3件. 求生产何种档次的产品所获利润最大?

4. 某商品的价格下降 $x\%$,则卖出的数量增加 $mx\%$(其中 m 是正常数). (1) 当 $m=1.25$ 时,应该降价百分之几,才能使售出总金额最大? (2) 如果适当地降价,那么 m 的取值范围怎样,才能使售货款增加?

5. 某计算机集团公司,生产某种型号的计算机的固定成本为2百万元,生产每台计算机的可变成本为3 000元,每台计算机的售价为5 000元. 求总产量 x 对总成本 C,单位成本 P,销售收入 R 以及利润 L 的函数关系,并作出简要分析.

6. 某市长途汽车站与火车站相距10千米,有两条线路公交车来往其间,一路是有十余个站台的慢车. 从起点站到终点站需24分钟;另一路直达快车比慢车迟开6分钟,却早6分钟到达. 试分别写出两车在一个单程中所走路程 y 千米关于慢车行驶时间 x 分钟的函数关系式. 并求出两车何时. 离始发站多远处相遇?

7. 众所周知,大包装商品的成本比小包装商品的成本要便宜,如××牌牙膏60克装的每支出厂价1.15元,150克装的每支2.50元,两者的单价比为1.15∶1. 假设牙膏的出厂价格仅由其生产成本和包装成本所决定,而生产成本只与牙膏本身的重量成正比,包装成本与牙膏的表面积成正比,请报出这种牙膏180克装的合理出厂价格($0.54^3\approx 0.16$,$\sqrt[3]{3}\approx 1.44$,精确到0.1元).

8. 需要建设总面积为2 500米^{2}的一批同样的房屋,一幢 a 米^2 房屋的造价是材料价

$1\,000 \cdot P_1 a^{\frac{3}{2}}$ 元、建筑费 $1\,000 \cdot P_2 a$ 元与各部门工作费 $1\,000 \cdot P_3 a^{\frac{1}{2}}$ 元之和. 数 P_2 是数 P_1，P_3 的比例中项(或等比数列的连续三项)，它们的和为21，积为64. 如果建造63幢房屋，那么材料费将低于建筑费与部门工作费用的和. 倘若要使总造价最低，最多能造多少幢？

9. 将两种产品装入集装箱，第一种产品每件12千克，价值40万元；第二种产品每件15千克，价值60万元. 这个集装箱容纳产品的总重量为312千克，试确定这个集装箱中产品总价值的最小值和最大值.

思考题参考解答

1. 设每月生产 x 件产品，则总收入为 $80x$ 元，直接生产成本为 $60x$ 元，每月利润为 $80x - 60x - 50\,000 = 20x - 50\,000$. 依题意，$x$ 应满足 $20x - 50\,000 \geqslant 200\,000$，求得 $x \geqslant 12\,500$.

2. 设商品平均的储存期为 n 个月. 由毛利额 $= 500 \times 4\% = 20$(元)，每只商品进价 $= 500 - 20 = 480$(元). 支付银行的借款利息 = 本金 × 利率 × 期款 $= 480 \times 80\% \times 4.2‰n = 1.612\,8n$(元). 又支付商品的保管经费为 $0.3n$ 元，则知要不亏本，须 $20 \geqslant 1.612\,8n + 0.3n$. 求得 $n \leqslant 10.5$，即不超过10个半月.

3. 设提高 x 个档次，则每天利润为 $y = (60 - 3x)(8 + 2x) = -6(x-8)^2 + 864$，当 $x = 8$ 时，即提高8个档次，亦即生产第9档次产品获利润最大，每天最大利润为864元.

4. 设现在每件定价 a 元，售出 b 件，价格下降后售货的总金额为

$$y = a(1 - x\%) \cdot b(1 + mx\%) \qquad (*)$$

(1) 由式(*)，得 $y = \dfrac{ab}{100^2}[-mx^2 + 100(m-1)x + 100^2]$.

当 $m = 1.25$ 时，$y = \dfrac{ab}{100^2}(-1.25x^2 + 25x + 100^2)$，即 $x = \dfrac{25}{2 \times 1.25} = 10$ 时，y 取最大值，即降10%时，售物金额最大.

(2) 由 $y = \dfrac{ab}{100^2}[-mx^2 + 100(m-1)x + 100^2]$，得 $x = \dfrac{100(m-1)}{2m} = \dfrac{50(m-1)}{m}$ 时，y 的值最大.

原销售额是当 $x = 0$ 时 y 的值. 为了使降价后的销售总金额有所增加，应满足的条件是 $\dfrac{50(m-1)}{m} > 0$，$m > 0$. 求得 $m > 1$.

5. 总成本与总产量的关系 $C = 2 \times 10^6 + 3\,000x$，单位成本与总产量的关系 $P = \dfrac{2 \times 10^6}{x} + 3\,000$，销售收入与总产量的关系 $R = 5\,000x$，利润与总产量的关系 $L = R - C = 2\,000x - 2 \times 10^6$.

从利润关系式可见，欲求较大利润应增加产量(在不考虑销售的情况下). 若 $x < 1\,000$，则要亏损；若 $x = 1\,000$，则利润为零；若 $x > 1\,000$，则可赢利. 若作出图像，两函数 C 与 R 的图像的交点就是平衡点. 从单位成本与总产量成反比的关系可见，为了降低成本，应增加产量，这样才能降低成本，形成规模效益.

6. 易得，慢车平均速度为 $\dfrac{5}{12}$ 千米/分，快车平均速度为 $\dfrac{5}{6}$ 千米/分，所求函数关系式为：

慢车 $y=\frac{5}{12}x, 0\leqslant x\leqslant 24$. 快车 $y=\begin{cases}0 & (0\leqslant x\leqslant 6)\\ \frac{5}{6}x-5 & (6<x<18)\\ 10 & (18\leqslant x\leqslant 24)\end{cases}$.

欲使快慢车途中相遇,则要求 $\frac{5}{6}x-5=\frac{5}{12}x$,由此求得 $x=12$ 分,$y=5$ 千米.

7. 设每克牙膏的成本为 a 元,x 为每支牙膏的质量,y 为每支牙膏的出厂价. 于是 $y=ax+kx^{\frac{2}{3}}$,当 $x=60$ 时,$y=1.15$,有 $1.15=60a+k\cdot 60^{\frac{2}{3}}$,即 $k=(1.15-60a)/60^{\frac{2}{3}}$. 当 $x=150$ 时,$y=2.5$,有 $2.5=150a+k\cdot 150^{\frac{2}{3}}$,即 $k=(2.5-150a)/150^{\frac{2}{3}}$. 解得 $a=\frac{1}{60}\left[1.15-0.75/(5-2\cdot(\frac{5}{2})^{\frac{2}{3}})\right]=0.009\ 68$,从而 $y=0.009\ 68x+\frac{1.15-60\times 0.009\ 68}{60^{\frac{2}{3}}}x^{\frac{2}{3}}$,当 $x=180$ 时,$y\approx 2.9$ 元.

8. 由题意得 $P_2^2=P_1\cdot P_3, P_1P_2P_3=64, P_1+P_2+P_3=21$,求得 $P_1=1, P_2=4, P_3=16$ 或 $P_1=16, P_2=4, P_3=1$. 又设其建造 n 幢房屋,则 $\alpha=\frac{2\ 500}{n}$,建每幢房屋的费用为

$$P_1\cdot\frac{50^3}{n^{\frac{3}{2}}}+P_2\cdot\frac{50^2}{n}+P_3\cdot\frac{50}{n^{\frac{1}{2}}}$$

当 $n=63$ 时,若 $P_1=1, P_2=4, P_3=16$,则有 $\frac{50^3}{63\sqrt{63}}<4\times\frac{50^2}{63}+16\times\frac{50}{\sqrt{63}}$ 是成立的;而若 $P_1=16, P_2=4, P_3=1$ 时是不可能成立的.

因此建造 n 幢房屋的总费用为 $S(n)=50^2(\frac{50}{\sqrt{n}}+4+\frac{16\sqrt{n}}{50})$. 由于函数 $f(x)=\frac{50}{\sqrt{x}}+\frac{16\sqrt{x}}{50}$ 在区间 $(0,156\frac{1}{4})$ 上是减函数,而在 $(156\frac{1}{4},+\infty)$ 上是增函数,因此 $n=156$ 或 157 时,$S(n)$ 取得最小值,又 $S(156)<S(157)$. 所以建造 156 幢房屋时总造价最低.

9. 设 x 和 y 分别表示集装箱中第 1 种和第 2 种产品的件数,则有 $12x+15y=321$,(x, y 为非负整数). 由此求得 $x=3+5t, y=19-4t$,此时要确定在此条件下函数 $f(x,y)=400\ 000x+600\ 000y=100\ 000(107+y)$ 的最值. 可求得 $(x,y)=(3,19),(8,15),(13,11),(18,7),(23,3)$. 故所求最大值为 1.26×10^7 元,最小值为 1.1×10^7 元.

第五章　集合知识的应用

集合论是现代数学大厦的基石. 数学的各个分支,各个学科中的各种数学概念及理论都可以精确地建立在集合论的基础上. 用集合知识处理中学遇到的问题,可以使人们对问题的理解更清晰、更深刻.

5.1　集合在讨论充要条件中的应用

讨论充要条件是中学数学重要内容之一,用集合论观点讨论充要条件是行之有效的方法.

由于命题的条件和结论都可以构成集合,用 $p(x)$, $q(x)$ 分别表示对象 x 具有性质 p, q 时,则当 $p(x) \Rightarrow q(x)$ 时,称 $p(x)$ 是 $q(x)$ 成立的充分条件,取 $A=\{x \mid p(x)\}$, $B=\{x \mid q(x)\}$,此时有 $A \subset B$.

于是,我们有判别法则:

判别法则 1　集合 $A=\{x \mid p(x)\}$ 是集合 $B=\{x \mid q(x)\}$ 的子集合,即 $\{x \mid p(x)\} \subset \{x \mid q(x)\}$,当且仅当 $p(x)$ 是 $q(x)$ 成立的充分条件,$q(x)$ 是 $p(x)$ 的必要条件.

判别法则 2　集合 $\{x \mid p(x)\}=\{x \mid q(x)\}$,当且仅当 $p(x)$ 是 $q(x)$ 成立的充要条件.

例 1　如果 x, y 是实数,那么"$x \neq y$"是"$\cos x \neq \cos y$"的　　(　　)

A. 充要条件

B. 充分非必要条件

C. 必要非充分条件

D. 既非充分也非必要条件

解　设 $A=\{(x,y) \mid x \neq y\}$, $B=\{(x,y) \mid \cos x \neq \cos y\}$,则 $\bar{A}=\{(x,y) \mid x=y\}$, $\bar{B}=\{(x,y) \mid \cos x=\cos y\}$,显然 $\bar{A} \subset \bar{B}$,所以,$A \supset B$,因而,"$x \neq y$"是"$\cos x \neq \cos y$"的必要非充分条件. 故选 C.

例 2　设集合 $M=\{x \mid x>2\}$, $P=\{x \mid x<3\}$,那么"$x \in M$ 或 $x \in P$"是"$x \in M \cap P$"的　　(　　)

A. 充分非必要条件

B. 必要非充分条件

C. 充要条件

D. 既非充分也非必要条件

解　设 $A=\{x \mid x \in M$ 或 $x \in P\}$, $B=\{x \mid x \in M \cap P\}$,则 $A \supset B$,因而,"$x \in M$ 或 $x \in P$"是"$x \in M \cap P$"的必要非充分条件. 故选 B.

例 3　设甲、乙、丙是三个命题,如果甲是乙的必要条件,丙是乙的充分条件但不是乙的必要条件,那么　　(　　)

A. 丙是甲的充分非必要条件

B. 丙是甲的必要非充分条件

C. 丙是甲的充要条件

D. 丙是甲的既非充分也非必要条件

解　记甲、乙、丙命题分别对应集合A,B,C. 由题设条件得:$A \supseteq B \supset C$,所以,丙是甲的充分非必要条件. 故选 A.

例 4　设甲、乙、丙是三个命题,如果当甲和乙同时成立时,才有丙成立,问甲(或乙)是丙成立的什么条件?

解　记甲、乙、丙命题分别对应集合A,B,C. 由题设条件得:$A \cap B \subseteq C$,所以,甲(或乙)是丙成立的既非充分也非必要条件.

例 5　设命题甲$\begin{cases}0 < x + y < 4 \\ 0 < xy < 3\end{cases}$,命题乙$\begin{cases}3x + 2y < 6 \\ y > 12x^2 - 12x + 3\end{cases}$,问甲是乙成立的什么条件?

解　设$A = \left\{(x,y) \mid \begin{cases}0 < x + y < 4 \\ 0 < xy < 3\end{cases}\right\}$,$B = \left\{(x,y) \mid \begin{cases}3x + 2y - 6 < 0 \\ y > 12x^2 - 12x + 3\end{cases}\right\}$. 集合$A,B$如图5.1所示,显然$A \supset B$,所以,甲是乙成立的必要非充分条件.

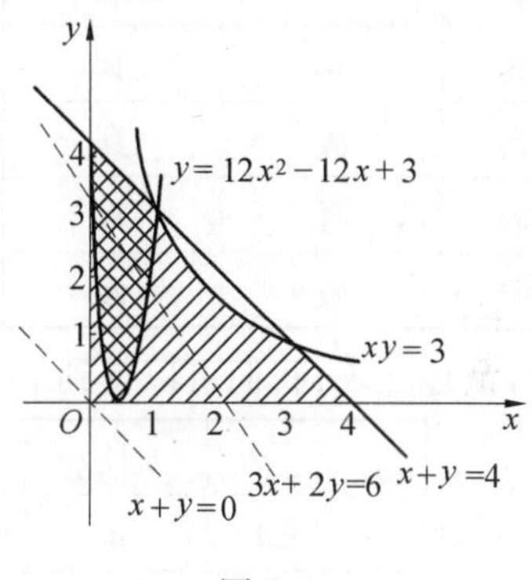

图 5.1

5.2　集合在简易逻辑问题中的应用

在简易逻辑中,真、假命题可以用集合符号来表示:假命题可以看成不存在这样的对象,如果用集合符号表示,则为空集$\varnothing$;真命题可看成是存在这样的对象,而这样的对象又可以构成一个集合A,则这样的集合A便是一个非空集合. 在这里,“非”是对空集的否定.

在简易逻辑问题中,三个逻辑联结词“或”、“且”、“非”也可用集合语言来表示:在讨论集合问题时,涉及逻辑联结词“或”时,它相当于集合语言中的“并”运算,涉及“且”时,它相当于集合语言中的“交”运算,涉及“非”时,它相当于集合语言中的“补”运算.

由上,课本中列出的三种复合命题的真假可以运用集合语言表示如下:

(1) 非P形式复合命题的真假表示:

P	非P
真	假
假	真

⟺

P	非P
A	$\varnothing$
$\varnothing$	A

(2)p且q形式复合命题的真假表示:

p	q	p 且 q
真	真	真
真	假	假
假	真	假
假	假	假

⟺

p	q	p 且 q
A	A	$A\cap A=A$
A	$\varnothing$	$A\cap\varnothing=\varnothing$
$\varnothing$	A	$\varnothing\cap A=\varnothing$
$\varnothing$	$\varnothing$	$\varnothing\cap\varnothing=\varnothing$

(3)p 或 q 形式复合命题的真假表示:

p	q	p 或 q
真	真	真
真	假	真
假	真	真
假	假	假

⟺

p	q	p 或 q
A	A	$A\cup A=A$
A	$\varnothing$	$A\cup\varnothing=A$
$\varnothing$	A	$\varnothing\cup A=A$
$\varnothing$	$\varnothing$	$\varnothing\cup\varnothing=\varnothing$

综合上述三表,我们可以得到下表:

p	q	p 且 q	非(p 且 q)	p 或 q	非(p 或 q)
A	A	A	$\varnothing$	A	$\varnothing$
A	$\varnothing$	$\varnothing$	A	A	$\varnothing$
$\varnothing$	A	$\varnothing$	A	A	$\varnothing$
$\varnothing$	$\varnothing$	$\varnothing$	A	$\varnothing$	A

5.3 集合在受限制排列组合问题中的应用

使用集合这一工具来表示相关事件,将问题中复杂限制条件间的关系转化为集合间的运算,从而可以通过求出一些集合的元素的个数使问题获得解决,可收到很好的效果.

例 1 有红、黄、蓝三种卡片各五张,将每种颜色卡片分别标上数字 1,2,3,4,5. 从中取出五张,要求数字各不相同且三种颜色齐备,有多少种不同的取法?

分析 我们可将卡片视为小球,把上述问题转化为下面的较为简单的组合问题——"摸球问题":

将标号为 1,2,3,4,5 的 5 个小球,放入红色、黄色、蓝色三个盒子中(其中每个盒子可容纳 5 个以上的小球),使三个盒子均不空,共有多少不同的放法?

记 I 为所有放法的集合,$A=\{$红盒子不空的放法$\}$,$B=\{$黄盒子不空的放法$\}$,$C=\{$蓝盒子不空的放法$\}$,则所求为 $\mathrm{card}(A\cap B\cap C)$:

又由集合论知识可得:只有一个盒子的放法(即 $\overline{A\cap B\cap C}$) 分三类共七种情况:

只有一个空盒子;只有一个盒子不空;三个盒子都是空的.

即:$\bar{A}\cap B\cap C, A\cap\bar{B}\cap C, A\cap B\cap\bar{C}, \bar{A}\cap\bar{B}\cap C, \bar{A}\cap B\cap\bar{C}, A\cap\bar{B}\cap\bar{C}, \bar{A}\cap\bar{B}\cap\bar{C}$,而 $\mathrm{card}(I)=3^5=243$;

$\mathrm{card}(\bar{A}\cap B\cap C)=\mathrm{card}(A\cap\bar{B}\cap C)=\mathrm{card}(A\cap B\cap\bar{C})=C_5^1+C_5^2+C_5^3+C_5^4=30$;

$\mathrm{card}(\bar{A}\cap\bar{B}\cap C)=\mathrm{card}(\bar{A}\cap B\cap\bar{C})=\mathrm{card}(A\cap\bar{B}\cap\bar{C})=1$；

（五个小球都放在其中一个盒子中，分别各有一种放法）

$\mathrm{card}(\bar{A}\cap\bar{B}\cap\bar{C})=0$（五个小球必须放完，故三个盒子都空的情况不可能出现）

所以 $\mathrm{card}(A\cap B\cap C)=\mathrm{card}(I)-\mathrm{card}(\overline{A\cap B\cap C})=243-30\times3-1\times3-0=150$（种），即从中取出五张，要求数字各不相同且三种颜色齐备，共有150种不同的取法.

注　此处借助集合工具，避免了因考虑不周而产生的多计或漏计元素个数的问题.

例2　有8名儿童分成前后两排，每排4人，面对面坐下. 若其中两名儿童甲、乙既不能相邻，也不能面对面坐下，有多少不同的方法？

解　设 $I=\{8$ 人站成两行，每行4人的排列$\}$，$A=\{I$ 中甲、乙两人相邻的排列$\}$，$B=\{I$ 中甲、乙两人面对面的排列$\}$，则 $A\cap B=\varnothing$，$A\cup B=\{I$ 中甲、乙两人相邻或面对面的排列$\}$.

所以 $\overline{A\cup B}=\{I$ 中甲、乙两人既不相邻也不面对面的排列$\}$.

因为 $\mathrm{card}(I)=A_8^8=40\ 320$，$\mathrm{card}(A)=C_2^1\times A_2^2\times C_6^2\times A_3^3\times A_4^4=8\ 640$，$\mathrm{card}(B)=C_4^1\times A_2^2\times A_6^6=5\ 760$，所以 $\mathrm{card}(\overline{A\cup B})=\mathrm{card}(I)-\mathrm{card}(A\cup B)\mathrm{card}(I)-\mathrm{card}(A)-\mathrm{card}(B)=40\ 320-8\ 640-5\ 760=25\ 920$，即甲乙两名儿童既不相邻又不面对面的坐法有25 920种.

注　此处借助集合工具，使复杂问题“化整为零”，简单化.

5.4　集合在解释和研究概率问题中的应用

利用集合的观点来对概率知识进行理解和认识，那么一些模糊、易混淆的知识就会变得清晰. 下面就用集合的观点对概率的几个知识点进行解释和研究.

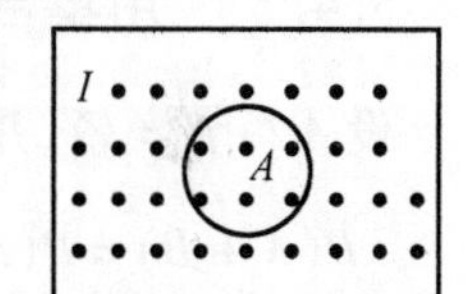

图5.2

5.4.1　用集合的观点解释古典概率（等可能事件的概率）

一次试验所有可能的结果组成一个集合 I，事件 A 包含其中一个或多个结果构成集合 A，所以集合 A 可看成集合 I 的子集，如图5.2所示. 在等可能性事件的条件下，可设 $\mathrm{card}(I)=n$，$\mathrm{card}(A)=m$，由于每个结果发生的概率相等，所以事件 A 发生的概率与事件 A 所包含的结果数成正比，而每一个结果发生概率为 $\frac{1}{n}$，事件 A 包含有 m 个结果，所以事件 A 的概率应该是 $\frac{m}{n}$，即 $P(A)=\frac{\mathrm{card}(A)}{\mathrm{card}(I)}=\frac{m}{n}$.

根据上面的解释，在解答一些概率问题时，可充分利用韦恩图，使问题直观、清晰.

5.4.2　用集合的观点解释事件之间的关系

（1）对互斥事件的解释

设事件 A 与 B 是互斥事件，则事件 A 与事件 B 不含有相同的结果，从集合的观点看，集合 A 与 B 的交集为空集，即 $A\cap B=\varnothing$，如图5.3所示.

一般地，事件 $A_1,A_2,\cdots,A_n$ 彼此互斥，指的是事件 $A_1,A_2,\cdots,A_n$ 中任何两个都是互斥事件,即 $A_i \cap A_j = \varnothing$(其中 $i,j \in \{1,2,\cdots,n\}$).

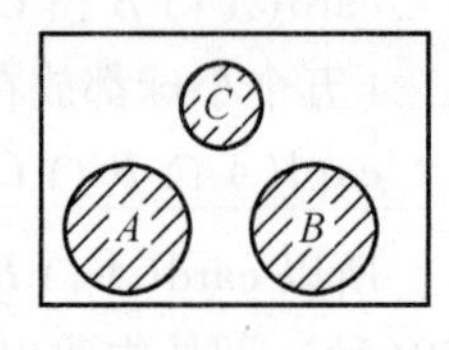

图 5.3

(2) 对对立事件的解释

设事件 A 与 B 是对立事件,则事件 A 与 B 互斥(即 $A \cap B = \varnothing$),并且事件 A 与 B 中必有一个发生,所以一次试验所发生的结果不在 A 中,就在 B 中,反之亦然,即集合 A 与 B 的并集包含了一次试验的所有可能的结果,也即 $A \cup B = I$,又 $A \cap B = \varnothing$,所以集合 B 为集合 A 在集合 I 中的补集,如图5.4 所示,也就是 $\complement_I A = B$.

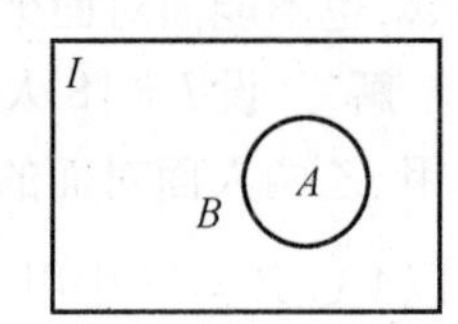

图 5.4

(3) 对和事件的解释

事件"A 和 B 至少一个发生"称为 A 与 B 的和,记为 $A+B$ 或 $A \cup B$. 设 ω 为基本事件,则基本事件 ω 导致和事件 $A \cup B$ 发生,必是当且仅当 ω 导致 A 发生或导致 B 发生,即 $\omega \in A \cup B$,亦即当且仅当 $\omega \in A$ 或 $\omega \in B$,所以 $A \cup B = \{\omega \mid \omega \in A \text{ 或 } \omega \in B\}$,故和事件就是事件作为基本事件的集合的并.

(4) 对积事件的解释

事件"A 与 B 同时发生"称为 A 与 B 的积,记为 $A \cdot B$ 或 $A \cap B$,设 ω 为基本事件,则基本事件 ω 导致积事件 $A \cap B$ 发生,必是当且仅当 ω 导致 A 和 B 同时发生,即 $\omega \in A \cap B$,亦即当且仅当 $\omega \in A$ 且 $\omega \in B$,所以 $A \cap B = \{\omega \mid \omega \in A \text{ 且 } \omega \in B\}$,所以事件的积对应于集合的交,如图 5.5 所示.

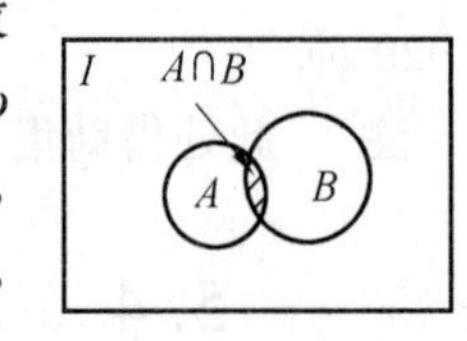

图 5.5

5.4.3 用集合的知识推导概率公式

设 $A \cap B = \varnothing$,并且事件 A,B 都仅含有有限个结果,则

$$P(A+B) = P(A \cup B) = \frac{\mathrm{card}(A \cup B)}{\mathrm{card}(I)} = \frac{\mathrm{card}(A) + \mathrm{card}(B) - \mathrm{card}(A \cap B)}{\mathrm{card}(I)} = \frac{\mathrm{card}(A) + \mathrm{card}(B)}{\mathrm{card}(I)} = P(A) + P(B)$$

即 $P(A+B) = P(A) + P(B)$(其中 $A \cap B = \varnothing$).

一般情况下,事件 $A+B$ 表示事件 A 与 B 中至少有一个发生,如图5.5,由以上过程容易知道:$P(A+B) = P(A) + P(B) - P(A \cap B)$. 利用集合的知识可以进一步推导概率中的其他的一些公式.

思考题

1. 已知 p 是 r 的充分条件,而 r 是 q 的必要条件,同时又是 s 的充分条件,q 是 s 的必要条件. 试判断:

(1) s 是 p 的什么条件?

(2) p 是 q 的什么条件?

(3) 其中哪几对互为充要条件?

2. 设甲是乙的充分条件,丙为乙的充要条件,丙为丁的必要条件,那么丁为甲的什么条件?

3. 某次文艺晚会上共演出8个节目,其中有2个歌唱节目,3个舞蹈节目,3个曲艺节目.现在安排一个节目演出单,要求2个歌唱节目不能相邻,3个舞蹈节目也不相邻,则有多少不同的排法?

4. 某学校有并排的6间空房,任意分给新到的6位教师(一人一间),求甲、乙两位教师的房间均不与丙的房间相邻的概率.

思考题参考解答

1. 设条件 p,r,q,s 所构成的集合分别为 P,R,Q,S,则由题设有 $P\subseteq R\subseteq S\subseteq Q$,且 $Q\subseteq R$. 即 $P\subseteq R=Q=S$. 故

(1)s 是 p 的必要条件;

(2)p 是 q 的充分条件;

(3)r 和 q、q 和 s、r 和 s 互为充要条件.

2. 设条件甲、乙、丙、丁所构成的集合分别为 A,B,C,D,则由题设有 $A\subseteq B=C\supseteq D$.

当 $D\subseteq A,A\nsubseteq D$ 时,丁是甲的充分不必要条件;

当 $A\subseteq D,D\nsubseteq A$ 时,丁是甲的必要不充分条件;

当 $A=D$ 时,丁是甲的充要条件;

当 $D\cap A=\varnothing,D\nsubseteq A,A\nsubseteq D$ 时,丁是甲的既不充分又不必要条件;

当 $A\cap D\neq\varnothing,A\nsubseteq D,D\nsubseteq A$ 时,丁是甲的既不充分又不必要条件.

3. 设 $I=\{8$ 个节目的排列$\}$,$A=\{I$ 中2个歌唱节目相邻的排列$\}$,$B=\{I$ 中3个舞蹈节目相邻的排列$\}$,则 $A\cap B=\{I$ 中2个歌唱节目相邻且3个舞蹈节目相邻的排列$\}$,$A\cup B=\{I$ 中2个歌唱节目相邻或3个舞蹈节目相邻的排列$\}$,所以$\overline{A\cup B}=\{I$ 中2个歌唱节目不相邻且3个舞蹈不相邻的排列$\}$,因为

$$\operatorname{card}(I)=A_8^8=40\ 320,\operatorname{card}(A)=A_2^2\times A_7^7=10\ 080$$

$$\operatorname{card}(B)=A_3^3\times A_6^6=4\ 320,\operatorname{card}(A\cap B)=A_2^2\times A_3^3\times A_5^5=1\ 440$$

所以 $\operatorname{card}(\overline{A\cup B})=\operatorname{card}(I)-\operatorname{card}(A\cup B)=\operatorname{card}(I)-\operatorname{card}(A)-\operatorname{card}(B)+\operatorname{card}(A\cap B)=40\ 320-10\ 080-4\ 320+1\ 440=27\ 360$.

即符合要求的演出节目单的排法有27 360种.

4. 将6间房任意分给6位教师的所有可能的结果组成一个集合 I,甲、乙两位教师的房间与丙教师的房间相邻或者不相邻是不同的事件,这些事件对应的集合都是集合 I 的子集.

设 $I=\{$将6间空房任意分给6位教师的结果$\}$,$A=\{I$ 中甲教师与丙教师的房间相邻的结果$\}$,$B=\{I$ 中乙教师与丙教师的房间相邻的结果$\}$,那么,$A\cap B=\{I$ 中甲乙两位教师的房间与丙教师的房间相邻的结果$\}$,$A\cup B=\{I$ 中甲教师或乙教师的房间与丙老师的房间相邻的结果$\}$,$\overline{A\cup B}=\{I$ 中甲乙两位教师的房间均不与丙教师的房间相邻的结果$\}$.

由对立事件的概率公式知:$P(\overline{A\cup B})=1-P(A\cup B)$,为此,只需计算 $P(A\cup B)$ 即可,而 $P(A\cup B)=P(A)+P(B)-P(A\cap B)$,其中 $P(A)=\dfrac{\operatorname{card}(A)}{\operatorname{card}(I)}=\dfrac{A_5^5\cdot A_2^2}{A_6^6}=\dfrac{1}{3}$,$P(B)=\dfrac{\operatorname{card}(B)}{\operatorname{card}(I)}=\dfrac{A_5^5\cdot A_2^2}{A_6^6}=\dfrac{1}{3}$,$P(A\cap B)=\dfrac{\operatorname{card}(A\cap B)}{\operatorname{card}(I)}=\dfrac{A_4^4\cdot A_2^2}{A_6^6}=\dfrac{1}{15}$,所以,$P(A\cup B)=P(A)+$

$P(B)-P(A\cap B)=\frac{1}{3}+\frac{1}{3}-\frac{1}{15}=\frac{3}{5}$,$P(\overline{A\cup B})=1-P(A\cup B)=1-\frac{3}{5}=\frac{2}{5}$,即甲、乙两位教师的房间均不与丙教师的房间相邻的概率为$\frac{2}{5}$.

第六章　不等式知识的实际应用

在许多现实问题中,往往同时关联着若干个量,研究它们彼此间的关系,常常归结为不等式问题.例如,在当今市场经济的社会里,如何进行更好的经济管理,对于商品如何生产和销售才能获得好的经济效益等等,这是人们比较关心的问题,而这些问题常常归结为是处理不等式问题,不等式的知识在某些方面发挥了重要作用.不等式的知识不仅对处理经济问题有帮助,而且对日常生活中许多问题乃至科学领域中的许多问题都有帮助.著名数学家王元院士曾把不等式作为20世纪数学的第一个特点,并指出:原先"大学中所教的内容是一种等式,如求微分等于什么,积分等于什么,20世纪已经不是等式,而是不等式."

6.1　一元不等式在市场经济中的应用

例1　某工厂生产的产品每件单价是80元,直接生产成本是60元,该工厂每月其他总开支是50 000元.如果该工厂计划每月至少要获得200 000元利润,假定生产的全部产品都能卖出,问每月的生产量应是多少?

解　设每月生产x件产品,则总收入为$80x$,而直接生产成本为$60x$,故每月利润为$80x-60x-50\ 000=20x-50\ 000$.依题意,$x$应满足不等式$20x-50\ 000\geqslant 200\ 000$,解得$x\geqslant 12\ 500$.

例2　某机床厂生产中所需垫片可以外购,也可以自己生产.如外购,每个价格是1.10元,如考虑自己生产,则每月的固定成本将增加800元,并且生产每个垫片的材料和劳力需0.60元,试决定该厂垫片外购或自产的决策转折点.

解　设该厂每月需要垫片x个,则当外购费用大于生产费用时,工厂就应决定自己生产,反之就外购.

由外购费用为$1.10x$元,生产费用为$800+0.60x$元得决策转折点用以不等式决定:$1.10x>800+0.6x$,即$x>1\ 600$.故该厂的垫片的需要量在1 600以上时以自己生产较合算;在1 600以下时,外购较合算.而当$x=1\ 600$时,外购和自己生产一样,都需花费$1.10\times 1\ 600=1\ 760$元.

例3　某皮鞋厂二车间目前生产B_{17}型女式皮鞋,每双皮鞋的可变成本需30元,该车间每天的固定成本是4 000元,每双皮鞋的出厂价是40元.为了使车间的经营不亏本,该车间每天至少要生产多少双B_{17}型女式皮鞋?

分析　工厂生产的每一个产品,都要付出可变成本(指直接用于生产的成本,包括原料、动力、生产工人的工资,包装费等)和固定成本(指与商品产量无直接关系的开支费,如基本建设、设备、管理人员的工资等),而每个工厂都要根据每个产品的成本和市场的需求情况确定每个产品的出厂价,要使生产经营不亏本,必须使商品的销售额不小于生产商品的费用(可变成本加上固定成本),这是确定商品生产数量的依据.

解　设每天至少要生产x双B_{17}型女式皮鞋,则每天生产皮鞋的销售额为$40x$元,每天生产皮鞋所需的费用为$4\ 000+30x$,根据经营不亏本的原则,必须$40x\geqslant 4\ 000+30x$,求得

$x \geqslant 400$,即每天至少要生产400双B_{17}型女式皮鞋.

例4 某种商品的销售量x与它的销售单价p(元)之间的关系是$p = 275 - 3x$,与总成本q(元)之间的关系是$q = 500 + 5x$. 问每月要获得5 500元利润,至少要销多少件这种商品?

解 设至少要销售x件商品,则获得利润$= px - q = (275 - 3x)x - (500 + 5x) = -3x^2 + 270x - 500$.

依题意,x应满足不等式$-3x^2 + 270x - 500 \geqslant 5\,500$,即$x^2 - 90x + 2\,000 \leqslant 0 \Rightarrow 40 \leqslant x \leqslant 50$.

例5 由沿河的城市A运货到B,B离河岸最近点C为30千米,C和A的距离为40千米,如果每吨千米的运费水路比公路便宜一半,应该怎样从B筑一条公路到河岸,才能使A至B的运费最少?

解 如图6.1,AC表示河岸,$BC \perp AC$,BD表示所筑的公路. 设AD长x千米,则DC长$(40 - x)$千米,BD长为$\sqrt{(40 - x)^2 + 30^2}$千米.

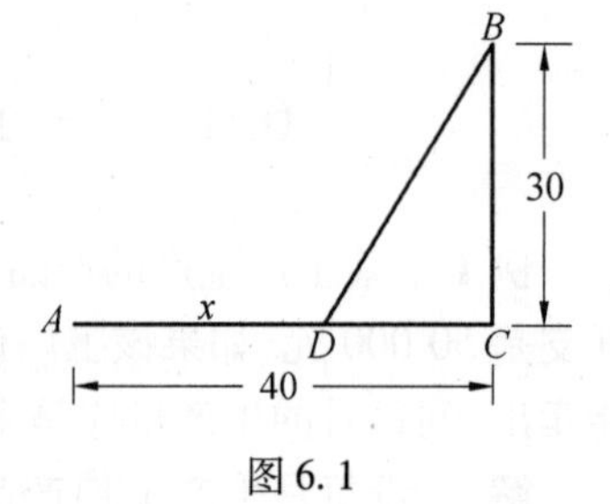

图6.1

如果水路每吨千米运费为1个价格单位,那么公路每吨千米运费为2个价格单位. 设每吨货物从A运到B的总费用为W个价格单位,则

$$W = 1 \cdot x + 2\sqrt{(40 - x)^2 + 30^2}$$

化上式为关于x的二次方程,得

$$3x^2 - 2(160 - W)x + 10\,000 - W^2 = 0$$

而$\Delta = 4\{[-(160 - W)]^2 - 3(10\,000 - W^2)\} = 16(W^2 - 80W - 1\,100) \geqslant 0$

解此不等式,得

$$W \geqslant 40 + 30\sqrt{3} \text{ 或 } W \leqslant 40 - 30\sqrt{3}\text{(后者不合题意,舍去)}$$

当$W = 40 + 30\sqrt{3}$时(此时$\Delta = 0$),求得

$$x = \frac{-[-2(160 - W)]}{2 \times 3} = 40 - 10\sqrt{3} \approx 23$$

故公路应筑于A,C之间距A约23千米的河岸D处.

例6 一个人喝了少量酒后,血液中酒精含量将迅速上升到0.3 mg/ml,在停止喝酒以后,血液中酒精含量就以每小时50%的速度减少. 为了保障交通安全,某地交通规则规定,驾驶员血液中酒精含量不得超过0.08 mg/ml,问若喝了少量酒的驾驶员,至少过多少小时后才能驾驶?

解 设喝酒x小时后才能驾驶,在x小时后,血液中酒精含量达

$$0.3(1 - 50\%)^x = 0.3 \times 0.5^x$$

依题意得

$$0.3 \times 0.5^x \leqslant 0.08, 0.5^x \leqslant 0.266\,7$$

$$x\lg 0.5 \leqslant \lg 0.266\,7, x > 1.90.$$

所以,大约2小时后才能驾驶.

例7 五一长假是旅游黄金周,在某路段,大小旅游车在狭窄的道路上相遇,必须其中

一车倒车才能通过. 已知小汽车的速度是大汽车的 3 倍,小汽车倒车的距离是大汽车的 10 倍. 如果倒车速度是正常速度的 $\frac{1}{5}$,问应该由哪辆车倒车才能使两车尽快都通过这段狭窄的道路?

解　设大汽车的速度为 v,倒车的距离为 x,于是小汽车的速度为 $3v$,倒车的距离为 $10x$.

大汽车倒车所需时间为

$$t_{大} = \frac{x}{\frac{v}{5}} = \frac{5x}{v}$$

小汽车倒车所需时间为

$$t_{小} = \frac{10x}{\frac{3v}{5}} = \frac{50x}{3v}$$

所以 $t_{大} < t_{小}$.

而大汽车倒车后再经过狭窄的道路所需时间

$$t'_{大} = \frac{x + 10x}{v} = \frac{11x}{v}$$

当大汽车倒车时小汽车跟着前进,乘机通过窄道,因此在这种情况下,两辆汽车都通过窄道总共需时

$$t_{大} + t'_{大} = \frac{5x}{v} + \frac{11x}{v} = \frac{16x}{v}$$

由于 $t_{大} + t'_{大} < t_{小}$,所以应当大汽车倒车才能使两车尽快都通过这段窄道.

例 8　汽车在行驶中,由于惯性作用,刹车后还要继续向前滑行一段距离才能停住. 我们称这段距离为"刹车距离". 刹车距离是分析事故的一个重要参数. 在一个限速 40 km/h 以内的弯道上,甲、乙两辆汽车相向而行,发现情况不对,同时刹车,但还是相碰了,事后现场测得甲车的刹车距离略超过 12 m,乙车的刹车距离超过 10 m,又知甲、乙两种车型的刹车距离 S(m) 与车速 x(km/h) 之间分别有如下关系

$$S_{甲} = 0.1x + 0.01x^2$$

$$S_{乙} = 0.05x + 0.005x^2$$

问两车相碰的主要责任是谁?

解　由题意知,对于甲车

$$0.1x + 0.01x^2 > 12, x^2 + 10x - 1\,200 > 0$$

解得 $x > 30$ 或 $x < -40$(不合题意,舍去),即甲车的车速超过 30 km/h. 但根据题意刹车距离略超过 12 m,这样甲车车速不会超出 30 km/h 很多.

对于乙车

$$0.05x + 0.005x^2 > 10$$

$$x^2 + 10x - 2\,000 > 0$$

解得 $x > 40$ 或 $x < -50$(不合题意,舍去),即乙车的车速超过 40 km/h. 超出规定限速,故应负主要责任.

6.2 一元不等式组在市场经济中的应用

例1 某厂制订明年一种新产品的生产计划. 人事部门提出该厂实际生产工人数不多于130人,每人年工时以2 400小时计算. 销售科预测明年的销售量至少是6万件. 技术科计算每件产品的工时定额是4小时,需钢料20千克,供应科说目前库存钢700吨,而今年生产尚需220吨,明年能补充钢960吨,试根据以上信息决定明年可能的生产量.

解 设明年产量为x件,则可列出下列不等式组

$$\begin{cases}4x \leqslant 130 \times 2\ 400(\text{人事信息与定额})\\ x \geqslant 60\ 000(\text{销售预测})\\ 20x \leqslant (700-220+960)\times 1\ 000(\text{原材料供应})\end{cases}$$

此不等式组可化为

$$\begin{cases}x \leqslant 78\ 000\\ x \geqslant 60\ 000\\ x \leqslant 72\ 000\end{cases} \Rightarrow 60\ 000 \leqslant x \leqslant 72\ 000$$

故计划产量可在60 000到72 000件中考虑.

例2 甲、乙两个布厂生产的棉花全部供应给A,B两个市场. 甲厂每年生产10万匹布,乙厂每年生产8万匹布. 市场A每年需要6万匹,市场B每年需要12万匹. 已知甲厂与A,B两市场的距离分别为8千米和12千米,乙厂与A,B两市场的距离分别为4千米和10千米,如果一万匹布,每千米的运费是9元,这两个厂每年各供应A,B两市场多少匹棉布,才使得运费最省?

解 设甲厂每年供应A市场x万匹布,那么甲厂每年供应B市场$(10-x)$万匹,乙厂每年供应A市场$(6-x)$万匹,供应B市场$[10-(10-x)]$万匹,运送这些布匹总的运费为W元,则

$$W = 9 \cdot \{8x + 12(10-x) + 4(6-x) + 10 \cdot [12-(10-x)]\} = 18x + 1\ 476$$

其中x必须满足不等式组$\begin{cases}x \geqslant 0\\ 10-x \geqslant 0\\ 6-x \geqslant 0\\ 12-(10-x) \geqslant 0\end{cases} \Rightarrow 0 \leqslant x \leqslant 6.$

显然,当x取极小值0时,W也取极小值1 476元,此时,$10-x=10$(万匹),$6-x=6$(万元),$12-(10-x)=2$(万匹). 这就是说,甲厂供应B市场10万匹,乙厂供应A市场6万匹,供应B市场2万匹,这时所需运费最省. 这个最小运费是1 476元.

6.3 平均值不等式在市场经济中的应用

库存控制、供需控制等是经营管理中的重要决策. 生产部门为了保证正常生产的需要,对于所需的原材料,必须有一定数量的库存;商家为了保证正常销售,对于所经营的商品,也必须有一定数量的库存. 但如果大批量订购则既造成资金占用过多,又势必支付大量的保管费用;如果小批量订购,又势必使订购次数增多,导致订购费用增大. 因此,寻求最优订购批

量,使订购费用与保管费用之和最小是经营者较费神的问题.在这类问题中常运用平均值不等式处理可使经营者头脑清晰.

假如某企业对某种货物全年需要量是Q个单位,单价为p元,每次订购费用是a元,年保管费用率为r.设订购批量为x个单位,那么一年中的订购次数是$\frac{Q}{x}$,全年订购费用是$\frac{Q}{x}a$元.

因为每个周期开始时库存为x,周期末库存为0,所以全年(每天)平均库存为$\frac{1}{2}x$,库存总价值为$\frac{1}{2}xp$元,全年保管费用为$\frac{1}{2}xpr$元.

总费用
$$y=\frac{Q}{x}a+\frac{1}{2}xpr$$

注意到用这两项之积为定值,由不等式
$$a+b\geqslant 2\sqrt{ab}\quad(a,b\in\mathbf{R}^{+})$$
当且仅当$a=b$时,$a+b=2\sqrt{ab}$.即当$a=b$时,$a+b$取最小值$2\sqrt{ab}$.

由$a+b=2\sqrt{ab}$,当$\frac{Q}{x}a=\frac{1}{2}xpr$时,$y=\frac{Q}{x}a+\frac{1}{2}xpr$取最小值$2\sqrt{\frac{Q}{x}a\cdot\frac{1}{2}xpr}=\sqrt{2pQar}$.

由$\frac{Q}{x}a=\frac{1}{2}xpr$得$x=\sqrt{\frac{2Qa}{pr}}$(负值舍去),于是,最优订购批量$x_0=\sqrt{\frac{2Qa}{pr}}$,最小总费用$y_{最小}=\sqrt{2pQar}$,全年订购次数$n=\frac{Q}{x_0}=\sqrt{\frac{PQr}{2a}}$,订购周期$T=\frac{360}{n}=360\sqrt{\frac{2a}{PQr}}$(元).

由上述推导,若某厂一年需要一种材料600吨,每吨价1 200元,每次订购费用为1 600元,年保管费用率为10%,则可求得最优订购批量为400吨,最优订购次数为15次,最优订购周期为24天,最小总费用为48 000元.

在市场经济中,用平均值不等式还可以处理一些较为复杂的经营管理问题.

例1　某旅游风景区为方便学生集体旅游,特制学生暑假旅游专用卡,每卡60元.使用规定:不记名,每卡每次一人,每天只限一次,可连续使用一周.朝阳学校现有1 500名学生,准备趁暑假分若干批去此风景区旅游(来回只需一天),除需购买若干旅游卡外,每次都乘坐5辆客车(每辆客车最大客容量为55人),每辆客车每天费用500元.若使全体学生都到风景区旅游一次,按上述方案,每位学生最少要交多少钱?若此事让你去办,各项费用不变,只改变买旅游卡及车辆数目,是否还有更经济的办法?

解　设买x张旅游卡,总费用y元,由题意可得
$$y=60x+\frac{1\ 500}{x}\cdot 500\cdot 5\quad(x\in\mathbf{N},0<x\leqslant 275)$$
$$y\geqslant 2\sqrt{500\cdot 5\cdot 60x\cdot\frac{1\ 500}{x}}=30\ 000(\text{元})$$
当$60x=\frac{1\ 500}{x}\cdot 500\cdot 5$,即$x=250$时,每人所需费用为$\frac{30\ 000}{1\ 500}=20$(元),此时每辆汽车载人数为$\frac{250}{5}=50<55$,符合实际要求.

要使用钱最少,所买卡应尽可能增加使用次数,依题意知,每卡最多使用7次,1 500人

分 7 次去，由 $215\times 7=1\,505$，$214\times 7=1\,498$，可知应买卡数为 215 张.

由所买卡数再安排车辆，因每辆车最多可载 55 人，安排 4 辆车即可（$4\times 55=220$），这时总费用为

$$215\times 60+4\times 7\times 500=26\,900(\text{元})$$

因 $26\,900<30\,000$，所以此种方案较为经济.

例 2 某个工厂生产一种精密仪器. 这个厂有两个车间分设在甲、乙两市. 在甲市的车间生产半成品，然后运送到乙市的车间加工成成品. 现在这个工厂接受了一批订货，要在 100 天内制成 100 件这种精密仪器. 由于乙车间每天可以加工完成一件仪器，而甲车间的半成品保证满足供应，所以这项订货任务是可以按期完成的. 今知每一批半成品从甲市运到乙市的运费为 100 元，而每件半成品在乙市储存一天的储存费为 2 元. 问应分几批运送（批量相等）才能使总的花费（包括运费及储存费）最低？

解 设每批的批量为 x 件，则批数为 $\frac{100}{x}$. 因为每一批送 x 件半成品，这 x 件半成品刚够乙车间用 x 天. 所以每隔 x 天送一批 x 件半成品，使得前一批刚用完，新的一批正好接上. 每批 x 件半成品中，有一件当天送进乙车间，还有 $x-1$ 件送仓库，然后在以下的 $x-1$ 天中，每天从仓库中提出一件. 这 $x-1$ 件半成品第一天的储存费为 $2(x-1)$ 元，第二天，提取了一件，还余 $x-2$ 件，所以第二天的储存费为 $2(x-2)$ 元……，依次下去，第 $x-1$ 天只余一件，储存费为 2 元，第 x 天全部提完，所以每批半成品储存费总共为 $2(x-1)+2(x-2)+\cdots+2\cdot 2+2\cdot 1=x(x-1)$ 元.

由于有 $\frac{100}{x}$ 批，故总储存费用为

$$x(x-1)\cdot\frac{100}{x}=100(x-1)\text{ 元}$$

而 $\frac{100}{x}$ 批的运费为 $\frac{10\,000}{x}$ 元，所以总费用为

$$W=\frac{10\,000}{x}+100x-100\quad(x>0)$$

则 $W\geqslant 2\sqrt{\frac{10\,000}{x}\cdot 100x}-100=2\,000-100=1\,900(\text{元})$.

此时，当 $\frac{10\,000}{x}=100x$，即 $x=10$ 件时，$W_{\min}=1\,900$ 元. 故把这 100 件半成品每 10 件一批，分 10 批运送，使得总花费最低.

例 3 A 地生产汽油，B 地需要汽车，一辆满载汽油的 Ω 型运油汽车往返 A 至 B 地刚好耗尽其所运汽油. 因此，在 A,B 两地间增设一些运油中转站. (1) 欲使运油率 λ（$=\frac{B\text{ 地所获汽油量}}{A\text{ 地运出汽油量}}$）达到 30%，问至少需设多少个运油中转站？(2) 能否使运油率达到 37%？

解 (1) 设从 A 到 B 地顺次增设 n 个中转站 $C_1,C_2,\cdots,C_n$. 设 C_i 到 C_{i+1}（$i=0,1,\cdots,n$，$C_0=A,C_{n+1}=B$）的路程为 S_{i+1}，且 $S_1+S_2+\cdots+S_{n+1}=1$（即 AB 的距离）.

设 Ω 型运油车满载时所运油量为 1，则该车每单位路程耗油量为 $\alpha=\frac{1}{2}$.

设 A 地运出 m 单位汽油，则 C_1 处所获油量为 $m - m \cdot 2S_1\alpha = m(1 - S_1)$，$C_2$ 处所获油量 $=m(1 - S_1) - m(1 - S_1) \cdot 2S_2\alpha = m(1 - S_1)(1 - S_2)$，仿此，$B$ 地所获油量 $= m(1 - S_1)(1 - S_2)\cdots(1 - S_{n+1})$.

从而运油率

$$\lambda = (1 - S_1)(1 - S_2)\cdots(1 - S_{n+1}) \leqslant \left[\frac{(1 - S_1) + (1 - S_2) + \cdots + (1 - S_{n+1})}{n + 1}\right]^{n+1} = \left(\frac{n}{n+1}\right)^{n+1} = \left(1 + \frac{1}{n}\right)^{-(n+1)}$$

上式等号当且仅当 $S_1 = S_2 = \cdots = S_{n+1} = \frac{1}{n+1}$ 时成立，故

$$\lambda_{\max} = \left(1 + \frac{1}{n}\right)^{-(n+1)}$$

注意到，若令 $x_n = \left(1 + \frac{1}{n}\right)^{n+1}$，则可证得数列 $\{x_n\}$ 递减，由此即知 $\lambda_{\max}$ 随 n 的增大而增大.

事实上，由 $x_n > 0$，且 $\frac{x_n + 1}{x_n} = \frac{(1 + \frac{1}{n+1})^{n+2}}{(1 + \frac{1}{n})^{n+1}} = \left(\frac{\frac{n+2}{n+1}}{\frac{n+1}{n}}\right)^{n+2} \cdot \frac{n+1}{n} = \left[\frac{n(n+2)}{(n+1)^2}\right]^{n+2} \cdot \frac{n+1}{n} = \left[\frac{1}{1 + \frac{1}{(n+1)^2 - 1}}\right]^{n+2} \cdot \frac{n+1}{n} \leqslant \frac{1}{1 + \frac{n+2}{(n+1)^2 - 1}} \cdot \frac{n+1}{n} = 1$. 即证得上述结论.

当 $n = 2$ 时，$\lambda_{\max} = (\frac{3}{2})^{-3} = \frac{8}{27} < 30\%$；

当 $n = 3$ 时，$\lambda_{\max} = (\frac{4}{3})^{-4} = \frac{81}{256} > 30\%$.

所以至少应设 3 个中转站.

(2) 由于 $\lambda_{\max} < \lim\limits_{n\to\infty}(1 + \frac{1}{n})^{-(n+1)} = e^{-1} \approx 36.8\%$，故不能将运油率达到 37%.

6.4　不等式在解方程、证明等式等问题中的应用

利用不等式取等号的条件可以巧妙地应用到解方程、证明等式等数学问题中.

例 1　解方程 $\sqrt{x} + \sqrt{y - 1} + \sqrt{z - 2} = \frac{1}{2}(x + y + z)$.

解　由题设知 $x \geqslant 0, y \geqslant 1, z \geqslant 2$.

由平均不等式得 $\sqrt{x} \leqslant \frac{x + 1}{2}$，$\sqrt{y - 1} \leqslant \frac{y - 1 + 1}{2} = \frac{y}{2}$，$\sqrt{z - 2} \leqslant \frac{z - 2 + 1}{2} = \frac{z - 1}{2}$，则 $\sqrt{x} + \sqrt{y - 1} + \sqrt{z - 2} \leqslant \frac{1}{2}(x + y + z)$，当且仅当 $x = 1, y - 1 = 1, z - 2 = 1$ 时，上述不等式取等号，即原方程成立. 故原方程的解为 $x = 1, y = 2, z = 3$.

例2 解方程$[\sin^2 x+\sin^2(\frac{\pi}{3}-x)][\cos^2 x+\cos^2(\frac{\pi}{3}-x)]=\frac{3}{4}$.

解 由$[\sin^2 x+\sin^2(\frac{\pi}{3}-x)][\cos^2 x+\cos^2(\frac{\pi}{3}-x)]\geqslant[\sin x\cdot\cos(\frac{\pi}{3}-x)+\cos x\cdot\sin(\frac{\pi}{3}-x)]^2=\sin^2(x+\frac{\pi}{3}-x)=\frac{3}{4}$,其中等号当且仅当$\frac{\sin x}{\cos(\frac{\pi}{3}-x)}=\frac{\sin(\frac{\pi}{3}-x)}{\cos x}$时成立,即$\sin 2x=\sin(\frac{2\pi}{3}-2x)$,解得$x=\frac{k\pi}{2}+\frac{\pi}{6},k\in\mathbf{Z}$,故原方程的解为$\{x\mid x=\frac{k\pi}{2}+\frac{\pi}{6},k\in\mathbf{Z}\}$.

例3 解方程$\sqrt{x^2+4x+8}+\sqrt{x^2-2x+2}=3\sqrt{2}$.

解 令$z_1=x+2+2\mathrm{i},z_2=1-x+\mathrm{i}(x\in\mathbf{R})$,则$|z_1|=|x+2+2\mathrm{i}|=\sqrt{x^2+4x+8}$,$|z_2|=|1-x+\mathrm{i}|=\sqrt{x^2-2x+2}$.因$|z_1|+|z_2|\geqslant|z_1+z_2|$,所以$\sqrt{x^2+4x+8}+\sqrt{x^2-2x+2}\geqslant|x+2+2\mathrm{i}+1-x+\mathrm{i}|=3\sqrt{2}$,当且仅当$\frac{x+2}{2}=\frac{1-x}{1}$时,即$x=0$时等号成立,故原方程的解为$x=0$.

例4 解方程

$$\sqrt{x^2+y^2}+\sqrt{(2-x)^2+y^2}+\sqrt{(2-x)^2+(2-y)^2}+\sqrt{x^2+(2-y)^2}=4\sqrt{2}$$

解 若建立平面直角坐标系,设$A(0,0)$,$B(2,0)$,$C(2,2)$,$D(0,2)$,$P(x,y)$,则由解析几何与平面几何知识,得原方程左边为$|PA|+|PB|+|PC|+|PD|\geqslant|AC|+|BD|=4\sqrt{2}$,而当且仅当$P$为$AC$与$BD$交点,即$x=1,y=1$时,上述式子等号取得,故原方程的实数解为$x=1,y=1$.

例5 已知a,b为正数,n为自然数,且$\frac{\sin^4\alpha}{a^n}+\frac{\cos^4\alpha}{b^n}=\frac{1}{a^n+b^n}$.求证:$\frac{\sin^8\alpha}{a^{3n}}+\frac{\cos^8\alpha}{b^{3n}}=\frac{1}{(a^n+b^n)^3}$.

证明 由已知得

$$(a^n+b^n)(\frac{\sin^4\alpha}{a^n}+\frac{\cos^4\alpha}{b^n})=1 \quad ①$$

$$(a^n+b^n)\left(\frac{\sin^4\alpha}{a^n}+\frac{\cos^4\alpha}{b^n}\right)\geqslant(\sqrt{a^n}\cdot\frac{\sin^2\alpha}{\sqrt{a^n}}+\sqrt{b^n}\cdot\frac{\cos^2\alpha}{\sqrt{b^n}})=1$$

等号当且仅当$\frac{a^n}{\sin^2\alpha}=\frac{b^n}{\cos^2\alpha}$时成立,此式结合式①有$\sin^2\alpha=\frac{a^n}{a^n+b^n}$,$\cos^2\alpha=\frac{b^n}{a^n+b^n}$,从而

$$\frac{\sin^8\alpha}{a^{3n}}+\frac{\cos^8\alpha}{b^{3n}}=\frac{(\frac{a^n}{a^n+b^n})^4}{a^{3n}}+\frac{(\frac{b^n}{a^n+b^n})^4}{b^{3n}}=\frac{1}{(a^n+b^n)^3}$$

6.5　不等式在处理其他学科问题中的应用

有如下一道化学问题,我们可以运用不等式进行处理.

将含 1 mol NH_3 的密闭容器 A 加热,部分 NH_3 分解,并达到平衡. 此时,NH_3 的体积分数为 x;若在该容器中加入 2 mol NH_3 后密封,加热到相同温度,使反应达到平衡,此时 NH_3 体积分数为 y,则 x,y 正确关系是(　　).

A. $x > y$　　B. $x < y$　　C. $x = y$　　D. $x \geq y$

解　此题的答案是 B. 我们可以运用化学平衡常数找出 x 与 y 的关系.

两次平衡时温度相同,因此可通过"化学平衡常数不变" 找出 x 与 y 的关系式:

设第一次平衡时 NH_3 的转化量为 a,化学平衡常数为 k

	$2NH_3$	$\rightleftharpoons$	N_2	+	$3H_2$
起始	2 mol		0		0
转化	a		$\frac{a}{2}$		$\frac{3a}{2}$
平衡	$1-a$		$\frac{a}{2}$		$\frac{3a}{2}$

所以

$$\frac{1-a}{(1-a)+\frac{a}{2}+\frac{3}{2}a}=x$$

$$k=\frac{[N_2][H_2]^3}{[NH_3]^2}=\frac{\frac{a}{2}(\frac{3}{2}a)^3}{(1-a)^2}$$

设第二次平衡时 NH_3 的转化量为 b,化学平衡常数为 k

	$2NH_3$	$\rightleftharpoons$	N_2	+	$3H_2$
起始	2 mol		0		0
转化	b		$\frac{b}{2}$		$\frac{3b}{2}$
平衡	$2-b$		$\frac{b}{2}$		$\frac{3b}{2}$

所以

$$\frac{2-b}{(2-b)+\frac{b}{2}+\frac{3}{2}b}=y$$

$$k=\frac{[N_2][H_2]^3}{[NH_3]^2}=\frac{\frac{b}{2}(\frac{3}{2}b)^3}{(1-b)^2}$$

将以上四式联立,整理得

$$2 \cdot \frac{(1-y)^2}{y(1+y)} = \frac{(1-x)^2}{x(1+x)}$$

又由于 x,y 均表示体积分数，则 $x,y \in (0,1)$. 根据以上条件，便可建立以下的数学模型：

若 $2 \cdot \frac{(1-y)^2}{y(1+y)} = \frac{(1-x)^2}{x(1+x)}, x,y \in (0,1)$，求证：$x < y$.

证明　两边开方

$$\sqrt{2} \cdot \frac{1-y}{\sqrt{y(1+y)}} = \frac{1-x}{\sqrt{x(1+x)}}$$

令 $t(y) = \frac{1-y}{\sqrt{y(1+y)}}$，可通过定义证明其单调性，令 $y_1 > y_2, y_1, y_2 \in (0,1)$

$$t(y_1) = \frac{1-y_1}{\sqrt{y_1(1+y_1)}}$$

$$t(y_2) = \frac{1-y_2}{\sqrt{y_2(1+y_2)}}$$

因 $y_1 > y_2$，分子 $1-y_1 < 1-y_2$，分母 $\sqrt{y_1(1+y_1)} > \sqrt{y_2(1+y_2)}$，则 $t(y_1) < t(y_2)$，即 $t(y)$ 是在 $(0,1)$ 上的减函数，而 $\frac{1-x}{\sqrt{x(1+x)}}$ 就是 $t(x)$.

根据题意，$\sqrt{2}t(y) = t(x)$，从而

$$t(y) < t(x)$$

对于减函数，有 $y > x$，证毕.

思考题

1. 有一批货，如果本月初出售，可获利 100 元，然后可将本利都存入银行，已知银行月息为 2.4%；如果下月初出售，可获利 120 元，但要 5 元保管费. 试问这批货何时出售最好（本月初还是下月初）？

2. 某商人有甲、乙两种商品滞销，分别造成 3 000 元和 4 000 元资金的积压，他根据市场行情和消费者心理状况，决定甲、乙两种商品分别按八折和九折降价出售，结果积压的这两种商品很快就全部售完. 他立即将回收的全部资金以相当于零售价 $\frac{5}{7}$ 的批发价买回一批畅销货. 为了支付必要的开支，他至少得赚回利润 1 100 元. 而为了保证这批新进货迅速售完，不致由畅销货变滞销货，他又低于零售价的价值将这批新货卖出. 问他应该将这批新进货高出买进价的百分之几卖出？

3. 三种食物所含的维生素及成本分别为：食物 X 含维生素 A 和 B 分别为 300 单位/千克和 700 单位/千克，食物 Y 含维生素 A 和 B 分别为 500 单位/千克和 100 单位/千克，食物 Z 含维生素 A 和 B 分别为 300 单位/千克和 300 单位/千克，它们的成本依次为 5 元/千克，4 元/千克，3 元/千克. 某人欲将这三种食物混合成 100 千克的混合食品，设所用的食物 X，Y，Z 的分量分别为 x,y,z（千克）. 若混合物至少需含 35 000 单位的维生素 A 及 40 000 单位的维生素 B. 求证：$y \geqslant 25, 2x - y \geqslant 50$；并且求 x,y,z 取什么值时，成本 p 最低？

4. 某人带50元钱去购买货物,他先到百货公司买了一些物品,共用去了30元,经过农贸市场时,他挑了2千克香蕉,每千克3元,又挑了2.5千克苹果,付完钱后尚有结余.如果他买3千克香蕉和3千克苹果,则所带款就不够用,问苹果的价格如何?

5. 国家为了加强对烟酒生产的宏观管理,实现征收附加税政策.现知某种酒70元/瓶,不加收附加税时,每年大约产销100万瓶,若政府征收附加税,每销售100元要征税R元(叫作税率$R\%$),则每年的产销量将少$10R$万瓶.要使每年在此项经营中所收取附加税金不少于112万元,问R应怎样确定?

6. 已知汽车从刹车到停车所滑行的距离s(米)与时速v(千米/时)的平方及汽车的总质量t(吨)成正比例.设某辆卡车不装货物以时速50千米行驶时,从刹车到停车滑行了20米,如果这辆车装载着与车身相等重量的货物行驶,并与前面的车辆距离为15米,为了保证在前面的车辆紧急停车时不与前面车辆撞车,最大限制速度是多少?(答案保留整数,假定卡车司机从发现前面车辆停车到自己刹车需耽误1秒钟)

7. 某农场有毁坏的试验田护栏一处,共有12米长,现准备在这块面积为112平方米的矩形试验田重新修建四面护栏.工程条件是:修复1米旧护栏的费用是新建1米护栏费用的25%,拆去旧护栏1米用来建筑1米新护栏的费用是建造1米新护栏的50%.该怎样利用旧护栏最节约?

8. 工厂设备何时更新必须认真对待,过早过迟都会造成损失.设一台设备原价值$k=8\,000$元,设备维修及燃料、动力消耗每年以$\lambda=320$元增加,若假定这台设备经过使用之后的余值为零,则这台设备更新的最佳年限是多少?

9. 解方程$\sqrt{\sin^2 x+\sin^2(\frac{\pi}{6}-x)}\cdot\sqrt{\cos^2 x+\cos^2(\frac{\pi}{6}-x)}=\frac{1}{2}$.

10. 已知$\frac{\sin^4\alpha}{\sin^2\beta}+\frac{\cos^4\alpha}{\cos^2\beta}=1$,求证:$\frac{\sin^4\beta}{\sin^2\alpha}+\frac{\cos^4\beta}{\cos^2\alpha}=1$.

11. 已知$\alpha,\beta\in(0,\frac{\pi}{4})$,且$\sin\alpha(1-\tan\beta)+\cos\alpha(1+\tan\beta)=\sqrt{2}\sec\beta$,求$\alpha+\beta$.

思考题参考解答

1. 设这批货的成本费为a元.若本月初出售,到下月初共获纯利润$100+(a+100)\times 2.4\%=0.024a+102.4$(元).若下月初出售,共获纯利润为$120-5=115$(元).若本月初出售最好,则应有不等式$0.024a+102.4>115$,解得$a>525$.即当$a>525$时,本月初出售最好,反之$a<525$,则下月初出售好,若$a=525$,本月初与下月初一样.

2. 设应将新进货高出买进价的$x\%$卖出,则$3+4+1.1\leqslant(3\times0.8+4\times0.9)\cdot(1+x\%)<(3\times0.8+4\times0.9)\div\frac{5}{7}$,解得$35\%\leqslant x\%<40\%$.

3. 由$x+y+z=100$及$p=5x+4y+3z$,知$p=300+2x+y$.由$300x+500y+300z\geqslant 35\,000$,代入$z=100-x-y$即有$y\geqslant25$.又由$700x+100y+300z\geqslant40\,000$代入$z=100-x-y$得$2x-y\geqslant50$.由$p=300+2x+y=300+(2x-y)+2y\geqslant300+50+2\cdot25=400$,当且仅当$2x-y=50,y=25$,即当$x=37.5$千克,$y=25$千克,$z=37.5$千克时,成本$p$最低为400元.

4. 设苹果每千克x元,依题意得不等式组$\begin{cases}30+3\times2+2.5x<50\\30+3\times3+3x>50\end{cases}\Rightarrow3\frac{2}{3}<x<5\frac{3}{5}$,因此每公斤苹果的价格高于3.67元而低于5.6元.

5. 设产销量为每年x万瓶,则销售收入为每年$70x$万元,从中征收的税金为$70x\cdot R\%$万元,并且$x=100-10R$. 由题意知$70(100-10R)\cdot R\%\geqslant112$,即$R^2-10R+16\leqslant0\Rightarrow2\leqslant R\leqslant8$,即税率定在$2\%\sim8\%$之间,年收附加税额将不低于112万元.

6. 设刹车后的滑行距离s与行车时速v和车重t之间的关系为$s=kv^2t$. 由条件知$20=k\cdot50^2\cdot a$(其中a为车的质量),则$k=\frac{1}{125a}$. 当$t=2a$时,滑行距离$s=\frac{1}{125a}\cdot v^2\cdot2a=\frac{2}{125}v^2$应小于$(15-\frac{1\ 000}{3\ 600}v)$米,其中15米是与前车的车距,$\frac{1\ 000}{3\ 600}v$米是司机滞后的1秒钟内所走的距离,所以由$\frac{2}{125}v^2<15-\frac{1\ 000}{3\ 600}v$得$36v^2+625v-33\ 750<0$,解得$v\leqslant23$千米/时,所以,最大限制时速为23千米/时.

7. 设旧护栏保留x米,那么应拆去$(12-x)$米,还应另新建造$x+\frac{112}{x}\cdot2-(12-x)$. 假定每米新护栏造价为1个价格单位,则$w=x\cdot25\%+(12-x)\cdot5\%+[x+\frac{112}{x}\cdot2-(12-x)]\cdot1=\frac{7}{4}x+\frac{224}{x}-6\geqslant2\sqrt{\frac{7x}{4}\cdot\frac{224}{x}}-6=28\sqrt{2}-6$. 其中等号当且仅当$\frac{7x}{4}=\frac{224}{x}$,即$x=8\sqrt{2}\approx11.3$时成立. 即旧护栏保留11.3米最节约.

8. 设这台设备使用t年后更新,则由$(\lambda+2t+\cdots+t\lambda)\div t=\frac{\lambda(t+1)}{2}$(元). 又每年分摊的设备费用为$\frac{k}{t}$元,故平均每年的设备总费用为$\frac{\lambda t}{2}+\frac{\lambda}{2}+\frac{k}{t}\geqslant\frac{\lambda}{2}+2\sqrt{\frac{\lambda t}{2}\cdot\frac{k}{t}}=\frac{\lambda}{2}+\sqrt{2\lambda k}$,即当$\frac{\lambda t}{2}=\frac{k}{t}$亦即$t=\sqrt{\frac{2k}{\lambda}}=\sqrt{50}\approx7$时不等式等号成立,故设备的最佳更新年限为7年.

9. 由$\sqrt{\sin^2x+\sin^2(\frac{\pi}{6}-x)}\cdot\sqrt{\cos^2x+\cos^2(\frac{\pi}{6}-x)}\geqslant\sin x\cdot\cos(\frac{\pi}{6}-x)+\cos x\cdot\sin(\frac{\pi}{6}-x)=\sin(x+\frac{\pi}{6}-x)=\frac{1}{2}$,当且仅当$\sin x:\cos(\frac{\pi}{6}-x)=\sin(\frac{\pi}{6}-x):\cos x$即$\sin2x=\sin(\frac{\pi}{3}-2x)$时方程成立,由此解得$x=\frac{k\pi}{2}+\frac{\pi}{12},k\in\mathbf{Z}$.

10. 由$(\sin^2\beta+\cos^2\beta)(\frac{\sin^4\alpha}{\sin^2\beta}+\frac{\cos^4\alpha}{\cos^2\beta})\geqslant(\sin\beta\cdot\frac{\sin^2\alpha}{\sin\beta}+\cos\beta\cdot\frac{\cos^2\alpha}{\cos\beta})^2=1$,等号当且仅当$\sin^2\beta:\sin^2\alpha=\cos^2\beta:\cos^2\alpha$时成立. 由此得$\tan^2\beta=\tan^2\alpha$,进而推得$\sin^2\alpha=\sin^2\beta,\cos^2\alpha=\cos^2\beta$,于是

$$\frac{\sin^4\beta}{\sin^2\alpha}+\frac{\cos^4\beta}{\cos^2\alpha}=\sin^2\beta\cdot\frac{\sin^2\beta}{\sin^2\alpha}+\cos^2\beta\cdot\frac{\cos^2\beta}{\cos^2\alpha}=\sin^2\beta+\cos^2\beta$$

11. 由$[\sin\alpha\cdot(1-\tan\beta)+\cos\alpha\cdot(1+\tan\beta)]^2\leqslant(\sin^2\alpha+\tan^2\alpha)\cdot[(1-\tan\beta)\cdot$

$(1+\tan\beta)^2]=2(1+\tan^2\beta)=2\sec^2\beta$,知 $\sin\alpha(1-\tan\beta)+\cos\alpha(1+\tan\beta)\leqslant\sqrt{2}\sec\beta$,等号当且仅当$\frac{\sin\alpha}{1-\tan\beta}=\frac{\cos\alpha}{1+\tan\beta}$时成立,由此得 $\tan\alpha=\frac{1-\tan\beta}{1+\tan\beta}=\tan\left(\frac{\pi}{4}-\beta\right)$,而$\alpha$,$\frac{\pi}{4}-\beta\in\left(0,\frac{\pi}{4}\right)$,故$\alpha+1=\frac{\pi}{4}$.

第七章　数列知识的实际应用

数列问题作为定义在自然数集上的特殊函数表现为一类离散数学题,可以用来更恰当地描述社会生活中大量实际问题.

7.1　在金融投资上的应用

当今信息社会处处都讲究经济效益,任何一个企业与个人都不可避免地遇到金融投资问题. 例如,在个人投资中,人们关心利息问题,面对多种投资方案,人们希望选择经济效益较高的方案.

“现值”与“终值”是利息计算中两个非常重要的基本概念,所谓“现值”是指在 n 期末的金额 A,把它扣除利息后,折合成现时的值. 而“终值”是指 n 期后的本利和. 它们计算的基点分别是存期的起点和终点.

在单利公式 $S=P(1+nR)$ 中,把本利和 S 称为本金 P 在 n 期末的终值,反过来把本金 P 称为 S 的现值. 例如,在 n 期末的金额 A,其现值为 $Q=\dfrac{A}{1+nR}$.

若每期发生本金(简称年金)为 A,每期利率为 R,共 n 期,单利计息,则 n 期的现值之和称为单利年金现值,而 n 期的本利和的总额叫作单利年金终值.

(1) 若期初发生年金 A,则每期的现值(从第 1 期到第 n 期)为

$$A,\frac{A}{1+R},\cdots,\frac{A}{1+(n-1)R}\text{(注意第 1 期的年金不必扣除利息)}$$

其和

$$Q=A+\frac{A}{1+R}+\cdots+\frac{A}{1+(n-1)R}=\sum_{k=0}^{n-1}\frac{A}{1+kR}\text{(调和数列前 } n \text{ 项之和)}$$

即为单利年金现值.

(2) 若期末发生本金 A,则从前往后推出每期的现值为

$$\frac{A}{1+R},\frac{A}{1+2R},\cdots,\frac{A}{1+nR}$$

其和

$$Q=\frac{A}{1+R}+\frac{A}{1+2R}+\cdots+\frac{A}{1+nR}=\sum_{k=1}^{n}\frac{A}{1+kR}$$

即为单利年金现值.

(3) 若期初发生年金 A,则每一期的本利和(从最后一期到第 1 期)为

$$A(1+R),A(1+2R),\cdots,A(1+nR)$$

其和

$$S_n=A(1+R)+A(1+2R)+\cdots+A(1+nR)=nA(1+\frac{n+1}{2}R)$$

就是单利年金终值,这实际上是一个公差为 AR 的等差数列前 n 项之和.

(4) 若期末发生年金 A,则从后往前推得每期的本利和依次为:$A,A(1+R),\cdots,A[1+(n-1)R]$,其和

$$S_n=A+A(1+R)+\cdots+A[1+(n-1)R]=nA(1+\frac{n-1}{2}R)$$

就是单利年金终值.

如本利生息,即上一期的本金与利息在下一期一起生息,这种计算方法叫作复利.复利的基本公式是 $S=P(1+R)^n$,我们把本利和 S 称为 P 在 n 期末的终值,反过来把 P 称为 S 的现值,即 n 期末的金额 A 的现值为 $Q=\frac{A}{(1+R)^n}$.

若每期发生年金为 A,利率为 R,共 n 期,复利计息,则 n 期的现值之和称为单利年金现值,而 n 期的本利和的总额叫作复利年金终值.

(5) 若期初发生年金 A,则每期年金的现值为

$$A,\frac{A}{1+R},\frac{A}{(1+R)^2},\cdots,\frac{A}{(1+R)^{n-1}}$$

其和

$$Q=A+\frac{A}{1+R}+\cdots+\frac{A}{(1+R)^{n-1}}=A(1+R)\ \frac{1-(1+R)^{-n}}{R}$$

(以 $\frac{1}{1+R}$ 为公比的等比数列前 n 项之和)即为复利年金现值.

(6) 若期末发生本金 A,类似可得复利年金现值为

$$Q=\frac{A}{1+R}+\frac{A}{(1+R)^2}+\cdots+\frac{A}{(1+R)^n}=A\frac{1-(1+R)^{-n}}{R}$$

(7) 若期初发生年金 A,则每期的本利和依次为

$$A(1+R),A(1+R)^2,\cdots,A(1+R)^n,\text{其和}$$

$$S_n=A(1+R)+A(1+R)^2+\cdots+A(1+R)^n=A(1+R)\ \frac{(1+R)^n-1}{R}$$

就是复利年金终值,它是以 $(1+R)$ 为公比的等比数列前 n 项之和.

(8) 若期末发生年金 A,类似可得复利年金终值为

$$S_n=A+A(1+R)+\cdots+A(1+R)^{n-1}=A\ \frac{(1+R)^n-1}{R}$$

例1　某私立中学规定学生入学时每人应交费4万元,等三年后学生毕业时学校将把4万元如数归还,试问在此规定下,学生念三年书实际交了多少学费?(附:按常规理解学费应是入学时就交给学校的;另外,银行整存整取储蓄现行的利率(月利率)一年期是0.75%,三年期是0.9%)(北京市1996年"数学知识应用"夏令营初中测试题)

解法1　从终值的角度考虑:入学时交的4万元,到三年后,其本利和(即终值)为

$$40\ 000\times(1+0.009\times36)=52\ 960(\text{元})$$

故学生念三年书至少交学费

$$52\ 960-40\ 000=12\ 960(\text{元})$$

解法2　从现值的角度来考虑:三年后学校"如数归还"的4万元,现值多少钱呢?不难看出,这一现值应为

$$\frac{40\ 000}{1+0.009\times 36}\approx 30\ 211.48(\text{元})$$

所以学生念三年书实际上要交学费

$$40\ 000-30\ 211.48=9\ 788.52(\text{元})$$

注 ①一般说来，存期越长，利息越多. 因此，在上面的计算中，利息是按三年期来计算的. 上述两种方法结果不同，但都是正确的解法，从现值终值的角度来看，它们分别表示了在学期结束和入学初结算学费的金额.

②整存整取储蓄按单利计息（只有本金生息，上一期利息在下一期中不生息），此时按年、月或日来计算均可，但要正确换算为相应的利率. 对年、月、日利率这三种利率进行换算时，不论大月、小月、平月和闰月，每月均按30天计算，全年按360天计算. 如日息 = 年利率 ÷ 360，月利率 = 年利率 ÷ 12 等.

例2 小王年初向建设银行贷款20万元用于购房，商定年利率为10%，按复利计算，若这笔借款分15次等额归还，每年1次，15年还清，并从借后次年年初开始归还，问每年应还多少钱（精确到一元）？

解法1 从现值的角度来考虑，每年等额归还的A元，其现值之和（复利年金现值）应等于2万元，即

$$200\ 000=\frac{A}{1+10\%}+\frac{A}{(1+10\%)^2}+\cdots+\frac{A}{(1+10\%)^{15}}$$

故
$$A=200\ 000\times\frac{0.1\times 1.1^{15}}{1.1^{15}-1}=200\ 000\times 0.131\ 474\approx 26\ 294.8(\text{元})$$

因此，每年应还26 295元.

解法2 从终值的角度考虑，每年等额归还的A元，其复利年金终值应等于20万元的终值，即

$$200\ 000\times(1+10\%)^{15}=A+A(1+10\%)+\cdots+A(1+10\%)^{14}$$

下略.

注 从本例我们看到，运用终值和现值的知识解决利息计算问题，过程清楚，容易理解；两种方法，殊途同归.

例3 某人于今年6月15日存入银行10 000元整存整取一年储蓄，月息为3.97‰，求到期的本利和为多少？

解 这是一个单利问题，即指本金到期（此处的月息指1月1期）后的利息不再加入本金计算的问题，因此这是一个以本金$A=10\ 000$元为首项，公差为$A\cdot R$（R为利息）的等差数列求和的问题，故所求本利和为$S_n=A+12A\cdot R=10\ 000+(1+0.003\ 97\times 12)=10\ 477$（元）.

例4 某企业计划发行企业债券，每张债券现值500元，按年利率6.5%的复利计算，问多少年后每张债券一次偿还本利和1 000元？

解 由于复利是把上期产生的利息纳入到本期的本金中计算利息，故这是一个以500为首项，公比为1 + 6.5%的等比数列问题，即由$1\ 000=500(1+6.5\%)$，解得$n=\frac{\lg 2}{\lg 1.065}\approx 11$（年）为所求.

例5 新民丝织厂进行技术革新有两种方案. 甲方案：引进技术性能较好、生产效率比

原国产同类设备高的进口机器,投资6万元,每年末可增加收入1.5万元.乙方案:采用国产先进设备,因其价格低廉、适应性强、投资4万元,每年初可减少费用1.2万元.使用期都是10年.试以年息9厘的年金终值法(以复利方式计息的本利和方法)作比较.

解 这是复利年金终值问题,即指一年初始或终结本利和为年金并计算复利的问题,因此,这里以本利和 $A(1+R)$ 或 A 为首项,公比为 $1+R$ 的等比数列求和问题.

甲方案每年末收入1.5万元,则10年收入的终值为 $S = A\dfrac{(1+R)^n-1}{R} = 1.5\times\dfrac{1.09^{10}-1}{0.09}\approx 22.79$(万元),投资终值为 $6(1+0.09)^{10}\approx 14.20$(万元),净收益为 $22.79-14.20=8.59$(万元).

乙方案每年初减少费用1.2万元,则10年节支的终值为 $S=A(1+R)\dfrac{(1+R)^n-1}{R} = 1.8\times1.09\times\dfrac{1.09^{10}-1}{0.09}\approx 30.08$(万元),投资终值 $4(1+0.09)^{10}\approx 9.47$(万元),净收益为 $30.08-9.47\approx 20.61$(万元).

由上可知,乙方案明显高于甲方案的净收益.

例6 有一个个体户,一月初向银行贷款100 000元作为启动资金开店,每月月底获得的利润是该月月初投入资金的20%,每月月底需要交纳所得税为该月利润的10%,每月的生活费和其他开支为3 000元,余额作为资金全部投入下个月的经营,如此继续,问到这年年底这个个体户有多少资金?若贷款的年利息为10%,问这个个体户还清银行贷款后纯收入多少元?

解 第一个月月底的余款为

$$a_1=(1+20\%)\cdot10^5-20\%\cdot10^5\cdot10\%-3\cdot10^3=1.15\times10^5(\text{元})$$

设第 n 个月月底的余款为 a_n 元,第 $n+1$ 个月月底的余款为 a_{n+1},则有

$$a_{n+1}=a_n(1+20\%)-a_n\cdot20\%\cdot10\%-3\cdot10^3=1.18a_n-3\cdot10^3$$

根据这个递推关系式和 a_1 的值,我们作一般化的处理.这曾经是课本上的一道习题.

已知数列 $\{a_n\}$ 满足

$$\begin{cases}a_1=b\\a_{n+1}=ca_n+d\end{cases} \quad ①$$

其中 $c\neq0, c\neq1$,则这个数列的通项为

$$a_n=\frac{bc^n+(d-b)c^{n-1}-d}{c-1}$$

利用这个结论,将有关数据代入

$$b=1.15\times10^5, c=1.18, d=-3\ 000, n=12$$

所以

$$a_{12}=\frac{1.15\times10^5\times1.18^{12}+(-3\ 000-115\ 000)\times1.18^{11}+3\ 000}{1.18-1}\approx 2.350\ 77\times10^5(\text{元})$$

纯收入为

$$a_{12}-10^5(1+10\%)=1.250\ 77\times10^5(\text{元})$$

数列知识在金融投资方面的应用是很广泛的,用数列知识还可以建立许多金融投资模型,诸如单利模型、复利模型、年金终值模型、年金现值模型、分期付款模型等等. 作为本节的结束,下面给出数列 ① 的几个应用例子[29]:

例 7 某地区有国土面积 1 500 万亩(1 亩 = 666.7 米^2),去年年底森林覆盖率为 17%,由于自然灾害和各种人为因素对森林的破坏,每年森林覆盖面积损坏掉上年覆盖面积的 5%. 政府和林业部门规划,从今年年初开始,每年年初进行一次人工植树造林(设每年造林面积相同且全部成活),为使 10 年后森林覆盖率上升到 20%,问每年至少要人工造林多少亩?(精确到 0.1 万亩)

解 设每年造林 x 万亩,从今年算起的第 n 年年底森林覆盖面积为 a_n 万亩,则 $a_1 = 1\,500 \times 17\% \times (1 - 5\%) + x = 242.25 + x$,$a_{n+1} = a_n(1 - 5\%) + x = 0.95a_n + x$,数列 $\{a_n\}$ 的通项公式为 $a_n = \frac{x}{1 - 0.95} + (a_1 - \frac{x}{1 - 0.95}) \times 0.95^{n-1} = 20x + (242.25 - 19x) \times 0.95^{n-1}$. $0.95^9 = (1 - 0.05)^9 = C_9^0 - C_9^1 \times 0.05 + C_9^2 \times 0.05^2 - C_9^3 \times 0.05^3 + C_9^4 \times 0.05^4 - \cdots \approx 0.630\,249$,由 $a_{10} \geqslant 1\,500 \times 20\%$,解得 $x \geqslant 18.36$.

所以,每年造林不能少于约 18.4 万亩.

例 8 某企业年初有资金 0.5 亿元. 预测经过生产经营每年资金增长率为 40%,每年全年总共扣除工资福利等消费资金 x 万元,剩余资金全部投入再生产. 为实现经过 5 年生产资金达到 1 亿元(扣除消费资金后)的目标,该企业每年的消费资金不能超过多少万元(精确到 0.1 万元)?

解 设该企业第 n 年扣除消费资金 x 万元后的资金总额为 a_n 万元,则 $a_1 = 5\,000 \cdot (1 + 40\%) - x = 7\,000 - x$,$a_{n+1} = a_n(1 + 40\%) - x = 1.4 \times a_n - x$,数列 $\{a_n\}$ 的通项公式 $a_n = \frac{-x}{1 - 1.4} + (a_1 - \frac{-x}{1 - 1.4}) \times 1.4^{n-1} = 2.5x + (7\,000 - 3.5x) \times 1.4^{n-1}$,则 $a_5 = 2.5x + (7\,000 - 3.5x) \times 1.4^4$,由 $a_5 \geqslant 10\,000$ 解得 $x \leqslant 1\,543.195\,4 \approx 1\,543.2$(万元).

所以,每年消费资金不能超过 1 543.2 万元.

例 9 已知甲桶装有 9 千克浓度为 10% 的药水,乙桶装有 9 千克纯净水. 从乙桶中取出 1 千克倒入甲桶中摇匀,再从甲桶中取 1 千克倒入乙桶中摇匀,完成第一次处理;又从乙桶中取 1 千克倒入甲桶摇匀,再从甲桶中取出 1 千克倒入乙桶中摇匀,完成第二次处理;这样继续下去……. 问要使甲桶中药水浓度降到 6% 以下,至少要处理多少次?

解 设第 n 次处理后甲桶中药水浓度为 a_n,乙桶中药水浓度为 b_n,则 $a_1 = \frac{9 \times 10\%}{9 + 1} = 0.09$,$b_1 = \frac{1 \times a_1}{9 + 1} = 0.01$,$a_{n+1} = \frac{9 \times a_n + 1 \times b_n}{9 + 1} = 0.9a_n + 0.1b_n$. 注意到每次处理后两桶内的纯药总量不变,有 $9a_n + 9b_n = 9 \times 10\%$,$b_n = 0.1 - a_n$. 从而 $a_{n+1} = 0.9a_n + 0.1b_n = 0.9a_n + 0.1(0.1 - a_n) = 0.8a_n + 0.01$,数列 $\{a_n\}$ 通项 $a_n = \frac{0.01}{1 - 0.8} + (a_1 - \frac{0.01}{1 - 0.8}) \times 0.8^{n-1} = 0.05 + 0.04 \times 0.8^{n-1}$.

令 $a_n < 6\%$ 即 $0.05 + 0.04 \times 0.8^{n-1} < 0.06$,$0.8^{n-1} < 0.25$,$(n - 1)\lg 0.8 < \lg 0.25$,$n > \frac{\lg 2 - 1}{3\lg 2 - 1} \approx 7.2$,$n_{\min} = 8$(此处用到 $\lg 2 = 0.301$). 所以,至少要处理 8 次,才能使甲桶中

药水浓度降到6%以下.

7.2　在资源利用方面的应用

土地资源、森林资料、再生资源等等的利用问题是生态环境保护与优化以及可持续发展的主要问题.这些问题有许多可以运用数列知识分析、求解而获得解决.

例1　有关资料介绍,1996年我国荒漠化土地占国土总面积960万平方千米的17.6%.在这一年前的近20年我国荒漠化土地平均每年以2 460平方千米的速度扩展.若这20年间每年我国治理荒漠化土地的面积占前一年荒漠化土地面积的1%.试问:1976年时我国荒漠化土地面积有多少万平方千米?($\lg 0.99=-4.36\times10^{-3}$,$\lg 0.8166=-8.80\times10^{-2}$)

解　设a_n表示第n年的荒漠化土地面积,由题设知,第n年的荒漠化土地等于第$n-1$年的荒漠化土地加上2 460再减去第$n-1$年的荒漠化土地的1%,即

$$a_n=a_{n-1}+2\ 460-a_{n-1}\times1\%=99\%a_{n-1}+2\ 460(n\geqslant1)$$

又设a_0为1996年前20年我国荒漠化土地的面积(单位为平方千米),1996年我国荒漠化土地的面积为$a_{20}=960\times17.6\%=168.96$万平方千米,则由

$$a_n=99\%a_{n-1}+2\ 460\text{ 得 }a_n-2\ 460=99\%(a_{n-1}-246\ 000)$$

令$a_n-246\ 000=b_n$,则$\{b_n\}$为等比数列,且

$$b_n=b_0q^n=b_0(0.99)^n$$

因$b_{20}=1\ 689\ 600-246\ 000=14\ 436\ 000$,则$1\ 443\ 600=b_0(0.99)^{20}$.

令$M=0.99^{20}$,则$\lg M=20\lg 0.99=-0.088$,求得$M=0.816\ 6$.故$b_0=14\ 436\ 000/0.816\ 6\approx176\ 787$,$a_0=201.381\ 7$万平方千米.

即1996年前20年我国的荒漠化土地面积约为201万平方千米.

例2　据报道,我国森林覆盖率逐年提高,现已达到国土面积的14%.某林场去年底森林木材储存量为a立方米,若树木以每年25%的增加率生长,计划从今年起,每年冬天要砍伐的木量为x立方米.为了实现经过20年木材储存量翻两番的目标,问每年砍伐的木材量x的最大值是多少?

解　设从今年起的每年年底木材储存量组成的数列为$\{a_n\}$,则$a_1=a(1+\frac{25}{100})-x=\frac{5}{4}a-x$;

$$a_2=a_1(1+\frac{25}{100})-x=(\frac{5}{4})^2a-(\frac{5}{4}+1)x;$$

$$a_3=a_2(1+\frac{25}{100})-x=(\frac{5}{4})^3a-[(\frac{5}{4})^2+(\frac{5}{4})+1]x;$$

…

以此类推可归纳出

$$a_n=a_{n-1}\cdot\frac{5}{4}-x=(\frac{5}{4})^na-[(\frac{5}{4})^{n-1}+(\frac{5}{4})^{n-2}+\cdots+(\frac{5}{4})+1]x=$$

$$(\frac{5}{4})^na+4[1-(\frac{5}{4})^n]x$$

根据题意：有$(\frac{5}{4})^{20}a-4[(\frac{5}{4})^{20}-1]x=4a$.

利用$\lg 2=0.3$可计算出$(\frac{5}{4})^{20}=100$，代入得

$$x=\frac{8}{33}a$$

即每年砍伐的木材量的最大值是去年储存量的$\frac{8}{33}$.

注 此例中通项a_n也可以不通过类推得出. 可按例1的方法，由$a_{n+1}=\frac{5}{4}a_n-x$可得$a_{n+1}-4x=\frac{5}{4}(a_n-4x)$，有$a_n-4x=(\frac{5}{4})^{n-1}(a_1-4x)=(\frac{5}{4})^n a+4[1-(\frac{5}{4})^n]x-4x$，从而$a_n=(\frac{5}{4})^n a+4[1-(\frac{5}{4})^n]x$.

7.3 在事件结果预测与计算中的应用

例1 学校有1 000名学生，三轮选出A，B中一人担任学生会主席（每人每次必须投1人票）. 调查资料表明，凡是在上一轮选A的下一轮会有20％选B，而选B的下一轮有30％改选A. 问：

（1）若学生A在第三轮选举中票数超过半数，则他在第一轮选举中至少要有多少张选票？

（2）若三轮选举结果各人得票始终是同一结果，则A，B各有多少张选票？

解 若用A_n，B_n表示第n轮选A，B两位代表的得表数，则在下一轮选举中选A的仍有80％选A，选B中有30％改选A，故有

$$A_{n+1}=80\%A_n+30\%B_n$$

而按规定$A_n+B_n=1\ 000$，则$A_{n+1}=\frac{1}{2}A_n+300$.

（1）依题意可知，$A_3>500\Rightarrow A_2>400\Rightarrow A_1>200$，故第一轮A至少得票201张.

（2）三轮选举结果一致，即$A_{n+1}=A_n\Rightarrow A_n=600$. 故选A的有600人，选B的有400人.

例2 某地区发生流行性病毒感染，居住在该地区的驾驶员王某必须服用一种药片预防，规定每人每天上午8时和晚上20时各服一片. 现知该药片每片含药量为220 mg，若人的肾脏每12小时从体内滤出这种药的60％，该药物在人体内的残留量超过380 mg就会产生副作用，不宜驾车.

（1）王某上午8时第一次服药，问到第二天上午8时服完药后，是否适宜驾车？

（2）若王某长期服用这种药，则这种药会不会对身体产生副作用，是否适宜驾车？

解 （1）第二天上午8时服完药后该药物在人体内的残留量为

$$220+220\times(1-60\%)+220\times(1-60\%)^2=343.2<380(\text{mg})$$

因此王某可以驾车.

（2）若王某长期服用，在服用了第$n(n\in\mathbf{N}^*)$次后，该药物在人体内的残留量为

$$220 + 220 \times (1 - 60\%) + 220 \times (1 - 60\%)^2 + \cdots + 220 \times (1 - 60\%)^{n-1} =$$

$$220 \times \frac{1 - 0.4^n}{1 - 0.4} < \frac{220}{0.6} < 380(\text{mg})$$

因此,王某可以驾车.

例 3 中日围棋擂台赛中的数学问题.

令人瞩目的中日围棋擂台赛已办了多届. 中日双方对各届比赛都很重视,各自派出了第一流阵容参战. 比赛规则如下:双方各出 9 名棋手(第 1 届是各出 8 名),仿照打擂台方式,先由双方先锋交手,胜者坐擂,再由败方. 第 2 号棋手攻擂,胜者坐擂,直到打败对方主将为止. 由此,便有如下问题:

(1) 比赛只有两种结果,中方获胜或日方获胜. 但 9 名中国棋手与 9 名日本棋手在整个比赛中会出现各种不同的胜负局面. 那么,可能会出现几种不同的局面,其中中方、日方获胜各有几种局面?

(2) 在比赛进行中,有时形势对某一方很有利(如第 1 届中江铸久连胜五盘时,形势对中方有利),有时对某一方很严峻(如第 2 届聂卫平刚出场时,形势对中方来说是严峻的,日方 5 号棋手坐擂时,中方竟是主将出场),那么,从那个时刻算起,有几种可能的局面,其中中方获胜的有几种? 日方获胜的有几种?

(3) 把这个问题推广到一般情形:甲队 m 个棋手,乙队 n 个棋手进行擂台赛,会出现几种不同局面,各方获胜的占几种?

解 由题设知,只要问题(3) 解决了. (1),(2) 不过是(3) 中的特殊情形而已.

这是一个关于自然数计算的问题,我们可以运用数列知识,采用归纳推理的方法,建立递推关系加以解决.

我们用 $f(m,n)$ 表示甲有 m 个棋手,乙有 n 个棋手参加的擂台赛中甲获胜的各种局面总数,用 $F(m,n)$ 表示上述条件下甲获胜或乙获胜的各种局面总数. 显然,有

$$F(m,n) = f(m,n) + f(n,m)$$

(ⅰ) 当 $m = 1$ 时,甲队只有一名棋手参加比赛. 甲队获胜显然只有这一名棋手连续战胜乙队 n 个棋手这样一种局面,即 $f(1,n) = 1$. ①

(ⅱ) 现在我们来确立 $f(m+1,n)$ 与 $f(m,n)$ 的递推关系. 甲队从 m 个棋手增加一个(第 $m+1$ 个棋手),甲队获胜有两种可能:其中一种可能是前 m 个棋手已获胜,第 $m+1$ 个不需出场;另一种可能是甲方前 m 名棋手与乙方 n 名棋手对擂中失败的局面,由甲方第 $m+1$ 名棋手出台挽回败局的方式只有一种,即连胜对方的剩余棋手. 在这里所不同的只是甲方前 m 名棋手败于乙方 n 名棋手的方式,这种败局有几种,上述第二类获胜的局面也就有几种. 因此,第二类获胜的局面数等于甲方 m 名棋手败于乙方 n 名棋手的局面数,也即乙方 n 名棋手战胜甲方 m 名棋手的局面数,即 $f(n,m)$. 所以得出递推关系式

$$f(m+1,n) = f(m,n) + f(n,m) \quad ②$$

如何计算 $f(m,n)$ 呢? $f(m,n)$ 的计算可以有两种不同的方式:一种是从式 ② 出发进一步得到

$$f(m+1,n+1) = f(m,n+1) + f(m+1,n) \quad ③$$

由式 ③ 和 $f(m,1) = m$, $f(1,n) = 1$, 逐步递推计算.

另一种方式是根据 $f(m,n)$ 的意义直接推导 $f(m,n)$ 的解析表达式,然后根据解析表达

式计算.

下面介绍第二种方式,首先注意到如下两个事实:

事实1:甲方 m 名棋手,乙方 n 名棋手的擂台赛,赛的场次可多可少,但是最少不能小于 n 场,最多不能超过 $m+n-1$ 场. 这是因为擂台赛每赛一场必然淘汰一名棋手(不管属于甲方还是属于乙方),甲方要胜就必须把乙方 n 名棋手都淘汰,所以不能小于 n 场;而擂台赛结果总有一名棋手是最后胜利者,总不能把双方 $m+n$ 名棋手都淘汰,所以最多不能超过 $m+n-1$ 场.

事实2:在甲方获胜的比赛局面中,由甲方棋手得胜的必须有 n 场,这 n 场比赛可以出现在从第一场到第 $m+n-1$ 场中的任意 n 个位置上,一旦这 n 场甲方棋手得胜的比赛的位置已确定,那么整个擂台赛的局面就唯一确定,两者之间一一对应. 例如,甲方有6名棋手,乙方有4名棋手,甲方胜了4场,它们出现在第3,5,7,8场,那么这个甲方获胜的擂台赛局面必然如下:第1场,甲方败,甲$_1$ 败于乙$_1$;第2场,甲方败,甲$_2$ 败于乙$_1$;第3场,甲方胜,甲$_3$ 胜乙$_1$;第4场,甲方败,甲$_3$ 败于乙$_2$;第5场,甲方胜,甲$_4$ 胜乙$_2$;第6场,甲方败,甲$_4$ 败于乙$_3$;第7场,甲方胜,甲$_5$ 胜乙$_3$;第8场,甲方胜,甲$_5$ 胜乙$_4$. 比赛结束,甲方获胜,不必再进行第9场比赛.

清楚了如上两个事实,$f(m,n)$ 的计算方法也就出来了:甲方棋手得胜的 n 场比赛如何放置,出现在哪些位置上,这决定了比赛局面,放置方法不同赛局也不同. 因此,甲方有多少获胜局面就看这 n 场比赛在1至 $m+n-1$ 这 $m+n-1$ 个场次中有多少种不同的放置方法. 这是一个组合问题,显然

$$f(m,n)=\mathrm{C}_{m+n-1}^{n} \qquad ④$$

这就是 $f(m,n)$ 的解析表达式.

由公式④可知,当中日双方各有8名棋手参战时,$f(8,8)=\mathrm{C}_{15}^{8}=6\,435$,即中日双方各有6 435种不同局面. 第1届擂台赛,中方第2号棋手江铸久连胜五次但第6次败于日本第6号棋手小林光一之后,中方还有6名棋手,日方则只有3名棋手,中方获胜的局面数仍有 $f(6,3)=\mathrm{C}_8^3=56$,日方获胜则只有 $f(3,6)=\mathrm{C}_8^6=\mathrm{C}_8^2=28$. 对于可能出现的84种局面,显然对中方有利.

当中日双方各有9人参赛时,$f(9,9)=\mathrm{C}_{17}^{8}=24\,310$,即中日双方各有24 310种局面. 第2届聂卫平出战日方第5号棋手片冈聪时,中文获胜只有1种局面,而日方获胜有 $f(5,1)=\mathrm{C}_5^1=5$ 种局面,所谓局势严峻盖在于此.

7.4 在化学、物理等学科学习中的应用

在处理化学、物理等学科的某些问题中,借助于数学知识(此处借助于数列知识)处理常收到意想不到的效果.

在归纳同类分子结构通式,分析循环反应等问题时,经常要用到数列有关知识.

例1 下面是某烷烃的立体结构图,图中的"小黑点"表示原子,两个小黑点的"短线"表示化学键,按图中的规律:

(1) 第 n 个结构图中有________个原子;

(2) 第 n 个结构图中有________个化学键.

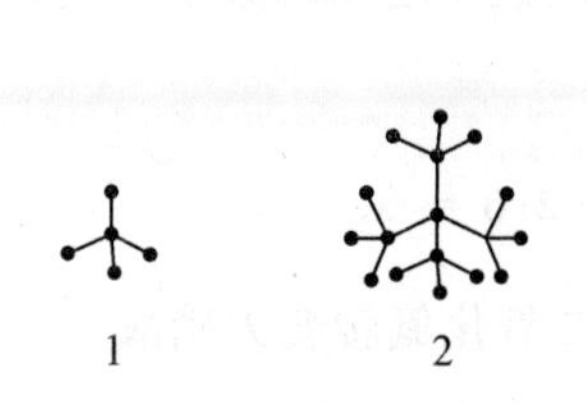

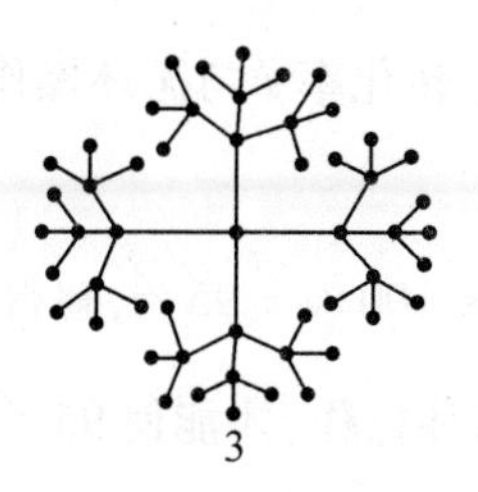

图 7.1

分析　由特殊着手,归纳出一般.

解　(1) 当 $k=1$,原子数为:$1+4\times 3^0$;

当 $k=2$,原子数为:$1+4\times(3^0+3^1)$;

当 $k=3$,原子数为:$1+4\times(3^0+3^1+3^2)$;

……

当 $k=n$,原子数为:$1+4\times(3^0+3^1+3^2+\cdots+3^{n-1})=1+4\times\dfrac{1-3^n}{1-3}=2\cdot 3^n-1$.

故第 n 个结构图中共有 $2\cdot 3^n-1$ 个原子.

(2) 去掉中心的一个原子后,一个原子对应一个化学键,所以第 n 个结构图化学键共有:$2\cdot 3^n-2$(个).

例2　HNO_3 是极其重要的化工原料. 工业上制备 HNO_3 采用 NH_3 催化氧化法,将中间产生的 NO_2 在密闭的容器中多次循环用水吸收制备的. 工业上用水吸收二氧化氮生产硝酸,生成的气体经过多次氧化、吸收的循环操作使其充分转化为硝酸(假定上述过程中无其他损失).

(1) 设循环操作的次数为 n,试写出 $NO_2\to HNO_3$ 转化率与循环操作的次数 n 之间的数学表达式.

(2) 计算一定量的二氧化氮气体要经过多少次循环操作,才能使 95% 的二氧化氮转变为硝酸?

分析　工业上用水吸收二氧化氮生产硝酸,生成的气体经过多次氧化、吸收的循环操作,这个过程实际上经历了下面两个化学反应:

$3NO_2+H_2O=\!=\!=2HNO_3+NO$;

$2NO+O_2=\!=\!=2NO_2$.

可以看出 1 个单位 NO_2 每经过一次 $NO_2\to HNO_3$ 转化率为$\dfrac{2}{3}$,同时生成$\dfrac{1}{3}$个单位 NO,进入不断的循环生成 HNO_3 过程,经过 n 次循环后生成 HNO_3 的物质的量是以$\dfrac{2}{3}$为首项,$\dfrac{1}{3}$为公比的等比.

解　(1) 设起始时 NO_2 物质的量为 1 mol,$NO_2\to HNO_3$ 转化率为 s,经过 n 次循环后生成 HNO_3 的物质的量为

$$\frac{2}{3}+\frac{2}{3}\times\frac{1}{3}+\frac{2}{3}\times\left(\frac{1}{3}\right)^2+\cdots+\frac{2}{3}\times\left(\frac{1}{3}\right)^{n-1}=\frac{\frac{2}{3}\left[1-\left(\frac{1}{3}\right)^n\right]}{1-\frac{1}{3}}=1-\left(\frac{1}{3}\right)^n$$

即 $NO_2 \rightarrow HNO_3$ 转化率 s 与循环操作的次数 n 之间的数学表达式为 $s = 1 - (\frac{1}{3})^n$.

(2) $\frac{1-(\frac{1}{3})^n}{1} \times 100\% = 95\%$,解得 $n = 2.6 \approx 3$.

故要经过3次循环操作,才能使95%的二氧化氮转变为硝酸.

例3 有一系列稠环芳香烃,按如下特点排列 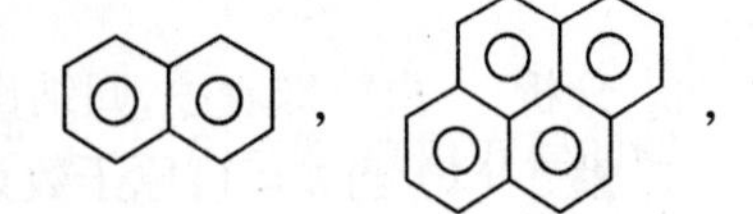,

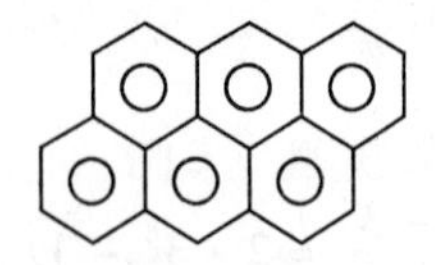,…,N种,若用分子式表示这一系列化合物,其分子式的表示方法是什么?并推断该烃的系列化合物中的碳元素的质量分数的最大值.

解 此题的前一问其实质是求这类芳香烃的通式.从已知所给结构式上观察不难得出这类化合物的分子式分别为 $C_{10}H_8$, $C_{16}H_{10}$, $C_{22}H_{12}$, ….分析分子可知碳氢原子个数均成等差数列.C:10,16,22,28,…,H:8,10,12,14,….由等差数列的通项公式 $a_n = a_1 + (n-1)d$,得 C: $a_n = 10 + 6(n-1) = 6n + 4$; H: $a_n = 8 + 2(n-1) = 2n + 6$.从而该系列化合物的通式为 $C_{6n+4}H_{2n+6}(n = 1,2,3,\cdots)$.

要求此系列化合物的碳元素的质量分数的最大值,只需求 $\frac{(6n+4)\cdot 12}{(6n+4)\cdot 12 + (2n+6)} = \frac{72n+48}{74n+54}$ 的极限.由 $\lim\limits_{n\to\infty}\frac{72n+48}{74n+54} = \frac{72}{74} \approx 0.973$,即得结果.

例4 Cl^- 和 Ag^+ 反应可以生成AgCl,每次新生成的AgCl中,又有10%见光分解生成单质银和氯气,全部氯气又可在中和水溶液中歧化成 $HClO_3$ 和HCl,而这样生成的 Cl^- 又与剩余的 Ag^+ 作用生成沉淀,这样循环往复,直到最终.若现有含1.1 mol NaCl溶液,问其中加入足量 $AgNO_3$ 溶液,求最终能生成多少克难溶物(Ag和AgCl)?若最后溶液体积为1升,求 $[H^+]$ 为多少?

解 题设中的有关化学反应方程如下:

(1) $AgNO_3 + NaCl = AgCl\downarrow + HNO_3$;

(2) $2AgCl \xlongequal{光} 2Ag + Cl_2\uparrow$;

(3) $3Cl_2 + 3H_2O = HClO_3 + 5HCl$;

(4) $HCl + AgNO_3 = AgCl\downarrow + HNO_3$.

AgCl分解率为10%,即有0.1 mol AgCl分解(剩余0.9 mol)生成0.05 mol Cl_2.歧化后生成 $n(HCl) = \frac{1}{10}\cdot\frac{5}{6}$ mol,继而又生成 $n(AgCl) = \frac{1}{10}\cdot\frac{5}{6}$ mol,此AgCl又有 $\frac{1}{10}$ 分解,余下 $\frac{9}{10}$,以此类推.

因1.1 mol NaCl可生成1.1 mol AgCl,则

$$n(\mathrm{Ag}) = 1.1 \times \frac{1}{10} + \frac{5}{6} \times 1.1 \times 0.1^2 + \frac{25}{36} \times 1.1 \times 0.1^3 + \cdots =$$

$$1.1 \times 0.1 \times \left[1 + \frac{5}{6} \times 0.1 + \left(\frac{5}{6} \times 0.1\right)^2 + \left(\frac{5}{6} \times 0.1\right)^3 + \cdots\right]$$

$$n(\mathrm{AgCl}) = 1.1 \times 0.9 + \frac{5}{6} \times 1.1 \times 0.1 \times 0.9 + \frac{25}{36} \times 1.1 \times 0.1^2 \times 0.9 + \cdots =$$

$$1.1 \times 0.9 \times \left[1 + \left(\frac{5}{6} \times 0.1\right) + \left(\frac{5}{6} \times 0.1\right)^2 + \left(\frac{5}{6} \times 0.1\right)^3 + \cdots\right]$$

由上可知，可运用等比数列知识求解，且 $a_1 = 1, q(\text{公比}) = \frac{0.5}{6} = \frac{1}{12}$，注意到无穷等比数列求和公式，得 $S_n = \frac{a_1}{1-q} = \frac{1}{1-\frac{1}{12}} = \frac{12}{11}$，从而

$$n(\mathrm{Ag}) = 1.1 \times 0.1 \times S_n = 1.1 \times 0.1 \times \frac{12}{11} = 0.12\ \mathrm{mol}$$

$$n(\mathrm{AgCl}) = 1.1 \times 0.9 \times S_n = 1.1 \times 0.9 \times \frac{12}{11} = 1.08\ \mathrm{mol}$$

最终生成沉淀的总质量为 $0.12 \times 108 + 1.08 \times 143.5 = 167.94$ g.

从方程式(2) ~ (4) 找关系式

$$2\mathrm{Ag} \sim \mathrm{Cl_2} \sim \frac{6}{3}\mathrm{H^+}\ (5\mathrm{HCl} + \mathrm{HClO_3}) \sim 2\mathrm{H^+}$$

$n(\mathrm{H^+}) = n(\mathrm{Ag}) = 0.12$ mol，溶液体积为 1 L，故 $[\mathrm{H^+}] = 0.12$ mol/L.

例 5　一列火车的车头质量为 m，牵引着 n 节质量均为 m 的车厢，在水平面上以速度 v_0 匀速运动，某时刻最后一节车厢脱钩. 当脱钩的车厢停止运动瞬时，前面列车的最后一节又刚好脱钩，当它停止运动瞬时，前面列车的最后一节又脱钩，…… 直到最前面一节车厢停止运动瞬时，火车头的速度多大?

解　设每节车厢所受的摩擦力都为 f，则火车脱钩前所受牵引力 $F = (n+1)f$.

第一次脱钩的车厢停止运动时，火车的速度为

$$v_1 = v_0 + \frac{mv_0}{f} \times \frac{f}{nm} = v_0 + \frac{v_0}{n} = \frac{n+1}{n}v_0$$

第二次脱钩的车厢停止运动时，火车的速度为

$$v_2 = v_1 + \frac{mv_1}{f} \cdot \frac{2f}{(n-1)m} = v_1 + \frac{2}{n-1}v_1 = \frac{n+1}{n-1}v_1 = \frac{(n+1)^2}{n(n-1)}v_0$$

第三次脱钩的车厢停止运动时，火车的速度为

$$v_3 = v_2 + \frac{mv_2}{f} \cdot \frac{3f}{(n-2)m} = v_2 + \frac{3}{n-2}v_2 = \frac{(n+1)^3}{n(n-1)(n-2)}v_0$$

所以第 n 节车厢脱钩后并停止运动瞬间，火车头的速度为

$$v_n = \frac{(n+1)^n}{n \times (n-1) \times (n-2) \times \cdots \times 2 \times 1}v_0 = \frac{(n+1)^n}{1 \times 2 \times 3 \times \cdots \times n}v_0$$

例 6　有一矩形闸门宽 1 米，高 4 米，若水深 3 米，研究闸门所受到的水压力.

解　由于压强随水深而变化，故应用一般方法无法求其精确解，不得已而求其近似解.

将闸门沿水深方向分为 n 等分，分别求其各层所受压力的近似值，由水的密度、深度与压强的关系，取重力加速度 $g = 10$ 米／秒^2，可计算得各层的压强的最小值和最大值如下：

	压强的最小值(牛／米^3)	加强的最大值(牛／米^3)
最上一层	0	$\frac{30\ 000}{n}$
第二层	$\frac{30\ 000}{n}$	$\frac{60\ 000}{n}$
第三层	$\frac{60\ 000}{n}$	$\frac{90\ 000}{n}$
⋮	⋮	⋮
第 n 层	$\frac{30\ 000(n-1)}{n}$	$\frac{30\ 000n}{n}$

每层的面积为 $1 \times \frac{3}{n} = \frac{3}{n}$(米^2).

闸门所受总压力 F 的不足近似值为

$$F_n^- = \frac{30\ 000}{n}\left[\frac{3}{n} + \frac{6}{n} + \cdots + \frac{3(n-1)}{n}\right] = \frac{90\ 000}{n^2}[1 + 2 + \cdots + (n-1)] = \frac{90\ 000}{2}\left(1 - \frac{1}{n}\right)(\text{牛})$$

闸门所受总压力的过剩近似值为

$$F_n^+ = \frac{30\ 000}{n}\left(\frac{3}{n} + \frac{6}{n} + \cdots + \frac{3n}{n}\right) = \frac{90\ 000}{n^2}(1 + 2 + \cdots + n) = \frac{90\ 000}{2}\left(1 + \frac{1}{n}\right)(\text{牛})$$

从静止观点看，无论 n 取多大的值，F_n^-，F_n^+ 只能是具有一定误差的近似值. 但从变化的观点看，当 n 无限变大(即将闸门无限细分)时，误差越来越小，F_n^-，F_n^+ 都向定值 45 000 无限逼近，所以闸门所受的水压力为 45 000 牛.

例 7 小行星的发现.

1766 年，天文学家提丢斯(Johann Titius 1729—1796)根据已知的 6 颗行星与太阳距离得下表：

类别 \ 距离 \ 行星	水星	金星	地球	火星	?	木星	土星
假设距离	4 + 0	4 + 3	4 + 6	4 + 12	4 + 24	4 + 48	4 + 96
实际距离	3.9	7.2	10	15.2	?	50.2	95.0

(设地球与太阳的平均距离为 10 个天文单位)

6 年后，德国天文学家据此得出假设：太阳系中各行星与太阳的天文单位距离应是 4 和数列 0，3，6，12，⋯ 中某一项的和. 天文学家们由此断言：在相当于 4 + 24 这个天文单位的位置上一定存在着尚未发现的行星. 随后数学家高斯算出了行星椭圆轨道方程，并由冯·察奇(Baron Franz Xaver Zach 1754—1832)制成了觅星图表，终于在预定位置上成功地发现了一大批小行星.

7.5　斐波那契数列的简单应用

1202年,意大利数学家斐波那契提出了如下一个问题:有小兔一对,若第二个月它们成年,第三个月生下小兔一对,以后每月生下小兔一对,而所生小兔也在第二个月成年,第三个月生下另一对小兔,以后也每月生下小兔一对.问一年后共有兔多少对?(假定每产下一对小兔都是一雌一雄,而所有兔子都可以相互交配,且无一死亡)

这样得到的每月兔子的对数为数列:1,1,2,3,5,8,13,21,34,55,89,144.故到年底共有144对兔子.

这个数列:$a_0=a_1=1,a_{n+1}=a_n+a_{n-1}(n\in\mathbf{N})$,即为斐波那契数列.斐波那契数列的应用十分广泛.

比如,在线段的黄金分割中,两条长短线段的比为$\frac{1}{2}(\sqrt{5}-1)=0.618\ 033\ 988\ 7\cdots\approx 0.618$.

它的渐近分数为$\frac{0}{0},\frac{1}{1},\frac{1}{2},\frac{2}{3},\frac{3}{5},\frac{5}{8},\frac{8}{13},\frac{13}{21},\cdots$,这一串渐近分数的分子、分母依次为斐波那契数列中的各项.

令人惊奇的是这类渐近分数比广泛地出现在自然界和人文社会里.

建筑师们早就懂得使用这些渐近分数比了,在公元前3 000年建成的埃及法老胡夫的金字塔和公元前432年建成的雅典帕特农神庙就采用这类神奇之比,因此它的整个结构以及它与外界的配合是那样的和谐美观,我们现在的窗户大小一般都按这类分数比制成.

在艺术领域里更是神奇.众所周知的维纳斯女神像,她优美的身段可以说完美无缺,而她上下身的比正是这类分数比.芭蕾舞演员顶起脚尖,正是为了使人体的上下身之比更符合黄金比.在1483年左右完成的“圣久劳姆”画,作画的外框长方形也符合这个出色的这类分数比.像二胡、提琴这样的弦乐器,当乐师们把它们的码子放在这类分数比的分点上时,乐器发出的声音是最动听的,等等.

又比如,生物学家发现,雏菊花花蕊的螺形小花的排列是21∶24,松果球则是5∶8,而菠萝是8∶13.这些数字正是斐波那契数列中的相邻两项的比,因此,它们的形状特别美丽.

更令人惊奇不已的是数学家泽林斯基经过考证在一次国际数学会议上提出一般树木生长的问题.他发现一棵树,第一年只有主干,第二年有两枝,第三年有三枝,然后是五枝,八枝,十三枝等等,这正好是斐波那契数列.

再比如,我们在登楼梯时,如果规定每步,只能跨上一级或二级,那么上楼梯的方法数也是斐波那契数列中的项.

关于黄金分割数0.618的一些实际应用我们作为附录补充说明如下:

附　录

0.618是一个十分奇妙的数字,古希腊哲学家柏拉图,从美学的角度把0.618称为美的比例,黄金比或黄金律.人们研究证明,宇宙万物凡符合黄金分割律的总是最美的.

人的躯体的许多部分都近似地显示着黄金分割律.例如:人体的肚脐、咽喉、膝盖、肘关节是四个黄金分割点,人的肚脐以上部分与肚脐以下部分的长度之比为0.618∶1,咽喉至头顶与咽喉至肚脐的长度之比为0.618∶1,膝盖至脚后跟与膝盖至肚脐的长度比为0.618∶1,肘关节至肩关节与肘关节至中指尖的长度之比仍为了0.618∶1.正常人的脸的宽度与长度之比也近似于0.618∶1,明显地大于或小于这个比例的就被称为"马脸"或"圆盘脸".

人体的许多生理特征与黄金分割也是吻合的.例如:人感觉最舒适的环境为22～24℃,因为人体的正常体温是37℃,与0.618∶1的乘积为22.8℃.在这一温度下,人的肌体的新陈代谢、生理节奏和生理功能均处于最佳状态.就人的年龄来说,妇女从13～50岁正值青春期走向更年期,这个期间的黄金分割点是35.8岁,而35岁左右正值青年和中年的分界线,又是精力旺盛、年富力强、出成果的最好时期.有人对1901～1991年间126位诺贝尔物理奖获得者进行调查,发现获奖者作出重大成果时的平均年龄为36.3岁.

人们的生活环境的舒适度也与黄金分割有关.我们知道,地球表面的纬度范围是0°～90°,对其进行黄金分割,则34.38°～55.62°正是地球的黄金地区,这一地区也几乎囊括了世界上所有的发达国家.地球外层空间是大气层,大气层的中间层高度是85千米,85千米的0.618处为52.5千米处,在这个高度,大气正巧形成了臭氧层,臭氧层几乎阻止了来自太阳辐射中的全部紫外线,成了人类的保护神.另外,全球的季节气候基本上是1月份最冷,7月份最热,而1～7月份的黄金分割点是4.7月份.7月份至下一年的1月的黄金分割点是9.3月份,而实际上每年的4,5月份和9,10月份也确实是人们生活最舒适的季节.

综上所述,生物体结构和生理所具有固定数值和比例,也体现着宇宙演化运动和生物进化发展的客观规律.

7.6 非数列问题的数列解法

有些数学问题,看似与数列毫不相关,我们称为非数列问题.但若改变观察角度,仔细分析,也可发现它们的条件中隐含着等差或等比数列的因素,因而可运用数列知识,改变问题的结构表现形式,从而求解.

例1 已知$2\cos\theta+\sin\theta=1$,求$\dfrac{\cos\theta-\sin\theta}{\cos\theta+\sin\theta}$的值.

解 由$2\cos\theta+\sin\theta=2\cdot\dfrac{1}{2}$,可看作$2\cos\theta,\dfrac{1}{2},\sin\theta$成等差数列,故可说$2\cos\theta=\dfrac{1}{2}-d,\sin\theta=\dfrac{1}{2}+d$(其中$d$为公差).于是$\cos\theta=\dfrac{1}{4}=-\dfrac{1}{2}d$.

由$\cos^2\theta+\sin^2\theta=1$,有$(\dfrac{1}{4}-\dfrac{1}{2}d)^2+(\dfrac{1}{2}+d)^2=1$,解得$d=-\dfrac{11}{10}$或$d=\dfrac{1}{2}$

$$\frac{\cos\theta-\sin\theta}{\cos\theta+\sin\theta}=\frac{\frac{1}{4}+\frac{1}{2}d-(\frac{1}{2}-d)}{\frac{1}{4}+\frac{1}{2}d+(\frac{1}{2}-d)}=\frac{-1-6d}{3+2d}$$

将$d=-\dfrac{11}{10}$或$\dfrac{1}{2}$代入上式,得$\dfrac{\cos\theta-\sin\theta}{\cos\theta+\sin\theta}=7$或$-1$.

例2 已知$\sin\varphi\cdot\cos\varphi=\dfrac{60}{169}$,且$\dfrac{\pi}{4}<\varphi<\dfrac{\pi}{2}$,求$\sin\varphi,\cos\varphi$的值.

解　由题设,可看作 $\sin\varphi, \frac{2}{13}\sqrt{15}, \cos\varphi$ 成等比数列,故可设 $\sin\varphi = \frac{2}{13}\sqrt{15}q, \cos\varphi = \frac{2}{13q}\sqrt{15}$ ($1 < q < 2$, q 为公比),则由 $\sin^2\varphi + \cos^2\varphi = 1$ 得 $(\frac{2}{13}\sqrt{15}q)^2 + (\frac{2}{13q}\sqrt{15})^2 = 1$,即 $60q^4 - 169q^2 + 60 = 0$,解得 $q = \frac{6}{\sqrt{15}}$. 故 $\sin\varphi = \frac{12}{13}, \cos\varphi = \frac{2}{13}$.

例 3　解方程 $3\sqrt[3]{(8-x)^2} + 2\sqrt[3]{(x+27)^2} = 5\sqrt[3]{(8-x)(x+27)}$.

解　由 $\sqrt[3]{(8-x)^2} \cdot \sqrt[3]{(x+27)^2} = (\sqrt[3]{(8-x)(x+27)})^2$,可看作 $\sqrt[3]{(8-x)^2}$, $\sqrt[3]{(8-x)(x+27)}$, $\sqrt[3]{(x+27)^2}$ 成等比数列,且其公比为 $q = \sqrt[3]{\frac{x+27}{8-x}}$(因为 $x \neq \delta$). 将原方程各项除以 $\sqrt[3]{(8-x)^2}$,得 $3 + 2q^2 = 5q$,求得 $q_1 = 1, q_2 = \frac{3}{2}$.

由 $\frac{x+27}{8-x} = 1$ 求得 $x_1 = -\frac{19}{2}$,由 $\frac{x+27}{8-x} = \frac{27}{8}$ 求得 $x_2 = 0$. 经检验 $x_1 = -\frac{19}{2}, x_2 = 0$ 均为原方程的根.

思考题

1. 有 10 台型号相同的联合收割机、收割一片土地上的小麦. 若同时投入工作至收割完毕需用 24 小时. 但现在它们是每隔相同的时间顺序投入工作的,每一台投入工作后都一直工作到小麦收割完毕,如果第一台收割机工作的时间是最后一台的 5 倍,求用这种收割方法收割完这片土地上的小麦需用多长时间?

2. 假设一个球从某个高度掉到地上,再弹起的高度为前高度的三分之二,那么当一个球从 6 米高度落下,并让其自由弹跳直至停下,球总共的运动路程是多少?

3. 某家庭打算在 2008 年的年底花 20 万元购一套商品房,为此,计划从 1999 年初开始,每年年初存入一笔购房专用存款,使这笔款项到 2008 年底连本带息共有 20 万元. 如果每年的存入数额相同,利息依年利率 4% 并按复利计算,问每年的存入数为多少?

4. 某工厂试制新产品,为生产此项产品需增加某些设备,若购置这些设备需一次付款 25 万元,若租赁这些设备每年初付租金 3.3 万元,若银行复利年利率为 9.8%. 试讨论哪种方案收益更大(设备寿命为 10 年).

5. 资料表明,目前我国工业废弃垃圾达 7.4×10^8 吨,占地 562.4 平方千米. 若环保部门每回收或处理 1 吨废旧物质,则相当于处理和减少 4 吨工业废弃垃圾,并可节约开采各种矿石 20 吨,设环保部门 2004 年回收 10 万吨废旧物资,计划以后每年递增 20% 的回收量,问:(1)2008 年能回收废旧物质多少吨? (2) 从 2004 年到 2008 年可节约开采多少吨矿石? (3) 从 2004 年到 2008 年可节约多少平方千米的土地?

6. 1998 年,某内河可供船只航行的河段长 1 000 千米,但由于水资源的过度使用,促使河水断流,从 1999 年起,该内河每年船只可行驶的河段长度仅为上一年的三分之二. 试求:(1) 到 2007 年,该内河可行驶的河段长度为多少千米? (2) 若有一条船每年在该内河上行驶五个来回,问从 1998 年到 2007 年这条船航行的总路程为多少千米?

7. 设有两项投资方案,年收益率均为 14%,方案 1:设备费 30 万元,使用年限 25 年,第 15

年底要大修一次，大修费用5万元，每年运行费2.5万元. 方案2：设备费20万元，使用年限20年，第12年底大修费用3万元，每年运行费3万元. 试比较这两个方案的平均年成本.

8. 一位40岁的工人因工作事故意外受伤，因此该工人失去了原工种的劳动能力，他与厂方达成的协议中其中一项是，厂方每月支付350元基本生活费，共15年，现该工人提出要求一次性支付以应急需，厂方提出以相当于活期的3‰的月利率以复利计算，那么现在应一次性支付该工人多少元？

9. 某一信托投资公司，考虑投资1 600万元建造一经营项目，经预测，该项目建成后每年可获利600万元. 试问三年内能否把全部投资收回？假设银行每年复利计息，利率为15%，若需要在三年内收回全部投资，每年至少应获利多少万元（结果保留一位小数）？

10. 某工厂开工第一天的产量不超过20件，此后日产量都有所增加，但每次增产的数量也不超过20件. 当日产量达到1 998件时，求工厂生产的产品数的最小值.

11. 设 $n \in \mathbf{N}$，且 $\sin x + \cos x = -1$，求证

$$\sin^n \alpha + \cos^n \alpha = (-1)^n$$

12. 已知 $a\sin x + b\cos x = 0, A\sin x + B\cos x = C$（$a,b$ 不同时为零）. 求证：$2abA + (b^2 - a^2)B + (a^2 + b^2)C = 0$.

思考题参考解答

1. 设从第一台投入工作起，这10台收割机工作的时间依次为 $a_1, a_2, \cdots, a_{10}$ 小时. 依题意 $\{a_n\}$ 组成一个等差数列，且每台收割机每小时工作效率为 $\frac{1}{240}$，则由 $a_1 = 5a_{10}$ 且 $\frac{1}{240}(a_1 + a_2 + \cdots + a_{10}) = 1$，求得 $\frac{(a_1 + a_{10}) \cdot 10}{2} = 240$，即 $a_1 + a_{10} = 48$，且 $a_1 = 5a_{10}$，故得 $a_1 = 40$ 小时即为所求.

2. 因为球每一次落下路程恰为前一次弹起的路程，而每一次弹起的路程又为前一次落下路程的 $\frac{2}{3}$，于是可知球掉下的路程依次为 $6, 6 \times \frac{2}{3}, 6 \times (\frac{2}{3})^2, 6 \times (\frac{2}{3})^3, \cdots$；球弹起的路程依次为 $6 \times \frac{2}{3}, 6 \times (\frac{2}{3})^2, 6 \times (\frac{2}{3})^3, 6 \times (\frac{2}{3})^4$. 所以掉下路程与弹起路程总和分别 $6 \times \frac{1}{1 - \frac{2}{3}} = 18$（米）和 $6 \times \frac{2}{3} \times \frac{1}{1 - \frac{2}{3}} = 12$（米），因此球的运动总路程为30米.

3. 设每年的存入数为 x，那么至2008年底（共10年）本息和为 $x(1 + 4\%)^{10} + x(1 + 4\%)^9 + \cdots + x(1 + 4\%)$，要使它恰好为20万元，则列方程

$$x(1.04^{10} + 1.04^9 + \cdots + 1.04) = 200\,000$$

解得 $x = 16\,017.5$（元），即每年存入16 017.5元.

4. 解1　从10年后的价值考虑，购置设备的25万元10年后的价值为 $P_1 = 25(1 + 9.8\%)^{10} \approx 63.674$（万元）. 每年初付租金3.3万元的10年后总价值为 $P_2 = 3.3(1 + 9.8\%)^{10} + 3.3(1 + 9.8\%)^9 + \cdots + 3.3(1 + 9.8\%) \approx 57.197$（万元）即租赁设备方案的收益较大.

解2　从现值来考虑，每年初付租金3.3万元的10年现值为 $Q = 3.3 + 3.3(1 +$

$9.8\%)^{-1}+\cdots+3.3(1+9.8\%)^{-9}=\frac{3.3\times(1+9.8\%)}{9.8\%}[1-(1+9.8\%)^{-10}]\approx 22.457$(万元)，这比购置设备一次付款25万元少，即租赁设备方案收益较好.

5.(1) 设a_n表示第n年的废旧物质回收量，则知$a_1=10, a_2=10(1+20\%),\cdots,a_5=10(1+20\%)^4$，故2002年回收废旧物质$10\times 1.2^4$万吨.

(2) 用S_n表示从1998年算起前n年废旧物质回收量，则$S_5=a_1+a_2+\cdots+a_5=\frac{10[(1+20\%)^5-1]}{20\%}$. 故从1998年到2002年共节约开采矿石$2\,000(1.2^5-1)$万吨.

(3) 由于从2004年到2008年共减少工业废弃垃圾$4\times 10[(1+20\%)^5-1]/0.2$(万吨)，所以从2004年到2008年共节约$562.4\times 4\times 10[(1+20\%)^5-1]/[0.2\times 7.4\times 10^5]$平方千米土地.

6.(1) 设a_n表示第n年船只可行驶河段长度，则$a_1=1\,000, a_2=1\,000\times\frac{2}{3},\cdots,a_{10}=1\,000\times(\frac{2}{3})^9$千米.

(2) 用S_n表示前n年这条船只航行的总路程，则$S_{10}=10(a_1+a_2+\cdots+a_{10})=30\,000[1-(\frac{2}{3})^{10}]$千米.

7. 先将两个方案的大修费用折成现值分别为$P_1=\frac{5}{(1+0.14)^{15}}\approx 0.700\,5$(万元)，$P_2=\frac{3}{(1+0.14)^{12}}\approx 0.622\,7$(万元)，于是两个投资方案的现值分别为$Q_1=30+P_1=30.700\,5$(万元)，$Q_2=20+P_2=20.622\,7$(万元). 再分别计算两个方案的平均年成本. 其中设备投资的年成本为$A_1=\frac{0.14\times 30.700\,5}{1-1.14^{-25}}\approx 4.466\,9$(万元)，$A_2=\frac{0.14\times 20.622\,7}{1-1.14^{-20}}\approx 3.113\,7$(万元)，而运行费分别为2.5万元和3万元，所以平均年成本是$B_1=4.466\,9+2.5=6.966\,9$(万元)，$B_2=3.113\,7+3=6.113\,7$(万元). 由于方案2的投资小，年平均成本低，故方案2较好.

8. 15年共180个月. 第一个月应付$a_1=350$，第二个月的350元折现值$a_2=350\times(1+3‰)^{-1}$，第三个月的350元的折现值为$a_3=350\times(1+3‰)^{-2},\cdots$，如此下去，第180个月的350元的折现值为$a_{180}=350\times(1+3‰)^{-179}$. 故$S_{180}=a_1+a_2+\cdots+a_{180}=350\times\frac{1-(1+3‰)^{-180}}{1-(1+3‰)^{-1}}\approx 48\,770$(元). 即一次性支付48 770元.

9. 设每年收益为A，年利率为R，当年投资额为Q，则n年后这笔投资额的实际额为$Q(1+R)^n$. 而n年收益总额为$A+A(1+R)+\cdots+A(1+R)^{n-1}=\frac{A}{R}[(1+R)^n-1]$. 若$n$年恰还清投资额，则有$Q(1+R)^n=\frac{A}{R}[(1+R)^n-1]$，即有

$$Q=\frac{A}{R}[1-\frac{1}{(1+R)^n}] \qquad (*)$$

当$n=3, A=600, R=15\%$时，由(*)求得$Q=1\,369.9$(万元). 而当$Q=1\,600$时，由

式(*)求得 $A = 700.76$,即每年至少应收益700.8万元,才能在三年后收回全部投资.

10. 设开工后第 n 天的产量达到1 998件,并设第一天的产量为 a_1 件,第 i 天增加的产量为 a_i 件($i = 2,3,\cdots,n$),则有

$$a_1 + a_2 + \cdots + a_n = 1\,998 \quad ①$$

其中 $a_i \in \mathbf{N}$,且 $0 < a_i \leqslant 20$. 这 n 天的总产量为

$$S = na_1 + (n-1)a_2 + (n-2)a_3 + \cdots + a_n \quad ②$$

原问题是在条件①下,求②的最小值. 因为满足①的数组 $(a_1,a_2,\cdots,a_n)$ 是有限的,故 S 的最小值是存在的.

在 $a_2,a_3,\cdots,a_k,\cdots,a_n$ 中,从后往前看,设第一个小于20的数为 $a_k(1 < k \leqslant 20)$,这时对 n 个数作如下调整:令 $a'_1 = a - 1, a'_2 = a_2, \cdots, a'_{k-1} = a_{k-1}, a'_k = a_k + 1, a'_{k+1} = a_{k+1} = 20, \cdots, a'_n = a_n = 20$,这时仍有 $a'_1 + a'_2 + \cdots + a'_n = 1\,998$.(若 $a'_1 = 0$,则可认为开工后第 $n-1$ 天的日产量达到1 998件,而第一天产量为 a'_2 件),因而相应的 S' 满足 $S - S' = k - 1$,即 S' 比原 S' 小,由此可见 S 的最小值在 $0 < a_1 \leqslant 20, a_2 = a_3 = \cdots = a_n = 20$ 时得到. 又 $1\,998 = 99 \times 20 + 18$. 故当 $a_1 = 18, n = 100$ 时,$S_{\min} = 100 \times 18 + (1 + 2 + \cdots + 99) \times 20 = 10\,080$ 为所求.

11. 设 $\sin\alpha = -\frac{1}{2} - d, \cos\alpha = -1 + d$,由 $\sin^2\alpha + \cos^2\alpha = 1$ 求得 $d = \pm\frac{1}{2}$,由此有 $\sin\alpha = -1$ 且 $\cos\alpha = 0$ 或 $\sin\alpha = 0$ 且 $\cos\alpha = -1$,即证.

12. 当 $a = 0$ 或 $b = 0$ 时,易知结论成立. 当 $ab \neq 0$ 时,设 $a\sin x = d, b\cos x = -d$,由 $\sin^2 x + \cos^2 x = 1$ 得 $d^2 = \frac{a^2b^2}{a^2 + b^2}$,从而 $C = A\sin 2x + B\cos 2x = 2A\sin x\cos x + B(\cos^2 x - \sin^2 x) = \frac{-2Aab + B(a^2 - b^2)}{a^2 + b^2}$. 由此即证.

第八章　立体几何知识的实际应用

立体几何知识是平面几何知识的扩展，其中的各种知识以及立体感的直观图形描述了物体的特性以及自然界的奥妙.

8.1　生产、生活中一些实际问题的科学处理

在搞基建施工时，技术员用皮尺量出几个数字后，就可以知道土方是多少；木工用皮尺在木料上量几下，就可知道木料的体积是多少等等，这些事例说明，立体几何知识在生活生产实践中是广泛地应用着的. 下面再看看如何运用立体知识科学处理生产生活中的实际问题的几个例子.

例1　科学植树的一个重要因素就是要考虑阳光对树生长的作用. 现在准备在一个朝正南方向倾角为 $\alpha(<\frac{\pi}{6})$ 的斜坡上种树，假设树高为 $h(>1)$ 米. 当太阳在北偏东 β 而仰角为 γ 时，树在坡面上的影长不至于遮挡住它周围的树，栽种树时应选择怎样的横行距与正南上下株距？

分析　如图8.1所示，DE 是高度为 h 的树，斜坡 BD 朝正南方向，AB 为东西方向，BC 为南北方向. $\angle CBD=\alpha$，$\angle ACB=\beta$，$\angle EAC=\gamma$，$\angle AED=90°-\gamma$，题设条件下树的影长为 AD，栽树的横行距为 AB，正南上下株距为 BD.

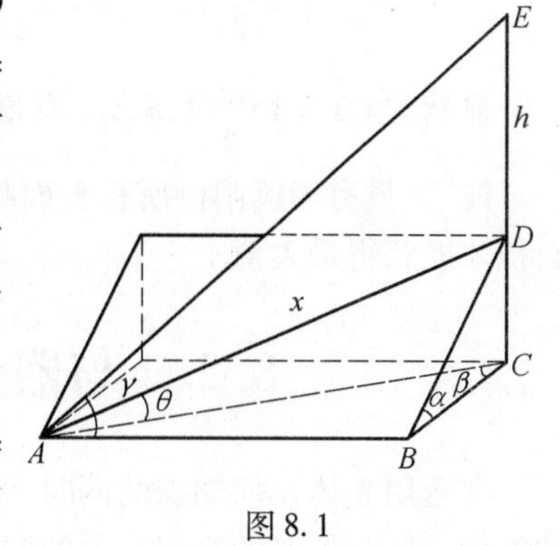

图8.1

显然 BD 在 $\text{Rt}\triangle BDC$ 中可求，AB 在 $\text{Rt}\triangle ABD$ 中可求. 为此，要求 AD，不妨设 $AD=x$，$\angle DAC=\theta$. 以揭示 x 与诸已知量之间的数量关系.

解　由分析中所设，在 $\triangle ADE$ 中，由 $\frac{h}{\sin(\gamma-\theta)}=\frac{x}{\sin(90°-\gamma)}$，即有 $\frac{x}{\cos\gamma}=\frac{h}{\sin(\gamma-\theta)}$.

在 $\triangle ACD$ 中，$CD=x\cdot\sin\theta$，$AC=x\cdot\cos\theta$.

在 $\triangle ABC$ 中，$BC=AC\cdot\cos\beta=x\cdot\cos\theta\cdot\cos\beta$.

在 $\triangle BCD$ 中，$\tan\alpha=\frac{CD}{BC}=\frac{\tan\theta}{\cos\beta}$. 由此有 $\tan\theta=\tan\alpha\cdot\cos\beta$，即 $\theta=\arctan(\tan\alpha\cdot\cos\beta)$. 从而知

$$x=\frac{h\cdot\cos\gamma}{\sin(\gamma-\theta)}=\frac{h\cdot\cos\gamma}{\sin[\gamma-\arctan(\tan\alpha\cdot\cos\beta)]}$$

由此再算得 AB，BD 的长度即可.

例2　一些小商贩总喜欢利用一面南北方向的墙，搭建简易的遮阳棚. 如图8.2所示，遮阳棚面成三角形 ABC，且将 AB 钉在墙面 BG 内，$AB=5$ 米，$AC=3$ 米，$BC=4$ 米. 他们认为从正西方向射出的太阳光线与地面成 $75°$ 角时，气温最高，要使此时遮阳棚的遮阴面积最大，

应将遮阳棚 ABC 面与水平面 $GC'H$ 成多大角度？

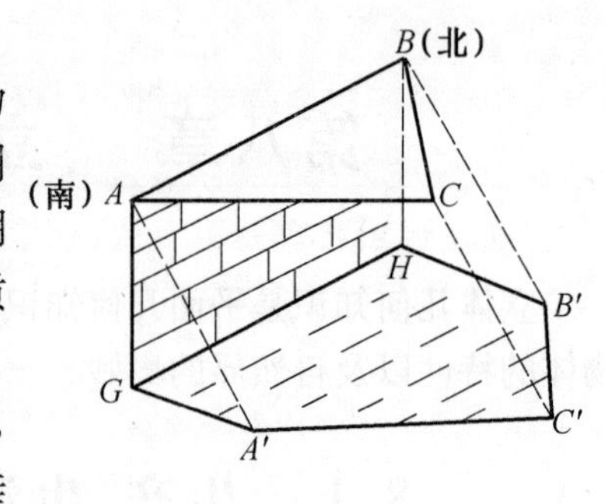

图 8.2

分析　首先注意到此时这面墙所遮阳的面积为 $S_{A'C'B'HG}$ 是一个常量，因此遮阳总面积是随遮阳棚所遮阴面积的变化而变化的. 为了讨论问题的方便，可将遮阳棚面平行移动，使它的 AB 边放到地面上，所求问题的实质并没有改变.

如图 8.3，设遮阳棚 ABC 所在平面为 M，地面为 N，$\triangle ABD$ 为遮阳棚遮阴的图形. 过 C 在平面 M 内引 AB 的垂线 CE（E 为垂足），连 DE（即 D 为 EC 在平面 N 内的射影线上的点），则 $CD\perp AB$，从而 $AB\perp$ 平面 CED. 因此 $\angle CED$ 为二面角 $M-AB-N$ 的平面角，设 $\angle CED=\alpha$.

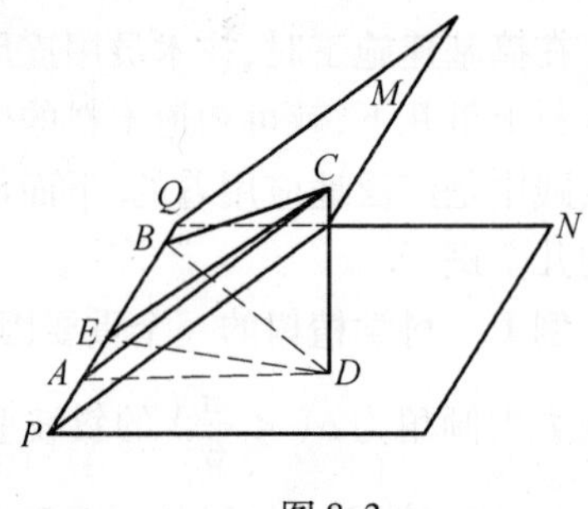

图 8.3

因为 $AB\perp$ 平面 CED，$AB\subset N$，所以平面 $CED\perp$ 平面 N，故 $\angle CDE$ 即为 CD 与平面 N 所成的角，即 $\angle CDE=75°$.

在 $\triangle CED$ 中，有 $\dfrac{CE}{\sin 75°}=\dfrac{DE}{\sin(180°-75°-\alpha)}$.

又由射影定理，有 $CE=\dfrac{12}{5}$. 故

$$S_{\triangle ADB}=\frac{1}{2}AB\cdot DE=\frac{1}{2}\cdot 5\cdot\frac{12}{5}\cdot\frac{\sin(105°-\alpha)}{\sin 75°}=\frac{6\sin(105°-\alpha)}{\sin 75°}$$

显然，当 $\alpha=15°$ 时，$S_{\triangle ADB}$ 有最大值 $\dfrac{6}{\sin 75°}\approx 6.2$（米^2）.

注　只有当遮阳棚所在平面与太阳光线垂直时，才能挡住最多的光线，被遮阴的地面面积才能获得最大值.

8.2　与器皿容积有关的问题的讨论

在运用立体几何知识的同时，结合代数知识，特别是不等式知识，我们可以方便地讨论和处理一些与器皿的容积有关的问题.

例 1　把边长为 a 的正 n 边形（$n\geqslant 3$）的每一角截去同样的四边形后，弯折成一个底面为正 n 边形的直棱柱形敞口容器. 试求容积 V 的最大值.

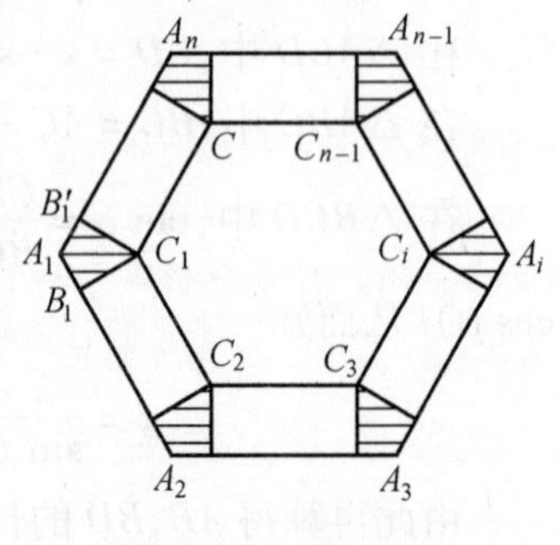

图 8.4

解　为保证容器为直棱柱形，则各角四边形剪切线如图 8.4 中的 B_1C_1，B'_1C_1 必对称地垂直于各边. 设 $A_1B'_1$ 为 x，则容器底面正 n 边形的边长为 $a-2x$. 注意到正 n 边形每一内角为 $\dfrac{(n-2)\pi}{n}$，则容器的高为 $B_1C_1=h=x\cdot\tan\dfrac{(11-2)\pi}{2n}$.

又底面正 n 边形面积为

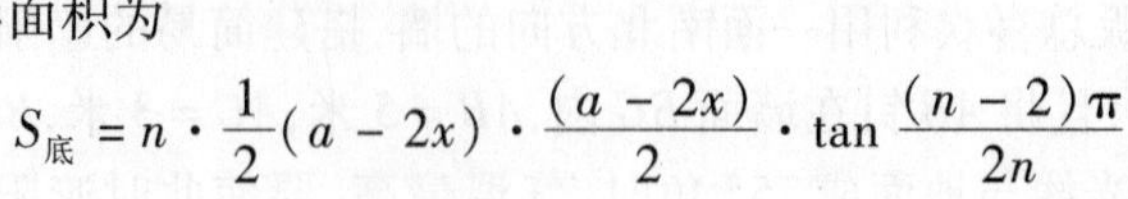

$$S_{底}=n\cdot\frac{1}{2}(a-2x)\cdot\frac{(a-2x)}{2}\cdot\tan\frac{(n-2)\pi}{2n}$$

$$V = S_{底} \cdot h = \frac{n}{4} \cdot \tan^2\frac{(n-2)\pi}{2n} \cdot x(a-2x)^2$$

而对于正数 $a-2x$,$4x$ 有

$x(a-2x)^2 \leqslant \frac{1}{4}[\frac{4x+(a-2x)+(a-2x)}{3}]^3 = \frac{1}{4} \cdot (\frac{2a}{3})^3$,其中等号当且仅当 $4x = a-2x$ 即 $x = \frac{1}{6}a$ 时取到.

故当 $x = \frac{a}{6}$ 时,所得容积最大为 $\frac{na^3}{54} \cdot \tan^2\frac{(n-2)\pi}{2n}$.

注　此时底面边心距 d 与高 h 之比为 $\frac{d}{n} = \frac{\frac{a-2x}{2} \cdot \tan\frac{(n-2)\pi}{2n}}{x \cdot \tan\frac{(n-2)\pi}{2n}} = \frac{a-2 \cdot \frac{a}{6}}{2 \cdot \frac{a}{6}} = 2$ 及 x 取值都与 n 无关.

例2　需制作一个底面为正 n 边形的直棱柱形敞口容器,试确定容器的高和底面边心距的合适比,使得所需材料面积为定值 $S_{全}$ 而容器容积最大.

解　设底面正 n 边形边长为 a,高为 h,则

$$S_{底} = \frac{na^2}{4} \cdot \tan\frac{(n-2)\pi}{2n}$$

$$S_{全} = \frac{na^2}{4} \cdot \tan\frac{(n-2)\pi}{2n} + nah$$

$$h = \frac{S_{全} - \frac{na^2}{4} \cdot \tan\frac{(n-2)\pi}{2n}}{na}$$

故　$$V = S_{底} \cdot h = \frac{n \cdot \tan^2\frac{(n-2)\pi}{2n}}{16} \cdot a\left[\frac{4S_{全}}{n \cdot \tan\frac{(n-2)\pi}{2n}} - a^2\right]$$

由 $\sqrt[3]{2a^2 \cdot \left[\frac{4S_{全}}{n \cdot \tan\frac{(n-2)\pi}{2n}} - a^2\right]^2} \leqslant \frac{1}{3} \cdot \frac{8S_{全}}{n \cdot \tan\frac{(n-2)\pi}{2n}}$,有

$$a \cdot [\frac{4S_{全}}{n \cdot \tan\frac{(n-2)\pi}{2n}}] \leqslant \sqrt{\frac{1}{2}[\frac{8S_{全}}{3n \cdot \tan\frac{(n-2)\pi}{2n}}]^3} \quad ①$$

当且仅当 $2a^2 = \frac{4S_{全}}{n \cdot \tan\frac{(n-2)\pi}{2n}} - a^2$,即 $a = \sqrt{\frac{4S_{全}}{3n \cdot \tan\frac{(n-2)\pi}{2n}}}$ 时式①等号成立,此时

$$V \leqslant \sqrt{\frac{\tan\frac{(n-2)\pi}{2n}}{27n}} \cdot S_{全}^{\frac{3}{2}}$$

若设底面边心距为 d,则有

$$\frac{d}{h}=\frac{\frac{a}{2}\cdot\tan\frac{(n-2)\pi}{2n}}{\frac{4S_{全}-na^2\cdot\tan\frac{(n-2)\pi}{2n}}{4na}}=\frac{\frac{8}{3}S_{全}}{4S_{全}-\frac{4}{3}S_{全}}=1$$

故当容器的高与底面边心距相等时,用料面积为定值 $S_{全}$ 而容积最大,容积最大值为

$$\sqrt{\frac{1}{27n}\cdot\tan\frac{(n-2)\pi}{2n}}\cdot S_{全}^{\frac{3}{2}}$$

例 3 圆柱形的桶(有盖)其体积为定值 v. 问最好的圆桶应怎样设计?

分析 当我们试图解决这一问题时,首先自然要问:"应按什么标准将圆桶彼此来比较?什么样的圆桶才算最好?"换句话说,也就是要指明最优化的目标. 目标一:最好的圆桶应具有最小的表面积(制造时所用的材料最少);目标二:最好的圆桶应具有最短的接缝(接缝需要焊接或卷边,想使这项工作最少,只考虑上、下盖的边沿接缝与侧面一条竖直接缝).

设圆桶的表面积为 S,接缝总长为 l,底面半径为 x,高为 y.

先考虑用料最省的问题:由 $v=\pi x^2y$ 及 $S=2(\pi x^2+\pi xy)$,有

$$S=2(\pi x^2-\frac{v}{x})=2(\pi x^2+\frac{v}{2x}+\frac{v}{2x})\geqslant$$

$$6\sqrt[3]{\pi x^2\cdot\frac{v}{2x}\cdot\frac{v}{2x}}=3\sqrt[3]{2\pi v^2}\text{(定值)}$$

上式当且仅当 $\pi x^2=\frac{v}{2x}$,即 $x=\sqrt[3]{\frac{v}{2\pi}}$ 时取到等号. 此时 $y=2\sqrt[3]{\frac{v}{2\pi}}$,于是有 $y=2x$,这就是说,当圆桶的高等于底面直径时用料最低.

再考虑接缝最短的问题. 由 $v=\pi x^2y$ 及 $l=4\pi x+y$,有

$$l=4\pi x+\frac{v}{\pi x^2}=2\pi x+2\pi x+\frac{v}{\pi x^2}\geqslant 3\sqrt[3]{2\pi x\cdot 2\pi x\cdot\frac{v}{\pi x^2}}=3\sqrt[3]{4\pi v}\text{(定值)}$$

上式当且仅当 $2\pi x=\frac{v}{\pi x^2}$,即 $x=\frac{1}{2\pi}\sqrt[3]{4\pi v}$ 时取等号. 因 $\frac{v}{\pi x^2}=y$,所以 $2\pi x=y$,于是 $\frac{y}{2x}=\pi$. 这就是说,当圆桶的高与底面直径之比为 π 时接缝最短.

8.3 巧夺天工的蜂房构造

所谓蜂房构造问题,就是人们发现小小的蜜蜂做的巢穴是具有容积最大而又最省材料的结构. 200 多年前,一些著名学者曾致力于蜂房构造问题的研究,得到了十分惊人的结果. 1964 年著名数学家华罗庚教授曾专题介绍并论证这个使人们惊叹不已的问题.

18 世纪初,法国学者马尔琪注意到蜂房的特殊结构,他测量出蜂房顶头菱形的钝角都等于 109°28′,锐角等于 70°32′. 马尔琪的发现启发了法国物理学家列奥缪拉,他猜想:蜂房的这种结构可能是容积最大而又最省材料. 后来,经过多位数学家的计算论证,他的猜想是正确的,下面就来介绍这一计算过程.

从外表看去,每个蜂房好比一个正六棱柱,实际上两头并不是平面,而是由三个全等的

菱形组成,向外凸出,如图 8.5.

我们用一个正六棱柱来构造蜂房,图 8.6 是一个正六棱柱,截下三个三棱锥 $P-ABC$,$Q-CDE$,$R-EAF$,P,Q,R 分别是侧棱 BB_1,DD_1,FF_1 上的点,且三个三棱锥共底等高. 再将截下来的三个锥分别以 AC,CE,EA 为轴翻转上去,使它们的底面 ABC,CDE 和 EFA 都与柱的上底面重合,这时三个锥顶与 O 重合. 这样的蜂房的顶头便构造成功了. 显然四边形 $OAPC$,$OCQE$ 和 $OERA$ 都是平面图形,且都是菱形.

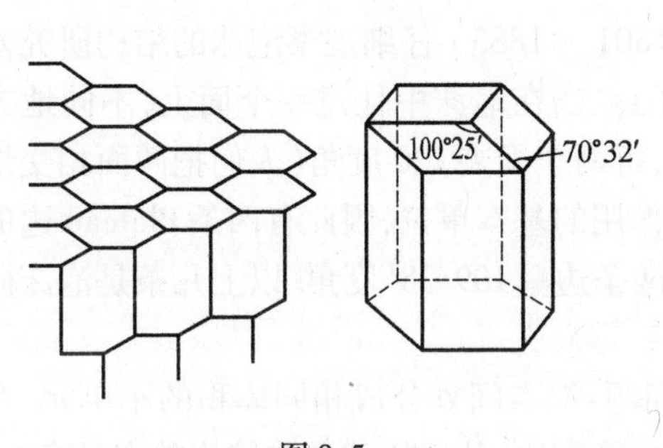

图 8.5

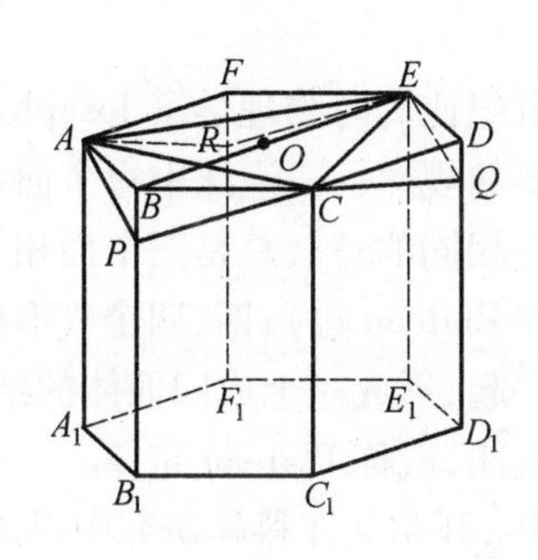

图 8.6

我们的问题是讨论当 BP 等于多长时,蜂房最适度? 所谓适度,就是在蜂的身长、腰围确定的情况下,蜂房的用料最省? 这便是立体几何中的条件极值问题,有趣的是它和生物学有机结合起来了.

为了方便,设正六边形的边长为 1,由余弦定理可算得 $AC=\sqrt{3}$,所以 $\frac{1}{2}AC=\frac{\sqrt{3}}{2}$,如图 8.7. 而若设 $BP=x$,则 $AP=\sqrt{1+x^2}$,所以 $PO=2\cdot\sqrt{1+x^2-(\frac{\sqrt{3}}{2})^2}=\sqrt{1+4x^2}$. 于是 $S_{\triangle PAO}=\frac{\sqrt{3}}{4}\sqrt{1+4x^2}$.

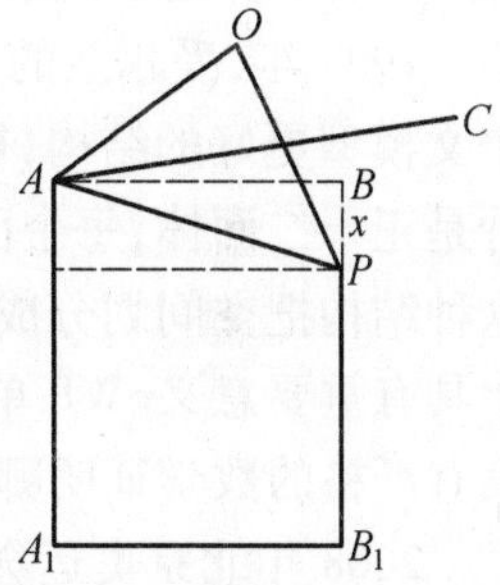

图 8.7

又切除的直角三角形的面积为 $\frac{1}{2}x$,所以问题转化为求函数

$y=-\frac{1}{2}x+\frac{\sqrt{3}}{4}\sqrt{1+4x^2}$ 的最小值.

上述函数的最小值的求法可以令 $2x=\tan\theta$ 或 $2x=t-\frac{1}{4t}(t>0)$ 或 $\sqrt{1+4x^2}=2x+t(t>0)$ 等等来求. 我们也可由所求函数式移项去根号得 $y^2+xy=\frac{3}{16}+\frac{1}{2}x^2$,亦即 $y^2-\frac{1}{8}=\frac{1}{3}(x-y)^2$. 可知当 $x=y=\frac{1}{\sqrt{8}}$,y 有极小值,此即为最小值.

现在就容易求出蜂房尖顶菱形的锐角 $\angle PAO$ 了. 由余弦定理知,$PO^2=AP^2+AO^2-2AP\cdot AO\cdot\cos\angle PAO$,即 $1+4x^2=2(1+x^2)-2(1+x^2)\cdot\cos\angle PAO$.

所以 $\cos\angle PAO=\frac{1-2x^2}{2(1+x^2)}$.

将 $BP=x=\frac{1}{\sqrt{8}}$ 代入，得 $\cos\angle PAO=\frac{1}{3}$，查表可得 $\angle PAO=70°32'$. 于是菱形的钝角应为 $109°28'$.

理论推导计算的蜂房最好的构造与马尔琪测量的蜂房构造完全一致.

马尔琪研究并发现的蜂巢的每个六角柱状体都是按照一定规律组合在一起，这是目前人们所发现的最坚固的多边形组合方式. 此后，英国数学家开尔文又把它深化为著名的泡沫理论.

十九世纪比利时物理学家 Joseph Plateau(1801 - 1883) 仔细观察泡沫的结构研究发现了几条重要的规律：一、泡沫中每个面都是平滑的；二、在泡沫中任意一个面上，不同地方的曲率半径是相同的；三、总是三个面相交在一起，每两个面夹 120 度角(人们把两面相交形成的边界叫作 Plateau 边)；四、四个气泡组成相互作用的基本单位，因此有四条 Plateau 边的一端相交在一起，形成一个成四面体的结构，任意两条边呈 $109°28'$ 度角. 以上几条是泡沫研究中的基本定律，或称 Plateau 定律.

1873 年，开尔文在科学研究中提出了一个问题：把空间划分成相同体积的小单元，在满足 Plateau 定律时，如何划分所需要的界面最小？简言之，什么样的泡沫结构效率最高？

1887 年，开尔文找到了他的答案. 这是一个由 14 个面组成的三维结构球体，其中六个面是四边形，八个面是六边形，被称为开尔文单元，虽然开尔文没有给出该结果的严格证明，但是得到了物理学家甚至数学家们的普遍认可. 1952 年美国数学家赫尔曼·外尔在其名著《对称》一书中肯定了该结果，但也没有给出证明.

1993 年，爱尔兰的 Denis Weaire 和 Robert Phelan 用计算机模拟泡沫结构，找到了比开尔文模型更好的结构，被称为 Weaire-Phelan 结构. 这个结构由两种相同体积的泡泡组成，一种是正十二面体，每个面是正五边形；另一种是十四面体，包含两个六边形、十二个五边形. 这种结构把空间划分成相同体积的小单元，比开尔文结构所需要的界面少 0.3%，这在数学上具有重要意义. WP 单元是由两个不同的气泡构成的，而开尔文单元是一个气泡，目前尚没有严格的数学证明哪个是最优的.

2008 年北京奥运会，坐落在奥运会主体育场鸟巢对面的国家游泳中心 —— 水立方，犹如一块透明的“冰块”，外部结构由金属骨架上安放了 3 065 个蓝色气枕构成，它内部的视觉效果又仿佛寻常而又奇异的“泡沫”. 这座由澳大利亚的 PTW 事务所设计的建筑物是建筑史上的一个奇迹. 如果你进入水立方，你会发现，其内部结构与蜂巢有惊人的相似.

PTW 的设计师特里斯特让水立方的幕墙和屋面全部采用 12 - 14 面体的 WP 结构. 计算机演算表明，在对抗压力方面，这种泡沫结构的承受力比其他结构要高出十几倍. 设计师首先做出足够多的 WP 结构单元组成的泡沫 —— 这是一种单元可无限重复的空间结构框架，然后按照设定的角度用水立方需要的长宽高去切割，这样就得到了视觉上大小不同的切面，因此，虽然水立方的外表看似没有规律，其实遵循了严格的数学法则.

8.4 同步卫星的高度与覆盖范围的问题

同步卫星的高度和覆盖范围问题是融合物理学知识、立体几何知识的有趣的实际应用问题.

首先,我们要明确认识到:地球同步卫星的轨道是唯一确定的,不能依人们的需要而变化,即应是以地球中心为圆心,位于地球赤道面所在平面上的圆. 卫星沿此轨道按与地球自转相同方向绕地球作匀速圆周运动,且角速度与地球自转角速度相等,故其半径为定值. 只有此时,卫星才能成为地球的同步卫星. 所以,应依据此规律求得同步卫星距地面的高度,再求出一颗同步卫星所能覆盖的面积,然后按照需要确定所需卫星的颗数. 而不能按照覆盖面积的需要来确定(其实是改变) 地球同步卫星的距地高度.

同步卫星的高度可由如下几种方法计算:

可以根据开普勒第三定律知:所有地球卫星的轨道半径的三次方跟公转周期的平方的比值都相等. 利用月球的轨道半径 $r_{月} = 3.84 \times 10^8$ 米和公转周期 $T_{月} = 27.3$ 天,可求得同步卫星的轨道半径 $R + h$(R 为地球半径,h 为距地面高度,同步卫星的公转周期 $T = 1$ 天)

$$\frac{(R+h)^3}{T^2} = \frac{r_{月}^3}{T_{月}^2}$$

则
$$R + h = r_{月} \cdot \left(\frac{T}{T_{月}}\right)^{\frac{2}{3}} = 3.84 \times 10^8 \times \left(\frac{1}{27.3}\right)^{\frac{2}{3}} \approx 4.22 \times 10^7 (\text{米})$$

故
$$h = 4.22 \times 10^7 - 6.37 \times 10^6 \approx 3.58 \times 10^7 (\text{米})$$

也可根据同步卫星绕地球作圆周运动的向心力应等于卫星与地球间的万有引力,即

$$mw^2(R+h) = \frac{GmM}{(R+h)^2}$$

其中 m 为卫星质量,$M = 5.98 \times 10^{24}$ 千克为地球质量,R 为地球半径,h 为卫星距地面高度,$w = \frac{2\pi}{T} = \frac{2\pi}{8.64 \times 10^4}$ 为卫星绕地球作圆周运动的角速度,$G = 6.67 \times 10^{-11}$ 牛·米²/千克为万有引力恒量. 于是可得

$$h = \sqrt[3]{\frac{GM}{w^2}} - R \approx 3.58 \times 10^7 (\text{米})$$

由上可得 $h \approx 5.620R$. 我国于 1984 年 4 月 8 日发射的试验通信卫星,近地点 35 469 千米,远地点 35 701 千米,说明 $h \approx 5.620R$ 这一结论是可信的.

下面,我们再看,仅有一颗同步卫星时的覆盖面积.

如图 8.8,虚线所示为赤道面,NS 为地轴,A 点为卫星,球冠 BO_1B' 为该卫星覆盖的地表部分.

由 $OB \perp AB$,设 $\angle BOA = \theta$,则 $\cos\theta = \frac{BO}{AO} = \frac{R}{R+h} = 0.1511$,查表求得 $\theta = 81.31°$.

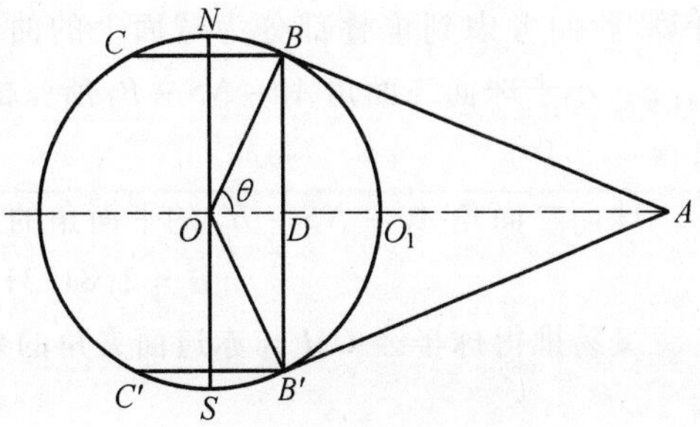

图 8.8

易得球冠 BO_1B' 的面积 $S = 2\pi R(R - R\cos\theta) = 2\pi R^2(1 - \cos\theta) \approx 2.164 \times 10^8$(千米²). 而

$$\frac{S}{S_{球面}} = \frac{O_1D}{2R} = \frac{R - R\cos\theta}{2R} = \frac{1-\cos\theta}{2} \approx 0.4225 = 42.25\%$$

即一颗同步卫星的理论覆盖面积约为地球表面积的 42%.

又由于 $\theta = 81.31° \approx 1.42$ 弧度，一颗卫星覆盖赤道长为 $l = 2\theta R \approx 1.81 \times 10^7$(米). 此与赤道周长之比为45％.

显然，为了覆盖整个赤道至少需三颗同步卫星，为了覆盖地球表面的绝大部分区域，也至少需要三颗或更多同步卫星.

最后，我们再讨论在同步轨道上均匀分布的三颗卫星的覆盖情况.

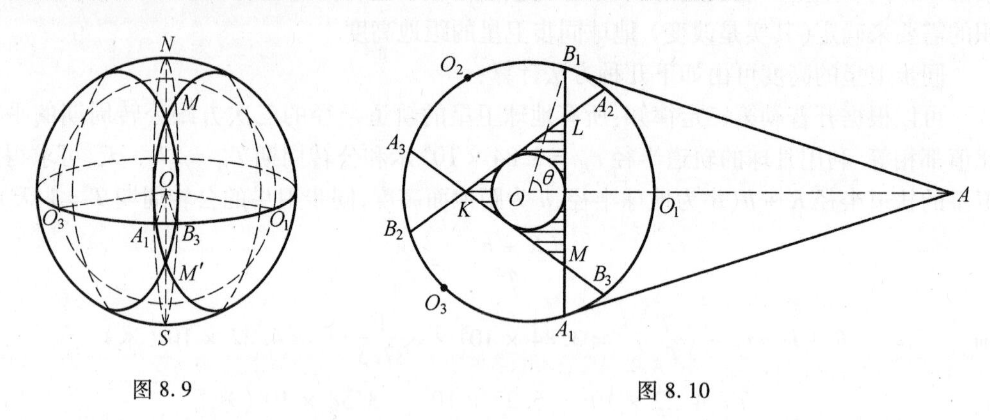

图 8.9　　　　图 8.10

作出直观图 8.9 和在赤道面上的射影图 8.10.

因 $\theta > 60°$，则三球冠必有两两重叠部分，但也仍有不能覆盖的部分. 图 8.10 中的正 $\triangle MLK$ 即为不能覆盖区域在赤道面上的射影面，此亦即为图 8.8 中 BC 面上方及 $B'C'$ 面下方的上下两个小球冠是不能覆盖的. 或者说，北纬 81.31° 纬线圈内及南纬 81.31° 纬线圈内这两部分区域同步卫星是永远不能将其覆盖的，该两部分面积为定值. 阴影部分为相对不能覆盖区域，其面积与形状随同步卫星颗数及相对分布位置而异.

可计算得绝对不能覆盖区域的比例：由

$$\frac{2S_{\text{球冠}BNC}}{S_{\text{球面}}} = \frac{2NP}{2R} = \frac{R - R\sin\theta}{R} = 1 - \sin\theta = 1.15\%$$

知三颗均匀分布的同步卫星的面积覆盖率 $P < 98.85\%$. 显然 98.85％这一值是当同步卫星颗数趋于无穷时覆盖的极限.

由于相同不能覆盖区域是球面上的曲边三角形，且其边界并非球面大圆的弧，不便直接计算. 我们考虑到重叠部分为球面上的曲面二面角 $A_1 - MM' - B_3$ 所张的球面部分面积 $S_{MA_1M'B_3}$ 小于球面二面角 $A_1 - NS - B_3$ 所张的球面部分面积 $S_{NA_1SB_3}$，而后者的球面部分也不难求得：

球面二面角 $A_1 - NS - B_3$ 的平面角的度数为

$$\alpha = 2(81.31° - 60°) = 42.62°$$

又易推得球半径 OM 与赤道面夹角的余弦为 $2\cos\theta$，即 OM 与赤道面夹角为 72.41°. 从而

$$3S_{MA_1M'B} < 3 \cdot 2(2\pi R \cdot R \cdot \sin 72.41°) \cdot \frac{42.62}{360} = 1.726 \times 10^8(\text{千米}^2)$$

则
$$3S_{\text{球冠}} - 3S_{MA_1M'B_3} > 4.766 \times 10^8(\text{千米}^2)$$

故
$$P > \frac{4.766 \times 10^8}{4\pi R^2} = \frac{4.766 \times 10^8}{5.099 \times 10^8} \approx 93.47\%$$

这说明三颗均匀分布的地球同步卫星,可以覆盖地球表面的94％左右.考虑到人在地球上的分布情况,利用三颗同步卫星实现全球电视转播是基本可以做到的,若再增加卫星颗数来求扩大覆盖面积也是没有多大实际意义.

8.5　球面距离问题

例1　中国东方航空公司计划开通由上海(东经120°,北纬30°)到列宁格勒(东经30°,北纬60°)的航班.请你计算这两座城市之间的航程(视地球半径为R,飞机的飞行高度忽略不计).

分析　设列宁格勒为点A,上海为点B,地球球心为O,北纬30°,北纬60°纬线圈圆心分别为O_1,O_2,东经30°,北纬30°记为点C,东经120°,北纬60°记为点D,欲求A,B两地之间的直线距离.为了便于问题的解决,我们将三棱台AO_2D-CO_1B移出,如图8.11所示,则求AB长转化为在我们所熟悉的三棱台中去求.

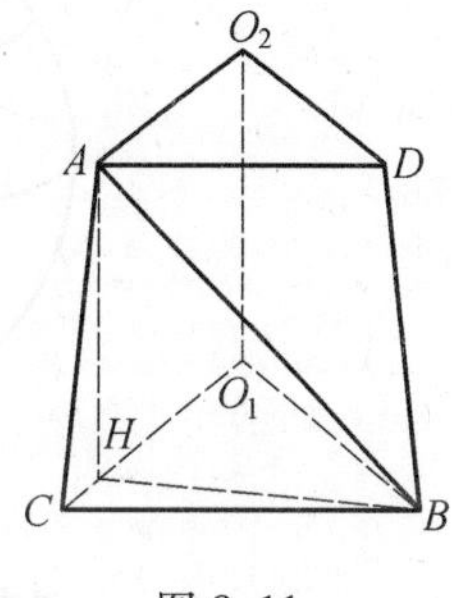

图8.11

过点A作$AH\perp O_1C$于H,连BH.由题设条件可求得$OO_2=R\cdot\sin 60°=\frac{\sqrt{3}}{2}R,O_2A=\frac{1}{2}R,OO_1=\frac{1}{2}R,O_1B=\frac{\sqrt{3}}{2}R$,且$\angle AO_2D=\angle CO_1B=120°-30°=90°$.于是$AH=O_1O_2=\frac{1}{2}(\sqrt{3}-1)R,O_1H=O_2A=\frac{1}{2}R,BH^2=O_1H^2+O_1B^2=R^2,AB^2=BH^2+AH^2=\frac{1}{2}(4-\sqrt{3})R^2$.从而$\cos\angle AOB=\frac{OA^2+OB^2-AB^2}{2OA\cdot OB}=\frac{R^2+R^2-\frac{1}{2}(4-\sqrt{3})R^2}{2R^2}=\frac{\sqrt{3}}{4}$.故所求球面距离为$R\cdot\arccos\frac{\sqrt{3}}{4}$.

一般地,如果设地球球心为O,赤道平面与过本初子午线(即0°经线)的大圆面的弧线交于A,从OA向东沿赤道面上的夹角为东经的经度$\alpha>0$,反之西经$\alpha<0$;从OA向北沿子午线的大圆面上的夹角为北纬的纬度$\beta>0$,反之南纬$\beta<0$,且$|\alpha|\leqslant\pi,|\beta|\leqslant\frac{\pi}{2}$.我们可得到以经纬度$\alpha,\beta$为坐标的地球面上两点间距离的公式如例2所求.

例2　设地球面上两点的经纬度坐标$A(\alpha_1,\beta_1),B(\alpha_2,\beta_2)$,且$|\alpha_1-\alpha_2|\leqslant 2\pi,|\beta_1-\beta_2|\leqslant\pi$,又设$A,B$的球的大圆中心角为$\theta$(弧度),则地球上$A,B$两点间的最短距离为$R\theta$.(其中$R$为地球半径,$\theta$由公式$\cos\theta=\sin\beta_1\cdot\sin\beta_2+\cos\beta_1\cdot\cos\beta_2\cdot\cos(\alpha_2-\alpha_1)$给出).

证明　分两种情形.

(1)当α_1,α_2不作要求,β_1,β_2同号时,如图8.12,设过A和北极点的大圆与赤道交于M,过B和北极点的大圆与赤道交于N,过A与赤道平面平行的平面同过B与北极的大圆交于C,此小圆中心为O_1,OB与O_1C交于K.

为求球心角$\angle AOB$,只需研究其中的三棱锥(或三面角)$O-AO_1K$即可.设$\angle AOK=0$为三面角的一个面角,则$\angle AOO_1=90°-\beta_1,\angle KOO_1=90°-\beta_2$为三面角的另两个面角,且$\angle AO_1K=|\alpha_2-\alpha_1|$为二面角$A-OO_1-K$的平面角.由三面角余弦公式,有

$$\cos\theta=\cos\angle AOO_1\cdot\cos\angle KOO_1+$$

$$\sin \angle AOO_1 \cdot \sin \angle KOO_1 \cdot \cos \angle AO_1K =$$
$$\sin \beta_1 \cdot \sin \beta_2 + \cos \beta_1 \cdot \cos \beta_1 \cdot \cos (\alpha_2 - \alpha_1)$$

(2) α_1, α_2 不作要求, β_1 与 β_2 异号时. 如图8.13,设 $\beta_1 < 0$,则点 A 在南纬线上. 取 A 关于赤道平面的对称点 $A'(\alpha_1, -\beta_1)$,过 A' 作平行于赤道平面的纬线圈面,其圆心为 O_1,且与过 B 和北极点的大圆交于 C, OB 交 O_1C 于 K. 在球轴 OO_1 上取 O_1 关于球心 O 的对称点 O_2,则球面上 A,B 两点间的距离 $\overset{\frown}{AB}$ 由球心角 $\angle AOB$ 确定.

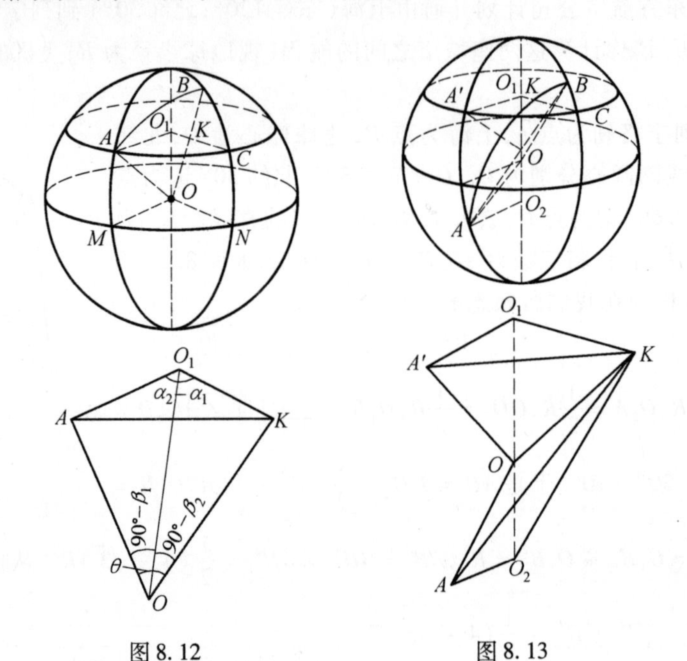

图 8.12　　　　图 8.13

考察三面角 $O - AO_2K$,设 $\angle AOK = \theta$,又 $\angle AOO_2 = 90° + \beta_1$, $\angle KOO_2 = 90° + \beta_2$. 二面角 $A - OO_2 - K$ 的平面角为 $\angle A'O_1K = |\alpha_2 - \alpha_1|$. 由三面角余弦公式,有

$$\cos \theta = \cos \angle AOO_2 \cdot \cos \angle KOO_2 +$$
$$\sin \angle AOO_2 \cdot \sin \angle KOO_2 \cdot \cos \angle A'O_1K =$$
$$\sin \beta_1 \cdot \sin \beta_2 + \cos \beta_1 \cdot \cos \beta \cdot \cos (\alpha_2 - \alpha_1)$$

综上, A,B 两点的球面距离为 $R\theta$. 其中 R 为地球半径, θ 由 $\cos \theta = \sin \beta_1 \cdot \sin \beta_2 + \cos \beta_1 \cdot \cos \beta \cdot \cos (\alpha_2 - \alpha_1)$ 给出.

利用例 2 的结论,则可很快求出例 1 的结果及如下实际问题的结果:

气象卫星观测地面站 A,B 两地的经纬坐标为 $A(30°,60°)$, $B(45°,90°)$. 求 A,B 两地的球面距离,则直接由 $\cos \theta = \sin 60° \cdot \sin 90° + \cos 60° \cdot \cos 90° \cdot \cos (45° - 30°) = \frac{\sqrt{3}}{2}$,求得 $\theta = \frac{\pi}{6}$,故 A,B 两地的球面距离为 $\frac{\pi R}{6}$.

8.6　拟柱体体积公式及推广的应用

我们经常遇到堆放整齐的沙石堆、家畜粪堆等体积的计算问题. 虽然它们有两个面平行,但一般不是棱台.

所有的顶点都在两个平行平面内的多面体叫拟柱体,它在这两个平面内的面叫作拟柱体的底面,其余各面叫作拟柱体的侧面,显然,拟柱体的侧面是三角形、梯形或平行四边形.

拟柱体的体积有如下公式:

如果拟柱体的上,下底面的面积为 $S_{上}$,$S_{下}$,中截面为 $S_{中}$,高(上下底面间距离)为 h,则其体积

$$V_{拟柱体}=\frac{1}{6}h(S_{上}+4S_{中}+S_{下})$$

这个公式的证明,一般是把拟柱体分成两类棱锥:一类是以拟柱体的底面为底,高为$\frac{h}{2}$的两上棱锥;另一类是以拟柱体的侧面为底的棱锥,而这一类棱锥又可分为以中截面上的部分为底面,高为$\frac{h}{2}$的若干小棱锥.

棱柱、棱锥、棱台是特殊的拟柱体,因而它们的体积分工均可由拟柱体体积公式变得.

例1　一草垛下部是倒长方台,上部是以长方台的上底为底的楔体形(一底面是梯形或平行四边形,另一底面变成与这底面的平行边平行的线段的拟柱体).若长方台上底面边长约为了 8.4 米和4.2 米,下底面边长约为7.6 米和3.0 米,高是2.2 米,楔体形上面的棱长约为5.8 米,高约1.5 米.求这垛草的质量是多少千克?(1 米^3 的质量为150 千克)

解　长方台的中截面的边长分别是$\frac{1}{2}(8.4+7.6)$ 米和$\frac{1}{2}(4.2+3.0)$ 米,则 $S_{中}=\frac{1}{2}(8.4+7.6)\times\frac{1}{2}(4.2+3.0)\approx28.8$(米^2).$V_{长方台}=\frac{1}{6}\times2.2\times(8.4\times4.2+4\times28.8+7.6\times3.0)\approx63.5$(米^3).

图 8.14

楔体形的中截面为

$$\frac{1}{2}(8.4+5.8)\times\frac{1}{2}\times4.2\approx14.9(米^2)$$

$$V_{楔体形}=\frac{1}{6}\times1.5\times(4\times14.9+8.4\times4.2)\approx23.7(米^2)$$

故质量 $W=150\times(63.5+23.7)\approx1.3\times10^4$(千克).

拟柱体的体积公式的推广公式即为辛卜森公式.

夹在两个平行平面之间的几何体,如果被平行于这两个平面的任何平面所截,截得的截面面积是截面距底平面高度的不超过三次的多项式函数,那么这几何体的体积仍为

$$V=\frac{h}{6}(S_{上}+4S_{中}+S_{下})$$

其中字母意义同拟柱体的.

这个公式在求旋转体的体积时是非常方便的.

例如,在求半径为 R 的球的体积时,可先用上述公式求得这个球的体积 $V_{半球}=\frac{h}{6}\cdot$

$(S_{上}+4S_{中}+S_{下})=\frac{R}{6}\{0+4\cdot[R^2-(\frac{R}{2})^2]\pi+\pi R^2\}=\frac{2}{3}\pi R^3$. 故 $V_{球}=\frac{4}{3}\pi R^3$.

读者在以后学习空间解析几何求椭球面、单叶双曲面等围成的几何体的体积时,运用这个公式将是方便的.

8.7 古尔丁定理的应用

古尔丁定理 一个封闭的平面图形以在同一平面内而不穿过它内部的一条直线为轴旋转一周形成的旋转体体积,等于这个封闭平面图形的面积与以该图形重心到轴线距离为半径的圆周长的乘积. 其数学表达式为:$V=2\pi dS$. 其中 S 为封闭平面图形的面积,d 是它的重心到轴线的距离.

例 1 已知函数 $y=|x-2|$ 和 $y=\frac{1}{2}x+2$,将此图形绕 x 轴旋转一周形成一个几何体,求其体积.

解 由题设,可求得两函数图像的交点 $A(0,2)$,$B(2,0)$,$C(8,6)$,则 $d=\frac{1}{3}(2+0+6)=\frac{8}{3}$,而 $S=12$,故 $V=2\pi dS=2\pi dS=64\pi$(立方单位).

例 2 正六边形边长为 a,以这正六边形的一边为轴旋转一周,得到一个旋转体,求体积.

解 由题设知 $d=\frac{\sqrt{3}}{2}a$,$S=6\cdot\frac{1}{2}a^2\cdot\sin 60°=\frac{3\sqrt{3}}{2}a^2$. 从而 $V=2\pi dS=2\pi\cdot\frac{\sqrt{3}}{2}a\cdot\frac{3\sqrt{3}}{2}\cdot a^2=\frac{9}{2}\pi a^3$.

从古尔丁定理出发,我们可以发现,一封闭平面图形绕轴旋转后所得旋转体的表面积,可以用类似古尔丁定理的方法表达出来,其数学表达式为 $S=2\pi dc$. 其中 d 为封闭平面图形的重心到轴线的距离,c 为它的周长. 如读者有兴趣,不妨试试.

8.8 凸多面体欧拉公式的应用

8.8.1 解答凸多面体问题

例 1 已知凸多面体的每个面都是正三角形,且每个顶点都有 4 条棱相交,试问这是什么多面体?

解 设凸多面体的面数为 F,顶点数为 V,棱数为 E.

因每个面上有 3 条边,则 $E=\frac{3F}{2}$,即 $F=\frac{2E}{3}$.

又由每个顶点有 4 条棱相交,则 $E=\frac{4}{2}V$,即 $V=\frac{E}{2}$.

代入欧拉公式 $V+F-E=2$ 得 $\frac{E}{2}+\frac{2E}{3}-E=2$.

解得 $E=12, F=8, V=6$.

故这个多面体是八面体且是正八面体.

例 2　已知凸多面体每个面都是五边形,每个顶点都有三条棱相交,试求该凸多面体的面数、顶点数和棱数.

解　设凸多面体的面数为 F,顶点数为 V,棱数为 E.

因每个面上有 5 条边,则 $E=\frac{5F}{2}$.

又由每个顶点有三条棱相交,则 $E=\frac{3V}{2}$,即 $F=\frac{2E}{5}, V=\frac{2E}{3}$.

代入欧拉公式 $V+F-E=2$ 中,得 $\frac{2E}{3}+\frac{2E}{5}-E=2$.

解得 $E=30, F=12, V=20$. 故所给多面体有 12 个面,20 个顶点,30 条棱.

例 3　已知凸多面体的各面都是四边形,求证 $F=V-2$.

证明　因这个凸多面体每个面都是四边形,则每个面都有四条边.

又因多面体相邻两面的两条边合为一条棱,则 $E=\frac{F\times 4}{2}=2F$.

将其代入欧拉公式 $V+F-E=2$ 中,得 $F=V-2$.

例 4　一个简单多面体可能只有五条棱吗?试问一个简单多面体至少有几条棱?

解　若一个简单多面体的棱数 $E=5$,根据欧拉公式可知 $V+F=7$. 因为 $V\geqslant 4$ 且 $F\geqslant 4$,则 $V+F\geqslant 8$, $V+F=7$,显然不成立.

故一个简单多面体的棱不可能只有五条棱.

若一个简单多面体的棱数 $E=6$,根据欧拉公式可知 $V+F=8$. 当 $V=4$,由 $V+F=8$,得 $F=4$,因为任何四面体的面数 $F=4$,顶点 $V=4$,棱数 $E=6$.

显然具有六条棱的简单多面体是四面体.

综上所述,至少有六条棱才能构成简单多面体.

注　关于简单多面体棱数的确定,一方面应注意运用欧拉公式;另一方面应考虑实际存在性以及多面体的顶点数 $V\geqslant 4$,面数 $F\geqslant 4$ 的固有性质.

例 5　设一个凸多面体有 V 个顶点,求证:它的各面多边形的内角总和为 $(V-2)\cdot 360°$.

证法 1　设原凸多面体的各面分别是 $n_1, n_2, \cdots, n_F$ 边形,则它们的内角总和是

$$(n_1-2)\cdot 180°+(n_2-2)\cdot 180°+\cdots+(n_F-2)\cdot 180°=(n_1+n_2+\cdots+n_F-2F)\cdot 180°$$

由于多面体的每一条棱同属两个面(多边形),所以

$$n_1+n_2+\cdots+n_F=2E$$

因此,多面体各面多边形的内角总和是 $2(E-F)\cdot 180°$.

由欧拉公式,得 $E-F=V-2$,所以,该凸多面体各面多边形的内角总和为 $(V-2)\cdot 360°$.

证法 2　设有简单多面体如图 8.15,它有 V 个顶点,把它的面 $ABCDE$ 割去后,再将余下部分的表面拉平,得到一个平面图形,如图 8.16 所示.

在上述连续变形中,多面体的顶点数 V、棱数 E 分别等于变形后的平面图形的顶点数和边数.

设图 8.16 中“最大”的多边形是 m 边形，则它的内部包含了 $(V-m)$ 个顶点，被包含的各小多边形的内角总和等于 $(V-m)$ 个周角与 m 边形各内角之和，即 $(V-m)\cdot 360°+(m-2)\cdot 180°$，再加上“最大”的多边形的内角和，则含有 V 个顶点的凸多面体各面多边形的内角总和为

$$(V-m)\cdot 360°+(m-2)\cdot 180°+(m-2)\cdot 180°=(V-2)\cdot 360°$$

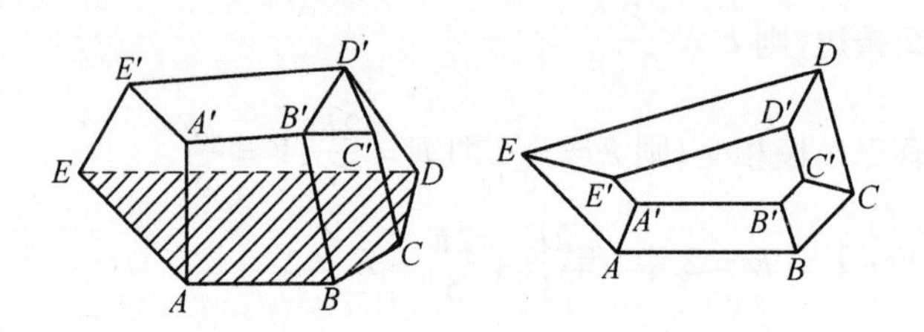

图 8.15　　图 8.16

例 6　已知一个多面体共有 10 个顶点，每个顶点处都有 4 条棱，面的形状只有三角形和四边形，则这一多面体的三角形的面数与四边形的面数满足的关系是什么？

分析　若能直接求出三角形和四边形的面数，则关系明朗化，由点数和棱数，求面数可用欧拉公式.

解　设三角形的面数为 x，四边形的面数为 y，则该多面体的棱数 $E=\frac{4\times 10}{2}=20$.

由欧拉公式：$V+F-E=2$，且 $V=10$，则面数 $F=12$，即

$$\begin{cases} x+y=12 \\ \frac{3x+4y}{2}=20 \end{cases}$$

解得 $x=8, y=4$，得 $x-y=4$ 或 $x=2y$ 即为它们之间的关系.

注　此例的解法常用于分子结构的分析上，是数学知识与化学知识的一交汇点，也是欧拉公式应用的一个拓展点.

8.8.2　解答化学物质结构问题

例 7　晶体硼的基本结构单元是由 20 个等边三角形组成的正二十面体，其中每一个顶点是一个 B 原子. 问这个基本单元是由多少个 B 原子所组成的？其中含有 B—B 键有多少个？

分析　欧拉公式在化学这一学科中广泛应用，由于各面不都是边数相同的多边形，因此面数是两种多边形面数之和，棱数仍然是各面边数总和的一半；另一方面，已知顶点及每一顶点发出的棱数，也能求得多面体的棱数，两个未知，由两个方程可以求解.

由于每一个面有三条边，且共有 20 个面，所以可求得这个正二十面体的棱数（即 B—B 键的个数）$E=\frac{3\times 20}{2}=30$，因为面数 $F=20$，所以由欧拉公式 $V+F-E=2$，可求得顶点 $V=12$，即 B 原子的个数为 12.

解　因 $F=20$，每一个面都是正多边形，则棱数 $E=\frac{3\times 20}{2}=30$.

设顶点数为 V，所以 $V=E-F+2=12$.

即这个正二十面体共有 12 个顶点,30 条棱.

所以,晶体硼的基本结构单元由 12 个 B 原子组成,共含 30 个 B—B 键.

注　本题利用数学知识解决化学问题,体现了跨学科综合的特点,是时代的要求,是创新的需要.这里还应注意:棱数不能重复计算.

例 8　目前,化学家们已经找到十余种富勒烯家族 C_x,它们的分子结构都是由正五边形和正六边形构成的封闭凸多面体,C_{60} 就是其中的一种.

(1)C_{60} 分子结构中的正五边形和正六边形的个数分别是________和________.

(2) 下列物质中属于富勒烯家族的有________.(把所有的都填上)

①C_{18}　②C_{44}　③C_{72}　④C_{83}

解　由有机化学知识可知,富勒烯中每一个碳有三条键(其中一条双键,两条单键),亦即凸多面体的每个顶点有三条棱相连.

设多面体顶点数、棱数和面数分别为 V,E,F,五边形和六边形的个数分别为 x 和 y,则

$$\begin{cases}5x+6y=2E\\3V=2E\\x+y=F\\V+F-E=2\end{cases}$$

从方程组中消去 E,F,可以得到

$$x=2-y+\frac{V}{2},V=20+2y$$

(1) 由 $V=60$,得 $y=20,x=12$;

(2) 由 $V=20+2y,y\in\mathbf{N}^*$ 可知,应填②,③.

例 9　C_{80} 是一种富勒烯烃,它的分子结构中都由正五边形和正六边形构成的封闭的凸多面体,求其结构中正五边形和正六边形的个数.

分析　由欧拉定理 $V+F-E=2$(顶点数 + 面数 − 棱数 = 2);再由凸多边形每个顶点发出 3 条棱,每相邻两个面共一条棱分别得到 C_{80} 棱数建立关系式.

解　设结构中正五边形和正六边形的个数分别为 x,y 个.

由欧拉定理可列方程

$$80+(x+y)-80\times\frac{3}{2}=2 \qquad ①$$

又由凸多边形的棱数列出方程

$$\frac{5x+6y}{2}=80\times\frac{3}{2} \qquad ②$$

联立式①,②,解得 $x=12,y=30$.

故正五边形个数为 12 个,正六边形的个数为 30 个.

例 10　甲烷 CH_4 的分子结构是碳原子位于正四面体的中心,4 个氢原子分别位于正四面体的四个顶点上,求 C—H 间的键角.

分析　CH_4 的分子结构是正四面体,如图8.17,设点 A 在底面 BDE 上的射影为点 O_1,正四面体的中心 O 在线段 A_1O 上,点 O_1 为正三角形 BDE 的中心,由于其结构的对称性,C—H 间的键角相等,图 8.17 中 $\angle AOB$ 即为所求 C—H 间的键角.

解 设正四面体的边长为 a

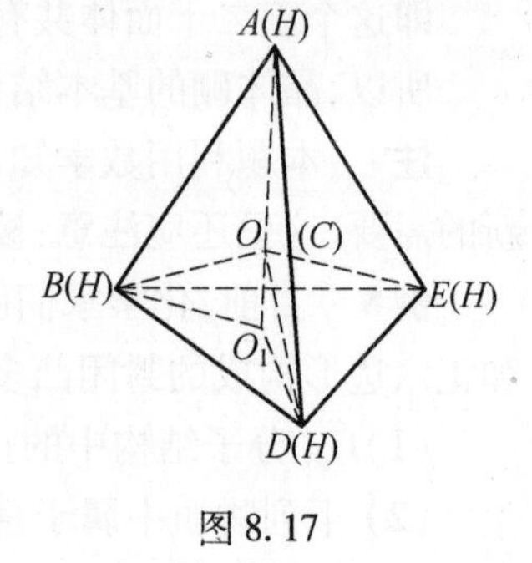

图 8.17

则
$$BO_1 = \frac{2}{3} \times \frac{\sqrt{3}}{2}a = \frac{\sqrt{3}}{3}a$$

在 Rt$\triangle ABO_1$ 中

$$AO_1 = \sqrt{AB^2 - BO_1^2} = \frac{\sqrt{6}}{3}a$$

令 $AO = x$,则 $OO_1 = \frac{\sqrt{6}}{3}a - x$.

在 Rt$\triangle BOO_1$ 中

$$OB^2 = OO_1^2 + O_1B^2$$

即 $x^2 = (\frac{\sqrt{6}}{3}a - x)^2 + (\frac{\sqrt{3}}{3}a)^2$,解得 $x = \frac{\sqrt{6}}{4}a$.

在 $\triangle AOB$ 中,由余弦定理得

$$\cos\angle AOB = -\frac{(\frac{\sqrt{6}}{4}a)^2 + (\frac{\sqrt{6}}{4}a)^2 - a^2}{2 \times \frac{\sqrt{6}}{4}a \times \frac{\sqrt{6}}{4}a} = -\frac{1}{3}$$

故 $\angle AOB = 180° - \arccos\frac{1}{3} \approx 109°28'$,即 C—H 间的键角为 $109°28'$.

8.8.3 足球的正六边形的个数问题

喜爱体育活动的人都对足球的外表很熟悉,由黑白相间的小多边形块缝合而成. 若运用数学的眼光寻究一下,可以发现足球中有着有趣的数学问题:为什么不将球面上平面图形块定为颜色相同的正多边形呢? 为什么用的是边长相等的 12 个正五边形和 20 个正六边形缝合而成呢?

我们已经知道,正多面体只有五种情形:正四面体、正六面体、正八面体、正十二面体、正二十面体,只有正二十面体的面数最多,各面都是正五边形,但它的形状与球面相差较远,所以需要增加多面体的面数,相应地各面的棱数随之增加. 可是,加进一部分正六边形并减少一些正五边形则可以使形状与球面接近.

这究竟加多少个正六边形,又减多少个正五边形呢? 设足球表面的正五边形有 x 个,正六边形有 y 个,总面数 F 为 $x + y$ 个. 因为一条棱连着两个面,所以球表面的棱数 E 为 $\frac{1}{2}(5x + 6y)$,又因为一个顶点上有三条棱,一条棱上有两个顶点,所以顶点数 V 为 $\frac{1}{2}(5x + 6y) \cdot \frac{2}{3} = \frac{1}{3}(5x + 6y)$.

由欧拉公式 $V + F - E = 2$ 得,$(x + y) + \frac{1}{3}(5x + 6y) - \frac{1}{2}(5x + 6y) = 2$. 解得 $x = 12$.

所以正五边形只要 12 个.

又根据每个正五边形周围连着 5 个正六边形,每个正六边形又连着 3 个正五边形,所以六边形个数为 $\frac{5x}{3} = 20$,即需 20 个正六边形.

8.8.4　凸多面体的角亏量

我们知道,平面凸多边形的外角和是常数 2π. 凸多面体也有类似的概念,称为角亏量. 平面多边形的外角是内角的补角,即 180° 减内角的度数. 对凸多面体而言,过一个顶点的所有面角之和肯定不足 2π,不足部分称为该顶点的角亏量. 有趣的是,凸多面体各顶点角亏量之和也是一个常数,其值为 4π.

我们用凸多面体的欧拉公式来证明此结论.

设多面体各顶点角亏量之和为 Δ,从两个方面计算凸多面体面角之和 S.

(1) $S = 2\pi V - \Delta$,这是不言自明的.

(2) 设具有 m 条边的面有 F_m 个,这类面的面角之和为 $(m-2)F_m\pi$,于是

$$S = \sum_m (m-2)F_m\pi$$

将 $\sum_m F_m = F$, $\sum_m mF_m = 2E$(每条棱都是两个面的边)代入上式后,得 $S = (2E - 2F)\pi$.

结合(1),(2) 得到 $2\pi V - \Delta = (2E - 2F)\pi$,即

$$\Delta = 2(V - E + F)\pi$$

由欧拉公式($V + F - E = 2$) 代入,立得

$$\Delta = 4\pi$$

反之,如果 $\Delta = 4\pi$,则有

$$S = 2\pi V - 4\pi$$

及

$$S = (2E - 2F)\pi$$

立即得到 $V - E + F = 2$.

从以上分析可以看出,平面凸多边形、空间凸多面体的欧拉公式与外角和为 2π、角亏量之和为 4π 是等价的. 它们都深刻地揭示了两类图形的本质.

8.9　三维坐标知识的应用

企业家在寻求最佳产品组合策略时所用的三因素法,就是用销售增长率、市场占有率和利润率三个因素,用 x 轴表示市场占有率,y 轴表示利润率,z 轴表示销售增长率,把坐标空间划分为八个区隔,以此来评价组合产品的合理性.

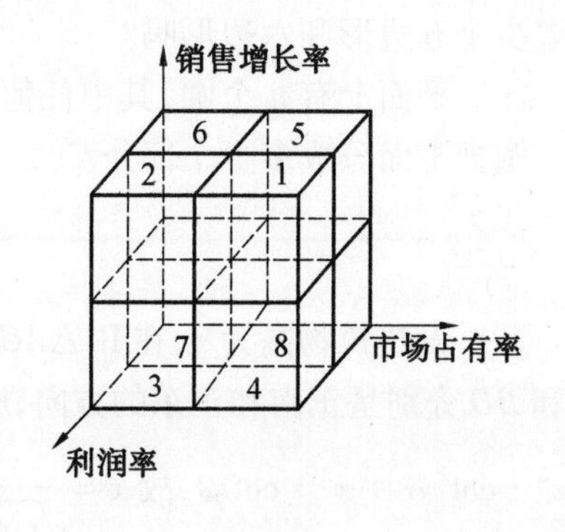

图 8.18

例 1　假定某公司有一批利润高的产品,对其评价时可分为四个区隔,如图 8.18 中的 1,2,3,4.

(1) 第一种产品 —— 具有"1" 位高增长率和高占有率的产品,为公司最主要的创利产品.

(2) 第二种产品 —— 具有"2" 位高增长率和低占有率的产品,对这类产品,公司应加强营销推广,以争取在销售增长率下降之前,能维持充分的市场占有率,并在适当时机淘汰该产品.

(3) 第三种产品 —— 具有"4" 位低增长率和高占有率的产品. 如果这是目前收益的重

要来源产品且竞争对手加入少,则应对此产品有足够的投资. 但该产品增长率有限,过多投资可能有风险.

(4) 第四种产品 —— 具有“3”位低增长率和低占有率的产品. 一旦利润下降就应立即收缩或淘汰该产品.

思考题

1. 要测一建筑物 AB 的高,在它的正南和正东地面上的点 C 和点 D,分别测得建筑物顶 A 的仰角是 α 和 β,又测得 $CD = a$ 米. 求高 AB.

2. 在一个顶角为 $30°$ 的圆锥形量杯的一条母线上,要刻上刻度,表示液面到达这个刻度时,量杯里的液体的体积是多少? 这些刻度的位置如何确定?

3. 一个铜制的铆钉由圆柱、圆台和球缺合成,尺寸如右图所示(单位: 毫米). 已知铜的比重是 8.9 克/厘米^3.

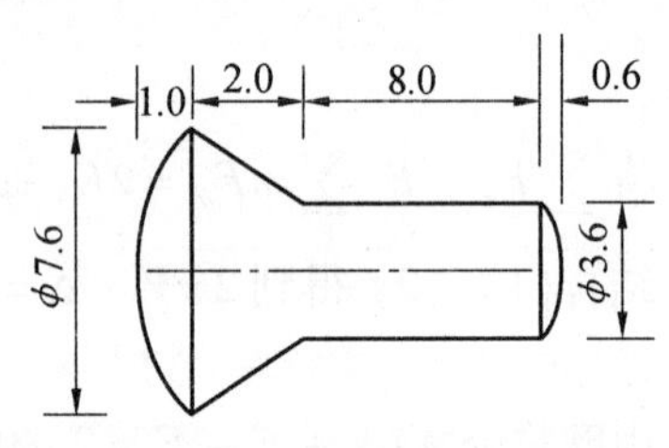

4. 海面上 A,B 两地经纬坐标是 $(30°,50°)$, $(-60°,-45°)$,求 A,B 两地之间的最短距离.

5. 从北京(东经 120°,北纬 40°) 飞往南非的首都约翰内斯堡(东经 30°,南纬 30°),有两条航空线供选择:

甲航空线: 从北京向西飞到希腊首都雅典(东经 30°,北纬 40°),然后向南飞到目的地;

乙航空线: 从北京向南飞到澳大利亚的珀斯(东经 120°,南纬 30°),然后向西飞到目的地.

请问: 哪一条航空线较短.

6. 1996 年的诺贝尔化学奖授予对发现 C_{60} 有重大贡献的三位科学家. 如图所示,C_{60} 是由60个C原子构成的分子,它的结构为简单多面体形状. 这个多面体有 60 个顶点,以每一个顶点为一端点都有三条棱,面的形状只有五边形和六边形,你能计算出 C_{60} 中有多少个五边形和六边形吗?

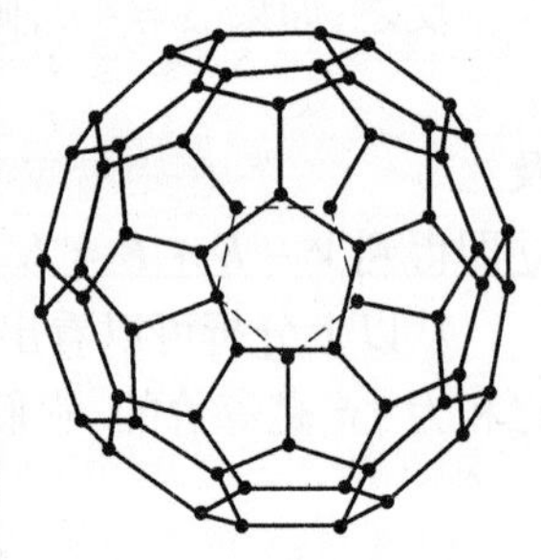
C_{60} 的结构

7. 平面上有 n 个圆,其中任何两个圆都有两个不同的交点,任何三个圆不共点,求这 n 个圆把平面分成多少个部分?

思考题参考解答

1. 设建筑物高为 x,在 $\text{Rt}\triangle ACB$ 中,$BC = x \cdot \cot\alpha$,在 $\text{Rt}\triangle ADB$ 中,$BD = x \cdot \cot\beta$. 因 BC 和 BD 分别是正南和正东的方向,所以 $\angle CBD = 90°$. 在 $\triangle CBD$ 中,$CD^2 = BC^2 + BD^2$,即 $a^2 = x^2 \cdot \cot^2\alpha + x^2 \cdot \cot\beta$,故 $x = \dfrac{a}{\sqrt{\cot^2\alpha + \cot^2\beta}}$ 为所求.

2. 设液面到达母线 PA 上的点 A,$PA = x$ 厘米,这时液体的体积是 V 毫升. 作这部圆锥的高 PO,并作底面半径 OA,如右图,则 $PO = x \cdot \cos 15°$,$OA = x \cdot \sin 15°$.

根据圆锥的体积公式,有 $V = \dfrac{1}{3}\pi x^3 \cdot \sin^2 15° \cdot \cos 15° = \dfrac{\pi}{12}\sin 15° \cdot x^3$(因 $\sin 30° =$

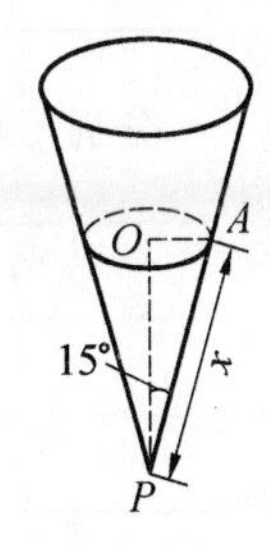

$2\sin 15°\cdot\cos 15°)$，可得 $x=\sqrt[3]{\dfrac{12V}{\pi\sin 15°}}\approx 2.453\sqrt[3]{V}$.

当 $V=10$ 时，$x=2.453\sqrt[3]{10}\approx 5.28$（厘米）；

当 $V=100$ 时，$x=2.453\sqrt[3]{100}\approx 11.39$（厘米）；

当 $V=200$ 时，$x=2.453\sqrt[3]{200}\approx 14.34$（厘米）；

……

由此可得到各体积的相应刻度位置.

3. 设大球缺半径为 R，小球缺半径为 r，由勾股定理得 $R^2=3.8^2+(R-1.0)^2$，则 $R\approx 2.72$ 毫米. 又 $r^2=1.8^2+(r-0.6)^2$，则 $r=3$ 毫米. $V_{大球缺}=3.14\times10^2\times(7.72-\frac{1}{3}\times1.0)\approx23.19$（毫米^3），$V_{圆台}=\frac{1}{3}\times3.14\times2.0\times(3.8^2+1.8^2+3.8\times1.8)\approx51.33$（毫米^3），$V_{圆柱}=3.14\times1.8^2\times8.0\approx81.39$（毫米^3），$V_{小球缺}=3.14\times0.6^2\times(3-\frac{1}{3}\times0.6)\approx3.17$（毫米^3）. 故 $V_{总}=159.1$（毫米^3），$W=8.9\times0.1591\approx1.4$（克）为所求.

4. 由 $\cos\theta=\sin 45°\cdot\sin(-45°)+\cos 45°\cdot\cos(-45°)\cdot\cos(-60°-30°)$ 有 $\theta=\frac{2\pi}{3}$，故 A，B 两地的最短距离为 $\frac{2}{3}\pi R$.

5. 由 $\cos\theta=\sin\beta_1\cdot\sin\beta_2+\cos\beta_1\cdot\cos\beta_2\cdot\cos(\alpha_2-\alpha_1)$，有 $\cos\theta_1=\sin^2 40°$，$\cos\theta_2=\sin 40°\cdot\sin(-30°)+\cos 40°\cdot\cos(-30°)$，$\cos\theta_3=\sin 40°\cdot\sin(-30°)+\cos 40°\cdot\cos(-30°)$，$\cos\theta_4=\sin^2(-30°)$，从而 $\theta_1<\theta_4$，$\theta_2=\theta_3$，知甲航线较短，乙航线较长.

6. 设 C_{60} 分子中五边形和六边形的个数分别为 x 个和 y 个.

设 C_{60} 分子这个多面体的顶点数 $V=60$，面数 $F=x+y$，棱数 $E=\frac{1}{2}(3\times60)$. 根据欧拉公式，可得

$$60+(x+y)-\frac{1}{2}(3\times60)=2 \quad ①$$

另一方面，棱数也可由多边形的边数之和（不要重复计算）来表示. 于是，又得

$$\frac{1}{2}(5x+6y)=\frac{1}{2}(3\times60) \quad ②$$

解方程①和②组成的方程组，得 $x=12$，$y=20$，于是我们可知，C_{60} 分子中有 12 个五边形，20 个六边形.

7. 由题意得，顶点数

$$V=2C_n^2=n(n-1)(n\geqslant2)$$

弧数 $E=n\times2(n-1)$（因为每个圆上都有 $2(n-1)$ 个交点），代入欧拉公式得

$n(n-1)+F-2n(n-1)=2$

所以区域数 $F=n^2-n+2$.

而当 $n=1$ 时，上式也成立，所以，这 n 个圆把平面分成了 n^2-n+2 个部分.

一般地，我们有：

分割元素个数	最多可分成的部分数		
	直线被点分割	平面被直线分割	空间被平面分割
0	1	1	1
1	2	2	2
2	3	4	4
3	4	7	8
4	5	11	15
…	…	…	…
n	$A_n = n + 1$	$B_n = \frac{n^2 + n + 2}{2}$	$C_n = \frac{n^3 + 5n + 6}{6}$
$n + 1$	$A_{n+1} = A_n + 1$	$B_{n+1} = B_n + A_n$	$C_{n+1} = C_n + B_n$

分割元素个数	最多可分成的部分数		
	圆被点分割	球面(平面)被圆分割	空间被球面分割
1	1	2	2
2	2	4	4
3	3	8	8
4	4	14	16
5	5	22	30
…	…	…	…
n	$D_n = n$	$E_n = n^2 - n + 2$	$F_n = \frac{n(n^2 - 3n + 8)}{3}$
$n + 1$	$D_{n+1} = D_n + 1$	$E_{n+1} = E_n + D_{2n}$	$F_{n+1} = F_n + E_n$

第九章　平面解析几何知识的实际应用

平面解析几何知识是建立坐标系，运用数、式的推演来研究平面图形或曲线性质的知识. 科学和生活离不开几何图形或曲线，而各种各样的几何图形或曲线，形状千姿百态，性质丰富多彩，因而其应用举不胜举.

9.1　平面直角坐标知识的应用

9.1.1　直线划分平面的应用

在平面解析几何中，二元（或一元）一次方程所表示的图像是直线，而一直线把平面划分为两部分，因而以二元（或一元）一次不等式的解为坐标的所有点的集合表示半个平面，或称半平面为二元（或一元）一次不等式所表示的区域.

在涉及与两个因素有关的，可表示为某些二元（或一元）一次不等式组的约束条件下的实际问题（即线性规划问题）常需运用直线划分平面的知识求解.

例 1　某公司有 4 台 A 型电瓶车和 6 台 B 型电瓶车送物品. A 型车每次运 10 件，电耗费 10 元，B 型车每次运 8 件，电耗费 8 元. 现有 8 名工人，每人每天只运一次. 若今天需运送 60 件物品，问如何调度，使每天电费最省？

解　设我们用 x 名工人开 A 型车，y 名工人开 B 型车，则由题意，有如下不等式组

$$\begin{cases}0 \leqslant x \leqslant 4 \\ 0 \leqslant y \leqslant 6 \\ x + y \leqslant 8 \\ 10x + 8y \geqslant 60\end{cases}$$

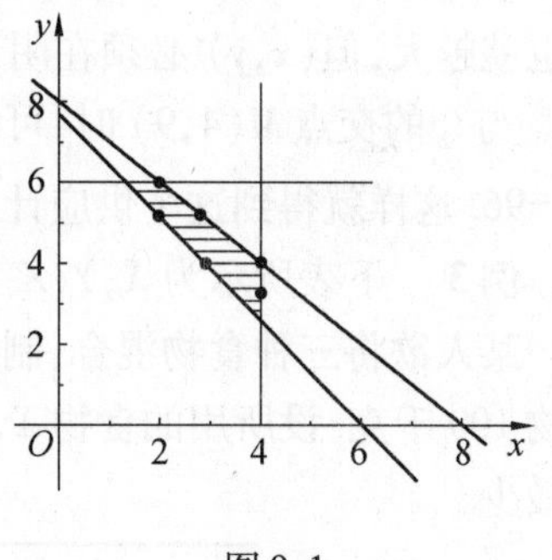

图 9.1

满足如上不等式组的区域如图 9.1 中阴影部分，且 x,y 均取整数，则调度方案有 6 种：(2,6)，(2,5)，(3,5)，(3,4)，(4,4)，(4,3).

为使费用最省，以(2,5) 的解为最优，此时，电耗费为 $2 \times 10 + 5 \times 8 = 60$（元），其余各解电耗费均大于 60 元. 这实际上就是将解 (x,y) 代入 $f(x,y) = 10x + 8y$（常称为目标函数）取得最小值的解 (x_0, y_0).

例 2　某公司计划同时销售 A 型产品和 B 型产品. 由于这两种产品的市场需求量非常大，有多少就能销售多少. 因此该公司要根据实际情况（如资金、劳动力等）确定产品的月供应量，以使得总利润达到最大. 已知对这两种产品有直接限制的因素是资金和劳动力. 经过调查，得到关于这两种产品有直接限制的因素是资金和劳动力. 经过调查，得到关于这两种产品的有关数据如下：

项目 资金 品名	单位产品所需资金(万元)		月资金供应量(万元)
	A 型	B 型	
成本	30	20	300
劳动力(工资)	5	10	110
单位利润	6	8	

试问:怎样确定两种产品的月供应量,才能使总利润达到最大,最大利润是多少?

解 设 A 型,B 型产品的月供应量分别是 x,y,总利润是 P,那么 x,y 满足条件

$$\begin{cases}30x+20y\leqslant 300\\5x+10y\leqslant 100\\x\geqslant 0\\y\geqslant 0\\P=6x+8y\end{cases}$$

满足如下不等式组的图形由直线 $l_1:30x+20y=300$,$l_2:5x+10y=110$,以及 x 轴,y 轴围成的封闭区域,即图 9.2 中的阴影部分.

作直线 $l:6x+8y=0$,并将直线 l 平行移动,得直线 $l:P=6x+8y$(即 $y=-\frac{3}{4}x+\frac{P}{8}$).越往右上方平移,直线 l 截距 $\frac{P}{8}$ 就越大,直线 l 上的点 (x,y) 所对应的供应方案的总利润也就越大,但 (x,y) 必须在阴影部分内.由图可知,当 l 通过 l_1 与 l_2 的交点 $M(4,9)$ 时,可使 P 达到最大的一条线 $6x+8y=96$.这样就得到这个供应计划的最优解 $x=4,y=9$.此时,总利润 P 为 96 万元.

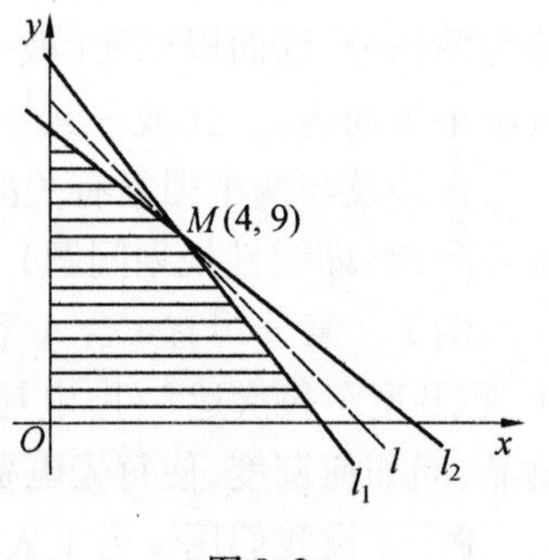

图 9.2

例 3 下表所示为 X,Y,Z 三种食物的维生素含量及成本.

某人欲将三种食物混合,制成至少含 44 000 单位维生素 A 及 48 000 单位维生素 B 的混合物 100 千克.设所用的食物 X,Y,Z 的质量依次为 x,y,z(千克),试确定 x,y,z 的值,使成本为最少.

	x	y	z
维生素 A(单位/千克)	400	600	400
维生素 B(单位/千克)	800	200	400
成本(元/千克)	6	5	4

解 根据题设条件,混合物成本的多少受到维生素 A,B 的含量以及混合物总量等因素的制约,各个条件联合起来产生一个不等式组,即求满足条件

$$\begin{cases}400x+600y+400z\geqslant 44\ 000\\800x+200y+400z\geqslant 48\ 000\\x+y+z=100\\x\geqslant 0,y\geqslant 0,z\geqslant 0\end{cases}.$$

下混合成本函数 $P = 6x + 5y + 4z$ 的最小值.

消去不等式中的变量 z 为

$$\begin{cases} y \geqslant 20 \\ 2x - y - 40 \geqslant 0 \\ x + y - 100 \geqslant 0 \end{cases}$$

转化为求点 (x,y) 在不等式组表示的平面区域 $\triangle ABC$(包括边界) 上变动时,目标函数 $P = 400 + 2x + y$ 的最小值.

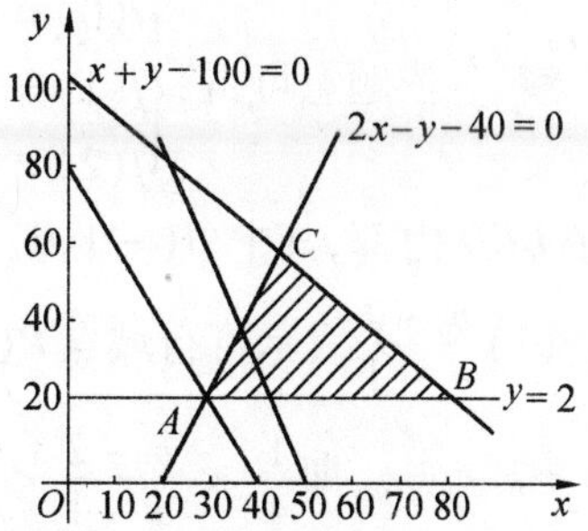

图 9.3

若把 $P = 400 + 2x + y$ 看成以 P 为参数的平行线系 $y = -2x + P - 400$,求 P 的最小值就是求使截距 $P - 400$ 达到最小时直线的位置,即过 $A(30,20)$ 时位置,此时 $x = 30$ 千克,$y = 20$ 千克,$z = 50$ 千克,成本 $P = 480$ 元为最少.

如上的三个例题都与二元一次不等式(方程) 联立有关,而联立不等式(方程) 的解答往往甚多,在各种解答中,寻找出一组符合实际应用的最佳解答,是我们的目的. 我们把求此类问题的解答称为线性规划. 这是数学中的一个重要分支,其中满足条件的解的区域称为可行域,所求得的解答称为最优解.

9.1.2　线性规划的应用

利用线性规划的方法解答某些数学问题是很方便的. [28]

(1) 有关整点的问题

例 4　三边均为整数且最大边的长为 11 的三角形的个数为(　　).

A. 15　　B. 30　　C. 36　　D. 以上都不对

解　不妨设三角形的另两边为 x,y,且 $x < y$,则 $\begin{cases} 0 < x \leqslant 11 \\ 0 < y \leqslant 11 \\ x + y > 11 \\ x \leqslant y \end{cases}$,

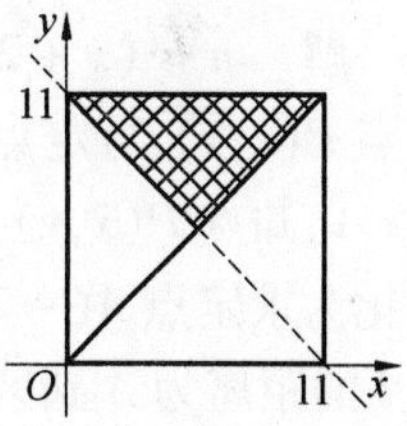

点 (x,y) 就在如图 9.4 所示的阴影区域内,由上图易知阴影区域内(包括实边界) 整点个数点占正方形内(包括边界) 整点个数的 1/4. 所以满足题意的整点个数为 $12^2/4 = 36$(个),选 C.

图 9.4

(2) 求取值范围的问题

例 5　已知 $\triangle ABC$ 的三边长为 a,b,c,满足 $b + c \leqslant 2a, c + a \leqslant 2b$,则 $\dfrac{c}{a}$ 的取值范围是________.

解　设 $\dfrac{b}{a} = x > 0, \dfrac{c}{a} = y > 0$,则 $x + y \leqslant 2, y + 1 \leqslant 2x$. 根据三角形三边关系,得 $|b - c| < a < b + c$,因此 $|x - y| < 1 < x + y$. 在平面直角坐标中作出以上关于 x,y 的不等式组表示的平面区域,得 $0 < y \leqslant 1$,所求 $\dfrac{c}{a}$ 的取值范围是 $(0,1]$.

例 6　实系数方程 $f(x) = x^2 + ax + 2b = 0$ 的一个根在 $(0,1)$ 内,另一个根在 $(1,2)$ 内,求:(1) $\dfrac{(b-2)}{(a-1)}$ 的值域;(2) $(a-1)^2 + (b-2)^2$ 的值域;(3) $a + b - 3$ 的值域.

解 依题意可得：$\begin{cases} f(0)=2b>0 \\ f(1)=a+2b+1<0 \\ f(2)=4+2a+2b>0 \end{cases}$，则$\begin{cases} b>0 \\ a+2b+1<0 \\ a+b+2>0 \end{cases}$. 作出可行域如图 9.5 为 $\triangle BCD$ 内部，其中 $B(-1,0)$，$C(-2,0)$，$D(-3,1)$. 设 $A(1,2)$. 则：

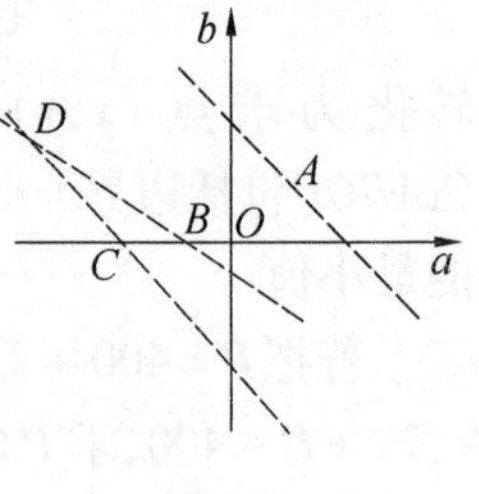

图 9.5

(1) $\dfrac{b-2}{a-1}$ 表示可行域点 $P(a,b)$ 与定点 A 的直线斜率，设为 k，则 $k_{AD}<k<k_{AB}$，即 $\dfrac{1}{4}<\dfrac{b-2}{a-1}<1$.

(2) $(a-1)^2+(b-2)^2$ 表示可行域上的点 $P(a,b)$ 与定点 $A(1,2)$ 的距离的平方，设为 d^2，则 $d_{AB}^2<d^2<d_{AD}^2$. 故 $8<(a-1)^2+(b-2)^2<17$.

(3) 设 $m=a+b-3$，平行移动 $l:a+b-3=0$. 当 l 经过点 C 时 m 取最小值 m_c，经过点 B 时 m 取最大值 m_B，$m_c<m<m_B$，即 $-5<a+b-3<-4$.

例 7 已知 $f(x)=3x-y$，且 $-1\leqslant x+y\leqslant 1$，$1\leqslant x-y\leqslant 3$. 求 $f(x)$ 的取值范围.

解 如图 9.6，作出不等式组$\begin{cases} -1\leqslant x+y\leqslant 1 \\ 1\leqslant x-y\leqslant 3 \end{cases}$表示的平面区域，即可行区域，作直线 $l:3x-y=0$，把直线 l 向右下方平移过 $B(0,-1)$，即直线 $x-y-1=0$ 与 $x+y+1=0$ 的交点时，$f(x)_{\min}=1$，再把直线 l 向右下方平移过 $A(2,-1)$，即直线 $x-y-3=0$ 与 $x+y-1=0$ 的交点时，$f(x)_{\max}=7$，所以 $1\leqslant f(x)=3x-7\leqslant 7$.

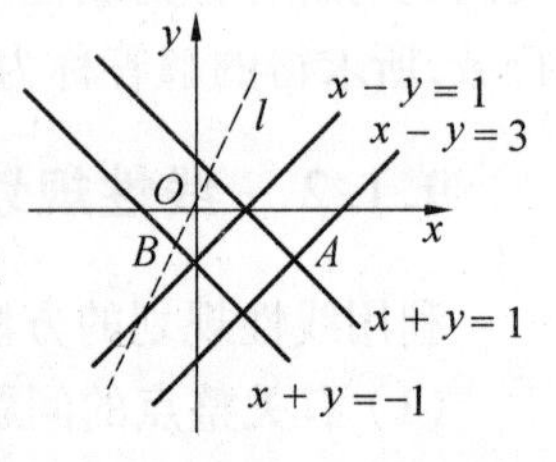

图 9.6

(3) 函数的最值问题

例 8 已知实数 x,y 满足 $2x+y\geqslant 1$，求 $u=x^2+y^2+4x-2y$ 的最小值.

解 $u=(x+2)^2+(y-1)^2-5$，显然 $(x+2)^2+(y-1)^2$ 表示点 $P(x,y)$ 与定点 $A(-2,1)$ 的距离的平方. 由约束条件：$2x+y\geqslant 1$，知点 $P(x,y)$ 在直线 $l:2x+y=1$ 的右上方区域 G，于是问题转化为求定点 $A(-2,1)$ 到区域 G 的最近距离，由图可知，点 A 到直线 l 的距离为 A 到区域 G 中点的距离的最小值

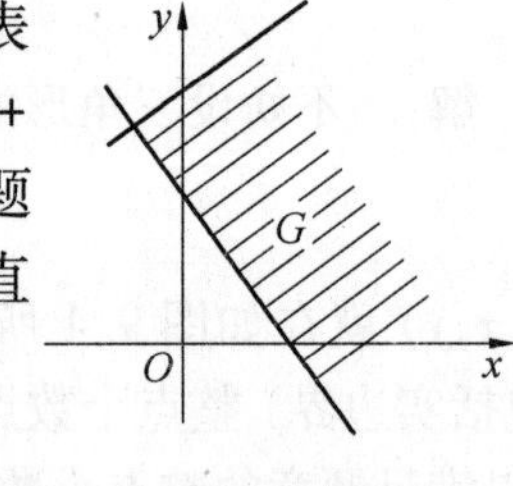

图 9.7

$$d=\frac{|2\cdot(-2)+1-1|}{\sqrt{2^2+1}}=\frac{4}{\sqrt{5}}$$

所以 $d^2=\dfrac{16}{5}$. 故 $u_{\min}=d^2-5=-\dfrac{9}{5}$.

(4) 排列组合、概率问题

例 9 某电脑用户计划使用不超过 500 元的资金购买单价分别为 60 元，70 元的单片软件和盒装磁盘，根据需要，软件至少买 3 片，磁盘至少买 2 盒，则不同的选购方式共有（ ）种.

A. 5　　B. 6　　C. 7　　D. 8

分析 设所购买的软件件数为 x，磁盘数为 y，依题意可知：x,y 都是整数，且应该满足

$\begin{cases}60x+70y\leqslant 500\\x\geqslant 3\\y\geqslant 2\end{cases}$，问题转化为求该不等式组表示的平面区域的整点个数，作出可行域，易求点(3,2)，(4,2)，(5,2)，(6,2)，(3,3)，(4,3)，(3,4) 为所求的整点共有 7 种. 选 C.

例 10　甲、乙两人相约 10 天之内在某地会面，约定先到的人等候另一个人，经过 3 天后方可离开，若他们在限期内到达目的地是可能的，求此两人会面的概率.

解　设甲、乙两人分别在第 x，y 天到达某地，$0\leqslant x\leqslant 10$，$0\leqslant y\leqslant 10$，他们会面的充要条件是 $|x-y|\leqslant 3$，则点分布在图 9.8 的正方形中，两人会面的事件，为介于直线 $x-y=\pm 3$ 之间的阴影区域内，故所求的概率为

$$P=\frac{100-(10-3)^2}{100}=\frac{51}{100}$$

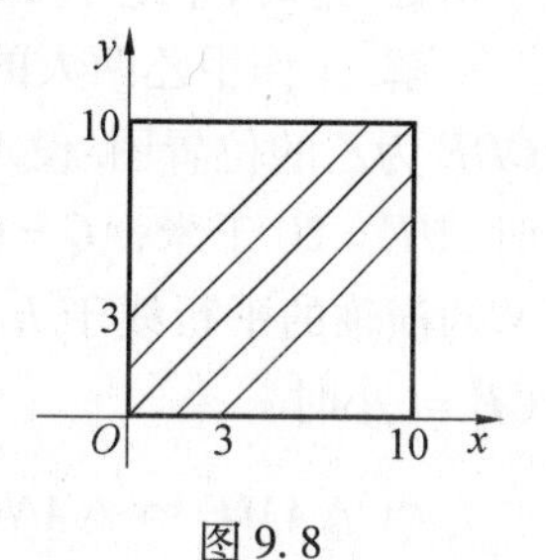

图 9.8

9.1.3　工程、行程、平衡等问题的图解方法求解

运用平面直角坐标系研究某些工程、行程问题等，能使一些较为隐蔽的条件在图形上具体化，它以图形的形式直观地反映出数量之间的关系，从而为我们分析问题解决问题提供了一条好的途径.

例 11　有三块同样大小的地，分别由三台效率不同的拖拉机耕作. 已知第一台拖拉机比第二台拖拉机先工作 $\frac{1}{2}$ 小时，而第三台拖拉机比第二台拖拉机晚工作 $\frac{1}{3}$ 小时，且知三台拖拉机工作到某一时刻，它们的耕地面积达到相同. 若第三台拖拉机比第二台拖拉机早 12 分钟完成全部任务，问第一台拖拉机比第二台晚几分钟完成全部任务？

解　以 t 表示时间，s 表示完成任务，建立如图 9.9 的坐标系.

A_1A_2，B_1B_2，C_1C_2 分别表示第一，二，三台的运动位置图. 它们有公共点 P，说明它们在某一时刻所耕的面积相等.

由题意可知 $|A_1B_1|=\frac{1}{2}$，$|B_1C_1|=\frac{1}{3}$，$|C_2B_2|=\frac{1}{5}$，所求的量即为 $|B_2A_2|$ 的值.

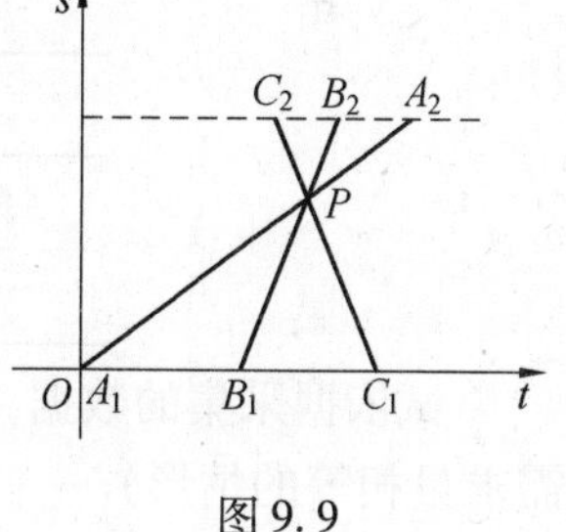

图 9.9

由相似三角形可知 $\frac{|A_1B_1|}{|B_1C_1|}=\frac{|B_2A_2|}{|C_2B_2|}$，从而

$$|B_2A_2|=|C_2B_2|\cdot\frac{|A_1B_1|}{|B_1C_1|}=\frac{3}{10}(\text{小时})=18(\text{分钟})$$

故第一台拖拉机比第二台拖拉机晚完成 18 分钟.

例 12　A，B 两地之间公路长 96 千米. 甲骑自行车自 A 往 B，乙骑摩托车自 B 往 A. 他们同时出发，经 80 分钟两人相遇. 乙到 A 后马上折回在第一次相遇后 40 分钟追上甲，乙到了 B 地又马上折回，问再过多少时间甲与乙再相遇？

解　如图 9.10 建立坐标系，A 在原点上，线段 AB' 为甲的运动位置图. $|AB|=96$ 千米，B 在纵轴上，折线 $BCDE$ 为乙的运动图. M，N，P 为三次相遇时的点(AB' 表示甲从 A 到 B，BC 表示乙从 B 到 A，CD 表示乙从 B 折回到 B，M，P 为相遇的点，N 为追及时的点). 从图中知，甲乙二人走到相遇点 P 所走的总路程为路线 AB 的 3 倍，而二人共同走完路程 AB 需 80 分钟，所

以点 P 对应的时刻为 $80\times3=240$(分钟). 所求时间为 N,P 间的时间间隔,即 $240-(80+40)=120$(分钟)为所求.

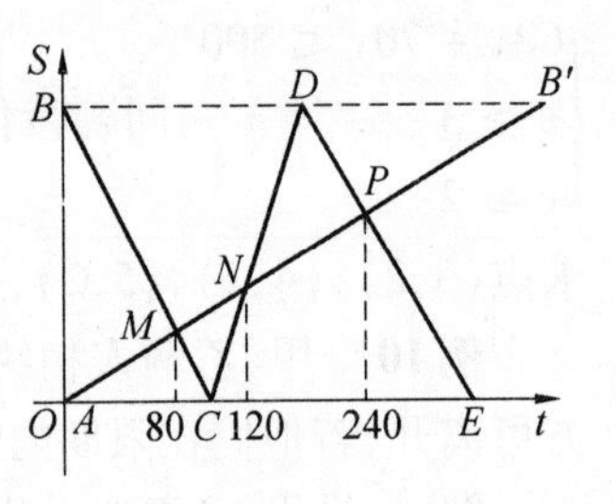

图 9.10

注 从解中知, $|AB|=96$ 千米的条件是加强的.

例 13 甲乙两人从 A 地向 B 地出发,甲先走 1 小时,乙于离 A 地 20 千米处追及甲,到达 B 地后返回,又与甲相遇于离 B 地 20 千米处. 这时,甲走了 6 小时,问 AB 两地的距离是多少?

解 作甲乙两人的运动位置图. AB' 为甲的位置图,折线 CDE 为乙的位置图. 设 $AB=s$ 千米, $CF=t$ 小时. 由图知, $AC=1$ 小时, $MF=20$ 千米, $AG=6$ 小时. 自 D 作 DH 垂直于横轴于 H,交过 N 的横轴的平行线于 I. 这样 $\triangle CMF\cong\triangle NDI$,所以 $HG=IN=CF=t$ 小时.

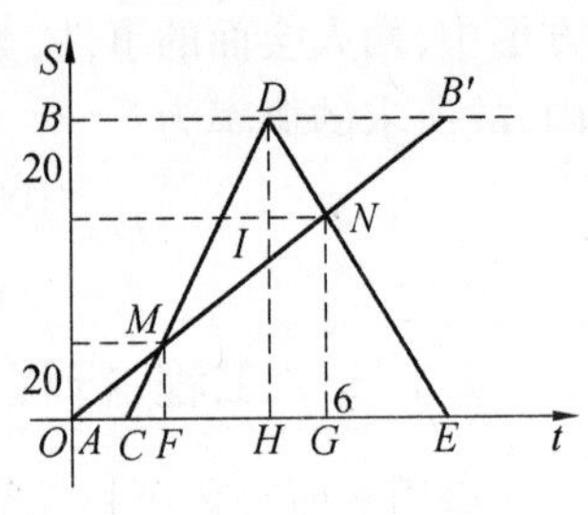

图 9.11

由 $\triangle AMF\backsim\triangle ANG$,知 $\dfrac{20}{t+1}=\dfrac{s-20}{6}$,即 $t+1=\dfrac{120}{s-20}$.

又由 $\triangle CMF\backsim\triangle CDH$,得 $\dfrac{20}{t}=\dfrac{s}{6-1-t}$,即 $t=\dfrac{100}{s+20}$. 故由

$\dfrac{100}{s+20}+1=\dfrac{120}{s-20}$ 整理得: $s^2-20s-4\,800=0$,由此求得 $s_1=80$, $s_2=-60$(舍去).

所以 AB 两地相距 80 千米.

例 14 某市场中心对菜椒的市场需求量和供给量进行调查后,得到以下数据:

表 1 菜椒市场需求量信息表

每千克价格 P 元	2	2.4	2.6	2.8	4
需求量 Q 吨	40	38.5	36.5	36	30

表 2 菜椒市场供给量信息表

每千克价格 P 元	2	2.8	3.4	4	5
供给量 Q 吨	29	34	37	40.5	47

试依据采集的数据,求市场的供需平衡点(即供给量与需求量相等的情形).

解 以供给(需求)量为横轴,价格为纵轴建立平面直角坐标系,根据统计出的数据在坐标系内描点,描绘出近似的供给线和需求线(图 9.12),可获得供给线和需求线近似于直线

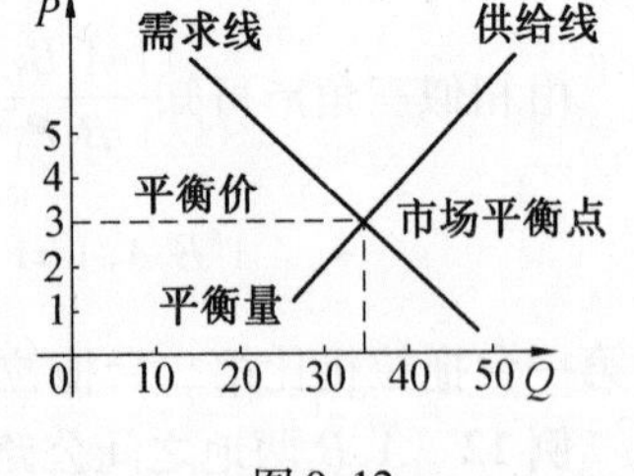

图 9.12

$$6P-Q+17=0$$
$$5P+Q-50=0$$

两条直线的交点即为市场供需的平衡点,由两直线方程联立的解(3,35),故当供给量和需求量接近 35 吨时,市场供需达到平衡,此时菜椒的价格在 3 元/千克左右.

9.1.4　等值线的应用

著名数学家、数学教育家 G·波利亚在他所著《数学与猜想》(上卷) 一书中有这样一个例子:在直线 l 外有一线段 AB,在 l 上求一点 P,使 $\angle APB$ 最大. 他的解决办法是:过 A,B 两点做圆,与 l 的切点即为所求的点 P. 其依据就是过 AB 的同一圆弧上任一点对线段 AB 所张的角相等,他形象地把这样的圆弧叫等值线.

甘肃临洮师范学校的张锐老师推广了这个概念[31].

定义　对函数 $u=f(x,y)$,若点 (x,y) 在某平面曲线 C 上运动时,所对应的函数值 u 都不变,则把曲线 C 叫作函数 $u=f(x,y)$ 的一条等值线.

例15　如图9.13所示,求点 $A(0,2)$ 到抛物线 $y=x^2$ 的最短距离.

解　以 $A(0,2)$ 为圆心做同心圆 $x^2+(y-2)^2=k^2$,要使点 $A(0,2)$ 到抛物线的距离最小,必须使

圆:$x^2+(y-2)^2=k^2$　①

与　抛物线:$y=x^2$　②

相切如图,将②代入①得 $y+(y-2)^2=k^2$,即 $y^2-y+4-k^2=0$.

令判别式 $\Delta=1-4(4-k^2)=0$,得 $k^2=\frac{15}{4}$.

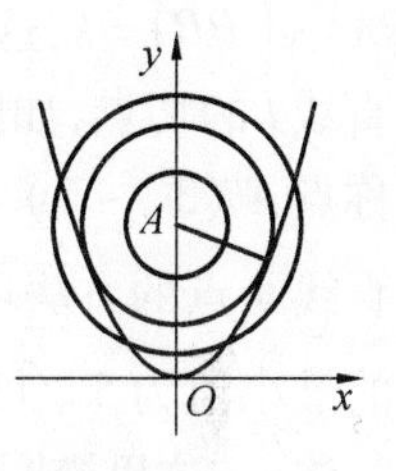

图9.13

所以最短距离为 $\frac{\sqrt{15}}{2}$.

注　这里同心圆系 $x^2+(y-2)^2=k^2$ 为等值线.

例16　已知 $x^2+y^2=4$,求 $u=3x+2y$ 的最大值与最小值.

解　设 $3x+2y=k$,这时满足条件的 k 所对应的直线应与圆 $x^2+y^2=4$ 相切,如图9.14.

将直线系方程代入 $x^2+y^2=4$ 整理得

$$13x^2-6kx+k^2-16=0$$

令 $\Delta=(-6k)^2-13\times4\times(k^2-16)=0$. 得 $k=\pm2\sqrt{13}$.

所以,$u=2x+3y$ 的最大值为 $2\sqrt{13}$,最小值为 $-2\sqrt{13}$.

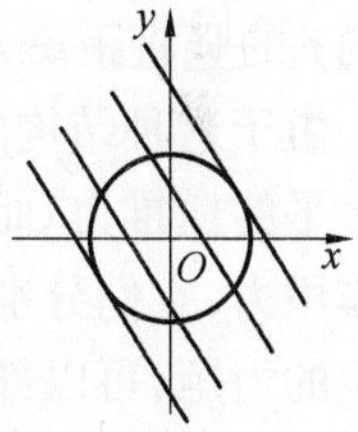

图9.14

注　这里平行线族 $3x+2y=k$ 为等值线.

例17　已知 $2x+y+2=0$,求 $\log_2\left(\frac{y}{x^2}\right)$ 的最大值.

解　由于 $y=\log_2x$ 是增函数,故当 $\frac{y}{x^2}$ 最大时,$\log_2\left(\frac{y}{x^2}\right)$ 才最大. 令 $\frac{y}{x^2}=k(k>0)$,即 $y=kx^2$. 由于所求的点既要在 $2x+y+2=0$ 上,又要在 $y=kx^2$ 上,而且还要使 $\frac{y}{x^2}$ 最大,这时必须使直线 $2x+y+2=0$ 与抛物线 $y=kx^2$ 相切,如图9.15.

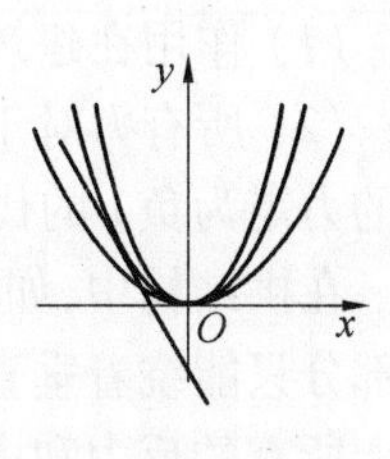

图9.15

联立 $y=kx^2$ 与 $2x+y+2=0$,得

$$kx^2+2x+2=0$$

令 $\Delta = 4 - 8k = 0$,得 $k = \frac{1}{2}$.

所以,$\frac{y}{x^2}$ 的最大值为$\frac{1}{2}$,这时 $\log_2\left(\frac{y}{x^2}\right)$ 的最大值为 -1.

注 这里抛物线族 $y = kx^2$ 为等值线.

例 18 已知 $3x - 4y + 4 = 0$,求 $u = \sqrt{(x+3)^2 + (y-5)^2} + \sqrt{(x-2)^2 + (y-15)^2}$ 的最小值.

解 设 $A(-3,5)$,$B(2,15)$,定直线 l:$3x - 4y + 4 = 0$,此题转化为:当动点 $P(x,y)$ 在直线 l 上移动时,求 $|PA| + |PB|$ 的最小值. 设 $|PA| + |PB| = k$,这时满足条件的点 P 就是以 A,B 两点为焦点的椭圆与直线 l 的切点,如图 9.16,而由几何知识可知此切点正是 A 关于 l 的对称点 $A'(3,-3)$ 与点 B 的连线 $A'B$ 与直线 l 的交点. 由解析几何求二直线交点的方法可得点 P 坐标,进而得 $|PA| + |PB| = 5\sqrt{13}$,即所求的最小值为 $5\sqrt{13}$.

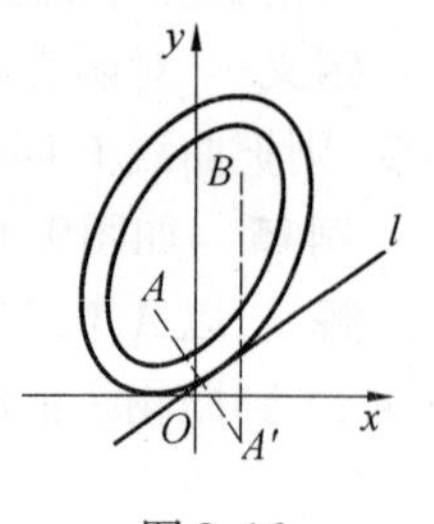

图 9.16

注 这里椭圆族是等值线.

9.2 圆锥曲线在拱结构中的应用

一般地,凡在竖向荷载作用下能产生水平反力(即推力)的结构叫作拱结构.

设图 9.17 是一种拱结构的断面图,其中心轴线称为拱轴线,拱的两端支座 A 和 B 处称为拱脚,拱顶至拱脚连线(假定水平的)的竖直距离 h 叫作拱高,两拱脚间的距离 l 叫作跨度.

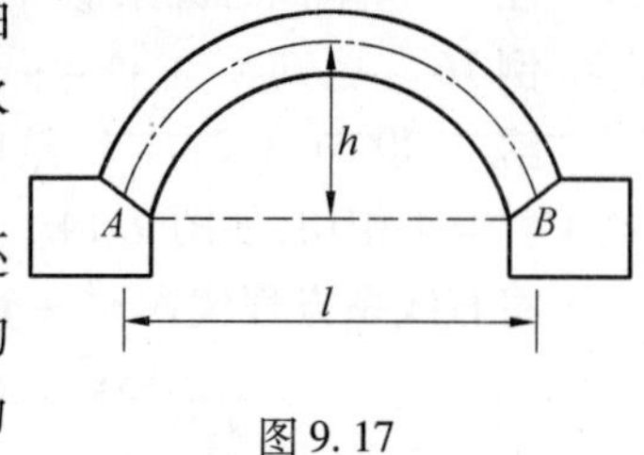

图 9.17

由于这种结构的两脚对于支座,除了竖直的下压力外,还有水平的横推力. 而支座对于拱脚又有大小相等、方向相反的反作用力,它们分别称为竖直反力和水平反力. 因为水平反力产生的力矩,可以部分或全部地代替拱圈内的弯矩、所起平衡竖向力所产生力矩的作用,因而在具有相同荷载和跨度的情况下,拱内的弯矩要比无推力的结构来得小些,所以拱结构在建筑工程中有广泛的应用.

在设计一个建筑物时,必须考虑建筑物在受外力作用下保持平衡的问题. 因为失去平衡,建筑物就要毁坏,因此必须考虑下列两种平衡条件.

(1) 作用在建筑物上的所有合力等于零,从而保证建筑物不会移动;

(2) 所有力对于建筑物上的任意点力矩(习惯上规定逆时针方向的力矩为正,顺时针方向的力矩为负)的代数和等于零,从而保证建筑物不会转动.

在拱结构中,如果在两个支座和拱顶处各安装一个铰(铰是一种装置,它使被联结的两个部分只能绕着垂直于过铰中心的一轴旋转),这种拱结构称为三铰拱. 它属于静定结构,其上所有的反力和内力,都可以由这结构及其各部分的静力平衡条件计算出来,并且可作为其他拱结构计算的依据. 因此,下面讨论的拱结构仅限于这种三铰拱.

根据上面的两个平衡条件,如果拱结构在支座和拱顶处的总力矩都等于零,且拱轴线上任何一点处的横截面上的变矩也都等于零,那么这种拱轴线称为合理拱轴线.

下面举例说明合理拱轴线在实际中的应用.

例 1　屋架或桥梁的合理拱轴线是抛物线.

设有一屋架或桥梁，如图 9.18 建立直角坐标系，$P(x,y)$ 为拱轴线上的任意一点. 取拱圈的一段隔离体 OP，则它受三个力的作用：一是水平压力 H，施于点 O；一是竖直荷载，等于 $q|x|$，作用点距 y 轴为 $\frac{1}{2}|x|$；一是过点 P 而沿着轴线的切线方向的压力 R.

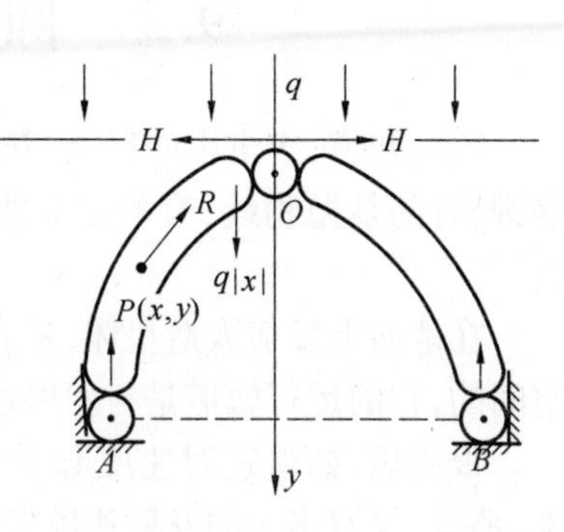

图 9.18

由于在点 P 处的弯矩等于零，这三个力对于点 P 的力矩总和应为零，才能得到平衡，故有

$$Hy + R\cdot 0 - q|x|\cdot\frac{1}{2}|x| = 0 \Rightarrow x^2 = \frac{2H}{q}y$$

由于 q,H 是常数，从而上式表示顶点在拱顶，轴取竖直方向的抛物线方程.

这个例题告诉我们：在建筑上对于抗压性能良好，而抗拉性能差的材料（如砖、石、混凝土等）用来建筑屋架或桥梁，为了增大强度应采用抛物线的拱结构.

用石料建桥在我国具有悠久的历史，我国有许多桥在世界上有超时代、创造性的结构. 例如，至今还巍然挺立在河北省赵县的箣河上的赵州桥，已经历了 1 300 多年的风雨洪流，是闻名世界的一座宏大的石拱桥.

例 2　隧道的合理拱轴线是椭圆弧.

设有隧道，它的断面三铰拱衬砌. 如图 9.19 建立直角坐标系，$P(x,y)$ 为拱轴线上的任意一点，取拱轴圈的一段隔离体 OP，则它受四个力的作用：一是水平压力 H，施于点 O；一是竖直荷载，等于 $q|x|$，作用点距 y 轴 $\frac{1}{2}|x|$；一是侧压力 μqy，作用点距 x 轴为 $\frac{1}{2}y$；另一是过点 P 而沿着轴线的切线方向的压力 R.

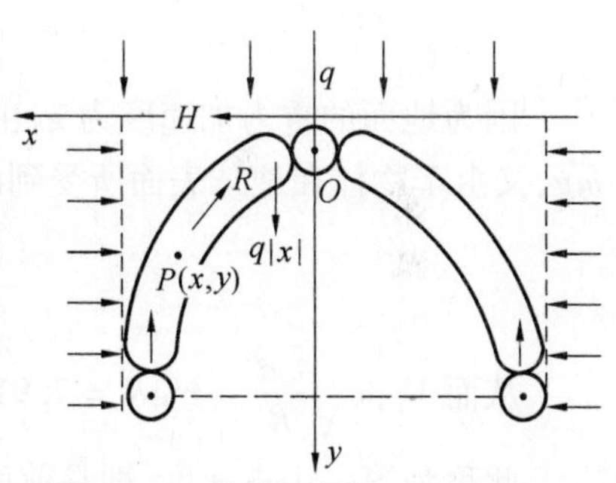

图 9.19

由于在点 P 的弯矩等于零，这四个力对于点 P 的力矩总和为零，才能得到平衡，因此有

$$H\cdot y + R\cdot 0 - q|x|\cdot\frac{1}{2}|x| - \mu qy\cdot\frac{1}{2}y = 0$$

则

$$qx^2 + \mu q\left(y - \frac{H}{\mu q}\right)^2 = \left(\frac{H}{\mu q}\right)^2$$

即

$$\frac{x^2}{\mu\left(\frac{H}{\mu q}\right)^2} + \frac{\left(y - \frac{H}{\mu q}\right)}{\left(\frac{H}{\mu q}\right)^2} = 1$$

因为 H,μ,q 是常数，故上式表示以拱顶的竖直线为长轴，中心距拱顶为 $\frac{H}{\mu q}$，半长轴和半短轴分别为 $\frac{H}{\mu q},\frac{H}{\sqrt{\mu}q}$ 的椭圆.

9.3 圆锥曲线与人造星体的轨道

我们知道,宇宙中的行星、彗星等由于运动的速度不同,它们在天体运行的轨道有的是椭圆,有的是抛物线,有的是双曲线. 例如,地球就是运行在以太阳为一个焦点的椭圆轨道上.

在地面上发射人造星体,是靠火箭的燃料燃烧高速喷射强大气体的反冲力被带到宇宙空间的,它的运行轨道是与发射速度紧密相关的.

很明显,如果发射速度 v_0 太小,由于地球引力的作用,发射物就会被吸引回到地面上来. 那么,要有多大的发射速度发射物才能进入宇宙空间而不被吸引回地面? 这就是下面我们要介绍的宇宙速度问题.

根据牛顿万有引力定律,质量为 m 的物体在地面上受到的地心引力是 $f=\frac{kMm}{R^2}$,这里 R 表地球的半径,M 表地球的质量,k 是万有引力常数.

如果这个物体以速度 V 作圆周运动,就产生离心力 $f'=\frac{mV^2}{R}$.

当离心力小于引力时,物体就向地心靠近,落于地面;当离心力等于引力时,物体失去重量,开始绕地球运行. 所以当 $v=v_1$ 时,有

$$\frac{kMm}{R^2}=\frac{mv_1^2}{R}\Rightarrow v_1^2=\frac{kM}{R}$$

因为地面的重力加速度为 g,由牛顿运动第二定律,可知质量为 m 的物体所受的重力为 mg,又由于物体在地球表面所受到的重力就是它所受到的地心引力,所以

$$mg=f=\frac{kMm}{R^2}$$

从而 $V_1=\sqrt{\frac{kM}{R}}=\sqrt{gR}=7.91$(千米/秒).

此称为第一宇宙速度,即是前面欲求的速度.

如果物体的发射速度为 V_0,它在发射时就具有动能 $E=\frac{1}{2}mV_0^2$,在离开地面时,因为克服地心吸力而做功,发射时贮存在物体上的动能逐渐被消耗,到动能耗尽时,就不能继续克服地心引力. 因此要使发射物体脱离地心引力作用,不再回头,发射时给它的动能 E 就必须大于克服地心引力所做的功 $\frac{kMm}{R}$,即

$$\frac{1}{2}mV_0^2\geqslant\frac{kMm}{R}\Rightarrow V_0\geqslant\sqrt{\frac{2kM}{R}}=\sqrt{2gR}$$

故 $V_2=\sqrt{2gR}=11.2$(千米/秒),此称为第二宇宙速度.

如果以 M' 表示太阳的质量,S 表示地球到太阳的距离,若物体要脱离太阳引力的作用,则它的速度就必须不小于 $V=\sqrt{\frac{2kM'}{S}}=\sqrt{\frac{2\times6.685\times10^{-8}\times1.989\times10^{33}}{1.496\times10^{13}}}\approx42.2$(千米/秒).

注意到地球以 29.8 千米/秒的速度绕太阳公转,所以当发射方向与地球公转方向一致

时,它克服太阳引力所需要的相对于地球的速度是

$$V' = 42.2 - 29.8 = 12.4(千米/秒)$$

又从地球上看来,发射物体为了脱离太阳系,应该付出能量$\frac{1}{2}mV'^2$,而为了克服地心引力又应该付出$\frac{1}{2}mV_2^2$的能量. 因此发射时至少要贮存的能量是$\frac{1}{2}m(V'^2+V_2^2)$,于是$V_3^2 = V'^2 + V_2^2$,即

$$V_3 = \sqrt{V'^2 + V_2^2} = \sqrt{12.4^2 + 11.2^2} \approx 16.7(千米/秒)$$

此称为第三宇宙速度.

因此,人造星体,当发射速度V_0等于或超过第一宇宙速度$V_1 = 7.91$千米/秒,才可能发射出去.

当$V_0 = V_1$时,发射物体的轨道是一个以R(地球半径)为半径的圆.

当$V_0 > V_1$时,发射物体的轨迹是一条圆锥曲线,它以地心为焦点,以$e = \sqrt{(\frac{V_0^2}{gR} - 1)\cos^2\alpha + \sin^2\alpha}$为离心率的轨道,其中$\alpha$表示发射方向与发射点的水平面的交角.

因$V_1 < V_0 < V_2$时,有$0 < e < 1$,发射体的轨道是一个椭圆,随着e的增大,轨迹越来越扁平,长轴越拉越长,但发射体仍旧绕地球运行,成为人造卫星.

当$V_0 = V_2$时,则$e = 1$,发射体的轨道是抛物线(的一半).

当$V_0 > V_2$时,则$e > 1$,发射体的轨道是双曲线(一支的一半). 此时发射体走向无穷远,不再回到地球附近,所以V_2又叫作脱离地球速度,但此时,发射体又受太阳引力的作用,轨道成为以太阳为焦点的椭圆.

当$V_2 < V_0 < V_3$时,轨迹是一个以太阳为焦点的椭圆,发射体成为人造行星.

当$V_0 > V_3$时,发射体飞出太阳系,所以V_3又叫作脱离太阳系速度.

当然所谓第一、二、三宇宙速度的数值均指从地球上发射弹体而言的,对于不同的天体,因为其自身引力值不同,也有其不同的三种宇宙速度. 在我们太阳系中,有些系外来客——彗星,正是以抛物线或双曲线轨道进入太阳系,以太阳为其轨道焦点. 它们可能被太阳引力所俘虏,轨道改变成为以太阳为一焦点的椭圆,也可能匆匆而过,借太阳引力加速,又离开太阳系向宇宙深空一去不复返.

天体在引力场中作椭圆、抛物线或双曲线轨道运行,对人类向太阳系成功发射人造探测器具有重大理论与实践应用意义.

1977年8月20日和9月5日,美国先后发射了两个行星探测器——"旅行者2号"和"旅行者1号"飞船,它们不但对木星、土星进行了探测,还首次对天王星、海王星进行探测,完成4星联游壮举. 飞船上还各自带一套"地球之声"光盘,唱片上有包括中国长城、中国人家宴的地球人照片、有包括中国普通话在内的60种语言的问候语,还有35种各类地球上的声音和音乐,它们作为地球的名片,希望有朝一日能被"外星人"收到.

行星探测器应沿着什么样轨道离开地球,并逐次探测其他行星呢? 1925年奥地利科学家霍曼(Hohmann)首先提出飞向其他行星的最佳轨道只有一条,就是与地球轨道及目标行星轨道同时相切的双切式椭圆轨道,这一轨道又称为霍曼转移轨道.

如图9.20,图9.21是"旅行者"1、2号飞行路线示意图."旅行者"号精心选择发射时间,在太空巧妙利用"引力跳板"技术"借力飞行",就是让飞行器从某个行星后方飞过时,借万有引力和飞行器自身速度共同作用,使飞行器被加速而变轨,以较少时间走最短路程."旅行者"号探测器先以大于第一宇宙速度发射,依以地球为一焦点的椭圆轨道飞行.飞到地球近地点时,再加速以抛物线轨道脱离地球变轨为以太阳为一焦点的椭圆轨道飞行,并成功穿越小行星区域向木星飞去.进入木星引力范围时,飞船轨道恰与木星绕太阳轨道相切,在木星引力作用下,逐渐加速变轨为以木星为一焦点的双曲线轨道飞过木星,又借木星引力以高速度沿双曲线轨道飞向土星,再利用土星引力为中途"加油站",沿以土星为焦点的双曲线轨道绕过土星奔向天王星、海王星."旅行者1号"探测器于1988年11月、"旅行者2号"探测器于1989年10月分别越过冥王星轨道,到2003年11月,它们已距地球135亿公里,相当于地球与太阳间距离的90倍,如今已飞离太阳系遨游银河系了.

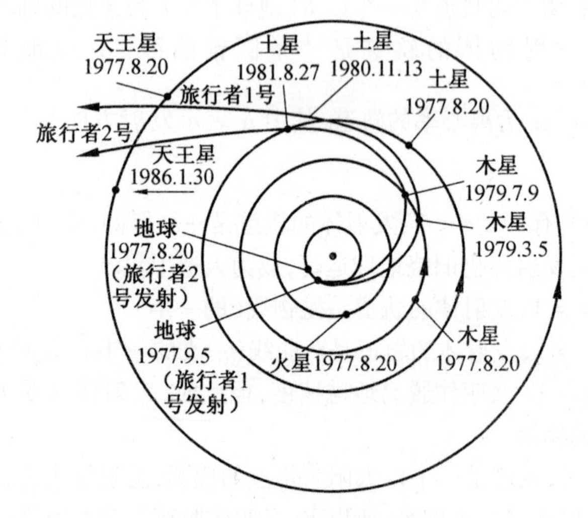

图9.20　轨道示意图

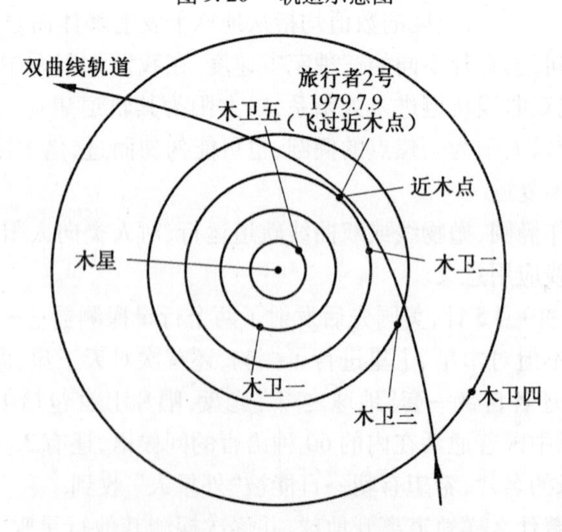

图9.21　轨道示意图

又如,1997年10月15日,美国与欧洲联合成功发射了"卡西尼·惠更斯号"土星探测器，长6.6米、重6.4吨，是人类20世纪发射的体积与重量最大的宇宙飞船，飞行目标是距地球远达8.2 – 10.2天文单位的土星（一个天文单位为地球到太阳的距离，约为1.49亿公里）. 为确保探测器顺利飞行，科学家为它巧妙设计了四次借力轨道. 首先在1998年4月让探测器绕过金星，在金星引力作用下加速变轨. 1999年6月再次绕过金星，又一次利用金星引力加速奔向地球. 1999年8月它掠过地球时，又利用地球引力再加速直飞木星. 2000年1月，它从木星处又借力加速直奔土星，并于7月如期到达土星. 先后历时7年，行程32亿公里，整个飞行轨道是多条抛物线、椭圆、双曲线组成的一条螺旋线. 如今它已成为人造土星卫星，围绕土星进行了多年的全面科学探测，飞船上携带的专门用于研究土卫六的"惠更斯号探测器"于2005年1月14日又成功登陆土卫六，求解类似地球40亿年前的星球之谜.

9.4　圆锥曲线光学性质的应用

圆锥曲线的切线和法线的性质被称为光学性质，它在科学技术上有许多的应用.

9.4.1　椭圆光学性质的应用

椭圆法线的性质：经过椭圆上一点法线；平分这一点的两条焦半径的夹角.

（1）激光材料的激发与电影放映机的聚光灯

根据椭圆的光学性质，把光源放在椭球镜面的一个焦点处，那么经过反射，都集中到另一个焦点上. 使激光材料更好激发以及许多聚光灯泡是椭球形就是利用这条性质设计的.

各种激光材料需要在外界强光的刺激下，才能发出激光，目前，外界光源多选用高压氙气灯. 人们考虑把氙灯发出来的光，最大限度地集中到激光材料上去，经过研究，科学家看中了椭圆. 他们用反光性能非常好的材料，做成一个椭圆形柱面的激光器；然后把棒状激光材料和氙灯，放在所有椭圆的焦点所组成的两条焦线位置上，使氙灯发出来的光，经椭圆形柱面发射，绝大部分集中在激光材料上，使激光材料得到更好的激发.

电影放映机的聚光灯泡是做成椭球面状的，它的构造如图9.22所示，椭圆弧ABC绕轴FF'旋转成椭球面，以F为焦点，圆弧AE和CD旋转成一球带. 以F为球心，AC为直径，这两曲面组成反射面，DE表示透明的光窗，灯丝在F处，片门装在F与另一焦点F'间紧靠于F'的H处，这样从灯丝发出的光，或经椭球面反射后集中于F'，或经球面反射集中于F'. 所以灯丝发出的光，除射到光窗和灯头处以外，全部透过片门集中到F'，再经放射镜头，将影片上的画面放大并投射到银幕上.

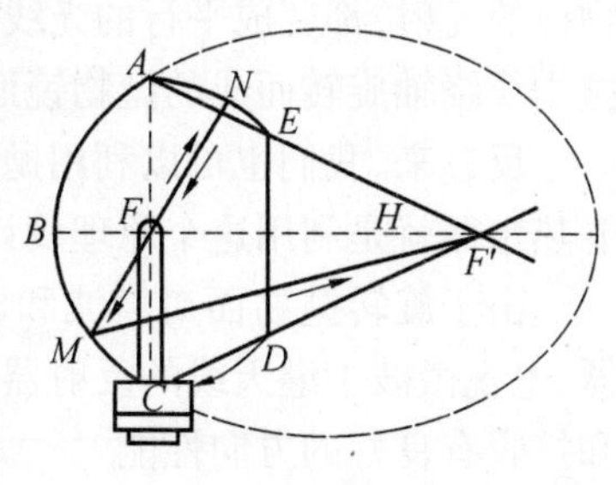

图9.22

片门如放在F'处，本来可以得到最多的光照射其上，但F'处光线集中，照在影片上，难免中间特别明亮而周围较暗，将使银幕上的画面出现照度不均匀的现象，且也不利于放大. 因此片门从F'移后一些.

这种灯泡的优点是体积小，且减少了光源后面的反光镜和光源与片门间的聚光透镜组，使放映机结构简单，体积较小，便于移动，但更主要的是光源发出的光能够充分地被利用.

(2) 杰尼西亚的耳朵

据传说,在意大利西西里岛有一个山洞,很久以前,叙拉古的暴君杰尼西亚把他的一些囚犯关在这个山洞里的 B 处,如图 9.23. 囚犯们多次密谋逃跑,但是每次的计划都被杰尼西亚发现了. 起初囚犯们怀疑自己的同伴中有内奸,他们彼此指责,互相猜疑,但始终没有发现任何一个囚犯告密. 后来渐渐觉察到囚禁他们的山洞形状古怪,洞壁把囚犯们的话都反射到洞口 A 处的狱卒耳朵里去了. 囚犯们诅咒这个山洞是"杰尼西亚的耳朵". 从图 9.23 可以看出,山洞的剖面近似于椭圆,犯人聚居的地方恰好在一个焦点附近,狱卒在另一个焦点偷听,无论囚犯们怎样压低嗓门,他们的声音照样被狱卒偷听得清清楚楚.

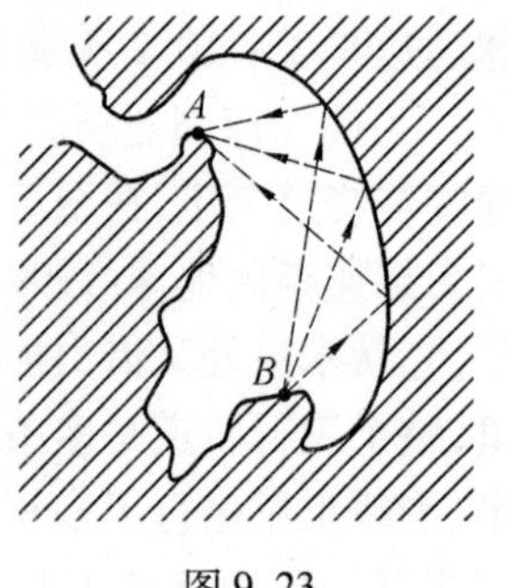

图 9.23

这个传说表明,椭圆形的反射面不但能使从一个焦点发出的光线在另一个焦点会聚,而且能使一个焦点发出的声音在另一个焦点聚焦. 人们曾经发现一个古希腊音乐厅的墙壁正是椭圆形的,乐池位于一个焦点的附近. 在这个音乐厅里,乐队演奏的声音会在另一个焦点重新会聚起来. 美国有一个教堂也有类似的设计. 这种设计的出发点不得而知. 其实声音的聚焦并不是好事,因为在另一焦点附近的听众固然连演奏或演讲者的细声慢语都能听见,但是室内其他地方音响效果却差得多. 因而,现代在设计音乐厅、影剧院、大会堂等大型建筑物时,建筑设计人员都很注意设法避免声聚焦.

9.4.2 抛物线光学性质的应用

抛物线法线的性质:经过抛物线上一点作一直线平行于抛物线的轴,那么经过这一点的法线平分这条直线和这一点的焦点半径的夹角.

根据抛物线的光学性质,如果把光源放在抛物镜的焦点 F 处,由于反射角(就是反射光线和法线所成的角) 等于入射角(就是入射光线和法线所成的角). 那么射出的光线经过抛物镜的反射,都变成平行的光线. 手电筒、舞台照射灯、汽车前灯和探照灯的反光曲面,都是抛物线绕轴旋转而成的抛物镜面,就是抛物线法线性质的实际应用.

反过来,我们也可以利用抛物线法线的这个性质,把平行光线集中于焦点,太阳灶、太阳能热水器就是利用这个原理设计的.

由于旋转抛物面对声波和电磁波也具有同样的作用. 因此,雷达定向天线装置的反射器、电视微波中继天线的反射器等也常常做成旋转抛物面或抛物柱面,以保证电磁波的发射和接收有良好的方向性能.

光学望远镜可以帮助天文学家窥探宇宙的许多秘密,但是来自宇宙的信息,除了可见光之外,还有许多看不见的无线电波、微波、X 射线等电磁波. 这些电磁波用光学望远镜是看不见的,雷达更用不上,因而射电望远镜应运而生. 射电望远镜的出现,扩大了天文学家的眼界. 在射电望远镜的帮助下,20 世纪 60 年代相继发现了类星体、脉冲星、星际有机分子和宇宙的微波背景辐射. 这些发现,把天文学的研究提高到一个新的水平.

来自宇宙的各种电磁波都是很微弱的. 为了把这些微弱的信息收集起来,人们把射电望远镜的天线做成旋转抛物面,来自宇宙的电磁波就聚集在焦点处. 为了提高射电望远镜的灵敏度,就要把抛物面天线做得大一些. 因为它的直径大一些,其灵敏度高一些. 因而,现在有的国家制成了直径为100米的可以活动的旋转抛物面天线;有的国家利用类似火山口的地形,把旋转抛物面天线嵌镶在地面上,直径达300米以上.

9.4.3　双曲线光学性质的应用

双曲线的切线性质:经过双曲线上一点的切线,平分这一点的两条焦半径的夹角.

根据双曲线的光学性质,如果把光源或声源放在一个焦点处,那么光线或声波射到旋转双曲面上经过反射以后,就好像从另一个焦点射出一样.我国首先制造的双曲线电瓶新闻灯,就是利用了这个性质,它的光好像是从较远的地方射来的,所以比较柔和.

双曲线的如上光学性质,还经常被应用于望远镜上,望远镜是观察远而大的物体的光学仪器.

1672年,卡塞格林发明了一种天文望远镜.这种望远镜巧妙地利用了双曲线和抛物线的光学性质,被人们叫作卡塞格林反射式天文望远镜.

如图9.24,矩形边框表镜筒,左边是筒口,右边是筒底,紧靠筒底的曲线表示一面口径很大的反射镜,它的截面是抛物线弧.大反射镜的正中有一个小洞和筒底正口的小窗口连在一起.左边靠近筒口的地方有一面较小的截面是双曲线弧的反射镜,并且双曲线的一个焦点恰好与抛物线的焦点重合,双曲线的另一个焦点在镜筒底部中心的小窗附近.

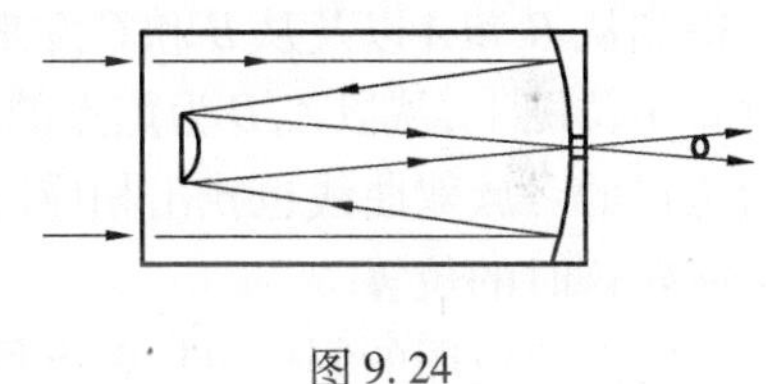

图9.24

图中的箭头表示光线前进的方向,来自遥远星空的平行光线,进入卡塞格林望远镜的镜筒以后,直奔筒底,在那里受到抛物线大反射镜的反射,掉转头来,朝着筒口方向,对准抛物线的焦点射出.在到达目的地之前,就已遇到拦路的双曲线小反射镜.由于这些光线的投射目标恰好也是双曲线的一个焦点,所以在小反射镜的反射之下,这些光线转身重新射向镜筒底部,并且对准双曲线的第二个焦点射去(读者自己想一想其中的原因),在那里聚焦成像.而成像处附近正是镜筒底部的小窗口,所以在镜筒后面的观测者可以透过目镜观测到天空的景象.

卡塞格林反射式天文望远镜,让进入镜筒的光线在聚焦过程中往返奔波,多跑两趟,因而镜筒的长度比光线实际走过的路程短得多,这样就能使仪器的体积缩小,质量减轻,既经济又方便.所以,在现代的激光雷达和无线电接收装置中也都喜欢采用卡塞格林的反射系统.

9.5　圆锥曲线在航海与航空中的应用

9.5.1　时差定位法

在平面内如果有不在同一直线上的三个定点A,B,C,要求作一点P,使$PA-PB=2a_1$,$PC-PB=2a_2$,那么这个作图是可能的.因为P既在以A,B为焦点,以$2a_1$为实轴长的双曲线的一支上;同时点P也在以B,C为焦点,以$2a_2$为实轴长的双曲线的一支上.因此点P就是这两支双曲线的交点,如图9.25.

从这个作图题启示我们，可以解释在空旷的开群众大会的地方安装有三个高音喇叭，距你的位置远近各不相同，当有人对着扩音器讲话时，你就会三次听到同一句话. 这是因为声音（声波）在空气中传播的速度是一定的，大约340米/秒，由于喇叭与你的距离不一样所造成的. 这时，你如果用跑表记下这几次重音的时间差，你就可以计算出你与这三个喇叭的大致方位和准确距离.

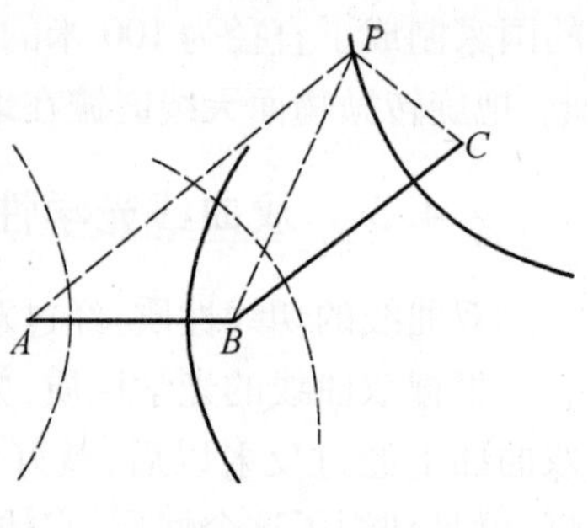

图 9.25

这个作图题也启示我们，在航海与航空中可以利用"时差定位法"进行无线电导航. 以航海来说，可以在沿海或岛屿上选择三个适当的地点 A,B,C 建立导航台，海轮上装有定位仪，就能接受从三个导航台发来的无线电的信号. 由于海轮到各航台的距离不等，因而三个导航台同时发出的信号到达海轮上的时间就有先后的不同. 如果确定以 B 为主导航台，那么在定位仪的读数装置上，就可以得到从 B 和 A 以及从 B 和 C 发来的信号到达海轮上的时间差，有了时间差，在预先准备的时差定位图上，从以 A,B 为焦点的一族双曲线中找出相应时差的一条双曲线. 同样从以 B,C 为焦点的一族双曲线也找出相应时差的一条双曲线，那么在这两支双曲线的交点处就确定了海轮这时的位置.

时差定位图的制作也比较方便，它只要在一幅详尽的海洋地图上，用两种不同的颜色，加印上以 A,B 为焦点的一系列双曲线，和以 B,C 为焦点的一系列双曲线，并在各条双曲线上标明 A（或 C）的信号到海轮的时间减去 B 的信号到达海轮的时间之时差. 由于时差有正、负的规定，因而两支双曲线的交点就唯一地被确定了. 由于时差定位图已预先制好，因此它使用方便，测定迅速，定位也较为准确，一般可精确到 0.2 ~ 0.3 海里（1 海里 = 1.852 千米）.

时差定位法不仅应用于航海，也可以应用于航空中的无线电导航，这种导航距离远，可以从几百千米到几千千米，甚至达到上万千米.

时差定位法，也可应用于军事. 在炮兵部队中也经常用设置的三个听音站以测定敌方炮兵阵地的位置. 在没有预先制出时差定位图的情况下，炮兵经常按照地图的比例尺，迅速地分别画出这两支双曲线，再用度量的方法来确定敌方炮兵阵地的位置，有时炮兵为了加快测定的速度，用它们的渐近线的交点来代替双曲线的交点，在敌我距离相当远的情况下，它误差也不很大.

9.5.2 空投物品的定向

在紧张的抗洪斗争中，空军部队常常调动飞机向洪区空投抗洪物资. 飞行中的飞机，怎样才能把抗洪物资准确地投掷到指定的目标呢?

设飞机在准备空投时作水平飞行，这时高度为 h 米，飞行的速度为 v 千米/小时. 当飞机发现空投目标后，要准确地投掷物资，关键在确定飞机上观察目标的俯角 θ.

如图 9.26 建立直角坐标系，设物资投出 t 秒钟末的位置为 $M(x,y)$，则

$$\begin{cases} x = vt \\ y = h - \dfrac{1}{2}gt^2 \text{（其中 } g \text{ 为重力加速度）} \end{cases}$$

消去参数 t，得 $y = -\dfrac{g}{2v^2}x^2 + h$.

这是空掷物资的轨道方程，它是一个抛物线.

因为点 P 在这抛物线上，设它的坐标为 $(x_1,0)$. 于是有

$$-\frac{g}{2V^2}x_1^2+h=0\Rightarrow x_1=\sqrt{\frac{2v^2h}{g}}.$$

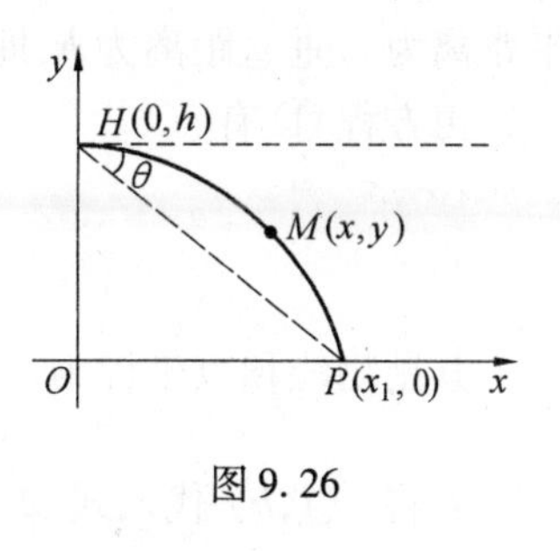

图 9.26

从而 $$\tan\theta=\frac{h}{x_1}=h\cdot\sqrt{\frac{g}{2V^2h}}=\frac{\sqrt{2gh}}{2V}$$

则 $$\theta=\arctan\frac{\sqrt{2gh}}{2V}$$

这样，飞机在空中飞行，在航向上发现指定目标的俯角等于 θ 时，就可以把物资投掷下去了.

9.6　生活中的抛物线问题

9.6.1　抛物线与屋顶

由抛物线平移产生的平移曲面常有椭圆抛物面和双曲抛物面（即马鞍面）如图9.27所示，这些平移曲面被应用到一些建筑物的屋顶上. 例如，北京网球馆的屋面形状是椭圆抛物面，而北京火车站的屋顶上有六处做成椭圆抛物面的形状. 这些椭圆抛物面的屋顶看上去形状有点像球面，因而大方匀称. 但在实际施工时，浇制椭圆抛物面的屋顶要比浇制球面方便. 这是因为预制水泥构造时要先做模板，而用一组平行平面去截球面，截面圆的半径是变化的，所以浇制球面时各块模板的形状各不相同，要做多块模板. 而椭圆抛物面或双曲抛物线由于是平移曲面，所以浇制时每块模板的形状和大小都是完全相同的抛物线，这样就方便多了.

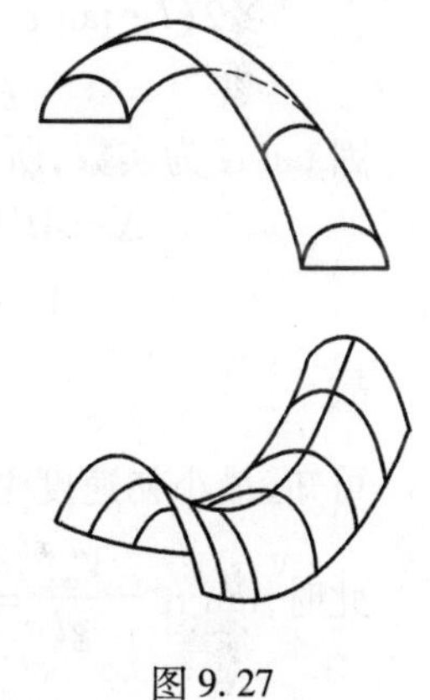

图 9.27

9.6.2　抛物线与"投篮"

篮球运动中投篮是中心问题，这里涉及两个问题：要投中篮圈，投球的最小初始角和最小初速度各是多少？

我们把篮球、篮圈都作为点来讨论，在投球点与篮圈所在的铅垂平面内，取投球点为坐标原点，指定篮圈方向的水平线为 x 轴，指向上方的铅垂线为 y 轴建立坐标系如图 9.28.

在不计空气阻力的情况下，抛射体运动的轨道是一条抛物线. 设投篮的初速度为 V_0，初始角为 α，经过时刻 t 篮球运动到一点 (x,y)，则其参数方程为

$$\begin{cases}x=V_0t\cos\alpha\\ y=V_0t\sin\alpha-\dfrac{1}{2}gt^2\end{cases}\quad①$$

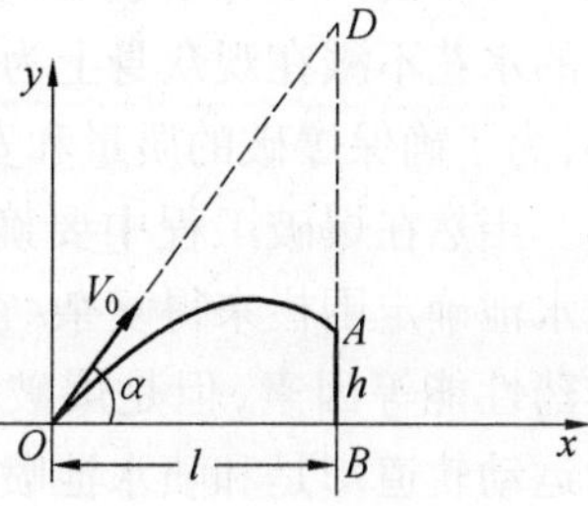

图 9.28

同时考虑到篮球在运动中只能在下行阶段才能投入篮圈. 设投篮点到篮圈位置 A 的水

平距离为 l,垂直距离为 h,即篮圈的坐标为 (l,h).

由方程 ① 有

$$y=-\frac{g}{2V_0^2\cdot\cos^2\alpha}x^2+\tan\alpha\cdot x \qquad ②$$

其抛物线顶点坐标为 $\left(\frac{V_0^2\sin 2\alpha}{2g},\frac{V_0^2\cdot\sin^2\alpha}{2g}\right)$.

若将 $A(l,h)$ 代入式 ②,则有 $V_0^2=\frac{gl^2\cdot\sec^2\alpha}{2(l\cdot\tan\alpha-h)}$.

由于只能在篮球下行过程投入篮圈,因此有

$$l>\frac{V_0^2\cdot\sin^2\alpha}{2g}\Rightarrow V_0^2<\frac{gl}{\sin\alpha\cdot\cos\alpha}$$

故

$$\tan\alpha>\frac{2h}{l}\Rightarrow\alpha>\arctan\frac{2h}{l}$$

由 $V_0^2=\frac{gl^2\sec^2\alpha}{2(l\cdot\tan\alpha-h)}=\frac{gl^2(1+\tan^2\alpha)}{2(l\cdot\tan\alpha-h)}$,有

$$gl^2\cdot\tan^2\alpha-2lV_0^2\cdot\tan\alpha+(2hV_0^2+gl^2)=0$$

因 $\tan\alpha$ 为实数,所以

$$\Delta=4l^2V_0^4-4gl^2(2hV_0^2+gl)=4l^2(V_0^4-2ghV_0^2-g^2l^2)\geqslant 0$$

则

$$V_0^4-2ghV_0^2-g^2l^2=(V_0^2-gh)^2-g^2h^2-g^2l^2\geqslant 0$$

故

$$V_0^2\geqslant g(h+\sqrt{h^2+l^2})$$

可知,最小初速度 $V_{\min}=\sqrt{g(h+\sqrt{h^2+l^2})}$.

此时,$\tan\alpha=\frac{V_{\min}^2}{gl}=\frac{h+\sqrt{h^2+l^2}}{l}\Rightarrow\alpha=\arctan\frac{h+\sqrt{h^2+l^2}}{l}$.

综上所述,要投中篮圈,初始角必须大于 $\arctan\frac{2h}{l}$;当要用最小初速度投中篮圈,对应的初始角为 $\arctan\frac{h+\sqrt{h^2+l^2}}{l}$.

9.6.3 抛物线与爆破安全区

许多公园里有喷水池,喷水池的周围有圆形的围栏,这围栏的大小与高度一般是根据喷出的水花不溅在观众身上为主要要求而设计的. 联想到矿山的爆破以及旧建筑的爆破拆除等,为了确保爆破的质量和安全,更有必要确定安全区和危险区.

当然在爆破工程中要确定安全区和危险区,要比喷水池确定围栏来得复杂. 它必须要考虑地质、地形及炸药性能等因素,但是爆破点处炸开的矿石等爆破物的运动轨道却是和喷水池喷出水花运动的轨道一样是一系列不同的抛物线. 它们构成一个抛物线系,如图 9.29. 这些抛物线不会越出一定的范围,因此在这样的范围以外可以是安全区,这个范围的边界也是一条抛

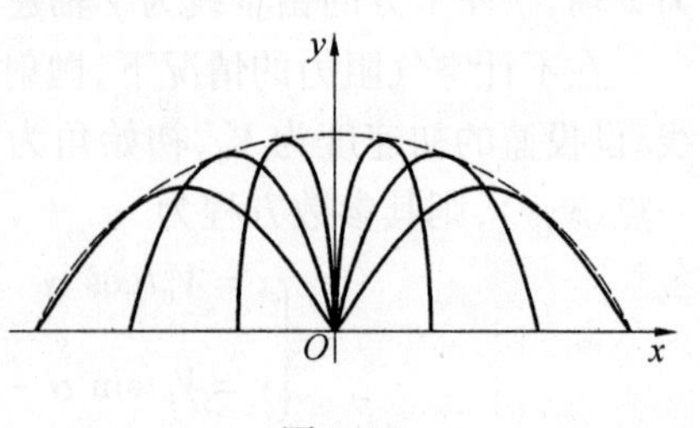

图 9.29

物线，且称它为安全抛物线.

由于抛射体的运动的方程(过原点)是

$$y=-\frac{g}{2V_0^2\cdot\cos^2\alpha}x^2+\tan\alpha\cdot x$$

又过原点作直线系方程为

$$y=x\cdot\tan\theta\quad(0\leqslant\theta<\pi)$$

由上述两方程得两个曲线系的公共点，除原点外另一交点为

$$\begin{cases}x=\dfrac{2V_0^2\cdot\sin(\alpha-\theta)\cdot\cos\theta}{g\cos\theta}=\dfrac{V_0^2[\sin(2\alpha-\theta)-\sin\theta]}{g\cos\theta}\\ y=\dfrac{V_0^2[\sin(2\alpha-\theta)-\sin\theta]\cdot\sin\theta}{g\cos\theta}\end{cases}.$$

这一公共点，当给定 θ 的值后，它就随着 α 的变化而变化. 当 $\sin(2\alpha-\theta)=1$ 时，交点的纵坐标 y 为最大，对应的横坐标 x 的绝对值也最大，这交点的坐标是

$$\begin{cases}x=\dfrac{V_0^2(1-\sin\theta)}{g\cos\theta}=\dfrac{V_0^2\cos\theta}{g(1+\sin\theta)}\\ y=\dfrac{V_0^2(1-\sin\theta)\cdot\sin\theta}{g\cos\theta}=\dfrac{V_0^2\sin\theta}{g(1+\sin\theta)}\end{cases}$$

于是这交点到原点的距离 $\sqrt{x^2+y^2}$ 也是最大. 故它是安全边界上的一点的坐标. 在 θ 的允许值内取不同的值，它就是安全边界上不同的点. 因而以 θ 为参数，它就是安全边界线的参数方程. 为了消去参数 θ，由

$$x^2+\frac{2V_0^2}{g}\cdot y=\frac{V_0^2\cos^2\theta}{g^2(1+\sin\theta)^2}+\frac{2V_0^2}{g}\cdot\frac{V_0^2\sin\theta}{g(1+\sin\theta)}$$

有

$$x^2+\frac{2V_0^2}{g}y=\frac{V_0^4}{g^2}\Rightarrow x^2=-\frac{2V_0^2}{g}\left(y-\frac{V_0^2}{2g}\right).$$

这方程所表示的曲线是以 $\left(0,\dfrac{V_0^2}{2g}\right)$ 为顶点，以原点为焦点，以 y 轴为对称轴开口向下的抛物线. 因此它是安全抛物线的方程.

以完全抛物线绕着它的对称轴旋转，得到一个旋转抛物面. 这抛物面的高为 $\dfrac{V_0^2}{2g}$，它的底面是爆破点的中心，以 $\dfrac{V_0^2}{g}$ 为半径的圆，因此在抛物面内的空间是危险区，在抛物面外的空间是安全区.

9.6.4　抛物线与喷头

水池中用于观赏的喷泉，或草地中的浇水笼头，最常见的是半球形喷头，而喷头有很多分布的小孔，由于用于需要功能不同，喷头小孔分布亦不同. 通过这些小孔，水以相同的速度向不同的方向射出，喷出的水在竖直方向是柱对称的. 我们只要考虑一个截面就可以分析. 假设半球形喷嘴位于坐标系的原点，如图 9.29 所示，设喷出的水流初速度为 V_0，且与水平方向的夹角为 α，则不难得到喷泉的水流沿着从原点出发的抛物线的轨迹方程亦即为

$$y = x\tan\alpha - \frac{g}{2V_0^2\cos^2\alpha}x^2$$

上式可写成

$$\frac{gx^2}{2V_0^2}\tan^2\alpha - x\tan\alpha + (y + \frac{gx^2}{2V_0^2}) = 0$$

令 $a = \frac{V_0^2}{2g}$,上式可简化为

$$\frac{x^2}{4a}\tan^2\alpha - x\tan\alpha + (y + \frac{x^2}{4a}) = 0 \quad ①$$

如果点(x,y)固定,则式①是关于$\tan\alpha$的二次方程,方程有实数解,解出

$$\tan\alpha = \frac{2a}{x} \pm \sqrt{(\frac{2a}{x})^2 - (\frac{4a}{x^2}y + 1)}$$

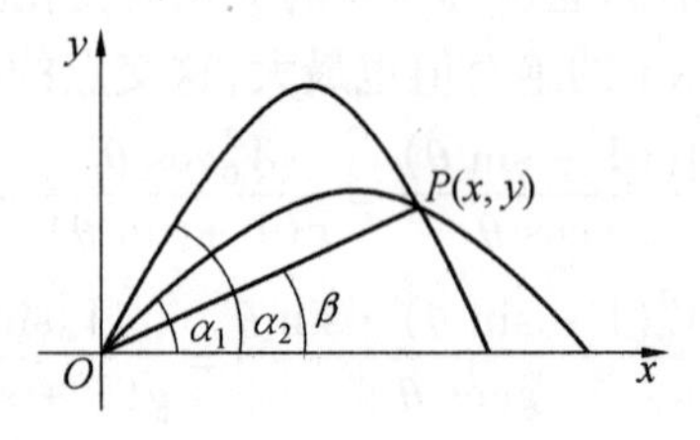

图 9.30

通常,$\tan\alpha$有两解,这说明这样一种情况,从两孔出来的喷泉用两个不同的喷射角α_1和α_2均通过空间任意一点,在这个意义下,根据根与系数的关系,两解满足关系式

$$\tan\alpha_1 + \tan\alpha_2 = \frac{4a}{x}, \tan\alpha_1 \cdot \tan\alpha_2 = \frac{4a}{x^2}y + 1$$

$$\tan(\alpha_1 + \alpha_2) = \frac{\tan\alpha_1 + \tan\alpha_2}{1 - \tan\alpha_1\tan\alpha_2} = \frac{\frac{4a}{x}}{-\frac{4ay}{x^2}} =$$

$$-\frac{x}{y} = -\cot\beta = \tan(\frac{\pi}{2} + \beta)$$

其中β为喷射点到$P(x,y)$的视角(图 9.30),得到

$$\alpha_1 + \alpha_2 = \frac{\pi}{2} + \beta$$

同时要求式①判别式非负,即

$$x^2 - \frac{x^2}{a}(y + \frac{x^2}{4a}) \geqslant 0$$

则有 $y \leqslant a - \frac{1}{4a}x^2$.

这个不等式将$x-O-y$平面用一条抛物线分成两个部分,水只能到达抛物线下的点(在三维空间是一个旋转抛物面),但不能到达其以上的点. 这条限制的抛物线就是喷泉的包络线(如图 9.27 中的虚线).

再深层次思考,这一抛物线簇的最高点的横纵坐标分别为

$$x = \frac{v_0^2}{2g}\sin 2\theta = a\sin 2\theta$$

$$y = \frac{v_0^2}{2g}\sin^2\theta = \frac{a}{2}(1 - \cos 2\theta)$$

将以上两式平方相加，消去参数后，则得

$$\frac{x^2}{a^2} + \frac{\left(y - \frac{a}{2}\right)^2}{\left(\frac{a}{2}\right)^2} = 1$$

可见，这些最高点的轨迹是一个椭圆，其中心在$\left(0, \frac{a}{2}\right)$处，长轴为$2a$，如图 9.31 所示.

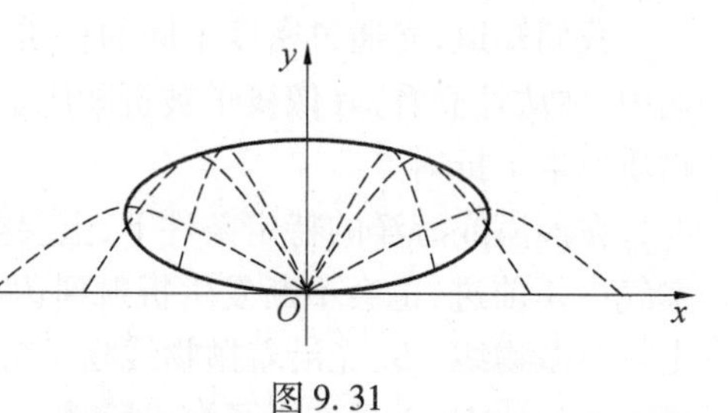

图 9.31

因此，整个喷泉的形状是一个旋转抛物面，从限制曲线的方程可以很清楚看出旋转抛物面的高为a，像一个水"钟"，在池水的表面形成一个圆，其半径可以由条件$y=0$确定，得出$r=2a$，这意味着水池的直径至少要是水"钟"高度的四倍，才能保证没有水流失掉.

图 9.32 为给草地浇水的喷头. 其表面为球形固定在草地上，在表面有一些完全相同的喷水孔. 通过这些孔，水以相同的速度v_0喷出，仔细观察，为能使水均匀地浇洒在地面上，这些孔在球形喷头表面呈非均匀分布，我们感兴趣的是：应按何种规律来选取单位面积的喷水孔数目$\rho(\alpha)$？

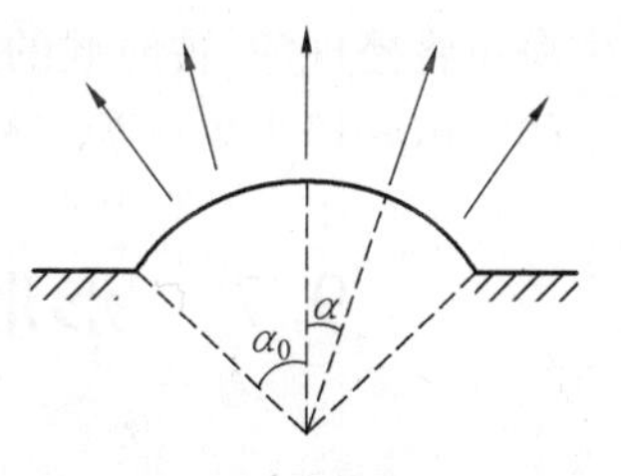

图 9.32

为便于讨论，假定喷头半径与喷洒的草地范围相比可以忽略，而喷头的表面几乎贴近地平面. 故其运动轨迹方程为

$$y = x\cot\alpha - \frac{g}{2V_0^2\sin^2\alpha}x^2$$

喷注落地时，$y=0$，得落地点沿Ox方向的分布规律为

$$x = \frac{V_0^2}{g}\sin 2\alpha$$

在喷头表面上取小面元Δs（图 9.33），其单位面积上的孔数为$\rho(\alpha)$，与Δs相对应，地面上的面元$\Delta s'$，其单位面积上的孔数ρ'按要求应为常数，即$\rho' = c$. 从图 9.33 可知：$\Delta s = r\sin\alpha \cdot \Delta\varphi \cdot r\Delta\alpha$；$\Delta s' = x\Delta\varphi \cdot \Delta x$；

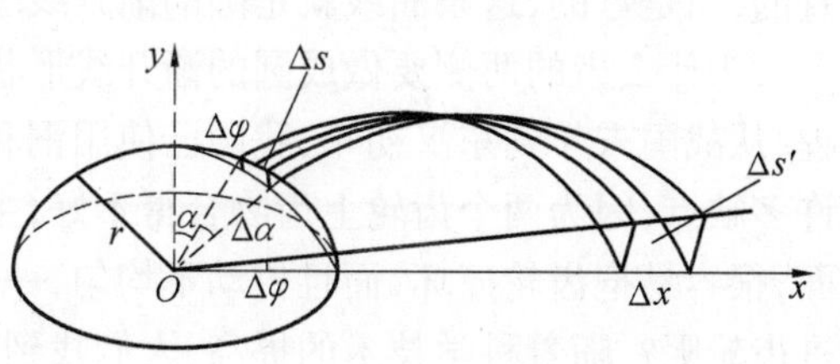

图 9.33

分布于Δs及$\Delta s'$上的孔数（喷注数）相等，有$\rho(\alpha)\cdot\Delta s = c\Delta s'$. 亦容易得

$$\rho(\alpha) = c\frac{\Delta s'}{\Delta s} = c\frac{x}{r^2\sin\alpha}\frac{\Delta x}{\Delta\alpha} = c\frac{V_0^2}{gr^2}\frac{\sin 2\alpha}{\sin\alpha}\cdot\frac{2V_0^2}{g}\cos 2\alpha = k\cos\alpha\cos 2\alpha$$

式中$k = \dfrac{4cV_0^4}{r^2g^2}$为常数.

说明喷头孔数与 α 有关,越接近顶部孔数越密.

9.6.5 抛物线与“海市蜃楼”

沙漠中长途旅行的人们,常常会遇到这样一种奇怪现象:在一望无际的沙漠中,忽然看见前面不远的地方,出现了一片树林和一池湖水,嫩绿的树叶在轻轻摇晃,蔚蓝的湖水在微微荡漾.但是等他们赶到那个地方一看,哪有什么绿树、湖水,还是茫茫的黄沙一片,在大海中航行的人们,也会遇到类似的情况.这种现象叫作“海市蜃楼”.

这是为什么呢?原来是抛物线在那里捣鬼.

我们知道,光通过密度不同的物质,会发生折射现象.比如把一支筷子插入盛有水的玻璃中,你从外面看,好像筷子被折断成了两截.这是因为光通过空气和水这两种密度不同的物质发生了折射.

在沙漠或海洋的特定条件下,上层空气和下层空气的密度变化明显,当光在密度不同的空气中 A 前进,也会不断发生折射到达观测者眼前 B,这样,光就不走直线而是不断拐弯,走出一条抛物线 AB.光沿着抛物线拐了弯,可是人们习惯认为光总是沿着直线前进,应该在前面不远的地方,于是产生了海市蜃楼.

我国山东蓬莱附近的海面上,遇到风平浪静而空气上下层的密度又显著不同,很容易发生海市蜃楼现象.古时候的人不了解这是抛物线在捣鬼,认为是神仙显圣,就把蓬莱附近产生的海市蜃楼现象称为“蓬莱仙境”了.

9.7 形形色色的曲线在生产、生活中的应用

9.7.1 渐开线齿形

把一条没有弹性的细绳绕在一个固定的圆盘的侧面上,将笔系在绳的外端,把绳拉紧逐渐展开而画出的曲线称为圆的渐开线.

圆的渐开线主要应用在齿轮上,作为齿轮的一种齿形线.

机器上一般都少不了齿轮,齿轮主要用来传动.你仔细看一下齿轮的齿,它的两侧不是直的,而是弯的,这条曲线就是圆的渐开线.

为什么齿的两侧要做成圆的渐开线形状呢?认识这个问题,人们经过了一个很长的过程.从战国末年到东汉初年,我国已使用铜和铁铸造的矩形和人字形齿轮,但这两种齿轮有许多缺点,因为两个齿轮上齿吻合得不好,主要靠一个齿轮的齿尖,去碰撞另一个齿轮的齿面,很容易把齿轮撞坏,而且传动不均匀,一会儿快,一会儿慢,很费劲,噪音也很大,怎样改进齿轮呢?随着科学技术的提高,人们找到了圆的渐开线.渐开线有两条重要性质:渐开线的法线是基圆的切线;基圆上任一点的切线被该圆的两条渐开线所截的线段的长,等于这两条渐开线在基圆上的端点间的圆弧长.

如图9.34,设点 O_1 和 O_2 分别是两个齿轮的旋转中心,虚线画的圆是基圆,主动轮每个牙齿两侧的轮廓曲线都是圆 O_1 的渐开线,从动轮每个牙齿两侧的轮廓曲线都是圆 O_2 的渐开线.设在某一瞬间这两个齿轮在点 M 接触,那么它们的齿廓曲线在点 M 有公共的切线,因而也有公共的法线 MN.根据圆的渐开线的性质,MN 必为基圆圆 O_1 和圆 O_2 的公切线,因而

是一条定直线. 设 MN 与两圆连心线 O_1O_2 的交点为 B，则 B 是定点.

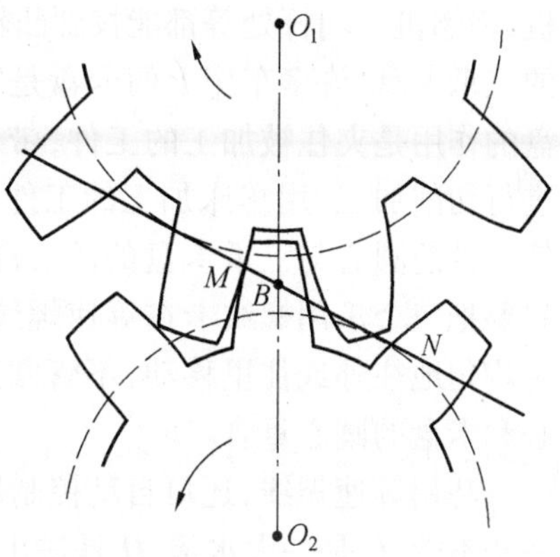

如图 9.35，设圆 O_1，圆 O_2 的半径分别为 r_1，r_2；c_1，c_2 分别是圆 O_1 与圆 O_2 的一对渐开线齿形线，它们的端点分别为圆 O_1 和圆 O_2 上的 A_1，A_2；C_1 与 C_2 在点 M 相切. 经过时刻 t，当主动轮旋转了 θ_1（弧度）时，假设从动轮旋转了 θ_2（弧度），这时 C_1，C_2 分别转动到了 C'_1，C'_2 的位置，端点 A_1，A_2 分别转到了 A'_1，A'_2 的位置，且 C'_1 与 C'_2 在点 M' 相切. 同理可知点 M' 也在公切线 MN 上. 又由圆的渐开线性质，可知 $|MM'|=\overset{\frown}{A_1A'_1}$，$|MM'|=\overset{\frown}{A_2A'_2}$，于是 $\overset{\frown}{A_1A'_1}=\overset{\frown}{A_2A'_2}$，即 $\theta_1r_1=\theta_2r_2$，即 $\dfrac{\theta_1}{\theta_2}=\dfrac{r_2}{r_1}$. 设主动轮和从动轮的角速度分别为 w_1 和 w_2，则 $\dfrac{w_1}{w_2}=\dfrac{\frac{\theta_1}{t}}{\frac{\theta_2}{t}}=\dfrac{\theta_1}{\theta_2}=\dfrac{r_2}{r_1}$（定值）. 这与时间无关，就保证了主动轮匀速旋转时，从动轮也匀速旋转，使传动平稳. 两轮转动时，在接触点（如 M，M'）上的力作用方向恒在定直线 MN 上，与两个渐开线的接触面（切面）保持垂直，使两个接触面“紧紧相贴”，不会“打滑”和“摩擦”. 总之，用渐开线齿形的齿轮磨损少，传动平稳，具有省力、耐用和噪音小的特点.

图 9.34

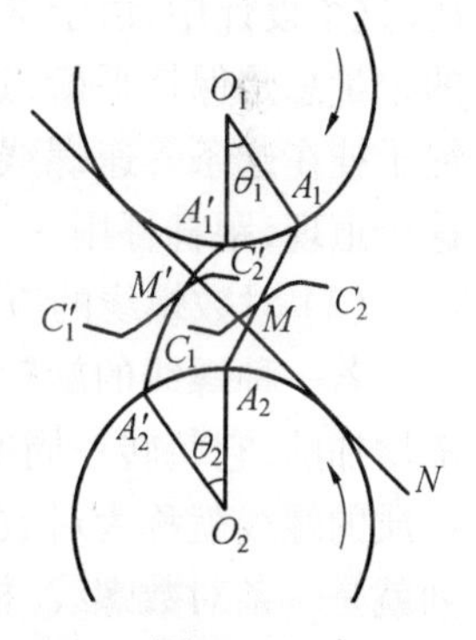

图 9.35

此外，圆的渐开线作为凸轮的轮廓曲线，可以把匀速旋转变成匀速直线运动. 例如图 9.36 所示的是捣矿机中的凸轮机构，图中右下方为凸轮，它带有两个像鹦鹉嘴一样凸起部分，鹦鹉嘴的凸的一面的轮廓曲线是圆的渐开线. 图中左边的杆是捣杆，杆上固定联结着一个台阶. 当凸轮匀速旋转时，带动捣杆匀速上升，等到鹦鹉嘴转动到脱离台阶后，捣杆失去支承力，就利用自身的重力下落捣击矿石.

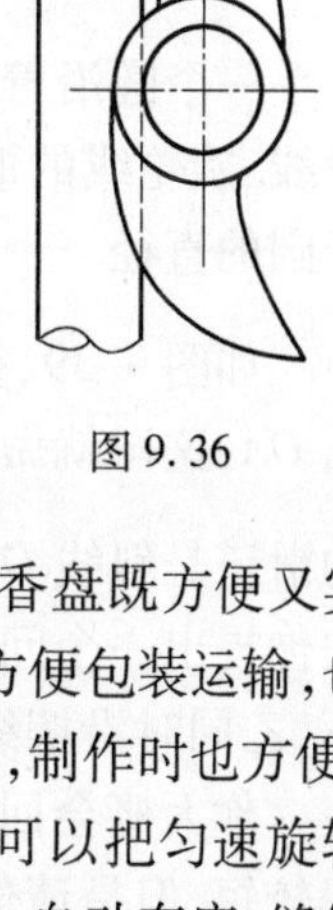

9.7.2　等速螺线与对数螺线的应用

（1）等速螺线的应用举例

在平面上，有一个动点 M 从一个定点 O 开始，同时进行两个等速运动：一个是等速直线运动；一个是环绕定点等旋转运动，点 M 的轨道叫等速螺线或阿基米德螺线.

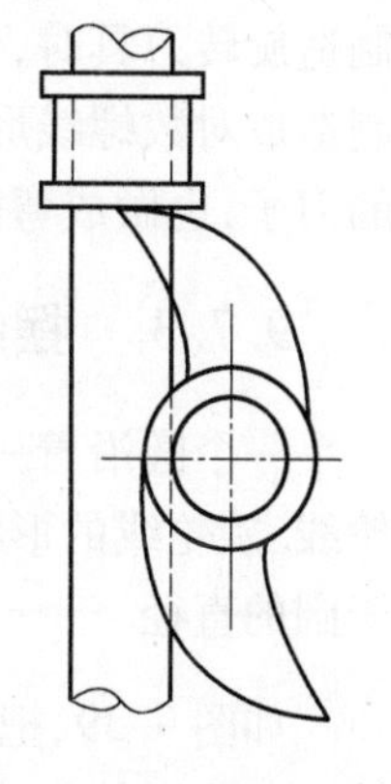

图 9.36

等速螺线有条重要性质：动点从 O 开始，不断等速前进又不断等速旋转，它到中心 O 的距离也均匀增加. 根据这条性质，我们制成熏蚊子的蚊香盘既方便又实用. 要点燃 7.5～8 小时需蚊香长度为 900 多毫米，如果做成其他形状既不方便包装运输，也不便放置；做成等速螺线状，点燃后，一边燃烧一边旋转，不会延及另外一圈，制作时也方便，且可同时做两盘. 根据上述性质，把凸轮的轮廓线做成阿基米德螺线的弧，可以把匀速旋转运动转化成匀速直线运动. 凸轮是许多自动机器不可缺少的部件，在印刷机、自动车床、缝纫机、内燃机气门杆处等都能找到凸轮. 利用等速螺线,还可制成动作一致的三爪卡盘. 许多车床上的卡盘是"三爪卡盘",如图 9.37 所示. 三爪卡盘的作用是夹住被加工的工件,带着工件一起旋转,让车刀可以对工件进行切削加工. 用车床加工的工件,绝大部分是圆形的,加工之前,必须使工件的圆心与三爪卡盘的圆心准确地重合在一起,为便于随意调节,只要把三个爪用螺纹卡在等速螺纹上,当转动等速螺纹时,三个爪就同时均匀地往外或往里移动,不管圆形工作的直径大小,都能保证它的圆心和卡盘的圆心重合.

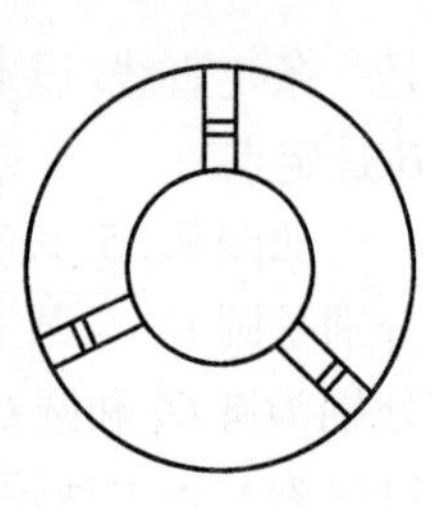

图 9.37

巧用等速螺线,还可自动控制煤气储存罐,如图 9.38,O 是一个滑轮,C 是一大水槽,D 是进出煤气的管子,W 是与储存罐平衡的重物. 煤气一多,气压加大,把罐 A 向上顶起就能多存煤气;煤气少时,气压小了,罐 A 下降,就自动把煤气往管子 D 里面压. 这个设计中,由于 W 的重量是固定不变的,为了使滑轮两端的重量总是保持平衡,这只有在滑轮上焊上一条等速螺线,把绳子挂在这条等速螺线上,这样就可自动控制煤气储存罐了. 这个道理,跟杆秤用一个秤砣能称重量不同的东西是一样的.

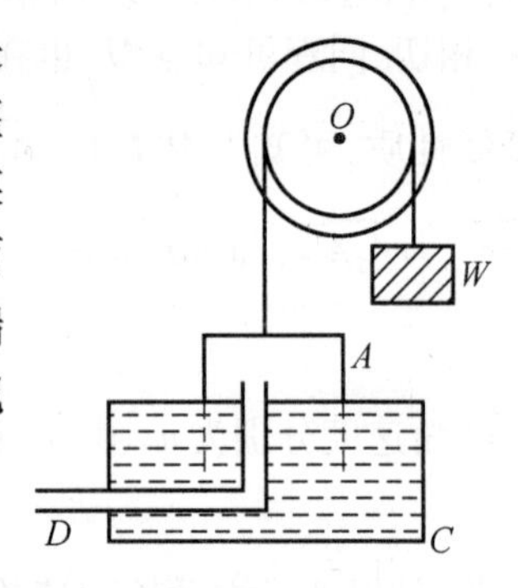

图 9.38

(2) 对数螺线的应用举例

若一种螺线的旋转也是等速的,但是直线前进的速度是成倍增加的,它每转一周所增加的距离是上一圈的二倍,即以固定倍数向外扩大. 凡具有这种性质的螺线就称为对数螺线. 这种螺线在许多植物中找得到,例如向日葵花盘中的种子的排列就是一条对数螺线. 松果的鳞状皮也排列成对数螺线状等等.

由于对数螺线有一条重要的性质:曲线上任意一点和中心的连线与这一切的切线形成的角是不变的,所以人们又把对数螺线叫作"等角螺线". 根据这条性质,制造涡轮叶片时、制造旋转刀具时,采用对数螺线形状会带来种种好处. 例如,抽水机的涡轮叶片的曲面,就是制造成对数螺线形状,这样抽水量稳定均匀,使能量损失最小,得到最大扬程. 又如,铡草机的刀子,也做成弯曲如对数螺线状,则铡得又快又好.

9.7.3 摆线曲线的应用

一个圆沿着一条定直线无滑动滚动时,圆周上的一个定点 M 的轨道叫作摆线,又叫旋轮线. 旋轮线的形状是一拱接一拱的,每一拱的横向长度都等于圆的周长,每一拱的高度等于圆的直径.

如图 9.39,把半拱 $\overset{\frown}{OMA}$ 连同 y 轴一起翻转到 x 轴下方来,并且联结 OA,这样就做成公园里儿童游乐的两种滑梯:一种是普通滑梯,它的滑道是斜线 OA;另一种是特殊滑梯,它的滑道是摆线弧 $\overset{\frown}{OMA}$. 现在向你提出一个问题:如果在点 O 有甲、乙两个小孩,甲沿普通滑梯滑下,乙同时沿摆线滑梯滑下,谁先滑到点 A?

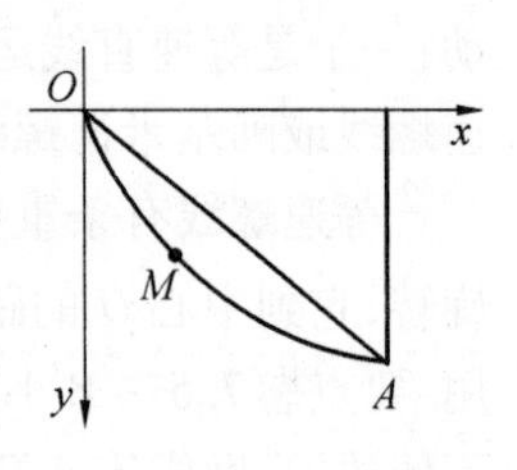

图 9.39

你大概会回答是甲吧? 错了! 你的回答可能是因为甲走过的路程较短. 但是请你细想一下. 现在的问题是问谁花的时间最少,这就不但与路程长度有关，而且跟滑行的速度有关了. 甲沿斜线 OA 滑下，是做匀加速运动，速度从 O 开始，缓慢而均匀地增大，乙沿摆线下滑，速度也是从 O 开始，但是刚开始滑行就是一段陡坡，速度迅速增大，使得乙的滑行速度比甲快，虽然比甲多走一点路，但还是先到达点 A. 这个问题的证明当我们学习积分知识后就可以自行写出来了. 正因为如此，摆线又叫最速降线. 对这个问题的研究，后来发展成为一门非常有用的数学新支 —— 变分法.

许多建筑的房顶，让房檐高高地往上翘起来，格外雄伟好看，这就是摆线的一个应用.

摆线也可以应用在制造齿轮中，钟表和某些其他仪表中的齿轮，齿廓曲线不用圆的渐开线，而是采用摆线. 不过这里的摆线是圆周上一点在另一个圆外或圆内无滑动滚动得到的摆线，常称为外摆线或内摆线，这样的齿轮叫作摆线齿轮.

公共汽车的门的设计也用到了内摆线. 普通的房门是完整的一扇，大门是对开的两扇. 唯有公共汽车的门较特殊：它不但是对开的两扇，而且每扇都由相同的两半用铰链铰接而成. 开门和关门时，靠门轴的半扇绕着门轴旋转，另外半扇的外端沿着联结两上门轴的滑槽滑动，开门时一扇车门折拢成半扇，关门时又重新伸展为一扇. 这种设计就是根据一种特殊的内摆线（有四个尖角的星形线）设计的.

近年来，随着汽车、轮船速度的不断提高，大量使用的活塞式发动机暴露出不少缺点，比如体积大、效率低、转率慢等. 为了改进活塞式发动机，有人设计出一种无活塞的新式发动机 ——“旋转式发动机”. 这种发动机有一个“8”字形汽缸，两个半径不同的齿轮，一个三角形转子，这个转子的三个顶点与缸体接合，把缸体分成三个空腔. 当转子旋转时，也产生吸气、压缩、点火、排气四个动作. 而这个缸体线就是一种特殊的外摆线，称为“长迂回外摆线”.

9.8　平面解析几何知识在求解各类问题中的应用

9.8.1　代数问题的巧解

例 1　解不等式 $\sqrt{3x+1} > \sqrt{2x+1} - 1$.

解　原不等式可变为 $\sqrt{3x+1} - \sqrt{2x+1} > -1$.

令 $u = \sqrt{2x+1}, v = \sqrt{3x+1}$，则 $3u^2 - 2v^2 = 1\left(v \geqslant 0, u \geqslant \frac{\sqrt{3}}{3}\right)$.

如图 9.40，显然过曲线 $3u^2 - 2v^2 = 1\left(v \geqslant 0, u \geqslant \frac{\sqrt{3}}{3}\right)$ 上任意一点斜率为 1 的直线在 v 轴上的截距都大于 -1. 故原不等式的解为 $x \geqslant -\frac{1}{3}$.

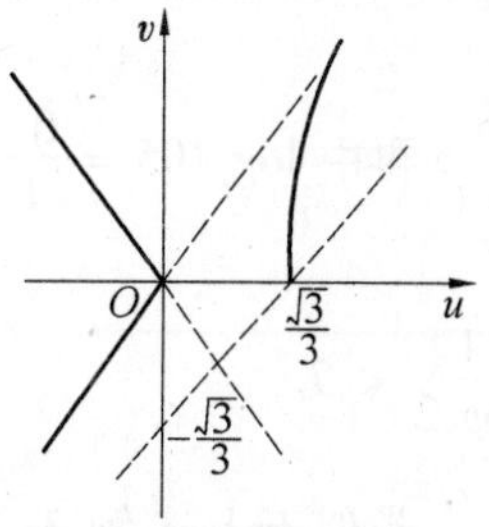

图 9.40

由图还可看出，$\sqrt{3x+1} - \sqrt{2x+1} \geqslant -\frac{\sqrt{3}}{3}$ 的解化为 $x \geqslant -\frac{1}{3}$.

例 2　若 $0 < a < b$，且 $m > 0$，求证：$\frac{a+m}{b+m} > \frac{a}{b}$.

证法 1　考虑两上点 $A(b,a), P(m,m)$ 如图 9.41 所示，则点 P 在直线 $y = x$ 上，而点 A

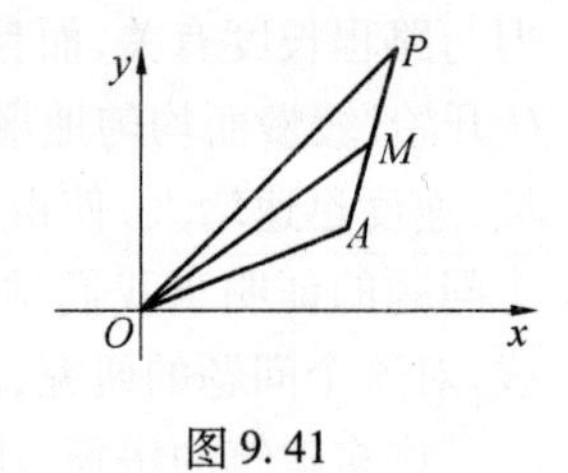

图 9.41

在直线 $y=x$ 的下面. 注意到 $\frac{a+m}{b+m}=\frac{\frac{a+m}{2}}{\frac{b+m}{2}}$，而 AP 的中点为 $M(\frac{b+m}{2},\frac{a+m}{2})$.

因为 OM 的斜率大于 OA 的斜率，从而 $\frac{a+m}{b+m}>\frac{a}{b}$.

证法 2 考虑两个点 $A(b,a)$，$B(-m,-m)$，如图 9.42，设 AB 交 x 轴于 M.

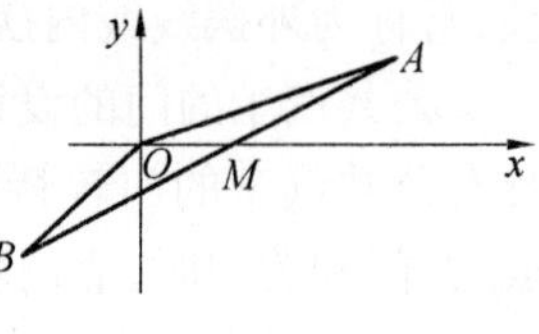

图 9.42

因 $a<b$，知 $k_{OA}=\frac{a}{b}<1$，而 $k_{BO}=1$，故 M 必在 x 轴正半轴上，从而 $\angle AMx>\angle AOx$，即 $\tan\angle AMx<\tan\angle AOx$. 亦即 $\frac{a+m}{b+m}>\frac{a}{b}$.

例 3 若 $x\in R$，且 $x\neq\pm1$，求证：$\frac{1}{2}\leqslant\frac{x^2+x+1}{x^2+1}<\frac{3}{2}$.

证明 设 $A[\frac{1}{2},0]$，$B(\frac{x^2+x+1}{x^2+1},0)$，$C(\frac{3}{2},0)$，要证题中不等式成立，只要证以点 B 为分点去分 AC，所得定比 $\lambda>0$ 即可.

由 $\frac{x^2+x+1}{x^2+1}=\frac{\frac{1}{2}+\frac{3}{2}\lambda}{1+\lambda}$，即 $\lambda(-x^2+2x-1)=-x^2-2x-1$，有 $\lambda=\frac{(x+1)^2}{(x-1)^2}>0$，从而 $\frac{1}{2}<\frac{x^2+x+1}{x^2+1}<\frac{3}{2}$.

例 4 求证：$6<\frac{1}{\log_3 2}+\frac{1}{\log_5 2}+\frac{1}{\log_7 2}<7$.

证明 由 $\frac{1}{\log_3 2}+\frac{1}{\log_5 2}+\frac{1}{\log_7 2}=\log_2(3\cdot5\cdot7)=\log_2 105$，可设 $A(6,0)$，$B(\log_2 105,0)$，$C(7,0)$，要证题中不等式，只要证以点 B 为分点去分 AC 的定比 $\lambda>0$，即可.

再由 $\log_2 105=\frac{6+7\lambda}{1+\lambda}$，有 $\lambda=\frac{6-\log_2 105}{\log_2 105-7}=\frac{\log_2\frac{64}{105}}{\log_2\frac{105}{125}}>0$，从而 $6<\frac{1}{\log_3 2}+\frac{1}{\log_5 2}+\frac{1}{\log_3 2}<7$.

类似于上述例 3、例 4 也可以证明例 2，此时设 $m\neq b$，记 $A(\frac{a-m}{b-m},0)$，$B(\frac{a}{b},0)$，$C(\frac{a+m}{b+m},0)$，由此即可证.

例 5 如果正数 x,y,z 满足 $x+y+z=a$，$x^2+y^2+z^2=\frac{a^2}{2}(a>0)$. 求证：$0<x\leqslant\frac{2}{3}a$，$0<y\leqslant\frac{2}{3}a$，$0<z\leqslant\frac{2}{3}a$.

证明　将已知式分别化为$x+y=a-z,x^2+y^2=\frac{a^2}{2}-z^2$，由此两式同时成立，得知直线$x+y=a-x$和圆$x^2+y^2=\frac{a^2}{2}-z^2(|z|\leqslant\frac{\sqrt{2}}{2}a)$有公共点，则圆心$O(0,0)$到直线的距离不大于半径，即$\frac{|z-a|}{\sqrt{2}}\leqslant\sqrt{\frac{a^2}{z}-z^2}$，即有$3z^2-2az\leqslant 0$，而$a>0,z>0$，故$0<z\leqslant\frac{2}{3}a$.

同理$0<x\leqslant\frac{2a}{3},0<y\leqslant\frac{2a}{3}$.

例6　求函数$f(x)=\frac{1}{2}x^2+\frac{1}{2}+\sqrt{\frac{1}{4}x^4-2x^2-4x+13}$的最小值.

解　由于$f(x)=\sqrt{(\frac{x^2}{2}-\frac{1}{2})^2+x^2}+\sqrt{(\frac{x^2}{2}-3)^2+(x-2)^2}$可表示点$P(\frac{x^2}{2},x)$到两定点$M(3,2),N(\frac{1}{2},0)$的距离之和，即$f(x)=|PM|+|PN|$.

因$P(\frac{x^2}{2},x)$是抛物线$y^2=2x$上任一点，而点$M(3,2)$在此抛物线内，点$N(\frac{1}{2},0)$恰为其焦点，准线$l:x=\frac{1}{2}$，如图9.43.

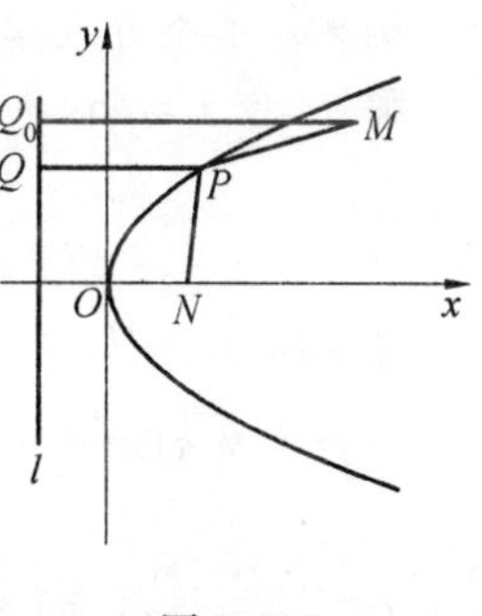

图9.43

由抛物线定义有$|PN|=|PQ|$，其中$|PQ|$选点P到准线l的距离. 所以$f(x)=|PM|+|PN|=|PM|+|PQ|\geqslant|MQ_0|$，其中$Q_0$为$M$在$l$上射影，设$MQ_0$交抛物线于$P_0$，则$P_0(2,2),Q_0(-\frac{1}{2},2)$，于是，当且仅当$P$为$P_0(2,2)$时$f(x)$有最大值$|MQ_0|=3.5$.

9.8.2　三角问题的妙算

例7　已知$\frac{\cos^4\alpha}{\cos^2\beta}+\frac{\sin^4\alpha}{\sin^2\beta}=1$，求证：$\frac{\cos^4\beta}{\cos^2\alpha}+\frac{\sin^4\beta}{\sin^2\alpha}=1$.

证明　在直角坐标系中，设点$A\left(\frac{\cos^2\alpha}{\cos\beta},\frac{\sin^2\alpha}{\sin\beta}\right)$，$B(\cos\beta,\sin\beta)$，则由两点间距离公式，得

$$|AB|=\sqrt{(\frac{\cos^2\alpha}{\cos\beta}-\cos\beta)^2+(\frac{\sin^2\alpha}{\sin\beta}-\sin\beta)^2}=$$
$$\sqrt{\frac{\cos^4\alpha}{\cos^2\beta}+\frac{\sin^4\alpha}{\sin^2\beta}+\cos^2\beta+\sin^2\beta-2(\cos^2\alpha+\sin^2\alpha)}=0$$

从而知A,B两点重合，即有$\frac{\cos^2\alpha}{\cos\beta}=\cos\beta,\frac{\sin^2\alpha}{\sin\beta}=\sin\beta$. 即$\cos^2\alpha=\cos^2\beta,\sin^2\alpha=\cos^2\beta$.

所以
$$\frac{\cos^2\beta}{\cos^2\alpha}+\frac{\sin^2\beta}{\sin^2\alpha}=\cos^2\beta+\sin^2\beta=1$$

例8　设$\sin\alpha-\sin\beta=\frac{1}{2},\cos\alpha-\cos\beta=-\frac{2}{3}$，求$\cos(\alpha+\beta)$的值.

解　设$x_1=\cos\alpha,y_1=\sin\alpha,x_2=\cos\beta,y_2=\sin\beta$，则点$A(x_1,y_1),B(x_2,y_2)$在单位圆

$x^2+y^2=1$ 上.

又$\dfrac{y_2-y_1}{x_2-x_1}=\dfrac{\sin\beta-\sin\alpha}{\cos\beta-\cos\alpha}=\dfrac{-\dfrac{1}{2}}{\dfrac{2}{3}}=-\dfrac{3}{4}$,故直线的斜率为 $-\dfrac{3}{4}$,设直线 AB 的方程为 $y=-\dfrac{3}{4}x+b$,将其代入 $x^2+y^2=1$,有$\dfrac{25}{16}x^2-\dfrac{3b}{2}x+(b^2-1)=0$.

又由韦达定理,有 $x_1x_2=\dfrac{16(b^2-1)}{25}$.

同理,有 $y_1\cdot y_2=\dfrac{16b^2-9}{25}$.

所以 $\cos(\alpha+\beta)=\cos\alpha\cdot\cos\beta-\sin\alpha\cdot\sin\beta=x_1x_2-y_1y_2=\dfrac{16(b^2-1)}{25}-\dfrac{16b^2-9}{25}=-\dfrac{7}{25}$ 为所求.

例 9　解不等式$\sqrt{2}-1<\sec\theta+\tan\theta<\sqrt{2}+1$.

解　令 $x=\cos\theta, y=\sin\theta$,则

$$\sec\theta+\tan\theta=\frac{\sin\theta+1}{\cos\theta}=\frac{y+1}{x-0}$$

这是过点 $A(0,-1)$ 与圆 $x^2+y^2=1$ 上的动点 $P(x,y)$ 的直线的斜率.

过点 A 作斜率为 $k=\sqrt{2}\pm1$ 的直线 $y+1=(\sqrt{2}\pm1)x$,此两直线与圆的交点为 $B(\dfrac{\sqrt{2}}{2},\dfrac{\sqrt{2}}{2})$, $C(-\dfrac{\sqrt{2}}{2},\dfrac{\sqrt{2}}{2})$. 而 B,C 两点对应的圆心角分别为 $\theta_1=2k\pi+\dfrac{\pi}{4}$, $\theta_2=2k\pi-\dfrac{\pi}{4}(k\in\mathbf{Z})$,故 $2k\pi-\dfrac{\pi}{4}<\theta<2k\pi+\dfrac{\pi}{4}$ 为所求.

9.8.3　圆锥曲线问题的光学及切线性质求解

例 10　如图 9.44,已知按照灯的轴截面是抛物线 $y^2=x$,平行于对称轴 $y=0$ 的光线经抛物线上一点 P 反射后,又经另一点 Q 反射,水平射出.

(1) 已知点 P 的纵坐标为 1,求光行程 PQ;

(2) 若点 P 的纵坐标为 a,求光行程 PQ 的最小值.

分析　由抛物线的光学性质,光线 PQ 过抛物线的焦点 $F(\dfrac{1}{4},0)$.

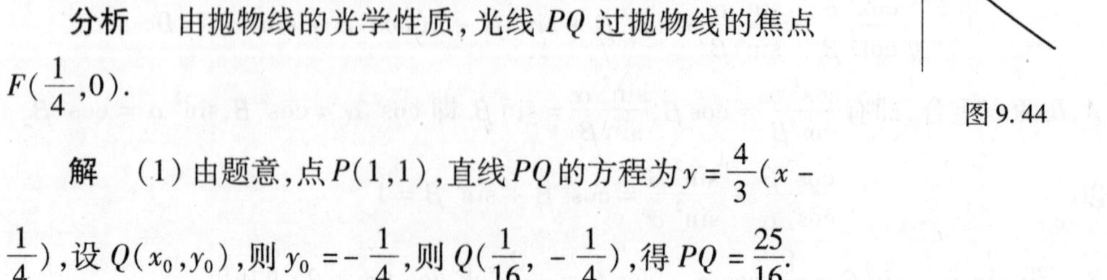

图 9.44

解　(1) 由题意,点 $P(1,1)$,直线 PQ 的方程为 $y=\dfrac{4}{3}(x-\dfrac{1}{4})$,设 $Q(x_0,y_0)$,则 $y_0=-\dfrac{1}{4}$,则 $Q(\dfrac{1}{16},-\dfrac{1}{4})$,得 $PQ=\dfrac{25}{16}$.

(2) 设 $Q(x_0,y_0)$，则直线 PQ 的方程为 $y=\dfrac{a}{a^2-\frac{1}{4}}(x-\frac{1}{4})$，代入 $y^2=x$，解得 $y_0=-\dfrac{1}{4a}$，则 $P(a^2,a)$，$Q(\dfrac{1}{16a^2},-\dfrac{1}{4a})$. 于是

$$PQ=\sqrt{(a^2-\frac{1}{16a^2})^2+(a+\frac{1}{4a})^2}=\sqrt{(a+\frac{1}{4a})^2[(a-\frac{1}{4a})^2+1]}=\sqrt{(a+\frac{1}{4a})^4}=$$

$$(a+\frac{1}{4a})^2\geqslant 1$$

当且仅当 $a=\pm\dfrac{1}{2}$ 时等号成立，所以 PQ 的最小值为 1.

例 11　已知椭圆的长轴长为 $2a$，短轴长为 $2b$，两焦点为 F_1,F_2，P 为椭圆上任一点，过 F_2 作点 P 切线的垂线，垂足为 Q，求点 Q 的轨迹方程.

分析　如图 9.45，由椭圆的切线性质，过点 P 的椭圆的切线 l 即为 $\angle F_1PF_2$ 的外角平分线. 所以原命题等价于：已知椭圆的长轴长为 $2a$，短轴长为 $2b$，两焦点为 F_1,F_2,P 为椭圆上任一点，且直线 l 为 $\angle F_1PF_2$ 的外角平分线，过 F_2 作 l 的垂线，垂足为 Q，求点 Q 的轨迹方程.

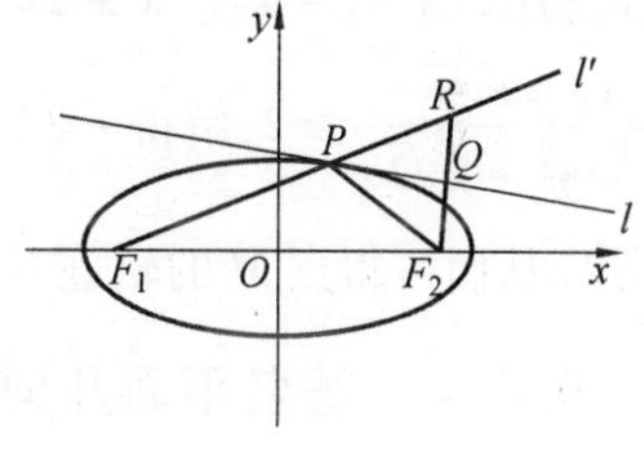

图 9.45

解　设直线 F_2Q 与射线 F_1P 交于点 R，则 R 与 F_2 关于直线 l 对称且 $PR=PF_2$，由椭圆的定义，$F_1R=F_1P+PR=2a$，而 Q 为 F_2R 的中点，则 $OQ=a$. 即点 Q 的轨迹方程为

$$x^2+y^2=a^2(x\neq -a)$$

例 12　如图 9.46，已知 F_1,F_2 是双曲线 $\dfrac{x^2}{a^2}-\dfrac{y^2}{b^2}=1$ 的左、右焦点，过双曲线上一点 $P(2\sqrt{2},1)$ 的直线 l：$\sqrt{2}x-2y-2=0$ 平分 $\angle F_1PF_2$，求双曲线的方程.

分析　由双曲线的切线性质知，直线 l 即为双曲线在点 P 处的切线.

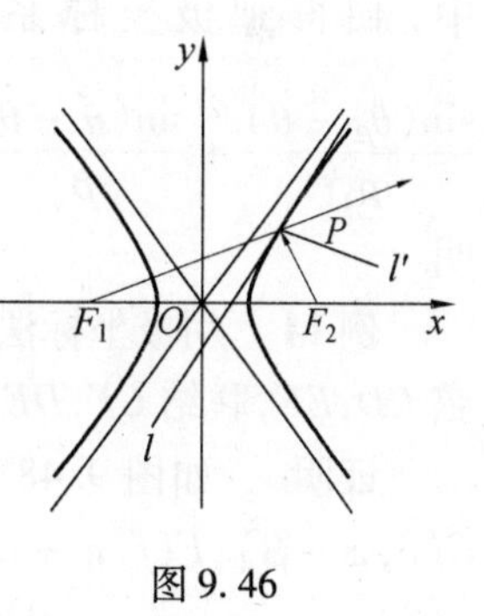

图 9.46

解　由题意，双曲线在点 $P(2\sqrt{2},1)$ 的切线方程为 $\dfrac{2\sqrt{2}x}{a^2}-\dfrac{y}{b^2}=1$.

由已知双曲线在点 $P(2\sqrt{2},1)$ 的切线方程为 $\sqrt{2}x-2y-2=0$，从而 $\dfrac{1}{a^2}=\dfrac{1}{4}$，$\dfrac{1}{b^2}=1$，从而得双曲线方程为

$$\frac{x^2}{4}-y^2=1$$

例 13　设 F_1,F_2 是双曲线 $x^2-y^2=4$ 的左、右焦点，P 是双曲线上任意一点，从 F_1 作 $\angle F_1PF_2$ 的平分线的垂线，垂足为 M，求点 M 的轨迹方程.

解　设 $P(x_0,y_0)$ 是双曲线上任意一点，由于 $\angle F_1PF_2$ 的平分线即为双曲线在点 P 的切

线，则 $\angle F_1PF_2$ 的平分线的方程为 $x_0x-y_0y=4$，经过点 F_1 的垂线方程为

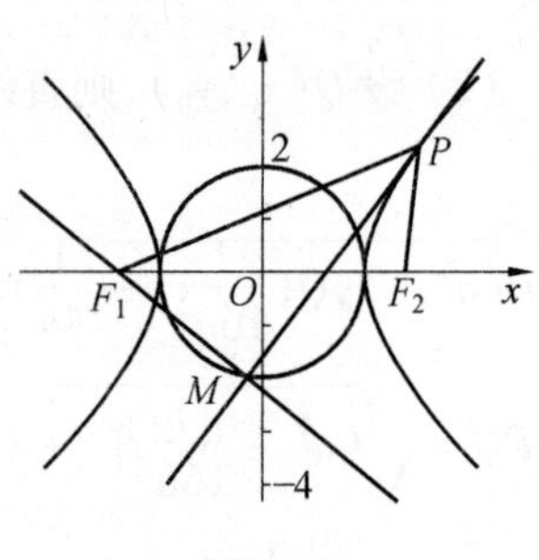

图 9.47

$$x_0y+y_0(x+2\sqrt{2})=0$$

设两直线的交点即为点 $M(x,y)$，解联立方程组

$$\begin{cases}x_0x-y_0y=4\\x_0y+y_0(x+2\sqrt{2})=0\end{cases}$$

得 $\begin{cases}x_0=\dfrac{4x+8\sqrt{2}}{x^2+y^2+2\sqrt{2}x}\\y_0=\dfrac{-4y}{x^2+y^2+2\sqrt{2}x}\end{cases}$，代入双曲线方程

$$(4x+8\sqrt{2})^2-16y^2=4(x^2+y^2+2\sqrt{2}x)^2$$

化简得 $(x^2+y^2-4)[(x+2\sqrt{2})^2+y^2]=0$，又因为点 P 在双曲线的右支上时，$x_0\geqslant 2$，即 $\dfrac{4x+8\sqrt{2}}{x^2+y^2+2\sqrt{2}x}\geqslant 2$，解得 $-\sqrt{2}<x\leqslant 2$；点 P 在双曲线的左支上时，有 $x_0\leqslant -2$，得 $-2\leqslant x<-\sqrt{2}$. 从而可得点 M 的轨迹方程为 $x^2+y^2=4(x\neq-\sqrt{2})$.

9.8.4 著名平面几何问题的极坐标法证明

应用坐标互化公式：$x=\rho\cos\theta,y=\rho\sin\theta$ 代入直角坐标系两点式方程：$\dfrac{x-x_1}{y-y_1}=\dfrac{x_2-x_1}{y_2-y_1}$ 中，便得到极坐标系中过 $P_1(\rho_1,\theta_1),P_2(\rho_2,\theta_2)$ 两点的直线方程：$\dfrac{\sin(\theta_2-\theta_1)}{\rho}=\dfrac{\sin(\theta_2-\theta)}{\rho_1}+\dfrac{\sin(\theta-\theta_1)}{\rho_2}(\rho_1\neq 0,\rho_2\neq 0,\rho_3\neq 0)$. 利用它来对几个著名的几何定理进行证明.

例 14 用极坐标法证蝴蝶(butterfly)定理：已知圆 O' 的弦 AB 的中点为 M，过 M 任作两弦 CD,EF，联结 CF,DE 分别交 AB 于 G,H. 求证：$MG=MH$.

证明 如图 9.48 建立极坐标系. 设 $E(e,\alpha),D(d,-\beta)$，$C(c,\pi-\beta),F(f,\pi+\alpha),H(h,0),G(g,\pi)$，则 ED

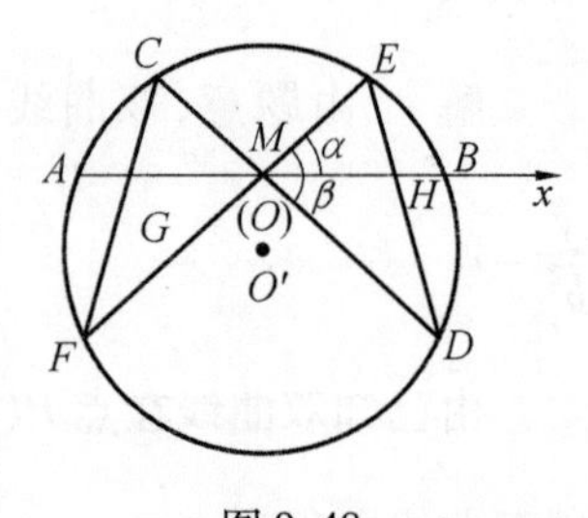

图 9.48

$$\frac{\sin(\alpha+\beta)}{\rho}=\frac{\sin(\alpha-\theta)}{d}+\frac{\sin(\theta+\beta)}{e} \quad ①$$

将点 H 坐标代入①，得

$$\frac{\sin(\alpha+\beta)}{h}=\frac{\sin\alpha}{d}+\frac{\sin\beta}{e} \quad ②$$

同理由直线 CF 的方程和点 G 的坐标也可求得

$$\frac{\sin(\alpha+\beta)}{g}=\frac{\sin\alpha}{c}+\frac{\sin\beta}{f} \quad ③$$

由②-③得

$$\sin(\alpha+\beta)\left(\frac{1}{h}-\frac{1}{g}\right)=\frac{\sin\beta}{ef}(f-e)-\frac{\sin\alpha}{cd}(d-c) \quad ④$$

设 P,Q 分别为 DC,EF 的中点,则

$$\begin{cases}f-e=2MQ=2MO'\sin\alpha\\d-c=2MP=2MO'\sin\beta\end{cases}\qquad⑤$$

⑤ 代入 ④ 右边,因 $ef=cd$(相交弦定理),则 $\sin(\alpha+\beta)(\frac{1}{h}-\frac{1}{g})=0$. 又 $\sin(\alpha+\beta)\neq0$,则 $\frac{1}{h}-\frac{1}{g}=0$. 由 $h>0,g>0$,则 $h=g$. 即 $MH=MG$.

例 15　用极坐标法证西姆松线(Simpson Line)定理:从三角形外接圆上任一点引三边的垂线,则三垂足共线.

证明　如图9.49建立极坐标系. 设 $\triangle A_1A_2A_3$ 的外接圆直径为1,则圆 O' 的方程为:$\rho=\cos\theta$. 令顶点为:$A_i(\cos\theta_i,\theta_i)(i=1,2,3)$,$\theta_i\in[0,2\pi]$,则 A_2A_3 方程:$\frac{\sin(\theta_3-\theta_2)}{\rho}=\frac{\sin(\theta_3-\theta)}{\cos\theta_2}+\frac{\sin(\theta-\theta_2)}{\cos\theta_3}$,化简整理,得 $\rho\cos(\theta-\theta_2-\theta_3)=\cos\theta_2\cos\theta_3$. 这是 A_2A_3 的法线式方程,故知垂足 B_1 的坐标为 $(\cos\theta_2\cos\theta_3,\theta_2+\theta_3)$,轮换三个顶点的坐标得:$B_2(\cos\theta_3\cos\theta_1,\theta_3+\theta_1)$,$B_3(\cos\theta_1\cos\theta_2,\theta_1+\theta_2)$. 显然 B_1,B_2,B_3 三点坐标满足如下法线式方程:$\rho\cos(\theta-\theta_1-\theta_2-\theta_3)=\cos\theta_1\cos\theta_2\cos\theta_3$. 故 B_1,B_2,B_3 三点共线.

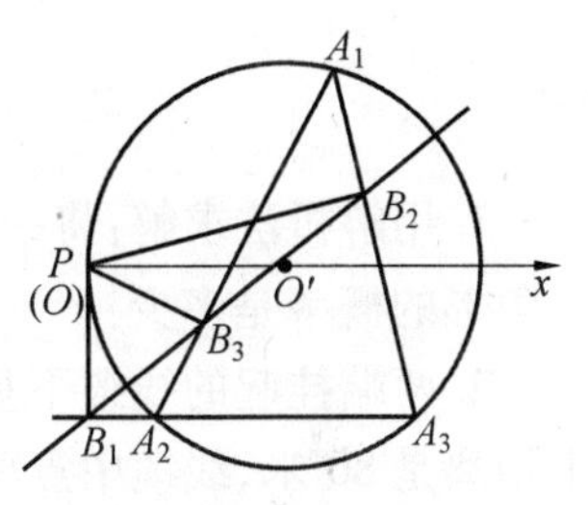

图 9.49

例 16　用极坐标法证维布特(M. Vuibuit)定理:在 $\triangle ABC$ 二边 CA,CB 上各向外作正方形 $CAPQ,CBRS$. 设 CH 为从 C 引 AB 边的垂线,求证 CH,BP,AR 共点.

证明　如图 9.50, 建立极坐标系. 设 $AC=\rho_1,BC=\rho_2$,$\angle BCH=\alpha,\angle ACH=\beta$, 则 (ρ_1,β),$P(\sqrt{2}\rho_1,45^\circ+\beta)$,$R(\sqrt{2}\rho_2,-45^\circ-\alpha)$,$B(\rho_2,-\alpha)$. 则

$$BP:\frac{\sin(45^\circ+\alpha+\beta)}{\rho}=\frac{\sin(45^\circ+\beta-\theta)}{\rho_2}+\frac{\sin(\theta+\alpha)}{\sqrt{2}\rho_1}\qquad①$$

$$AR:\frac{\sin(45^\circ+\alpha+\beta)}{\rho}=\frac{\sin(\theta+45^\circ+\alpha)}{\rho_1}+\frac{\sin(\beta-\theta)}{\sqrt{2}\rho_2}\qquad②$$

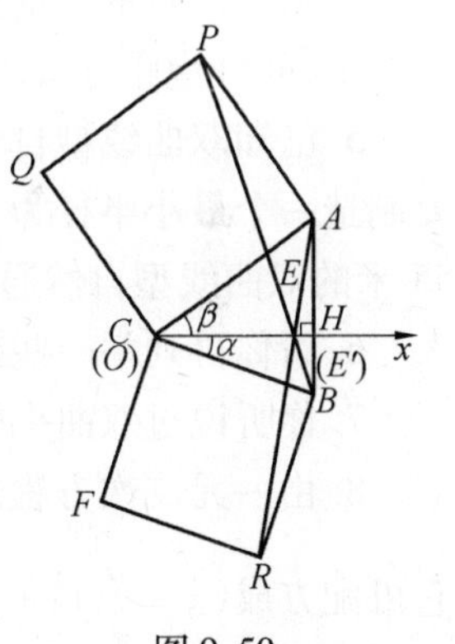

图 9.50

又

$$CH:\ \theta=0^\circ\qquad③$$

令 BP 和 CH 交于 E,AR 和 CH 交于 E',则解 ① 和 ③ 及 ② 和 ③ 可得

$$\rho_E=\frac{\sqrt{2}\rho_1\rho_2\sin(45^\circ+\alpha+\beta)}{\rho_1\cos\beta+\rho_1\sin\beta+\rho_2\sin\alpha}\qquad④$$

又

$$\rho_{E'}=\frac{\sqrt{2}\rho_1\rho_2\sin(45^\circ+\alpha+\beta)}{\rho_2\cos\alpha+\rho_1\sin\beta+\rho_2\sin\alpha}\qquad⑤$$

因为 $\rho_H=CH=\rho_1\cos\beta=\rho_2\cos\alpha$,故对照 ④ 和 ⑤ 可得 $\rho_E=\rho_{E'}$. 故点 $E(\rho_E,0)$ 和 $E'(\rho_{E'},0)$ 重点,从而 CH,BP,AR 共点.

例 17　用极坐标法证斯库顿(Schooten)定理:设 AD 为 $\triangle ABC$ 顶角 A 的平分线,求证 $AD^2=AB\cdot AC-BD\cdot DC$.

证明　如图 9.51 建立极坐标系. 设 $B(b,0)$，$C(c,2\alpha)$，则

$$BC:\frac{\sin 2\alpha}{\rho}=\frac{\sin(2\alpha-\theta)}{b}+\frac{\sin\theta}{c} \qquad ①$$

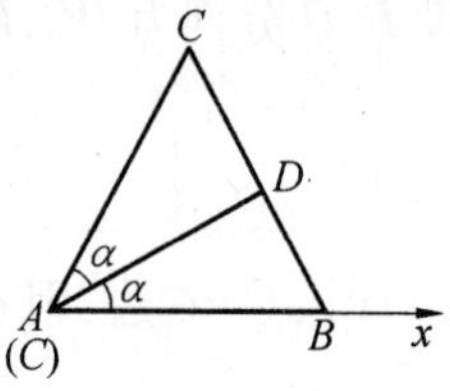

又将点 $D(d,\alpha)$ 坐标代入①，得 $d=\frac{2bc\cos\alpha}{b+c}$. 在 $\triangle ABD$ 和 $\triangle ABC$ 中，由余弦定理，得 $BD=b\sqrt{1-\frac{4bc\cos^2\alpha}{(b+c)^2}}$，$DC=c\sqrt{1-\frac{4bc\cos^2\alpha}{(b+c)^2}}$，则 $BD\cdot DC=bc-\frac{4b^2c^2\cos^2\alpha}{(b+c)^2}=bc-d^2$，即 $AD^2=AB\cdot AC-BD\cdot DC$.

图 9.51

思考题

1. 用解析法求解：将一根给定的棒或定义的棒随机地折成三部分，这三部分能组成一个三角形的概率是多少？

2. 两端挂起的线缆下垂近似成抛物线形. 设某处线缆两端各离地面 20 米，两端的水平距离是 80 米，线缆中点离地面 6 米，求离两端 30 米处线缆的高度.

3. 站在陡峭的山崖边射箭，陡崖的高为 H，发箭的方向与水平面的夹角为 α，初速度值等于 C. 求箭射出后经过多长时间 T，箭在距地面 h 的高度上？（不考虑箭的长度和射箭者的身高及空气的阻力.）

4. 汽车前灯的反射面是旋转抛物面，灯口的直径为20厘米，深度为10厘米，灯泡安装在焦点上，问灯泡距灯口距离有多少？

5. 已知双曲线型自然通风塔的外形是双曲线的一部分绕其虚轴旋转所成的曲面. 现在要制造一个最小半径为 12 米，下口半径为 25 米，下口到最小半径圆面的距离为 45 米，高为 55 米的双曲线型自然通风塔，问上口半径应为多少？

6. 请你再列举一些拱结构的实际应用的例子.

7. 你听说过双曲拱的名称吗？你若能从实地观察到，请说说这种结构的特点.

8. 由一元二次方程 $x^2-ax+b=0$ 出发，当 $y=0$ 时，写出 $x^2-ax+b+y^2-(1+b)y=0$，它可配方成 $(x-\frac{a}{2})^2+(y-\frac{1+b}{2})^2=\frac{a_2+(b-1)^2}{4}$，你能从中体会到用圆解一元二次方程的方法吗？

9. 已知 $|a|<1$，$|b|<1$，求证：$|ab+\sqrt{(1-a^2)(1-b^2)}|\leqslant 1$.

10. 已知变数 $x,y\in\mathbf{R}$，对于常数 $a,b,p,q\in\mathbf{R}$ 满足 $ax+by=0$，$p^2+q^2=a^2+b^2=1$，$ap+bq\neq 0$，求函数 $f(x,y)=x^2+y^2-2px-2qy+1$ 的最小值.

11. 求函数 $f(x)=\frac{\sec^2x-\tan x}{\sec^2x+\tan x}$ 的最大值和最小值.

12. 在锐角 $\triangle ABC$ 中，试比较 $\sin A+\sin B+\sin C$ 与 $\cos A+\cos B+\cos C$ 的大小.

13. 求函数 $f(x)=\sqrt{x+1}+\sqrt{4-2x}$ 的值域.

14. 求函数 $f(x)=2x+3+\sqrt{-2x^2+12x-14}$ 的值域.

15. 求函数 $f(x)=\sqrt{x^4-3x^2-6x+13}-\sqrt{x^4-x^2+1}$ 的最小值.

16. 若 $x \neq 0$,求函数 $f(x)=\dfrac{\sqrt{1+x^2+x^4}-\sqrt{1+x^4}}{x}$ 的最大值.

思考题参考解答

1. 设木棒 AB 长为 a,左折点为 D,右折点为 E,并设 AD,DE 的长度各边分别为 x,y;则 EB 的长为 $a-(x+y)$. 显然每一种折法对应与一数对 $M(x,y)(x>0,y>0,x+y<a)$,且这种对应关系是一一对应的. 由 $x>0,y>0,a-(x+y)>0$ 得坐标平面内点集 σ 的区域(不包含边界). 又因要使折后能成三角形,必须且只需适合条件 $\begin{cases}x+y>a-(x+y)\\x+[a-(x+y)]>y\\y+[a-(x+y)]>x\end{cases}$,此不等式组表示区域如右图重叠部分,其面积为 $\frac{1}{4}$,故所求概率为 $\frac{1}{4}$.

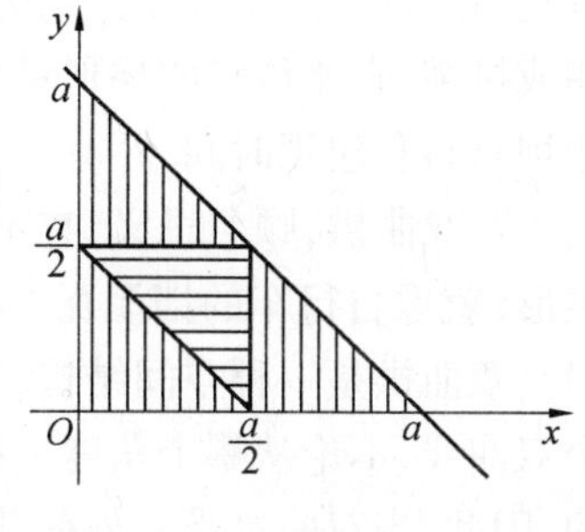

2. 以线缆所在平面内地面上水平线为 x 轴,以经过线缆中点的铅直线为 y 轴建立直角坐标系,得线缆方程为 $x^2=2p(y-6)(-40\leqslant x\leqslant 40)$. 点(40,20) 在曲线上,则 $1\,600=2p(20-6)$,即 $2p=\frac{800}{7}$. 所求方程为 $x^2=\frac{800}{7}(y-6)(-40\leqslant x\leqslant 40)$. 当离两端30 米,即 $x=\pm 10$ 时,有 $y=6.875$ 米为所求.

3. 由斜抛物体运动的参数方程 $\begin{cases}x=vt\cos\alpha\\y=vt\sin\alpha-\frac{1}{2}gt^2\end{cases}$,鉴于时间 t 时所在点的坐标为 $(vt\cos\alpha,vt\sin\alpha-\frac{1}{2}gt^2)$,因此,所求的时间 T,也就是方程 $vt\sin\alpha-\frac{1}{2}gT^2=h-H$ 的非负根. 当 $h<H$ 时,$T=\frac{1}{g}[v\sin\alpha+\sqrt{v^2\sin^2\alpha-2g(h-H)}]$;当 $h=H$ 且 $\alpha\leqslant 0$ 时,$T=0$;当 $h=H$ 且 $\alpha>0$ 时,$T=\frac{1}{g}(v\sin\alpha\pm v\sin\alpha)$;当 $H<h<H+\frac{v^2\sin^2\alpha}{2g}$ 且 $\alpha>0$ 时,$T=\frac{1}{g}[v\sin\alpha\pm\sqrt{v^2\sin^2\alpha-2g(h-H)}]$;当 $h=H+\frac{v^2\sin^2\alpha}{2g}$ 且 $\alpha>0$ 时,$T=\frac{v\sin\alpha}{g}$;当 $h>H$ 且 $\alpha\leqslant 0$ 和 $h>H+\frac{v^2\sin^2\alpha}{2g}$ 时,无解.

4. 反射面与轴截面的交线为抛物线,以旋转抛物面的顶点为原点,射面的轴线为 x 轴建立直角坐标系,设抛物线方程为 $y^2=2px$. 由灯口边缘上一点(10,10) 代入求得 $p=5$,所以抛物线焦点坐标为 $(\frac{5}{2},0)$,于是灯泡与灯口的距离为 $10-2.5=7.5$ 为所求.

5. 取最小半径的圆的圆心 O 为坐标原点,旋转轴为 y 轴建立直角坐标系,则双曲线标准方程为 $\frac{x^2}{a^2}-\frac{y^2}{b^2}=1$. 原问题转化为求双曲线上点 $C(x_0,10)$ 的横坐标 x_0. 由题设 $a=12$,点 $(25,-45)$ 是双曲线一点,可求得 $b^2=\frac{45^2\times 12^2}{37\times 13}\approx 606$. 将 $(x_0,10)$ 代入方程 $\frac{x_0^2}{144}-\frac{10^2}{606}=1$,

求得 $x_0 \approx 13$ 米(舍去负值).

6. 拱,不仅限于建造桥梁和隧道,它的应用是多方面的. 诸如拱形砖瓦窑、石灰窑、拱形窑洞、古代城楼的拱形门洞、园林中形形色色的拱形门窗、巨大的无梁拱殿等等. 还有地下防空设施. 巨大的地下仓库、地下商店旅馆以及巨大的飞机库都是拱形结构,拱形还可以斜躺着建造在铁路地基或铁路两旁的山陂上作为防塌方和防滑坡的石拱圈. 如果把拱水平放倒建成拱坝,它比传统的梯形重力坝更坚固,更能发挥建坝材料的抗压性能,从而可大大节省建坝材料和建坝时间.

7. 双曲拱,顾名思义,它不仅在一个方向呈拱形,而且在互相垂直的另一个方向上也呈拱形(就像自行车的挡泥瓦一样),这种结构的承载能力远比单曲拱强得多.

双曲拱是一种空间结构,它是由连续的翘曲面而构成. 如果我们用任意一个平面去截这个双曲线,不论从哪个角度去截它,其截痕都是一个拱,而这些单曲拱又都是互相联成一体的. 因此,当双曲拱受到外荷载作用时,外力可以沿着拱的任意方向迅速、均匀地传递开来,结果拱上任意局部分摊到的力相对地减少了许多. 所以它比单曲拱能承受更大的外力. 双曲拱的另一个特点是,当它的某一局部受力(诸如动荷载、地基下沉、地震等引起的非均匀力)过大时,由于它的空间整体性,使外力能迅速地传递开来,这个局部所承受的力比实际承受的力要小得多. 它的这种自身调整的作用,大大提高了拱的抗震性能及超载能力,而单曲拱的自我调整的余地与之相比就差得多了.

双曲拱一般都是圆弧拱,通常主拱的圆弧半径,要比横向的副拱的圆弧半径大得多. 为了使横向的副拱具有足够的水平反推力,主拱一般都设计成圆弧拱肋,横向的拱就跨在这两根圆弧拱肋上(称为单波双曲拱). 有时主拱是由好几对圆弧拱肋构成(如四根、五根、六根等),横向的副拱搭建在两两拱肋之上,这时双曲拱就成了三波、四波、五波的. 为了增强横向的水平反推力,使副拱起到更大作用,往往在主拱柱的横向,紧固上一排排拉杆.

双曲拱所具有的这些独特优点,使它在公路桥、铁路桥、过水渡槽等许多地方得到广泛应用. 双曲石拱桥、双曲砖拱桥,双曲拱钢筋混凝土桥,犹如雨后春笋,遍布我国的大河小溪和深川峡谷之中.

用双曲拱来建造水坝,要比单曲拱坝更理想、更保险、更耐压又更节省材料.

8. 例如,对于一元二次方程 $x^2-5x+4=0$. 这里 $a=5, b=4$. 以点 $(0,1)$ 和点 $(5,4)$ 的距离为直径过这两点的圆与 x 有交点 $(1,0)$, $(4,0)$,则此方程的两根 $x_1=1, x_2=4$ 为所求.

9. 由点 $P(b, \pm\sqrt{1-b^2})$ 是单位圆 $x^2+y^2=1$ 上的点,作出直线 l: $ax+\sqrt{1-a^2}y=0$,则点到直线 l 的距离不大于单位圆半径,于是证得原不等式.

10. 作直线 l: $ax+by=0$,则 $M(x,y)$ 为直线 l 上的一动点,由 $ap+bq\neq 0$ 知 $N(p,q)$ 为直线 l 外一点,则点 V 到直线 l 的距离 $d=\frac{|ap+bq|}{\sqrt{a^2+b^2}}=|ap+bq|$.

而 $|MN|=\sqrt{(x-p)^2+(y-q)^2}=\sqrt{x^2+y^2-2px-2qy+1}\geqslant d$,故所求函数的最小值为 $(ap+bq)^2$.

11. 由 $y=\frac{1-\sin x\cdot\cos x}{1+\sin x\cdot\cos x}=\frac{2-\sin 2x}{2+\sin 2x}$,知 y 为通过点 $A(2,2)$, $P(-\sin 2x, \sin 2x)$ 两点的直线的斜率. 因为 $-1\leqslant\sin 2x\leqslant 1$,所以点 P 在直线 $y=-x$ 上并介于点 $B(-1,1)$ 及点

$C(1,-1)$ 之间,由于 $k_{AB}=\frac{1}{3}$,$k_{AC}=3$. 得 $y_{\max}=3$,$y_{\min}=\frac{1}{3}$.

12. 取点 $A'(\cos A,\sin A)$,$B'(\cos B,\sin B)$,$C'(\cos C,\sin C)$,则它们均在第一象限的单位圆 $O:x^2+y^2=1$ 上. 其重心 $G(\frac{\cos A+\cos B+\cos C}{3},\frac{\sin A+\sin B+\sin C}{3})$,而 $k_{OG}=\frac{\sin A+\sin B+\sin C}{\cos A+\cos B+\cos C}$,可证 $k_{OG}>1$. 事实上,设 $0<A\leqslant B\leqslant C<90°$,则 $B>45°$ 否则 $C\geqslant 90°$,所以 B' 在直线 $y=x$ 上方. 又由 $\frac{A+C}{2}=\frac{1}{2}(180°-B)>45°$ 知 $\angle A'OC'$ 的平分线在直线 $y=x$ 上方,于是 $A'C'$ 的中点 M 也在直线 $y=x$ 上方,故 $k_{OG}>1$. 由此即解得 $\sin A+\sin B+\sin C>\cos A+\cos B+\cos C$.

13. 令 $u=\sqrt{x+1}$,$v=\sqrt{4-2x}$,则 $\frac{u^2}{3}+\frac{v^2}{6}=1$,$u\geqslant 0$,$v\geqslant 0$,由 $y=u+v$,有 $v=-u+y$,再由直线与椭圆部分有公共点可得,当且仅当 $v=-u+y$ 过点 $A(\sqrt{3},0)$,有 $y_{\min}=\sqrt{3}$,当且仅当直线与椭圆相切时有 $y_{\max}=3$,故 $y\in[\sqrt{3},3]$.

14. 令 $f(x)=m$,$C_1:y_1=-2x+m-3$,$C_2:y_2=\sqrt{-2x+12x-14}\Rightarrow\frac{y^2}{4}+\frac{(x-3)^2}{2}=1(y\geqslant 0)$,$C_1$ 是斜率为 -2 的直线系,C_2 为中心在 $(3,0)$,长轴平行于 y 轴的椭圆在 x 轴的上方的部分. 作图知 C_1 过点 $(3-\sqrt{2},0)$,故 $m_{\min}=9-2\sqrt{2}$,C_1 与 C_2 在第一象限相切时,m 最大,由 $-2x+m-3=\sqrt{-2x^2+12x-14}$ 有等根,则其 $\Delta=0$,有 $m^2-18m+69=0\Rightarrow m=9+2\sqrt{3}$(舍去负值),故 $f(x)$ 的取值范围为 $[9-2\sqrt{2},9+2\sqrt{3}]$.

15. 由 $f(x)=\sqrt{(x-3)^2+(x^2-2)^2}-\sqrt{x^2+(x^2-1)^2}$,可令 $A(3,2)$,$B(0,1)$,$P(x,x^2)$,则 $f(x)=|PA|-|PB|$,即在抛物线 $y=x^2$ 上求一点 P,使 $|PA|-|PB|$ 最大,因点 A 在抛物线下方(外),点 B 在抛物线上方(内),故直线 AB 和抛物线必相交,由方程 $y=x^2$,$\frac{y-1}{x-0}=\frac{2-1}{3-0}$ 联立得 $3x^2-x-3=0$. 由于此方程常数项为负,故方程必有负根. 又三角形两边之差小于第三边,所以当点 P 位于负根所对应的交点时,$f(x)$ 有最大值 $|AB|=10$.

16. 由 $f(x)=\sqrt{(x-\frac{1}{x})^2+(\sqrt{3})^2}-\sqrt{(x-\frac{1}{x})^2+(\sqrt{2})^2}$,可设 $A(x-\frac{1}{x},\sqrt{3})$,$B(x-\frac{1}{x},\sqrt{2})$,则有 $|OA|-|OB|\leqslant|AB|$(O 为原点). 显然,当 $x=1$ 时,$A(0,\sqrt{3})$,$B(0,\sqrt{2})$,$O(0,0)$ 三点共线时,$|AB|_{\max}=\sqrt{3}-\sqrt{2}$ 为所求.

第十章　向量与复数知识的初步应用

10.1　向量知识的应用

向量在初等数学中有着广泛的应用，这可参见作者另著《从 Stewart 定理的表示谈起——向量理论漫谈》及《从高维 Pythagoras 定理谈起——单形论漫谈》(哈尔滨工业大学出版社，2016 年出版). 在这里，仅介绍几个片断.

10.1.1　在物理学中的应用

一个力可以用一个向量表示，力的合成与分解可以用向量的加法和减法来计算. 物理学中还有许多重要的量，也是既有大小又有方向，都可以用向量来表示，它们的一些运算也可以利用向量的相应运算来进行.

例 1　如图 10.1，人在岸上通过滑轮用绳索牵引小船. 若水的阻力恒定不变，则在船匀速靠岸的过程中，绳子拉力如何变化？船受到的浮力如何变化？

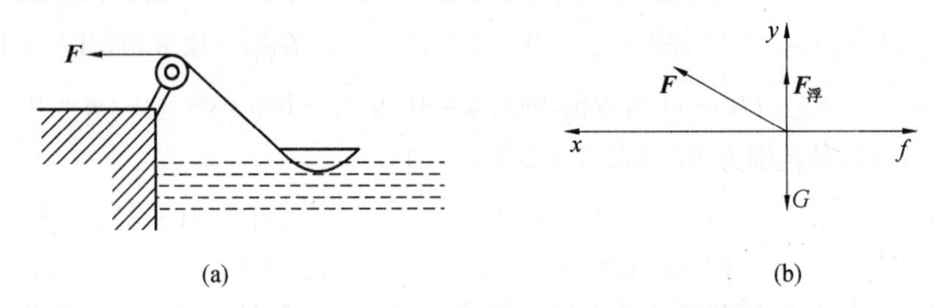

图 10.1

解析　以小船为研究对象，小船在匀速靠岸过程中受重力 G，绳子拉力 F，水的阻力 f，浮力 $F_{浮}$ 的支配. 由于小船所受阻力不变，因此小船平衡状态的获得是由于绳子与水平方向的夹角 θ 不断变化，要求 F 跟着变化以保证 F 在水平方向的分量与水的阻力大小相等，方向相反. 而 F 的变化使它的竖直方向的分量也发生改变，从而改变小船的吃水深度，这样船受到的浮力也将发生变化. 因此，绳的拉力 F，小船浮力 $F_{浮}$ 怎样改变，可抓住不变的 f，自变量 θ，根据平衡条件 $\sum F_x = 0$，$\sum F_y = 0$，建立 θ 和 F，$F_{浮}$ 的关系式，$F\cos\theta - f = 0$，$F\sin\theta + F_{浮} - G = 0$，由此有 $F = \dfrac{f}{\cos\theta}$，$F_{浮} = G - f\cdot\tan\theta$. 对 F：$\theta < 90°$，当 $\theta\uparrow \Rightarrow \cos\theta\downarrow \Rightarrow F\uparrow$；对 $F_{浮}$：$\theta\uparrow \Rightarrow \tan\theta\uparrow \Rightarrow F_{浮}\downarrow$. 从而拉力 F 增大，浮力减小.

例 2　长为 5 米的细绳两端分别系于竖立在地面上相距 4 米的两杆的顶端 A，B. 绳上挂一个光滑的轻质挂钩，其下连着一个重为 12 牛的物体. 求平衡时绳中的张力 T.

解析　因挂钩两边拉力相等，所以由题中条件所作出的图 10.2 中力的平行四边形为菱形.

由于 T_1，T_2 的合力与 G 平衡，故菱形的两条对角线分别竖直和水平，故有

$$\angle DBO = \angle DCO = \angle ECA = \theta$$

$$\angle BDO = \angle CDO = \angle CEA = 90°$$

所以　$\triangle BDO \backsim \triangle CDO \backsim \triangle CEA$

又因

$$\overrightarrow{BE} = \overrightarrow{BD} + \overrightarrow{DC} + \overrightarrow{CE} = (\overrightarrow{BO} + \overrightarrow{OC} + \overrightarrow{AC})\cos\theta$$

所以 $\cos\theta = \dfrac{\overrightarrow{BE}}{\overrightarrow{BO} + \overrightarrow{OC} + \overrightarrow{AC}} = 0.8, \sin\theta = 0.6$,

故 $T = \dfrac{\frac{G}{2}}{\sin\theta} = 10$ 牛为所求.

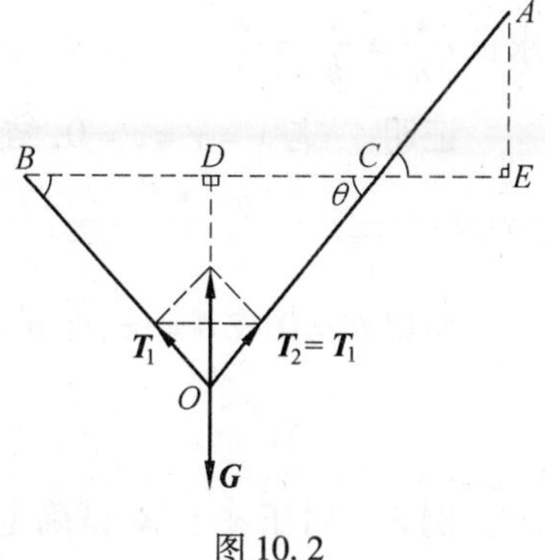

图 10.2

10.1.2　在代数中的应用

设二向量用坐标分量表示为

$\boldsymbol{a} = \{a_1, a_2, \cdots, a_n\}, \boldsymbol{b} = \{b_1, b_2, \cdots, b_n\}$,其中 a_i, b_i 均为实数,$i = 1, 2, \cdots, n$

显然当 $n = 2$ 时,即为平面向量,$n = 3$ 时为一般的(三维)空间向量.

在运用向量知识解题时,常用到下列知识:

(1) 模 $|\boldsymbol{a}| = \sqrt{a_1^2 + a_2^2 + \cdots + a_n^2}$;

(2) $\boldsymbol{a} /\!/ \boldsymbol{b} \Leftrightarrow \dfrac{a_1}{b_1} = \dfrac{a_2}{b_2} = \cdots = \dfrac{a_n}{b_n}$;

(3) $\boldsymbol{a} = \boldsymbol{b} \Leftrightarrow a_1 = b_1, \cdots, a_n = b_n$;

(4) $\boldsymbol{a} \pm \boldsymbol{b} \Leftrightarrow (a_1 \pm b_1, a_2 \pm b_2, \cdots, a_n \pm b_n)$;

(5) 数量积 $\boldsymbol{a} \cdot \boldsymbol{b} \Leftrightarrow |\boldsymbol{a}| \cdot |\boldsymbol{b}| \cdot \cos\theta = a_1b_1 + \cdots + a_nb_n$,其中 θ 为两向量所成的角,$\theta \in [0, \pi]$.

例 3　设 $x, y, z \in \mathbf{R}^+$,求证

$$\sqrt{x^2 + y^2} + \sqrt{x^2 + z^2 - xz} \geqslant \sqrt{y^2 + z^2 + \sqrt{3}yz}$$

并试确定式中等号成立的条件.

证明　设 $\vec{A} = (x, 0), \vec{B} = (0, y), \vec{C} = (\frac{z}{2}, -\frac{\sqrt{3}}{2}z)$,则

$$|\overrightarrow{AB}| = \sqrt{x^2 + y^2}, |\overrightarrow{AC}| = \sqrt{(x - \frac{z}{2})^2 + (\frac{\sqrt{3}}{2}z)^2} = \sqrt{x^2 + z^2 - xz}$$

$$|\overrightarrow{CB}| = \sqrt{(\frac{z}{2})^2 + (-\frac{\sqrt{3}}{2}z - y)^2} = \sqrt{z^2 + y^2 + \sqrt{3}yz}.$$

故由 $|\overrightarrow{AB}| + |\overrightarrow{CA}| \geqslant |\overrightarrow{AB} + \overrightarrow{CA}| = |\overrightarrow{CB}|$,即证原不等式. 式中等号成立当且仅当 $\dfrac{-x}{\frac{z}{2} - x} = \dfrac{y}{-\frac{\sqrt{3}}{2}z}$,即 $x = \dfrac{yz}{2y + \sqrt{3}z}$.

例 4　设实数 x, y, z, a, b, c 满足 $(x^2 + y^2 + z^2)(a^2 + b^2 + c^2) = (ax + by + cz)^2, abc \neq 0$,

求证:$\frac{x}{a}=\frac{y}{b}=\frac{z}{c}$

证明 若$x=y=z=0$,结论显然,若x,y,z不全为0,则设$\boldsymbol{p}=(x,y,z)$,$\boldsymbol{q}=(a,b,c)$,有$\cos\theta=\frac{ax+by+cz}{\sqrt{x^2+y^2+z^2}\cdot\sqrt{a^2+b^2+c^2}}\Rightarrow\cos^2\theta=1.$

所以$\theta=0$或$\theta=\pi$,即$\boldsymbol{p}\parallel\boldsymbol{q}$,故

$$\frac{x}{a}=\frac{y}{b}=\frac{z}{c}$$

例5 对于$x\in\mathbf{R}$,试确定$y=\sqrt{x^2+x+1}-\sqrt{x^2-x+1}$的所有可能的值.

解 $y=\sqrt{(x+\frac{1}{2})^2+(\frac{\sqrt{3}}{2})^2}-\sqrt{(x-\frac{1}{2})^2+(\frac{\sqrt{3}}{2})^2}.$

设$\boldsymbol{p}=(x+\frac{1}{2},\frac{\sqrt{3}}{2})$,$\boldsymbol{q}=(x-\frac{1}{2},\frac{\sqrt{3}}{2})$,则$y=|\boldsymbol{p}|-|\boldsymbol{q}|$.

又$\boldsymbol{p}-\boldsymbol{q}=(1,0)$,且$|\boldsymbol{p}|-|\boldsymbol{q}|<|\boldsymbol{p}-\boldsymbol{q}|$,所以

$$|y|=||\boldsymbol{p}|-|\boldsymbol{q}||<|\boldsymbol{p}-\boldsymbol{q}|=1$$

即$y=\sqrt{x^2+x+1}-\sqrt{x^2-x+1}$的值在区间$(-1,1)$内取得.

10.1.3 在三角中的应用

例6 证明:如果n是大于1的自然数,那么$\cos\frac{2\pi}{n}+\cos\frac{4\pi}{n}+\cdots+\cos\frac{2n\pi}{n}=0$.

证明 考察以O为原点的n个单位向量$\overrightarrow{OA_i}(i=1,2,\cdots,n)$,显然诸$A_i$在单位圆上. 设它们与$Ox$轴的夹角为$\frac{2i\pi}{n}(i=1,2,\cdots,n)$,则$\overrightarrow{OA_i}=(\cos\frac{2i\pi}{n},\sin\frac{2i\pi}{n})$. 设$\boldsymbol{m}=(x,y)=\sum_{i=1}^{n}\overrightarrow{OA_i}$,即$x=\sum_{i=1}^{n}\cos\frac{2i\pi}{n}$,$y=\sum_{i=1}^{n}\sin\frac{2i\pi}{n}$.

将n个单位向量$\overrightarrow{OA_i}$绕点O旋转$\frac{2\pi}{n}$,这样$\boldsymbol{m}$也绕O旋转了$\frac{2\pi}{n}$变成$\boldsymbol{m}'$. 因为$n>1$,故$\frac{2\pi}{n}<2\pi$,从而$\boldsymbol{m}$与$\boldsymbol{m}'$不共线. 但在上述旋转中,$\overrightarrow{OA_1}$变为$\overrightarrow{OA_2}$,……,$\overrightarrow{OA_n}$变为$\overrightarrow{OA_1}$,因此$\boldsymbol{m}=\boldsymbol{m}'$. 两不共线向量相等只能是$\boldsymbol{m}=\boldsymbol{m}'=0$,从而$x=0,y=0$,即$\cos\frac{2\pi}{n}+\cos\frac{4\pi}{n}+\cdots+\cos\frac{2n\pi}{n}=0$,且$\sin\frac{2\pi}{n}+\sin\frac{4\pi}{n}+\cdots+\sin\frac{2n\pi}{n}=0$.

注 此题也可从共点力的角度证,共点F合力为零,沿x轴与y轴的分力和也为零即证.

10.1.4 在几何中的应用

用向量知识求解几何问题还要用到如下知识:

(6) 向量积:$\boldsymbol{c}=\boldsymbol{a}\times\boldsymbol{b}=|\boldsymbol{a}|\cdot|\boldsymbol{b}|\cdot\sin\theta\cdot\boldsymbol{c}_0=-\boldsymbol{b}\times\boldsymbol{a}$,其中$\theta$为两向量所成的角,$\boldsymbol{c}_0$表示$\boldsymbol{c}$方向的单位向量,$|\boldsymbol{a}\times\boldsymbol{b}|$的几何意义是以$\boldsymbol{a},\boldsymbol{b}$为邻边的平行四边形面积.

(7) 混合积：$\boldsymbol{a}\times(\boldsymbol{b}\times\boldsymbol{c})=(\boldsymbol{a},\boldsymbol{b},\boldsymbol{c})$. $|(\boldsymbol{a},\boldsymbol{b},\boldsymbol{c})|$ 的几何意义是以 $\boldsymbol{a},\boldsymbol{b},\boldsymbol{c}$ 为邻边的平行六面体的体积.

例 7　证明：任一三角形的三条中线可以构成一个三角形.

证明　注意到 n 个向量 $\boldsymbol{a}_1,\boldsymbol{a}_2,\cdots,\boldsymbol{a}_n$ 构成首尾相接的封闭 n 边形的充要条件是 $\sum\limits_{i=1}^{n}\overrightarrow{\boldsymbol{a}_i}=\boldsymbol{0}$. 要证 $\triangle ABC$ 的三条中线 AD,BE,CF 中任两个之和大于第三者，只需证明 $\overrightarrow{AD}+\overrightarrow{BE}+\overrightarrow{CF}=\boldsymbol{0}$.

由

$$\overrightarrow{AD}=\overrightarrow{AB}+\overrightarrow{BD}=\overrightarrow{AB}+\frac{1}{2}\overrightarrow{BC},\overrightarrow{BE}=\overrightarrow{BC}+\frac{1}{2}\overrightarrow{CA},\overrightarrow{CF}=\overrightarrow{CA}+\frac{1}{2}\overrightarrow{AB}$$

及

$$\overrightarrow{AB}+\overrightarrow{BC}+\overrightarrow{CA}=\boldsymbol{0}$$

有

$$\overrightarrow{AD}+\overrightarrow{BE}+\overrightarrow{CF}=\frac{3}{2}(\overrightarrow{AB}+\overrightarrow{BC}+\overrightarrow{CA})=\boldsymbol{0}$$

故 AD,BE,CF 可以构成一个三角形.

例 8　两个正方形 $BCDA$ 与 $BKMN$ 有公共顶点 B，如图 10.3. 证明：$\triangle ABK$ 的中线 BE 与 $\triangle DBN$ 的高 BF 共线.

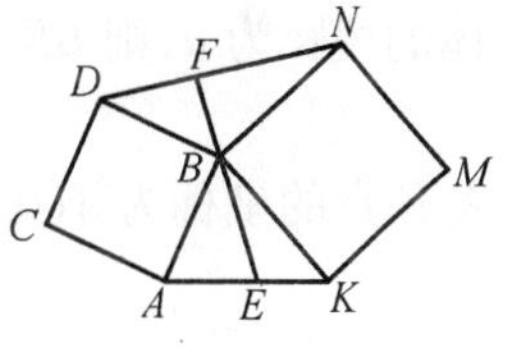

图 10.3

证明　注意到 $\overrightarrow{BC}\cdot\overrightarrow{BK}=|\overrightarrow{BC}|\cdot|\overrightarrow{BK}|\cdot(-\sin\angle ABK)$，$\overrightarrow{BA}\cdot\overrightarrow{BN}=|\overrightarrow{BA}|\cdot|\overrightarrow{BN}|(-\sin\angle ABK)$，而 $\overrightarrow{BA}\cdot\overrightarrow{BC}=0$ 且 $\overrightarrow{BK}\cdot\overrightarrow{BN}=0$，于是 $\overrightarrow{BE}\cdot\overrightarrow{CN}=\frac{1}{2}(\overrightarrow{BA}+\overrightarrow{BK})\cdot(\overrightarrow{CB}+\overrightarrow{BN})=\frac{1}{2}(\overrightarrow{BA}+\overrightarrow{BK})(-\overrightarrow{BC}+\overrightarrow{BN})=\frac{1}{2}(-\overrightarrow{BK}\cdot\overrightarrow{BC}+\overrightarrow{BA}\cdot\overrightarrow{BN})=0$. 故 $BE\perp CN$.

例 9　设 $\triangle ABC$ 外心为 O，取点 M，使 $\overrightarrow{OA}+\overrightarrow{OB}+\overrightarrow{OC}=\overrightarrow{OM}$. 求证：$M$ 是 $\triangle ABC$ 的垂心，且此三角形的外心、垂心、重心在一直线上.

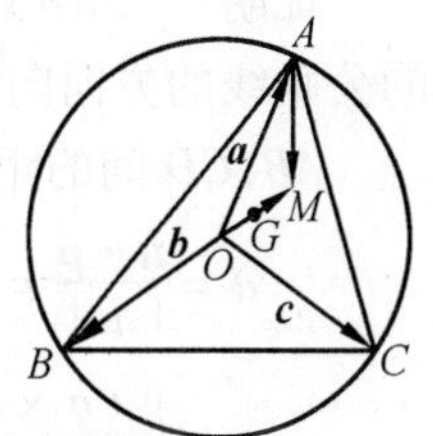

图 10.4

证明　设 $\overrightarrow{OA}=\boldsymbol{a},\overrightarrow{OB}=\boldsymbol{b},\overrightarrow{OC}=\boldsymbol{c}$，则 $\overrightarrow{AM}=\overrightarrow{OM}-\overrightarrow{OA}=\boldsymbol{a}+\boldsymbol{b}+\boldsymbol{c}-\boldsymbol{a}=\boldsymbol{b}+\boldsymbol{c}$，$\overrightarrow{BC}=\overrightarrow{OC}-\overrightarrow{OB}=\boldsymbol{c}-\boldsymbol{b}$，从而 $\overrightarrow{AM}\cdot\overrightarrow{BC}=(\boldsymbol{c}+\boldsymbol{b})\cdot(\boldsymbol{c}-\boldsymbol{b})=|\boldsymbol{c}|^2-|\boldsymbol{b}|^2=0$，故 $AM\perp BC$. 同理 $BM\perp AC,CM\perp AB$，即 M 为垂心.

设 $\triangle ABC$ 的重心为 G，则 $\overrightarrow{OG}=\frac{1}{3}(\boldsymbol{a}+\boldsymbol{b}+\boldsymbol{c})$，则

$$\overrightarrow{OM}=3\overrightarrow{OG}\text{，即}\overrightarrow{OM}\parallel\overrightarrow{OG}\text{. 故 }O,M,G\text{ 共线.}$$

例 10　四边形 $ABCD$ 中，M,N 分别是对角线 AC,BD 的中点，又 AD,BC 相交于 P，如图 10.5，求证：$S_{\triangle PMN}=\frac{1}{4}S_{四边形ABCD}$.

证明　因为 A,D,P 与 B,C,P 分别共线，故 $\overrightarrow{PD}\times\overrightarrow{PA}=\boldsymbol{0}$ 且 $\overrightarrow{PB}\times\overrightarrow{PC}=\boldsymbol{0}$. 设 $\boldsymbol{k}=(\overrightarrow{PB}\times\overrightarrow{PA})_0$，则 $S_{\triangle PMN}\cdot\boldsymbol{k}=\frac{1}{2}(\overrightarrow{PN}\times\overrightarrow{PM})=\frac{1}{2}\left[\frac{1}{2}(\overrightarrow{PD}+\overrightarrow{PB})\times\frac{1}{2}(\overrightarrow{PA}+\overrightarrow{PC})\right]=\frac{1}{8}(\overrightarrow{PB}\times\overrightarrow{PA}+\overrightarrow{PD}\times\overrightarrow{PC})=\frac{1}{8}(2S_{\triangle ABP}-2S_{\triangle PDC})\boldsymbol{k}=\frac{1}{4}S_{四边形ABCD}\cdot\boldsymbol{k}$，从而

$$S_{\triangle PMN}=\frac{1}{4}S_{\text{四边形}ABCD}$$

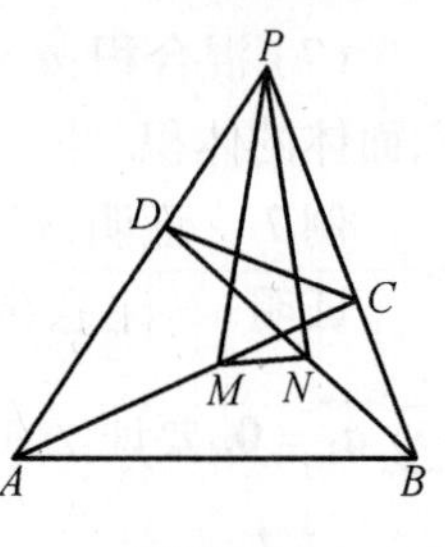

图 10.5

例 11 证明:正四面体的对棱互相垂直.

证法 1 如图 10.6,在正四面体 $ABCD$ 中,设 $\overrightarrow{AB}=\boldsymbol{a}$,$\overrightarrow{AC}=\boldsymbol{b}$,$\overrightarrow{AD}=\boldsymbol{c}$,则 $|\boldsymbol{a}|=|\boldsymbol{b}|=|\boldsymbol{c}|$,且 $\angle DAB=\angle BAC=\angle CAD=60°$.

因 $\overrightarrow{BC}=\boldsymbol{b}-\boldsymbol{a}$,$\overrightarrow{CD}=\boldsymbol{c}-\boldsymbol{b}$,$\overrightarrow{DB}=\boldsymbol{a}-\boldsymbol{c}$,则

$$\overrightarrow{BC}\cdot\overrightarrow{AD}=(\boldsymbol{b}-\boldsymbol{a})\cdot\boldsymbol{c}=\boldsymbol{b}\cdot\boldsymbol{c}-\boldsymbol{a}\cdot\boldsymbol{c}=$$
$$|\boldsymbol{b}||\boldsymbol{c}|\cos\angle CAD-$$
$$|\boldsymbol{a}||\boldsymbol{c}|\cdot\cos\angle BAD=0$$

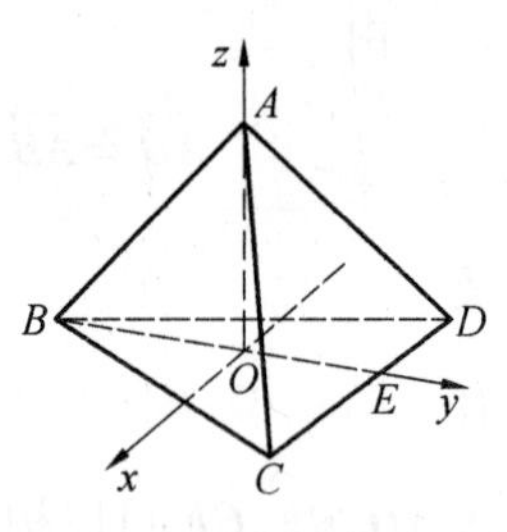

图 10.6

则 $\overrightarrow{AD}\perp\overrightarrow{BC}$,即 $AD\perp BC$.

同理有 $CD\perp AB$,$AC\perp BD$.

证法 2 如图 10.6,取 $\triangle BCD$ 的中心 O 为坐标原点,过 O 平行于 CD 的直线为 x 轴,过 O 垂直于 CD 的直线为 y 轴,OA 为 z 轴. 若正四面体的棱长为 a,则 $BE=AE=\frac{\sqrt{3}}{2}a$,$OA=\sqrt{\frac{2}{3}}a$,$OE=\frac{\sqrt{3}}{6}a$,$OB=\frac{\sqrt{3}}{3}a$.

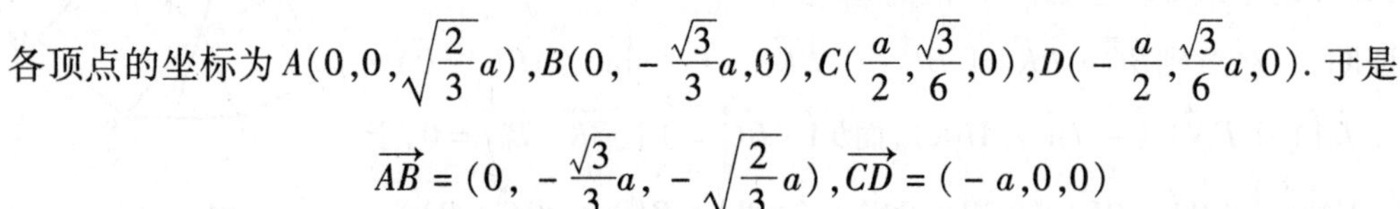

各顶点的坐标为 $A(0,0,\sqrt{\frac{2}{3}}a)$,$B(0,-\frac{\sqrt{3}}{3}a,0)$,$C(\frac{a}{2},\frac{\sqrt{3}}{6},0)$,$D(-\frac{a}{2},\frac{\sqrt{3}}{6}a,0)$. 于是

$$\overrightarrow{AB}=(0,-\frac{\sqrt{3}}{3}a,-\sqrt{\frac{2}{3}}a),\overrightarrow{CD}=(-a,0,0)$$

因 $\overrightarrow{AB}\cdot\overrightarrow{CD}=0$,则 $\overrightarrow{AB}\perp\overrightarrow{CD}$. 同理 $BC\perp AD$,$AC\perp BD$.

例 12 设四面体 $ABCD$ 的体积为 v,一双对棱 AB,CD 长为 a,b,所成角为 θ,则 AB 与 CD 之间的距离为 $d=\frac{6v}{ab\cdot\sin\theta}$.

证明 如图 10.7,设 $\overrightarrow{DA}=\boldsymbol{p}$. $\overrightarrow{DB}=\boldsymbol{q}$,$\overrightarrow{DC}=\boldsymbol{b}$,$\overrightarrow{AB}=\boldsymbol{a}$,则 AB 与 CD 的公垂线的方向向量可取为 $\boldsymbol{u}=\boldsymbol{a}\times\boldsymbol{b}$.

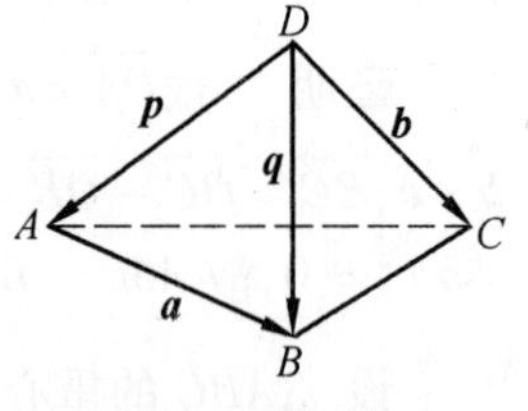

图 10.7

AB,CD 间的距离等于向量 $\boldsymbol{p}$ 在 $\boldsymbol{u}$ 上的投影的绝对值,即

$$d=\frac{\boldsymbol{u}\cdot\boldsymbol{p}}{|\boldsymbol{u}|}=\frac{|(\boldsymbol{a}\times\boldsymbol{b})\cdot\boldsymbol{p}|}{|\boldsymbol{a}\times\boldsymbol{p}|}=\frac{|[(\boldsymbol{q}-\boldsymbol{p})\times\boldsymbol{b}]\cdot\boldsymbol{p}|}{\boldsymbol{ab}\cdot\sin\theta}=$$
$$\frac{|(\boldsymbol{q}\times\boldsymbol{b})\cdot\boldsymbol{p}|}{\boldsymbol{ab}\cdot\sin\theta}=\frac{6v}{\boldsymbol{ab}\cdot\sin\theta}$$

例 13 设三面角 $D-ABC$ 的三个面角分别为 $\angle BDC=\alpha$,$\angle CDA=\beta$,$\angle ADB=\gamma$,与 α 相对的二面角为 α',则 $\cos\alpha'=\frac{\cos\alpha-\cos\beta\cdot\cos\gamma}{\sin\beta\cdot\sin\gamma}$.

证明 如图 10.8,在 DA,DB,DC 上分别取单位向量 $\boldsymbol{a}$,$\boldsymbol{b}$,$\boldsymbol{c}$,则平面 ADB,ADC 的法向量可分别取 $\boldsymbol{n}_1=\boldsymbol{a}\times\boldsymbol{b}$,$\boldsymbol{n}_2=\boldsymbol{a}\times\boldsymbol{c}$. 于是有

$$\cos\alpha'=\frac{\boldsymbol{n}_1\cdot\boldsymbol{n}_2}{|\boldsymbol{n}_1|\cdot|\boldsymbol{n}_2|}.$$

由拉格朗日恒等式,得

$$\boldsymbol{n}_1\cdot\boldsymbol{n}_2=(\boldsymbol{a}\times\boldsymbol{b})\cdot(\boldsymbol{a}\times\boldsymbol{c})=\begin{vmatrix}\boldsymbol{a}\cdot\boldsymbol{a} & \boldsymbol{a}\cdot\boldsymbol{c}\\ \boldsymbol{a}\cdot\boldsymbol{b} & \boldsymbol{b}\cdot\boldsymbol{c}\end{vmatrix}=$$

$$\begin{vmatrix}1 & \cos\beta\\ \cos\gamma & \cos\alpha\end{vmatrix}=$$

$$\cos\alpha-\cos\beta\cdot\cos\gamma$$

而　$|\boldsymbol{n}_1|\cdot|\boldsymbol{n}_2|=|\boldsymbol{a}\times\boldsymbol{b}|\cdot|\boldsymbol{a}\times\boldsymbol{c}|=\sin\gamma\cdot\sin\beta$

故
$$\cos\alpha'=\frac{\cos\alpha-\cos\beta\cdot\cos\gamma}{\sin\beta\cdot\sin\gamma}$$

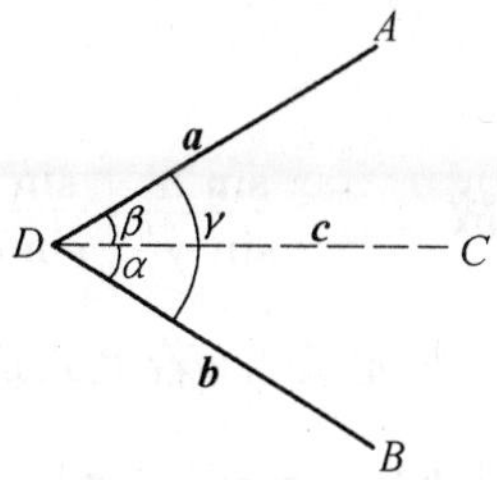

图 10.8

例 14　设四面体 $ABCD$ 中，其顶点的三条棱长分别为 $DA=a,DB=b,DC=c$，$\angle ADB=\alpha,\angle BDC=\beta,\angle CDA=\gamma$，则此四面体的体积为

$$v=\frac{1}{6}abc\sqrt{1+2\cos\alpha\cdot\cos\beta\cdot\cos\gamma-\cos^2\alpha-\cos^2\beta-\cos^2\gamma}$$

证明　记 $\overrightarrow{DA}=\boldsymbol{a},\overrightarrow{DB}=\boldsymbol{b},\overrightarrow{DC}=\boldsymbol{c}$，则四面体 $ABCD$ 的体积为 $v=\frac{1}{6}|(\boldsymbol{a},\boldsymbol{b},\boldsymbol{c})|=\frac{1}{6}\sqrt{|(\boldsymbol{a},\boldsymbol{b},\boldsymbol{c})|^2}$，而

$$|(\boldsymbol{a},\boldsymbol{b},\boldsymbol{c})^2|=\left\|\begin{matrix}\boldsymbol{a}\cdot\boldsymbol{a} & \boldsymbol{a}\cdot\boldsymbol{b} & \boldsymbol{a}\cdot\boldsymbol{c}\\ \boldsymbol{a}\cdot\boldsymbol{b} & \boldsymbol{b}\cdot\boldsymbol{b} & \boldsymbol{b}\cdot\boldsymbol{c}\\ \boldsymbol{a}\cdot\boldsymbol{c} & \boldsymbol{b}\cdot\boldsymbol{c} & \boldsymbol{c}\cdot\boldsymbol{c}\end{matrix}\right\|=$$

$$\left\|\begin{matrix}\boldsymbol{a}^2 & \boldsymbol{ab}\cdot\cos\alpha & \boldsymbol{ac}\cdot\cos\gamma\\ \boldsymbol{ab}\cdot\cos\alpha & \boldsymbol{b}^2 & \boldsymbol{bc}\cdot\cos\beta\\ \boldsymbol{ac}\cdot\cos\gamma & \boldsymbol{bc}\cdot\cos\beta & \boldsymbol{c}^2\end{matrix}\right\|=$$

$$\boldsymbol{a}^2\boldsymbol{b}^2\boldsymbol{c}^2(1+2\cos\alpha\cdot\cos\beta\cdot\cos\gamma-\cos^2\alpha-\cos^2\beta-\cos^2\gamma)$$

故
$$v=\frac{1}{6}abc\sqrt{1+2\cos\alpha\cdot\cos\beta\cdot\cos\gamma-\cos^2\alpha-\cos^2\beta-\cos^2\gamma}$$

10.1.5　力系平衡的应用

力可用向量表示，利用力系平衡，并注意到：平面上的三力构成力系平衡时，则三力线或平行或共点；若力系的合力不为 0，又它通过 $A,B,C,\cdots$ 诸点，则 $A,B,C,\cdots$ 诸点共线. 利用这些知识和原理，可以用来求解一些数学问题.

例 15　过 $\triangle ABC$ 三个顶点的三条直线 AA_1,BB_1,CC_1 共点于 $O\Leftrightarrow$ $\frac{\sin\alpha}{\sin\alpha'}\cdot\frac{\sin\beta}{\sin\beta'}\cdot\frac{\sin\gamma}{\sin\gamma'}=1$，这是 $\alpha,\beta,\gamma,\alpha',\beta',\gamma'$ 见图 10.9.

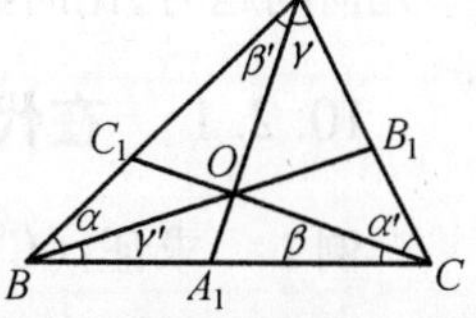

证明　必要性：选择力 $\boldsymbol{a},\boldsymbol{c}'$ 使其合力在 BB_1 上，选择力 $\boldsymbol{a}',\boldsymbol{b}$ 使其合力在 CC_1 上，且 $\boldsymbol{a}=-\boldsymbol{a}'$，这样便有

$$\frac{\sin\alpha}{\sin\gamma'}=\frac{|\boldsymbol{a}|}{|\boldsymbol{c}'|},\frac{\sin\beta}{\sin\alpha'}=\frac{|\boldsymbol{b}|}{|\boldsymbol{a}'|}$$

图 10.9

再连 A 处选择 $\boldsymbol{c}=-\boldsymbol{c}',\boldsymbol{b}'=-\boldsymbol{b}$，显然整个力系合力为 0，即力系平衡.

因而 $\boldsymbol{b}',\boldsymbol{c}'$ 的合力作用线应通过 BB_1,CC_1 的交点 O，即通过 AA_1（因 BB_1,AA_1,CC_1 共点于 O），所以

$$\frac{\sin \gamma}{\sin \gamma'}=\frac{|\boldsymbol{c}|}{|\boldsymbol{b}'|}$$

故 $$\frac{\sin \alpha}{\sin \gamma'} \cdot \frac{\sin \beta}{\sin \alpha'} \cdot \frac{\sin \gamma}{\sin \beta'}=\frac{|\boldsymbol{a}|}{|\boldsymbol{c}'|} \cdot \frac{|\boldsymbol{b}|}{|\boldsymbol{a}'|} \cdot \frac{|\boldsymbol{c}|}{|\boldsymbol{b}'|}=\frac{|\boldsymbol{a}|}{|\boldsymbol{c}|} \cdot \frac{|\boldsymbol{b}|}{|\boldsymbol{a}|} \cdot \frac{|\boldsymbol{c}|}{|\boldsymbol{b}|}=1$$

必要性：若上式成立，总可以找到上面的这种平衡力系，使得$\frac{\sin \alpha}{\sin \gamma}=\frac{|\boldsymbol{a}|}{|\boldsymbol{c}'|}, \frac{\sin \beta}{\sin \alpha'}=\frac{|\boldsymbol{b}|}{|\boldsymbol{a}'|}, \frac{\sin \gamma}{\sin \beta'}=\frac{|\boldsymbol{c}|}{\boldsymbol{b}'}$. 进而可证三对力的合力作用线共点.

注　此例为塞瓦定理的一种形式.

例16　分别过$\triangle ABC$的三顶点的三条直线AE, BD, CF各和对边或延长线交于E, D, F，又它们与其余两边的夹角分别为γ, β'；α, γ'；β, α'，则E, D, F共线$\Leftrightarrow \frac{\sin \alpha}{\sin \alpha'} \cdot \frac{\sin \beta}{\sin \beta'} \cdot \frac{\sin \gamma}{\sin \gamma'}=1$. 如图10.10.

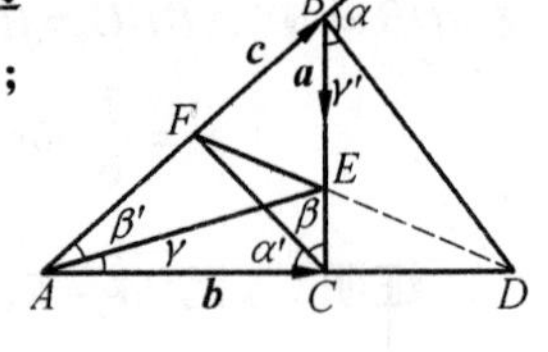

图10.10

证明　必要性：选择三力$\boldsymbol{a}, \boldsymbol{b}, \boldsymbol{c}$使

$$\frac{\sin \beta}{\sin \alpha'}=\frac{|\boldsymbol{b}|}{|\boldsymbol{a}|}, \frac{\sin \gamma}{\sin \beta'}=\frac{|\boldsymbol{c}|}{|\boldsymbol{b}|}$$

这样$\boldsymbol{a}+\boldsymbol{b}$作用线是$CF$，$\boldsymbol{b}+\boldsymbol{c}$作用线是$AE$，故整个力系合力$\boldsymbol{a}+\boldsymbol{b}+\boldsymbol{c}$的作用线是$EF$.

由力作用线过D，又力$\boldsymbol{a}+\boldsymbol{c}$作用线也过$D$(因$E, F, D$共线)，故$BD$是力$\boldsymbol{a}+\boldsymbol{c}$的作用线，从而$\frac{\sin \alpha}{\sin \beta'}=\frac{|\boldsymbol{a}|}{|\boldsymbol{c}|}$，于是$\frac{\sin \alpha}{\sin \alpha'} \cdot \frac{\sin \beta}{\sin \beta} \cdot \frac{\sin \gamma}{\sin \gamma'}=1$.

充分性：若上式成立，按上所取力系$\boldsymbol{a}, \boldsymbol{b}, \boldsymbol{c}$，必然有$\frac{\sin \alpha}{\sin \gamma'}=\frac{|\boldsymbol{a}|}{|\boldsymbol{c}|}$，即有力$\boldsymbol{a}+\boldsymbol{c}$作用线是$BD$，从而$D, E, F$共线.

注　此例为梅涅劳斯定理的一种形式.

10.2　复数知识的应用

由于复数有向量表示，因此，一般地，凡能利用平面向量(2维向量)知识求解的代数、平面几何问题，用复数知识也可以求解. 但是，复数的乘法的几何表示不同于向量乘法(数量积或向量积)，它表示为向量的拉伸与旋转的合成. 利用这一特点，使得复数知识在解决某些几何问题时，比向量更显得方便.

10.2.1　在代数中的应用

例1　求证：$(C_n^0-C_n^2+C_n^4-\cdots)^2(C_n^1-C_n^3+C_n^5-\cdots)^2=2^n$.

解析　等式左边恰为某复数模的平方，对照模式作出复数

$$z=(C_n^0-C_n^2+C_n^4-\cdots)+(C_n^1-C_n^3+C_n^5-\cdots)\mathrm{i}$$

则 $$z=C_n^0+C_n^1\mathrm{i}+C_n^2\mathrm{i}^2+C_n^3\mathrm{i}^3+\cdots+C_n^n\mathrm{i}^n=(1+\mathrm{i})^n=2^{\frac{n}{2}}(\cos \frac{n\pi}{4}+\mathrm{i}\sin \frac{n\pi}{4})$$

故$|z|^2=2^n$. 等式即证.

例2　解方程$\sqrt{x^2-2x+10}+\sqrt{x^2-4x+8}=\sqrt{2}b$.

解 原方程可变为$\sqrt{(x-1)^2+3^2}+\sqrt{(x-2)^2+2^2}=\sqrt{2}b$.

作复数$z_1=(x-1)+3\mathrm{i}, z_2=(2-x)+2\mathrm{i}$,则当$z_1=kz_2$时,$|z_1|+|z_2|\geqslant|z_1+z_2|=|1+5\mathrm{i}|=\sqrt{2}b$的等号成立,即$(x-1)+3\mathrm{i}=k(2-x)+2k\mathrm{i}$时取等号. 由$x-1=k(2-x)$且$3=2k$得$x=\frac{8}{5}$.

经检验,$x=\frac{8}{5}$是原方程的根.

例 3 解不等式$3x^2-12x+4<0$.

解 原不等式可变形为$(x-2)^2<\frac{8}{3}$,即$|x-2|<\frac{2}{3}\sqrt{6}$.

设$z=x$,在复平面内$|z-2|<\frac{2}{3}\sqrt{6}$的解是以2为圆心,以$\frac{2}{3}\sqrt{6}$为半径的圆的内部. 圆与实轴交于$2-\frac{2}{3}\sqrt{6}$和$2+\frac{2}{3}\sqrt{6}$,故原不等式的解为

$$2-\frac{2}{3}\sqrt{6}<x<2+\frac{2}{3}\sqrt{6}$$

例 4 求证:$x^{1\,979}+x^{1\,989}+x^{1\,999}$被$x^7+x^8+x^9$整除.

解 考虑1的异于1的3次单位根w,有$w^3=1$,因为

$$1+w^{10}+w^{20}=1+w^9\cdot w+w^{18}\cdot w^2=1+w+w^2=0$$

从而$1+x^{10}+x^{20}$能被$1+x+x^2$整除.

注意到$x^{1\,979}$可被x^7整除,于是$x^{1\,979}+x^{1\,989}+x^{1\,999}=x^{1\,979}(1+x^{10}+x^{20})$可被$x^7(1+x+x^2)=x^7+x^8+x^9$整除.

例 5 分解因式:$a+(a+b)x+(a+2b)x^2+(a+3b)x^3+3bx^4+2bx^5+bx^6$.

解 此题看上去比较复杂,但只要仔细想一下,仍可用单位根找出因子. 设ε是任一异于1的四次单位根,则$\varepsilon^4=1$. 将$x=\varepsilon$代入多项式,因为

$$\begin{aligned}&a+(a+b)\varepsilon+(a+2b)\varepsilon^2+(a+3b)\varepsilon^3+3b\varepsilon^4+2b\varepsilon^5+b\varepsilon^6=\\&a+3b+(a+3b)\varepsilon+(a+3b)\varepsilon^2+(a+3b)\varepsilon^3=\\&(a+3b)(1+\varepsilon+\varepsilon^2+\varepsilon^3)=0\end{aligned}$$

即原多项式有因式$1+x+x^2+x^3$,用多项式求得另一因式,故原式$=(1+x+x^2+x^3)\cdot(a+bx+bx^2+bx^3)=(1+x)(1+x^2)(a+bx+bx^2+bx^3)$.

例 6 由两组已知的勾股数可以产生一组新的勾股数. 试证明之.

证明 若有$a^2+b^2=c^2$和$d^2+e^2=f^2$,则可设复数$z_1=a+b\mathrm{i}, z_2=d+e\mathrm{i}$,从而有

$$|z_1|=c, |z_2|=f,\text{即}|z_1|^2\cdot|z_2|^2=e^2\cdot f^2=(ef)^2$$

而

$$\begin{aligned}|z_1\cdot z_2|^2=|(a+b\mathrm{i})(d+e\mathrm{i})|^2=|(ad-be)+(ae+bd)\mathrm{i}|^2=\\(ad-be)^2+(ae+bd)^2=(ef)^2\end{aligned}$$

由此即证.

10.2.2 在三角中的应用

例 7 已知α,β为锐角,且$3\sin^2\alpha+2\sin^2\beta=1, 3\sin 2\alpha-2\sin 2\beta=0$,求证:$\alpha+2\beta=$

$\frac{\pi}{2}$.

证明 设 $z_1=\cos\alpha+\mathrm{i}\sin\alpha, z_2=\cos\beta+\mathrm{i}\sin\beta$，因 $\alpha,\beta\in(0,\frac{\pi}{2})$，所以 $\alpha+2\beta\in(0,\frac{3\pi}{2})$.

又 $z_2^2=\cos 2\beta+\mathrm{i}\sin 2\beta, \cos 2\beta=1-2\sin^2\beta=3\sin^2\alpha, \sin 2\beta=\frac{3}{2}\sin 2\alpha=3\sin\alpha\cdot\cos\alpha$，从而

$$\begin{aligned}\alpha+2\beta&=\arg z_1+\arg z_2^2=\arg(z_1\cdot z_2^2)=\arg[(\cos\alpha+\mathrm{i}\sin\alpha)(\cos 2\beta+\mathrm{i}\sin 2\beta)]=\\&\arg[(\cos\alpha+\mathrm{i}\sin\alpha)(3\sin^2\alpha+3\mathrm{i}\sin\alpha\cdot\cos\alpha)]=\\&\arg\{3\sin\alpha(\cos\alpha+\mathrm{i}\sin\alpha)[\cos(\frac{\pi}{2}-\alpha)+\mathrm{i}\sin(\frac{\pi}{2}-\alpha)]\}=\\&\arg(3\sin\alpha\cdot\mathrm{i})=\frac{\pi}{2}\end{aligned}$$

例 8 求证：$\cos\frac{\pi}{7}-\cos\frac{2\pi}{7}+\cos\frac{3\pi}{7}=\frac{1}{2}$.

解 设 $z=\cos\frac{\pi}{7}+\mathrm{i}\sin\frac{\pi}{7}$，则 $z^7=-1$.

由 $z+z^3+z^5=(\cos\frac{\pi}{7}+\cos\frac{3\pi}{7}+\cos\frac{5\pi}{7})+(\sin\frac{\pi}{7}+\sin\frac{3\pi}{7}+\sin\frac{5\pi}{7})\mathrm{i}$

及
$$z+z^3+z^5=\frac{z(1-z^6)}{1-z^2}=\frac{1}{1-z}=\frac{1}{2}+\frac{\mathrm{i}}{2}\cot\frac{\pi}{14}$$

则 $\cos\frac{\pi}{7}+\cos\frac{3\pi}{7}+\cos\frac{5\pi}{7}=\frac{1}{2}$，即 $\cos\frac{\pi}{7}-\cos\frac{2\pi}{7}+\cos\frac{3\pi}{7}=\frac{1}{2}$.

或注意到 $z+\bar{z}=2\cos\frac{\pi}{7}$，有 $\cos\frac{\pi}{7}=\frac{z+\bar{z}}{2}=\frac{z^2+1}{2z}, \cos\frac{2\pi}{7}=\frac{z^4+1}{2z^2}, \cos\frac{3\pi}{7}=\frac{z^6+1}{2z^3}$，则

$$\begin{aligned}\cos\frac{\pi}{7}-\cos\frac{2\pi}{7}+\cos\frac{3\pi}{7}&=\frac{z^4+z^2-z^5-z+z^6+1}{2z^3}=\\&\frac{z^8+z^6-z^9-z^5+z^{10}+z^4}{2z^7}=\\&\frac{z(1-z)(1+z^2+z^4)}{2}=\frac{1}{2}z\cdot\frac{1-z^6}{1+z}=\\&\frac{1}{2}\cdot\frac{z-z^7}{1+z}=\frac{1}{2}\end{aligned}$$

例 9 求和 $\sum_{k=0}^{2n}\cos(\alpha+\frac{2k\pi}{2n+1})$.

解 令 $z_k=\cos(\alpha+\frac{2k\pi}{2n+1})+\mathrm{i}\sin(\alpha+\frac{2k\pi}{2n+1})(k=0,1,\cdots,2n)$，取 1 的 $2n+1$ 次单位根 $\varepsilon_k=\cos\frac{2k\pi}{2n+1}+\mathrm{i}\sin\frac{2k\pi}{2n+1}(k=0,1,2,\cdots,2n)$，则 $\varepsilon_k^{2n+1}=1$，且 $1+\varepsilon_1+\cdots+\varepsilon_{2n}=0$，

所以

$$w = z_0 + z_1 + z_2 + \cdots + z_{2n} = z_0 + z_0\varepsilon_1 + z_0\varepsilon_2 + \cdots + z_0\varepsilon_{2n} = z_0(1 + \varepsilon_1 + \varepsilon_2 + \cdots + \varepsilon_{2n}) = 0$$

而 $\sum_{k=0}^{2n} \cos\left(\alpha + \frac{2k\pi}{2n+1}\right)$ 是复数 w 的实部,从而

$$\sum_{k=0}^{2n} \cos\left(\alpha + \frac{2k\pi}{2n+1}\right) = 0$$

特别地,当 $\alpha = 0, n = 3$ 时,此即为例 8.

例 10　求证: $\prod_{k=1}^{n-1} \sin\frac{k\pi}{2n} = \frac{\sqrt{n}}{2^{n-1}} (n \in \mathbf{N})$.

证明　考虑 1 的 $2n$ 次单位根 $\varepsilon_k = \cos\frac{2k\pi}{2n} + \mathrm{i}\sin\frac{2k\pi}{2n} (k = 0,1,2,\cdots,2n-1)$,注意到 $\varepsilon_k + \varepsilon_{2n-k} = 2\cos\frac{2k\pi}{2n}, \varepsilon_k \cdot \varepsilon_{2n-k} = 1 (k = 0,1,2,\cdots,2n-1)$,从而

$$\sum_{k=0}^{2n-1} x^k = \prod_{k=0}^{2n-1}(x - \varepsilon_k) = (x^2 - 1)\prod_{k=1}^{n-1}\left(x^2 - 2x\cdot\cos\frac{2k\pi}{2n} + 1\right)$$

所以

$$x^{2n-2} + x^{2n-4} + \cdots + x^2 + 1 = \prod_{k=1}^{n-1}\left(x^2 - 2x\cdot\cos\frac{2k\pi}{2n} + 1\right) \quad ①$$

在上式 ① 中令 $x = 1$ 得 $n = \prod_{k=1}^{n-1} 2\left(1 - \cos\frac{2k\pi}{2n}\right) = \prod_{k=1}^{n-1} 4\sin^2\frac{k\pi}{2n}$,故 $\prod_{k=1}^{n-1}\sin\frac{k\pi}{2n} = \frac{\sqrt{n}}{2^{n-1}}$.

注　在式 ① 中令 $x = -1$,则有 $\prod_{k=1}^{n-1}\cos\frac{k\pi}{2n} = \frac{\sqrt{n}}{2^{n-1}}$.

类似于此例也可证明: $\prod_{k=1}^{n}\sin\frac{k\pi}{2n+1} = \frac{\sqrt{2n+1}}{2^n}, \prod_{k=1}^{n}\cos\frac{k\pi}{2n+1} = \frac{1}{2^n}$ 等式.

例 11　求证: $\sin n\theta = 2^{n-1}\prod_{k=0}^{n-1}\sin\left(\theta + \frac{k\pi}{n}\right)$.

证明　设 ε_k 为 1 的 n 次单位根,则

$$x^n - 1 = \prod_{k=0}^{n-1}(x - \varepsilon_k) = \prod_{k=0}^{n-1}(x - \varepsilon_k^{-1}) \quad ②$$

又由 $\mathrm{e}^{\mathrm{i}\theta} = \cos\theta + \mathrm{i}\sin\theta$,有 $2\mathrm{i}\sin\theta = \mathrm{e}^{\mathrm{i}\theta} - \mathrm{e}^{-\mathrm{i}\theta}$,从而

$$2^n\mathrm{i}^n\prod_{k=0}^{n-1}\sin\left(\theta + \frac{k\pi}{n}\right) = \prod_{k=0}^{n-1}\left[2\mathrm{i}\sin\left(\theta + \frac{k\pi}{n}\right)\right] = \prod_{k=0}^{n-1}\left[\mathrm{e}^{(\theta + \frac{k\pi}{n})\mathrm{i}} - \mathrm{e}^{-(\theta + \frac{k\pi}{n})\mathrm{i}}\right] =$$

$$\prod_{k=0}^{n-1}\mathrm{e}^{(\frac{k\pi}{n} - \theta)\mathrm{i}}(\mathrm{e}^{2\mathrm{i}\theta} - \varepsilon_k^{-1}) =$$

$$\mathrm{e}^{(\frac{\pi}{n}\sum_{k=0}^{n-1}k - n\theta)\mathrm{i}} \cdot \prod_{k=0}^{n-1}(\mathrm{e}^{2\mathrm{i}\theta} - \varepsilon_k^{-1})$$

但 $\sum_{k=0}^{n-1} k = \frac{1}{2}n(n-1), \mathrm{e}^{\frac{\pi}{2}\mathrm{i}} = \mathrm{i}$,所以

$$\mathrm{e}^{(\frac{\pi}{n}\sum_{k=0}^{n-1}k - n\theta)\mathrm{i}} = \mathrm{e}^{\frac{1}{2}(n-1)\pi\mathrm{i} - n\theta\mathrm{i}} = \mathrm{i}^{n-1}\cdot\mathrm{e}^{-n\theta\mathrm{i}}$$

又由式②有 $\prod_{k=0}^{n-1}(e^{2i\theta}-\varepsilon_k^{-1})=e^{2n\theta i}-1=2ie^{n\theta i}\cdot\sin n\theta$，故 $2^n\cdot i^n\prod_{k=0}^{n-1}\sin\left(\theta+\frac{k\pi}{n}\right)=2i^n\cdot\sin n\theta$，由此即有

$$\sin n\theta=2^{n-1}\cdot\prod_{k=0}^{n-1}\sin\left(\theta+\frac{k\pi}{n}\right)$$

10.2.3　在反三角中的应用

例 12　求 $\arcsin\frac{4}{5}-\arccos\frac{2}{5}\sqrt{5}$ 的值.

解　因 $0<\arcsin\frac{4}{5}<\frac{\pi}{2}$，$-\frac{\pi}{2}<-\arccos\frac{2}{5}\sqrt{5}<0$，从而 $-\frac{\pi}{2}<\arcsin\frac{4}{5}-\arccos\frac{2}{5}\sqrt{5}<\frac{\pi}{2}$. 于是 $\arcsin\frac{4}{5}$，$\arccos\frac{2}{5}\sqrt{5}$ 分别是复数 $3+4i$，$2+i$ 的辐角主值，则 $\arcsin\frac{4}{5}-\arccos\frac{2}{5}\sqrt{5}$ 是 $3+4i$ 与 $2+i$ 的商在区间 $(-\frac{\pi}{2},\frac{\pi}{2})$ 内的辐角.

又 $\frac{3+4i}{2+i}=2+i$，它在区间 $(-\frac{\pi}{2},\frac{\pi}{2})$ 内的辐角可表示为 $\arctan\frac{1}{2}$，故 $\arcsin\frac{4}{5}-\arccos\frac{2}{5}\sqrt{5}=\arctan\frac{1}{2}$.

例 13　求 $10\cot(\text{arccot}\,3+\text{arccot}\,7+\text{arccot}\,13+\text{arccot}\,21)$ 的值.

解　因 $\text{arccot}\,3+\text{arccot}\,7+\text{arccot}\,13+\text{arccot}\,21$ 是它们依次对应的复数 $3+i$，$7+i$，$13+i$，$21+i$ 之积

$$(3+i)(7+i)(13+i)(21+i)=1\,700(3+2i)$$

的辐角 θ，而 $\cot\theta=\frac{a}{b}=\frac{3}{2}$，从而所求值为 15.

例 14　设 $-1<x<1$，证明：$\arcsin x+\arccos x=\frac{\pi}{2}$.

证明　因 $\arcsin x$，$\arccos x$ 分别是复数 $\sqrt{1-x^2}+xi$，$x+\sqrt{1-x^2}i$ 的辐角，而 $(\sqrt{1-x^2}+xi)(x+\sqrt{1-x^2}i)=i$，因此积的辐角为 $2k\pi+\frac{\pi}{2}(k\in\mathbf{Z})$. 注意到 $-\frac{\pi}{2}\leqslant\arcsin x\leqslant\frac{\pi}{2}$，$0\leqslant\arccos x\leqslant\pi$，则 $-\frac{\pi}{2}\leqslant\arcsin x+\arccos x\leqslant\frac{3\pi}{2}$.

而当 $k=0,-1,1,\cdots$ 时复数 i 的辐角为 $\frac{\pi}{2},-\frac{3\pi}{2},\frac{5\pi}{2},\cdots$. 这些角中只有 $\frac{\pi}{2}\in[-\frac{\pi}{2},\frac{3\pi}{2}]$. 由此即证.

例 15　解不等式 $\arcsin x>\arctan 2x$.

解　原不等式等价于 $\arcsin x-\arctan 2x>0$.

由 $-\pi<\arcsin x-\arctan 2x<\pi$，有 $0<\arcsin x-\arctan 2x<\pi$.

又 $\arcsin x-\arctan 2x$ 是复数 $\frac{\sqrt{1-x^2}+xi}{1+2xi}$ 的辐角，于是 i 这个复数的辐角终边落在复

平面的实轴上方(不包括实轴)的半平面内,故其复数的虚部为正,即 $I_m\left(\dfrac{\sqrt{1-x^2}+x\mathrm{i}}{1+2x\mathrm{i}}\right)>0$,即有 $x-2x\sqrt{1-x^2}>0$.

解这个不等式,并注意到 $\arcsin x$ 的定义域 $-1\leqslant x\leqslant 1$,得原不等式的解为$\dfrac{\sqrt{3}}{2}<x\leqslant 1$ 或 $-\dfrac{\sqrt{3}}{2}<x<0$.

10.2.4　在平面几何中的应用

例 16　$\triangle ABC$ 和 $\triangle ADE$ 是两个不全等的等腰直角三角形. 现固定 $\triangle ABC$,而将 $\triangle ADE$ 绕点 A 在平面上旋转. 试证:不论 $\triangle ADE$ 旋转到什么位置,线段 EC 上必存在一点 M,使得 $\triangle BMD$ 为等腰直角三角形.

证明 1　设 $\triangle ADE$ 绕点 A 旋转到图 10.11 的位置,因 $|AB|\neq|AD|$,则 B,D 不重合,以 BD 为实轴,BD 中点 O 为原点建立复平面.

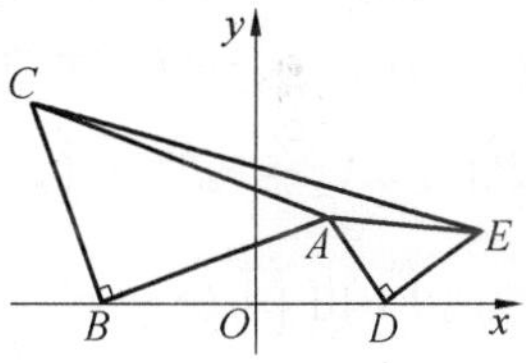

设 $z_B=-1,z_D=1$,由$\overrightarrow{DE}=\overrightarrow{DA}(-\mathrm{i})$ 得

$$z_E=z_D+(z_A-z_D)(-\mathrm{i})=1-(z_A-1)\mathrm{i}$$
$$z_C=z_B+(z_A-z_B)\mathrm{i}=-1+(z_A+1)\mathrm{i}$$

图 10.11

设 EC 的中点为 M,则 $z_M=\dfrac{1}{2}(z_E+z_C)=\mathrm{i}$. 又 $z_B=-1,z_D=1$,$z_M=\mathrm{i}$,故 $\triangle BMD$ 为等腰直角三角形.

证明 2　不妨把复平面的原点放在 A 上,C 放在正实轴上,因此 $z_A=0$. 又不妨设 $z_C=\sqrt{2}$,$z_B=\mathrm{e}^{\mathrm{i}\frac{\pi}{4}}=\dfrac{\sqrt{2}}{2}(1+\mathrm{i})$,$z_E=\lambda(0<\lambda<\sqrt{2})$,于是

$$z_D=\frac{\lambda}{\sqrt{2}}\cdot\mathrm{e}^{-\frac{\pi}{4}\mathrm{i}}$$

在旋转任一角度 θ 之后,z_E 变为 $\lambda\mathrm{e}^{\mathrm{i}\theta}$,而 z_D 变为$\dfrac{\lambda}{\sqrt{2}}\mathrm{e}^{(\theta-\frac{\pi}{4})\mathrm{i}}$,仍记为 z_D. 取 $\lambda\mathrm{e}^{\mathrm{i}\theta}$ 与 $z_C=\sqrt{2}$ 的连线中点 M,则 $z_M=\dfrac{1}{2}(\lambda\mathrm{e}^{\mathrm{i}\theta}+\sqrt{2})$.

考察三点复数 $z_B=\mathrm{e}^{\frac{\pi}{4}\mathrm{i}},z_M,z_D=\dfrac{\lambda}{\sqrt{2}}\mathrm{e}^{(\theta-\frac{\pi}{4})\mathrm{i}}$, 易见 $z_M(1+\mathrm{i})=z_M\cdot\sqrt{2}\mathrm{e}^{\frac{\pi}{4}\mathrm{i}}=\lambda\cdot\dfrac{1}{\sqrt{2}}\mathrm{e}^{\mathrm{i}(\theta+\frac{\pi}{4})}+\mathrm{e}^{\frac{\pi}{4}\mathrm{i}}=z_D\cdot\mathrm{i}+z_B$,由此得出$(z_B-z_M)\mathrm{i}=z_D-z_M$. 此式表明:由向量$\overrightarrow{MB}$绕点 M 沿反时针方向旋转 90° 之后得到向量$\overrightarrow{MD}$,可见 $\triangle BMD$ 为等腰直角三角形,直角顶点为 M.

例 17　在凸四边形 $ABCD$ 中,AC,BD 是对角线,求证:$AC\cdot BD\leqslant AB\cdot CD+AD\cdot BC$.

证明　建立如图 10.12 的复平面,设 C,D,A 对应的复数分别为 z_1,z_2,z_3,则有 $DB=|z_2|,CA=|z_1-z_3|,CB=|z_1|,CD=|z_1-z_2|,DA=|z_2-z_3|,AB=|z_3|$.

由复数模的性质,有

$$AB \cdot CD + AD \cdot BC = |z_3||z_1 - z_2| + |z_2 - z_3||z_1| =$$
$$|z_1 z_3 - z_2 z_3| + |z_2 z_1 - z_3 z_1| \geqslant$$
$$|z_1 z_3 - z_2 z_3 + z_2 z_1 - z_3 z_1| =$$
$$|z_2(z_1 - z_3)| =$$
$$|z_2| \cdot |z_1 - z_3| = AC \cdot BD$$

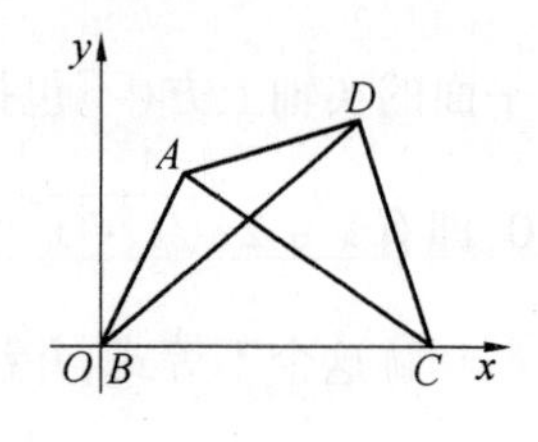

图 10.12

由此即证.

例 18 设 $A_1A_2\cdots A_n$ 是半径为 r,中心为 O 的圆的一内接正多边形,P 是 OA_1 延长线上一点,试证:

(1) $\prod\limits_{i=1}^{n} |\overrightarrow{PA_i}| = |OP|^n - r^n$;

(2) $\sum\limits_{i=1}^{n} |PA_i|^2 = n(r^2 + OP^2)$.

证明 不妨设这正多边形在复平面上,圆心在原点,A_1 在正实轴上,则其他顶点对应复数 $r\varepsilon, r\varepsilon^2, \cdots, r\varepsilon^{n-1}$,这里 ε 是 1 的异于 1 的某个 n 次单位根. 又设点 P 对应复数 x,则 $|\overrightarrow{PA_i}| = |x - r\varepsilon^{i-1}|$ $(i = 1, 2, \cdots, n)$.

(1) 由 $\prod\limits_{i=1}^{n}(z - \varepsilon^{i-1}) = z^n - 1$,有

$$\prod_{i=1}^{n} |\overrightarrow{PA_i}| = \left|\prod_{i=1}^{n}(x - r\varepsilon^{i-1})\right| = r_n \left|\prod_{i=1}^{n}\left(\frac{x}{r} - \varepsilon^{i-1}\right)\right| = r^n \left|\left(\frac{x}{r}\right)^n - 1\right| =$$
$$|x^n - r^n| = x^n - r^n = |OP|^n - r^n$$

(2) 由

$$|PA_i|^2 = |x - r\varepsilon^{i-1}|^2 = (x - r\varepsilon^{i-1})(\bar{x} - r\,\overline{\varepsilon^{i-1}}) =$$
$$x\bar{x} + r^2 \cdot \varepsilon^{i-1} \cdot \overline{\varepsilon^{i-1}} -$$
$$\bar{x}r\varepsilon^{i-1} - xr\,\overline{\varepsilon^{i-1}} =$$
$$OP^2 + r^2 - \bar{x}r\varepsilon^{i-1} - xr\,\overline{\varepsilon^{i-1}}$$

故 $$\sum_{i=1}^{n} |PA_i|^2 = n(OP^2 + r^2) - \bar{x}r(1 + \varepsilon + \cdots + \varepsilon^{n-1}) - x \cdot r(1 + \bar{\varepsilon} + \cdots + \overline{\varepsilon^{n-1}}) =$$
$$n(OP^2 + r^2)$$

10.2.5 在平面解析几何中的应用

例 19 Q 为抛物线 $y^2 = 4ax$ 上的动点,$A(6a, 0)$ 为定点,以 A 为中心将 AQ 顺时针转 90° 到 AP,求点 P 的轨迹.

解 如图 10.13,设 Q, P, A 对应的复数分别为 $x_0 + y_0\mathrm{i}, x + y\mathrm{i}, 6a$.

依题意,有 $(x_0 + y_0\mathrm{i} - 6a)(-\mathrm{i}) = x + y\mathrm{i} - 6a$,即

$$y_0 + (6a - x_0)\mathrm{i} = x - 6a + y\mathrm{i}$$

则 $$x_0 = 6a - y, y_0 = x - 6a$$

又点 Q 在抛物线 $y^2 = 4ax$ 上,从而得点 P 的轨迹方程为 $(x - 6a)^2 = -4a(y - 6a)$. 此轨迹为顶点在 $(6a, 6a)$,开口向下的抛物线.

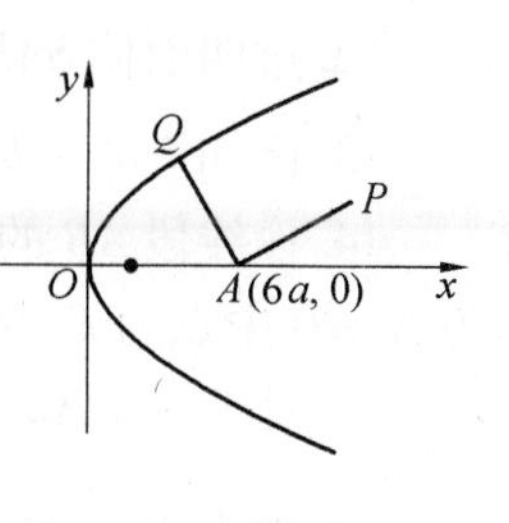

图 10.13

例 20　已知圆 O' 上有一动点 M，A 为此圆外一定点，以 AM 为一边作一正三角形 AMB，求点 B 的轨迹方程.

解　如图 10.14，取 A 为原点，AO' 为 x 轴建立复平面.

设 B，M 对应的复数分别为 $x+y\mathrm{i}$，$x_1+y_1\mathrm{i}$. 设 $AO'=a$，圆 O' 的半径为 r，则圆 O' 的方程为 $|z-a|=r$，即 $(x-a)^2+y^2=r^2$.

向量 $\overrightarrow{AM}$ 可由向量 $\overrightarrow{AB}$ 按逆时针方向旋转 60° 而得，故 $x_1+y_1\mathrm{i}=(x+y\mathrm{i})(\cos\frac{\pi}{3}+\mathrm{i}\sin\frac{\pi}{3})=\frac{1}{2}(x-\sqrt{3}y)+\frac{1}{2}(\sqrt{3}x+y)\mathrm{i}$，则

$$x_1=\frac{1}{2}(x-\sqrt{3}y),y_1=\frac{1}{2}(\sqrt{3}x+y)$$

将其代入 $(x_1-a)^2+y_1^2=r^2$ 化简得

$$(x-\frac{a}{2})^2+(y+\frac{\sqrt{3}}{2}a)^2=r^2$$

此为所求.

若在 AM 的另一侧有 $\triangle AB'M$，同样可求得 B' 点的轨迹方程为 $(x-\frac{a}{2})^2+(y-\frac{\sqrt{3}}{2}a)^2=r^2$.

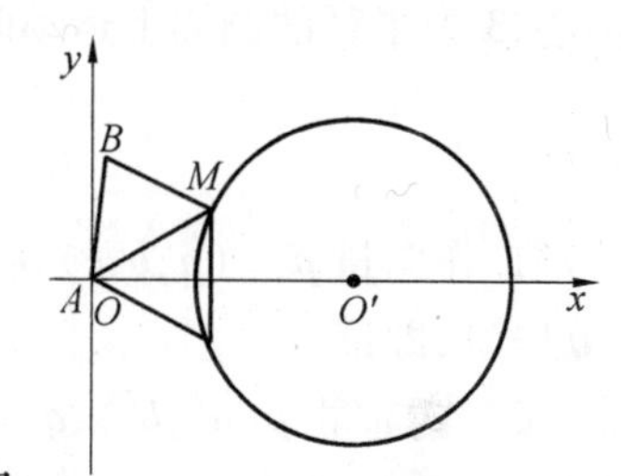

图 10.14

思考题

1. 已知 $a^2+b^2+c^2=1$，$x^2+y^2+z^2=1$，求证：$ax+by+cz\leqslant 1$.

2. 已知 a，b 为不等的正数，求证：$(a^4+b^4)(a^2+b^2)>(a^3+b^3)^2$.

3. 已知 a，b，c 为正数，求函数 $y=\sqrt{x^2+a^2}+\sqrt{c^2+b^2+x^2-2cx}$ 的极小值.

4. 设实数 x，y 满足 $3x^2+4y^2=7$，当 x，y 取何值时，函数 $z=3x+4y$ 有最大值.

5. 在 $\triangle ABC$ 中，$AB=c$，$BC=a$，$CA=b$，AD 为 BC 边上的中线，求证：$AD=\frac{1}{2}\sqrt{2b^2+2c^2-a^2}$.

6. 试证：圆 O 的外切四边形 $ABCD$ 的两对角线之中点 M，N 和圆心 O 三点共线.

7. 设正六边形 $ABCDEF$ 的对角线 AC，CE 分别被内点 M，N 分成定比 $\frac{AM}{AC}=\frac{CN}{CE}=r$，若 B，M，N 共线，求 r.

8. 设 P 为 $\triangle ABC$ 的内切圆上任一点，a，b，c 分别为 $\triangle ABC$ 三顶点所对的边长. 试证：$a\cdot PA^2+b\cdot PB^2+c\cdot PC^2$ 为常数.

9. 在四面体 $OABC$ 中，已知 $OA=OB=OC$，且 $\angle AOC=\angle AOB$，则 OA 在 $\triangle OBC$ 所在平面的射影平分 $\angle BOC$.

10. 证明：空间四边形两条对角线中点的连线垂直于这两条对角线的充要条件是空间四边形的对边相等.

11. 在四面体 $ABCD$ 中，用 S_A，S_B，S_C，S_D 表示顶点 A，B，C，D 所对面的面积，$\cos\theta_{CD}$，$\cos\theta_{AD}$，$\cos\theta_{BD}$ 表示二面角 $A-CD-B$，$B-AD-C$，$C-BD-A$ 的余弦. 求证：$S_D^2=S_A^2+S_B^2+S_C^2-2S_AS_B\cos\theta_{CD}-2S_AS_C\cos\theta_{BD}-2S_BS_C\cos\theta_{AD}$.

12. 过四面体 $SABC$ 的每条棱及其对棱的中点作的六个平面交于一点,试证之.

13. 已知 $|a^2-b^2|+2|ab|=1(a,b\in k)$,求证:$|a|+|b|\leqslant\sqrt{2}$.

14. 设线段 AB 的中点为 M,从 AB 上另一点 C 向直线 AB 的一侧引线段 CD,令 CD 中点为 N,BD 中点为 P,MN 的中点为 Q,求证:直线 PQ 平分线段 AC.

15. 证明:$\tan 3\alpha-\tan 2\alpha-\tan\alpha=\tan 3\alpha\cdot\tan 2\alpha\cdot\tan\alpha$.

16. 解不等式 $\arctan 2x+\arctan 3x<\dfrac{3}{4}\pi$.

17. 已知平行四边形 $ABCD$ 中,B 为定点,点 P 内分对角线 AC 为 $2:1$,当点 D 在以 A 为圆心,3 为半径的圆周上运动时,求点 P 的轨迹.

思考题参考解答

1. 作向量 $\boldsymbol{p}=(a,b,c)$,$\boldsymbol{q}=(x,y,z)$,则 $ax+by+cz=\boldsymbol{p}\cdot\boldsymbol{q}=|\boldsymbol{p}||\boldsymbol{q}|\cos\theta\leqslant|\boldsymbol{p}|\cdot|\boldsymbol{q}|=1$,即证.

2. 作向量 $\boldsymbol{p}(a^2,b^2)$,$\boldsymbol{q}=(a,b)$,则 $(a^3+b^3)=(\boldsymbol{p}\cdot\boldsymbol{q})^2=|\boldsymbol{p}|^2|\boldsymbol{q}|^2\cos^2\theta\leqslant|\boldsymbol{p}|^2|\boldsymbol{q}|^2=(a^4+b^4)(a^2+b^2)$. 由于 a,b 为不相等的正数,有 $\boldsymbol{p}\neq\pm\boldsymbol{q}$,即 $\theta\neq 0,\pi$,上述不等式中等号不成立.

3. 作向量 $\boldsymbol{p}=(x,a)$,$\boldsymbol{q}=(c-x,b)$,由 $|\boldsymbol{p}|+|\boldsymbol{q}|\geqslant|\boldsymbol{p}+\boldsymbol{q}|=\sqrt{c^2+(a+b)^2}$,等号成立当且仅当 $\boldsymbol{p}$ 与 $\boldsymbol{q}$ 同向平行,故 $y_{\min}=\sqrt{c^2+(a+b)^2}$.

4. 令 $\boldsymbol{A}=(\sqrt{3},2)$,$\boldsymbol{B}=(\sqrt{3}x,2y)$. 由 $\boldsymbol{A}\cdot\boldsymbol{B}\leqslant|\boldsymbol{A}|\cdot|\boldsymbol{B}|$ 有 $3x+4y\leqslant\sqrt{(\sqrt{3})^2+2^2}\cdot\sqrt{(\sqrt{3}x)^2+(2y)^2}=7$,当$(\boldsymbol{A},\boldsymbol{B})=0$,即 $\boldsymbol{A},\boldsymbol{B}$ 同向时,即$\dfrac{\sqrt{3}}{\sqrt{3}x}=\dfrac{2}{2y}>0$,即 $x=y=1$ 时,$z_{\max}=7$.

5. 由$\overrightarrow{AD}=\dfrac{1}{2}(\overrightarrow{AB}+\overrightarrow{AC})$,有$\overrightarrow{AD}^2=\dfrac{1}{4}(\overrightarrow{AB}^2+2\overrightarrow{AB}\cdot\overrightarrow{AC}+\overrightarrow{AC}^2)$. 又由$\overrightarrow{BC}=\overrightarrow{AC}-\overrightarrow{AB}$有$2\overrightarrow{AB}\cdot\overrightarrow{AC}=\overrightarrow{AB}^2+\overrightarrow{AC}^2-\overrightarrow{BC}$,从而$\overrightarrow{AD}^2=\dfrac{1}{4}(2\overrightarrow{AC}^2+2\overrightarrow{AB}^2-\overrightarrow{BC}^2)=\dfrac{1}{4}(2b^2+2c^2-a^2)$. 由此即证.

6. 设 $\boldsymbol{k}=(\overrightarrow{OA}\times\overrightarrow{OB})_0$. r 为圆 O 的半径,则$\overrightarrow{OM}\times\overrightarrow{OW}=\dfrac{1}{2}(\overrightarrow{OA}+\overrightarrow{OC})\times\dfrac{1}{2}(\overrightarrow{OB}+\overrightarrow{OD})=\dfrac{1}{4}(\overrightarrow{OA}\times\overrightarrow{OB}+\overrightarrow{OC}\times\overrightarrow{OB}+\overrightarrow{OA}\times\overrightarrow{OD}+\overrightarrow{OC}\times\overrightarrow{OD})=\dfrac{1}{2}(S_{\triangle AOB}-S_{\triangle BOC}+S_{\triangle COB}-S_{\triangle DOA})\boldsymbol{k}=\dfrac{r}{2}(AB-BC+CD-DA)\boldsymbol{k}=\boldsymbol{0}$,从而$\overrightarrow{OM}\,/\!/\,\overrightarrow{ON}$,即 O,M,N 三点共线.

7. 因 B,M,N 共线,有$\overrightarrow{BM}\times\overrightarrow{BN}=\boldsymbol{0}$. 由 $S_{\triangle ABC}=\dfrac{1}{3}S_{\triangle ACE}=\dfrac{1}{2}S_{\triangle BCE}$ 有$\overrightarrow{CB}\times\overrightarrow{CA}=\dfrac{1}{3}\overrightarrow{CA}\times\overrightarrow{CE}=\dfrac{1}{2}\overrightarrow{CB}\times\overrightarrow{CE}$,从而$\overrightarrow{BM}\times\overrightarrow{BN}=[\overrightarrow{BC}+(1-r)\overrightarrow{CA}]\times[\overrightarrow{BC}+r\overrightarrow{CE}]=(1-r)\overrightarrow{CA}\times\overrightarrow{BC}+(1-r)r\overrightarrow{CA}\times\overrightarrow{CE}+r\overrightarrow{BC}\times\overrightarrow{CE}=[(1-r)+3(1-r)r-2r]\overrightarrow{CB}\times\overrightarrow{CA}=0$,其中$\overrightarrow{CB}\times\overrightarrow{CA}\neq 0$,故 $1-r+3(1-r)r-2r=0$,即 $r=\dfrac{2}{3}\sqrt{3}$.

8. 设 r 为圆 O 之半径，$\boldsymbol{k}=(\overrightarrow{OA}\times\overrightarrow{OB})$，$\boldsymbol{x}=a\overrightarrow{OA}+b\overrightarrow{OB}+c\overrightarrow{OC}$，则$\overrightarrow{OA}\times\boldsymbol{x}=b\overrightarrow{OA}\times\overrightarrow{OB}+c\overrightarrow{OA}\times\overrightarrow{OC}=b(cr)\boldsymbol{k}+c(-br)\boldsymbol{k}=0$，$\overrightarrow{OB}\times\boldsymbol{x}=a\overrightarrow{OB}\times\overrightarrow{OA}+c\overrightarrow{OB}\times\overrightarrow{OC}=a(-cr)\boldsymbol{k}+c(ar)\boldsymbol{k}=0$. 因$\overrightarrow{OA}\times\overrightarrow{OB}\neq 0$，故 $\boldsymbol{x}=0$，于是 $aPA^2+bPB^2+cPC^2=a\overrightarrow{PA}^2+b\overrightarrow{PB}^2+c\overrightarrow{PC}^2=a(\overrightarrow{PO}+\overrightarrow{OA})^2+b(\overrightarrow{PO}+\overrightarrow{OB})^2+c(\overrightarrow{PO}+\overrightarrow{OC})^2=(a+b+c)\overrightarrow{PO}^2+a\overrightarrow{OA}^2+b\overrightarrow{OB}^2+c\overrightarrow{OC}^2=(a+b+c)r^2+a\overrightarrow{OA}^2+b\overrightarrow{OB}^2+c\overrightarrow{OC}^2$ 为常数.

9. 设 A 在 $\triangle OBC$ 内射影为 H，则 OH 为 OA 在平面 OBC 上的射影. 设$\overrightarrow{OA}=\boldsymbol{a}$，$\overrightarrow{OB}=\boldsymbol{b}$，$\overrightarrow{OC}=\boldsymbol{b}$，$\overrightarrow{OC}=\boldsymbol{c}$，则 $|\boldsymbol{a}|=|\boldsymbol{b}|=|\boldsymbol{c}|$，且$\overrightarrow{OH}=\overrightarrow{OA}+\overrightarrow{AH}=\boldsymbol{a}+\overrightarrow{AH}$. 因$\overrightarrow{OB}\cdot\overrightarrow{OH}=|\overrightarrow{OB}|\cdot|\overrightarrow{OH}|\cdot\cos\angle BOH$，又$\overrightarrow{OB}\cdot\overrightarrow{OH}=\boldsymbol{b}(\boldsymbol{a}+\overrightarrow{AH})=\boldsymbol{b}\cdot\boldsymbol{a}+\boldsymbol{b}\cdot\overrightarrow{AH}=\boldsymbol{a}\cdot\boldsymbol{b}=|\boldsymbol{a}||\boldsymbol{b}|\cos\angle AOB$，故 $\cos\angle BOH=\dfrac{|\boldsymbol{a}||\boldsymbol{b}|\cos\angle AOB}{|\boldsymbol{b}||\overrightarrow{OH}|}=\dfrac{|\boldsymbol{a}|}{|\overrightarrow{OH}|}\cos\angle AOB$. 同理，$\cos\angle COH=\dfrac{|\boldsymbol{a}|}{|\overrightarrow{OH}|}\cos\angle AOC$，而 $\angle AOB=\angle AOC$，即证.

10. 设坐标原点为 O，$\overrightarrow{OA}=\boldsymbol{a}$，$\overrightarrow{OB}=\boldsymbol{b}$，$\overrightarrow{OC}=\boldsymbol{c}$，$\overrightarrow{OD}=\boldsymbol{d}$，则$\overrightarrow{OP}=\dfrac{1}{2}(\boldsymbol{a}+\boldsymbol{c})$，$\overrightarrow{OQ}=\dfrac{1}{2}(\boldsymbol{b}+\boldsymbol{d})$，从而$\overrightarrow{PQ}=\dfrac{1}{2}(\boldsymbol{b}+\boldsymbol{d})-\dfrac{1}{2}(\boldsymbol{a}+\boldsymbol{c})$. 又$\overrightarrow{DA}=\boldsymbol{a}-\boldsymbol{d}$，$\overrightarrow{CB}=\boldsymbol{b}-\boldsymbol{c}$，$|\overrightarrow{DA}|^2=(\boldsymbol{a}-\boldsymbol{d})(\boldsymbol{a}-\boldsymbol{d})$，$|\overrightarrow{CB}|^2=(\boldsymbol{b}-\boldsymbol{c})(\boldsymbol{b}-\boldsymbol{c})$. 因 $AD=BC$ 有 $|\overrightarrow{DA}|^2=|\overrightarrow{CB}|^2$，即$(\boldsymbol{a}-\boldsymbol{d})^2=(\boldsymbol{b}-\boldsymbol{c})^2$，同理$(\boldsymbol{a}-\boldsymbol{b})=(\boldsymbol{c}-\boldsymbol{d})^2$. 由此两式相减、相加分别有$[(\boldsymbol{b}+\boldsymbol{d})-(\boldsymbol{a}+\boldsymbol{c})]\cdot(\boldsymbol{b}-\boldsymbol{d})=0$，$[(\boldsymbol{b}+\boldsymbol{d})-(\boldsymbol{a}+\boldsymbol{c})]\cdot(\boldsymbol{a}-\boldsymbol{c})=0$，即$\overrightarrow{PQ}\cdot\overrightarrow{DB}=\overrightarrow{PQ}\cdot\overrightarrow{CA}=0$，故 $PQ\perp DB$，$\overrightarrow{PQ}\perp\overrightarrow{CA}$. 反之，递推即证.

11. 设$\overrightarrow{DA}=\boldsymbol{a}$，$\overrightarrow{DB}=\boldsymbol{b}$，$\overrightarrow{DC}=\boldsymbol{c}$，则 $S_D^2=(\dfrac{1}{2}|\overrightarrow{AB}\times\overrightarrow{AC}|)^2=\dfrac{1}{4}|(\boldsymbol{b}-\boldsymbol{a})\times(\boldsymbol{c}-\boldsymbol{a})^2|=\dfrac{1}{4}(\boldsymbol{b}\times\boldsymbol{c})^2+(\boldsymbol{b}\times\boldsymbol{a})^2+(\boldsymbol{a}\times\boldsymbol{c})^2-2(\boldsymbol{b}\times\boldsymbol{c})\cdot(\boldsymbol{b}\times\boldsymbol{a})-2(\boldsymbol{b}\times\boldsymbol{c})\cdot(\boldsymbol{a}\times\boldsymbol{c})-2(\boldsymbol{b}\times\boldsymbol{a})\cdot(\boldsymbol{c}\times\boldsymbol{a})=S_A^2+S_B^2+S_C^2-2S_AS_B\cdot\cos\theta_{CD}-2S_B\cdot S_C\cdot\cos\theta_{AD}-2S_CS_A\cdot\cos\theta_{BD}$.

12. 设过棱 SB,CB,SC 的平面分别为 $\pi_{SB},\pi_{CB},\pi_{SC}$. K 为它们的交点，且 C',A' 分别为棱 AB,SA 之中点. 记$\overrightarrow{SA},\overrightarrow{SB},\overrightarrow{SC}$分别为 $\boldsymbol{a},\boldsymbol{b},\boldsymbol{c}$，$\overrightarrow{SK}=\lambda_1\boldsymbol{a}+\lambda_2\boldsymbol{b}+\lambda_3\boldsymbol{c}$，因 $K\in\pi_{SC}$，有$(\overrightarrow{SK},\overrightarrow{SC},\overrightarrow{SC'})=0$，即$(\lambda_1\boldsymbol{a}+\lambda_2\boldsymbol{b}+\lambda_3\boldsymbol{c},\boldsymbol{c},\dfrac{1}{2}(\boldsymbol{a}+\boldsymbol{b}))=\dfrac{1}{2}\lambda_1(\boldsymbol{a},\boldsymbol{c},\boldsymbol{b})+\dfrac{1}{2}\lambda_2(\boldsymbol{b},\boldsymbol{c},\boldsymbol{a})=\dfrac{1}{2}(\lambda_2-\lambda_1)(\boldsymbol{a},\boldsymbol{b},\boldsymbol{c})=0$，其中$(\boldsymbol{a},\boldsymbol{b},\boldsymbol{c})\neq 0$，因而 $\lambda_1=\lambda_2$. 同理由 $K\in\pi_{SB}$，有 $\lambda_2=\lambda_3$，故得$\overrightarrow{SK}=\lambda(\boldsymbol{a}+\boldsymbol{b}+\boldsymbol{c})$. 因为 $K\in\pi_{BC}$，可设$\overrightarrow{AK}=\mu_1\overrightarrow{A'C}+\mu_2\overrightarrow{A'B}$，注意到$\overrightarrow{A'K}=\overrightarrow{A'S}+\overrightarrow{S'K}$，有 $-\dfrac{1}{2}\boldsymbol{a}+\lambda(\boldsymbol{a}+\boldsymbol{b}+\boldsymbol{c})=\mu_1(-\dfrac{1}{2}\boldsymbol{a}+\boldsymbol{c})+\mu_2(-\dfrac{1}{2}\boldsymbol{a}+\boldsymbol{b})$，于是 $\lambda=\mu_1=\mu_2$，且 $\lambda-\dfrac{1}{2}=-\dfrac{1}{2}(\mu_1+\mu_2)$，解得 $\lambda=\dfrac{1}{4}$，即$\overrightarrow{SK}=\dfrac{1}{4}(\boldsymbol{a}+\boldsymbol{b}+\boldsymbol{c})$. 同理可证所述其他平面的交点也满足$\overrightarrow{SK}=\dfrac{1}{4}(\boldsymbol{a}+\boldsymbol{b}+\boldsymbol{c})$的点 K，故它们共点于 K.

13. 设 $z=a+bi$，则 $z^2=a^2-b^2+2abi$，故 $\mathrm{Re}(z^2)=a^2+b^2$（实部），$I_m(z^2)=2ab$（虚部）.

题设条件为 $|\operatorname{Re}(z^2)|+|I_m(z^2)|=1$,又 $\frac{1}{\sqrt{2}}(|\operatorname{Re} z|+|\operatorname{Im} z|)\leqslant|z|\leqslant|\operatorname{Re} z|+|\operatorname{Im} z|$,则 $|z|^2=|z^2|\leqslant|\operatorname{Re}(z^2)|+|\operatorname{Im}(z^2)|=1$,即 $|z|\leqslant 1$,故 $|a|+|b|=|\operatorname{Re} z|+|\operatorname{Im} z|\leqslant\sqrt{2}\cdot|z|\leqslant\sqrt{2}$.

14. 建立复平面,设 $z_A=-1,z_B=1,z_C=a,z_D=z$,其中 $a\in(-1,1)$,于是 $z_M=0$, $z_N=\frac{1}{2}(a+z),z_P=\frac{1}{2}(1+z),z_Q=\frac{1}{4}(a+z)$.设 PQ 的延长线与 AB 相交于 E,令 $z_E=\beta$.由于 E,Q,P 三点共线,因此存在实数 λ,使得 $\overrightarrow{EP}=\lambda\ \overrightarrow{EQ}$,即 $\frac{1}{2}(1+z)-\beta=\lambda[\frac{1}{4}(a+z)-\beta]\Leftrightarrow(2-\lambda)z=4\beta-2-\lambda a-4\lambda\beta$,此式右边为实数,故有 $\lambda=2$ 及 $4\beta-2-\lambda a-4\lambda\beta=0$.解之得 $\beta=\frac{1}{2}(a-1)$.此表明 E 是 AC 中点,即证.

15. 由 $z=\cos\theta+\mathrm{i}\sin\alpha$ 及 $z=\frac{1}{z}$ 有 $\tan\alpha=\frac{z^2-1}{\mathrm{i}(z^2+1)}$. $\tan 2\alpha=\frac{z^4-1}{\mathrm{i}(z^4+1)}$, $\tan 3\alpha=\frac{z^6-1}{\mathrm{i}(z^6+1)}$.左右两边分别计算均得 $\frac{-z^{12}+z^{10}+z^8-z^4+1}{\mathrm{i}(z^6+1)(z^4+1)(z^2+1)}$,由此即证.

16. 当 $x\leqslant 0$ 时,不等式恒成立,当 $x>0$ 时, $0<\arctan 2x+\arctan 3x<\pi$.因此原不等式等价于 $-\frac{3}{4}\pi<\arctan 2x+\arctan 3x-\frac{3}{4}\pi<0$.由于 $\arctan 2x+\arctan 3x-\frac{3\pi}{4}$ 为复数 $\frac{(1+2x\mathrm{i})(1+3x\mathrm{i})}{-1+\mathrm{i}}$ 的辐角,于是这个复数的辐角终边落在复平面的实轴下方(不包括实轴)的半平面内,其虚部为负,即 $\operatorname{Im}[\frac{(1+2x\mathrm{i})(1+3x\mathrm{i})}{-1+\mathrm{i}}]<0$,即 $6x^2-5z-1<0.\Rightarrow-\frac{1}{6}<x<1$,即 $0<x<1$.综合前面情形,原不等式解为 $x<1$.

17. 以 A 为原点建立复平面,设 $z_A=0,z_B,z_C,z_D$ 分别表示点 A,B,C,D 对应的复数,则 $z_C=z_B+z_D$,且 $z_C=\frac{3}{2}z_P$,从而 $z_D=z_C-z_B$,且 $|z_D|=3$,则 $|\frac{3}{2}z_P-z_B|=3$.故 $|z_P-\frac{2}{3}z_B|=2$,此说明所求轨迹圆心 Q 位于线段上,内分 AB 为 $2:1$,半径为 2 的圆.

第十一章　排列组合与概率统计知识的初步应用

11.1　排列组合知识的应用

11.1.1　在生产、生活中的实际应用

例1　电话号码升位的问题.

随着电信事业的飞速发展,许多地方的电话号码都升至七位,甚至八位. 若某地区由原来的六位电话号码制升为七位,那么升位后可多装多少门电话机?(注:电话机上有十个号码,一般电话号码不以0开头)

解　我们知道电话号码第一位可从1,2,…,9这九个数码中任选一个(可重复),则有9种可能(因长途区号以0开头,所以实际号码中不以0开头);从第二位起可以从0,1,2,…,9这十个数码中任选一个(可重复),则有10种可能. 因此,六位制不同的电话号码数应有$9\times10^5=900\ 000$种,七位制不同的电话号码数应有$9\times10^6=9\ 000\ 000$种,从而升位后可多装电话机$9\times10^6-9\times10^5=8\ 100\ 000$(门).

例2　选派工作人员问题.

某单位有工作人员11名,其中有5人善于做甲种工作,4人善于做乙种工作,另2人既善于做甲种工作又善于做乙种工作. 现从这11人中选出4人做甲种工作,4人做乙种工作,共有多少种不同的选派法?

解　按善于做甲种工作的5人分类:其中依次有2人,3人,4人去做甲种工作的选法分别为$C_5^2C_2^2C_4^4$,$C_5^3C_2^1C_5^4$,$C_5^4C_6^4$,故符合条件的选法是将这种情形相加得$10+100+75=185$(种).

或按善于做乙种工作的4人分类:其中依次有2人,3人,4人去做乙种工作的选法分别为$C_4^2C_2^2C_5^4$,$C_4^3C_2^1C_6^4$,$C_4^4C_7^4$,相加得$30+120+35=185$(种).

或按既善于做甲种工作又善于做乙种工作的2人分类:其中依次0人,1人,2人去做甲种工作的选法分别有$C_5^4C_6^4$,$C_2^1C_5^3C_5^4$,$C_2^2C_5^2C_4^4$,相加得$75+100+10=185$(种).

例3　一道古算诗题的解.

民间中流传着饶有兴味的一道数学诗题:“李白无事街上走,提着酒壶去买酒. 遇店加一倍,见花喝一斗. 三遇店和花,喝光壶中酒. 试问壶中原有多少酒?”

解　常见的解法是:由题意,三遇店和花,喝光壶中酒. 所以第三次见花前壶内只有一斗酒,那么遇店前壶内应有半斗酒,即$\frac{1}{2}$,第二次见花前壶内有$\left(\frac{1}{2}+1\right)$斗,第二次遇店前壶内有酒$\left(\frac{1}{2}+1\right)\div2=\frac{3}{4}$(斗). 第一次见花前壶中有酒$\left(\frac{3}{4}+1\right)$斗,第一次遇店前壶内有酒

$(\frac{3}{4}+1)\div 2=\frac{7}{8}$(斗).

或设原来壶中有酒 x 斗，则可布列方程为

$$2[2(2x-1)-1]-1=0$$

解之得

$$x=\frac{7}{8}(\text{斗})$$

仔细分析此题，只要第三次见花是在第三次遇店之后，其余的遇店，见花可以有不同顺序，因此该题的解不应是唯一的，运用排列知识还有九个解仍合题意. 不妨以"A" 表示遇店，以"B" 表示见花，不难得出十种排列，而且设壶中原有酒 x 斗，则得下表：

序号	遇店遇花顺序	布列方程	壶中原有酒(斗)
1	ABABAB	$2[2(2x-1)-1]-1=0$	7/8
2	AAABBB	$2[2(2x)]-3=0$	3/8
3	ABBAAB	$2\{2[(2x-1)-1]\}-1=0$	9/8
4	AABBAB	$2(4x-2)-1=0$	5/8
5	BBAAAB	$8(x-2)-1=0$	17/8
6	BAAABB	$8(x-1)-2=0$	5/4
7	BAABAB	$2[4(x-1)-1]-1=0$	11/8
8	AABABB	$2(4x-1)-2=0$	1/2
9	BABAAB	$4[2(x-1)-1]-1=0$	13/8
10	ABAABB	$4(2x-1)-2=0$	3/4

在分析化合物的种类数时，经常要用到数学的计数原理及排列组合有关知识.

例 4 已知氢元素有 ^{1}H, ^{2}H, ^{3}H 三种同位素，氧元素也有 ^{16}O, ^{18}O 二种同位素，它们之间形成化合物的种类有多少种?

分析 氢元素与氧元素能形成 H_2O, H_2O_2 两种化合物，先按化合物的类型分类，再按氢元素与氧元素同位素相同与不同情况分类，同时注意两种化合物分子结构的对称性.

解 (1) 形成 H_2O 种数：

① 相同的氢元素同位素形成 H_2O 种数：$C_3^1C_2^1=6$；

② 不同的氢元素同位素形成 H_2O 种数：$\frac{A_3^2C_2^1}{2}=6$.

故形成 H_2O 种数 $N_1=6+6=12$(种).

(2) 形成 H_2O_2 种数：

① 相同的氢元素同位素与相同的氧元素同位素形成 H_2O_2 种数：$C_3^1C_2^1=6$；

② 相同的氢元素同位素与不同的氧元素同位素形成 H_2O_2 种数：$\frac{C_3^1A_2^2}{2}=3$；

③ 不同的氢元素同位素与相同的氧元素同位素形成 H_2O_2 种数：$\frac{A_3^2C_2^1}{2}=6$；

④ 不同的氢元素同位素与不同的氧元素同位素形成 H_2O_2 种数：$\frac{A_3^2A_2^2}{2}=6$.

故形成 H_2O_2 种数

$$N_2 = 6 + 3 + 6 + 6 = 21(\text{种})$$

综合(1)(2)知形成化合物的种数

$$N = N_1 + N_2 = 12 + 21 = 33(\text{种})$$

11.1.2　在数列求和中的应用

由 $C_{n+1}^{m+1} = C_n^{m+1} + C_n^m$ 迭代有 $\sum_{k=m}^{n} C_k^m = C_{n+1}^{m+1}$，又由 $C_k^m = \frac{A_k^m}{m!}$，两边同时变形有 $\frac{1}{m!}\sum_{k=1}^{n} A_k^m = \frac{1}{(m+1)!}A_{n+1}^{m+1}$，若 $k < m$ 时，规定 $P_k^m = 0$，则有 $\sum_{k=1}^{n} A_k^m = \frac{A_{n+1}^{m+1}}{m+1}$. 利用这些结论，可以方便地求一些特殊数列的前 n 项的和，下面列举几道例题.

例5　求和 $S = 1 + 2 + 3 + \cdots + n$.

解　$1 + 2 + 3 + \cdots + n = C_1^1 + C_2^1 + \cdots + C_n^1 = C_{n+1}^2 = \frac{1}{2}n(n+1)$.

例6　求和 $S = 1 \cdot 2 + 2 \cdot 3 + \cdots + n(n+1)$.

解

$$1 \cdot 2 + 2 \cdot 3 + 3 \cdot 4 + \cdots + n(n+1) = 2(C_2^2 + C_3^2 + C_4^2 + \cdots + C_{n+1}^2) = 2C_{n+2}^3 = \frac{1}{3}n(n+1)(n+2)$$

或

$$1 \cdot 2 + 2 \cdot 3 + \cdots + n(n+1) = \sum_{k=1}^{n} k(k+1) = \sum_{k=1}^{n} P_{k+1}^2 = \frac{1}{3}P_{n+1}^3 = \frac{1}{3}(n+2)(n+1)n$$

例7　求和 $S = 1 \cdot 2 \cdot 3 \cdot \cdots \cdot m + 2 \cdot 3 \cdot \cdots \cdot (m+1) + \cdots + n(n+1)\cdots(m+m-1)$.

解　$S = m!\ (C_m^m + C_{m+1}^m + \cdots + C_{m+n-1}^m) = m!\ C_{m+n}^{m+1}$.

例8　求和 $S = 1^2 + 2^2 + 3^2 + \cdots + n^2$.

解　注意到

$$n^2 = n(n-1) + n = 2C_n^2 + C_n^1$$

$$1^2 + 2^2 + 3^2 + \cdots + n^2 = (C_1^1 + C_2^1 + \cdots + C_n^1) + 2(C_2^2 + C_3^2 + \cdots + C_n^2) = C_{n+1}^2 + 2C_{n+1}^3 = \frac{1}{6}n(n+1)(2n+1)$$

例9　求和 $S = 1 \cdot 4 + 2 \cdot 7 + \cdots + n(3n+1)$.

解　注意到

$$n(3n+1) = 3n(n-1) + 4n = 6C_n^2 + 4C_n^1$$

$$1 \cdot 4 + 2 \cdot 7 + \cdots + n(3n+1) = 6(C_2^2 + C_3^2 + \cdots + C_n^2) + 4(C_1^1 + C_2^1 + \cdots + C_n^1) = 6C_{n+1}^3 + 4C_{n+1}^2 = n(n+1)^2$$

或

$$1 \cdot 4 + 2 \cdot 7 + \cdots + n(3n+1) = \sum_{k=1}^{n} [3k(k+1) - 2k] = 3\sum_{k=1}^{n} A_{k+1}^2 - 2\sum_{k=1}^{n} A_k^1 =$$

$$A_{n+2}^2 - A_{n+1}^2 = n(n+1)^2$$

例 10 求和 $S = 1^2 + 3^2 + 5^2 + \cdots + (2n-1)^2$.

解 $1^2 + 3^2 + 5^2 + \cdots + (2n-1)^2 = \sum_{k=1}^{n}(2k-1)^2 = \sum_{k=1}^{n}(4k^2 - 4k + 1) =$

$$\sum_{k=1}^{n}[4k(k+1) - 8k + 1] =$$

$$4\sum_{k=1}^{n}A_{k+1}^2 - 8\sum_{k=1}^{n}A_k^1 + \sum_{k=1}^{n}1 =$$

$$4 \cdot \frac{1}{3}A_{n+2}^3 - 8 \cdot \frac{1}{2}A_{n+1}^2 + n = \frac{1}{3}n(4n^2 - 1)$$

例 11 求 $S = 1 \cdot 2 \cdot 3 + 3 \cdot 4 \cdot 5 + \cdots + (2n-1) \cdot 2n \cdot (2n+1)$.

解 $S = \sum_{k=1}^{n}[(2k-1)2k(2k+1)] = \sum_{k=1}^{n}(8k^3 - 2k) =$

$$\sum_{k=1}^{n}[8(k-1)k(k+1) + 6k] = 8\sum_{k=1}^{n}A_{k+1}^3 + 6\sum_{k=1}^{n}A_k^1 =$$

$$8 \cdot \frac{1}{4}A_{n+2}^4 + 6 \cdot \frac{1}{2}A_{n+1}^2 = n(n+1)(2n^2 + 2n + 1)$$

例 12 设数列$\{a_n\}$的通项公式是 $a_n = 6n^2 + 8n + 3$,求此数列前 n 项的和.

解 由 $a_n = 6n(n+1) + 2n + 3 = 6A_{n+1}^2 + 2A_n^1 + 3$,有

$$S_n = 6\sum_{k=1}^{n}A_{k+1}^2 + 2\sum_{k=1}^{n}A_k^1 + \sum_{k=1}^{n}3 = 6 \cdot \frac{1}{3}A_{n+2}^3 + 2 \cdot \frac{1}{2}A_{n+1}^2 + 3n =$$

$$n(2n^2 + 7n + 8)$$

例 13 求和 $S = 1^3 + 2^3 + \cdots + n^3$.

解

$$S = \sum_{k=1}^{n}k^3 = \sum_{k=1}^{n}[(k-1)k(k+1) + 1] =$$

$$\sum_{k=1}^{n}A_{k+1}^3 + \sum_{k=1}^{n}A_k^1 = \frac{1}{4}A_{n+2}^4 + \frac{1}{2}A_{n+1}^2 =$$

$$[\frac{1}{2}(n+1)n]^2$$

11.2 二项式定理的应用

当二项式定理中的 a,b 取一些特殊值时可得一系列组合恒等式,除此之外,二项式定理还有如下应用.

二项式定理可应用多项式的乘方.

例 1 求$(1 + x + x^2)^4$ 的展开式.

解 可将 $1 + x$ 视为一项,x^2 视为另一项,则

$$(1 + x + x^2)^4 = [(1 + x) + x^2]^4 =$$

$$(1+x)^4 + C_4^1(1+x)^3x^2 + C_4^2(1+x)^2(x^2)^2 + C_4^3(1+x)(x^2)^3 + C_4^4(x^2)^4 =$$

$$1 + 4x + 10x^2 + 16x^3 + 19x^4 + 16x^5 + 10x^6 + 4x^7 + x^8$$

对小数乘方的近似计算,应用二项式定理可以使计算简捷,并能达到一定的精确度.

例2　求下列各数的近似值.

(1)1.01^6(精确到0.1);(2)0.998^6(精确到0.001).

解　(1)$(1.01)^6=(1+0.01)^6=1+0.06+0.0015+\cdots\approx 1.06$.

(2)$0.998^6=(1-0.002)^6=1-0.012+0.00006-\cdots\approx 0.998$.

注　一般当x的绝对值与1比较小,而n又不是很大时,有近似公式

$$(1+x)^n\approx 1+nx(x>0);(1-x)^n\approx 1-nx(x>0)$$

将某些代数式(或数)适当变形后,应用二项式定理$(a+b)^n=aM+b^n$(M是与a,b有关的数),可以简化地证明一些整除问题.

例3　求证:$8\,888^{2\,222}+7\,777^{3\,333}$能被37整除.

证明　由$8\,888^{2\,222}+7\,777^{3\,333}=(8\,888^2)^{1\,111}+(7\,777^3)^{1\,111}=(8\,888^2+7\,777^3)[(8\,888^2)^{1\,110}+(8\,888^2)^{1\,109}\cdot 7\,777^3+\cdots+(7\,777^3)^{1\,110}]$,及$8\,888^2+7\,777^3=(80\cdot 3\cdot 37+8)^2+(70\cdot 3\cdot 37+7)^3=37\cdot M+64+37\cdot N+343=37K+37\cdot 11$.由此即证.

例4　求$1\,991^{2\,000}$被10^6除后的余数.

解　
$$(1\,990+1)^{2\,000}=1+C_{2\,000}^1\cdot 1\,990+C_{2\,000}^2\cdot 1\,990^2+M\cdot 10^6=$$
$$880\,001\times 10^6+M\cdot 10^6$$

故所求余数为880 001.

例5　设$n\geqslant 2,n\in\mathbf{N}$,求证$n^{n-1}-1$能被$(n-1)^2$整除.

证明　当$n=2$时,命题显然成立.

当$n\geqslant 3$时,$n^{n-1}-1=[(n-1)+1]^{n-1}-1=(n-1)^{n-1}+C_{n-1}^1(n-1)^{n-2}+\cdots+C_{n-1}^{n-2}(n-1)+C_{n-1}^{n-1}-1=(n-1)^2[(n-1)^{n-3}+C_{n-1}^1(n-1)^{n-4}+\cdots+1]$,由此即证.

如果把二项式定理与复数中的棣莫佛定理联系起来用,又可以得出许多含有组合数和三角函数式的等式,还可以得到三角中的一系列倍角公式.

例6　求证:(1)$C_n^0-C_n^2+C_n^4-\cdots=2^{\frac{n}{2}}\cdot\cos\dfrac{n\pi}{4}$;

(2)$C_n^1-C_n^3+C_n^5-\cdots=2^{\frac{n}{2}}\cdot\sin\dfrac{n\pi}{4}$.

证明　应用二项式定理展开$(1+\mathrm{i})^n$,得

$$(1+\mathrm{i})^n=C_n^0+C_n^1\mathrm{i}+C_n^2\mathrm{i}^2+\cdots+C_n^n\mathrm{i}^n=$$
$$(C_n^0-C_n^2+C_n^4-\cdots)+(C_n^1-C_n^3+C_n^5-\cdots)\mathrm{i}$$

又
$$(1+\mathrm{i})^n=[\sqrt{2}(\cos\frac{\theta}{4}+\mathrm{i}\sin\frac{\theta}{4})]^n=2^{\frac{n}{2}}\cdot(\cos\frac{n\pi}{4}+\mathrm{i}\sin\frac{n\pi}{4})$$

再利用复数相等的条件或比较实部和虚部即证得要证的两个恒等式.

例7　求$C_n^0+C_n^4+C_n^8+\cdots+C_n^{4m}$,其中$4m$为不大于$n$的4的最大倍数.

解　设ε为1的异于1的四次单位根,由

$$(1+1)^n=C_n^0+C_n^1+C_n^2+\cdots+C_n^n$$
$$(1+\varepsilon)^n=C_n^0+C_n^1\varepsilon+C_n^2\varepsilon^2+\cdots+C_n^n\varepsilon^n$$
$$(1+\varepsilon^2)^n=C_n^0+C_n^1\varepsilon^2+C_n^2\varepsilon^4+\cdots+C_n^n\varepsilon^{2n}$$
$$(1+\varepsilon^3)^n=C_n^0+C_n^1\varepsilon^3+C_n^2\varepsilon^6+\cdots+C_n^n\varepsilon^{3n}$$

将上述四项相加,并注意到

$$1+\varepsilon^k+\varepsilon^{2k}+\varepsilon^{3k}=\begin{cases}4,当 k 是 4 的倍数时\\0,当 k 不是 4 的倍数时\end{cases}$$

有

$$4C_n^0+4C_n^4+4C_n^8+\cdots+4C_n^{4m}=2^n+(1+\varepsilon)^n+(1+\varepsilon^2)^n+(1+\varepsilon^3)^n=$$
$$2^n+(1+i)^n+(1-i)^n=2^n+2^{\frac{n+2}{2}}\cdot\cos\frac{n\pi}{4}$$

故 $C_n^0+C_n^4+C_n^8+\cdots+C_n^{4m}=2^{n-2}+2^{\frac{n-2}{2}}\cos\frac{n\pi}{4}$.

例 8　推导三角倍角公式.

解　由

$$\cos 2\theta+\mathrm{i}\sin 2\theta=(\cos\theta+\mathrm{i}\sin\theta)^2=$$
$$\cos^2\theta-\sin^2\theta+2\sin\theta\cdot\cos\theta\cdot\mathrm{i}$$

故

$$\cos 2\theta=\cos^2\theta-\sin^2\theta,\sin 2\theta=2\sin\theta\cdot\cos\theta$$

由

$$\cos 3\theta+\mathrm{i}\sin 3\theta=(\cos\theta+\mathrm{i}\sin\theta)^3=$$
$$\cos^3\theta+C_3^1\cos^2\theta\cdot(\mathrm{i}\sin\theta)+C_3^2\cos\theta(\mathrm{i}\sin\theta)^2+C_3^3(\mathrm{i}\sin\theta)^3=$$
$$\cos^3\theta-3\cos\theta\cdot\sin^2\theta+(3\cos^2\theta\cdot\sin\theta-\sin^3\theta)\mathrm{i}=$$
$$4\cos^3\theta-3\cos\theta+(3\sin\theta-4\sin^3\theta)\mathrm{i}$$

故 $\cos 3\theta=4\cos^3\theta-3\cos\theta,\sin 3\theta=3\sin\theta-4\sin^3\theta$.

类似地还可推导 $\sin n\theta$ 和 $\cos n\theta$ 的表达式.

例 9　证明:$1+x+x^2+\cdots+x^n=C_{n+1}^1+C_{n+1}^2(x-1)+C_{n+1}^3(x-1)^2+\cdots+C_{n+1}^{n+1}(x-1)^n$.

证明　利用二项式定理有

$$x^{n+1}=[1+(x-1)]^{n+1}=$$
$$1+C_{n+1}^1(x-1)+C_{n+1}^2(x-1)^2+\cdots+C_{n+1}^{n+1}(x-1)^{n+1}$$

而 $(x-1)(1+x+x^2+\cdots+x^n)=x^{n+1}-1$,因而

$$(x-1)(1+x+x^2+\cdots+x^n)=C_{n+1}^1(x-1)+C_{n+1}^2(x-1)^2+\cdots+C_{n+1}^{n+1}(x-1)^{n+1}$$

当 $x\neq 1$ 时,两边同除以 $x-1$ 得

$$1+x+x^2+\cdots+x^n=C_{n+1}^1+C_{n+1}^2(x-1)+\cdots+C_{n+1}^{n+1}(x-1)^n$$

而当 $x=1$ 时,左边 $=n+1=C_{n+1}^1=$ 右边,则恒有

$$1+x+x^2+\cdots+x^n=C_{n+1}^1+C_{n+1}^2(x-1)+\cdots+C_{n+1}^{n+1}(x-1)^n$$

故原恒等式获证.

注　此例中的恒等式是非常重要的结论,将在 12.1.1 中介绍它的许多应用.

例 10　某厂生产电子元件,其产品的次品率为 5%,现从一批产品中任意地连续取出 2 件,其中次品数 ε 的概率分布是怎样的?

ε	0	1	2
p			

分析　n 次独立重复试验中所体现的概率分布,实际上就是 $[(1-p)+p]^n$ 所体现的二项分布,它是概率论中最重要的几种分布之一. 二项式定理作为工具建

模得二项分布概率公式 $P(\varepsilon = k) = C_n^k p^k (1-p)^{n-k}$，本题 $p = 0.05$，代入易得答案. $P(\varepsilon = 0) = 0.902\,5$，$P(\varepsilon = 1) = 0.095$，$P(\varepsilon = 2) = 0.002\,5$.

11.3　概率统计知识的应用

概率论是从数学角度去研究随机现象规律性的数学学科，它的理论和方法几乎渗透到自然科学的各个领域；在工程技术、生命科学、经济管理等诸方面也获得日益广泛的应用.

11.3.1　在生产、生活、科研实际问题中的应用

例1　生日缘分问题.

在正常的生活中，我们偶尔会遇到这样的巧合，某某与某某生日相同，他们被认为是“很有缘分”. 试问：至少在多少个人中至少有两个同一天过生日的概率超过0.5？[31]

因每个人在每天出生都是等可能的，故每个人有365种情况，凭直觉至少应在183个人中才能达到“至少两人同一天过生日的概率”超过0.5.

直觉往往会欺骗我们，这个问题的答案仅为23，大大出乎多数人的意料.

现将问题转化为：求在 r 个人中至少两人同一天过生日的概率？

设 A =“r 个人中至少两人同一天过生日”，则 $\bar{A}$ =“r 个人中生日都不同”，则

$$P(\bar{A}) = \frac{365 \cdot 364 \cdot \cdots \cdot (365 - r + 1)}{365^r} = \left(1 - \frac{1}{365}\right)\left(1 - \frac{2}{365}\right)\cdots\left(1 - \frac{r-1}{365}\right)$$

因 $e^{-x} = 1 - x + \frac{x^2}{2!} - \frac{x^3}{3!} + \cdots$，故当 x 较小时，有 $e^{-x} \approx 1 - x$.

由 $P(\bar{A}) \approx e^{-\frac{1+2+\cdots+r-1}{365}} = e^{-\frac{r(r-1)}{2\times 365}}$ 得 $P(A) \approx 1 - P(\bar{A}) = 1 - e^{-\frac{r(r-1)}{730}}$.

对于不同的 r 值，可查指数表求得其概率，列表如下：

r	5	10	15	20	21	22	23	24	25	30	40	50	60
P	0.027	0.117	0.253	0.411	0.444	0.476	0.507	0.538	0.569	0.706	0.891	0.970	0.994

可见，在23个人中我们就可以平等打赌，而在60个人中几乎成了必然，因此，可以猜测在我们随机组成的40个人的一个班中，至少有二人同一天过生日，有兴趣的读者不妨可统计一下.

类似的问题还有“莎士比亚巧合”，大文豪莎士比亚生于1564年4月23日，卒于1616年4月23日，即生卒日相同. 不少人为此大惊小怪，但从概率的角度看却是正常的，并且可以计算出在 n 个人中至少一人生卒日相同的概率为

$$P_n = C_n^1 \frac{1}{365} - C_n^2 \frac{1}{365^2} + \cdots + (-1)^{n-1} C_n^n \frac{1}{365^n}$$

进而可求得 $n = 10$ 时，$P_{10} = 0.03$，$n = 100$ 时，$P_{100} = 0.24$，$n = 250$ 时，$P_{250} = 0.5$，$n = 1\,000$ 时，$P_{1\,000} = 0.94$.

可见在1 000个人中，至少有一个生卒相同几乎成了必然，即小概率事件在一次试验中发生的可能性很小，但在大量的试验至少发生一次则成了必然事件. 正如古希腊哲学家亚里士多德所说，不可能的事也是极可能的事.

例 2　抽签与顺序问题.

我们经常遇到抽签问题. 假如现有 10 支签，只有一支写着“中奖”，其他均为空白，为了抽奖的公平性，现让 10 个人依次去抽. 但此时有人提出这样的质疑：岂不是先抽者机会大，而后抽者机会小些，有失公平吗？如果你遇到这一问题，会如何解决呢？[32]

其实，这只是大家的一个误解. 事实上，公平与否关键在于抽签者是否在抽后立即公布自己的结果. 即他们抽到什么签都暂时不看，或者即使看了，也暂时不声张，那么他们每个人中奖的可能性都是一样的，都为十分之一，先抽后抽都是一样的.

下面我们来简单的分配一下这个问题.

显然易知，最先抽者中奖的机会为$\frac{1}{10}$；若第二个人要中奖，其前提条件是第一个人没有抽中（此事件的机会为$\frac{9}{10}$），故第二人中奖的机会为$\frac{9}{10} \times \frac{1}{9} = \frac{1}{10}$；依此类推，…… 第十个人中奖的前提是前九人均不中，其机会是$\frac{9}{10} \times \frac{8}{9} \times \cdots \times \frac{1}{2} \times 1 = \frac{1}{10}$.

所以大家中奖的机会是一样的，与抽签顺序无关. 我们不妨用一个更为一般的例子来说明这个问题：假设一口袋有 m 个黑球，n 个白球，它们除颜色不同外无任何区别，现把球一只只摸出来，求第 k 次摸出的是白球的概率 p.

现把这 $m+n$ 个球编上号码 $1,2,\cdots,m+n$，并把摸出的球依次放在排列成一直线的 $m+n$ 个位置上，则可能的排法共为 $(m+n)!$ 种. 当要求第 k 个位置上放的是白球时，我们可分两步：先放第 k 个位置再放其他位置. 易知第 k 个位置上球的取法共有 n 种，其他位置因对所放球无要求，则共有 $(m+n-1)!$ 种，所以根据乘法原理，“第 k 次摸到的是白球” 共有 $n(m+n-1)!$ 种取法，故所求概率为 $P = \frac{n(m+n-1)!}{(m+n)!} = \frac{n}{m+n}$，可以发现这个结果与 k 无关，换言之，与摸球的先后次序无关. 而当 $m=9$，$n=1$（即白球代表“中奖”）时，便为上述所列实际抽签问题的模型. 但别忘了这种结果的前提是事先对自己的结果保密，否则就得另当别论了.

例 3　多数人意见与少数人意见问题.

“三个臭皮匠顶上一个诸葛亮” 是在中国民间流传很广的一句谚语. 我们也可以从概率的角度来分析一下它的正确性.[33]

例如，刘备帐下以诸葛亮为首的智囊团有 9 名谋士（不包括诸葛亮）. 假定对某事进行决策时，每名谋士贡献正确意见的百分比为 0.7，诸葛亮贡献正确意见的百分比为 0.85. 现为某事可行与否而分别征求每名谋士的意见，并按多数人的意见作出决策，求作出正确决策的概率.

分析　此例属于二项式分布，$P=0.7$，$n=9$. 所以作出正确决策的概率为

$$\sum_{k=5}^{9} b(k;9,0.7) = \binom{9}{5}(0.7)^5(0.3)^4 + \binom{9}{6}(0.7)^6(0.3)^3 + \binom{9}{7}(0.7)^7(0.3)^2 + \binom{9}{8}(0.7)^8(0.3)^1 + \binom{9}{9}(0.7)^9(0.3)^0 = 0.901\,2 > 0.85$$

由此例说明，“三个臭皮匠顶上一个诸葛亮” 这种说法是有一定的道理的. 同时，它也给了我们这样的一个启示：集体的力量大. 当你遇到困难，一个人找不出解决的方案时，就应该

大家一起出谋划策,这样就有可能找到更好的解决办法.

但是也有人会说,有时候真理是掌握在少数的手中呀？这不是和上面的例子相矛盾吗？其实,这两者是不矛盾的,只是两者成立的前提条件不同而已. 下面,我们再用概率的思想来分析一下"真理有时掌握在少数人手中"这句话.

又例如,刘备帐下以诸葛亮为首的智囊团共有9名谋士(不包括诸葛亮). 假定对某事进行决策时,每名谋士贡献正确意见的百分比为0.3,诸葛亮贡献正确意见的百分比为0.5. 现为某事可行与否而个别征求每名谋士的意见,并按多数人的意见作出决策,求作出正确决策的概率.

分析　此例属于二项式分布,$P = 0.3, n = 9$,所以作出正确决策的概率为

$$\sum_{k=5}^{9} b(k;9,0.3) = \binom{9}{5}(0.3)^5(0.7)^4 + \binom{9}{6}(0.3)^6(0.7)^3 + \binom{9}{7}(0.3)^7(0.7)^2 + \binom{9}{8}(0.3)^8(0.7)^1 + \binom{9}{9}(0.3)^9(0.7)^0 = 0.090\,88 < 0.5$$

由此例可知,"真理有时掌握在少数人手中"这句话也是有一定的道理的. 这说明有时候我们不能一味听从大多数人的意见,而全盘否定某个人或少数人的独特见解,应根据实际情况来分析各种意见的可行性.

仔细观察上述两个实例,可以注意到这两种情况结果是截然相反的. 这是为什么呢？这主要是由于"多数人贡献正确意见的百分比"的差异造成的. 在二项分布中有这样一个公式

$$b(k;n,P) = b(n-k;n,1-P)$$

由这个公式我们可以得到

$b(5;9,0.7) = b(4;9,0.3)$, $b(6;9,0.7) = b(3;9,0.3)$, $b(7;9,0.7) = b(2;9,0.3)$,
$b(8;9,0.7) = b(1;9,0.3)$, $b(9;9,0.7) = b(0;9,0.3)$

而且$\sum_{k=5}^{9} b(k;9,0.7) = 1 - \sum_{k=5}^{9} b(k;9,0.3)$,即$0.901\,2 = 1 - 0.098\,8$.

这说明在大多数人对某件事情都比较有把握时($P > 0.5$),征求大家的意见所做的决策的正确率会更高. 而在大多数人对某件事情都没有把握时($P < 0.5$),征求大家的意见所做的决策的正确率反而会降低.

例4　电脑型体育彩票问题.

彩票玩法比较简单,2元买一注,每一注填写一张彩票. 每张彩票由一个6位数字和一个特别号码组成. 每位数字均可填写0,1,…,9这10个数字中的一个;特别号码为0,1,2,3,4中的一个.

每期设六个奖项,投注者随机开出一个奖号——一个6位数号码,另加一个特别号码,即0~4中的某个数字. 中奖号码规定如下:彩票上填写的6位数与开出的6位数完全相同,而且特别号码也相同——特等奖;6位数完全相同——一等奖;有5个连续数字相同——二等奖;有4个连续数字相同——三等奖;有3个连续数这相同——四等奖;有2个连续数字相同——五等奖.

每一期彩票以收入的50%作为奖金. 三、四、五等奖的奖金固定,特、一、二等奖的奖金浮动. 例如,如果一等奖号码是123456,特别号为0,那么各等奖项的中奖号码和每注奖金,如下表所列:

奖级	中奖号码	每注奖金
特等奖	1 2 3 4 5 6 + 0	（奖金总额 − 固定奖金）× 65% ÷ 注数 88 万元（保底）~ 500 万元（封顶）
一等奖	1 2 3 4 5 6	（奖金总额 − 固定奖金）× 15% ÷ 注数
二等奖	1 2 3 4 5 □ □ 2 3 4 5 6	（奖金总额 − 固定奖金）× 20% ÷ 注数
三等奖	如：□ 2 3 4 5 □ 等共 3 组	300 元
四等奖	如：□□□4 5 6 等共 4 组	20 元
五等奖	如：□□□4 5 □ 等共 5 组	5 元

以一注为单位，计算每一注彩票的中奖概率.

特等奖 —— 前 6 位数有 10^6 种可能，特别号码有 5 种可能，共有 $10^6 \times 5 = 5\,000\,000$ 种选择，而特等奖号码只有一个，因此，一注中特等奖的概率为

$$P_0 = 1/5\,000\,000 = 2 \times 10^{-7} = 0.000\,000\,2$$

一等奖 —— 前 6 位数相同的，只有一种可能，故中一等奖的概率为

$$P_1 = 1/1\,000\,000 = 10^{-6} = 0.000\,001$$

二等奖 —— 有 20 个号码可以选择，故中二等奖的概率为

$$P_2 = 20/1\,000\,000 = 0.000\,02$$

三等奖 —— 有 300 个号码可以选择，故中三等奖的概率为

$$P_3 = 300/1\,000\,000 = 0.000\,3$$

四等奖 —— 有 4 000 个号码可以选择，故中四等奖的概率为

$$P_4 = 4\,000/1\,000\,000 = 0.004$$

五等奖 —— 有 50 000 个号码可以选择，故中五等奖的概率为

$$P_5 = 50\,000/1\,000\,000 = 0.05$$

合起来，每一注总的中奖率为

$$P = P_0 + P_1 + P_2 + P_3 + P_4 + P_5 = 0.054\,321\,2 \approx 5.4\%$$

这就是说，每年 1 000 注彩票，约有 54 注中奖（包括五等奖到特等奖），但中特等奖乃至一、二等奖的概率是非常之小的.

随着彩票市场的发展，“彩民”们越来越关注每一期的中奖号码，各地晚报上也不时发表谈论彩票的文章. 有的说中奖号码没有规律，有的则振振有词地说有“规律”. 那么中奖号码到底有没有“规律”可循？

我们知道，每一期开奖，都是用号码机公开摇奖. 这样摇出来的中奖号码，应该相信是随机的，即 0，1，…，9 这 10 个数字，出现在中奖号码的每一个数位上的可能性，都是相等的. 因此，就每一个中奖号码来说，它的出现是毫无规律可言的，因此是事先猜不到的. 现在甚至有所谓“预测”彩票中奖号码的电脑软件，不过是借此偶然性来推测偶然性的游戏，是不足为信的.[34]

例 5　历史名著作者考证问题.

自胡适作《红楼梦考证》以来,不少学者以为《红楼梦》前80回是曹雪芹所写,后40回为高鹗所续,但也有人对此提出质疑《红楼梦》的作者到底是谁? 利用概率方法可以解决这一难题.

作家写作时,某处用这个字(词)或那个字(词)带有很大的偶然性,而这大量的偶然性后却隐藏着某种客观规律,即该作家在其长期写作生涯中形成的独特文本特征. 籍此概率论学者可考证某著作的作者. 不少学者对《红楼梦》做了这方面的工作,如赵冈选出“儿、在、事、的、著”五字作为比较样本,对前80回和后40回进行比较,从平均频率、标准差、变异数等数据来看,五字出现频率相当稳定,虽出于两人之手,但是40回仿前80回使用的口语是“过这”而非“不及”. 复旦大学数学系的李贤平教授在这方面的成果可谓卓著. 李贤平对每回所用的47个虚字(13个文言虚字:之、其、或、亦、方、于……,9个句尾虚字:呀、吗、咧、么、呢……,13个白话虚字:了、的、著、一、不、把、让、是、好……,12个表示转折、程度、比较等意的虚字:可、便、就、但、越、再、更、此、很……)出现的次数利用计算机进行统计,再利用多种统计方法如主成分分析、典型相关分析、多维尺度法、广义线性模型、类 X_2 距离与相关系数等来探索各回所写风格的接近程度,并用三种层次聚类方法对各回分类,将结果作成正视图与聚类图. 由此得出,前80回和后40回之间有交叉. 全书由曹雪芹据《石头记》写成,中间插入《风月宝鉴》6 ~ 16回和63 ~ 69回情节. 借省亲南巡,创造出元春,扩建大观园,为宝玉及诸钗提供了理想场所. 经过几次增删,全书计划110回. 在最后一次增删中,曹雪芹重新安排小说结构,增添神话色彩,并将全书扩展为120回. 可惜曹雪芹早逝,以至前80回残缺,后40回未定稿,后由曹雪芹的亲友将其草稿整理成120回全书. 从统计结果可以得出,宝黛故事为一人所写,贾府衰败情景当为另一人所撰. 这些新的考证结果,在红学界产生了不小的震动. 正如马克思所说:“一门科学只有在成功地运用数学时,才算达到了真正完善的地步.”

类似于《红楼梦》,概率学者对《静静的顿河》之作者也进行了考证. 该书出版时署名作者为著名作家肖洛霍夫,出版后不久就有人说这本书是从哥萨克作家克留柯夫那里抄袭而来. 为了弄清楚谁是真正的作者,捷泽等学者采用计算风格学的方法进行考证,从句子的平均长度、词的选用、结构分析、用词频率等进行统计、分析,最后确认该书作者确为肖洛霍夫.

例6　关于选择题的评分标准的确定问题.

为了寻求全面、科学、公平的测验形式和评分方法的需要,在各类考试中普遍采用了“选择题”. 为了进一步提高测验的信度,对于选择题制定合理的评分标准也是很有必要的. 选择题的合理的评分原则应该为:因掌握题目内容而选对者得满分;因不会而不选者得零分;因不会而乱猜者所得分数的期望值应为零. 设该道选择题给出了几个答案,其中有 m 个是正确的,本题满分为 Q. 要求考生从 n 个答案中选出 m 个,则选对一个应得 $\frac{Q}{m}$ 分,选错一个应倒 $\frac{Q}{n-m}$ 分. 这样确定的评分标准合理吗?

这可根据古典概率和统计规律来说明这种评分标准是合理的.

虽然各种不同的选法计有 C_n^m 种,并且每种选法是等可能的. 其选法可以分为以下“$m+1$”类:

编号 i	选对答案数	选错答案数	概率 P_i
1	m	0	$\frac{C_m^m \cdot C_{n-m}^0}{C_n^m}$
2	$m-1$	1	$\frac{C_m^{m-1} \cdot C_{n-m}^1}{C_n^m}$
3	$m-2$	2	$\frac{C_m^{m-2} \cdot C_{n-m}^2}{C_n^m}$
⋮	⋮	⋮	⋮
$m+1$	0	m	$\frac{C_m^0 \cdot C_{n-m}^m}{C_n^m}$

显然

$$\sum_{k=0}^{m} \frac{C_m^k \cdot C_{n-m}^{m-k}}{C_n^m} = 1$$

根据统计规律，当考生相当多（设为 M）时，选择以上各类型答案的人数分布必定遵循同样的规律：

编号 i	人数 $M_i = M \cdot P_i$	得分	倒扣分
1	$M_1 = \frac{C_m^m \cdot C_{n-m}^0}{C_n^m} \cdot M$	$\frac{Q}{m} \cdot m \cdot M_1$	0
2	$M_2 = \frac{C_m^{m-1} \cdot C_{n-m}^2}{C_n^m} \cdot M$	$\frac{Q}{m} \cdot (m-1) \cdot M_2$	$\frac{Q}{n-m} \cdot 1 \cdot M_2$
3	$M_3 = \frac{C_m^{m-2} \cdot C_{n-m}^3}{C_n^m} \cdot M$	$\frac{Q}{m} \cdot (m-2) \cdot M_3$	$\frac{Q}{n-m} \cdot 2 \cdot M_3$
⋮	⋮	⋮	⋮
m	$M_m = \frac{C_m^1 \cdot C_{n-m}^{m-1}}{C_n^m} \cdot M$	$\frac{Q}{m} \cdot 1 \cdot M_m$	$\frac{Q}{n-m} \cdot (m-1) \cdot M_m$
$m+1$	$M_{m+1} = \frac{C_m^0 \cdot C_{n-m}^m}{C_n^m} \cdot M$	0	$\frac{Q}{n-m} \cdot m \cdot M_{m+1}$
$\sum$	$\sum_{k=1}^{n+1} M_k = M$	$\sum_{k=0}^{m} \frac{Q}{m}(m-k) \cdot M_{k+1}$	$\sum_{k=0}^{m} \frac{Q}{n-m} \cdot k \cdot M_{k+1}$

显然 $$\sum_{k=0}^{m} \frac{Q}{m}(m-k)M_{k+1} = \sum_{k=0}^{m} \frac{Q}{m} \cdot k \cdot M_{k+1}$$

上式即为得分总数刚好等于倒扣分总数，也就是说，如果这 M 个考生都不会而全部进行猜选所得分数的期望值为零.

综上这个评分标准从总体上看显然合理，但具体到每个考生情况就有所不同. 有的可能侥幸得分，有的则可能不幸倒扣，个别的甚至整个大题得负分. 为了避免此种情况发生，提高测试信度，则选择题的个数不能过少.

例 7 色盲的遗传问题.

常见的色盲是不能区分红、绿两色. 但色盲与遗传有关，由直接统计可以得出：（ⅰ）色盲中男性远多于女性；（ⅱ）色盲父亲与“正常”母亲不会有色盲孩子；（ⅲ）“正常”父亲和色盲母亲的儿子是色盲，女儿则不是. 结果何以是这样的呢？

科学研究表明，所有的人，细胞里都有46条染色体，一半来自父体，一半来自母体，构成几乎完全相同的两套，这两套染色体决定了人的复杂的遗传性质，并且代代相传下去.

在这两套几乎完全相同的染色体中，有一对特殊的染色体，它们在女的体内是相同的，在男的体内是不同的，这对染色体叫性染色体，用x和y两个符号来区别，女性体内的细胞只有两条x染色体，男性体内的细胞则有x，y染色体各一条. 人的胚胎细胞受精后，若是含有两条x染色体则发育成女孩，若是含有x，y各一条染色体则发育成男孩，这两者的概率是相等的.

从统计结论可清楚地看出，色盲的遗传必然与性别有一定关系，色盲的出现这可能是由于某一条染色体出了毛病，并且这条染色体代代相传，这样我们就可以用逻辑判断得到进一步的假设：色盲是由于x染色体中缺陷造成的.

从这一假设出发，上面三条色盲的统计规律就昭然若揭了. 由于女性中有两条x染色体，而男性中只有一条x染色体. 如果男性中这唯一的一条染色体有色盲缺陷，则他就是色盲，而女性只有在两条x染色体都有毛病时才会成为色盲，因为这一条染色体足以使她获得感觉颜色的能力.

如果x染色体中带有色盲缺陷的概率为$\frac{1}{1\ 000}$，那么一千个男性中就会有一个色盲. 同样推算的结果，女性中两条x染色体都是缺陷的可能性则应按概率乘法定理计算，即$\frac{1}{1\ 000}\times\frac{1}{1\ 000}=\frac{1}{1\ 000\ 000}$，所以，一百万个妇女中，才有发现一名先天色盲的可能的.

我们来考虑色盲丈夫和“正常”妻子的情况. 他们的儿子只能从母亲那里接受一个“好的”x染色体，而没有从父亲那里接受x染色体，因此他不会成为色盲；他们的女儿会从母亲那里得来一条“好的”染色体，而从父亲那里得到却是“坏的”染色体，这样，她不会是色盲，但她将来的儿子可能是色盲.

在“正常”丈夫和色盲妻子这种相反情况下，他们的儿子的唯一的x染色体一定来自母亲，因而一定是色盲，女儿则从父亲那里得一条“好的”，从母亲那里得到一条“坏的”因而不会是色盲，但她的儿子可能是色盲.

同样的理由，正常丈夫与正常妻子的子女不会有色盲子女，色盲丈夫与色盲妻子的子女则一定是色盲.

这个例子以及下面的例8是在科学史上非常有名气的概率知识应用的例子.

例8　孟德尔遗传定律的解释.

这里介绍他的一个学生完成实验，在两株关系密切的植物中，一株开白花，而一株开红花，两株植物的关系如此之近，以至它们能彼此受粉. 由杂交所得到的种子发育成有中间特征的杂种植物；杂种开粉红色花. 如果杂种植物可自受粉，结出的种子发育成第二代. 这第三代中有开红花的，有开粉红色的，有开白花的.

在所做的实验中，发现有564株第三代植物，其中开白花的第三代有141株，开红色的第三代有132株，开粉红花的第三代有291株，不难得出，这些由实验所给的数字近似于一个简单的比例1∶2∶1. 这个简单的比例引出一个简单的解释.

从杂交实验开始说起，任何一个开花的植物产自于两个生殖细胞的结合. 第二代的开粉红色花的杂种,来自两个不同世系的生殖细胞:来自红的和来自白的. 当第二代的生殖细胞再结合时,会出现什么情况呢? 可以是白的同白的,或红的同红的,或白的同红的,三种不同的结合可能解释第三代的三种不同结果.

有了这样一种认同之后,解释比例数就不难了. 真正观察到的比例 141 : 291 : 132 同简单比例1 : 2 : 1 的偏差看作是随机的,即观察频率与实际频率的偏差. 由此引出如下的假定:开粉红色的植物按照相同数量产生"白的"与"红的"生殖细胞,最后,我们把两个生殖细胞的随机相遇与任意摸球的随机实验相类比.

设有两个袋子,每袋中都装有数量相等的红球与白球. 我们用两只手向两个袋子去摸,从每个袋子摸出一个球来,求摸出两个都是白球,一个白球与一个红球和两个都是红球的概率.

易见,可求的概率比是

$$\frac{1}{4}:\frac{2}{4}:\frac{1}{4}$$

这就是孟德尔遗传定律的概率知识解释或描述.

例 9 药物疗效的研究与判断问题.

一个医生知道某种疾病的自然痊愈率为 0.25,为了试验一种新药是否有效,把它给 10 个病人服用. 他事先规定了一个决策规则:若这 10 个病人中至少有 4 人被治好,则认为这种新药有效,提高了治愈率;反之,则认为无效,求:(1) 虽然新药有效,并把痊愈率提高到 0.35,但通过试验却被否定的概率;(2) 新药完全无效,但通过试验却被判断为有效的概率.[35]

解 (1) 实际上是说新药是有效的,并且把痊愈率提高到 0.35(包括自然痊愈率在内),但经 10 人服用后,痊愈人不多于 3 个. 因此按决策规则,只好认为此药无效,这显然是做了错误的判断(按数理统计的语言来说,犯了弃真错误). 要计算犯这错误的概率,可以将 10 个病人服用此药视为 10 次伯努利试验,在每次试验中,此人痊愈的概率 $P=0.35$,不痊愈的概率是 $1-0.35=0.65$,而且 10 个人的痊愈与否可以认为彼此不受影响(即使是传染病,也是隔离治疗的). 于是"否定新药" 这一事件等价于"10 个人中最多只有 3 个治好" 这一事件,故所求的概率为

$$P(\text{否定新药})=\sum_{k=0}^{3}P_{10}(k)=\sum_{k=10}^{3}C_{10}^{k}\times 0.35^{k}\times 0.65^{10-k}=$$

$$0.65^{10}+10\times 0.35\times 0.65^{9}+45\times 0.35^{2}\times 0.65^{8}+120\times 0.35^{3}\times 0.65^{7}\approx 0.513\,6$$

(2) 所求的是"新药完全无效却判断为它有效" 这一事件的概率(在数理统计上叫作犯了取伪错误). 因为新药实际上是无效的,因而痊愈率是自然痊愈率 0.25,此时有

$$P(\text{判断新药有效})=\sum_{k=4}^{10}P_{10}(k)=\sum_{k=4}^{10}C_{10}^{k}\times 0.25^{k}\times 0.75^{10-k}=$$

$$1-\sum_{k=0}^{3}C_{10}^{k}\times 0.25^{k}\times 0.75^{10-k}=$$

$$1-(0.75^{10}+10\times 0.25\times 0.75^{9}+45\times$$

$$0.25^{2}\times 0.75^{8}+120\times 0.25^{3}\times$$

$0.75^7) \approx 0.224$

注:如果把决策规则中的 4 人改为 3 人,则

$$P(\text{否定新药}) = \sum_{k=0}^{2} P_{10}(k) = \sum_{k=0}^{2} C_{10}^{k} \times 0.35^{k} \times 0.65^{10-k} =$$

$$0.65^{10} + 10 \times 0.35 \times 0.65^{9} + 45 \times 0.35^{2} \times 0.65^{8} \approx 0.2615$$

$$P(\text{判断新药有效}) = \sum_{k=3}^{10} P_{10}(k) = \sum_{k=3}^{10} C_{10}^{k} \times 0.25^{k} \times 0.75^{10-k} =$$

$$(1 - \sum_{k=0}^{3} C_{10}^{k} \times 0.25^{k} \times 0.75^{10-k})$$

$$1 - (0.75^{10} + 10 \times 0.25 \times 0.75^{9} + 45 \times 0.25^{2} \times 0.75^{8}) \approx 0.474$$

可见,若把决策规则修改为“10个病人吃了新药后,至少有3人被治好,则认为这种药有效,提高了治愈率;反之,则认为无效.”那么犯弃真错误的概率就减少到 0.216 5,而犯取伪错误的概率就增加到 0.474. 我们知道药品的效用关系到人命安全问题,因此,我们说如果新药有效而被否定(犯了弃真错误),则会造成经济上的损失,但不会危及人身安全;如果新药无效而肯定(犯了取伪错误),则可能危及人身安全,由此我们可以认为修改的决策规则较为稳妥.

事实上,犯两类错误所造成的影响虽不一样,但都会给工作带来损失,所以,我们希望作出的判断能使犯这两类错误的概率尽可能地小,但一般情况下,两种错判的概率不能同时减小. 因此,实际的做法是:限制(1) 的概率后,再通过一些办法使(2) 的概率尽可能的小.

例 10　有奖促销活动问题.

在今天的商潮大战中,各大厂商为了推销产品以提高效益,巧用概率开展的有奖促销活动,随处可闻,屡见不鲜,而且形式多样,不断翻新,以吸引人们踊跃购买. 如某厂商在某种小食品袋中,装有一张精致的小属相卡片(或完整图形的一部分). 谓之“有的吃、有的玩、有的奖”,且厂方声称,若凑齐这样一整套卡片(或拼成一张完整的图形),即可获得 ×× 奖,就是一种众所周知的促销活动. 由于其奖金数额可观,因此招来了众多的顾客购买,对推动产品的销售,提高经济效益相当奏效. 消费者在购买这种食品时,往往忽视了“平均应购买多少袋这样的食品,才能凑齐一整套十二张的属相卡片”这个重要问题,厂商就是根据这一点并利用人们皆想中奖的盲目侥幸心理,达到其有奖促销活动的目的. 下面我们应用概率知识对这一问题进行分析计算,以揭示厂商巧用概率开展促销活动,只赚不赔的科学依据,并指导消费者以科学态度正确对待有奖销售活动.

假设装有各种不同属相卡片的袋子是均匀混合的,“平均应购买多少袋这样的小食品,才能凑齐一整套十二属相卡片”这个问题,我们可以设想这样一种古典概率模型:设一盒子内装有标号有 1 ~ 12 的 12 张不同的扑克牌,每次独立地从盒中取出一张,看后放回,并记录取出扑克牌的标号,这样问题就转化为“平均抽多少次才能抽齐这 12 张不同的扑克牌”. 此问题可视为等待时间问题:设 $X_1, X_2, \cdots, X_{12}$ 依次表示对一张扑克牌的等待时间,由概率知识知道,如果第 k 张扑克牌的等待时间为 X_k,一次抓取“成功”的概率为 P_k,则 X_k 应服从几何分布,即分布律为

$$P\{X_k = i\} = (1 - P_k)^{i-1} \cdot P_k, (i = 1, 2, \cdots), k = 1, 2, \cdots, 12$$

此式即表示第 i 次取出第 k 张新扑克牌而前 $i-1$ 次取到旧扑克牌的概率,从而可计算取

得第 k 张新扑克牌的期望次数为

$$E(X_k)=\frac{1}{P_k}=\sum_{i=1}^{\infty}i(1-P_k)^{i-1}P_k,k=1,2,\cdots,12$$

而因第一次抽到的总是新的扑克牌,故抽到第一张新扑克牌的概率为 $P_1=1$,期望次数 $E(X_1)=1$.

因为是有放回的抽取,每次抽取时都有 12 张扑克牌,而 X_2 为抽到任意一张不同于第一次抽取出那张扑克牌的等待时间,这时盒中新的扑克牌只有 $12-1=11$(张),故一次抽取成功的概率为 $P_2=\frac{11}{12}$,从而抽取第二张扑克牌的期望次数为 $E(X_2)=\frac{1}{P_2}=\frac{12}{11}$;同理抓取第三张新扑克牌一次成功的概率为 $P_3=\frac{10}{12}$,故抽取到第三张新扑克牌的等待时间 X_3 的期望次数为 $E(X_3)=\frac{12}{10}$;依此类推可知,第 k 张新扑克牌一次抓取成功的概率为 $P_k=\frac{12-k+1}{12}$,$k=1,2,\cdots,12$,第 k 张新扑克牌的等待时间 X_k 的期望次数为 $E(X_k)=\frac{1}{P_k}=\frac{12}{12-k+1}$,$k=1,2,\cdots,12$. 故抽到一整套十二属相卡片的期望次数(即抽齐 12 张不同的扑克牌的期望次数)为

$$E(X_1+X_2+\cdots+X_{12})=E(X_1)+E(X_2)+\cdots+E(X_{12})=$$
$$\frac{12}{12}+\frac{12}{11}+\frac{12}{10}+\cdots+\frac{12}{1}\approx$$
$$37.238\ 6\approx 38$$

即期望凑齐一整套十二属相卡片,需要购买 38 袋这样的食品. 可见,即使厂家没有故意让某些卡片少一些,让另外一些卡片多一些,需凑齐一整套十二属相卡片是比较困难的. 若有的属相卡片根本不做,则厂商尽可以大胆声称奖金为 ××× 万元. 由于此种促销活动有一定的隐蔽性,消费者又有侥幸心理,因而众多厂商争相仿效,花样多种. 例如,水果销售商的"先尝后买"吆喝声就是其中一种.

例 11 "三局两胜"制公平吗?

在体育比赛中,人们常采用"三局两胜"、"五局三胜"或"七局四胜"制,这种比赛制度公平吗?

在体育(或其他活动、游戏)比赛中,所谓公平是指比赛双方获胜的概率均为 50%. 如果把一局比赛视为一次实验,一局决胜负固然很好,但因实验次数太少,所以偶然因素较多. 比赛组织者为了公平总是假定比赛双方水平相当,即双方在一局比赛获胜的概率为 50%. 采用"三局两胜"制,可视为三次独立重复实验. 甲获胜,就是甲至少赢得三局中的两局

$$P(\text{甲胜})=C_3^2\left(\frac{1}{2}\right)^3+C_3^3\left(\frac{1}{2}\right)^3=\frac{1}{2}$$

乙获胜的概率就是 $1-\frac{1}{2}=\frac{1}{2}$,这就说明"三局两胜"这种比赛制度是公平的.

类似地,"五局三胜"或"七局四胜"制,也是公平的比赛制度. 如果一次比赛中,甲、乙双方获胜的概率不等,我们还能推导出水平较高的选手在"五局三胜"制下比"三局两胜"制下获胜的把握大,比赛的赛制规定的局数越多则水平较高的选手获胜的把握越大.

例 12 产品检验失真问题.

用某种方法检验一批产品，由于种种原因，检验的结果不能保证百分之百的准确. 假设次品经检验被确定为次品的概率是0.90，正品经检验被确定为正品的概率是0.99. 现在从次品率为0.05的一批产品中任取1件进行检验，求：

（1）经检验被确定为次品而实际是正品的概率；

（2）经检验被确定为正品而实际是次品的概率；

（3）经检验被确定为次品而实际也是次品的概率；

（4）经检验被确定为正品而实际也是正品的概率.

解析　记A=“任取1件产品是正品”，B=“取出的1件产品经检验被确定为次品”，则根据题意有：$P(\bar{A})=0.05$，$P(A)=0.95$；取出的1件是正品经检验也是正品的概率为$P(\bar{B}/A)=0.99$；取出的1件是正品而经检验却被认为是次品的概率为$P(B/A)=0.01$；取出的1件是次品经检验也是次品的概率为$P(B/\bar{A})=0.90$；取出的1件是次品经检验却被认为是正品的概率为$P(\bar{B}/\bar{A})=0.10$. 根据全概公式，任取1件产品经检验被确定为是次品的概率为

$$P(B)=P(A)P(B/A)+P(\bar{A})P(B/\bar{A})=$$
$$0.95\times0.01+0.05\times0.90=0.054\,5 \quad ①$$
$$P(\bar{B})=1-P(B)=0.945\,5 \quad ②$$

由贝叶斯公式可得，任取1件产品经检验被确定为次品而实际上是正品的概率为

$$P(A/B)=\frac{P(A)P(B/A)}{P(B)}=\frac{0.95\times0.01}{0.054\,5}=0.174\,3 \quad ③$$

经检验被确定为正品而实际上是次品的概率为

$$P(\bar{A}/\bar{B})=\frac{P(\bar{A})P(\bar{B}/\bar{A})}{P(\bar{B})}=\frac{0.05\times0.10}{0.945\,5}=0.005\,3 \quad ④$$

经检验被确定为次品而实际上也是次品的概率为

$$P(\bar{A}/B)=\frac{P(\bar{A})P(B/\bar{A})}{P(B)}=\frac{0.05\times0.90}{0.054\,5}=0.825\,7 \quad ⑤$$

经检验被确定为正品而实际上也是正品的概率为

$$P(A/\bar{B})=\frac{P(A)P(\bar{B}/A)}{P(\bar{B})}=\frac{0.95\times0.99}{0.945\,5}=0.994\,7 \quad ⑥$$

观察式①－⑥可以发现以下两点：第一，虽然这批产品的次品率是0.05，但是，任取1件经检验被确定为次品的概率并不是0.05，而是0.054 5，这是由于检验失真造成的；第二，式③与式⑤，式④与式⑥，是两对对立事件的概率，因此，在求出其中一个事件的概率以后，其对立事件的概率也可以直接利用公式$P(C)=1-P(\bar{C})$求得.

例13　产品责任问题.

某工厂有三条流水线生产同一产品，三条流水线的产量分别占总产量的25％，35％，40％，而这三条流水线的次品率分别为0.05，0.04，0.02. 现在从该厂的产品中任意抽出1件，检查结果为次品. 厂方怎样处理这件次品的责任较为合理？

解析　如果某一条流水线的产量最高，同时次品率也最高，那么这条流水线的责任当然也就最大. 而在本例中，产量最高的流水线，次品率并不是最高，在这种情况下，如何来确定各个流水线的责任呢？

设A=“任取一件产品是次品”，B_i=“取出的一件是第i条流水线的产品”$(i=1,2,3)$，

则取出的次品是第i条流水线产品的概率为$P(B_i/A)$. 根据$P(B_i/A)$的大小来确定各条流水线的责任是比较科学、合理的.

我们先利用全概公式计算出$P(A)$.

根据已知条件可知,$P(B_1)=0.25$,$P(B_2)=0.35$,$P(B_3)=0.40$. $P(A/B_1)=0.05$,$P(A/B_2)=0.04$,$P(A/B_3)=0.02$.

由全概公式有 $P(A)=\sum\limits_{i=1}^{3}P(B_i)P(A/B_i)=0.25\times0.05+0.35\times0.04+0.40\times0.02=0.0345$. 根据贝叶斯公式

$$P(B_i/A)=\frac{P(B_i)P(A/B_i)}{P(A)}=\frac{P(B_i)P(A/B_i)}{\sum\limits_{k=1}^{3}P(B_k)P(A/B_k)}$$

可得,次品来自于第一条流水线的概率为

$$P(B_1/A)=\frac{0.25\times0.05}{0.0345}=0.3623$$

次品来自于第二条流水线的概率为

$$P(B_2/A)=\frac{0.35\times0.04}{0.0345}=0.4058$$

次品来自于第三条流水线的概率为

$$P(B_3/A)=\frac{0.40\times0.02}{0.0345}=0.2319$$

通过上面的计算可以认为:第二条流水线的责任最大,第一条流水线的责任次之,第三条流水线的责任最小.

例 14 押宝游戏真相揭秘.

游戏规则:板上画有标号1~6的方格,六个参与的人各自在不同的方格内押一元钱,庄家同时抛掷3颗骰子,如果出现你押的点数则你不仅可拿回你的一元本金,而且3颗骰子中你的点数出现几次,庄家还会付给你几元奖金. 否则,你就输掉一元本金.

庄家说法:你每次最多只输1元,而最多可赢3元,因此你会赢钱.

解析 分析你赢钱的情况:

三颗骰子中出现你押点数的次数	你赢钱的数目X(单位:元)	概　率
0	-1	$P_1=\frac{C_5^1C_5^1C_5^1}{6^3}=\frac{125}{216}$
1	1	$P_2=\frac{C_3^1C_5^1C_5^1}{6^3}=\frac{75}{216}$
2	2	$P_3=\frac{C_3^2C_5^1}{6^3}=\frac{15}{216}$
3	3	$P_4=\frac{1}{6^3}=\frac{1}{216}$

你赢钱的数学期望是$E(X)=(-1)\times\frac{125}{216}+1\times\frac{75}{216}+2\times\frac{15}{216}+3\times\frac{1}{216}=-0.0787$.

再分析一下庄家的情况:

三颗中点数的情形	庄家赢钱的数目 Y(单位:元)	概率
三个点数相同	2	$P_1=\frac{A_6^3}{6^3}=\frac{120}{216}$
有两个点数相同	1	$P_2=\frac{C_3^2C_6^1C_5^1}{6^3}=\frac{90}{216}$
三个点数全不同	0	$P_3=\frac{C_6^1}{6^3}=\frac{6}{216}$

庄家获利的数学期望是 $E(Y)=2\times\frac{120}{216}+1\times\frac{90}{216}+0\times\frac{6}{216}=1.527\ 8$.

由此可见,你赢钱的期望是负值,即一般来说是输钱,而庄家是包赢不输.

例 15　弹球游戏真相揭秘.

游戏规则:付费3元可进行一次游戏,如图11.1,从上端开口处向容器内弹进一个小球,碰到阻挡物后,随机的从两侧向下层跌落,最终小球落在底层哪个区域,便可获得其中奖品.

庄家说法:中奖机会多,盈利的可能性看似较大.

解析　由于小球落 D 区只有如图11.2的两种可能.

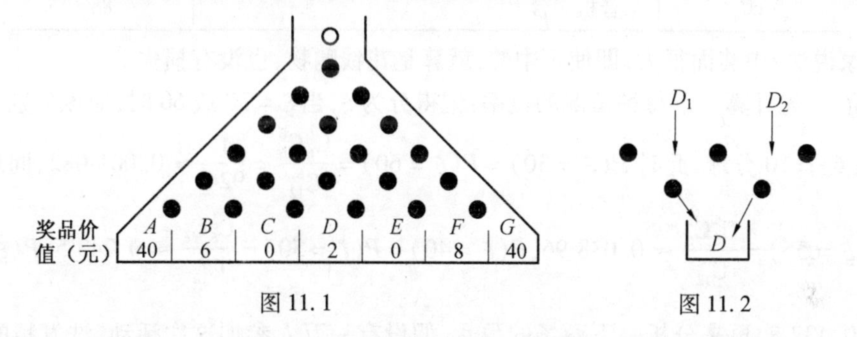

图 11.1　　　　图 11.2

故

$$P(D)=P(D_1)\times\frac{1}{2}+P(D_2)\times\frac{1}{2}=[P(D_1)+P(D_2)]\times\frac{1}{2}$$

这就是说,小球落入 D 区的概率等于 D 区上层两区概率之和的一半,据此不难求出小球落入各区的概率.

$n=1$　$\frac{1}{2}$　$\frac{1}{2}$

$n=2$　$\frac{1}{4}$　$\frac{2}{4}$　$\frac{1}{4}$

$n=3$　$\frac{1}{8}$　$\frac{3}{8}$　$\frac{3}{8}$　$\frac{1}{8}$

$n=4$　$\frac{1}{16}$　$\frac{4}{16}$　$\frac{6}{16}$　$\frac{4}{16}$　$\frac{1}{16}$

$n=5$　$\frac{1}{32}$　$\frac{5}{32}$　$\frac{10}{32}$　$\frac{10}{32}$　$\frac{5}{32}$　$\frac{1}{32}$

$n=6$　$\frac{1}{64}$　$\frac{6}{64}$　$\frac{15}{64}$　$\frac{20}{64}$　$\frac{15}{64}$　$\frac{6}{64}$　$\frac{1}{64}$

　　　A　B　C　D　E　F　G

参加游戏者获利的期望为 $E(X)=40\times\frac{1}{64}+6\times\frac{6}{64}+2\times\frac{20}{64}+8\times\frac{6}{64}+40\times\frac{1}{64}=2.625<3$.

因此游戏者赢钱的希望多半会落空.

例 16 摸奖游戏真相揭秘.

游戏规则:某商场举行“免费摸奖,让利酬宾”活动,摸奖箱中有12个小球.标记10分和5分各6个,每次摸6个,按分数之和,对应下表领取奖品或购物.

分数	奖品或购物	价值(元)
30	手机一部	888
35	手表一块	48
40	按优惠价购买洗发精一瓶	38
45	按优惠价购买洗发精一瓶	38
50	牙刷一支	2
55	牙膏一盒	3
60	录音机一台	88

庄家说法:中奖面很大,即使不中奖,就算是花钱购物,也没有损失.

解析 先计算一下每种情况的概率:记得分为ξ,当$\xi=30$或60时,应该分别对应6个5分球或6个10分球,此时$P(\xi=30)=P(\xi=60)=\frac{C_6^6C_6^0}{C_{12}^6}=\frac{1}{924}\approx0.001\ 082$,同理$P(\xi=35)=P(\xi=55)=\frac{C_6^5C_6^1}{C_{12}^6}\approx0.038\ 96$,$P(\xi=40)=P(\xi=50)=\frac{C_6^1C_6^2}{C_{12}^6}\approx0.243\ 5$,$P(\xi=45)=\frac{C_6^3C_6^3}{C_{12}^6}\approx0.432\ 8$,再来分析一下商场的盈亏,假设有一万人参加这次活动,洗发精的利润为20%.

(单位:元)

分数	概率	人数	每人应付金额	每人应得金额	商场应付金额	商场应得金额
30	0.001 082	11	—	888	9 768	—
35	0.038 96	390	—	48	18 720	—
40	0.243 5	2 435	38	—	—	92 530
45	0.432 8	4 328	38	—	—	164 464
50	0.243 5	2 445	—	2	4 870	—
55	0.038 96	390	—	3	1 170	—
60	0.001 082	11	—	88	968	—
合计	100%	10 000			34 596	256 994

商场的利润期望是 $E(X)=256\ 994\times20\%-34\ 596=16\ 802.8$.

例 17 证人的证词作为推断公平吗?

深夜,一辆出租车被牵涉进一起交通事故,该市有两家出租车公司 —— 蓝色出租车公司和红色出租车公司,其中蓝色出租车公司和红色出租车公司分别占整个城市出租车的 85% 和 15%,据现场目击证人说,事故现场出租车是红色,并对证人的辨别能力作了测试,测得他辨认的正确率为 80%,于是警察就认定红色出租车具有较大的肇事嫌疑,红色出租车公司不服.请问警察的认定对红色出租车公平吗？试说明理由.

解析　设该市有出租车 1 000 辆,那么依题意可得如下信息:

真实颜色	证人所说的颜色(正确率 80%)		
	蓝色	红色	合计
蓝色(85%)	68	17	85
红色(15%)	3	12	15
合计	71	29	100

从表中可以看出,当证人说出租车是红色时,且它确实是红色的概率为 $12 \div 29 \approx 0.41$,而它为蓝色的概率为 $17 \div 29 \approx 0.59$. 在这种情况下,以证人的证词作为推断的依据对红色出租车显然是不公平的.

11.3.2　在求解数学问题中的应用

(1) 利用概率的基本性质及基本公式解题.

例 18　若 $0 \leqslant x,y,z \leqslant 1$,求证:$xy + xz - yz \leqslant x$.

证明　设 A,B,C 是相互独立的三个事件,且 $P(A) = x, P(B) = y, P(C) = z$.

因

$$P(A) \geqslant P[A(B + C)] = P(AB + AC) =$$
$$P(AB) + P(AC) - P(ABC) \geqslant$$
$$P(AB) + P(AC) - P(BC) =$$
$$xy + xz - yz$$

故

$$xy + xz - yz \leqslant x$$

例 19　设 a,b,c,x,y,z 为正实数,且 $a + x = b + y = c + z = k$,求证:$ay + bz + cx < k^2$.

证明　由 $a + x = b + y = c + z = k$,有

$$\frac{a}{k} + \frac{x}{k} = \frac{b}{k} + \frac{y}{k} = \frac{c}{k} + \frac{z}{k} = 1$$

设 A,B,C 是相互独立的三个事件,且 $P(A) = \frac{a}{k}, P(B) = \frac{b}{k}, P(C) = \frac{c}{k}$.

又由

$$P(A + B + C) = P(A) + P(B) + P(C) - P(AB) - P(BC) - P(AC) + P(ABC) =$$
$$\frac{a}{k} + \frac{b}{k} + \frac{c}{k} - \frac{a}{k} \cdot \frac{b}{k} - \frac{b}{k} \cdot \frac{c}{k} - \frac{c}{k} \cdot \frac{a}{k} + \frac{a}{k} \cdot \frac{b}{k} \cdot \frac{c}{k} \leqslant 1$$

而 $\frac{a}{k} \cdot \frac{b}{k} \cdot \frac{c}{k} > 0$,即有

$$\frac{a}{k} + \frac{b}{k} + \frac{c}{k} - \frac{a^b}{k^2} - \frac{bc}{k^2} - \frac{ca}{k^2} < 1$$

即 $$\frac{a}{k}(1-\frac{b}{k})+\frac{b}{k}(1-\frac{c}{k})+\frac{c}{k}(1-\frac{a}{k})<1$$

则$\frac{a}{k}\cdot\frac{y}{k}+\frac{b}{k}\cdot\frac{z}{k}+\frac{c}{k}\cdot\frac{x}{k}<1$,故

$$ay+bz+cx<k^2$$

注 若令 $k=1$,即可得如下不等式:对任意 $x,y,z\in(0,1)$,有 $x(1-y)+y(1-z)+z(1-x)<1$.

例 20 设 $x,y,z\in(0,1)$.求证

$$x+y+z-xy-yz-zx+xyz+(1-x)(1-y)(1-z)=1$$

证明 设 A,B,C 是相互独立的三个事件,且 $P(A)=x,P(B)=y,P(C)=z$.

由

$$P(A+B+C)=P(A)+P(B)+P(C)-P(AB)-P(BC)-P(AC)+P(ABC)=x+y+z-xy-yz-zx+xyz$$

及

$$P(A+B+C)=1-P(\bar{A}+\bar{B}+\bar{C})=1-P(\bar{A}\bar{B}\bar{C})=1-P(\bar{A})\cdot P(\bar{B})\cdot P(\bar{C})=1-(1-x)(1-y)(1-z)$$

由此即可证得原等式成立.

例 21 已知 $\alpha\in[0,\frac{\pi}{2}]$,求证

$$\frac{\sqrt{2}\cos(\alpha-\frac{\pi}{4})}{1+\sin\alpha\cdot\cos\alpha}\leqslant 1$$

分析 比例要想直接设其中的量为某几个彼此独立事件的概率较难,考虑到题设条件,当 $\alpha\in[0,\frac{\pi}{2}]$ 时

$$\frac{\sqrt{2}\cos(\alpha-\frac{\pi}{4})}{1+\sin\alpha\cdot\cos\alpha}\leqslant 1$$

$$\Leftrightarrow\sqrt{2}\cos\alpha\cdot\cos\frac{\pi}{4}+\sqrt{2}\sin\alpha\cdot\sin\frac{\pi}{4}\leqslant 1+\sin\alpha\cdot\cos\alpha$$

$$\Leftrightarrow\sin\alpha+\cos\alpha\leqslant 1+\sin\alpha\cdot\cos\alpha$$

$$\Leftrightarrow\sin\alpha+\cos\alpha-\sin\alpha\cdot\cos\alpha\leqslant 1$$

证明 因 $\alpha\in[0,\frac{\pi}{2}]$,则 $\sin\alpha\in[0,1]$,$\cos\alpha\in[0,1]$.

设 A,B 是相互独立的两个事件,且 $P(A)=\sin\alpha,P(B)=\cos\alpha$,则

$$1\geqslant P(A+B)=P(A)+P(B)-P(AB)=\sin\alpha+\cos\alpha-\sin\alpha\cdot\cos\alpha$$

即 $$\sin\alpha+\cos\alpha-\sin\alpha\cdot\cos\alpha\leqslant 1$$

注 对于一类涉及0与1的不等式,常可考虑利用概率性质:$0\leqslant P(A)\leqslant 1$ 及加法公式 $P(A+B)=P(A)+P(B)-P(AB)$(或 $P(A+B+C)=P(A)+P(B)+P(C)-P(AB)-P(BC)-P(AC)+P(ABC)$)来证.关键是求证式要符合概率加法公式的基本形

式.

例 22　已知 $a \geqslant 1, b \geqslant 1, c \geqslant 1$. 试证

$$a^2bc + ab^2c + abc^2 + 1 \leqslant ab + ac + bc + a^2b^2c^2$$

证明　原不等式等价于下述不等式

$$\frac{1}{ab} + \frac{1}{ac} + \frac{1}{bc} + \frac{1}{a^2b^2c^2} \leqslant 1 + \frac{1}{abc^2} + \frac{1}{ab^2c} + \frac{1}{a^2bc}$$

设 A, B, C 是三个相应独立的事件,且 $P(A) = \frac{1}{ab}, P(B) = \frac{1}{ac}, P(C) = \frac{1}{bc}$. 由

$$1 \geqslant P(A + B + C) = P(A) + P(B) + P(C) - P(AB) - P(BC) - P(CA) + P(ABC)$$

则 $1 \geqslant \frac{1}{ab} + \frac{1}{ac} + \frac{1}{bc} - \frac{1}{a^2bc} - \frac{1}{abc^2} - \frac{1}{ab^2c} + \frac{1}{a^2b^2c^2}$. 即证.

(2) 利用古典概率解题.

例 23　求证下列组合恒等式:

①$C_n^m = C_{n-1}^m + C_{n-1}^{m-1} (1 \leqslant m \leqslant n)$;

②$C_{2n}^n = (C_n^0)^2 + (C_n^1)^2 + \cdots + (C_n^n)^2$;

③$C_n^0 + C_n^1 + \cdots + C_n^n = 2^n$;

④$C_n^1 + 2C_n^2 + \cdots + nC_n^n = n \cdot 2^{n-1}$.

证明　① 袋中有大小相同的 $n-1$ 个白球,1 个黑球,从中任取 m 个球来,令 $A=$“摸出的 m 个球中含有黑球”,则 $P(A) = \frac{C_1^1 \cdot C_{n-1}^{m-1}}{C_n^m} = \frac{C_{n-1}^{m-1}}{C_n^m}$.

又 $\bar{A}=$“摸出的 m 个球全是白球”,则 $P(\bar{A}) = \frac{C_{n-1}^m}{C_n^m}$.

由于 $A + \bar{A} = \Omega, P(A) + P(\bar{A}) = 1$,由此即有 $C_n^m = C_{n-1}^m + C_{n-1}^{m-1}$.

② 袋中有大小相同的 n 个红球及 n 个白球的 $2n$ 个球,从中任意摸出 n 个球. 设 $A_k=$“摸到 k 个红球”,则 $P(A_k) = \frac{C_n^k \cdot C_n^{n-k}}{C_{2n}^n}$.

由 $\sum\limits_{k=0}^n A_k = \Omega, P(\sum\limits_{k=0}^n A_k) = \sum\limits_{k=0}^n P(A_k)$,得

$$\sum_{k=0}^n \frac{C_n^k \cdot C_n^{n-k}}{C_{2n}^n} = 1$$

即

$$C_{2n}^n = \sum_{k=0}^n C_n^k \cdot C_n^{n-k} = \sum_{k=0}^n (C_n^k)^2$$

③ 将一枚硬币向地面投掷 n 次,设有 k 次是徽花向上的事件为 A_k,则 $P(A_k) = \frac{C_n^k}{2^n}$.

由 $\sum\limits_{k=0}^n A_k = \Omega, P(\sum\limits_{k=0}^n A_k) = \sum\limits_{k=0}^n P(k_k)$ 得

$$\sum_{k=0}^n \frac{C_n^k}{2^n} = 1, \text{即 } 2^n = \sum_{k=0}^n C_n^k$$

④设有 $n-1$ 个硬币随机地投入 n 只碗中,每碗放一硬币. 令 n 只碗中恰有 $n-k$ 个硬币出现正面的事件为 $A_k(k=1,2,\cdots,n)$. 对于每只盛有硬币的碗,有出现正面和背面两种等可能的情况.

因此除空碗外, $n-1$ 只碗共有 2^{n-1} 种等可能的情况,而任意一只碗空着的可能性相等,故有 C_n^1 种情况,可见基本事件总数应为 $n\cdot 2^{n-1}$. 由于 n 只碗中恰有 $n-k$ 个硬币是正面的情况有 $C_n^{n-1}=C_n^1$ 种,剩下的 k 只碗中恰有一只空着,其余装有硬币的碗中都出现背面,共有 $C_k^1=k$ 种情况,故有利于 A_k 的基本事件数为 $k\cdot C_n^k$

$$P(A_k)=\frac{k\cdot C_n^k}{n\cdot 2^{n-1}}(k=1,2,\cdots,n)$$

又 $\sum\limits_{k=1}^{n}A_k=\Omega, A_i$ 与 A_j 无斥,从而

$$P(\sum_{k=1}^{n}A_k)=\sum_{k=1}^{n}P(A_k)=\sum_{k=1}^{n}\frac{k\cdot C_n^k}{n\cdot 2^{n-1}}=1$$

由此即证.

例 24 若 $a,b,n\in \mathrm{N},a\geqslant n,b\geqslant n$. 求证: $C_a^0C_b^n+C_a^1C_b^{n-1}+\cdots+C_a^nC_b^1=C_{a+b}^n$.

分析 若假设等式左边为 A,等式右边为 B,则只要证得 $\frac{A}{B}=1$ 即可. 构造一个概率论模型,将其融入其中,问题就可迎刃而解了.

证明 假设有两堆球,第一堆 a 个,第二堆 b 个. 球的一切物质特征都相同,现要求从这两堆球中共取 n 个,记事件 $A_i=\{$从第一堆中取出 i 个,从第二堆中取出 $n-i$ 个$\}$,则有 $\sum\limits_{i=1}^{n}P(A_i)=1$, 而 $P(A_i)=\frac{C_a^iC_b^{n-i}}{C_{a+b}^n}$, 则有 $\sum\limits_{i=1}^{n}P(A_i)=\sum\limits_{i=1}^{n}\frac{C_a^iC_b^{n-i}}{C_{a+b}^n}=\frac{1}{C_{a+b}^n}\sum\limits_{i=1}^{n}C_a^iC^{n-i}b=1\Rightarrow$ $\sum\limits_{i=1}^{n}C_a^iC_b^{n-i}=C_{a+b}^n$,得证.

例 25 求证: $\frac{1}{2^0}C_n^0+\frac{1}{2^1}C_{n+1}^1+\frac{1}{2^2}C_{n+2}^2+\cdots+\frac{1}{2^n}C_{n+n}^n=2^n$.

证明 构造模型如下:数学家的左、右衣袋中各放有一盒装有 n 根火柴的火柴盒,每次抽烟时任取一盒用一根. 记事件 $A_r=\{$发现一盒用完,另一个还有 r 根$\}$,则 $r=0,1,2,3,\cdots,n$. 显然每次在取火柴时用左右口袋中的火柴等可能,所以可以把它看成 $p=\frac{1}{2}$ 的伯努利试验,不妨设从一盒中选取火柴为"成功",从另一盒中选取火柴为"失败",记事件 $B_r=\{$恰有 $n-r$ 次"失败"发生在第 $n+1$ 次"成功"之前$\}$ 发生.

而 $P(B_r)=C_{2n-r}^n(\frac{1}{2})^{2n-r+1}$, 由于左右两个口袋中火柴的地位等价, 所以 $P(A_r)=2P(B_r)=C_{2n-r}^n(\frac{1}{2})^{2n-r}$,显然 $\sum\limits_{r=0}^{n}P(A_r)=1$,即

$$\sum_{r=0}^{n}C_{2n-r}^n(\frac{1}{2})^{2n-r}=1 \qquad *$$

在式 * 两边同时乘以 2,得

$$\sum_{r=0}^{n} C_{2n-r}^{n}\left(\frac{1}{2}\right)^{n-r}=2^{n}$$

令 $n-r=k$，则 $k=n,n-1,\cdots,1,0$. 所以 $\sum_{r=0}^{n} C_{2n-r}^{n}\left(\frac{1}{2}\right)^{n-r}=\sum_{r=0}^{n} C_{2n-r}^{n-r}\left(\frac{1}{2}\right)^{n-r}=\sum_{r=0}^{n} C_{n+k}^{k}\frac{1}{2^{k}}=2^{n}$，得证.

例 26　设 l,k 都是正整数，且 $k>l$. 求证

$$1+\frac{k-l}{k-1}+\frac{(k-l)(k-l-1)}{(k-1)(k-2)}+\cdots+\frac{(k-l)(k-l-1)\cdots 2\cdot 1}{(k-1)(k-2)\cdots(l+1)\cdot l}=\frac{k}{l}$$

证明　考察从装有 k 个球（其中 l 个白球，$k-l$ 个红球）的袋子里逐个无放回地取球，令第 i 次取到白球的事件为 A_i，现计算首次取到白球的事件 A 的概率.

注意到 $A=A_1+A_2+\cdots+A_{k-l+1}$，且 A_i 与 A_j 互斥. 则

$$P(A)=P(A_1)+P(A_2)+\cdots+P(A_{k-l+1})=\frac{l}{k}+\frac{(k-l)\cdot l}{k(k-1)}+\frac{(k-l)(k-l-1)l}{k(k-1)(k-2)}+\cdots+\frac{(k-l)(k-l-1)\cdots 2\cdot 1}{k(k-1)(k-2)\cdots(l+1)l}$$

而 $P(A)=P(\Omega)=1$，由此定理即证.

例 27　求无穷数列的和

$$\frac{1}{2^2}+\left(1-\frac{1}{2^2}\right)\cdot\frac{1}{3^2}+\left(1-\frac{1}{2^2}\right)\left(1-\frac{1}{3^2}\right)\cdot\frac{1}{4^2}+\cdots+\left(1-\frac{1}{2^2}\right)\left(1-\frac{1}{3^2}\right)\cdots\left(1-\frac{1}{n^2}\right)\cdot\frac{1}{(n+1)^2}+\cdots$$

解　注意到 $\frac{1}{n^2}$ 可看作下述事件的概率：从有一个白球，$n-1$ 个黑球的袋中任取一个球有放回地连取两次，两次都取到白球这一事件，其成功的概率为 $\frac{1}{n^2}$，那么失败的概率即为 $1-\frac{1}{n^2}$ 了.

根据题设条件，设一个口袋里有白、黑球各 1 个，有放回地两次从袋中取一球，如果两次都取白球就算成功，否则为失败. 第一次失败后，在袋中加进 1 个黑球，又有效放回地取两次球，每次取 1 个球，如果两次都取得白球，仍算成功. 如果再次失败，则在袋中再加入 1 个黑球，又取两次. 如此继续，以至无穷，计算成功的概率. 第一次成功地概率为 $\frac{1}{2^2}$，第一次失败后第二次成功的概率为 $\left(1-\frac{1}{2^2}\right)\cdot\frac{1}{3^2}$，第一、二次失败第三次成功的概率为 $\left(1-\frac{1}{2^2}\right)\left(1-\frac{1}{3^2}\right)\frac{1}{4^2}$，…. 如此继续，成功的概率即为所求无穷数列之和. 而事件各次都失败的概率为

$$\lim_{n\to\infty}\left(1-\frac{1}{2^2}\right)\left(1-\frac{1}{3^2}\right)\cdots\left(1-\frac{1}{n^2}\right)=\lim_{n\to\infty}\frac{2^2-1}{2^2}\cdot\frac{3^2-1}{3^2}\cdots\frac{n^2-1}{n^2}=$$

$$\lim_{n\to\infty}\frac{(1\cdot 3)(2\cdot 4)\cdots(n-2)\cdot n}{(1\cdot 1)(2\cdot 2)\cdots(n\cdot n)}=$$

$$\lim_{n\to\infty}\frac{n(n-1)}{2n^2}=\frac{1}{2}$$

失败概率为$\frac{1}{2}$,则成功概率为$\frac{1}{2}$,故所求和为$\frac{1}{2}$.

例 28 求和:$1^2+2^2+3^2+\cdots+n^2$.

解 构造概率模型如下:袋中装有$n+2$个球,编号分别是$1,2,3,\cdots,n,n+1,n+2$,现从中任取三个,记事件$A_k=\{$所取三个球中最小的编号为$k\}$,则$k=1,2,3,\cdots,n$. 而$P(A_k)=\frac{C_{n+2-k}^2}{C_{n+2}^3}=\frac{3(n+2-k)(n+1-k)}{n(n+1)(n+2)}$,而易得$\sum_{k=1}^{n}P(A_k)=1$,若令$n+1-k=i$,则

$$\sum_{k=1}^{n}\frac{3(n+2-k)(n+1-k)}{n(n+1)(n+2)}=\frac{3}{n(n+1)(n+2)}\cdot\sum_{i=1}^{n}i(i+1)=1$$

即

$$\sum_{i=1}^{n}i^2=\frac{n(n+1)(n+2)}{3}-\sum_{i=1}^{n}i=\frac{n(n+1)(n+2)}{3}-\frac{n(n+1)}{2}=\frac{n(n+1)(2n+1)}{6}$$

得证.

用概率方法解决某些排列组合问题往往十分简捷,其基本思路是:设问题中所求事件A发生的方式数为m,先将问题转化为古典概率计算,由公式$P(A)=\frac{m}{n}$知,当转化后的问题满足古典概率的基本特征,且$P(A)$和n容易计算的,那么便有$m=n\cdot P(A)$. 其中n是一次随机试验中等可能的基本事件总数,m是事件A包含的基本事件数.

例 29 A,B,C,D,E五个学生,并排站成一排,如果B必须站在A的右边(A,B可以不相邻),求不同的排法种数.

解 设事件$A=$“学生B站在学生A的右边”,由对称性知$P(A)=P(\bar{A})=\frac{1}{2}$,而5个学生站在一排的随机试验所含的等可能事件总数$n=A_5^5$,所以$m=n\cdot P(A)=5!\ \cdot\frac{1}{2}=60$,此即为所求种数.

例 30 6名学生站成一排,其中甲不在排头也不在排尾,共有多少种不同排法?

解 设事件$A=$“学生甲不站在排头也不站在排尾”,$B=$“学生甲在排头”,$C=$“学生甲在排尾”,则由6名学生站在排头或排尾等可能性相同,那么

$$P(B)=P(C)=\frac{1}{6}$$

而

$$P(A)=P(\overline{B+C})=1-[P(B)+P(C)]=\frac{2}{3}$$

又把6名学生站成一排看作一次随机试验,该试验所含等可能基本事件总数为A_6^6,故$m=n\cdot P(A)=480$为所求.

例 31 一个小组共有10名同学,其中4名女生,6名男生. 要从小组中选3名代表,至少有一名女生共有多少种选法?

解 设事件$A=$“从小组内选3名代表,至少有一名女生”,则$\bar{A}=$“从小组内选3名代

表全是男生". 把从10名学生中选3名代表看成一次试验,则试验所有等可能基本事件总数 $n=C_{10}^{3}$,则 $\bar{A}$ 所包含的基本事件数为 C_{6}^{3},故 $P(\bar{A})=\frac{C_{6}^{3}}{C_{10}^{3}}=\frac{1}{6}$,从而 $P(A)=1-P(\bar{A})=\frac{5}{6}$,$m=n\cdot P(A)=C_{10}^{3}\cdot\frac{5}{6}=100$ 为所求.

例32　在一个正六边形的六个区域栽种观赏植物,如图11.2,要求同一块中种同一种植物,相邻的两块种不同的植物. 现有4种不同的植物可供选择,则有几种栽种方案?

我们借助递推数列,用概率知识求解,并将其推广至一般情形.

解　不妨将图11.2沿 AF 边界剪开展成图11.3,可供选择的4种不同植物设为 a,b,c,d,题设限制条件即 A 至 F 相邻的两块种不同的植物,且首尾 A,F 所种植物也不同.

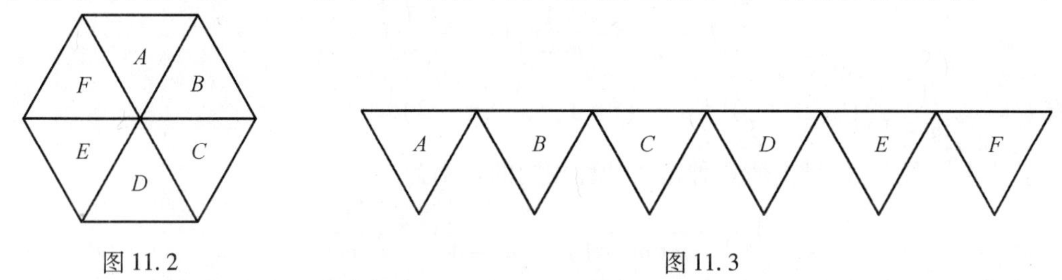

图11.2　　　　图11.3

考虑 A 域种植品种有4种选择,假设种 a,则 B 域种植只有3种选择,设为 b;C 域又可仍为3种选择. 但末尾 F 域种植必须视 A,E 域所种品种之异同而定选择范围. 如 A,E 域所种为同一品种植物,设为 a,则 F 域仍可由 b,c,d 中选择,有 C_{3}^{1} 种方式;如 A,E 域所种相异,设为 a,b,则 F 域只能从 c,d 中选,有 C_{2}^{1} 种方法.

下面考察 A,E 域所种植物相同的概率. 根据对立事件的概率的和等于1,以及两个相互独立事件同时发生的概率等于每个事件发生的概率的积,对于本题,设 A 域所种品种为 a,则 B 域种 a 的概率为零;C 域种 a 的概率为 $\frac{1}{3}$;由题设限制,D 域种 a 的概率为 $(1-\frac{1}{3})\times\frac{1}{3}=\frac{2}{9}$,依次类推,$E$ 域种 a 的概率为 $(1-\frac{2}{9})\times\frac{1}{3}=\frac{7}{27}$. 对应地,$E,A$ 种植品种相异的概率为 $1-\frac{7}{27}=\frac{20}{27}$. 于是,由两个原理可得总方法数为

$$4\times3\times3\times3\times3\times(3\times\frac{7}{27}+2\times\frac{20}{27})=12\times61=732(\text{种})$$

注　设 A 域种 a,则从 C 域至 E 域种品种 a 的概率构成递推数列 $\{t_n\}$,对此例有

$$\begin{cases}t_1=\frac{1}{3}\\ t_n=(1-t_{n-1})\times\frac{1}{3}\end{cases}$$

递推关系式可化为

$$t_n-\frac{1}{4}=-\frac{1}{3}(t_{n-1}-\frac{1}{4})\Rightarrow t_n=(t_1-\frac{1}{4})(-\frac{1}{3})^{n-1}+\frac{1}{4}(n=1,2,3)$$

易得 $t_1=\frac{1}{3},t_2=\frac{2}{9},t_3=\frac{7}{27}$.

一般地，在正 n 边形的 n 个区域中种植 m 种不同的植物（$2 \leqslant m < n, m, n \in \mathbf{N}$），要求同域一色，领域均异的种植方案数为 $f(n,m)=(m-1)^n+(-1)^n(m-1)$. 求法如下：

设 n 个区域顺次为 $A_1, A_2, A_3, \cdots, A_{n-1}, A_n$，$m$ 种不同植物可设为 $a_1, a_2, \cdots, a_m$（$2 \leqslant m < n$，$m, n \in \mathbf{N}$），且设 A_3 至 A_{n-1} 上所种品种与 A_1 所种品种相同的概率顺次记为 $\{t_j\}$，$j=1,2,\cdots,n-3$. 则

$$\begin{cases} t_1 = \dfrac{1}{m-1} \\ t_j = (1-t_{j-1}) \times \dfrac{1}{m-1} \end{cases}$$

由待定系数法得

$$t_j - \frac{1}{m} = -\frac{1}{m-1}\left(t_{j-1} - \frac{1}{m}\right)$$

即有 $t_j = \dfrac{1}{m(m-1)}\left(-\dfrac{1}{m-1}\right)^{j-1} + \dfrac{1}{m}(j=1,2,\cdots,n-3)$.

于是 A_{n-1} 域与 A_1 域上所选种植物品种相同的概率为

$$t_{n-3} = \frac{1}{m(m-1)}\left(-\frac{1}{m-1}\right)^{n-4} + \frac{1}{m}$$

同时由于对立事件的概率的和等于 1，A_{n-1} 域与 A_1 域所选品种相异概率为 $1-t_{n-3}$. 这样，对 A_1 域有 C_m^1 种选法，对 A_2, A_3 直至 A_{n-1} 域上均有 C_{m-1}^1 种选法；仅对 A_n 域，须考察 A_{n-1} 域与 A_1 域所选品种相同与否，分别对应于 $\mathrm{C}_{m-1}^1, \mathrm{C}_{m-2}^1$ 种方法. 由加法及乘法原理，题设限制下的方法总数为

$$\begin{aligned} & m(m-1)^{n-2}[(m-1)t_{n-3} + (m-2)\cdot(1-t_{n-3})] = \\ & m(m-1)^{n-2}(m-2+t_{n-3}) = \\ & (m-1)^n + (-1)^n(m-1) \end{aligned}$$

于是，上述例题即 $n=6, m=4$ 时的特例.

(3) 几何概率的应用.

例 33 丈夫和妻子相遇的问题. 丈夫和妻子各自上街，他们约定在下午 4:00 ~ 5:00 在指定地点相遇，但他们中首先到达的一个如若未碰到对方，需等待 15 分钟，即可离去. 若他们到达指定地点的时间是随机的，求他们相遇的概率.

解 设 x 和 y 分别是下午 4:00 以后到达指定地点的时间（分钟数），其中 $0 < x < 60, 0 < y < 60$，如图 11.4. 所有可能同时到达的时间可用正方形中的有序数 (x,y) 来表示. 抽样空间是边长为 60 的正方形中的点. 为了两人相遇，他们到达的时间必须在 15 分钟以内，即必须满足 $|x-y| < 15$. 于是相遇事件 A 的概率为 $P(A) =$

$$\frac{60^2 - \left(\frac{1}{2} \times 45^2 + \frac{1}{2} \times 45^2\right)}{60^2} = \frac{3\ 600 - 2\ 025}{3\ 600} \approx 0.44.$$

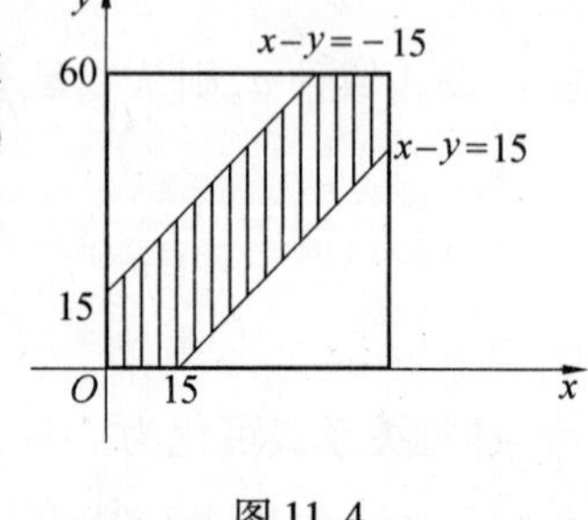

图 11.4

例 34 设在圆 O 上任取三个不同的点，则三点构成钝角三角形、直角三角形、锐角三角形的概率分别是多少？

本题是一道典型的连续型的几何概型问题，从离散型到连续型的转换会涉及到极限问

题,下面给出本题的解.

解　先来求钝角三角形的概率.

不妨将圆 O 进行 $2n(n \in N^+, n \geqslant 2)$ 等分,如图11.5,则这 $2n$ 个点,可以构成三角形的总数为:$C_{2n}^3 = \dfrac{2n(n-1)(2n-1)}{3}$.

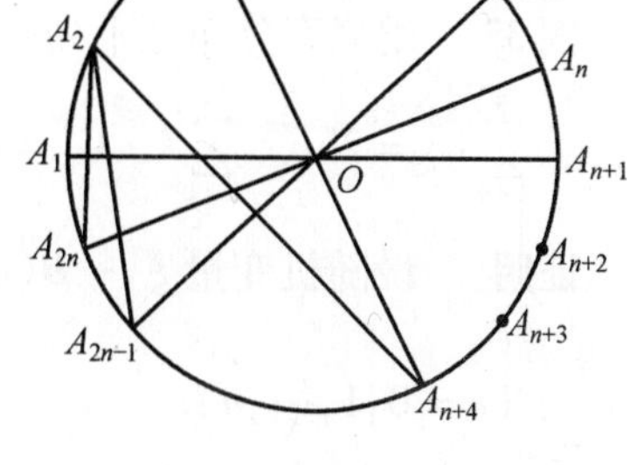

图 11.5

先来求以 A_2 为钝角顶点的钝角三角形的个数:若另一个顶点为 A_1,则第三个点只能在 $A_3, A_4, \cdots, A_n$ 中任取一个共有 $n-2$ 种选法.

若另一个顶点为 A_{2n},则第三个点只能在 $A_3, A_4, \cdots, A_{n-1}$ 中任取一个共有 $n-3$ 种选法.

若另一个顶点为 A_{2n-1},则第三个点只能在 $A_3, A_4, \cdots, A_{n-2}$ 中任取一个共有 $n-4$ 种选法.

如此下去直至一个顶点为 A_{n+4},则第三个点只能为 A_3,共有 1 种选法.

因此以 A_2 为钝角顶点的钝角三角形的总数为:$n-2+n-3+n-4+\cdots+1 = \dfrac{(n-1)(n-2)}{2}$.

一般的分别以 $A_1 A_2, \cdots, A_{2n}$ 为钝角顶点的钝角三角形总数为 $\dfrac{(n-1)(n-2)}{2}$.

所以在 $A_1, A_2, \cdots, A_{2n}$ 这 $2n$ 个点中任取三点构成钝角三角形的总数为 $2n \cdot \dfrac{(n-1)(n-2)}{2} = n(n-1)(n-2)$. 从而在这 $2n$ 个点中任取三点构成钝角三角形的概率为

$$P_{2n} = \frac{n(n-1)(n-2)}{\dfrac{2n(n-1)(2n-1)}{3}} = \frac{3(n-2)}{2(2n-1)}$$

因此在圆 O 上任取三点构成钝角三角形的概率为:$P = \lim\limits_{n \to +\infty} P_{2n} = \lim\limits_{n \to +\infty} \dfrac{3(n-2)}{2(2n-1)} = \dfrac{3}{4}$.

下面再来求这 $2n$ 个点中,任取三点构成直角三角形的个数:

此直角三角形必以直径为斜边,若以直径 $A_1 A_{n+1}$ 为斜边,则直角顶点可在 $A_2, A_3, \cdots, A_n$ 中以及 $A_{n+2}, A_{n+3}, \cdots, A_{2n}$ 中任取一个,共在 $(2n-2)$ 种选法,即以 $A_1 A_{n+1}$ 为斜边的直角三角形共有 $(2n-2)$ 个,而这样的斜边(直径)共有 n 条,因此所有的直角三角形共有 $n(2n-2) = 2n(n-1)$ 个.

所以在这 $2n$ 个点中,任取三点构成直角三角形的概率为

$$P'_{2n} = \frac{2n(n-1)}{\dfrac{2n(n-1)(2n-1)}{3}} = \frac{3}{2n-1}$$

因此在圆 O 上任取三点,构成直角三角形的概率为:$P' = \lim\limits_{n \to +\infty} P'_{2n} = \lim\limits_{n \to +\infty} \dfrac{3}{2n-1} = 0$.

概率为 0,说明在圆 O 上任取三点构成直角三角形几乎是不可能的,但并不是说事件的概率为 0,此事件就是不可能事件.

注意到构成钝角三角形、直角三角形、锐角三角形的概率之和为 1,所以构成锐角三角形的概率为:$1-\frac{3}{4}=\frac{1}{4}$.

(4) 概率分布及其性质,数学期望及方差的应用.

例 35 用概率分布证下列组合恒等式:

① $\sum\limits_{k=0}^{n}C_n^k=2^n$;② $\sum\limits_{k=1}^{n}k\cdot C_n^k=n\cdot 2^{n-1}$.

证明 设随机变量 $\xi\sim B(n,\frac{1}{2})$,则 ξ 的分布列为 $P\{\xi=k\}=C_n^k(\frac{1}{2})^k\cdot(\frac{1}{2})^{n-k}=C_n^k(\frac{1}{2})^n(k=0,1,\cdots,n)$.

① 由 $1=\sum\limits_{k=0}^{n}P\{\xi=k\}=\sum\limits_{k=0}^{n}C_n^k\cdot\frac{1}{2^n}$,即可得证.

② 已知二项分布的数学期望 $E(\xi)=nP=n\cdot\frac{1}{2}$. 由离散型随机变量数学期望的定义,有

$$E(\xi)=\sum_{k=0}^{n}k\cdot P\{\xi=k\}=\sum_{k=1}^{n}k\cdot C_n^k\cdot\frac{1}{2^n}=\frac{1}{2^n}\sum_{k=1}^{n}kC_n^k=n\cdot\frac{1}{2}$$

由此即可证得结论.

在证明一类代数不等式时,常用到如下结论:设 ξ 是一个只取有限个值的离散型随机变量,其概率分布为 $P\{\xi=a_i\}=P_i>0,i=1,2,\cdots,n$,则 ξ 的方差 $D\xi=E\xi^2-(E\xi)^2$,即

$$\sum_{i=1}^{n}(a_i-E\xi)^2P_i=\sum_{i=1}^{n}a_i^2P_i-(\sum_{i=1}^{n}a_iP_i)^2$$

由此可知,$E\xi^2=\sum\limits_{i=1}^{n}a_i^2P_i\geqslant(\sum\limits_{i=1}^{n}a_iP_i)^2=(E\xi)^2$,且上式等号成立当且仅当 $a_1=a_2=\cdots=a_n=E\xi$.

例 36 设 $a_i\geqslant 0,i=1,2,\cdots,n$,求证:$\frac{1}{n}\sum\limits_{i=1}^{n}a_i\leqslant\sqrt{\frac{1}{n}\sum\limits_{i=1}^{n}a_i^2}$.

证明 已知 $a_i\geqslant 0,i=1,2,\cdots,n$,设 ξ 为从 $a_1,a_2,\cdots,a_n$ 中任取一个数,则 ξ 为离散型均匀随机变量,其分布列为 $P(\xi=a_i)=\frac{1}{n},i=1,2,\cdots,n,E\xi=\sum\limits_{i=1}^{n}\frac{1}{n}a_i=\frac{1}{n}\sum\limits_{i=1}^{n}a_i,E\xi^2=\sum\limits_{i=1}^{n}\frac{1}{n}a_i^2=\frac{1}{n}\sum\limits_{i=1}^{n}a_i^2$,而方差 $D\xi=\sum\limits_{i=1}^{n}\frac{1}{n}(a_i-E\xi)^2=E\xi^2-(E\xi)^2\geqslant 0$,则有 $E\xi^2\geqslant(E\xi)^2\Rightarrow\frac{1}{n}\sum\limits_{i=1}^{n}a_i^2\geqslant(\frac{1}{n}\sum\limits_{i=1}^{n}a_i)^2$,即 $\frac{1}{n}\sum\limits_{i=1}^{n}a_i\leqslant\sqrt{\frac{1}{n}\sum\limits_{i=1}^{n}a_i^2}$,得证.

例 37 已知 $a,b,c\in\mathbf{R},a+2b+3c=6$. 求 $a^2+4b^2+9c^2$ 的最小值.

解 因为 $a+2b+3c=6$,构造随机变量 ξ 的概率分布列为

$$P(\xi=a)=\frac{1}{3},P(\xi=2b)=\frac{1}{3},P(\xi=3c)=\frac{1}{3}$$

所以

$$E\xi=a\cdot\frac{1}{3}+2b\cdot\frac{1}{3}+3c\cdot\frac{1}{3}=2$$

$$E\xi^2 = a^2 \cdot \frac{1}{3} + 4b^2 \cdot \frac{1}{3} + 9c^2 \cdot \frac{1}{3} = (a^2 + 4b^2 + 9c^2) \cdot \frac{1}{3}$$

因为$E\xi^2 \geqslant (E\xi)^2$,所以$(a^2 + 4b^2 + 9c^2) \cdot \frac{1}{3} \geqslant 2^2 = 4$,即$a^2 + 4b^2 + 9c^2 \geqslant 12$,当且仅当$a = 2b = 3c = 2$时等号成立,所以$(a^2 + 4b^2 + 9c^2)_{\min} = 12$.

例 38　若实数a,b,c满足:$a + b + c = a^2 + b^2 + c^2$,求$a + b + c$的最大值.

解　记$a + b + c = a^2 + b^2 + c^2 = e$,构造随机变量$\xi$的概率分布列为

$$P(\xi = a) = \frac{1}{3}, P(\xi = b) = \frac{1}{3}, P(\xi = c) = \frac{1}{3}$$

所以

$$E\xi = \frac{a + b + c}{3} = \frac{e}{3}, E\xi^2 = \frac{a^2 + b^2 + c^2}{3} = \frac{e}{3}$$

因为$E\xi^2 \geqslant (E\xi)^2$,所以$\frac{e}{3} \geqslant \left(\frac{e}{3}\right)^2$,$\frac{e(3 - e)}{9} \geqslant 0$,所以$0 \leqslant e \leqslant 3$,当且仅当$a = b = c = 1$时,有$e_{\max} = 3$,即$(a + b + c)_{\max} = 3$.

例 39　求函数$f(x) = \sqrt{3x - 6} + \sqrt{3 - x}$的值域.

解　记$y = \sqrt{3x - 6} + \sqrt{3 - x}$,$x \in [2,3]$,$a = \frac{\sqrt{3x - 6}}{3}$,$b = \sqrt{3 - x}$,则$y = 3a + b$,构造随机变量$\xi$的概率分布列为

$$P(\xi = a) = \frac{3}{4}, P(\xi = b) = \frac{1}{4}$$

所以

$$E\xi = a \cdot \frac{3}{4} + b \cdot \frac{1}{4} = \frac{y}{4}$$

$$E\xi^2 = a^2 \cdot \frac{3}{4} + b^2 \cdot \frac{1}{4} = \frac{3a^2 + b^2}{4} = \frac{1}{4}$$

因为$D\xi = E\xi^2 - (E\xi)^2 \geqslant 0$,故

$$D\xi = \frac{1}{4} - (\frac{y}{4})^2 = \frac{3a^2 + b^2}{4} - \frac{(3a + b)^2}{16} = \frac{3(a - b)^2}{16}$$

因为$a - b = \frac{\sqrt{3x - 6}}{3} - \sqrt{3 - x}$在$[2,3]$上单调递增,所以

$$-1 \leqslant a - b \leqslant \frac{\sqrt{3}}{3}$$

$$(a - b)^2 \leqslant 1$$

$$0 \leqslant D\xi = \frac{1}{4} - (\frac{y}{4})^2 \leqslant \frac{3}{16}$$

$$\frac{1}{16} \leqslant \frac{y^2}{16} \leqslant \frac{1}{4}$$

所以$1 \leqslant y^2 \leqslant 4$,又因为$y = \sqrt{3x - 6} + \sqrt{3 - x} \geqslant 0$,所以$1 \leqslant y \leqslant 2$. 当$x = 2$时有$y_{\min} = 1$,当$x = \frac{11}{4}$时有$y_{\max} = 2$,所以$f(x)$的值域是$[1,2]$.

例 40 假设 $a,b,c>0$,且 $abc=1$,证明:$a+b+c\leqslant a^2+b^2+c^2$.

证明 因为 $abc=1$,构造随机变量 ξ 的概率分布列为

$$P(\xi=a)=\frac{1}{3},P(\xi=b)=\frac{1}{3},P(\xi=c)=\frac{1}{3}$$

所以

$$E\xi=\frac{a}{3}+\frac{b}{3}+\frac{c}{3},E\xi^2=\frac{a^2}{3}+\frac{b^2}{3}+\frac{c^2}{3}$$

因为 $(E\xi)^2=(\frac{a}{3}+\frac{b}{3}+\frac{c}{3})\cdot(\frac{a+b+c}{3})\geqslant(\frac{a}{3}+\frac{b}{3}+\frac{c}{3})\cdot\sqrt[3]{abc}=\frac{a}{3}+\frac{b}{3}+\frac{c}{3}$,当且仅当 $a=b=c$ 时等号成立,$E\xi^2=(E\xi)^2$,所以 $\frac{a^2}{3}+\frac{b^2}{3}+\frac{c^2}{3}\geqslant\frac{a}{3}+\frac{b}{3}+\frac{c}{3}$,即 $a+b+c\leqslant a^2+b^2+c^2$,当且仅当 $a=b=c$ 时等号成立.

例 41 设 a,b,c 为正数,且 $a+b+c=1$,证明:$\frac{a^2}{b}+\frac{b^2}{c}+\frac{c^2}{a}\geqslant 1$.

证明 因为 $a+b+c=1$,构造随机变量 ξ 的概率分布列为

$$P(\xi=\frac{a}{b})=b,P(\xi=\frac{b}{c})=c,P(\xi=\frac{c}{a})=a$$

所以

$$E\xi=\frac{a}{b}\cdot b+\frac{b}{c}\cdot c+\frac{c}{a}\cdot a=a+b+c=1,(E\xi)^2=1$$

$$E\xi^2=(\frac{a}{b})^2\cdot b+(\frac{b}{c})^2\cdot c+(\frac{c}{a})^2\cdot a=\frac{a^2}{b}+\frac{b^2}{c}+\frac{c^2}{a}$$

因为 $E\xi^2\geqslant(E\xi)^2$,所以 $\frac{a^2}{b}+\frac{b^2}{c}+\frac{c^2}{a}\geqslant 1$,当且仅当 $a=b=c$ 时等号成立.

例 42 设 a,b,c 为正实数. 且 $a+b+c=1$,求证:$(a^2+b^2+c^2)(\frac{a}{b+c}+\frac{b}{a+c}+\frac{c}{a+b})\geqslant\frac{1}{2}$.

证明 ① 因为 $a+b+c=1$,构造随机变量 ξ 的概率分布列为

$$P(\xi=\frac{1}{b+c})=\frac{b+c}{2},P(\xi=\frac{1}{a+c})=\frac{a+c}{2},P(\xi=\frac{1}{a+b})=\frac{a+b}{2}$$

所以

$$E\xi=\frac{1}{b+c}\cdot\frac{b+c}{2}+\frac{1}{a+c}\cdot\frac{a+c}{2}+\frac{1}{a+b}\cdot\frac{a+b}{2}=\frac{3}{2}$$

$$\begin{aligned}E\xi^2&=(\frac{1}{b+c})^2\cdot\frac{b+c}{2}+(\frac{1}{a+c})^2\cdot\frac{a+c}{2}+(\frac{1}{a+b})^2\cdot\frac{a+b}{2}=\\&\frac{1}{2}(\frac{1}{b+c}+\frac{1}{a+c}+\frac{1}{a+b})=\\&\frac{1}{2}(1+\frac{a}{b+c}+1+\frac{b}{a+c}+1+\frac{c}{a+b})=\\&\frac{1}{2}(\frac{a}{b+c}+\frac{b}{a+c}+\frac{c}{a+b})+\frac{3}{2}\end{aligned}$$

因为 $E\xi^2 \geqslant (E\xi)^2$，所以 $\frac{1}{2}(\frac{a}{b+c}+\frac{b}{a+c}+\frac{c}{a+b})+\frac{3}{2} \geqslant (\frac{3}{2})^2$，所以 $\frac{a}{b+c}+\frac{b}{a+c}+\frac{c}{a+b} \geqslant \frac{3}{2}$，当且仅当 $a=b=c$ 时等号成立.

② 再次构造随机变量 ξ 的概率分布列为

$$P(\xi=a)=1/3, P(\xi=b)=1/3, P(\xi=c)=1/3$$

所以

$$E\xi = a\cdot\frac{1}{3}+b\cdot\frac{1}{3}+c\cdot\frac{1}{3}=\frac{a+b+c}{3}=\frac{1}{3}$$

$$E\xi^2 = a^2\cdot\frac{1}{3}+b^2\cdot\frac{1}{3}+c^2\cdot\frac{1}{3}=\frac{a^2+b^2+c^2}{3}$$

因为 $E\xi^2 \geqslant (E\xi)^2$，所以 $\frac{a^2+b^2+c^2}{3} \geqslant (\frac{1}{3})^2$，所以 $a^2+b^2+c^2 \geqslant 1/3$，当且仅当 $a=b=c$ 时等号成立.

综上：$(a^2+b^2+c^2)(\frac{a}{b+c}+\frac{b}{a+c}+\frac{c}{a+b}) \geqslant \frac{3}{2}\times\frac{1}{3}=\frac{1}{2}$，当且仅当 $a=b=c$ 时等号成立.

例 43　设 $a_i, b_i(i=1,2,\cdots,n)$ 为任意实数，求证：$(\sum\limits_{i=1}^{n} a_i b_i)^2 \leqslant (\sum\limits_{i=1}^{n} a_i^2)(\sum\limits_{i=1}^{n} b_i^2)$，且等号成立当且仅当 $b_i=0(i=,1,2,\cdots,n)$ 或存在常数 l，使 $a_i=lb_i(i=1,2,\cdots,n)$.

证明　若 $b_i(i=1,2,\cdots,n)$ 全为零，则等式成立.

若 $b_i(i=1,2,\cdots,n)$ 不全为零，不妨设 $b_1,b_2,\cdots,b_k$ 不为零，而 $b_{k+1}=b_{k+2}=\cdots=b_n=0$，首先证明

$$(\sum_{i=1}^{k} a_i b_i)^2 \leqslant (\sum_{i=1}^{k} a_i^2)(\sum_{i=1}^{k} b_i^2)$$

即
$$\left\{\sum_{j=1}^{k}\left[a_j\cdot\frac{(\sum\limits_{i=1}^{k} b_i^2)^{\frac{1}{2}}}{b_j}\cdot\frac{b_j^2}{\sum\limits_{i=1}^{n} b_i^2}\right]\right\}^2 \leqslant \sum_{i=1}^{k} a_i^2$$

现设随机变量 ξ 的概率分布为

$$P\left\{\xi=a_j\cdot\frac{(\sum\limits_{i=1}^{k} b_i^2)^{\frac{1}{2}}}{b_j}\right\}=\frac{b_j^2}{\sum\limits_{i=1}^{k} b_i^2}(j=1,2,\cdots,k)$$

则
$$E\xi^2=\sum_{j=1}^{k}\left[a_j^2\cdot\frac{\sum\limits_{i=1}^{k} b_i^2}{b_j^2}\cdot\frac{b_j^2}{\sum\limits_{i=1}^{n} b_i^2}\right]=\sum_{i=1}^{k} a_i^2$$

$$E\xi=\sum_{j=1}^{k}\left[a_j\cdot\frac{(\sum\limits_{i=1}^{k} b_i^2)^{\frac{1}{2}}}{b_j}\cdot\frac{b_j^2}{\sum\limits_{i=1}^{k} b_i^2}\right]$$

由前述结论,可知欲证不等式成立,且等号当且仅当$\frac{a_1}{b_1}=\frac{a_2}{b_2}=\cdots=\frac{a_k}{b_k}=l$时取得,进而

$$(\sum_{i=1}^{n}a_ib_i)^2=(\sum_{i=1}^{k}a_ib_i)^2\leqslant(\sum_{i=1}^{k}a_i^2)(\sum_{i=1}^{k}b_i^2)=(\sum_{i=1}^{n}a_i^2)(\sum_{i=1}^{n}b_i^2)$$

例 44 试证:$\sum_{k=1}^{n}\frac{1}{\sqrt{k}}>\sqrt{n}(n>1)$.

证明 设随机变量ξ的概率分布为$P\left\{\xi=\frac{1}{\sqrt{k}}\right\}=\frac{\sqrt{k}}{\sum_{i=1}^{n}\sqrt{i}}(k=1,2,\cdots,n)$,则

$$E\xi^2=\sum_{k=1}^{n}\left[(\frac{1}{\sqrt{k}})^2\cdot\frac{\sqrt{k}}{\sum_{i=1}^{n}\sqrt{i}}\right]=\frac{\sum_{k=1}^{n}\frac{1}{\sqrt{k}}}{\sum_{k=1}^{n}\sqrt{k}}$$

$$E\xi=\sum_{k=1}^{n}\left[\frac{1}{\sqrt{k}}\cdot\frac{\sqrt{k}}{\sum_{i=1}^{n}\sqrt{i}}\right]=\frac{n}{\sum_{i=1}^{n}\sqrt{k}}$$

由前述结论,有$\sum_{k=1}^{n}\frac{1}{\sqrt{k}}\geqslant\frac{n^2}{\sum_{k=1}^{n}\sqrt{k}}$,故只需证$\frac{n^2}{\sum_{k=1}^{n}\sqrt{k}}>\sqrt{n}$或$\sum_{k=1}^{n}\sqrt{k}<n\sqrt{n}$,而此式显然成立.

若随机变量ξ的概率分布列为

ξ	x_1	x_2	$\cdots$	x_n	$\cdots$
P	P_1	P_2	$\cdots$	P_n	$\cdots$

则称$E\xi=\sum x_iP_i$为ξ的数学期望或平均数、均值. 同时可以看出数学期望也是随机变量的概率平均值. 因此,数学期望能够从最大程度上刻画、反映出各种随机因素的影响,从而成为风险决策的重要数字特征. 在实际问题中为了最大限度地降低风险,人们常把数学期望作为决策参考的重要依据.

例 45 某突发事件,在不采取任何预防措施的情况下发生的概率为 0.3,一旦发生,将造成 400 万元的损失. 现有甲、乙两种相互独立的预防措施可供采用,单独采用甲、乙预防措施所需的费用分别为 45 万元和 30 万元,采用相应预防措施后此突发事件不发生的概率为 0.9 和 0.85. 若预防方案允许甲、乙两种预防措施单独采用、联合采用或不采用,请确定预防方案使总费用最少.(总费用 = 采取预防措施的费用 + 发生突发事件损失的期望值)

解 ① 不采取预防措施时,总费用即损失期望为 $400\times0.3=120$(万元);

② 若单位采取预防措施甲,则预防费用为 45 万元,发生突发事件的概率为 $1-0.9=0.1$,损失期望值为 $400\times0.1=40$(万元),所以总费用为 $45+40=85$(万元);

③ 若单独采取预防措施乙,则预防费用为 30 万元,发生突出事件的概率为 $1-0.85=0.15$,损失期望值为 $400\times0.15=65$(万元),所以总费用为 $30+65=95$(万元);

④ 若联合采取甲、乙两种预防措施,则预防费用为 $45+30=70$(万元),发生突发事件的

概率为 $(1-0.9)(1-0.85)=0.015$，损失期望值为 $400\times 0.015=6$（万元），所以总费用为 $75+6=81$（万元）.

综合①,②,③,④，比较其总费用可知，应选择联合采取甲、乙两种预防措施，可使总费用最少.

例 46　计算：$\int_{-\infty}^{+\infty}(2x^2+2x+3)\cdot e^{-(x^2+2x+3)}dx$.

分析　该题直接计算起来比较麻烦. 但是如果与正态分布联系一下，就可以巧妙的加以解决.

解　因为 $x^2+2x+3=\dfrac{(x+1)^2+2}{2(\frac{1}{\sqrt{2}})^2}$，所以 $e^{-(x^2+2x+3)}=e^{-\frac{(x+1)^2}{2(\frac{1}{\sqrt{2}})^2}}e^{-2}$，从而利用正态分布 $X\sim N(-1,\frac{1}{2})$，知该正态分布的密度函数为 $p(x)=\dfrac{1}{\frac{1}{\sqrt{2}}\cdot\sqrt{2\pi}}\cdot e^{-\frac{(x+1)^2}{2(\frac{1}{\sqrt{2}})^2}}=-\dfrac{1}{\sqrt{\pi}}\cdot e^{-(x+1)^2}$，$E(X)=-1$，$D(X)=\frac{1}{2}$，且 $E(x)=\int_{-\infty}^{+\infty}x\cdot p(x)dx=-1$，$E(X^2)=\int_{-\infty}^{+\infty}x^2\cdot p(x)dx=D(X)+(E(X))^2=\frac{3}{2}$，$\int_{-\infty}^{+\infty}p(x)dx=1$，则

$$\begin{aligned}\int_{-\infty}^{+\infty}(2x^2+2x+3)e^{-(x^2+2x+3)}dx &= \frac{\sqrt{\pi}}{\sqrt{\pi}}\cdot e^{-2}\int_{-\infty}^{+\infty}(2x^2+2x+3)e^{-(x+1)^2}dx = \\ &\sqrt{\pi}e^{-2}\cdot[2\int_{-\infty}^{+\infty}x^2p(x)dx+ \\ &\int_{-\infty}^{+\infty}xp(x)dx+3\int_{-\infty}^{+\infty}p(x)dx]= \\ &\sqrt{\pi}e^{-2}[2E(X^2)+2E(X)+3]= \\ &\sqrt{\pi}e^{-2}(3-2+3)=4\sqrt{\pi}e^{-2}\end{aligned}$$

11.4　实际推断原理的应用

小学五年级 11 岁的张红同学在去年的县级初中数学竞赛中取得了全县的第三名. 因此，张红同学所在的学校，张红同学本人及其父母引起了教育部门及广大师生乃至社会上的关注，因为这是一件不寻常的事件. 小学生还没进中学，居然掌握了初中数学知识，而且学得比较扎实而灵活，这还不能引起人们的惊奇吗？ 这也是人们常说的“少见多怪”的一个例子. 在这个例子中也蕴含了一个数学原理 —— 实际推断原理.

什么是实际推断原理呢?

概率论中把概率很小（一般情况下，概率在 0.05 以下的）的事件称为小概率事件. 如果一个事件发生的概率很小，那么在一次试验中实际上可把它看成不可能事件. 如果在一次试验中，这个小概率事件居然发生了，则认为是一种反常现象. 我们把这种事实归结为实际推断原理.

这个原理实质说明：小概率事件在一次试验中不会发生. 它的等价说法是大概率事件在

一次试验中必然发生.

这个原理是人们在长期研究随机现象规律性的实践中总结出来的真理,可以看作是一个“公理”. 例如,火车翻车可能性很小. 于是“火车翻车” 可以认为是一个小概率事件. 事实上,人们在乘坐火车(一次试验) 时,总认为“火车翻车” 这件事不会发生的. 又例如,虽然宇宙中有无数颗流星,但由于人造地球卫星在宇宙中运行时与流星相撞机会很小,因此,我们认为“相撞” 事件是不会发生的. 再例如,一个劣等射手(中靶的概率很小) 进行一次射击,我们有理由认为他不会击中目标;相反,一个优等射手(中靶的概率很大) 进行一次射击,我们则认为他一定会击中目标. 由此可见,人们时常在自觉地或不自觉地运用这一原理作推断.

由于客观世界大量存在着的具有统计规律性的随机现象只能在统计资料的基础上作出推断,而统计资料一般总带有不完整性,因而所作推断当然不可能百分之百的正确. 但是实际推断原理仍是一个科学的符合实际的原理. 这是因为,一方面我们为什么不可以只冒很小的风险去作某种合理的推断而因为没有百分之百的把握就不去作任何推断呢? 事实上,很多实际问题迫使人们(有时甚至要尽快地) 作出推断,因为有时不作任何推断较之于作出错误可能性小的推断会有更多的可能给人们带来巨大的损失或者有时作出错误可能小的推断较之于不作任何推断有更大的可能给人们带来显著的利润. 另一方面,随着时代的进步,人们应该学会更科学地、更深刻地分析和处理问题的方法.

了解实际推断原理,善于运用实际推断原理来分析问题和处理问题,对学过一点概率论的人来讲并不困难. 这种思想和方法的掌握,对于学习数理统计及在生活与工作实践中是大有好处的. 下面看一些应用实例.

例1 某号码锁有6个拨盘,每个拨盘上有0到9共计十个数码,当6个拨盘上的数码组成某一个六位数字(即开锁号码) 时,锁才能打开. 某人去买这样的锁时,试了100次把锁打开了. 试问这把锁可否买?

解 号码锁每个拨盘上的数字有10种可能的取法. 根据乘法原理,6个拨盘上的数字组成的六位数字号码共有10^6个. 又试开时,采用每一个号码的可能性都相等,且开锁号码只有一个,所以试开一次就把锁打开的概率是$P=\frac{1}{10^6}$,试开100次打开的概率是$P=\frac{100}{10^6}=\frac{1}{10\ 000}$. 这个概率是小概率,小概率事件发生了,这是反常现象. 这说明开锁号码可能不唯一或其他原因. 因此,这把锁不买为好.

例2 一个停车场,有12个位置排成一行,某人发现有8个位置停了车,而有4个联结的位置空差. 这种发现令人惊奇吗?(亦即它是非随机性的表示吗?)

解 设车停在哪个位置具有随机性. 令A表示事件:“8个位置停了车,而有4个联结的位置空着”.

12个位置占去8个共有C_{12}^8种方法,把4个联结的空位看作一个位置,发生4个联结的位置空着的情况相当于这个假想的位置插入8个停车位置中间或者它们的两端,共有9种不同的方法,故所求的概率$P(A)=\frac{9}{C_{12}^8}=\frac{1}{55}\approx 0.018$. 这是小概率事件,而现在竟然发生了,所以这种现象是令人吃惊的,我们认为这种情况的出现可能是人为安排的而不是随机停车所致.

例 3　四个人在玩扑克牌,其中一个人连续三次都没有得到 A 牌. 问他是否有理由埋怨自己的“运气”不佳?

解　玩一次没有得 A 牌的概率为 $P_1=\frac{C_{48}^{13}}{C_{52}^{13}}$;玩两次没有得到 A 牌的概率为 $P_2=P_1^2$;玩三次没有得到 A 牌的概率为 $P_3=P_1^3=(\frac{C_{48}^{13}}{C_{52}^{13}})^3$. 这 P_3 的数值很小. 因此某人连续三次没有得到 A 牌是小概率事件. 而现在竟然发生了. 只能说这个人的“运气”确定有些不佳.

例 4　某厂有一批产品计 200 件,按国家标准,次品率不得超过 3%,为检查质量,现从中随机抽取 10 件,经检验,发现恰有 2 件次品,问这批产品是否可能出厂?

解　假设这批产品合格,即承认次品率 $P\leqslant 0.03$,不妨假定,$P=0.03$,则 200 件产品中有 194 件正品,6 件次品

$$P\{\text{“抽出 10 件产品中无次品”}\}=\frac{C_6^0\cdot C_{194}^{10}}{C_{200}^{10}}\approx 0.732$$

$$P\{\text{“抽出 10 件产品中恰有一件次品”}\}=\frac{C_6^1\cdot C_{194}^{9}}{C_{200}^{10}}\approx 0.237$$

$$P\{\text{“抽出 10 件产品中至少有两件次品”}\}=1-0.732-0.237=0.031$$

结果表明,若 $P=0.03$ 真,则抽出 10 件产品中恰有两件次品的概率就应当小于 0.031,如果 $P\leqslant 0.03$ 真,则应更小于 0.031. 但是,在一次试验中,这样小的概率居然产生,故有理由推翻原假设 $P\leqslant 0.03$,相应承认 $P>0.03$. 因此,这批产品不能出厂.

例 5　鱼池中有 N 条鱼,从中捕出 M 条加标志后立即放回池中. 经过一段时间后,再从池中捕出 n 条,发现恰有 m 条标志鱼. 你能不能由 M,n,m 这三个数据估计一下鱼池中的鱼数 N?

解　这是一个典型的统计估值问题.

设“捕出 n 条鱼中恰有 m 条标志鱼”的概率为 $P_N(m)$,容易求出 $P_N(m)=\frac{C_M^m\cdot C_{N-M}^{n-m}}{C_N^n}$.

由实际推断原理,一个事件在一次试验中就发生,我们有理由认为它是“大概率”事件. 现在,我们仅作了一次试验,就得到了 n,m 这两个数据,于是可以认为鱼池中鱼数 $\hat{N}$(N 的估计数)的概率很大. 这样,问题化为求 $P_N(m)$ 的极值点了. 由于

$$\frac{P_N(m)}{P_{N-1}(m)}=\frac{\frac{C_M^m\cdot C_{N-M}^{n-m}}{C_N^n}}{\frac{C_m^n\cdot C_{N-1-M}^{n-m}}{C_{N-1}^n}}=\frac{(N-M)(N-n)}{(N-M-n+m)N}=\frac{N^2-NM-nN+nM}{N^2-NM-nN+mM}\overset{\wedge}{=\!=}\rho$$

当 $nM>mN$ 时,$\rho>1$,函数上升;

当 $nM<mN$ 时,$\rho<1$,函数下降.

故当 $nM=mN$ 时,即当 $\hat{N}=[\frac{nM}{m}]$ 时,函数达到极值,即此时概率达到最大.

例如,当 $M=1\ 200,n=1\ 000,m=100$ 时,可推测鱼数为 $\hat{N}=[\frac{1\ 000\times 1\ 200}{100}]=12\ 000$(条),最后还顺便指出几点:

1. 实际推断原理不是严格的逻辑推理,但是科学的原理. 在一定的条件下用实际推断原理作出推断可能犯错误,但犯错误的可能性小.

2. 小概率事件在一次试验中实际不会发生,决不能理解为理论上的一定不会发生. 事实上,无论事件在一次试验中发生的概率多么小,只要试验重复进行下去,事件发生则必然.

3. 小概率是个模糊概念,在实际中多小的概率为"小概率"不能一概而论,如降落伞的不张开率即使小到$\frac{1}{1\,000}$,也不能认为是小概率;而萝卜种子的发芽率只要有百分之几,就可以视为小概率了.

思考题

1. 在国际象棋比赛中,按规则,可进行十六盘比赛,每盘比赛胜者1分,负者0分,平局各得0.5分. 在一次国际比赛中,我国的谢军(甲)与外国的齐布达尼泽(乙)对战,若甲先积满8.5分或者乙先积满8分均可摘取桂冠. 现在请你回答:(1) 赛完13盘,甲积分7.5分,乙积分5.5分. 此时甲、乙的胜局各有几种? 两者比是多少? (2) 赛完8局,两个积分相同,都是4分,剩下还可赛8局,此时甲、乙的胜局各有几种? 两者比是多少?

2. 在填报高考志愿时,第一批录取有4所重点院校,每所院校有3个专业是你较为满意的选择. 如果规定填报3所学校每校的2个专业且没有重复(即学校及专业均没有重复)又按顺序,你将有多少种不同的填写方法?

3. 一个运动员原投篮命中率为60%,经过一个教练的指导后,现试投10个球中了9个,问他的投篮技术是否提高?

4. 求证下列不等式:

(1) 若 $x,y \in [0,1]$,则 $xy \leqslant x+y \leqslant 1+xy$;

(2) 若 $x,y,z \in [0,1]$,则 $x+y+z-xy-yz-zx \leqslant 1$;

(3) 若 $a,b,c,d \in [0,1]$,则 $(1-a)(1-b)(1-c)(1-d) \geqslant 1-a-b-c-d$.

5. 求证下列组合恒等式:

(1) $C_n^r = \sum\limits_{k=0}^{r} C_m^k \cdot C_{n-m}^{r-k} \left(1 \leqslant r \leqslant m \leqslant \frac{n}{2}\right)$;

(2) $C_n^r = \sum\limits_{k=1}^{n-(r-1)} C_{n-k}^{r-1} (1 \leqslant r \leqslant n)$.

6. 求证下列代数恒等式:

(1) $1+2+\cdots+n=\frac{1}{2}n(n+1)$;

(2) $1^2+2^2+\cdots+n^2=\frac{1}{6}n(n+1)(2n+1)$;

(3) $$1+\frac{b}{a+b-1}+\frac{b(b-1)}{(a+b-1)(a+b-2)}+\frac{b(b-1)(b-2)}{(a+b-1)(a+b-2)(a+b-3)}=\frac{a+b}{a}\left[1-\frac{b(b-1)(b-2)(b-3)}{(a+b)(a+b-1)(a+b-2)(a+b-3)}\right](a,b \in \mathbf{N}_+).$$

7. 求证下列不等式:

(1) 若 $a_i \geqslant 0, i=1,2,\cdots,n$,则 $\frac{1}{n}\sum\limits_{i=1}^{n} a_i \leqslant \left(\frac{1}{n}\sum\limits_{i=1}^{n} a_i^2\right)^{\frac{1}{2}}$;

(2) 若 $a_i > 0, i = 1,2,\cdots,n$,则 $\frac{1}{n}\sum_{i=1}^{n} a_i \geqslant \frac{n}{\sum_{i=1}^{n}\frac{1}{a_i}}$;

(3) 设 $a_i \in \mathbf{R}^+ (i = 1,2,\cdots,n)$ 且 $\sum_{i=1}^{n} a_i = s$,则 $\sum_{i=1}^{n} \frac{a_i}{S - a_i} \geqslant \frac{n}{n-1}$;

(4) 设 $a_i \in \mathbf{R}^+ (i = 1,2,\cdots,n)$ 且 $\sum_{i=1}^{n} a_i = 1$,则 $\frac{a_1^2}{a_1 + a_2} + \frac{a_2^2}{a_2 + a_3} + \cdots + \frac{a_n^2}{a_n + a_1} \geqslant \frac{1}{2}$;

(5) 若 $a_i > 0, i = 1,2,\cdots,n$,则 $\frac{a_1^2}{a_2} + \frac{a_2^2}{a_3} + \cdots + \frac{a_{n-1}^2}{a_n} + \frac{a_n^2}{a_1} \geqslant a_1 + a_2 + \cdots + a_n$;

(6) 设 $a_1, a_2, \cdots, a_n$ 为两两不等的正数,则 $\sum_{k=1}^{m} \frac{a_k}{k^2} \geqslant \sum_{k=1}^{n} \frac{1}{k}$.

8. 求下列式的和.

(1) $\frac{1}{3} + (1 - \frac{2}{2\cdot 3})\cdot\frac{2}{3\cdot 4} + (1 - \frac{2}{2\cdot 3})(1 - \frac{2}{3\cdot 4})\cdot\frac{2}{4\cdot 5} + \cdots + (1 - \frac{2}{2\cdot 3})(1 - \frac{2}{3\cdot 4})\cdot \cdots \cdot[1 - \frac{2}{k(k+1)}]\cdot\frac{2}{(k+1)(k+2)} + \cdots$;

(2) $\sum_{r=0}^{n} \mathrm{C}_{n+r}^{r}[(1-x)^{n+1}x^r + x^{n+1}(1-x)^r]$,其中 $0 \leqslant x \leqslant 1$;

(3) $\sum_{i=1}^{n} \frac{\mathrm{C}_n^i}{\mathrm{C}_{n+m-1}^i}$.

9. 某接待站在某星期中共接待来访 12 次,但这 12 次来访都发生在星期二、星期四两天中. 问是否可断定接待时间是有规定的. 若这 12 次来访没有一次在星期日,是否可断言星期日不接待?

10. 有 52 张洗均匀的扑克牌,把牌分给 4 个人,如果有人断言这 4 个人在一次发牌中每人将得到 13 张同一花色的牌. 你认为这是正常的吗?

11. 某餐馆有 4 个女孩,她们去洗碗. 在打破的 4 个碗中有 3 个是最小的女孩打破的,因此人家说她笨拙. 问她是否有理由申辩这完全是碰巧.

12. 某厂每天产品分三批包装,规定每批产品的次品率都低于 0. 01 才能出厂. 某日,从三批产品中各任抽一件,抽查到了次品,问该日产品能否出厂?

13. 根据历年气象资料. 某地 8 月份出现台风的概率为 0. 120,即刮台风又下雨的概率为 0. 115. 问刮台风与下雨之间有无密切关系?

14. 据统计,一年中一个家庭万元以上的财产被窃的概率为 0. 01,保险公司开办一年期万元以上家庭财产保险,参加者需交保险费 100 元. 若在一年内万元以上财产被窃,保险公司赔偿 $a(a > 100)$ 元,为使保险公司收益的期望值不低于 a 的百分之七,求最大的赔偿值 a.

15. 国家为了防止偷税漏税,通常对偷税者除补交税款外,还要处以偷税者 n 倍的罚款,假设偷漏税者被查出概率为 $P(0 < P < 1)$,这时罚款额度 n 至少多大才能起到惩罚作用?

16. 某先生居住在城镇的 A 处,准备开车到单位 B 处上班,若该地各段堵车事件是相互独立的,且在同一路段发生堵车事件最多只有一次,发生堵车事件的概率如右图(例如:

$A—C—D$ 算作两个路段；路段 AC 发生堵车事件的概率为$\frac{1}{10}$等）.

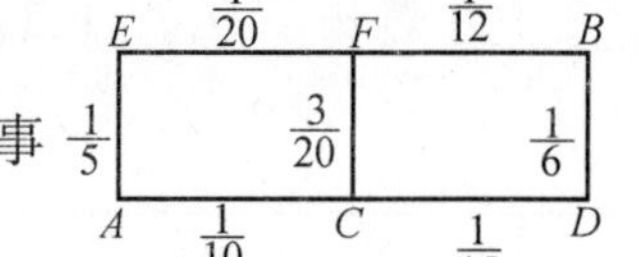

（1）请你为其选择一条由 A 到 B 的路线，使得途中发生堵车事件的概率最小；

（2）若记路线 $A—C—F—B$ 中遇到堵车次数为随机变量 ζ，求 ζ 的数学期望.

17. 为了普查某地流行的某种疾病，需要对该地区全区居民（设共有 N 个人）进行抽血检验，检验方式有两种：

（1）对两种人分别检验，逐一断定是否呈阳性，需检 N 次；

（2）把 $k(k<N)$ 个人分为一组，将每人所抽的血取出一半，同一组的 k 个人的血样混在一起进行检验，如果混合血样呈阴性，则表明这些人都无病，对这 k 个人只作一次检验就够了；如果混合血样呈阳性，则表明这 k 个人中至少有一人患病，这时，必须对这 k 个人的血样逐个进行检验，共需检验 $k+1$ 次，假设普查的疾病不是传染病，而且发病率较低时，试说明第二种检验方案能减少检验的次数.

18. 在平常的生活中，人们常常用"水滴石穿"、"只要功夫深，铁杵磨成针"来形容有志者事竟成. 但是，也有人认为这些都是不可能的. 如果从概率的角度来看，就会发现这是很有道理的. 这是为什么?

思考题参考解答

1. 如果用战况表示战局，其实质是由若个"胜"和若干个"平"所构成的一个排列，用得分来表示战局，则是由若干个 1 和若干个 0.5 所构成的一个排列.（1）赛完第 13 局后，甲积分 7.5 分，乙积分 5.5 分，在剩下三局中，甲欲取胜只需再得 1 分或 1.5 分，这里有三种可能：胜一局，有 C_3^1 种；平 2 局有 C_3^2 种；平一局胜一局有 $C_2^1+C_1^1$ 种（平一局胜一局只当平在前，胜在后才会出现），所以甲取胜的局面数共有 $C_3^1+C_3^2+C_2^1+C_1^1=9$（种）. 乙方取胜需 得2.5 分或 3 分，这里只有两种可能：胜 3 局，有 C_3^3 种，平 1 局胜 2 局有 C_3^2 种，共有 $C_3^3+C_3^2=4$（种），此时两者的比为 9∶4.（2）赛完第 8 局，比分 4∶4，在剩下的 8 局中，甲至少再得 4.5 分才能取胜. 这里有两种情形：再得 4.5 分或 5 分. 再得 4.5 分有 4 类（其中平局一定是奇数局）：胜 4 平 1 有 $C_8^4C_4^1$ 种，胜 3 平 3 有 $C_8^3C_5^3$ 种，胜 2 平 5 有 $C_8^2C_6^5$ 种，胜 1 平 7 有 $C_8^1C_7^7$ 种，共有 1 016 种；再得 5 分至少还需比赛 k（$\geqslant 5$，即 $k=5,6,7,8$）局 4 类（其中平局只能是偶数）：$k=5$ 时，胜 5 局有 C_5^5 种；$k=6$ 时，胜 5 局有 $C_5^4C_1^0$ 种，胜 4 平 2 有 $C_5^3C_2^2$ 种；$k=7$ 时，胜 5 局有 $C_6^4C_2^0$ 种，胜 4 局平 2 局有 $C_6^3C_3^2$ 种，胜 3 平 4 有 $C_6^2C_4^4$ 种；$k=8$ 时，胜 5 局有 $C_7^4C_3^0$ 种，胜 4 平 2 有 $C_7^3C_4^2$ 种，胜 3 平 4 有 $C_7^2C_5^4$ 种，胜 2 平 6 有 $C_7^1C_6^6$ 种，共有 463 种，故甲取胜的总局数为 1 479 种. 乙在剩下的 8 局中至少再得 4 分才能取胜有两种情形：得 4 分或 4.5 分. 类似上面的讨论，再得 4 分，平局只能是偶数，此时有 $C_8^4C_4^0+C_8^5C_5^2+C_8^2C_6^4+C_8^1C_7^6+C_8^0C_8^8=1\ 107$ 种；再得 4.5 分至少要比赛 5 局，且平局为奇数，共有 $C_4^1+C_5^3C_2^1+C_5^2C_3^3+C_6^3C_3^1+C_6^2C_4^3+C_6^1C_5^5+C_7^3C_4^1+C_7^2C_5^3C_7^1C_6^5+C_7^0C_7^7=553$ 种，乙共有 1 660 种. 两者的比为 1 479∶1 660（≈ 0.89）.

2. 首先要确定学校及其顺序，则在 4 所院校中取 3 所加以排列，不同的排列数有 A_4^3 种. 其次，每所院校 3 个专业选取 2 个加以排列，则不同的排列数有 A_3^2 种，3 所院校应共有 $(A_3^2)^3$

种,故共有 $A_4^3\cdot(A_3^2)^3=5\ 184$ 种.

3. 对于这个问题,按统计知识的说法是,在命中率为60%,10投9中的概率为多少?或在命中率为60%时,投10球中的球不少于9的概率是多少?按后者说法,$P=C_{10}^9\cdot(0.6)^9\cdot(0.4)^1+C_{10}^{10}(0.6)^{10}\cdot(0.4)^0\approx0.046$,即按原来的投篮水平,他投10球命中数不少于9个的概率只有4.6%,即10投9中的情况不太可能发生,现10投9中,有理由相信他的投篮技术确有提高.

4. (1) 设 A,B 为相互独立事件,且 $P(A)=x,P(B)=y$,则 $P(A+B)=P(A)+P(B)-P(A)\cdot P(B)=x+y-xy$,而 $0\leqslant P(A+B)\leqslant1$,即 $0\leqslant x+y-xy\leqslant1$,亦显见 $xy\leqslant x+y\leqslant1+xy$.

(2) 设 A,B,C 为相互独立事件,且 $P(A)=x,P(B)=y,P(C)=z$,则 $1\geqslant P(A+B+C)=P(A)+P(B)+P(C)-P(AB)-P(BC)-P(CA)+P(ABC)\geqslant P(A)+P(B)+P(C)-P(AB)-P(BC)-P(CA)=x+y+z-xy-yz-zx$.

(3) 设 A,B,C,D 为相互独立事件,且 $P(A)=a,P(B)=b,P(C)=c,P(D)=d$,则 $P(\bar{A})=1-a,P(\bar{B})=1-b,P(\bar{C})=1-c,P(\bar{D})=1-d$,由 $P(A+B+C+D)=1-P(\overline{A+B+C+D})$,而 $P(A+B+C+D)\leqslant P(A)+P(B)+P(C)+P(D)$,$P(\overline{A+B+C+D})=P(\bar{A}\cdot\bar{B}\cdot\bar{C}\cdot\bar{D})$,从而 $P(A)+P(B)+P(C)+P(D)\geqslant1-P(\bar{A})\cdot P(\bar{B})\cdot P(\bar{C})\cdot P(\bar{D})$,即 $P(\bar{A})\cdot P(\bar{B})\cdot P(\bar{C})\cdot P(\bar{D})\geqslant1-[P(A)+P(B)+P(C)+P(D)]$,故 $(1-a)(1-b)(1-c)(1-d)\geqslant1-a-b-c-d$.

5. (1) 从装有大小相同的 m 个红球余为白球的 n 个球的口袋中任意摸出 r 个球,设摸到 k 个红球的事件为 A_k,则 $P(A_k)=\frac{C_m^k\cdot C_{n-m}^{r-k}}{C_n^r}$. 由 $\sum\limits_{k=0}^{r}A_k=\Omega,P(\sum\limits_{k=0}^{r}A_k)=\sum\limits_{k=0}^{r}P(A_k)$,得 $\sum\limits_{k=0}^{r}\frac{C_m^k\cdot C_{n-m}^{r-k}}{C_n^r}=1$. 即证.

(2) 从装有大小相同而标有号码 $1,2,\cdots,n$ 的 n 个球的口袋中任意摸出 r 个球,设1至 $k-1$ 号球都摸不到而摸到第 k 号球的事件为 A_k,则 $P(A_k)=\frac{C_{n-k}^{r-1}}{C_n^r}$. 由 $\sum\limits_{k=1}^{n(r-1)}A_k=\Omega$,$P(\sum\limits_{k=1}^{n-r+1}A_A)=\sum\limits_{k=1}^{n-r+1}P(A_k)$. 得 $\sum\limits_{k=1}^{n-(r-1)}\frac{C_{n-k}^{r-1}}{C_n^r}=1$,即证.

6. (1) 方法1　设有 $n+1$ 个外形完全相同的盒子,每个盒子中装有 n 个大小相同的球,在第 i 号盒中有 i 个红球,$n-i$ 个白球 $(i=0,1,\cdots,n)$. 今从 $n+1$ 个盒子中任取一盒,并在这盒中任取一球,记 A_i 为从第 i 盒中取球这一事件,B 为取到红球这一事件. 则 $P(A_i)=\frac{1}{n+1}$,$P(B\mid A)=\frac{i}{n},P(\bar{B}\mid A_i)=1-P(B\mid A_i)=\frac{n-i}{n}(i=0,1,\cdots,n)$. 由全概率公式有 $P(B)=\sum\limits_{i=0}^{n}P(A_i)\cdot P(B\mid A_i)=\frac{1}{n+1}\sum\limits_{i=0}^{n}\frac{i}{n}=\frac{1}{n(n+1)}B(1)$,$P(\bar{B})=\sum\limits_{i=0}^{n}P(A_i)\cdot P(\bar{B}\mid A_i)=\frac{1}{n+1}\sum\limits_{i=0}^{n}\frac{n-i}{n}=\frac{1}{n+1}\sum\limits_{j=0}^{n}\frac{j}{n}=\frac{1}{n(n+1)}B(1)$. 因 $P(B)+P(\bar{B})=1$,故 $\frac{1}{n(n+1)}B(1)+\frac{1}{n(n+1)}B(1)=1$,即 $B(1)=\frac{1}{2}n(n+1)$.

方法2　从装有大小相同而标有号码$1,2,\cdots,n+1$的$n+1$个球的盒中，任取出两个球，A_j表$1,2,\cdots,j-1$号球都取不到，而j号球一定取到$(j=1,2,\cdots,n)$，则$A_1+A_2+\cdots+A_n=\Omega$，$P(A_j)=\dfrac{C_{n+1-j}^1\cdot C_1^1}{C_{n+1}^2}=\dfrac{n+1-j}{\frac{1}{2}n(n+1)}$，故$\sum\limits_{j=1}^n P(A_j)=\dfrac{1}{\frac{2}{n(n+1)}}\sum\limits_{j=1}^n(n+1-j)$，由此即证.

(2) 从装有大小相同而标有号码$1,2,\cdots,n+2$的$n+2$个球的盒中，任取出三个球，A_j表示三个球中号码最小的是$j(j=1,2,\cdots,n)$，则$P(A_j)=\dfrac{C_{n+2-j}^2\cdot C_1^1}{C_{n+2}^3}=\dfrac{3(n+2-j)(n+1-j)}{n(n+1)(n+2)}$. 由于$\sum\limits_{j=1}^n A_j=\Omega$，所以$\sum\limits_{j=1}^n P(A_j)=\dfrac{3}{n(n+1)(n+2)}\sum\limits_{i=1}^n i(i+1)=1$，即$1^2+2^2+\cdots+n^2=\dfrac{n(n+1)(n+2)}{3}-B(1)=\dfrac{1}{6}n(n+1)(2n+1)$.

(5) 设一盒中装有$(a+b)$只大小相同的球，其中a只红球，b只黑球，设第i次摸到红球的事件为A_i，现不放回地任取四个球，至少取到一个红球的事件为B，则$B=\bigcup\limits_{i=1}^4 A_i$，所以$P(B)=P(\bigcup\limits_{i=1}^4 A_i)=P(A_1)+P(\bar{A}_1\cdot A_2)=P(\bar{A}_1\cdot\bar{A}_2\cdot A_3)+P(\bar{A}_1\cdot\bar{A}_2\cdot\bar{A}_3\cdot A_4)=\dfrac{a}{a+b}+\dfrac{a}{a+b}\cdot\dfrac{b}{a+b-1}+\dfrac{a}{a+b}\cdot\dfrac{b}{a+b-1}\cdot\dfrac{b-1}{a+b-2}+\dfrac{a}{a+b}\cdot\dfrac{a}{a+b-1}\cdot\dfrac{b-1}{a+b-2}\cdot\dfrac{b-2}{a+b-3}$而$P(\bigcup\limits_{i=1}^4 A_i)=1-P(\bigcap\limits_{i=1}^4 A_i)=1-\dfrac{b(b-1)(b-2)(b-3)}{(a+b)(a+b-1)(a+b-2)(a+b-3)}$，将上述两式比较，两边同乘$\dfrac{a+b}{a}$即证.

7. (1) 设随机变量ξ的概率分布为$P\{\xi=a_i\}=\dfrac{1}{n}$，$i=1,2,\cdots,n$，则有$\dfrac{1}{n}\sum\limits_{i=1}^n a_i^2=E\xi^2\geqslant(\sum\xi)^2=(\dfrac{1}{n}\sum\limits_{i=1}^n a_i)^2$.

(2) 设随机变量ξ的概率分布为$P\{\xi=\dfrac{\sum\limits_{i=1}^n a_i}{a}\}=\dfrac{a_k}{\sum\limits_{i=1}^n a_i}$，$k=1,2,\cdots,n$，则$E\xi^2=\sum\left[\left(\dfrac{\sum\limits_{i=1}^n a_i}{a_k}\right)^2\cdot\dfrac{a_k}{\sum\limits_{i=1}^n a_i}\right]=\sum\limits_{k=1}^n\dfrac{(\sum\limits_{i=1}^n a_i)}{a_k}=(\sum\limits_{i=1}^n a_i)\cdot(\sum\limits_{i=1}^n\dfrac{1}{a_i})$，$E\xi=\sum\limits_{k=1}^n\left(\dfrac{\sum\limits_{i=1}^n a_i}{a_k}\cdot\dfrac{a_k}{\sum\limits_{i=1}^n a_i}\right)=n$，由此即证.

(3) 设随机变量ξ的概率分布为$P\{\xi=\dfrac{s}{s-a_i}\}=\dfrac{s-a_i}{(n-1)s}(i=1,2,\cdots,n)$，则$\sum\limits_{i=1}^n P(\xi=\dfrac{s}{s-a_i})=\sum\limits_{i=1}^n\dfrac{s-a_i}{(n-1)s}=1$，$E\xi=\sum\limits_{i=1}^n[\dfrac{s}{s-a_i}\cdot\dfrac{s-a_i}{(n-1)s}]=\dfrac{n}{n-1}$，$E\xi^2=\sum\limits_{i=1}^n[(\dfrac{s}{s-a_i})^2\cdot\dfrac{s-a_i}{(n-1)s}]=\dfrac{1}{n-1}\sum\limits_{i=1}^n\dfrac{s}{s-a_i}=\dfrac{1}{n-1}\sum\limits_{i=1}^n(\dfrac{a_i}{s-a_i}+1)$. 由$\sum\xi^2\geqslant E^2\xi$，则$\dfrac{1}{n-1}$

$\sum\limits_{i=1}^{n}(\frac{a_i}{s-a_i}+1)\geqslant(\frac{n}{n-1})^2$. 故$\sum\limits_{i=1}^{n}\frac{a_i}{s-a_i}\geqslant\frac{n_2}{n-1}-n=\frac{n}{n-1}$.

(4) 设随机变量 ξ 的概率分布列为 $P\{\xi=\frac{a_i}{a_i+a_{i+1}}\}=\frac{a_i+a_{i+1}}{2}(i=1,2,\cdots,n$, 且 $a_{i+1}=a_1)$, 且$\sum\limits_{i=1}^{n}P\{\xi=\frac{a_i}{a_i+a_{i+1}}\}=\sum\limits_{i=1}^{n}\frac{a_i+a_{i+1}}{2}=\frac{2\sum\limits_{i=1}^{n}a_i}{2}=1$. 则$E\xi=\frac{a_1}{a_1+a_2}\cdot\frac{a_1+a_2}{2}+\cdots+\frac{a_n}{a_n+a_1}\cdot\frac{a_n+a_1}{2}=\frac{1}{2}$, $E\xi^2=(\frac{a_1}{a_1+a_2})^2\cdot\frac{a_n+a_1}{2}+\cdots+(\frac{a_n}{a_n+a_1})^2\cdot\frac{a_n+a_1}{2}=\frac{1}{2}\cdot\sum\frac{a_i^2}{a_i+a_{i+1}}$.

由 $E\xi^2\geqslant E^2\xi$, 得$\frac{1}{2}\sum\limits_{i=1}^{n}\frac{a_i^2}{a_i+a_{i+1}}=\frac{1}{2}(\frac{a_1^2}{a_1+a_2}+\cdots+\frac{a_n^2}{a_n+a_1})\geqslant\frac{1}{4}$, 即$\frac{a_1^2}{a_1+a_2}+\cdots+\frac{a_n^2}{a_n+a_1}\geqslant\frac{1}{2}$.

注　类似(3),(4) 可证下述不等式:

① 若 $0<a_i<1(i=1,2,\cdots,n)$ 且$\sum\limits_{i=1}^{n}a_i=A$, 则$\sum\limits_{i=1}^{n}\frac{a_i}{1-a_i}\geqslant\frac{nA}{n-A}$;

② 若 $a_i,b_i\in\mathbf{R}^+(i=1,2,\cdots,n)$ 且$\sum\limits_{i=1}^{n}a_i=\sum\limits_{i=1}^{n}b_i$, 则$\sum\limits_{i=1}^{n}\frac{a_i^2}{a_i+b_i}\geqslant\frac{1}{2}\sum\limits_{i=1}^{n}a_i$.

(5) 设随机变量 ξ 的概率分布为 $P\{\xi=\frac{a_k}{a_{k+1}}\}=\frac{a_{k+1}}{\sum\limits_{i=1}^{n}a_i}(k=1,2,\cdots,n)$(其中 $a_{n+1}=a_1$), 则 $E\xi^2=\frac{a_1^2}{a_2^2}\cdot\frac{a_2}{\sum\limits_{i=1}^{n}a_i}+\frac{a_2^2}{a_3^2}\cdot\frac{a_3}{\sum\limits_{i=1}^{n}a_i}+\cdots+\frac{a_n^2}{a_1^2}\cdot\frac{a_1}{\sum\limits_{i=1}^{n}a_i}=(\frac{a_1^2}{a_2}+\frac{a_2^2}{a^3}+\cdots+\frac{a_n^2}{a_1})\cdot\frac{1}{\sum\limits_{i=1}^{n}a_i}$, $E\xi=\frac{a_1}{a_2}\cdot\frac{a_2}{\sum\limits_{i=1}^{n}a_i}+\frac{a_2}{a_3}\cdot\frac{a_3}{\sum\limits_{i=1}^{n}a_i}+\cdots+\frac{a_n}{a_1}\cdot\frac{a_1}{\sum\limits_{i=1}^{n}a_i}=1$. 由此即证.

(6) 所证不等式,等价于

$$\sum_{k=1}^{n}\left[\frac{(\frac{1}{k})^2}{(\frac{1}{a_k})^2}\cdot\frac{\frac{1}{a_k}}{(\sum\limits_{i=1}^{n}\frac{1}{a_i})}\right]\geqslant\frac{\sum\limits_{k=1}^{n}\frac{1}{k}}{\sum\limits_{k=1}^{n}\frac{1}{a_k}}$$

设随机变量 ξ 的概率分布为

$$P(\xi=\frac{\frac{1}{k}}{\frac{1}{a_k}})=\frac{\frac{1}{a_k}}{\sum\limits_{i=1}^{n}\frac{1}{a_i}}(k=1,2,\cdots,n)$$

由 $E\zeta^2\geqslant(E\zeta)^2$, 得

$$\sum_{k=1}^{n}\left[\frac{(\frac{1}{k})^2}{(\frac{1}{a_k})^2}\cdot\frac{(\frac{1}{a_k})}{\sum_{i=1}^{n}\frac{1}{a_i}}\right]\geqslant\left[\sum_{r=1}^{n}\left[\frac{\frac{1}{k}}{\frac{1}{a_k}}\cdot\frac{\frac{1}{a_k}}{\sum_{i=1}^{n}\frac{1}{a_i}}\right]\right]^2=\left[\frac{\sum_{k=1}^{n}\frac{1}{k}}{\sum_{k=1}^{n}\frac{1}{a_k}}\right]^2$$

因为 $a_1,a_2,\cdots,a_n$ 为两两不等的正整数,易见

$$\sum_{k=1}^{n}\frac{1}{k}\geqslant\sum_{k=1}^{n}\frac{1}{a_k}$$

即

$$\frac{\sum_{k=1}^{n}\frac{1}{k}}{\sum_{k=1}^{n}\frac{1}{a_k}}\geqslant 1$$

这样就有 $\left[\frac{\sum_{k=1}^{n}\frac{1}{k}}{\sum_{k=1}^{n}\frac{1}{a_k}}\right]^2\geqslant\frac{\sum_{k=1}^{n}\frac{1}{k}}{\sum_{k=1}^{n}\frac{1}{a_k}}$.

8. (1) 构造随机试验:有两个口袋,其中一个口袋中装有两个红球,另一个口袋中装有一个红球和两个白球.有放回地从两个口袋中各取一球,若取到的两个球均为红球,则停止取球,否则在两个口袋中各加进一个白球,然后按以上规则取球,直到取到的两个球为红球为止.

令 $A=\{停止取球\}$,$A_k=\{取了 k 次球后停止取球\}$,$k=1,2,3,\cdots$,则

$$P(A_1)=\frac{2}{3}\cdot\frac{1}{3}=\frac{1}{3}$$

$$P(A_2)=(1-\frac{2}{2\cdot 3})\cdot\frac{2}{3\cdot 4}$$

$$P(A_3)=(1-\frac{2}{2\cdot 3})(1-\frac{2}{3\cdot 4})\cdot\frac{2}{4\cdot 5}$$

$$\cdots$$

一般地,$P(A_k)=(1-\frac{2}{2\cdot 3})(1-\frac{2}{3\cdot 4})\cdots(1-\frac{2}{k(k+1)})\cdot\frac{2}{(k+1)(k+2)}(k=2,3,4,\cdots)$.

由于每个 A_k 两两互不相容,且 $A=\bigcup_{k=1}^{\infty}A_k$,所以 $P(A)=\sum_{k=1}^{\infty}P(A_k)$.

另一方面,A 的对立事件 $\overline{A}=\{取球不止\}$,易见

$$P(\overline{A})=\lim_{k\to\infty}(1-\frac{2}{2\cdot 3})(1-\frac{2}{3\cdot 4})\cdots(1-\frac{2}{k(k+1)})=$$

$$\lim_{k\to\infty}\frac{4\cdot 1}{2\cdot 3}\cdot\frac{5\cdot 2}{3\cdot 4}\cdot\cdots\cdot\frac{(k+2)(k-1)}{k(k+1)}=$$

$$\lim_{k\to\infty}\frac{1}{3}\cdot\frac{k+2}{k}=\frac{1}{3}$$

从而 $P(A)=1-P(\overline{A})=\frac{2}{3}$. 故原式 $=\frac{2}{3}$.

(2) 假设 A 和 B 两队参加一项体育锦标赛,比赛中不存在平局,先赢得 $n+1$ 场胜利的一

个队将成为冠军，设 x 是 A 队在任何比赛中战胜 B 队的概率，于是 $1-x$ 是 B 队战胜 A 队的概率，在 $n+1+r$ 场比赛中（r 可取 $0,1,2,\cdots,n$），A 队只有取得最后一场胜利，并在前 $n+r$ 场比赛中取得 n 场胜利后才获得冠军，于是 A 队在 $n+1+r$ 场比赛中获胜的概率

$$P(A)=\sum_{r=0}^{n}\mathrm{C}_{n+r}^{n}x^{n+1}(1-x)^{r}$$

同理，B 队在这 $n+1+r$ 场比赛中获胜的概率 $P(B)=\sum\limits_{r=0}^{n}\mathrm{C}_{n+r}^{n}(1-x)^{n+1}x^{r}$.

由 $P(A)+P(B)=1$ 得和为1.

(3) 构造古典概率模型：从装有 n 个白球和 m 个黑球的箱中，一个接一个地取球，取后不放回. 考虑第 i 次取球时，首次取得黑球的事件 $A_i(i=1,2,\cdots,n+1)$ 的概率. 由古典概率模型公式可得

$$P(A_i)=\frac{m\mathrm{C}_n^{i-1}(i-1)!}{\mathrm{C}_{n+m}^{i}i!}=\frac{m}{n+m}\cdot\frac{\mathrm{C}_n^{i}}{\mathrm{C}_{n+m-1}^{i-1}}$$

因为取球过程至多在第 $n+1$ 次停止，且第 $n+1$ 次首次取到黑球，于是取到黑球是必然事件，即

$$\bigcup_{i=1}^{n+1}A_i=\Omega,\text{且}A_i\cap A_j=\varnothing\,(i\neq j)$$

从而 $\sum\limits_{i=1}^{n+1}P(A_i)=P(\Omega)=1$. 因此 $\dfrac{n}{n+m}\sum\limits_{i=1}^{n+1}\dfrac{\mathrm{C}_n^{i}}{\mathrm{C}_{n+m-1}^{i-1}}=1$，故 $\sum\limits_{i=1}^{n+1}\dfrac{\mathrm{C}_n^{i-1}}{\mathrm{C}_{n+m-1}^{i-1}}=\dfrac{n+m}{m}$，即

$$\sum_{i=0}^{n}\frac{\mathrm{C}_n^{i}}{\mathrm{C}_{n+m-1}^{i}}=\frac{n+m}{m}$$

9. 假设接待站每天都接待（即接待时间没有规定），则12次来访都发生在星期二、星期四的概率为 $P_1=\dfrac{2^{12}}{7^{12}}=0.000\,000\,3$. 这样小的概率发生了，有理由怀疑原假设“每天都接待”，从而认为接待时间是有规定的，即星期二、星期四两天接待. 第二问，既然12次来访都不在星期日，即在其余6天，其概率为 $P_2=\dfrac{6^{12}}{7^{12}}=0.157$，由于这个概率不是小概率，故不宜作出星期日不接待的结论.

10. 将52张扑克牌分给4个人，每人得到13张同一花色的概率为

$$P=4!\frac{\mathrm{C}_1^1\cdot\overbrace{\mathrm{C}_1^1\cdot\cdots\cdot\mathrm{C}_1^1}^{13\text{个}}}{\mathrm{C}_{52}^{13}}\cdot\frac{\mathrm{C}_1^1\cdot\overbrace{\mathrm{C}_1^1\cdot\cdots\cdot\mathrm{C}_1^1}^{13\text{个}}}{\mathrm{C}_{39}^{13}}\cdot\frac{\mathrm{C}_1^1\cdot\overbrace{\mathrm{C}_1^1\cdot\cdots\cdot\mathrm{C}_1^1}^{13\text{个}}}{\mathrm{C}_{26}^{13}}\cdot\frac{\mathrm{C}_1^1\cdot\overbrace{\mathrm{C}_1^1\cdot\mathrm{C}_1^1\cdot\cdots\cdot\mathrm{C}_1^1}^{13\text{个}}}{\mathrm{C}_{13}^{13}}=$$

$$4!\,\frac{(13!)^4}{52!}$$

这个数值是非常小的. 现某人竟然断言这样的小概率事件在一次发牌中就会出现，则自然认为这是不正常的. 我们怀疑他在发牌时有作弊行为. 比如说，他把牌事先排成他所知道的顺序.

11. 所谓“碰巧”，即那个女孩子打破碗完全是随机的. 假设打破碗是随机的，并用 A 表示“3个碗或4个碗都是某女孩打破的”事件，B 表示“3个碗或4个碗都是最小女孩打破的”事件，C 表示“4个碗中有3个碗是最小女孩打破的”事件，则

$$P(A)=\frac{1}{4^4}[\mathrm{C}_4^1(\mathrm{C}_3^1\mathrm{C}_4^3+\mathrm{C}_4^4)]\approx 0.2$$

$$P(B)=\frac{1}{4^4}(\mathrm{C}_3^1\cdot\mathrm{C}_4^3+\mathrm{C}_4^4)\approx 0.05$$

$$P(C)=\frac{1}{4^4}\mathrm{C}_3^1\cdot\mathrm{C}_4^3\approx 0.047$$

(其中4^4是4个打破碗的所有可能情况,C_4^1表4个女孩中某一个,C_4^4是4个碗全是某一人打破……). 由于$P(B)$,$P(C)$都很小. 故认为打破碗并非随机的. 是由于最小女孩“笨拙”造成的. 她没有理由申辩.

12. 若产品符合要求,则$P=0.01$,$q=1-P=0.99$. 由伯努利概型,抽3件产品恰有0件次品的概率为$P_3(0)=\mathrm{C}_3^0(0.01)^0\cdot(0.99)^{3-0}\approx 0.970\ 299$. 同理$P_3(1)\approx 0.029\ 403$,$P_3(2)\approx 0.000\ 27$,$P_3(3)\approx 0.000\ 001$. 可见,若产品符合出厂要求,则从三批产品中各抽1件,至少抽到1件次品的概率为$\sum_{k=1}^{3}P_3(k)=1-P_3(0)=1-q^3\approx 0.03$. 这是个小概率,现在小概率事件发生了,判断产品不能出厂.

13. 设“刮台风”事件为A,“下雨”事件为B,那么“既刮风又下雨”事件应为AB. 而“在刮风条件引起下雨”事件的概率就是一个条件概率,即

$$P(B\mid A)=\frac{P(AB)}{P(A)}=\frac{0.115}{0.120}\approx 0.958\ 3$$

这是一个较大的概率,故认为刮台风与下雨有密切关系.

14. 设ζ表示保险公司在参加保险者身上的收益,则ζ取两个值$\zeta=100$和$\zeta=100-a$,且$P(\zeta=100)=0.99$,$P(\zeta=100-a)=0.01$,保险公司获益的期望值$E\zeta=0.99\times 100+0.01\times(100-a)=100-0.01a$,要使保险公司获益的期望值不低于$a$的7%,即$100-0.01a\geqslant 0.07a$,所以$a\leqslant 1\ 250$,即最大的赔偿值为1 250元.

15. 设偷税额为x(元),则偷税时商家受益的数学期望为

$$E\zeta=(1-P)x-npx=(1-P-nP)x$$

要起到惩罚作用,需

$$1-P-nP<0,n>\frac{1-P}{P}$$

故一旦查出至少应处以$\left(\left[\frac{1-P}{P}\right]+1\right)$倍的罚款,才能起到防止偷漏税现象发生的作用.

16. (1) 比较$A—C—F—B$,$A—E—F—B$,$A—C—D—B$三条路线中堵车的概率可知路线$A—E—F—B$发生堵车的概率最小为$P=\frac{1}{5}\times\frac{1}{20}\times\frac{1}{12}=\frac{1}{1\ 200}$.

(2) 堵车次数ζ的分布列为

$$P(\zeta=0)=\frac{9}{10}\times\frac{17}{20}\times\frac{11}{12}=\frac{1\ 683}{2\ 400}$$

$$P(\zeta=1)=\frac{1}{10}\times\frac{17}{20}\times\frac{11}{12}+\frac{9}{10}\times\frac{3}{20}\times\frac{11}{12}+\frac{9}{10}\times\frac{17}{20}\times\frac{1}{12}=\frac{637}{2\ 400}$$

$$P(\zeta=2)=\frac{1}{10}\times\frac{3}{20}\times\frac{11}{12}+\frac{1}{10}\times\frac{17}{20}\times\frac{1}{12}+\frac{9}{10}\times\frac{3}{20}\times\frac{1}{12}=\frac{77}{2\ 400}$$

$$P(\zeta=3)=\frac{1}{10}\times\frac{3}{20}\times\frac{1}{12}=\frac{3}{2\ 400}$$

则 $E\zeta=0\times\frac{1\ 683}{2\ 400}+1\times\frac{637}{2\ 400}+2\times\frac{77}{2\ 400}+3\times\frac{3}{2\ 400}=\frac{1}{3}$.

17. 设某种疾病的发病率(呈阳性)为P(P较小),则不发病(呈阴性)的概率$q=1-P$.

第二种检验方案,每个人的血样需检验的次数ξ是随机变量,其可能取值只有两个:$\frac{1}{k}$或$\frac{k+1}{k}$. k个人混合成的血呈阴性的概率是q^k,呈阳性的概率是$1-q^k$. 于是ξ概率分布为

ε	$\frac{1}{k}$	$\frac{k+1}{k}$
P	q^k	$1-q^k$

每个人需检验次数的数学期望为

$$E(\xi)=\frac{1}{k}\times q^k+\left(1+\frac{1}{k}\right)(1-q^k)=1-q^k+\frac{1}{k}$$

N个人需要检验次数的数学期望为$N\cdot\left(1-q^k+\frac{1}{k}\right)$,由于$p$很小,从而$q$接近于1. 不难看出,当$k\geqslant 2$时,$q^k>\frac{1}{k}$,故$E(\xi)<1$,这说明能减少检验次数. 例如,当$N=1\ 000$,$P=0.01$,取$k=4$,此时需要检验的次数为

$$1\ 000\times\left(1-0.9^4+\frac{1}{4}\right)\approx 594(\text{次})$$

能减少约40%的工作量.

当$N=1\ 000$,$P=0.1$,取$k=3$时,此时需要检验的次数为

$$1\ 000\times\left(1-0.99^3+\frac{1}{3}\right)\approx 363(\text{次})$$

能减少约64%的工作量.

通过以上分析可知:发病率p越小,方案(2)越能减少检验的次数;当p给定后,可取适当的k使$E(\xi)$达到最小是最好的方法.

18. 此问题可转化为考虑下述问题.

设在一次实验中,事件A发生的概率为$\varepsilon>0$,独立重复该实验n次,求事件A至少发生一次的概率.

事实上,由题意可知,此题属于伯努利概型. 设B="n次实验中事件A至少发生一次",因此B的对立事件即是$\bar{B}$="n次实验中事件A一次都不发生",则$P(A)=\varepsilon$,$P(\bar{A})=1-\varepsilon$,有$P(B)=1-P(\bar{B})=1-(1-\varepsilon)^n$,所以$\lim\limits_{n\to\infty}[1-(1-\varepsilon)^n]=1$.

由上面的问题可以看出,一件微不足道的小事,只要你坚持做下去就会产生不可思议的结果. 这正好印证了中国的一句俗话:"锲而不舍,金石可镂". 无数的事实也证实了这一点. 爱迪生经历了无数次的失败后终于发明了电灯;经过多年不懈的努力,吴道子终成一代"画圣". 这正如爱因斯坦所说的:"成功 = 99%的汗水 + 1%的灵感."

第十二章　微积分知识的初步应用

微积分作为研究客观世界物质运动变化的有力工具,在现代化工农业生产、国防建设和科学研究的领域内有着广泛的应用. 同时微积分是进一步学习数学和其他科学技术必须具备的基础知识.

12.1　导数的应用

12.1.1　推导或证明公式

中学数学中某些公式的推导与证明,借助于导数极为方便.

例1　我们注意到圆的面积公式为$A=\pi r^2$,若把r看作自变量,对A求导,则得圆的周长公式$C=2\pi r$;同样地对球的体积公式$V_{球}=\frac{4}{3}\pi R^3$求导,则得球的表面积公式$S_{球面}=4\pi R^2$;对圆柱的体积公式$V_{圆柱}=\pi R^2 h$求导,则得圆柱的侧面积公式$S_{圆柱侧}=2\pi Rh$;…… 这使得我们不必单独记圆周长、球面面积、圆柱侧面面积公式等,也使我们进一步认清了圆的面积与周长,球体积与表面积等之间的关系.

例2　许多三角公式可以由求导推出,这也可以减轻记忆负担. 例如:

由$\sin\alpha\cdot\csc\alpha=1$对$\alpha$求导,有$\cot\alpha=\frac{\cos\alpha}{\sin\alpha}$;

由$\cos\alpha\cdot\sec\alpha=1$对$\alpha$求导,有$\tan\alpha=\frac{\sin\alpha}{\cos\alpha}$;

由$\cot\alpha=\frac{\cos\alpha}{\sin\alpha}$对$\alpha$求导,有$1+\cot^2\alpha=\csc^2\alpha$;

由$\tan\alpha=\frac{\sin\alpha}{\cos\alpha}$对$\alpha$求导,有$1+\tan^2\alpha=\sec^2\alpha$,$\sin^2\alpha+\cos^2\alpha=1$;

由$\cos(\alpha+2k\pi)=\cos\alpha$对$\alpha$求导,有$\sin(\alpha+2k\pi)=\sin\alpha$;

由$\cos(-\alpha)=\cos\alpha$对α求导,有$\sin(-\alpha)=-\sin\alpha$;

由$\cos(\alpha\mp\beta)=\cos\alpha\cdot\cos\beta\pm\sin\alpha\cdot\sin\beta$对$\alpha$求导,有$\sin(\alpha\mp\beta)=\sin\alpha\cdot\cos\beta\mp\cos\alpha\cdot\sin\beta$;

由$\sin 2\alpha=2\sin\alpha\cdot\cos\alpha$对$\alpha$求导,有$\cos 2\alpha=\cos^2\alpha-\sin^2\alpha=1-2\sin^2=2\cos^2\alpha-1$;

由$\sin 3\alpha=3\sin\alpha-4\sin^3\alpha$对$\alpha$求导,有$\cos 3\alpha=4\cos^3\alpha-3\cos\alpha$;

由$\sin\frac{\alpha}{2}=\pm\sqrt{\frac{1-\cos\alpha}{2}}$对$\alpha$求导,有$\cos\frac{\alpha}{2}=\pm\sqrt{\frac{1+\cos\alpha}{2}}$;

由$\cos\left(\frac{\pi}{2}\pm\alpha\right)=\mp\sin\alpha$对$\alpha$求导,有$\sin\left(\frac{\pi}{2}\pm\alpha\right)=\cos\alpha$;

由$\cos(\pi\pm\alpha)=-\cos\alpha$对$\alpha$求导,有$\sin(\pi\pm\alpha)=\mp\sin\alpha$;

由 $\cos\left(\frac{3\pi}{2}\pm\alpha\right)=\pm\sin\alpha$ 对 α 求导,有 $\sin\left(\frac{3\pi}{2}\pm\alpha\right)=-\cos\alpha$;

由 $\sin\alpha\cdot\cos\beta=\frac{1}{2}[\sin(\alpha+\beta)+\sin(\alpha-\beta)]$ 对 α 求导,有 $\cos\alpha\cdot\cos\beta=\frac{1}{2}[\cos(\alpha+\beta)+\cos(\alpha-\beta)]$;

由 $\sin\alpha\cdot\cos\beta=\frac{1}{2}[\sin(\alpha+\beta)+\sin(\alpha-\beta)]$ 对 β 求导,有 $\sin\alpha\cdot\sin\beta=-\frac{1}{2}[\cos(\alpha+\beta)-\cos(\alpha-\beta)]$;

由 $\sin\alpha\cdot\cos\beta=\frac{1}{2}[\sin(\alpha+\beta)+\sin(\alpha-\beta)]$ 先对 α 求导,再对 β 求导,有 $\cos\alpha\cdot\sin\beta=\frac{1}{2}[\sin(\alpha+\beta)-\sin(\alpha-\beta)]$.

又例如,因 $\sin^2\alpha+\cos^2\alpha$ 对 α 的导数等于0,则 $\sin^2\alpha+\cos^2\alpha$ 应为一个常数,又当 $\alpha=0$ 时,$\sin^2\alpha+\cos^2\alpha=1$,故对所有 α,$\sin^2\alpha+\cos^2\alpha=1$.

例3　许多涉及到自然数的公式也可以由有关结论求导推出.例如:

由11.2中的例9,即恒等式

$$1+x+x^2+\cdots+x^n=C_{n+1}^1+C_{n+1}^2(x-1)+C_{n+1}^3(x-1)^2+\cdots+C_{n+1}^{n+1}(x-1)^n\quad(*)$$

对上式两边求导则有:

结论Ⅰ　$1+2x+3x^2+\cdots+nx^{n-1}=C_{n+1}^2+2C_{n+1}^3(x-1)+\cdots+nC_{n+1}^{n+1}(x-1)^{n-1}$.

由式($*$)可知有

$$1+x^2+\cdots+x^n+x^{n+1}=C_{n+2}^1+C_{n+2}^2(x-1)+C_{n+2}^3(x-1)^2+\cdots+C_{n+2}^{n+2}(x-1)^{n+1}$$

对上式两边求二阶导数则有:

结论Ⅱ　$2+2\cdot3x+3\cdot4x^2+\cdots+n(n+1)x^{n-1}=2C_{n+2}^3+2\cdot3C_{n+2}^4(x-1)+\cdots+(n+1)nC_{n+2}^{n+2}(x-1)^{n-1}$.

又由式($*$),可知有

$$1+x+x^2+x^3+\cdots+x^{n+2}=C_{n+3}^1+C_{n+3}^2(x-1)+C_{n+3}^3(x-1)^2+C_{n+3}^4(x-1)^2+\cdots+C_{n+3}^{n+3}(x-1)^{n+2}$$

对上式两边求三阶导数则有:

结论Ⅲ　$1\cdot2\cdot3+2\cdot3\cdot4x+\cdots+n(n+1)(n+2)x^{n-1}=1\cdot2\cdot3C_{n+3}^4+2\cdot3\cdot4C_{n+3}^5\cdot(x-1)+\cdots+n(n+1)(n+2)C_{n+3}^{n+3}(x-1)^{n-1}$.

对结论Ⅰ中的恒等式两边同乘以 x 得:$x+2x^2+3x^3+\cdots+nx^n=[C_{n+1}^2+2C_{n+1}^3(x-1)+\cdots+nC_{n+1}^{n+1}(x-1)^{n-1}]([(x-1)+1])=C_{n+1}^2+(C_{n+1}^2+2C_{n+1}^3)\cdot(x-1)+(2C_{n+1}^3+3C_{n+1}^4)\cdot(x-1)^2+\cdots+nC_{n+1}^{n+1}\cdot(x-1)^n$.

对上式两边求导数得:

结论Ⅳ　$1+2^2x+3^2x^2+\cdots+n^2x^{n-1}=(C_{n+1}^2+2C_{n+1}^3)+(2C_{n+1}^3+3C_{n+1}^4)\cdot(x-1)+\cdots+n^2C_{n+1}^{n+1}(x-1)^{n-1}$.

由上述结论,对 x 取特殊值1.便可得一系列有关自然数的公式.

由结论Ⅰ,令 $x=1$,则有:

公式1 $1+2+3+\cdots+n=\dfrac{n(n+1)}{2}$.

由结论 Ⅱ,令 $x=1$,则有:

公式2 $1\cdot 2+2\cdot 3+3\cdot 4+\cdots+n(n+1)=\dfrac{n(n+1)(n+2)}{3}$.

由结论 Ⅲ,令 $x=1$,则有:

公式3 $1\cdot 2\cdot 3+2\cdot 3\cdot 4+\cdots+n(n+1)(n+2)=\dfrac{n(n+1)(n+2)(n+3)}{4}$.

类似于结论 Ⅲ 的推导,可以推得更一般的情形:

公式4 $1\cdot 2\cdot\cdots\cdot k+2\cdot 3\cdot\cdots\cdot(k+1)+\cdots+n(n+1)\cdots(n+k-1)=\dfrac{n(n+1)\cdots(n+k)}{k}$.

由结论 Ⅳ,令 $x=1$,则有:

公式5 $1^2+2^2+3^2+\cdots+n^2=\dfrac{n(n+1)(2n+1)}{6}$.

若对结论 Ⅳ 中的恒等式两边同乘以 x 求导后,再令 $x=1$,则有:

公式6 $1^3+2^3+3^3+\cdots+n^3=\dfrac{n^2(n+1)^2}{4}$.

类似地,我们可推得:$1^k+2^k+3^k+\cdots+n^k(k\in\mathbf{N},k\geqslant 4)$ 的表达式.

例4 在平面解析几何中,对缺 xy 项的二元二次方程 $Ax^2+Cy^2+Dx+Ey+F=0$,分别对 x 和 y 求导,有$\begin{cases}2Ax+D=0\\2Cy+E=0\end{cases}$,此即为平移坐标轴后的新坐标系的原点坐标公式. 对一般的二元二次方程 $f(x,y)=Ax^2+2Bxy+Cy^2+2Dx+2Ey+F=0$,分别对 x 和 y 求导,有

$$\begin{cases}f'_x=2Ax+2By+2D=0\\f'_y=2Bx+2Cy+2E=0\end{cases}$$

注意到 $f'_x+f'_y\cdot y'_x=0$,有 $y'_x=-\dfrac{Ax+By+D}{Bx+Cy+E}$,而对于以 $T_0(x_0,y_0)$ 为切点,以 $P_0(x_0,y_0)$ 为极点(圆锥曲线两切线的交点)和以 $M_0(x_0,y_0)$ 为弦的中点,相应的切线,极线(过两切点的直线)和中点弦所在的直线的斜率均为 $k=-\dfrac{Ax_0+By_0+D}{Bx_0+Cy_0+E}$,因而这些线的方程均为

$$Ax_0x+B(y_0x+x_0y)+Cy_0y+D(x_0+x)+E(y_0+y)+F=f(x_0,y_0)$$

这比用初等方法直接推导要简便得多.

不过,我们还须注意:点 (x_0,y_0) 分别为切点、极点、弦中点坐标时,$f(x_0,y_0)$ 的值前两者为0,后者不为0;还须注意这三点分别为曲线上、外、内的点.

12.1.2 证明各类恒等式或解答数列求和问题

类似于前述公式的推导,有些恒等式只需对一恒等式求导即可推得或求导前或后做一点技术处理即可.

例5 求证:$1+2x+3x^2+\cdots+nx^{n-1}=\dfrac{nx^{n+1}-(n+1)x^n+1}{(x-1)^2}(x\neq 1)$(或求和 $S_n=$

$1+2x+3x^2+\cdots+nx^{n-1})$.

证明　由恒等式$1+x+x^2+\cdots+x^n=\dfrac{x^{n+1}-1}{x-1}(x\neq 1)$,两边求导即证得欲证恒等式.

例 6　求和$S=1^2+2^2x+3^2x^2+\cdots+n^2x^{n-1}(n\in\mathbf{N}^*)$.

证明　(1) 当$x=1$时

$$S=1^2+2^2+\cdots+n^2=\frac{1}{6}n(n+1)(2n+1)$$

(2) 当$x\neq 1$时,由$(nx^n)'=n^2x^{n-1}$,有

$$\begin{aligned}S&=1^2+2^2x+3^2x^2+\cdots+n^2x^{n-1}=(x+2x^2+3x^3+\cdots+nx^n)'=\\&[x(1+2x+3x^2+\cdots+nx^{n-1})]'=[xf(x)]'=\\&\left[\frac{nx^{n+2}-(n+1)x^{n+1}+x}{(1-x)^2}\right]'=\\&\frac{-n^2x^{n+2}+(2n^2+2n-1)x^{n+1}-(n+1)^2x^n+x+1}{(1-x)^3}\end{aligned}$$

注　本解法用到了上例的结论:当$x\neq 1$时

$$f(x)=1+2x+3x^2+\cdots+nx^{n-1}=\frac{nx^{n+1}-(n+1)x^n+1}{(1-x)^2}$$

例 7　求和$S=1\times 2+2\times 3x+\cdots+(n-1)nx^{n-2}(x\neq 1,n\geqslant 2,n\in\mathbf{N}^*)$.

分析　注意到$(x^n)'=nx^{n-1}$,$(nx^{n-1})'=(n-1)nx^{n-2}$,故有如下解法.

解　$x\neq 1$,则

$$x^2+x^3+\cdots+x^n=\frac{x^2-x^{n+1}}{1-x}$$

两边对x求导得

$$2x+3x^2+\cdots+nx^{n-1}=\frac{nx^{n+1}+(n+1)x^n-x^2+2x}{(1-x)^2}$$

两边再次对x求导得

$$1\times 2+2\times 3x+\cdots+(n-1)nx^{n-2}=\frac{n(1-n)x^{n+1}+2(n^2-1)x^n-n(n+1)x^{n-1}+2}{(1-x)^3}$$

例 8　求证:$C_n^1+2C_n^2+\cdots+nC_n^n=n\cdot 2^{n-1}$.

证明　因为$(1+x)^n=1+C_n^1x+C_n^2x^2+\cdots+C_n^nx^n$,两边对$x$求导得$n(1+x)^{n-1}=C_n^1+2xC_n^2+\cdots+nx^{n-1}\cdot C_n^n$,取$x=1$代入上式,即得要证的恒等式.

例 9　求和$S=1^2C_n^1+2^2C_n^2+3^2C_n^3+\cdots+n^2C_n^n$.

分析　注意到$(kC_n^kx^k)'=k^2C_n^kx^{k-1}$,故有如下解法.

解　设$f(x)=1^2C_n^1+2^2C_n^2x+3^2C_n^3x+\cdots+n^2C_n^nx^{n-1}$,则

$$\begin{aligned}f(x)&=(C_n^1x+2C_n^2x^2+3C_n^3x^3+\cdots+nC_n^nx^n)'=\\&[x(C_n^1+2C_n^2x+3C_n^3x^2+\cdots+nC_n^nx^{n-1})]'=\\&[x\cdot n(1+x)^{n-1}]'=\\&n(1+x)^{n-1}+n(n-1)x(1+x)^{n-2}\end{aligned}$$

所以

$$S=1^2C_n^1+2^2C_n^2+3^2C_n^3+\cdots+n^2C_n^n=f(1)=n(n+1)\cdot 2^{n-2}$$

注　本题解法用到了前例证出的结论：$n(1+x)^{n-1}=C_n^1+2C_n^2x+\cdots+nC_n^nx^{n-1}$.

例10　求证：$\frac{1}{2}\tan x+\frac{1}{4}\tan\frac{x}{4}+\cdots+\frac{1}{2^n}\tan\frac{x}{2^n}=\frac{1}{2^n}\cot\frac{x}{2^n}-\cot x$（其中 $x\neq 2^nk\pi$）.

证明　注意到 $\cos\frac{x}{2}\cdot\cos\frac{x}{4}\cdot\cdots\cdot\cos\frac{x}{2^n}=\frac{\sin x}{2^n\sin\frac{x}{2^n}}(x\neq 2^nk\pi)$.

两边取自然对数，得

$$\ln|\cos\frac{x}{2}|+\ln|\cos\frac{x}{4}|+\cdots+\ln|\cos\frac{x}{2^n}|=\ln|\sin x|-\ln|2^n\sin\frac{x}{2^n}|$$

两边再对 x 求导即得要证的结论.

由拉格朗日中值定理易得出：若函数 $f(x)$ 在区间 (a,b) 内可导，且在区间 (a,b) 内恒有 $f'(x)=0$，那么 $f(x)$ 在 (a,b) 内是常数. 这个结论是对某些恒等式进行变换的有力工具.

例11　求证 $\sin(3\arcsin x)+\cos(3\arccos x)=0, x\in[-1,1]$.

证明　设 $f(x)=\sin(3\arcsin x)+\cos(3\arccos x), x\in[-1,1]$，则

$$f'(x)=\frac{3}{\sqrt{1-x^2}}[\cos(3\arcsin x)+\sin(3\arccos x)]=$$

$$\frac{3}{\sqrt{1-x^2}}[\cos3(\frac{\pi}{2}-\arccos x)+\sin(3\arccos x)]=$$

$$\frac{3}{\sqrt{1-x^2}}[-\sin(3\arccos x)+\sin(3\arccos x)]=0$$

故知 $f(x)$ 在 $[-1,1]$ 上恒为常数，即 $f(x)=c$. 又 $f(-1)=\sin(3\arcsin(-1))+\cos(3\arccos(-1))=0$，故 $c=0$. 由此即证明了原式.

例12　求证 $\frac{\sin^8x}{8}-\frac{\cos^8x}{8}-\frac{\sin^6x}{3}+\frac{\cos^6x}{6}+\frac{\sin^4x}{4}=\frac{1}{24}$.

证明　设 $f(x)=\frac{\sin^8x}{8}-\frac{\cos^8x}{8}-\frac{\sin^6x}{3}+\frac{\cos^6x}{6}+\frac{\sin^4x}{4}$

$$f'(x)=\sin x\cdot\cos x(\sin^6x+\cos^6x-2\sin^4x-\cos^4x+\sin^2x)=$$

$$\sin x\cdot\cos x(\sin^4x-\sin^2x\cdot\cos^2x+\cos^4x-2\sin^4x-\cos^4x+\sin^2x)=$$

$$\sin^3x\cdot\cos x(-\sin^2x-\cos^2x+1)=0$$

故 $f(x)=c$，由 $f(0)=\frac{1}{24}$，即得 $c=\frac{1}{24}$. 由此即证.

例13　证明：(1) $\sum_{k=1}^{n}k=\frac{n(n+1)}{2}$，$\sum_{k=1}^{n}k^3=\frac{n^2(n+1)^2}{4}$；(2) $\sum_{k=1}^{n}k^2=\frac{n(n+1)(2n+1)}{6}$，$\sum_{k=1}^{n}k^4=\frac{n(n+1)(2n+1)(3n^2+3n-1)}{30}$.

证明　我们先看如下引理：

引理（Ⅰ）　$\sin x+\sin 2x+\sin 3x+\cdots+\sin nx=\frac{\cos\frac{x}{2}-\cos(n+\frac{1}{2})x}{2\sin\frac{x}{2}}$；

引理(Ⅱ)　$\cos x+\cos 2x+\cos 3x+\cdots+\cos nx=\dfrac{\sin(n+\frac{1}{2})x-\sin\frac{x}{2}}{2\sin\frac{x}{2}}$;

引理(Ⅲ)　$\sin x-\sin 2x+\sin 3x-\cdots\mp\sin(n-1)x\pm\sin nx=\dfrac{\sin\frac{x}{2}\pm\sin(n+\frac{1}{2})x}{2\cos\frac{x}{2}}$;

引理(Ⅳ)　$\cos x-\cos 2x+\cos 3x-\cdots\mp\cos(n-1)x\pm\cos nx=\dfrac{\cos\frac{x}{2}\pm\cos(n+\frac{1}{2})x}{2\cos\frac{x}{2}}$.

事实上,注意到$(\cos\frac{x}{2}-\cos\frac{3x}{2})+(\cos\frac{3x}{2}-\cos\frac{5x}{2})+\cdots+(\cos(n-\frac{1}{2})x-\cos(n+\frac{1}{2})x)=2\sin\frac{x}{2}(\sin x+\sin 2x+\cdots+\sin nx)$,故式(Ⅰ)成立.同理式(Ⅱ)亦成立.

当n为奇数时$(\sin\frac{x}{2}+\sin\frac{3x}{2})-(\sin\frac{3x}{2}+\sin\frac{5x}{2})-\cdots-(\sin(n-\frac{1}{2})x+\sin(n+\frac{1}{2})x)=2\cos\frac{x}{2}(\sin x-\sin 2x+\cdots-\sin(n-1)x+\sin nx)$,同理可证得$n$为偶数时亦成立.

故式(Ⅲ)成立,类似地我们可以得到式(Ⅳ)亦成立.

下面回到原题的证明:

记$f(x)=\sin x+\sin 2x+\sin 3x+\cdots+\sin nx$,则

$$f'(x)=\cos x+2\cos 2x+3\cos 3x+\cdots+n\cos nx$$
$$f''(x)=-[\sin x+2^2\sin 2x+3^2\sin 3x+\cdots+n^2\sin nx]$$
$$f'''(x)=-[\cos x+2^3\cos 2x+3^3\cos 3x+\cdots+n^3\cos nx]$$

注意到$f(0)=0,f'(0)=\sum\limits_{k=1}^{n}k,f''(0)=0,f'''(0)=-\sum\limits_{k=1}^{n}k^3$,由引理中式(Ⅰ)可知

$$2(\sin\frac{x}{2})f(x)=\cos\frac{x}{2}-\cos(n+\frac{1}{2})x$$

两端同时对x求导得

$$\cos\frac{x}{2}f(x)+2\sin\frac{x}{2}f'(x)=-\frac{1}{2}\sin\frac{x}{2}+(n+\frac{1}{2})\sin(n+\frac{1}{2})x$$

再次关于x求导得

$$-\frac{1}{2}\sin\frac{x}{2}f(x)+\cos\frac{x}{2}f'(x)+\cos\frac{x}{2}f'(x)+2\sin\frac{x}{2}f''(x)=$$
$$-\frac{1}{4}\cos\frac{x}{2}+(n+\frac{1}{2})^2\cos(n+\frac{1}{2})^x$$

上式中令$x=0$得$f'(0)=\dfrac{n(n+1)}{2}=\sum\limits_{k=1}^{n}k$.类似地,对上式再求两次导可得

$$f'''(0)=-\sum_{k=1}^{n}k^3=-\frac{n^2(n+1)^2}{4}$$

故 $\sum_{k=1}^{n} k^3 = \frac{^2(n+1)^2}{4}$.

记 $g(x) = \cos x + \cos 2x + \cos 3x + \cdots + \cos nx$，注意到 $g(0) = n, g'(0) = 0, g''(0) = -\sum_{k=1}^{n} k^2, g'''(0) = 0, g^{(4)}(0) = \sum_{k=1}^{n} k^4$.

由引理中式(Ⅱ)可知 $2\sin\frac{x}{2}g(x) = \sin(n+\frac{1}{2})x - \sin\frac{1}{2}x$，类似于前面的求导方法可求得

$$\sum_{k=1}^{n} k^2 = \frac{n(n+1)(2n+1)}{6}, \sum_{k=1}^{n} k^4 = \frac{n(n+1)(2n+1)(3n^2+3n-1)}{30}$$

注 (1) 由例13中的证明不难看出，通过对三角函数求导运算可得 $\sum_{k=1}^{n} k, \sum_{k=1}^{n} k^3, \sum_{k=1}^{n} k^2, \sum_{k=1}^{n} k^4$.

(2) 类似的运算还可求得 $\sum_{k=1}^{n} k^5, \sum_{k=1}^{n} k^6, \sum_{k=1}^{n} k^7, \cdots$.

(3) 记 $h(x) = \sin x - \sin 2x + \sin 3x - \cdots \mp \sin(n-1)x \pm \sin nx$，则 $2\cos\frac{x}{2}h(x) = \sin\frac{x}{2} \pm \sin(n+\frac{1}{2})x$，类似于例13中的方法可得如下两式成立

$$\sum_{k=1}^{n} (-1)^{k+1} k = \begin{cases} \frac{n+1}{2} (\text{当 } n \text{ 为奇数}) \\ -\frac{n}{2} (\text{当 } n \text{ 为偶数}) \end{cases}$$

$$\sum_{k=1}^{n} (-1)^{k+1} k^3 = \begin{cases} \frac{(n+1)^2(2n-1)}{4} (\text{当 } n \text{ 为奇数}) \\ -\frac{n^2(2n+3)}{4} (\text{当 } n \text{ 为偶数}) \end{cases}$$

同理构造 $f(x) = \cos x - \cos 2x + \cos 3x - \cdots \mp \cos(n-1)x \pm \cos nx$，则 $2\cos\frac{x}{2}j(x) = \cos\frac{x}{2} \pm \cos(n+\frac{1}{2})x$，类似于例13中的方法可得如下两式成立

$$\sum_{k=1}^{n} (-1)^{k+1} k^2 = \begin{cases} \frac{n(n+1)}{2} (\text{当 } n \text{ 为奇数}) \\ -\frac{n(n+1)}{2} (\text{当 } n \text{ 为偶数}) \end{cases}$$

$$\sum_{k=1}^{n} (-1)^{k+1} k^4 = \begin{cases} \frac{n(n+1)(n^2+n-1)}{2} (\text{当 } n \text{ 为奇数}) \\ -\frac{n(n+1)(n^2+n-1)}{2} (\text{当 } n \text{ 为偶数}) \end{cases}$$

(4) 类似的计算可得 $\sum_{k=1}^{n} (-1)^{k+1} k^5, \sum_{k=1}^{n} (-1)^{k+1} k^7, \sum_{k=1}^{n} (-1)^{k+1} k^6, \sum_{k=1}^{n} (-1)^{k+1} k^8$.

注　此例内容参见了珠海市李一淳老师的文章《三角函数观点下的整数幂和问题》(中学数学研究).

12.1.3　讨论函数的单调性与极(最)值

例 14　求函数 $y=2x^2-\ln x$ 的单调区间.

解　$y'=4x-\frac{1}{x}=\frac{4x^2-1}{x}=\frac{(2x-1)(2x+1)}{x}$.

当 $0<x<\frac{1}{2}$ 时,$y'<0$,故 y 在 $(0,\frac{1}{2})$ 内单调减少;

当 $\frac{1}{2}<x<+\infty$ 时,$y'>0$,故 y 在 $(\frac{1}{2},+\infty)$ 内单调增加.

例 15　讨论函数 $y=\frac{10}{4x^3-9x^2+6x}$ 的增减性.

解　$y'=\frac{-10(12x^2-18x+6)}{(4x^3-9x^2+6x)^2}=-\frac{60(x-1)(2x-1)}{x^2(4x^2-9x+6)^2}$.

当 $-\infty<x<0$,$0<x<\frac{1}{2}$,$1<x<+\infty$ 时,$y'<0$,故函数在 $(-\infty,0)$,$(0,\frac{1}{2})$,$(1,+\infty)$ 内为减函数.

当 $\frac{1}{2}<x<1$ 时,$y'>0$,故函数 y 在 $(\frac{1}{2},1)$ 内为增函数.

例 16　函数 $f(x)=\frac{1}{4}x^4+\frac{1}{3}ax^3+\frac{1}{2}bx^2+2x$,在 $x=-2$ 时取极值,在 $x=-2$ 以外,还存在 $x=c$,使 $f'(c)=0$,但函数在 $x=c$ 处无极值,求 a,b 的值(其中 $a,b,c\in\mathbf{R}$).

解　求导

$$f'(x)=x^3+ax^2+bx+2 \quad ①$$

依题意 $f'(-2)=0$,$f'(c)=0$,则 -2,c 是方程 $f'(x)=0$ 的实根. 在 $x=-2$ 处取极值,在 $x=c$ 处无极值,故 $f'(x)=(x+2)(x-c)^2$,即

$$f'(x)=x^3+(2-2c)x^2+(c^2-4c)x+2c^2 \quad ②$$

由①,②有 $x^3+ax^2+bx+2\equiv x^3+(2-2c)x^2+(c^2-4c)x+2c^2$,得

$$\begin{cases}2-2c=0\\c^2-4c=b\\2c^2=2\end{cases}\Rightarrow\begin{cases}c=1\\a=0\\b=-3\end{cases}\text{或}\begin{cases}c=-1\\a=4\\b=5\end{cases}$$

为所求.

例 17　求函数 $f(x)=4\sin^3x-\sin^2x-4\sin x$,$x\in[-\frac{\pi}{2},\frac{\pi}{2}]$ 的极值.

解　令 $\sin x=x$,则 $-1\leqslant t\leqslant 1$,有 $f(x)=g(t)=4t^3-t^2-4t$.

对 t 求导,有 $g'(t)=2(3t-2)(2t+1)$,令 $g'(t)=0$ 得 $t=-\frac{1}{2}$ 和 $t=\frac{2}{3}$,在 $[-1,1]$ 内,有驻点 $t=-\frac{1}{2}$,$t=\frac{2}{3}$.

又 $g''(t)=24t-2$,因 $g''(-\frac{1}{2})<0$,$g''(\frac{2}{3})>0$,而 $x\in[-\frac{\pi}{2},\frac{\pi}{2}]$,由 $\sin x=t=-\frac{1}{2}$,

有 $x=\frac{\pi}{6}$,由 $\sin x=t=\frac{2}{3}$ 有 $x=\arcsin\frac{2}{3}$,故当 $x=\arcsin\frac{2}{3}$ 时,$f_{\min}(x)=-1\frac{25}{27}$,当 $x=-\frac{\pi}{6}$ 时,$f_{\max}(x)=1\frac{1}{4}$.

例 18 当 $0\leqslant\theta\leqslant\frac{\pi}{2}$ 时,求函数 $y=\sin\theta+2\sin\theta\cos\theta$ 的最大值.

解 $y'=\cos\theta+2\cos^2\theta-2\sin^2\theta=4\cos^2\theta+\cos\theta-2=0$,$\cos\theta=\frac{-1+\sqrt{33}}{8}$,当 $\frac{-1+\sqrt{33}}{8}<\cos\theta<1$ 时,$y'>0$,y 增;当 $0<\cos\theta<\frac{-1+\sqrt{33}}{8}$ 时,$y'<0$,y 减.

故当 $\cos\theta=\frac{-1+\sqrt{33}}{8}$ 时,y 取得最大值

$$\frac{\sqrt{30+2\sqrt{33}}}{8}\left(1+2\,\frac{-1+\sqrt{33}}{8}\right)=\frac{(\sqrt{33}+2)\sqrt{30+2\sqrt{33}}}{32}$$

例 19 若 $0\leqslant x\leqslant\frac{\pi}{2}$,试求三角函数 $y=(1-\sin x)\cdot\sin x\cdot(1+\sin x)$ 的最大值.

解 $y=(1-\sin x)\cdot\sin x\cdot(1+\sin x)=(1-\sin^2x)\sin x=\cos^2x\sin x$

$$y'=-2\cos x\sin^2x+\cos^3x=\cos x(\cos^2x-2\sin^2x)=\cos x(3\cos^2x-2)=0$$

又 $0\leqslant x\leqslant\frac{\pi}{2}$,则 $\cos x=\frac{\sqrt{6}}{3}$. 当 $\frac{\sqrt{6}}{3}<\cos x<1$ 时,$y'>0$,y 增;当 $0<\cos x<\frac{\sqrt{6}}{3}$ 时,$y'<0$,y 减.

故当 $\cos x=\frac{\sqrt{6}}{3}$ 时,y 取得最大值 $\frac{2}{3}\cdot\frac{\sqrt{3}}{3}=\frac{2\sqrt{3}}{9}$.

例 20 求函数 $y=\frac{1}{\sin x}+\frac{3}{\cos x}$ 的最小值,其中 $x\in(0,\frac{\pi}{2})$.

解 $y'=\frac{-\cos x}{\sin^2x}+\frac{3\sin x}{\cos^2x}=\frac{3\sin^3x-\cos^3x}{\sin^2x\cos^2x}=0$,$\tan x=\frac{1}{\sqrt[3]{3}}$. 由 $x\in(0,\frac{\pi}{2})$,当 $0<\tan x<\frac{1}{\sqrt[3]{3}}$ 时,$y'<0$,y 减;当 $\frac{1}{\sqrt[3]{3}}<\tan x$ 时,$y'>0$,y 增.

故当 $\tan x=\frac{1}{\sqrt[3]{3}}$ 时,y 取得最大值

$$\sqrt{1+\sqrt[3]{9}}+\frac{3\cdot\sqrt{1+\sqrt[3]{9}}}{\sqrt[3]{3}}=\sqrt{1+\sqrt[3]{9}}\,(1+\sqrt[3]{9})$$

12.1.4 证明不等式

根据函数的单调性、微分中值定理、函数的最大(小)值等均可证明不等式.

例 21 如果 $0<x_1<x_2<\frac{\pi}{2}$,则 $\frac{\tan x_2}{\tan x_1}>\frac{x_2}{x_1}$.

证明 设 $y=f(x)=\frac{\tan x}{x}$,$0<x<\frac{\pi}{2}$,则

$$y'=\frac{1}{x\cdot\cos x}\left(\frac{1}{\cos x}-\frac{\sin x}{x}\right)$$

当$0<x<\frac{\pi}{2}$时,$y'>0$,从而$f(x)$在$(0,\frac{\pi}{2})$内严格单调递增,由$0<x_1<x_2<\frac{\pi}{2}$可得$\frac{\tan x_2}{x_2}>\frac{\tan x_1}{x_1}$,由此即证.

例 22 求证:当$0<\alpha<\beta<\pi$时,$\frac{\sin\alpha}{\sin\beta}>\frac{\alpha}{\beta}$.

分析 欲证$\frac{\sin\alpha}{\sin\beta}>\frac{\alpha}{\beta}(0<\alpha<\beta<\pi)$,只需证$\frac{\sin\alpha}{\alpha}>\frac{\sin\beta}{\beta}(0<\alpha<\beta<\pi)$.

证明 设$f(x)=\frac{\sin x}{x},x\in(0,\pi)$,则$f'(x)=\frac{x\cos x-\sin x}{x^2}$,$g(x)=x\cos x-\sin x$,$g'(x)=\cos x-x\sin x-\cos x=-x\sin x$,因$x\in(0,\pi)$,则$g'(x)<0$,故$g(x)$是减函数.所以$g(x)<g(0)=0$,即$x\cos x-\sin x<0\Rightarrow f'(x)<0$,即$f(x)=\frac{\sin x}{x}$在$x\in(0,\pi)$上是减函数.又$0<\alpha<\beta<\pi$,故$\frac{\sin\alpha}{\alpha}>\frac{\sin\beta}{\beta}\Rightarrow\frac{\sin\alpha}{\sin\beta}>\frac{\alpha}{\beta}$.

例 23 试证明:对$\forall n\in\mathbf{N}^*$,不等式$\ln(\frac{1+n}{n})^{\mathrm{e}}<\frac{1+n}{n}$恒成立.

分析 视$\frac{n+1}{n}$为$x(x>1)$,即证$\ln x<\frac{x}{\mathrm{e}}$.

证明 构造函数$f(x)=\ln x-\frac{x}{\mathrm{e}},x\in(1,+\infty)$,令$f'(x)=\frac{1}{x}-\frac{1}{\mathrm{e}}=\frac{\mathrm{e}-x}{\mathrm{e}x}=0$,得$x=\mathrm{e}$.因当$1<x<\mathrm{e}$时,$f'(x)>0$,则函数$f(x)$在$(1,\mathrm{e})$上单调递增.当$x>\mathrm{e}$时,$f'(x)<0$,即函数在$(\mathrm{e},+\infty)$上单调递减,且极值唯一.故当$x=\mathrm{e}$时,$[f(x)]_{\max}=f(\mathrm{e})=0$,从而对任意的$x\in(1,+\infty)$,恒有$f(x)\leqslant[f(x)]_{\max}=f(\mathrm{e})=0$,亦有$\ln x-\frac{x}{\mathrm{e}}\leqslant 0$,即$\ln x\leqslant\frac{x}{\mathrm{e}}$.又$\frac{1+n}{n}>1$且$\frac{1+n}{n}\neq\mathrm{e}$,取$x=\frac{1+n}{n}(n\in\mathbf{N}^*)$,则$\ln\frac{1+n}{n}<\frac{1}{3}\cdot\frac{1+n}{n}\Rightarrow\ln(\frac{1+n}{n})^{\mathrm{e}}<\frac{1+n}{n}$.即对$\forall n\in\mathbf{N}^*$,不等式$\ln(\frac{1+n}{n})^{\mathrm{e}}<\frac{1+n}{n}$恒成立.

例 24 证明不等式$x-\frac{x^2}{2}<\ln(1+x)<x-\frac{x^2}{2(1+x)}(x\in(0,+\infty))$.

分析 欲证原不等式,只需证$f(x)=\ln(1+x)-(x-\frac{x^2}{2})>0,x\in(0,+\infty)$且$g(x)=x-\frac{x^2}{2(1+x)}-\ln(1+x)>0,x\in(0,+\infty)$.

证明 设$f(x)=\ln(1+x)-(x-\frac{x^2}{2}),x\in(0,+\infty),f(0)=0$.$f'(x)=\frac{1}{1+x}-1+x=\frac{x^2}{x+1}>0$,则$y=f(x)$在$(0,+\infty)$上单调递增,从而$x\in(0,+\infty)$时,$f(x)>f(0)=0$恒成立,故$\ln(1+x)>x-\frac{x^2}{2}$.

设 $g(x) = x - \frac{x^2}{2(1+x)} - \ln(1+x), x \in (0, +\infty), g(0) = 0. g'(x) = 1 - \frac{4x^2+4x-2x^2}{4(1+x)+2} - \frac{1}{1+x} = \frac{x^2}{2(1+x)^2} > 0$，则 $g(x)$ 在 $(0, +\infty)$ 上单调递增，$g(x) = x - \frac{x^2}{2(1+x)} - \ln(1+x) > g(0) = 0$ 恒成立，故 $\ln(1+x) < x - \frac{x^2}{2(1+x)}$. 综上，$x - \frac{x^2}{2} < \ln(1+x) < x - \frac{x^2}{2(1+x)} (x \in (0, +\infty))$.

例 25 证明：对一切 $x \in (0, +\infty)$，$x\ln x > \frac{x}{e^x} - \frac{2}{e} (x \in (0, +\infty))$.

分析 本题若构造函数 $f(x) = x\ln x - \frac{x}{e^x} + \frac{2}{e} (x \in (0, +\infty))$，其导函数较繁，不易寻函数单调性和最值，这样证明不等式有难度，于是试探构造两个函数 $f(x) = x\ln x (x > 0)$ 和 $\varphi(x) = \frac{x}{e^x} - \frac{2}{e} (x > 0)$，利用导函数求得 $[f(x)]_{\min}$ 和 $[\varphi(x)]_{\max}$，再比较其大小.

证明 设 $f(x) = x\ln x (x > 0)$，$f'(x) = \ln x + 1$，当 $x \in (0, \frac{1}{e})$ 时，$f'(x) < 0$，$f(x)$ 单调递减. 当 $x \in (\frac{1}{e}, +\infty)$ 时，$f'(x) > 0$，$f(x)$ 单调递增，所以 $f(x)_{\min} = f(\frac{1}{e}) = -\frac{1}{e}$. 设 $\varphi(x) = \frac{x}{e^x} - \frac{2}{e} (x > 0)$，则 $\varphi'(x) = \frac{1-x}{e^x}$，易得 $\varphi(x)_{\max} = \varphi(1) = -\frac{1}{e}$. 综合上述可知 $f(x) \geqslant [f(x)]_{\min} = -\frac{1}{e} = [\varphi(x)]_{\max} \geqslant \varphi(x)$，由于 $[f(x)]_{\min}$ 与 $[\varphi(x)]_{\max}$ 在不同的 x 处取得，故 $f(x) > \varphi(x)$，即对一切 $x \in (0, +\infty)$ 都有 $x\ln x > \frac{x}{e^x} - \frac{2}{e}$ 成立.

例 26 设 $0 < \beta < \alpha < \frac{\pi}{2}$，求证 $\frac{\alpha-\beta}{\cos^2\beta} < \tan\alpha - \tan\beta < \frac{\alpha-\beta}{\cos^2\alpha}$.

证明 设 $f(x) = \tan x, 0 < x < \frac{\pi}{2}$，由于 $f(x)$ 在 $(0, \frac{\pi}{2})$ 内连续可导而 $[\beta, \alpha] \subset (0, \frac{\pi}{2})$，所以 $f(x)$ 在 $[\beta, \alpha]$ 上连续，在 (β, α) 内可导，应用微分中值定理，得

$$\frac{\tan\alpha - \tan\beta}{\alpha - \beta} = f'(\xi) (\beta < \xi < \alpha)$$

即

$$\frac{\tan\alpha - \tan\beta}{\alpha - \beta} = \frac{1}{\cos^2\xi}$$

由 $0 < \beta < \xi < \alpha < \frac{\pi}{2}$，有 $\frac{1}{\cos^2\beta} < \frac{1}{\cos^2\xi} < \frac{1}{\cos^2\alpha}$，从而 $\frac{1}{\cos^2\beta} < \frac{\tan\alpha - \tan\beta}{\alpha - \beta} < \frac{1}{\cos^2\alpha} \Rightarrow \frac{\alpha-\beta}{\cos^2\beta} < \tan\alpha - \tan\beta < \frac{\alpha-\beta}{\cos^2\alpha}$.

例 27 设 $0 < \alpha < \pi$，求证 $\frac{2-\cos\alpha}{\sin\alpha} \geqslant \sqrt{3}$.

把左式看作一个函数式 $y = \varphi(x) = \frac{2-\cos\alpha}{\sin\alpha}$，于是证明 $\varphi(\alpha)$ 的最小值为 $\sqrt{3}$ 即可.

此时，$\varphi'(\alpha)=\dfrac{1-2\cos\alpha}{\sin^2\alpha}$，令 $y'=0$，即

$$\frac{1-2\cos\alpha}{\sin^2\alpha}=0$$

解得

$$\alpha=\frac{\pi}{3}$$

又 $0<\alpha<\dfrac{\pi}{3}$ 时，$y'<0$，$\dfrac{\pi}{3}<\alpha<\pi$ 时，$y'>0$，故

$$y_{\min}=\varphi\left(\frac{\pi}{3}\right)=\sqrt{3}$$

$$\frac{2-\cos\alpha}{\sin\alpha}\geqslant\sqrt{3}$$

12.1.5 在三角、平面几何、立体几何、平面解析几何中的应用

例 28 若 $\cos\alpha+2\sin\alpha=-\sqrt{5}$，则 $\tan\alpha=$________.

解 设函数 $f(x)=\cos x+2\sin x$，由题意易知当 $x=\alpha$ 时，$f(x)$ 取得最小值 $-\sqrt{5}$，所以 $f'(\alpha)=0$，即 $-\sin\alpha+2\cos\alpha=0$，故 $\tan\alpha=2$.

注 借助导数来处理则变得简单易操作，避开了利用三角函数的恒等变换需要烦琐的运算.

例 29 如果函数 $f(x)=a\sin 2x+b\cos 2x(ab\neq 0)$ 的图像关于直线 $x=-\dfrac{\pi}{8}$ 对称，则 $\dfrac{b}{a}=$________.

解 因为在三角函数图像的对称轴处一定能取得极值.

又因 $f'(x)=2a\cos 2x-2b\sin 2x$，则

$$f'\left(\frac{\pi}{8}\right)=2a\cos\left(-\frac{\pi}{4}\right)-2b\sin\left(-\frac{\pi}{4}\right)=0$$

即 $a+b=0$，故 $\dfrac{b}{a}=-1$.

注 本题若借助辅助角公式易陷入困境，而利用特殊值也可获解，但用导数不失为一种方便求解的方法.

例 30 已知函数 $f(x)=2\sin x\cos^2\dfrac{\varphi}{2}+\cos x\sin\varphi-\sin x(0<\varphi<\pi)$ 在 $x=\pi$ 处取得最小值. 试求 φ 的值.

解 $f'(x)=2\cos x\cos^2\dfrac{\varphi}{2}-\sin x\sin\varphi-\cos x$，因 $f(x)$ 在 $x=\pi$ 处取得最小值，则有 $f'(\pi)=2\cos\pi\cos^2\dfrac{\varphi}{2}-\sin\pi\sin\varphi-\cos\pi=0$，即 $-2\cos^2\dfrac{\varphi}{2}+1=0$. 又 $0<\varphi<\pi$，故 $\varphi=\dfrac{\pi}{2}$.

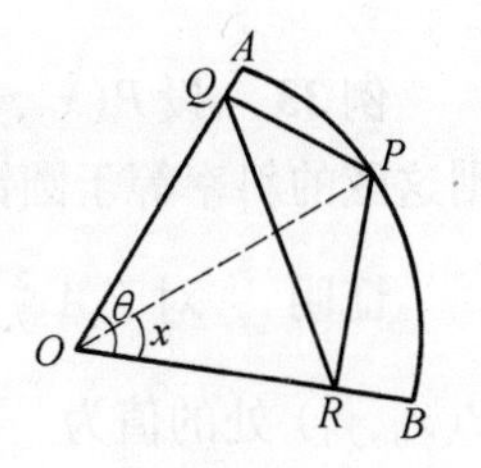

图 12.1

例 31 如图 12.1，从扇形 AOB 的弧 $\overset{\frown}{AB}$ 上一点 P 作 $PQ\perp OA$ 于

$Q, PR \perp OB$ 于 R,求证:QR 为定值,并求出其定值.

证明 设 $\angle AOB = \theta$(定值),连 OP(定值). 又设 $\angle POR = x$(变量),且 $0 \leqslant x < \theta$,则 $\angle AOP = \theta - x, OR = OP \cdot \cos x, OQ = OP \cdot \cos(\theta - x)$.

在 $\triangle QOR$ 中,由余弦定理得

$$QR^2 = OP^2[\cos^2 x + \cos^2(\theta - x) - 2\cos x \cdot \cos(\theta - x) \cdot \cos\theta] = f(x)$$

则

$$f'(x) = OP^2[-2\cos x \cdot \sin x + 2\cos(\theta - x) \cdot \sin(\theta - x) + 2\sin x \cdot \cos(\theta - x) \cdot \cos\theta - 2\cos x \cdot \sin(\theta - x) \cdot \cos\theta] =$$
$$OP^2[\sin(2\theta - 2x) - \sin 2x + 2\cos\theta \cdot \sin(2x - \theta)] =$$
$$OP^2[2\cos\theta \cdot \sin(\theta - 2x) - 2\cos\theta \cdot \sin(\theta - 2x)] = 0$$

于是知 $f(x) = C$(常数),因此 QR 为定值.

令 $x = 0$,则 $f(0) = OP^2(1 - \cos^2\theta) = OP^2\sin^2\theta$,故 $QR = OP \cdot \sin\theta$.

例 32 求证:球面上两点沿球面的最短距离,就是经过这两点的大圆上这两点间的劣弧长.

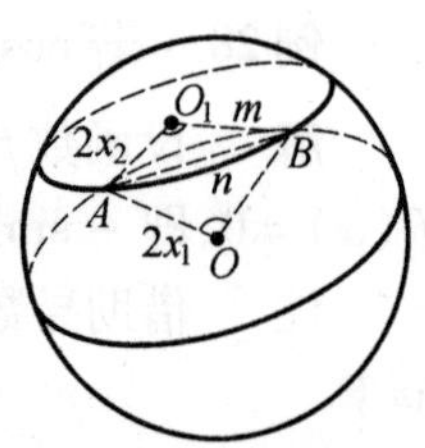

图 12.2

证明 如图 12.2,圆 O 为过 A, B 两点的大圆,半径为 R,圆 O_1 为过 A, B 两点的小圆,半径为 r,显然 $r < R$. 令 $\angle AOB = 2R, 0 < \angle AOB < \pi$,则 $0 < x_1 < \frac{\pi}{2}$;令 $\angle AO_1B = 2x_2, O < \angle AO_1B < \pi$,则 $0 < x_2 < \frac{\pi}{2}$,$\overset{\frown}{AmB}$ 为夹在 A, B 间的大圆劣弧,$\overset{\frown}{AnB}$ 为夹在 A, B 间小圆劣弧. 可知 $\sin x_1 = \frac{\frac{1}{2}AB}{R}, \sin x_2 = \frac{\frac{1}{2}AB}{r}$,即 $\sin x_1 < \sin x_2$.

欲证 $\overset{\frown}{AmB} < \overset{\frown}{AnB}$,即 $2x_1R < 2x_2r$,只需证 $\frac{\sin x_1}{x_1} > \frac{\sin x_2}{x_2}$.

为此设 $f(x) = \frac{\sin x}{x}(0 < x < \frac{\pi}{2})$,则 $f'(x) = \frac{x\cos x - \sin x}{x^2}$. 当 $0 < x < \frac{\pi}{2}$ 时,$x < \tan x$(当 $0 < x < \frac{\pi}{2}$ 时,$\sin x < x < \tan x$). 即 $x < \frac{\sin x}{\cos x}$,亦即 $x\cos x - \sin x < 0$. 从而当 $0 < x < \frac{\pi}{2}$ 时,$f'(x) < 0$,即 $f(x) = \frac{\sin x}{x}$ 在 $(0, \frac{\pi}{2})$ 内为减函数.

由 $r < R$ 易知 $0 < x_1 < x_2 < \frac{\pi}{2}$,故 $\frac{\sin x_1}{x_1} > \frac{\sin x_2}{x_2}$,即证.

例 33 设 $P(x_0, y_0)$ 是圆锥曲线 $Ax^2 + Bxy + Cy^2 + Dx + Ey + F = 0$ 的某一条弦的中点,则这弦的斜率等于圆锥曲线方程的导函数在其中点 P 处的函数值.

证明 对于 $Ax^2 + Bxy + Cy^2 + Dx + Ey + F = 0$ 的导函数 $y' = -\frac{2Ax + By + D}{Bx + 2Cy + E}$,它在点 $P(x_0, y_0)$ 处的值为

$$k = -\frac{2Ax_0 + By_0 + D}{Bx_0 + 2Cy_0 + E}$$

设弦 P_1P_2 两端点的坐标分别是 (x_1,y_1)，(x_2,y_2)，其中点 P 的坐标是 (x_0,y_0). 由于 P_1，P_2 在曲线上，有

$$Ax_1^2 + Bx_1y_1 + Cy_1^2 + Dx_1 + Ey_1 + F = 0 \quad ①$$

$$Ax_2^2 + Bx_2y_2 + Cy_2^2 + Dx_2 + Ey_2 + F = 0 \quad ②$$

① - ②，得

$$A(x_1 - x_2)(x_1 + x_2) + B(x_1y_1 - x_2y_2) + C(y_1 - y_2)(y_1 + y_2) + D(x_1 - x_2) + E(y_1 - y_2) = 0 \quad ③$$

由中点公式 $x_1 + x_2 = 2x_0$，$y_1 + y_2 = 2y_0$ 及 $x_1y_1 = \frac{1}{2}[(x_1 + y_1)^2 - x_1^2 - y_1^2]$，$x_2y_2 = \frac{1}{2}[(x_2 + y_2)^2 - x_2^2 - y_2^2]$ 代入③，得 $k = -\frac{2Ax_0 + By_0 + D}{Bx_0 + 2Cy_0 + E}$. 由此即证.

例 34　假定长为 $l(l \geqslant 1)$ 的线段 AB 的两端在抛物线 $y = x^2$ 上移动，求动弦 AB 中点 M 的轨迹方程.

解　设动线段 AB 的中点 M 的坐标为 (x_0,y_0)，对于 $y = x^2$ 求导得 $y' = 2x$. 由例 18 的结论知被点 $M(x_0,y_0)$ 平分的弦 AB 的斜率 $k = 2x_0$，故 AB 的方程是

$$2x_0x - y = 2x_0^2 - y_0 \quad ①$$

把式①代入 $y = x^2$ 得

$$2x^2 - 2x_0x + 2x_0^2 - y_0 = 0$$

则
$$x_1 + x_2 = 2x_0, x_1 \cdot x_2 = 2x_0^2 - y_0$$

即
$$(x_1 - x_2)^2 = (x_1 + x_2)^2 - 4x_1x_2 = 4(y_0 - x_0^2)$$

而
$$\frac{y_1 - y_2}{x_1 - x_2} = 2x_0$$

故
$$(y_1 - y_2)^2 = 4x_0^2(x_1 - x_2)^2 = 4x_0^2 \cdot 4(y_0 - x_0^2)$$

则
$$l^2 = |AB|^2 = (x_1 - x_2)^2 + (y_1 - y_2)^2 = 4(y_0 - x_0{}^2)(1 + 4x_0^2)$$

故动弦 AB 中点 M 的轨迹方程为 $4(y - x^2)(1 + 4x^2) = l^2$.

12.1.6　在中学物理中的应用

例 35　一物体 Q 在距地面 h_0 的高度处竖直上抛，t 秒钟后与地面距离 $h = h_0 + v_0t - \frac{1}{2}gt^2$. 求 Q 的初速度是多少？何时开始下降？又 Q 在 3 秒钟内增加的速度和加速度各是多少？

解　Q 的位移为 $h = h_0 + v_0t - \frac{1}{2}gt^2$，求导得

$$v = h' = v_0 - gt$$

故上抛的初速度即 $t = 0$ 时刻的速度为

$$v = v_0 - 0 = v_0$$

又上抛物体上升到 $v = 0$ 的时刻，即为物体下降的时刻：令 $v = v_0 - gt = 0$，得 $t = \frac{v_0}{g}$.

将 $t = 3$ 秒钟代入 $v = v_0 - gt$ 得 $v_3 = v_0 - 3g$，故 3 秒钟内增加的速度（即速度增量）$\triangle v = v_3 - v_0 = -3g$.

又对速度 v 对时间求导得其加速度 $\alpha = v' = -g$.

例 36 已知蓄电池组的电动势为 ε,内电阻为 r. 试证:当外电阻 $R = r$ 时供给 R 的电功率为最大,并求此最大功率的值.

解 由 $I = \dfrac{\varepsilon}{R+r}$,知电功率 $P = I^2R = \dfrac{\varepsilon^2 R}{(R+r)^2}$. 由于 P 为 R 的函数,则 $P' = \varepsilon^2\left[\dfrac{(R+r)^2 - 2R(R+r)}{(R+r)^4}\right] = \dfrac{\varepsilon^2(r-R)}{(R+r)^3} = 0$,得 $R = r$. 即 $R = r$ 时,供给 R 的功率为最大,从而最大功率值为

$$P_{\max} = \frac{\varepsilon^2 R}{(R+r)^2} = \frac{\varepsilon^2}{4r^2}$$

12.2 积分的应用

12.2.1 在恒等变形方面的应用

例 1 化简 $(a+b)^2(b+c-a)(c+a-b) + (a-b)^2 \cdot (a+b+c)(a+b-c)$.

解 因 c 的次数低于 a,b 的次数,故取 c 作变量,a,b 作常量,并令已知式为 $f(c)$,则对 c 求导得

$$f'(c) = (a+b)^2[(c+a-b)+(b+c-a)] + (a-b)^2 \cdot [(a+b-c)-(a+b+c)] = 2c[(a+b)^2-(a-b)^2] = 8abc$$

对 c 积分得

$$f(c) = \int 8abc\,\mathrm{d}c = 4abc^2 + C_0$$

而

$$C_0 = f(0) = (a+b)^2(b-a)(a-b) + (a-b)^2(a+b)^2 = (a+b)^2[(a-b)^2-(a-b)^2] = 0$$

所以

$$f(c) = 4abc^2$$

故

$$(a+b)^2(b+c-a)(c+a-b) + (a-b)^2(a+b+c)(a+b-c) = 4abc^2$$

例 2 化简 $(x+y+z)^4 - (x+y)^4 - (y+z)^4 - (z+x)^4 + x^4 + y^4 + z^4$.

解 设 z 为变量,x,y 为常量,令原式为 $F(z)$.

对 z 求导,有

$$F'(z) = 4[(x+y+z)^3 - (y+z)^3 - (z+x)^3 - z^3]$$

$$F''(z) = 12[(x+y+z)^2 - (y+z)^2 + z^2 - (z+x)^2] = 12[(x+2y+2z)x + (2z+x)\cdot(-x)] = 24xy$$

对 z 积分得

$$F'(z) = \int F''(z)\,\mathrm{d}z = 24xyz + C_1$$

$$C_1 = F'(0) = 4[(x+y)^3 - x^3 - y^3]$$

$$F(z) = \int F'(z)\,\mathrm{d}z = 12xyz^2 + C_1 z + C_2$$

$$C_2 = F(0) = 0$$

故
$$F(z)=12xyz^2+4[(x+y)^3-x^3-y^3]\cdot z=$$
$$12xyz^2+4z(x^3+3x^2y+3y^2x+y^3-x^3-y^3)=$$
$$12xyz(x+y+z)$$

例 3　计算$(\sqrt{2}+\sqrt{3}+\sqrt{5})^3-(\sqrt{2}+\sqrt{3}-\sqrt{5})^3-(\sqrt{3}+\sqrt{5}-\sqrt{2})^3-(\sqrt{5}+\sqrt{2}-\sqrt{3})^3$.

解　令$\sqrt{2}=a,\sqrt{3}=b,\sqrt{5}=c$,则原式可表示为
$$f(a)=(a+b+c)^3-(a+b-c)^3-(b+c-a)^3-(c+a-b)^3$$
将上式中的a看作变量,b,c看作常量,对a求导,得
$$f'(a)=3[(a+b+c)^2-(a+b-c)^2+(b+c-a)^2-(c+a-b)^2]=$$
$$3[4c(a+b)-4c(a-b)]=24bc$$
对a积分,得
$$f(a)=24abc+C_0$$
而
$$C_0=f(0)=(b+c)^3-(b-c)^3-(b+c)^3+(b-c)^3=0$$
所以
$$f(a)=24abc$$
故
$$(\sqrt{2}+\sqrt{3}+\sqrt{5})^3-(\sqrt{2}+\sqrt{3}-\sqrt{5})^3-(\sqrt{3}+\sqrt{5}-\sqrt{2})^3-(\sqrt{5}+\sqrt{2}-\sqrt{3})^3=$$
$$24\sqrt{2}\cdot\sqrt{3}\cdot\sqrt{5}=24\sqrt{30}$$

例 4　分解因式:$[(a-c)^2+(b-d)^2](a^2+b^2)-(ad-bc)^2$.

解　由于已知式中变量c的次数最低,所以视已知式为关于c的函数$f(c)$. 对其求导,得
$$f'(c)=-2(a-c)(a^2+b^2)+2b(ad-bc)=2a(ac-b^2+bd-a^2)$$
对c积分,得
$$f(c)=(ac-b^2+bd-a^2)^2+C_0$$
其中
$$C_0=f(a)=(b-d)^2(a^2+b^2)-a^2(b-d)^2-(-b^2-bd)^2=0$$
因此,原式等于$(ac-b^2+bd-a^2)^2$.

例 5　分解因式:$x^3(y-z)+y^3(z-x)+z^3(x-y)$.

解　记已知式为$f(x)$,y和z看作常数,对x求导,有$f'(x)=3x^2(y-z)-y^3+z^3$.

对x积分得
$$f(x)=x^3(y-z)-(y^3-z^3)x+C_1$$
$$C_1=f(0)=y^3z-z^3y$$
于是
$$f(x)=x^3(y-z)-(y^3-z^3)x+yz(y^2-z^2)=(y-z)\cdot g(x)$$
其中
$$g(x)=x^3-xy^2-xyz-xz^2+y^2z+yz^2$$
对y求导,有
$$g'(y)=-2xy-xz+2yz+z^2=2y(z-x)-xz+z^2$$
又积分,有
$$g(y)=y^2(z-x)+z(z-x)y+C_2$$
$$C_2=g(0)=x^3-xz^2$$
于是
$$g(x)=(z-x)(y^2+yz-xz-x^2)=(z-x)(y-x)(x+y+z)$$
故
$$f(x)=(x+y+z)(x-y)(x-z)(y-z)$$

类似于例5,可两次求导又积分来分解因式

$$(1+y)^2-2x^2(1+y^2)+x^4(1-y)^2=(1+x)(1-x)(x+y-xy+1)(y-x+xy+1)$$

例6 求证:$C_n^0+\frac{C_n^1}{2}+\frac{C_n^2}{3}+\cdots+\frac{C_n^n}{(n+1)}=\frac{(2^{n+1}-1)}{(n+1)}$.

证明 由二项定理:$(1+x)^n=C_n^0+C_n^1x+C_n^2x^2+\cdots+C_n^nx^n$,两边对$x$从0到1求积分,则

$$\int_0^1(1+x)^n\mathrm{d}x=\int_0^1(C_n^0+C_n^1x+C_n^2x^2+\cdots+C_n^nx^n)\mathrm{d}x$$

于是

$$\left.\frac{(1+x)^{n+1}}{(n+1)}\right|_0^1=C_n^0x\Big|_0^1+\left.\frac{C_n^1x^2}{2}\right|_0^1+\cdots+\left.\frac{C_n^nx^{n+1}}{(n+1)}\right|_0^1$$

即$\frac{(2^{n+1}-1)}{(n+1)}=C_n^0+\frac{C_n^1}{2}+\frac{C_n^2}{3}+\cdots+\frac{C_n^n}{(n+1)}$.故结论获证.

注 由二项式定理如果两边对x从0到2求积分,则得到

$$\int_0^2(1+x)^n\mathrm{d}x=\int_0^2(C_n^0+C_n^1x+C_n^2x^2+\cdots+C_n^nx^n)\mathrm{d}x$$

于是

$$\left.\frac{(1+x)^{n+1}}{(n+1)}\right|_0^2=C_n^0x\Big|_0^2+\left.\frac{C_n^1x^2}{2}\right|_0^2+\cdots+\left.\frac{C_n^nx^{n+1}}{(n+1)}\right|_0^2$$

从而便可得

$$2C_n^0+\frac{2^2C_n^1}{2}+\frac{2^3C_n^2}{3}+\cdots+\frac{2^{n+1}C_n^n}{(n+1)}=\frac{(3^{n+1}-1)}{(n+1)}$$

继续推广便有

$$kC_n^0+\frac{k^2C_n^1}{2}+\frac{k^3C_n^2}{3}+\cdots+\frac{k^{n+1}C_n^n}{n+1}=\frac{(k+1)^{n+1}-1}{n+1}\quad(k\in\mathbf{N})$$

例7 已知$\theta\neq2k\pi(k\in\mathbf{N})$且$\sin\theta+2\sin2\theta+\cdots+n\sin(n\theta)=0$.求证:$(n+1)\cdot\sin n\theta=n\sin(n+1)\theta$.

证明 设$f(\theta)=\sin\theta+2\sin2\theta+\cdots+n\sin(n\theta)$.对上式两边积分得

$$\int f(\theta)\mathrm{d}\theta=\int(\sin\theta+2\sin2\theta+\cdots+n\sin n\theta)\mathrm{d}\theta=$$

$$-(\cos\theta+\cos2\theta+\cdots+\cos n\theta)\mathrm{d}\theta+C=$$

$$-\frac{2\cos\theta\sin\frac{\theta}{2}+2\cos2\theta\sin\frac{\theta}{2}+\cdots+2\cos n\theta\sin\frac{\theta}{2}}{2\sin\frac{\theta}{2}}+C=$$

$$\frac{\sin\frac{\theta}{2}-\sin\frac{(2n+1)\theta}{2}}{2\sin\frac{\theta}{2}}+C$$

即 $f(\theta)=\left[\frac{\sin\frac{\theta}{2}-\sin\frac{(2n+1)\theta}{2}}{2\sin\frac{\theta}{2}}+C\right]'=-\frac{\cos\frac{2n+1}{2}\theta\cdot\frac{2n+1}{2}\cdot2\sin\frac{\theta}{2}}{4\sin^2\frac{\theta}{2}}+$

$\dfrac{\sin\dfrac{2n+1}{2}\theta\cdot\cos\dfrac{\theta}{2}}{4\sin\dfrac{\theta}{2}}=0$. 故有$(n+1)\sin(n\theta)=n\sin(n+1)\theta$.

例 8　若$\dfrac{\pi}{4}<\theta<\dfrac{5\pi}{4}$. 求证:$\theta+\arcsin\left(\dfrac{\sin\theta+\cos\theta}{\sqrt{2}}\right)=\dfrac{3\pi}{4}$.

证明　令$f(\theta)=\theta+\arcsin\left(\dfrac{\sin\theta+\cos\theta}{\sqrt{2}}\right)$,则对$\theta$求导有

$$f'(\theta)=1+\frac{1}{\sqrt{1-\left(\dfrac{\sin\theta+\cos\theta}{\sqrt{2}}\right)^2}}\cdot\frac{\cos\theta-\sin\theta}{\sqrt{2}}=$$

$$1+\frac{\cos\theta-\sin\theta}{\sqrt{(\sin\theta-\cos\theta)^2}}$$

$$(\text{当}\frac{\pi}{4}<\theta<\frac{5\pi}{4}\text{时}\sin\theta-\cos\theta>0)$$

上式等于

$$1-\frac{\cos\theta-\sin\theta}{\sin\theta-\cos\theta}=0$$

对θ积分得　$$f(\theta)=C_0$$

取$\theta=\dfrac{\pi}{2}\in\left(\dfrac{\pi}{4},\dfrac{5\pi}{4}\right)$得

$$C_0=f\left(\frac{\pi}{2}\right)=\frac{\pi}{2}+\arcsin\left(\frac{\sin\dfrac{\pi}{2}+\cos\dfrac{\pi}{2}}{\sqrt{2}}\right)=$$

$$\frac{\pi}{2}+\arcsin\frac{\sqrt{2}}{2}=$$

$$\frac{\pi}{2}+\frac{\pi}{4}=\frac{3\pi}{4}$$

故当$\dfrac{\pi}{4}<\theta<\dfrac{5\pi}{4}$时,$\theta+\arcsin\left(\dfrac{\sin\theta+\cos\theta}{\sqrt{2}}\right)=\dfrac{3\pi}{4}$.

12.2.2　求整数幂的和

对于$f_n(k)=\sum\limits_{i=1}^{k}i^n$,$n=0,1,2,\cdots$的整数幂的和的求解,可先定义$f_0(x)=x$,假设已知$f_n(x)$,然后用$n+1$去乘,再各自对$x$积分这个结果,称之为$g(x)$(这里$g(x)$是不定积分,满足$g(0)=0$),再求$x=1$时$g(x)$的值,令$a=1-g(1)$,则可求得$f_{n+1}(x)=g(x)+ax$.

例 9　求$f_1(k)=\sum\limits_{i=1}^{k}i$.

解　因为$\sum\limits_{i=1}^{k}i^0=\sum\limits_{i=1}^{k}=1=k=f_0(k)$,从而当$n=0$时,$f_0(x)=x$. 作出$f_1(x)$,因$n=0$时它是$f_{n+1}(x)$,用$n+1$去乘$f_0(x)$得$1\cdot f_0(x)=x$,两边对$x$积分得$g(x)=\int x\mathrm{d}x=\dfrac{1}{2}x^2$. 而当

$x=1$ 时 $g(x)=\frac{1}{2}$,则 $a=1-g(1)=1-\frac{1}{2}=\frac{1}{2}$,于是 $f_1(x)=g(x)+ax=\frac{1}{2}x^2+\frac{1}{2}x=\frac{x(x+1)}{2}$,故 $f_1(k)=\sum_{i=1}^{k}i=\frac{k(k+1)}{2}$.

例 10 求 $f_2(k)=\sum_{i=1}^{k}i^2$.

解 由 $(n+1)f_1(x)=2f_1(x)$,积分式子 $2f_1(x)=x^2+x$ 得 $g(x)=\int 2f_1(x)\mathrm{d}x=\frac{1}{3}x^3+\frac{1}{2}x^2$. 计算 $a=1-g(1)=1-\frac{1}{3}-\frac{1}{2}=\frac{1}{6}$,于是 $f_2(x)=g(x)+ax=\frac{1}{3}x^3+\frac{1}{2}x^2+\frac{1}{6}=\frac{1}{6}x\cdot(x+1)(2x+1)$,故

$$f_2(k)=\sum_{i=1}^{k}i^2=\frac{1}{6}k(k+1)(2k+1)$$

12.2.3 用定积分证明不等式

对于定积分的一个基本性质:"若在区间 $[a,b]$ 上函数 $f(x)$, $g(x)$ 都连续,且 $f(x)>g(x)$,则 $\int_a^b f(x)\mathrm{d}x>\int_a^b g(x)\mathrm{d}x$." 常可用来证明某些不等式.

例 11 当 $x>1$ 时,证明:$\mathrm{e}^x>\mathrm{e}x$.

证明 当 $x>1$ 时,$\mathrm{e}^x>\mathrm{e}$,从而

$$\int_1^x \mathrm{e}^x\mathrm{d}x>\int_1^x \mathrm{e}\mathrm{d}x$$

即
$$\mathrm{e}^x-\mathrm{e}>\mathrm{e}x-\mathrm{e}$$
故
$$\mathrm{e}^x>\mathrm{e}x$$

例 12 已知 $\mathrm{e}<a<b$,证明:$a^b>b^a$.

证明 当 $\mathrm{e}<a<b$ 时,$a^b>b^a\Leftrightarrow\frac{\ln b}{b}<\frac{\ln a}{a}$. 而

$$\frac{\ln b}{b}-\frac{\ln a}{a}=\int_a^b\mathrm{d}\left(\frac{\ln x}{x}\right)=\int_a^b\frac{1-\ln x}{x^2}<\mathrm{d}x$$

因
$$\mathrm{e}<a\leqslant x\leqslant b$$
则
$$\frac{1-\ln x}{x^2}<0,\int_a^b\frac{1-\ln x}{x^2}\mathrm{d}x<0$$
即
$$\frac{\ln b}{b}-\frac{\ln a}{a}<0$$
从而
$$a^b>b^a$$

对于定积分,还有如下结论:设函数 $y=f(x)$ 在 $(0,+\infty)$ 上为单调递减函数,且 $f(x)>0$,则有

$$\sum_{k=2}^{n}f(k)<\int_1^n f(x)\mathrm{d}x \quad ①$$

$$\sum_{k=1}^{n}f(k)>\int_1^{n+1}f(x)\mathrm{d}x \quad ②$$

事实上,因为 $f(x)$ 在 $(0,+\infty)$ 上单减,所以

$$f(1) > f(2) > \cdots > f(n-1) > f(n) > 0$$

由图 12.3(a),得

$$\sum_{k=2}^{n} f(k) = f(2)\cdot 1 + f(3)\cdot 1 + \cdots + f(n)\cdot 1 =$$

$$S_2 + S_3 + \cdots + S_n < \int_1^n f(x)\,\mathrm{d}x$$

所以式 ① 成立.

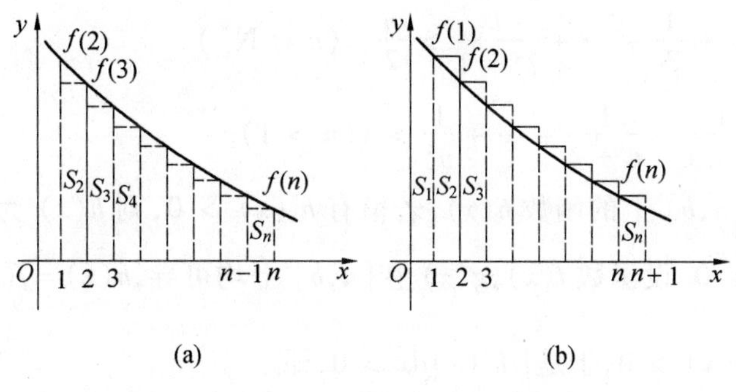

图 12.3

同理,由图 12.3(b) 知,式 ② 成立.

利用上述结论也可证明不等式.

例 13　求证:$16 < \sum\limits_{k=1}^{80} \frac{1}{\sqrt{k}} < 17$.

证明　令 $f(x) = \frac{1}{\sqrt{k}} > 0$,在$(0,+\infty)$上单减

由例 12 式 ① 得,

$$\sum_{k=1}^{80} \frac{1}{\sqrt{k}} = 1 + \sum_{k=2}^{80} \frac{1}{\sqrt{k}} < 1 + \int_1^{80} \frac{\mathrm{d}x}{\sqrt{k}} = 1 + 2\sqrt{x}\Big|_1^{80} =$$

$$1 + 2(\sqrt{80} - 1) < 17$$

由例 12 中式 ② 得

$$\sum_{k=1}^{80} \frac{1}{\sqrt{k}} > \int_1^{81} \frac{\mathrm{d}x}{\sqrt{x}} = 2\sqrt{x}\Big|_1^{81} = 2(\sqrt{81} - 1) = 16$$

所以不等式成立.

例 14　$n \geqslant 2$,求证:$\frac{1}{\sqrt{2^4 - 1}} + \frac{1}{\sqrt{3^4 - 1}} + \cdots + \frac{1}{\sqrt{n^4 - 1}} < \sqrt{2}$.

证明　令 $f(x) = \frac{\sqrt{2}}{x^2} > 0$,则知在$(0,+\infty)$上单减.

由

$$\frac{1}{\sqrt{x^4 - 1}} < \frac{1}{\sqrt{x^4 - \frac{1}{2}x^4}} = \frac{\sqrt{2}}{x^2}(x \geqslant 2)$$

所以

$$\sum_{k=2}^{n} \frac{1}{\sqrt{k^4 - 1}} < \sum_{k=1}^{n} \frac{\sqrt{2}}{n^2} < \int_1^n \frac{\sqrt{2}\,\mathrm{d}x}{x^2} = -\sqrt{2}\cdot\frac{1}{x}\Big|_1^n = \sqrt{2}\left(1 - \frac{1}{n}\right) < \sqrt{2}$$

所以不等式成立.

注 适当放缩,可以获得较简单的被积函数.

类似于上述两例,可证明下列不等式:

(1) 求证:$1+\frac{1}{\sqrt{2}}+\frac{1}{\sqrt{3}}+\cdots+\frac{1}{\sqrt{n}}<2\sqrt{n}$.

(2) 证明:$\frac{1}{2^2}+\frac{1}{3^2}+\cdots+\frac{1}{n^2}<\frac{n-1}{n}(n>1)$.

(3) 求证:$1+\frac{1}{2}+\frac{1}{3}+\cdots+\frac{1}{2^n-1}>\frac{n}{2}\quad(n\in\mathbf{N}^*)$

(4) 求证$\frac{1}{n}+\frac{1}{n+1}+\frac{1}{n+2}+\cdots+\frac{1}{n^2}>1(n>1)$.

注意到,定义在$[a,b]$上的函数$h(x)$,若恒有$h'(x)>0$,则$h(x)$为增函数,$h(b)>h(a)$,即$\int_a^b h'(x)\mathrm{d}x>0$. 设函数$f(x)$,$g(x)$在$[a,b]$上均可导,$h(x)=f(x)-g(x)$,则由$f'(x)>g'(x)$,得$h'(x)>0$,于是$\int_a^b h'(x)\mathrm{d}x>0$,即

$$\int_a^b(f'(x)-g'(x))\mathrm{d}x>0$$

所以

$$\int_a^b f'(x)\mathrm{d}x>\int_a^b g'(x)\mathrm{d}x$$

因此,关于$f(x)\Big|_a^b>g(x)\Big|_a^b$的证明,可由$f'(x)>g'(x)\Rightarrow\int_a^b f'(x)\mathrm{d}x>\int_a^b g'(x)\mathrm{d}x$证得.

例 15 已知$a>b>0$,求证:$\frac{a+b}{2}>\frac{a-b}{\ln a-\ln b}>\sqrt{ab}$.

证明 由$a>b>0$得$\frac{a}{b}>1$. 欲证左式,即证$\frac{1}{2}\ln\frac{a}{b}>\frac{\frac{a}{b}-1}{\frac{a}{b}+1}$,亦即

$$\frac{1}{2}\ln x\Big|_1^{\frac{a}{b}}>\frac{x-1}{x+1}\Big|_1^{\frac{a}{b}}\qquad①$$

又

$$\left(\frac{1}{2}\ln x\right)'=\frac{1}{2x},\left(\frac{x-1}{x+1}\right)'=\frac{2}{(x+1)^2}$$

而$x>0$时,由基本不等式得$\frac{1}{2x}\geqslant\frac{2}{(x+1)^2}$(仅在$x=1$时取等号),于是$\int_1^{\frac{a}{b}}\frac{1}{2x}\mathrm{d}x>\int_1^{\frac{a}{b}}\frac{2}{(x+1)^2}\mathrm{d}x$,即式①成立,故左式得证.

欲证右式,即证$\frac{\frac{a}{b}-1}{\sqrt{\frac{a}{b}}}>\ln\frac{a}{b}$,亦即

$$\left(x-\frac{1}{x}\right)\Bigg|_1^{\sqrt{\frac{a}{b}}} > 2\ln x\Bigg|_1^{\sqrt{\frac{a}{b}}} \qquad ②$$

又

$$\left(x-\frac{1}{x}\right)'=1+\frac{1}{x^2}\geqslant\frac{2}{x}=(2\ln x)'(\text{仅在 } x=1 \text{ 时取等号})$$

所以$\int_1^{\sqrt{\frac{a}{b}}}\left(1+\frac{1}{x^2}\right)\mathrm{d}x > \int_1^{\sqrt{\frac{a}{b}}}\frac{2}{x}\mathrm{d}x$,即式②成立,于是右式得证.

例 16　已知 $n\in\mathbf{N}, n\geqslant 2$,求证:$\frac{1}{2}+\frac{1}{3}+\cdots+\frac{1}{n}<\ln n$.

证明　先证:$\frac{1}{k+1}<\ln(k+1)-\ln k(k\in\mathbf{N}_+)$. 当 $x\in[k,k+1)(k\in\mathbf{N}_+)$ 时,设函数 $f(x)=\frac{1}{k+1}$,$g(x)=\frac{1}{x}$,则 $f(x)<g(x)$,于是

$$\int_k^{k+1}f(x)\mathrm{d}x<\int_k^{k+1}g(x)\mathrm{d}x$$

即

$$\frac{1}{k+1}<\ln(k+1)-\ln k$$

令 $k=1,2,3,\cdots,n-1$,各式相加,得证.

12.2.4　用定积分求平面图形的面积和曲线弧长

在区间 $a\leqslant x\leqslant b$ 的函数 $f(x)$ 连续,当 $f(x)\geqslant 0$ 时,曲线 $y=f(x)$ 和两条直线 $x=a$,$x=b$ 及 x 轴围成的部分的面积 A 是

$$A=\int_a^b f(x)\mathrm{d}x \qquad ③$$

当曲线的方程用参数 $x=\varphi(t)$,$y=\psi(t)$ 表出 x 在区间$[a,b]$变化时,对应 t 在区间$[t_1,t_2]$变化,其面积 A 是

$$A=\int_{t_1}^{t_2}\psi(t)\cdot\psi'(t)\mathrm{d}t \qquad ④$$

例 17　求椭圆$\frac{x^2}{a^2}+\frac{y^2}{b^2}=1(a>b>0)$的面积 A.

解　因为此椭圆关于 x 轴,y 轴均对称,故求在第一象限部分的面积的 4 倍即得.

由 $y=\frac{b}{a}\sqrt{a^2-x^2}(x\geqslant 0,y\geqslant 0)$,按公式③,有

$$\frac{A}{4}=\int_b^a\frac{b}{a}\sqrt{a^2-x^2}\,\mathrm{d}x=\frac{b}{a}\left[\frac{1}{2}x\sqrt{a^2-x^2}+a^2\sin^{-1}\frac{x}{a}\right]_0^a=\frac{\pi}{4}ab$$

故

$$A=\pi ab$$

另解　由椭圆参数方程 $x=a\cos t$,$y=b\sin t$,而$\frac{\pi}{2}\geqslant t\geqslant 0$ 对应于 $0\leqslant x\leqslant a$,则由公式④有

$$\frac{A}{4}=\int_{\frac{\pi}{2}}^0 b\sin t(-a\sin t)\mathrm{d}t=ab\int_0^{\frac{\pi}{2}}\sin^2 t\mathrm{d}t=\frac{\pi}{4}ab$$

亦有 $A=\pi ab$.

对于平面曲线 $y=f(x)$ 在区间 $[a,b]$ 上的弧长 S 是

$$S=\int_a^b\sqrt{1+[f'(x)]^2}\,\mathrm{d}x \quad ⑤$$

若平面曲线的参数方程为 $x=\varphi(t),y=\psi(t)$ 在区间 $[t_1,t_2]$ 的弧长 S 是

$$S=\int_{x_1}^{x_2}\sqrt{[\psi'(t)]^2+[\psi'(x)]^2}\,\mathrm{d}t \quad ⑥$$

例 18 求由三条曲线 $y=x^2,4y=x^2,y=1$ 所围图形的面积.

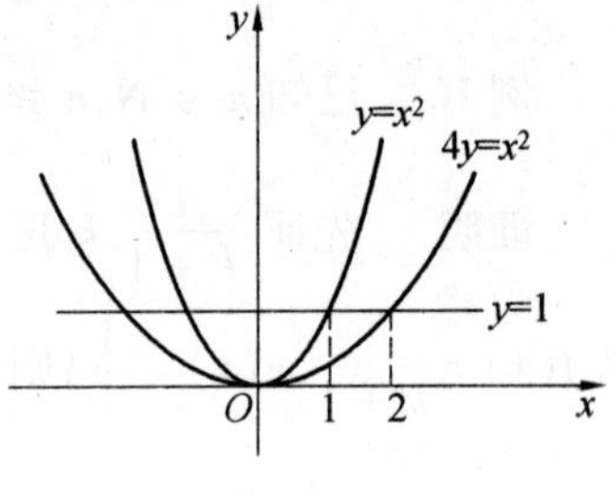

图 12.4

解 如图 12.4,因为 $y=x^2,4y=x^2$ 是偶函数,根据对称性,只算出 y 轴右边的图形的面积再两倍即可.

解方程组 $\begin{cases}y=x^2\\y=1\end{cases}$,和 $\begin{cases}4y=^2\\y=1\end{cases}$,得交点坐标为 $(-1,1)$,$(1,1),(-2,1),(2,1)$.

方法 1 选择 x 为积分变量,则

$$S=2\left[\int_0^1\left(x^2-\frac{x^2}{4}\right)\mathrm{d}x+\int_1^2\left(1-\frac{x^2}{4}\right)\mathrm{d}x\right]=$$

$$2\left[\left(\frac{1}{4}x^3\right)\Big|_0^1+x\Big|_1^2-\left(\frac{1}{12}x^3\right)\Big|_1^2\right]=\frac{4}{3}$$

方法 2 可以选择 y 为积分变量,求解过程请读者自己完成.

例 19 求半径为 R 的圆周的长.

解 对 $x^2+y^2=R^2$ 微分有 $2x+2yy'=0$,即 $y'=-\dfrac{x}{y}$,则 $\sqrt{1+y'^2}=\sqrt{1+\dfrac{x^2}{y^2}}=\dfrac{R}{y}$.

由公式⑤,有

$$\frac{S}{4}\int_0^R\frac{R}{y}\mathrm{d}x=\int_0^a\frac{R}{\sqrt{R^2-x^2}}\mathrm{d}x=\left[R\sin^{-1}\frac{x}{R}\right]_0^R=\frac{\pi R}{2}$$

故 $S=2\pi R$.

另解 用参数方程表示曲线,则 $x=R\cos t,y=R\sin t$,则由公式⑥,有

$$\frac{S}{4}=\int_0^{\frac{\pi}{2}}\sqrt{(-R\sin t)^2+(R\cos t)^2}\,\mathrm{d}t=\int_0^{\frac{\pi}{2}}R\mathrm{d}t=\frac{\pi R}{2}$$

故

$$S=2\pi R$$

12.2.5 定积分的其他应用

例 20 求极限 $\lim\limits_{n\to\infty}\dfrac{1^p+2^p+\cdots+n^p}{n^{p+1}}(p>0)$.

解 由于

$$\lim_{n\to\infty}\frac{1^p+2^p+\cdots+n^p}{n^{p+1}}=\lim_{n\to\infty}\left[\left(\frac{1}{n}\right)^p+\left(\frac{2}{n}\right)^p+\cdots+\left(\frac{n}{n}\right)^p\right]\cdot\frac{1}{n}$$

如图 12.5,设 $f(x)=x^p$ 为定义在 $[0,1]$ 上的函数,对 $[0,1]$ 作分割 T:把 $[0,1]$ 平均分成 n 个

小段$\Delta L_i(i=1,2,\cdots,n)$，每段长$\Delta s_i=\dfrac{1}{n}$，在$\Delta L_i$上任取一点$(\xi_i,\eta_i)(i=1,2,\cdots,n)$，由曲线积分的定义

$$\lim_{n\to\infty}\frac{1^p+2^p+\cdots+n^p}{n^{p+1}}=\lim_{n\to\infty}\left[\left(\frac{1}{n}\right)^p+\left(\frac{2}{n}\right)^p+\cdots+\left(\frac{n}{n}\right)^p\right]\cdot\frac{1}{n}=$$

$$\int_0^1 x^p\mathrm{d}x=\frac{1}{p+1}x^{p+1}\Big|_0^1=\frac{1}{p+1}$$

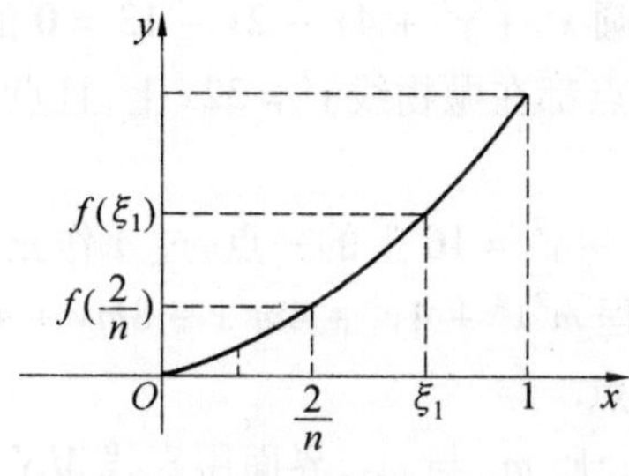

图 12.5

例 21　有一直线与抛物线$y=x^2$相交于A,B两点，AB与抛物线所围图形的面积恒等于$\dfrac{4}{3}$，求线段AB的中点P的轨迹方程.

解　设抛物线$y=x^2$上的两点为$A(a,a^2),B(b,b^2)$，不妨设$b>a$，直线AB与抛物线所围成图形的面积为S，则

$$S=\int_a^b[(a+b)x-ab-x^2]\mathrm{d}x=\left(\frac{a+b}{2}x^2-abx-\frac{1}{3}x^3\right)\Big|_a^b=\frac{1}{6}(b-a)^3$$

当$S=\dfrac{4}{3}$，即$\dfrac{1}{6}(b-a)^3=\dfrac{4}{3}$时，有

$$b-a=2 \qquad (*)$$

设AB的中点$P(x,y)$，则$x=\dfrac{a+b}{2},y=\dfrac{a^2+b^2}{2}$.

思考题

用导数知识求解下列问题

1. 求证：$\mathrm{C}_n^1+2^3\mathrm{C}_n^2+3^3\mathrm{C}_n^3+\cdots+n^3\mathrm{C}_n^n=n^2(n+3)\cdot 2^{n-3}$.
2. 求证：$\mathrm{C}_n^1+2^4\mathrm{C}_n^2+3^4\mathrm{C}_n^3+\cdots+n^4\mathrm{C}_n^n=n(n+1)(n^2+5n-2)\cdot 2^{n-4}$.
3. 求证：$\mathrm{C}_n^1-2\mathrm{C}_n^2+3\mathrm{C}_n^3-4\mathrm{C}_n^4+\cdots+(-1)^{n-1}n\mathrm{C}_n^n=0(n\geqslant 2)$.
4. 求证：$\arcsin x+\arccos x=\dfrac{\pi}{2}(x\in[-1,1])$
5. 求证：$\arctan x+\mathrm{arccot}\, x=\dfrac{\pi}{2}$.
6. 求证：讨论方程$x^3-x^2-x+3=0$的实根的个数与根的符号.
7. 求证：$a^3+b^3+c^3\geqslant 3abc$，其中$a,b,c$均为正数.
8. 求证：$\log_a(a+b)>\log_{a+c}(a+b+c)(b>0,c>0)$对一切$a>1$成立.

9. 证明:$2\sqrt{x} > 3 - \frac{1}{x}(x > 1)$.

10. 若 $x > 0$,试证:$\frac{x}{1+x} < \ln(1+x) < x$.

11. 求函数 $y = x^4 - 8x^2 + 2$ 的极值.

12. 求证:$\arccos(-x) = \pi - \arccos x(x \in [-1,1])$.

13. 求证:$2\arcsin x = \arccos(1-2x^2)(x \in [-1,1])$.

14. 求过点 $P(1,-2)$ 作圆 $x^2 + y^2 + 4x - 2y - 13 = 0$ 的切线方程.

15. 已知 $\triangle ABC$ 的三个顶点都在抛物线 $y^2 = 32x$ 上,且点 A 的坐标是(2,8),重心与焦点重合,求 BC 的方程.

16. 点 $A(0,4)$ 是椭圆 $4x^2 + y^2 = 16$ 上的一点,过 A 作弦 AB,求这弦中点的轨迹方程.

17. 试证:对于 $m \neq 0$,方程 $m^2x^2 + 4y^2 + 4m^2x - 8my + 4m^2 = 0$ 均表示一个通过定点 A 的椭圆(或圆).并求出这个定点.

18. 设有两种不同的均匀介质 m_1 与 m_2,界面用直线 MN 来表示,光线在 m_1 中的速度为 v_1,在 m_2 中的速度为 v_2.光线从介质 m_1 射入介质 m_2,若其入射角为 α,折射角为 β.试根据光行最速原理来证明光的折射定律:光线的入射角与折射角的正弦的比等于光线在相应两个介质的速度的比,即 $\frac{\sin\alpha}{\sin\beta} = \frac{v_1}{v_2}$.

利用积分求解下列问题.

19. 分解因式:$(x+y+z)^3 - (x+y-z)^3 - (y+z-x)^3 - (x+z-y)^3$.

20. 分解因式:$\cos^2 x + \cos^2(x+y) - 2\cos x \cdot \cos y \cdot \cos(x+y)$.

21. 用积分方法证明:$\frac{\tan x_1}{x_1} < \frac{\tan x_2}{x_2}$,其中 $0 < x_1 < x_1 < \frac{\pi}{2}$.

22. 证明:本章的思考题第 10 题.

23. 若 $0 < a < c < b$,求证:$\frac{\ln c - \ln a}{c - a} > \frac{\ln b - \ln c}{b - c}$.

24. 求夹在曲线 $y = \frac{a^3}{a^2 + x^2}$ 和 x 轴之间部分的面积.

25. 求悬链线 $y = \frac{a}{2}(e^{\frac{x}{a}} + e^{-\frac{x}{a}})$ 的从 $x = 0$ 到 $x = a$ 的弧长.

思考题参考解答

1. 由 $(1+x)^n$ 的展开式两边求导后两边同乘以 x 得 $C_n^1x + 2C_n^2x^2 + 3C_n^3x^3 + \cdots + nC_n^nx^n = nx(1+x)^{n-1}$,两边求导后再乘以 x 得 $C_n^1x + 2^2C_n^2x^2 + 3^2C_n^3x^3 + \cdots + n^2C_n^nx^n = nx(1+x)^{n-1} + n(n+1)x^2(1+x)^{n-2}$,再求导后令 $x = 1$ 即得.

2. 按 1 题做法即证.

3. 由 $(1+x)^n$ 的展开式两边求导后令 $x = -1$ 即证.

4. 当 $x = -1$ 或 $x = 1$ 时,原式显然成立.当 $x \in (-1,1)$ 时,令 $f(x) = \arcsin x + \arccos x$,则 $f'(x) = \frac{1}{\sqrt{1-x^2}} - \frac{1}{\sqrt{1-x^2}} = 0$,从而 $f(x) = C$(常数),而 $f(0) = \frac{\pi}{2}$,则 $C = \frac{\pi}{2}$.即证.

5. 令$f(x)=\arctan x+\mathrm{arcctg}\, x$,则$f'(x)=\frac{1}{1+x^2}-\frac{1}{1+x^2}=0$,从而$f(x)=C$(常数),而$f(1)=\frac{\pi}{2}$,则$C=\frac{\pi}{2}$,即证.

6. 设$f(x)=x^3-x^2-x+3$,$f'(x)=(3x+1)(x-1)$,$f'(x)<0\Leftrightarrow -\frac{1}{3}<x<1$,则$f(x)$在$x=-\frac{1}{3}$处有极大值,极大值为$f(-\frac{1}{3})=3\frac{5}{27}$,为正;在$x=1$处有极小值.极小值为$f(1)=2$,为正.又当$x\to-\infty$时,$f(x)\to-\infty$,当$x\to+\infty$时,$f(x)\to+\infty$.所以函数$f(x)$是在$(-\infty,-\frac{1}{3})$内有一个零点,即方程$f(x)=0$有一个负的实根.

7. 设$f(x)=x^3-3abx+a^3+b^3$,$x\in(0,+\infty)$,则$f'(x)=3x^2-3ab$.令$f'(x)=0$,在$(0,+\infty)$内求得驻点$x=\sqrt{ab}$.当$0<x<\sqrt{ab}$时$f'(x)<0$,当$\sqrt{ab}<x<+\infty$时,$f'(x)>0$(左负右正),从而函数$f(x)$在$x=\sqrt{ab}$处有极小值,极小值是$f(\sqrt{ab})=(\sqrt{ab})^3-3ab\cdot\sqrt{ab}+a^3+b^3=(\sqrt[3]{a}-\sqrt[3]{b})^2\geqslant 0$.又由于在区间$(0,+\infty)$内连续函数$f(x)$只有一个极值点,因此极小值就是它的最小值.于是$f(x)=x^3-3abx+a^3+b^3\geqslant(\sqrt{a^3}-\sqrt{b^3})^2\geqslant 0$,$x\in(0,+\infty)$.取$x=c$得$c^3-3abc+a^3+b^3\geqslant 0$.即证.

8. 设$f(x)=\log_x(x+b)$,$x\in(1,+\infty)$,于是$f(x)=\frac{\ln(x+b)}{\ln x}$,又$f'(x)=\frac{\frac{\ln x}{x+b}-\frac{\ln(x+b)}{x}}{\ln^2 x}$,从而$f'(x)>0\Leftrightarrow\frac{\ln x}{x+b}-\frac{\ln(x+b)}{x}>0\Leftrightarrow x\ln x>(x+b)\ln(x+b)$.注意到$x>1$,$b>0$,$1<x<x+b$,则$0<\ln x<\ln(x+b)$.从而$x\ln x<(x+b)\ln(x+b)$.于是可知对任何$x>1$,都有$f'(x)<0$.这就是说,在$(1,+\infty)$内,函数$f(x)=\log_x(x+b)$是减函数,故$f(a)>f(a+c)$,即$\log_a(a+b)>\log_{a+c}(a+b+c)$.

9. 令$f(x)=2\sqrt{x}-(3-\frac{1}{x})$,则$f'(x)=\frac{1}{\sqrt{x}}-\frac{1}{x^2}=\frac{x^{\frac{3}{2}}-1}{x^2}$.当$x>1$时,$f'(x)>0$,从而$f(x)$在$(1,+\infty)$上单调递增.但$f(1)=0$,故$x>1$时,$f(x)>0$.即证.

10. 令$f(x)=\ln(1+x)$,$f(x)$在$[0,x]$上满足拉格朗日中值定理的条件,故至少存在一点ξ,满足$f'(\xi)=\frac{f(x)-f(0)}{x-0}(0<\xi<x)$,即$\frac{1}{\xi}=\frac{\ln(1+x)}{x}(0<\xi<x)$.由$0<\xi<x$知,$\frac{1}{1+x}<\frac{1}{1+\xi}<1$,即$\frac{1}{1+x}<\frac{\ln(1+x)}{x}<1$.

11. 由$y'=4x^3-16x=0$有$x_1=0$,$x_{2,3}=\pm 2$.$y''=12x^2-16$,$y''(0)=-16<0$,从而$y_{\max}=y(0)=2$,$y''(\pm 2)=32>0$,从而$y_{\min}=y(\pm 2)=-14$.

12题和13题类似于4,5即证(略).

14. 因P在圆上,而函数$f(x)$在点x_0处的导数$f'(x_0)$就是曲线$f(x)$在x_0处的切线的斜率,对$x^2+y^2+4x-2y-13=0$求导得$y'=\frac{x+2}{1-y}$,从而过点$P(1,-2)$的斜率$k=7$,由点斜式得$x-y-3=0$.

15. 由 $y^2=32x$ 知焦点 $F(8,0)$，设 $D(x_0,y_0)$ 为 BC 的中点. 由题意 $\frac{AF}{FD}=2$，知 D 的坐标为 $(11,-4)$. 对 $y^2=32x$ 求导有 $y'=\frac{16}{y}$，由例 13 结论，知 BC 的斜率为 $k=\frac{16}{-4}=-4$. 由点斜式得 BC 方程 $4x+y-40=0$.

16. 设弦 AB 的中点 $M(x_0,y_0)$，对 $4x^2+y^2=16$ 求导有 $y'=-\frac{4x}{y}$. 由例 13 结论知，被点 M 平分的弦所在直线的斜率为 $k=-\frac{4x_0}{y_0}$. 又过点 $(0,4)$ 和 (x_0,y_0) 两点的直线斜率为 $k_{AM}=\frac{y_0-4}{x_0}$，由 $k=k_{AM}$ 即得所求轨迹方程为 $4x^2+y^2-4y=0$.

17. 因 $m\neq 0$，则由 $\Delta=-4m^2<0$，可知方程的图形是椭圆(或圆). 设 $f(m)=m^2x+4y^2+4m^2x-8my+4m^2=0$，对上式求二阶导数得 $2x^2+8x+8=0$，解得 $x=-2$，把 $x=-2$ 代入 $f'(m)=0$ 求得 $y=0$，因此方程表示通过定点 $A(-2,0)$ 的椭圆(或圆).

18. 设光线由介质 m_1 的点 A 出发，经过 MN 上的点 P 射入介质 m_2 中的点 B. A,B 在 MN 上的射影分别为 A',B'. 令 $A'B'=l, AA'=h_a, BB=h_b$，又设 $A'P=x$，则 $B'P=1-x, AP=\sqrt{h_a^2+h_b^2}, BP=\sqrt{h_b^2+(l-x)^2}$.

根据光行最速原理，光从点 A 到点 B 所用的时间 $T=\frac{\sqrt{h_a^2+x^2}}{v_1}+\frac{\sqrt{h_b^2+(l-x)^2}}{v_2}$ 应当是最小的. 求 T 对 x 的导数 $T'=\frac{x}{v_1\sqrt{h_a^2+x^2}}-\frac{l-x}{v_2\sqrt{h_b^2+(l-x)^2}}$ 得其驻点应满足方程 $T'=0$. 又由题设(或见图)有 $\sin\alpha=\frac{x}{\sqrt{h_a^2+x^2}}, \sin\beta=\frac{l-x}{\sqrt{h_b^2+(l-x)^2}}$，从而在驻点处有 $\frac{\sin\alpha}{v_1}=\frac{\sin\beta}{v_2}$，即 $\frac{\sin\alpha}{\sin\beta}=\frac{v_1}{v_2}$.

由于 T 关于 x 的二阶导数 $T''=\frac{h_a^2}{v_1(h_a^2+x)^{3/2}}+\frac{h_b^2}{v_2[h_b^2+(l-x)^2]^{3/2}}>0$，因此 T 在驻点处有极小值，同时也是 T 的最小值. 因而光线从介质 m_1 射入介质 m_2 时有 $\frac{\sin\alpha}{\sin\beta}=\frac{v_1}{v_2}$.

19. 令 $f(x)$ 为原式，则 $f'(x)=24yz$，再对 x 积分得 $f(x)=24xyz+c$，而 $f(0)=0$，故原式等于 $24xyz$.

20. 令 $f(x)$ 为原式，则 $f'(x)=0$，积分后得 $f(x)=C$，而 $f(\frac{\pi}{2}-y)=\sin^2 y$，故原式等于 $\sin^2 y$.

21. 原式等价于 $\ln\tan x_2-\ln\tan x_1>\ln x_2-\ln x_1$，而 $\ln\tan x_2-\ln\tan x_1=\int_{x_1}^{x_2}\mathrm{d}(\ln\tan x)=\int_{x_1}^{x_2}\frac{\mathrm{d}x}{\sin x\cos x}=\int_{x_1}^{x_2}\frac{2\mathrm{d}x}{\sin 2x}>\int_{x_1}^{x_2}\frac{\mathrm{d}x}{x}=\ln x_2-\ln x_1$.

22. 当 $x>0$ 时，$1-x<\frac{1}{1+x}<1$，则 $\int_0^x(1-x)\mathrm{d}x<\int_0^x\frac{\mathrm{d}x}{1+x}<\int_0^x\mathrm{d}x$，即 $x-\frac{1}{2}x^2<\ln(1+x)<x$.

23. 由$\dfrac{\ln c-\ln a}{c-a}=\dfrac{\int_a^c \frac{1}{x}\mathrm{d}x}{c-a}>\dfrac{\int_a^c \frac{1}{c}\mathrm{d}x}{c-a}=\dfrac{\int_c^b \frac{1}{c}\mathrm{d}x}{bc}>\dfrac{\int_c^b \frac{1}{x}\mathrm{d}x}{b-c}=\dfrac{\ln b-\ln c}{b-c}$即证.

24. x 轴是这条曲线的渐近线，曲线关于 y 轴对称，故 $A=2\int_0^{+\infty}\dfrac{a^3}{a^2+x^2}\mathrm{d}x=2a^2\left[\arctan\dfrac{x}{a}\right]_0^{+\infty}=\pi a^2$.

25. 由$y'=\dfrac{1}{2}(\mathrm{e}^{\frac{x}{a}}-\mathrm{e}^{-\frac{x}{a}})$知$\sqrt{1+y'^2}=\dfrac{1}{2}(\mathrm{e}^{\frac{x}{a}}+\mathrm{e}^{-\frac{x}{a}})$，则$S=\int_0^a\dfrac{1}{2}(\mathrm{e}^{\frac{x}{a}}+\mathrm{e}^{-\frac{x}{a}})\mathrm{d}x=\left[\dfrac{a}{2}\cdot(\mathrm{e}^{\frac{x}{a}}-\mathrm{e}^{-\frac{x}{a}})\right]_0^a=\dfrac{a}{2}(\mathrm{e}-\dfrac{1}{\mathrm{e}})$.

第十三章　矩阵知识的初步应用

矩阵(长方形数表)是十分常见的数学现象,诸如学校里的课表、成绩统计表;工厂里的生产进度表;车站里的时刻表、价目表、证券公布表等,它是表述或处理大量的生活、生产、科研问题的有力工具.矩阵的重要作用不仅能把头绪纷繁的事物或数学对象按一定的规则排列表示出来,让人看上去一目了然,帮助我们保持清醒的头脑,不至于被一些表面看起来杂乱无章的关系弄得晕头转向,而且能恰当地刻画事物或数学对象之间的内在联系,运用矩阵运算或变换揭示事物或数字之间的有机联系,还是我们求解数学问题的一种特殊的"数形结合"途径.利用矩阵,不仅可以简捷求解线性方程组,表示几何变换,还可以应用于初等数学的各个方面,这可参见作者另著《从 Cramer 法则谈起——矩阵论漫谈》(哈尔滨工业大学出版社,2016 年出版),在这里,我们仅介绍几个片断.

13.1　有趣数字表与猜年龄游戏

首先看如下的几张数字表:

$$\underset{(\text{I})}{\begin{bmatrix} 1 & 3 & 5 & 7 \\ 9 & 11 & 13 & 15 \\ 17 & 19 & 21 & 23 \\ 25 & 27 & 29 & 31 \end{bmatrix}},\quad \underset{(\text{II})}{\begin{bmatrix} 2 & 3 & 6 & 7 \\ 10 & 11 & 14 & 15 \\ 18 & 19 & 22 & 23 \\ 26 & 27 & 30 & 31 \end{bmatrix}},\quad \underset{(\text{III})}{\begin{bmatrix} 4 & 5 & 6 & 7 \\ 12 & 13 & 14 & 15 \\ 20 & 21 & 22 & 23 \\ 28 & 29 & 30 & 31 \end{bmatrix}},$$

$$\underset{(\text{IV})}{\begin{bmatrix} 8 & 9 & 10 & 11 \\ 12 & 13 & 14 & 15 \\ 24 & 25 & 26 & 27 \\ 28 & 29 & 30 & 31 \end{bmatrix}},\quad \underset{(\text{V})}{\begin{bmatrix} 16 & 17 & 18 & 19 \\ 20 & 21 & 22 & 23 \\ 24 & 25 & 26 & 27 \\ 28 & 29 & 30 & 31 \end{bmatrix}}.$$

请同学们看,如果一个同学告诉我,哪几张表里有他的年龄数,那么我就能够正确地说出这个同学的年龄的确切数.如果告诉我,他在表(Ⅱ)和表(Ⅴ)中有他的年龄数,那么我告诉他的年龄是 18 岁(即 $18 = 2^1 + 2^4$).

这是怎么一回事呢?我们注意各表的开头数 1,2,4,8,16.它们依次只在表(Ⅰ)至表(Ⅴ)中而其他的数字 $m(1 \leqslant m \leqslant 31)$ 可以唯一地用 1,2,4,8,16 这五个数字中的某几个之和表示.例如:$7 = 1 + 2 + 4$,$13 = 1 + 4 + 8$,$18 = 2 + 16$.一般地,对于 $m(1 \leqslant m \leqslant 3)$ 有 $m = a_1 \cdot 1 + a_2 \cdot 2 + a_3 \cdot 4 + a_4 \cdot 8 + a_5 \cdot 16$,其中 a_1, a_2, a_3, a_4, a_5 仅取 0 或 1 这两个数字(但 a_i 不全为 0).当诸 a_i 恰有 j 个数字取 1,而其余数字取 0 时 $(1 \leqslant j \leqslant 5)$ 共有 C_5^j 种取法,故总共可表出

$$\sum_{j=1}^{5} C_5^j = \sum_{j=0}^{5} C_5^j - 1 = 2^5 - 1 = 31$$

个数,这就说明了从 1 到 31 这 31 个数都可以用 1,2,4,8,16 这五个数中的某几个之和来表

示. 由此可见,当同学告诉我在哪几张表里有他的年龄数,这无异于告诉我,其年龄是 1,2,4,8,16 中哪几个数字之和,因此,我可以毫不费力地说出其年龄数.

如果用二进制数表示这五个数,即 $1=(1)_2$,$2=2^1=(10)_2$,$4=2^2=(100)_2$,$8=2^3=(1000)_2$,$16=2^4=(10000)_2$,那么这五张表的数全部化为二进制数,不难看出转化后表(Ⅰ)中的数的末位数全是 1,表(Ⅱ)中的数化为二进制时倒数第二位全是 1,……,依此类推. 前面所说的年龄在表(Ⅱ)和表(Ⅴ),说明这个数用二进制表示时是 $(10010)_2=1\cdot2^4+1\cdot2=18$.

根据如上原理,表的张数可以少造也可以多造,它完全可以根据人们的需要来确定. 例如,可以造出 6 张表来猜不超过 63 岁的年龄.

$$\begin{bmatrix}1&3&5&7&9&11&13&15\\17&19&21&23&25&27&29&31\\33&35&37&39&41&43&45&47\\49&51&53&55&57&59&61&63\end{bmatrix},\quad\begin{bmatrix}2&3&6&7&10&11&14&15\\18&19&22&23&26&27&30&31\\34&35&38&39&42&43&46&47\\50&51&54&55&58&59&62&63\end{bmatrix},$$

(Ⅰ)　　　　　　　　(Ⅱ)

$$\begin{bmatrix}4&5&6&7&12&13&14&15\\20&21&22&23&28&29&30&31\\36&37&38&39&44&45&46&47\\52&53&54&55&60&61&62&63\end{bmatrix},\quad\begin{bmatrix}8&9&10&11&12&13&14&15\\24&25&26&27&28&29&30&31\\40&41&42&43&44&45&46&47\\56&57&58&59&60&61&62&63\end{bmatrix},$$

(Ⅲ)　　　　　　　　(Ⅳ)

$$\begin{bmatrix}16&17&18&19&20&21&22&23\\24&25&26&27&28&29&30&31\\48&49&50&51&52&53&54&55\\56&57&58&59&60&61&62&63\end{bmatrix},\quad\begin{bmatrix}32&33&34&35&36&37&38&39\\40&41&42&43&44&45&46&47\\48&49&50&51&52&53&54&55\\56&57&58&59&60&61&62&63\end{bmatrix}.$$

(Ⅴ)　　　　　　　　(Ⅵ)

通过这样的游戏,还可以激发我们的思维,引起联想,应用到其他方面去. 例如,当你到图书资料室去找书时,一进库门,漫无目标. 如果库中存书万册,若用 127 个橱窗分装,应用如上的造表法,在每册书的卡片上写上存放的书橱号,再设计一套能传送表(Ⅰ),表(Ⅱ),…,表(Ⅶ)信息的装置,那么,只要把所找书上的橱号分解成表头数 2^k($k=1,2,\cdots,6$)的某一个数合数的和,按组合中各数选表发报,使该书所在的橱窗接受信息,亮出信号. 这样,我们就可以径直去书橱找这本书了.

上面所谈的是根据数的二进制编造的数字趣表问题. 根据数的三进制能这样编造有趣的数字表吗? 我们的回答,是能的,只不过编造时,要根据数的三进制特点,数码只出现 0,1,2 三种情形,可用"无"、"正"、"负"分别对应它们,制造出如下的数表:例如:

$$(\text{Ⅰ})\begin{bmatrix}1&-2&4&-5&7&-8&10&-11&13\\-14&16&-17&19&-20&22&-23&25&-26\\28&-29&31&-32&34&-35&37&-38&40\end{bmatrix},$$

$$(\text{Ⅱ})\begin{bmatrix}2&3&4&-5&-6&-7&11&12&13\\-14&-15&-16&20&21&22&-23&-24&-25\\29&30&31&-32&-33&-34&38&39&40\end{bmatrix},$$

$$(\text{Ⅲ})\begin{bmatrix}5&6&7&8&9&10&11&12&13\\-14&-15&-16&-17&-18&-19&-20&-21&-22\\32&33&34&35&36&37&38&39&40\end{bmatrix},$$

$$(\text{Ⅳ})\begin{bmatrix}14&15&16&17&18&19&20&21&22\\23&24&25&26&27&28&29&30&31\\32&33&34&35&36&37&38&39&40\end{bmatrix}.$$

这样,表(Ⅰ)~(Ⅳ)分别表示$3^0,3^1,3^2,3^3$数位上的数字1.注意到弄清三进制中的2为何用"负"来表示的问题,是因为任何一个三进制数,如果它的3^r位上的数字为2,它总可以转化成$2\cdot3^r=3^{r+1}-3^r$,即$(2\underbrace{00\cdots0}_{r个0})_3=(1\underbrace{00\cdots0}_{r+1个0})_3-(1\underbrace{00\cdots0}_{r个0})_3$.就是说任一个数总可用两个每位都是1或0的三进制数通过减法表示出来.如$23=(212)_3=(1000)_3-(11)_3$.

有了如上的四个表,可以进行猜年龄不超过40岁的游戏.表(Ⅰ)~(Ⅳ)分别表示1,3,9,27是正数的相加,是负数的就相减.比如,你告诉我一个人年龄,在表(Ⅲ)是负数,表(Ⅳ)是正数,在表(Ⅰ),(Ⅱ)中没有,我就可以说出这个人的年龄为18(即$3^3-3^2=18$)岁.又比如,你告诉我:有一个老师的年龄在表(Ⅰ)至(Ⅳ)都为正数,我就可以说出这个老师的年龄为40岁(即$3^3+3^2+3+1=40$).

13.2 规划、决策与数表分析决断

例1 寻求最佳产品组合策略的波士顿数表法(矩阵法).

美国波士顿咨询公司用"销售增长率——市场占有率矩阵"来对"产品组合"进行分类和评价.该矩阵图中,横坐标为"销售增长率",以10%为分界线分离;纵坐标为"相对市场占有率",表示战略业务单位的市场占有率与最大竞争对手市场占有率之比,以1.0为分界线,大于1.0为市场占有率高,小于1.0为市场占有率低.

该矩阵图可把企业的产品大类分为四个类别:

明星类:两高产品,企业必须投入巨资以支持其发展.

金牛类:销售增长率低,相对市场占有率高的产品,它能提供较多的现金.

问题类:销售增长率高,但相对市场占有率低的产品,前途未卜,应慎重考虑.

狗类:应予收缩和淘汰的产品.

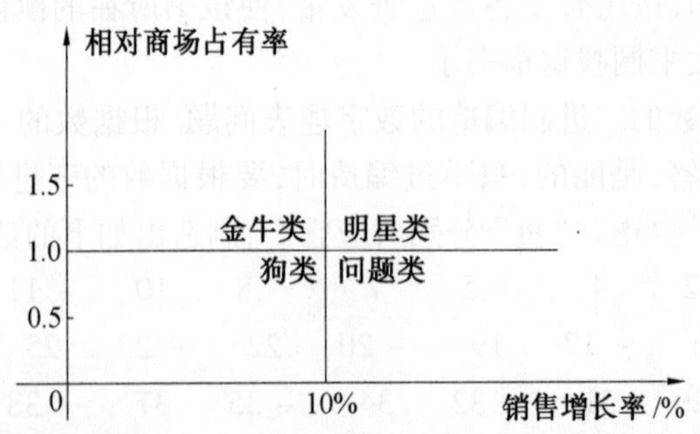

例2 参赛选手的选派问题.

某校为参加市(或县)运动会4×100混合接力泳比赛选派四名选手.这四名选手的各单项成绩如下表(时间单位:秒),试问这四名选手各游哪一种制式时(每人只得游一种制

式,且每种制式必须有一个游),可使总成绩最好?

成绩 制式 / 运动员代号	(1) 自由泳	(2) 蛙泳	(3) 蝶泳	(4) 仰泳
甲(1)	60.5	77.5	64.5	71
乙(2)	60	76	65.5	68
丙(3)	62.5	76.5	64.5	70
丁(4)	61	76	65	69.5

解析　为了讨论问题的方便,我们记

$$x_{ij}=\begin{cases}1(\text{若第 } i \text{ 人游第 } j \text{ 种制式})\\0(\text{若第 } i \text{ 人不游第 } j \text{ 种制式})\end{cases}$$

t_{ij} 表示第 i 人游第 j 种制式的单项成绩.

此时本问题就是求总成绩 $T=\sum\limits_{j=1}^{4}\sum\limits_{i=1}^{4}t_{ij}x_{ij}$ 的最小值,其中 x_{ij} 受如下条件制约

$$\sum_{i=1}^{4}x_{ij}=1(j=1,2,3,4);\sum_{j=1}^{4}x_{ij}=1(i=1,2,3,4)$$

我们对已给数表进行分析,如果第一行减去 k,即 t_{ij} 改成 $t_{ij}-k$,那么

$$T'=\sum_{j=1}^{4}\sum_{i=2}^{4}t_{ij}x_{ij}+\sum_{j=1}^{4}(t_{ij}-k)x_{ij}=\sum_{j=1}^{4}\sum_{i=1}^{4}t_{ij}x_{ij}-k\sum_{j=1}^{4}x_{ij}=T-k$$

即若表中某一行或一列减去同一个数,则新问题与原问题同解,且新问题的总成绩 T' 与原问题的成绩 T 只相差一个常数.

再注意到,若表中有足够多的零,其他均为正数,让 x_{ij} 在零的位置上取 1,其他位置上取零,且满足制约条件,那么可得问题的解.

于是,在已知表的每一列均去掉该列的最小数,得下表.

	(1)	(2)	(3)	(4)
(1)	0.5	1.5	0	3
(2)	0	0	1	0
(3)	2.5	0.5	0	2
(4)	1	0	0.5	1.5

再在上表的第 1,3,4 行减去 0.5(表中正数最小的行),又在第 2,3 列加上 0.5,得下表. 在这个表中的有 * 号位置取 1,其他位置上取零,可得问题的解. 即当甲游自由泳,乙游仰泳,丙游蝶泳,丁游蛙泳时,可期望得到最好成绩.

	(1)	(2)	(3)	(4)
(1)	0^*	1.5	0	2.5
(2)	0	0.5	1.5	0^*
(3)	2	0.5	0^*	1.5
(4)	0.5	0^*	0.5	1

例 3　运输方案的确定问题.

假设某种货物有两个产物甲、乙，三个销地 $B(1)$，$B(2)$，$B(3)$，从产地到销地的单位运价以及产量的供应量和销地的需求量如下表给出（单位：元／吨，吨）：

运价 销地 产地	$B(1)$	$B(2)$	$B(3)$	产量
甲(1)	10	5	6	60
乙(2)	4	8	15	100
销量	45	75	40	160

问怎样安排调运方案，才能使总运费最少？

解析　设 x_{ij} 是第 i 个产地运给第 j 个销地的货物数量（取正整数），则所给问题转化成求满足约束条件

$$\begin{cases} x_{11}+x_{12}+x_{13}=60 & ① \\ x_{21}+x_{22}+x_{23}=100 & ② \\ x_{11}+x_{21}=45 & ③ \\ x_{12}+x_{22}=75 & ④ \\ x_{13}+x_{23}=40 & ⑤ \\ x_{ij}\geqslant 0(i=1,2;j=1,2,3) & ⑥ \end{cases}$$

的 x_{ij}，使 $W=10x_{11}+5x_{12}+6x_{13}+4x_{21}+8x_{22}+15x_{23}$ 最少.

首先注意到式③～⑥，要使 W 最少，则由 8.11 节直线划分平面的知识知 x_{11} 与 x_{21}，x_{12} 与 x_{22}，x_{13} 与 x_{23} 中必有一个的值为 0，又 W 的表达式中，系数 $4<10$，$5<8$，$6<15$，故当且仅当 $x_{11}=0$，$x_{12}=75$，$x_{13}=40$，$x_{21}=45$，$x_{22}=0$，$x_{23}=0$ 时，W 取最小值，见下表.

	$B(1)$	$B(2)$	$B(3)$	
甲(1)	0	75	40	60
乙(2)	45	0	0	100
	45	75	40	160

其次注意到，可通过调整得出满足题设全部约束条件的 x_{ij}，使 W 取得最小值. 观察题设所给表中各列的元素，有 $8-5<10-4<15-6$，即

$$8\times 1-5\times 1<10\times 1-4\times 1<15\times 1-6\times 1$$

从而，为保证产销平衡和使 W 取值最小，只要把上表第二列中 75 改为 20，0 改为 55 即可. 此时最优方案为 $x_{11}=0$，$x_{12}=20$，$x_{13}=40$，$x_{21}=45$，$x_{22}=55$，$x_{23}=0$，且 $W_{\min}=10\times 0+5\times 20+6\times 40+4\times 45+8\times 55+15\times 0=960$（元）. 即产地甲应调运 20 吨给销地 $B(2)$，调运 40 吨给销地 $B(3)$；产地乙应调运 45 吨给销地 $B(1)$，调运 55 吨给销地 $B(2)$. 这时总运价 960 元为最少.

13.3　组合计数与构作矩阵核算

例1　在时装表演中,四套不同样式的时装由四个不同体型的模特儿在四场表演中交换着装表演,每个模特儿穿着任何一套时装都只表演一场,问有多少种不同的着装方法?

解　把时装编号为1,2,3,4,则一种着装方法即为由4个1,4个2,4个3,4个4组成的一个方阵(正方形数表),其中每行每列都无相同元素.问题转化为求这样的方阵有多少个.

把第一行、第一列都固定为1,2,3,4,则有四个不同的方阵

$$\begin{bmatrix}1&2&3&4\\2&1&4&3\\3&4&1&2\\4&3&2&1\end{bmatrix},\begin{bmatrix}1&2&3&4\\2&1&4&3\\3&4&2&1\\4&3&1&2\end{bmatrix},\begin{bmatrix}1&2&3&4\\2&3&4&1\\3&4&1&2\\4&1&2&3\end{bmatrix},\begin{bmatrix}1&2&3&4\\2&4&1&3\\3&1&4&2\\4&3&2&1\end{bmatrix}$$

把每一个方阵的第一行固定,下面三行任意交换可得3! 个不同方阵;再把所得的每一个方阵的各列任意交换,可得4! 个不同的方阵,故所有不同的方阵即着装方法的种数为$4\cdot3!\ \cdot4!\ =576$.

例2　某足球邀请赛有$n(\geqslant 3)$个城市参加,每市派甲、乙两队.根据比赛规则,每两个队之间至多赛一场,并且同一城市的两个队之间不进行比赛,比赛若干天后进行统计,发现除A市的甲队外,其他各队已比赛过的场次各不相同.问A市乙队已赛过多少场?并证明你的结论.

解　可先考虑三个城市A,B,C的6个队的比赛情形.根据比赛规则,队A市甲队外,其他队至多赛4场,且各队已赛过的场次分别为0,1,2,3,4.此时,我们可作出六行六列(6×6)矩阵,矩阵中的元素1表示两队已赛过.0表示两队没赛过或不能进行比赛,每行(或列)至多4个1,除$A_{甲}$所在的行与列外,其他各行(或列)应分别有0,1,2,3,4个1.

由题设条件,4个1所在的行(或列)只可能在$B_{甲}$,$B_{乙}$,$C_{甲}$,$C_{乙}$所在的行(或列)之一(否则,若在A_2所在行(或列)将产生矛盾).不失一般性,设4个1在$C_{乙}$所在行(或列).此时,3个1所在的行(或列)必不在$C_{甲}$所在的行(或列),否则与题设矛盾.因此,3个1所在的行(或列)只可能在$B_{甲}$或$B_{乙}$所在的行(或列),也不可能在$A_{乙}$所在的行(或列).不妨设3个1在$B_{乙}$所在的行(或列),得矩阵(先填上12个0)如下

$$\begin{array}{c} \\ A_{甲}\\ A_{乙}\\ B_{甲}\\ B_{乙}\\ C_{甲}\\ C_{乙}\end{array}\begin{array}{c}\begin{array}{cccccc}A_{甲}&A_{乙}&B_{甲}&B_{乙}&C_{甲}&C_{乙}\end{array}\\ \begin{bmatrix}0&0& &1& &1\\0&0& &1& &1\\ & &0&0& &1\\1&1&0&0& &1\\ & & & &0&0\\1&1&1&1&0&0\end{bmatrix}_{6\times6}\end{array}$$

根据题设条件,上述矩阵中的元素1已满足要求,因此,只需在上述矩阵中的空白处填上0即可,此时可求得A市乙队已赛过2场.

由如上矩阵中元素的构作规律:1最多的行(或列)一定不在A_2所在的行(或列);同一

城市的两个队的代号所在的行(或列)中的1的总个数是相同的. 于是将3个城市的情形推广到$n(\geqslant 3)$个城市,可得A市乙队已赛过$n-1$场球. 这个论断可由矩阵的构作规律来论述.

例3 有锁若干把,$m(\geqslant 3)$个人各掌握一部分钥匙. 任意两个人有且只有一把锁打不开,任意三个人都能把全部锁打开. 问至少有几把锁? 每人配几把钥匙?(每把锁上的钥匙数一样,每人配的钥匙数也一样.)

解 设至少有S_m把锁,每人配T_m把钥匙. 构作矩阵,使得每一行代表一个人,每一列代表一把锁,"1"代表相应的钥匙,那么"任意两个人有且只有一把锁打不开,任意三个人都能把全部锁打开"就相当于"任意两行有且只有两个相应的'0'同列,任意三行没有相应的3个'0'同列."

当$m=3$时,作出如下3×3(即3阶)方阵

$$\begin{bmatrix}1&0&0\\0&1&0\\0&0&1\end{bmatrix}_{3\times 3}$$

可见此时,$T_3=1,S_3=3$.

当$m=4$时,作出如下$4\times 6(=C_4^2)$矩阵

$$\begin{bmatrix}1&0&0&1&1&0\\0&1&0&1&0&1\\0&0&1&0&1&1\\1&1&1&0&0&0\end{bmatrix}_{4\times 6}$$

可见此时,$T_4=3,S_4=6$.

当$m=5$时,同理可作出如下$5\times 10(=C_5^2)$矩阵

$$\begin{bmatrix}1&0&0&1&0&1&1&1&1&0\\1&0&1&0&1&0&1&1&0&1\\0&1&1&0&0&1&1&0&1&1\\0&1&0&1&1&0&0&1&1&1\\1&1&1&1&1&1&0&0&0&0\end{bmatrix}_{5\times 10}$$

可见此时,$T_5=6,S_5=10$.

由上述三个矩阵组成的规律,不难推知

$$S_{m+1}-S_m=m(m\geqslant 3)$$

于是可求得 $$S_m=3+4+\cdots+(m-1)+3=\frac{1}{2}m(m-1)=C_m^2$$

又每把锁有$m-2$把钥匙(矩阵每列仅2个0),则$T_m=C_m^2\cdot\dfrac{1}{m}(m-2)=C_{m-1}^2=C_m^2-C_{m-1}^1$.

将上述问题中的任意两个人改为任意$r(2\leqslant r<m)$个人. 任意三个人变成任意$r+1$个人. 类似地构作矩阵可求得$S_m=C_m^r,T_m=C_m^r-C_{m-1}^{r-1}$.

13.4　逻辑判断问题与设计矩阵推演

逻辑判断问题往往条件给得很多,看上去错综复杂. 因此,解题的关键是把所给的条件理清头绪,然后再作推理,如果我们恰当地设计一些矩阵,则将有助于产生理清头绪的有效途径.

例1　甲、乙、丙、丁、戊五人各从图书馆借来一本小说,他们约定读完后互相交换,这五本书的厚度以及他们五人的阅读速度差不多,因此,五人总是同时交换书. 经四次交换后,他们五人都读完了这五本书,现已知:

(1) 甲最后读的书是乙读的第二本书;

(2) 丙最后读的书是乙读的第四本书;

(3) 丙读的第二本书甲在一开始就读了;

(4) 丁最后读的书是丙读的第三本书;

(5) 乙读的第四本书是戊读的第三本书;

(6) 丁第三次读的书是丙一开始读的那本书.

根据以上情况,请你说出丁第二次读的书是谁最先读的书?

解　设甲、乙、丙、丁、戊最后读的书的书名代号依次是 A,B,C,D,E. 由题设条件可设计出如下5阶方阵

$$\begin{array}{c} \\ 1 \\ 2 \\ 3 \\ 4 \\ 5 \end{array}\begin{array}{c} \begin{array}{ccccc} 甲 & 乙 & 丙 & 丁 & 戊 \end{array} \\ \begin{bmatrix} x & z_2 & y & z_{13} & z_{14} \\ z_8 & \mathrm{A} & x & z_{11} & z_{12} \\ z_3 & z_1 & \mathrm{D} & y & \mathrm{C} \\ z_7 & \mathrm{C} & z_6 & z_9 & z_{10} \\ \mathrm{A} & \mathrm{B} & \mathrm{C} & \mathrm{D} & \mathrm{E} \end{bmatrix}_{5\times5} \end{array}$$

上述矩阵中的x,y,z_i(z_i也可不列在矩阵中)表示尚未确定的书名代号. 两个x代表同一本书,两个y代表另外的同一本书.

由题意知,经5次阅读后乙将五本书全都阅读了,则由上述矩阵可以看出,乙第3次读的书不可能是A,B或C. 另外由于丙在第3次阅读的是D,所以乙第3次读的书也不可能是D,因此,乙3次读的书是E,从而乙第1次读的书是D. 同理可推出甲第3次读的书是B. 因此上述矩阵中的y为A,x为E. 由此按$Z_6 \sim Z_{14}$的顺序继续推演可得出各个人的阅读顺序如下述矩阵表示

$$\begin{array}{c} \\ 1 \\ 2 \\ 3 \\ 4 \\ 5 \end{array}\begin{array}{c} \begin{array}{ccccc} 甲 & 乙 & 丙 & 丁 & 戊 \end{array} \\ \begin{bmatrix} \mathrm{E} & \mathrm{D} & \mathrm{A} & \mathrm{C} & \mathrm{B} \\ \mathrm{C} & \mathrm{A} & \mathrm{E} & \mathrm{B} & \mathrm{D} \\ \mathrm{B} & \mathrm{E} & \mathrm{D} & \mathrm{A} & \mathrm{C} \\ \mathrm{D} & \mathrm{C} & \mathrm{B} & \mathrm{E} & \mathrm{A} \\ \mathrm{A} & \mathrm{B} & \mathrm{C} & \mathrm{D} & \mathrm{E} \end{bmatrix}_{5\times5} \end{array}$$

由此矩阵知,丁第2次读的书是戊一开始读的那一本书.

例 2 A,B,C 三人进行某项比赛(不取并列名次). 已知:(1)A 是第二名或第三名;(2)B 是第一名或第三名;(3)C 的名次在 B 之前. 问 A,B,C 的名次到底如何?

解 我们设计出矩阵 $\boldsymbol{M}=(a_{ij})_{3\times3}=$

$$\begin{array}{c} \quad 一 \quad\; 二 \quad\; 三 \\ \begin{bmatrix} a_{11} & a_{12} & a_{13} \\ a_{21} & a_{22} & a_{23} \\ a_{31} & a_{32} & a_{33} \end{bmatrix} \begin{matrix} \text{A} \\ \text{B} \\ \text{C} \end{matrix} \end{array}.$$

由题设条件(1)知可令 $a_{12}=1$ 或 $a_{13}=1$,且 $a_{11}=0$;由条件(2)知可令 $a_{21}=1$ 或 $a_{23}=1$,且 $a_{22}=0$;由条件(3)知 $a_{21}\neq1$,即 $a_{21}=0$;从而 $a_{31}=1$,…,于是得到一系列的对矩阵元素"添 1 补 0"的式子

$$\boldsymbol{M}=\begin{bmatrix} 0 & & \\ 0 & 0 & \\ 1 & & \end{bmatrix}_{3\times3}=\begin{bmatrix} 0 & 1 & \\ 0 & 0 & 1 \\ 1 & & \end{bmatrix}_{3\times3}=\begin{bmatrix} 0 & 1 & 0 \\ 0 & 0 & 1 \\ 1 & 0 & 0 \end{bmatrix}_{3\times3}$$

故 A 是第 2 名,B 是第 3 名,C 是第 1 名.

例 3 小赵、小张、小李、小王四位学生会演奏各种乐器:大提琴、钢琴、吉他和小提琴,但每人只会演奏一种乐器;他们又各懂得且只懂得一种外语:英语、法语、德语、俄语. 且已知:

(1) 会吉他的学生懂得俄语;

(2) 小赵、小张不会小提琴也不会不大提琴,且不懂英语;

(3) 懂德语的学生不会大提琴;

(4) 小李懂法语但不会小提琴.

问这几位学生各会演奏什么乐器? 各懂什么外语?

解 由题设,可设计出如下三个矩阵

$$\boldsymbol{A}=(a_{ij})_{4\times4}=\begin{bmatrix} a_{11} & a_{12} & a_{13} & a_{14} \\ a_{21} & a_{22} & a_{23} & a_{24} \\ a_{31} & a_{32} & a_{33} & a_{34} \\ a_{41} & a_{42} & a_{43} & a_{44} \end{bmatrix}\begin{matrix} 小赵 \\ 小张 \\ 小李 \\ 小王 \end{matrix}$$

大提琴 钢琴 吉他 小提琴

$$\boldsymbol{B}=(b_{ij})_{4\times4}=\begin{bmatrix} b_{11} & b_{12} & b_{13} & b_{14} \\ b_{21} & b_{22} & b_{23} & b_{24} \\ b_{31} & b_{32} & b_{33} & b_{34} \\ b_{41} & b_{42} & b_{43} & b_{44} \end{bmatrix}\begin{matrix} 大提琴 \\ 钢琴 \\ 吉他 \\ 小提琴 \end{matrix}$$

英语 法语 德语 俄语

$$\boldsymbol{C}=(c_{ij})_{4\times4}=\begin{bmatrix} c_{11} & c_{12} & c_{13} & c_{14} \\ c_{21} & c_{22} & c_{23} & c_{24} \\ c_{31} & c_{32} & c_{33} & c_{34} \\ c_{41} & c_{42} & c_{43} & c_{44} \end{bmatrix}\begin{matrix} 小赵 \\ 小张 \\ 小李 \\ 小王 \end{matrix}$$

英语 法语 德语 俄语

对于上述矩阵的元素,用“1”表示肯定关系,“0”表示否定关系,则由题设条件(1),知 $b_{34}=1$;由条件(2)知,$a_{11}=0,a_{21}=0,a_{14}=0,a_{24}=0,c_{11}=0,c_{21}=0$;由条件(3)知,$b_{13}=0$;由条件(4)知,$c_{32}=1,a_{34}=0$. 于是有

$$\boldsymbol{A}=\begin{bmatrix}0&&&0\\0&&&0\\&&&0\\&&&\end{bmatrix}_{4\times4}=\begin{bmatrix}0&&&0\\0&&&0\\1&0&0&0\\0&0&0&1\end{bmatrix}_{4\times4}$$

$$\boldsymbol{B}=\begin{bmatrix}&&0&\\&&&\\&&&1\\&&&\end{bmatrix}_{4\times4}=\begin{bmatrix}&&0&0\\&&&0\\0&0&0&1\\&&&0\end{bmatrix}_{4\times4}$$

$$\boldsymbol{C}=\begin{bmatrix}0&&&\\0&&&\\&1&&\\&&&\end{bmatrix}_{4\times4}=\begin{bmatrix}0&0&&\\0&0&&\\0&1&0&0\\1&0&0&0\end{bmatrix}_{4\times4}$$

注意到矩阵的乘法:$\boldsymbol{A}\cdot\boldsymbol{B}=(a_{ij})_{n\times m}\cdot(b_{ij})_{m\times l}=(c_{ij})_{n\times l}$,其中 $c_{ij}=a_{i1}\cdot b_{1j}+a_{i2}\cdot b_{2j}+\cdots+a_{im}\cdot b_{mj}$. 于是

$$1=c_{41}=a_{41}\cdot b_{11}+a_{42}\cdot b_{21}+a_{43}\cdot b_{31}+a_{44}\cdot b_{41}=0\cdot b_{11}+0\cdot b_{21}+0\cdot0+1\cdot b_{41}$$

所以 $b_{41}=1$. 因此

$$\boldsymbol{B}=\begin{bmatrix}&&0&0\\&&&0\\0&0&0&1\\1&&&0\end{bmatrix}_{4\times4}=\begin{bmatrix}0&1&0&0\\0&0&1&0\\0&0&0&1\\1&0&0&0\end{bmatrix}_{4\times4}$$

若令 $a_{12}=1$,则

$$\boldsymbol{A}=\begin{bmatrix}0&1&&0\\0&&&0\\1&0&0&0\\0&0&0&1\end{bmatrix}_{4\times4}=\begin{bmatrix}0&0&1&0\\0&0&1&0\\1&0&0&0\\0&0&0&1\end{bmatrix}_{4\times4}$$

若令 $a_{12}=0$,则

$$\boldsymbol{A}=\begin{bmatrix}0&0&&0\\0&&&0\\1&0&0&0\\0&0&0&1\end{bmatrix}_{4\times4}=\begin{bmatrix}0&0&1&0\\0&1&0&0\\1&0&0&0\\0&0&0&1\end{bmatrix}_{4\times4}$$

从而知结论有两种情形:小赵会钢琴懂得德语,小张会吉他懂俄语,小李会大提琴懂法语,小王会小提琴懂英语;或者小赵会吉他懂俄语,小张会钢琴懂德语,小李会大提琴懂法

语,小王会小提琴懂英语.

13.5　存在性问题证明与矩阵表示论述

在数学里以及在人们的各种实践活动中,经常会遇到"存在性的命题",要证明这种命题成立,通常采用直观寻找法、反证法以及构造法. 而矩阵的引进运用,强化了直观效果,深化了构造技巧.

例1　一条马路上有6个车站,如下图:

a_1　a_2　a_3　a_4　a_5　a_6

记为 a_1,a_2,a_3,a_4,a_5,a_6. 今有一辆出租汽车由 a_1 驶向 a_6,沿途各站可自由上下乘客,但此辆出租车在任何时候至多可载乘客5人. 试证:在此6站中必定有两对(四个不同的)车站 A_1,B_1,A_2,B_2;使得没有乘客在 A_1 站上而且在 B_1 站下(A_1 在 B_1 之前),也没有乘客在 A_2 站上而且在 B_2 站下(A_2 在 B_2 之前).

证明　我们引进矩阵来论述这个问题. 用 d_{ij} 表示在 a_i 站上车并且在 a_j 站下车的乘客的人数. 这样,我们可以用 d_{ij} 当元素排成一个6阶方阵 $\boldsymbol{D}$. 由于出租车是从第一站开到第六站,不会走回头路,因此 $d_{32}=0$,因为不可能有乘客在第三站上而从第二站上. 同理,当 $i>j$ 时,$d_{ij}=0$. 同时,我们也有理由认为 $d_{ii}=0(i=1,2,\cdots,6)$. 因此,方阵 $\boldsymbol{D}$ 有以下的特殊形式,即呈上三角形矩阵形式

$$\boldsymbol{D}=\begin{bmatrix} 0 & d_{12} & d_{13} & d_{14} & d_{15} & d_{16} \\ 0 & 0 & d_{23} & d_{24} & d_{25} & d_{26} \\ 0 & 0 & 0 & d_{34} & d_{35} & d_{36} \\ 0 & 0 & 0 & 0 & d_{45} & d_{46} \\ 0 & 0 & 0 & 0 & 0 & d_{56} \\ 0 & 0 & 0 & 0 & 0 & 0 \end{bmatrix}$$

考察方阵 $\boldsymbol{D}$ 的右上角那9个元素. 我们已经用虚线把它们框了出来. 并注意到,这9个元素的和应等于出租车行驶在 a_3 站到 a_4 站之间时出租车上乘租的总人数. 由于题设此出租车任何时候最多可载5人,所以应有

$$d_{14}+d_{15}+d_{16}+d_{24}+d_{25}+d_{26}+d_{34}+d_{35}+d_{36}\leqslant 5$$

由于上式左边每一项都是非负整数,因此必须至少有四个等于0,否则上式不能成立.

并且,我们可推出,这四个0中,一定有两个0既不在同一行,也不在同一列. 因为,四个0分布在三行中,有一行至少包含两个0. 此时不妨设第一行有两个0,由于在方框中,每一行只能有两个元素,因此至少还有另外一个0在第二行或者第三行. 易见,不论这一个0在什么位置,它总会与第一行中的某一个0既不同行,也不同列. 为确定起见,例如说 $d_{14}=d_{35}=0$. 这时两对车站可取为 a_1 与 a_4,a_3 与 a_5 这就证明了没有人从第一站上而在第四站下,也没有从第三站上而在第五站下.

例 2　在一次联欢晚会上,$n(>2)$ 个男士中任何一个男士都没有同所有的 $m(>2)$ 个女士跳过舞;每一个女士至少同一个男士跳过舞. 求证:一定存在两个男士 b 和 b',两个女士 g 和 g',使得 b 同 g,b' 同 g' 跳过舞,可是 b 同 g',b' 同 g 没有跳过舞.

证明　设 n 个男士分别用 $b_1,b_2,\cdots,b_n$ 来表示;m 个女士分别用 $g_1,g_2,\cdots,g_m$ 来表示. 作一个 $n\times m$ 矩阵 $\boldsymbol{M}$,它的元素 a_{ij} 这样规定:如果 b_i 没有同 g_j 跳过舞,令 $a_{ij}=0$,否则令 $a_{ij}=1$.

于是,跳舞问题可以叙述为:

设 $\boldsymbol{M}$ 是一个以 0 或 1 为元素组成的 $n\times m$ 矩阵. 如果:(1)$\boldsymbol{M}$ 的每一行中,至少有一个 0;(2)$\boldsymbol{M}$ 的每一列中,至少有一个 1.

求证:在 $\boldsymbol{M}$ 中一定有两行及两列,它们交叉位置上的四个元素,具有形式

$$\begin{bmatrix}1&0\\0&1\end{bmatrix} \text{或} \begin{bmatrix}0&1\\1&0\end{bmatrix}$$

我们可考察 $\boldsymbol{M}$ 的任何一行,不妨设为第 h 行,依第一个条件,这行里总有一个 0,设这个 0 在第 k 列上,即 $a_{hk}=0$.

又看第 k 列,依第二个条件,这列中一定有一个元素为 1,不妨设这个 1 在第 s 行上,即 $a_{sk}=1$,当然 $h\neq s$.

如果存在那么一列,例如是第 l 列. 其中与第 h 行交叉处的元素为 1,而与第 s 行交叉处的元素为 0,这时有形如

$$\begin{matrix} & \text{第}k\text{列} & & \text{第}l\text{列} & & \\ \end{matrix}$$
$$\begin{bmatrix} & \vdots & & \vdots & \\ \cdots & 0 & \cdots & 1 & \cdots \\ & \vdots & & \vdots & \\ \cdots & 1 & \cdots & 0 & \cdots \\ & \vdots & & \vdots & \end{bmatrix}\begin{matrix} \\ \text{第}h\text{行} \\ \\ \text{第}s\text{行} \\ \\ \end{matrix}$$

的矩阵,则结论即获证. 可是,当第 h 行任意选取的时候,这样的第 l 列很可能找不出来.

因此,我们选取含 1 最多的那一行作为第 h 行. 与前面讲过的一样,可设 $a_{hk}=0$,$a_{sk}=1$.

现在来看第 s 行,若这一行上每个元素为 0 的地方,在第 h 行上的对应位置上的元素也为 0 的话,那么第 h 行中 0 的个数比第 s 行中 0 的个数至少多一个,也就是第 h 行中 1 的个数比第 s 行中 1 的个数起码少一个,这与第 h 行是含 1 最多的行矛盾.

所以,在第 s 行中一定有一个 $a_{sl}=0$,但 $a_{hl}=1$. 这就完全证明了结论.

13.6　不等式的证明与非负实数矩阵元素间的关系式

13.6.1　不等式的证明与非负实数矩阵元素的和积关系式

下述两个不等式是我们熟知的:

设 $a,b,c\in\mathbf{R}^+$,则有

$$a^3+b^3+c^3\geqslant 3abc \tag{①}$$

由 ① 显然有 $a+b+c\geqslant 3\sqrt[3]{abc}$,从而又有

$$27abc\leqslant (a+b+c)^3 \tag{②}$$

其中两不等式中等号当且仅当 $a=b=c$ 时取得.

如果我们用矩阵的观点来看待这两个不等式,可以发现:非负实数矩阵中的元素之间的一种和积关系,构成了这两个优美的不等式.

令 $\boldsymbol{A}=\begin{bmatrix} a & b & c \\ a & b & c \\ a & b & c \end{bmatrix}$,$\boldsymbol{A}'=\begin{bmatrix} a & b & c \\ b & c & a \\ c & a & b \end{bmatrix}$,其中 $a,b,c\in\mathbf{R}^+$.

我们称矩阵 $\boldsymbol{A}=(a_{ij})$ 为同序(或可同序)阵,即不改变行中元素,但按大小一致排列的阵,$\boldsymbol{A}'=(a'_{ij})$,为 $\boldsymbol{A}$ 的一种乱序(不改变行中元素,不按大小排列)阵. 则上述不等式①,②可分别表述为:

$\boldsymbol{A}$ 的可同序阵的元素的列积之和不小于其乱序阵的元素的列积之和,并简记为 $S(\boldsymbol{A})\geqslant S(\boldsymbol{A}')$;

$\boldsymbol{A}$ 的可同序阵的元素的列和之积不大于其乱序阵的元素的列和之积,并简记为 $T(\boldsymbol{A})\leqslant T(\boldsymbol{A}')$.

不等式①,② 还可运用矩阵推广为更一般的情形:

设 $a_{ij}\geqslant 0,i=1,2,\cdots,n,j=1,2,\cdots,n$. 令

$$\boldsymbol{A}=\begin{bmatrix} a_{11} & a_{12} & \cdots & a_{1m} \\ a_{21} & a_{22} & \cdots & a_{2m} \\ \vdots & \vdots & & \vdots \\ a_{n1} & a_{n2} & \cdots & a_{nm} \end{bmatrix}$$

其中 $a_{n}\leqslant a_{12}\leqslant\cdots\leqslant a_{1m},\cdots,a_{n1}\leqslant a_{n2}\leqslant\cdots\leqslant a_{nm}$.

$$\boldsymbol{A}'=\begin{bmatrix} a'_{11} & a'_{12} & \cdots & a'_{1m} \\ a'_{21} & a'_{22} & \cdots & a'_{2m} \\ \vdots & \vdots & & \vdots \\ a'_{n1} & a'_{n2} & \cdots & a'_{nm} \end{bmatrix}$$

其中 $\boldsymbol{A}'$ 的第 $1,2,\cdots,n$ 行的数,分别还是 $\boldsymbol{A}$ 的第 $1,2,\cdots,n$ 行的数,只是改变了大小一致的排列次序. $\boldsymbol{A}$ 是同序阵,$\boldsymbol{A}'$ 是 $\boldsymbol{A}$ 的乱序阵. 此时,我们可以证明非负实数矩阵元素间的上述和积关系仍然成立,且用不等式表示为

$$\sum_{j=1}^{m}\prod_{i=1}^{n}a_{ij}\geqslant\sum_{j=1}^{m}\prod_{i=1}^{n}a'_{ij},\text{即 }S(\boldsymbol{A})\geqslant S(\boldsymbol{A}') \qquad ③$$

$$\prod_{j=1}^{m}\sum_{i=1}^{n}a_{ij}\geqslant\prod_{j=1}^{m}\sum_{i=1}^{m}a'_{ij},\text{即 }T(\boldsymbol{A})\geqslant T(\boldsymbol{A}') \qquad ④$$

事实上,若 $\boldsymbol{A}'$ 中,当 $i<j$ 时,有

$$a'_{ki}>a'_{kj}(k=1,2,\cdots,l)$$

$$a'_{ki}\leqslant a'_{kj}(k=l+1,l+2,\cdots,n)$$

则可经 $\boldsymbol{A}'$ 改造出 $\boldsymbol{A}''=(a_{ij}'')$,其中 $a_{ki}''=a'_{kj}<a'_{ki}=a''_{kj}(k=1,2,\cdots,l)$ 其余 $a''_{st}=a'_{st}$.

令
$$a'_{1i}\cdot a'_{2i}\cdot\cdots\cdot a'_{li}=a>b=a'_{1j}\cdot a'_{2j}\cdot\cdots\cdot a'_{li}$$

$$a'_{l+1i}\cdot a'_{l+2i}\cdot\cdots\cdot a'_{ni}=c\leqslant d=a'_{l+1j}\cdot a'_{l+2j}\cdot\cdots\cdot a'_{nj}$$

$$a'_{1i}+a'_{2i}+\cdots+a'_{li}=x>y=a'_{1j}+a'_{2j}+\cdots+a'_{lj}$$

$$a'_{l+1i} + a'_{l+2i} + \cdots + a'_{ni} = z \leqslant w = a'_{l+1j} + a'_{l+2j} + \cdots + a'_{nj}$$

则
$$S(\boldsymbol{A}'') - S(\boldsymbol{A}') = (ad + bc) - (ac + bd) = (a - b)(d - c) \geqslant 0$$

$$T(\boldsymbol{A}'') - T(\boldsymbol{A}') = [(x + w)(y + z) - (x + z)(y + w)] \prod_{r=1}^{m} (\sum_{k=1}^{n} a'_{kr}) =$$

$$(x - y)(z - w) \prod_{\substack{r=1 \\ i \neq r \neq j}}^{n} (\sum_{k=1}^{n} a'_{kr}) \leqslant 0$$

所以
$$S(\boldsymbol{A}') \leqslant S(\boldsymbol{A}''), T(\boldsymbol{A}') \geqslant T(\boldsymbol{A}'')$$

这就是说,$\boldsymbol{A}'$ 可以经过有限次“保乱规”的改造到 A,且保向:即

$$S(\boldsymbol{A}') \leqslant S(\boldsymbol{A}'') \leqslant \cdots \leqslant S(\boldsymbol{A}^s) = S(\boldsymbol{A})$$

$$T(\boldsymbol{A}') \geqslant T(\boldsymbol{A}^t) \geqslant \cdots \geqslant T(\boldsymbol{A}^t) = T(\boldsymbol{A})$$

由上可知,当我们巧妙地构造或设计出一个非负实数矩阵,运用 $S(\boldsymbol{A}) \geqslant S(\boldsymbol{A}')$ 或 $T(\boldsymbol{A}) \leqslant T(\boldsymbol{A}')$(常称为微微对偶不等式)便可获得一系列的不等式.这为我们证明不等式,开辟了新的途径.

例 1　设 $a_i > 0, i = 1, 2, \cdots, n, \sum_{i=1}^{n} a_i = S$,则:

(1) $\sum_{i=1}^{n} a_i^{n-1} \geqslant (\prod_{i=1}^{n} a_i) \cdot (\sum_{i=1}^{n} \frac{1}{a_i})$;

(2) $\prod_{i=1}^{n} (S - a_i) \geqslant (n - 1)^n \cdot \prod_{i=1}^{n} a_i$.

证明　对于 a_i,我们可适当排列后,便得到从小到大的顺序排列,作 $(n - 1) \times n$ 矩阵

$$A = \begin{bmatrix} a_1 & a_2 & \cdots & a_n \\ a_1 & a_2 & \cdots & a_n \\ \vdots & \vdots & & \vdots \\ a_1 & a_2 & \cdots & a_n \end{bmatrix}$$

则 $\boldsymbol{A}$ 可变成同序阵(或为可同序阵).乱 $\boldsymbol{A}$,使第 i 列恰缺 a_i 得 $\boldsymbol{A}'$.由 $S(\boldsymbol{A}) \geqslant S(\boldsymbol{A}')$,即证得(1),由 $T(\boldsymbol{A}') \geqslant T(\boldsymbol{A})$ 即证得(2).

例 2　试证下述不等式:

(1) $a^4 + b^4 + c^4 + d^4 \geqslant a^2b^2 + b^2c^2 + c^2d^2 + d^2a^2 (a, b, c, d \in \mathbf{R})$;

(2) $n! \leqslant (\frac{n + 1}{2})^n$.

证明　(1) 令 $\boldsymbol{A} = \begin{bmatrix} a^2 & b^2 & c^2 & d^2 \\ a^2 & b^2 & c^2 & d^2 \end{bmatrix}$,则 $\boldsymbol{A}$ 为可同序阵.乱 $\boldsymbol{A}$ 得 $\boldsymbol{A}' = \begin{bmatrix} a^2 & b^2 & c^2 & d^2 \\ b^2 & c^2 & d^2 & a^2 \end{bmatrix}$,由 $S(\boldsymbol{A}) \geqslant S(\boldsymbol{A}')$ 即证.

(2) 令 $\boldsymbol{A} = \begin{bmatrix} 1 & 2 & 3 & \cdots & n \\ 1 & 2 & 3 & \cdots & n \\ \vdots & \vdots & \vdots & & \vdots \\ 1 & 2 & 3 & \cdots & n \end{bmatrix}_{n \times n}$,则 $\boldsymbol{A}$ 为同序阵.

乱 $\boldsymbol{A}$ 得 $\boldsymbol{A}'=\begin{bmatrix}1 & 2 & 3 & \cdots & n\\ 2 & 3 & 4 & \cdots & 1\\ \vdots & \vdots & \vdots & & \vdots\\ n & 1 & 2 & \cdots & n-1\end{bmatrix}$,由 $T(\boldsymbol{A})\leqslant T(\boldsymbol{A}')$ 即证.

例 3 设 $x_n=(1+\frac{1}{n})^n, y=(1+\frac{1}{n})^{n+1}$,求证:

(1)$x_n\leqslant x_{n+1}$;

(2)$y_n>y_{n+1}$.

证明 (1) 令 $\boldsymbol{A}=\begin{bmatrix}1+\frac{1}{n} & 1+\frac{1}{n} & \cdots & 1+\frac{1}{n} & 1\\ 1+\frac{1}{n} & 1+\frac{1}{n} & \cdots & 1+\frac{1}{n} & 1\\ \vdots & \vdots & & \vdots & \vdots\\ 1+\frac{1}{n} & 1+\frac{1}{n} & \cdots & 1+\frac{1}{n} & 1\end{bmatrix}_{(n+1)\times(n+1)}$,乱 $\boldsymbol{A}$,使每列有一个1,得 $\boldsymbol{A}'$,由 $T(\boldsymbol{A})\leqslant T(\boldsymbol{A}')$ 即证.

(2) 令 $\boldsymbol{B}=\begin{bmatrix}1+\frac{1}{n(n+2)} & 1 & \cdots & 1\\ 1+\frac{1}{n(n+2)} & 1 & \cdots & 1\\ \vdots & \vdots & & \vdots\\ 1+\frac{1}{n(n+2)} & 1 & \cdots & 1\end{bmatrix}_{(n+1)\times(n+1)}$,乱 $\boldsymbol{B}$,使每列恰有 n 个 1 得 $\boldsymbol{B}'$. 由 $S(\boldsymbol{B})\geqslant S(\boldsymbol{B}')$ 及

$$S(\boldsymbol{B})=\left[\frac{(n+1)^2}{n(n+2)}\right]^{n+1}+n$$

$$S(\boldsymbol{B}')=\left[1+\frac{1}{n(n+2)}\right](n+1)>n+1+\frac{1}{n+1}=n+\frac{n+2}{n+1}$$

即证.

例 4 设 $a,b,c\in\mathbf{R}^+$,试证

$$\frac{a^2}{a+b}+\frac{b^2}{b+c}+\frac{c^2}{c+a}\geqslant\frac{1}{2}(a+b+c)$$

(《数学通报》1995 年 4 期数学问题 946 题)

证明 取参数 $\lambda>0,\mu>0$,作 2×6 矩阵

$$\boldsymbol{A}=\begin{bmatrix}\frac{\lambda a}{\sqrt{a+b}} & \frac{\lambda b}{\sqrt{b+c}} & \frac{\lambda c}{\sqrt{c+a}} & \frac{\sqrt{a+b}}{\mu} & \frac{\sqrt{b+c}}{\mu} & \frac{\sqrt{c+a}}{\mu}\\ \frac{\lambda a}{\sqrt{a+b}} & \frac{\lambda b}{\sqrt{b+c}} & \frac{\lambda c}{\sqrt{c+a}} & \frac{\sqrt{a+b}}{\mu} & \frac{\sqrt{b+c}}{\mu} & \frac{\sqrt{c+a}}{\mu}\end{bmatrix}$$

同 $\boldsymbol{A}$ 为可同序阵,乱 $\boldsymbol{A}$ 的第二行,使第 1,4 列,第 2,5 列,第 3,6 列对换得 $\boldsymbol{A}'$. 由 $S(\boldsymbol{A})\geqslant S(\boldsymbol{A}')$,有

$$\lambda^2\left(\frac{a^2}{a+b}+\frac{b^2}{b+c}+\frac{c^2}{c+a}\right)+\frac{2}{\mu^2}(a+b+c)\geqslant\frac{2\lambda}{\mu}(a+b+c)$$

故$\dfrac{a^2}{a+b}+\dfrac{b^2}{b+c}+\dfrac{c^2}{c+a}\geqslant\dfrac{2(\lambda\mu-1)}{\lambda^2\mu^2}(a+b+c)$,取 $\lambda\mu=2$ 即证.

例 5　设 α,β,γ 为锐角,且 $\sin^2\alpha+\sin^2\beta+\sin^2\gamma=1$,则

$$\frac{\sin^3\alpha}{\sin\beta}+\frac{\sin^3\beta}{\sin\gamma}+\frac{\sin^3\gamma}{\sin\alpha}\geqslant 1$$

(《数学通报》1994 年 10 期数学问题 912 题)

证明　由

$$\begin{bmatrix}\frac{\sin^3\alpha}{\sin\beta} & \frac{\sin^3\alpha}{\sin\beta} & \sin^2\beta\\ \frac{\sin^3\beta}{\sin\gamma} & \frac{\sin^3\beta}{\sin\gamma} & \sin^2\gamma\\ \frac{\sin^3\gamma}{\sin\alpha} & \frac{\sin^3\gamma}{\sin\alpha} & \sin^2\alpha\end{bmatrix}=\begin{bmatrix}a_{11} & a_{12} & a_{13}\\ a_{21} & a_{22} & a_{23}\\ a_{31} & a_{32} & a_{23}\end{bmatrix}$$

令 $M_j=\sum\limits_{i=1}^{3}a_{ij}(j=1,2,3)$. 作 3 × 3 矩阵

$$A_i=\begin{bmatrix}\frac{a_{i1}}{M_1} & \frac{a_{i2}}{M_2} & \frac{a_{i3}}{M_3}\\ \frac{a_{i1}}{M_1} & \frac{a_{i2}}{M_2} & \frac{a_{i3}}{M_3}\\ \frac{a_{i1}}{M_1} & \frac{a_{i2}}{M_2} & \frac{a_{i3}}{M_3}\end{bmatrix}$$

则 $\boldsymbol{A}_i$ 可同序. 乱 $\boldsymbol{A}_i$,使含分母 M_1,M_2,M_3 的元素进入每一列,得 $\boldsymbol{A'}_i$. 由 $T(\boldsymbol{A}_i)\leqslant T(\boldsymbol{A'}_i)$,得

$$\prod_{j=1}^{3}3\frac{a_{ij}}{M_j}\leqslant\left(\sum_{j=1}^{3}\frac{a_{ij}}{M_j}\right)^3$$

从而

$$3\prod_{j=1}^{3}\left(\frac{a_{ij}}{M_j}\right)^{\frac{1}{3}}\leqslant\sum_{j=1}^{3}\frac{a_{ij}}{M_j}(i=1,2,3)$$

即

$$\sum_{i=1}^{3}3\prod_{j=1}^{3}\left(\frac{a_{ij}}{M_j}\right)^{\frac{1}{3}}\leqslant\sum_{i=1}^{3}\sum_{j=1}^{3}\frac{a_{ij}}{M_j}=3$$

亦即

$$\sum_{i=1}^{3}\prod_{j=1}^{3}a_{ij}^{\frac{1}{3}}\leqslant\prod_{j=1}^{3}M_j^{\frac{1}{3}}=\prod_{j=1}^{3}\left(\sum_{i=1}^{3}a_{ij}\right)^{\frac{1}{3}}$$

故

$$\left[\left(\frac{\sin^3\alpha}{\sin\beta}+\frac{\sin^3\beta}{\sin\gamma}+\frac{\sin^3\gamma}{\sin\alpha}\right)^2\cdot 1\right]^{\frac{1}{3}}\geqslant\sin^2\alpha+\sin^2\beta+\sin^2\gamma=1$$

即

$$\frac{\sin^3\alpha}{\sin\beta}+\frac{\sin^3\beta}{\sin\gamma}+\frac{\sin^3\beta}{\sin\alpha}\geqslant 1$$

13.6.2　不等式的证明与非负实数矩阵元素的算术平均值关系式

设 $a,b,c\in\mathbf{R}^+$,有 $a^3+b^3+c^3\geqslant 3abc$,由此又有

$$9(a^3+b^3+c^3)\geqslant a^3+b^3+c^3+3(a^2b+a^2c+ab^2+ac^2+b^2c+bc^2)+6abc=(a+b+c)^3$$

即
$$\frac{1}{3}(a^3+b^3+c^3) \geqslant (\frac{a+b+c}{3})^3 \quad ⑤$$
其中等号当且仅当 $a=b=c$ 时取得.

如果我们也用矩阵的观点来看待这个不等式,即令 $M=\begin{bmatrix} a & b & c \\ a & b & c \\ a & b & c \end{bmatrix}_{3\times 3}$,则⑤可表述为:非负实数可同序矩阵 M 的每列元素之积的算术平均值不小于其每行元素的算术平均值之积,并简记为 $A(\prod M_j) \geqslant \prod A(M_i)$.

不等式⑤及其矩阵表述也可以推广为更一般的情形:设 $a_{ij} \geqslant 0, i=1,2,\cdots,n, j=1,2,\cdots,m$. 令
$$M=\begin{bmatrix} a_{11} & a_{12} & \cdots & a_{1m} \\ a_{21} & a_{22} & \cdots & a_{2m} \\ \vdots & & & \\ a_{n1} & a_{n2} & \cdots & a_{nm} \end{bmatrix}_{n\times m},\text{其中 } a_{11} \leqslant a_{12} \leqslant \cdots \leqslant a_{1m},\cdots,a_{n1} \leqslant a_{n2} \leqslant \cdots \leqslant a_{nm}$$
此时 M 为同序阵,可以证明:非负实数可同序矩阵的元素的上述算术平均值关系式仍然成立,且用不等式表示为
$$\frac{1}{m}\sum_{j=1}^{m}\prod_{i=1}^{n} a_{ij} \geqslant \prod_{i=1}^{n}(\frac{1}{m}\sum_{j=1}^{m} a_{ij}),\text{即 } A(\prod M_j) \geqslant \prod A(M_j) \quad ⑥$$
其中等号当且仅当所有 a_{ij} 均相等时取得.

我们证明如下:对于 $n \times m$ 矩阵 $M=(a_{ij})_{n\times m}$,分 $n-1$ 步作 M 的变换,第 k 步把 M 的第 k 行变为
$$a_{k\,1+l}a_{k\,2+l}\cdots a_{k\,n+l}(l=0,1,\cdots,m-1,k=2,3,\cdots,n)$$
约定 $a_{k\,m+j}=a_{kj}$,此时有 m 种方法. 依次完成这 $n-1$ 步变换 M 的工作,可分别得到一个矩阵. 由乘法原理,共可得 m^{n-1} 个 M 的乱序阵 $M'_i(i=1,2,\cdots,m^{n-1})$. 所以乱序阵的列积共有 m^n 个,它们正是 $\prod_{i=1}^{n}\sum_{j=1}^{m} a_{ij}$ 的展开式中的各项,由 $S(M) \geqslant S(M'_i)$ 得
$$m^{n-1}\sum_{j=1}^{m}\prod_{i=1}^{n} a_{ij} = m^{n-1}\cdot S(M) \geqslant \sum_{i=1}^{m^{n-1}} S(M'_i) = \prod_{i=1}^{n}\sum_{j=1}^{m} a_{ij}$$
上式两边同除以 m^n 即证得 $A(\prod M_j) \geqslant \prod A(M_j)$.

运用非负实数矩阵元素的这种算术平均值关系,也可以简捷地证明某些不等式.

例1 试证下列不等式.

(1) 设 $x_i \in \mathbf{R}^+, i=1,2,\cdots,n, m \in \mathbf{N}$,则 $\frac{1}{n}\sum_{i=1}^{n} x_i^m \geqslant (\frac{1}{n}\sum_{i=1}^{n} x_i)^m$;

(2) 设 $a,b \in \mathbf{R}^+, n \in \mathbf{N}$,则 $\frac{1}{2}(a^{2n}+b^{2n}) \geqslant (\frac{a+b}{2})^{2n}$;

(3) 设 $a,b,p,q \in \mathbf{R}^+$,则 $a^{p+q}+b^{p+q} \geqslant a^p b^q + a^q b^p$;

(4) 设 $a,b,c \in \mathbf{R}^+$,则 $a^2+b^2+c^2 \geqslant \frac{a+b}{2}\sqrt{ab}+\frac{b+c}{2}\sqrt{bc}+\frac{c+a}{2}\sqrt{ac}$;

(5) 用 A,B,C 表示 $\triangle ABC$ 的三内角的弧度数,a,b,c 顺次表示其对边,则 $\frac{aA+bB+cC}{a+b+c} \geqslant \frac{\pi}{3}$.

证明　分别构造下列五个可同序矩阵,运用不等式$\boldsymbol{A}(\prod \boldsymbol{M}_i) \geqslant \prod \boldsymbol{A}(\boldsymbol{M}_j)$,即可证

$$\boldsymbol{A}=\begin{bmatrix} x_1 & x_2 & \cdots & x_n \\ x_1 & x_2 & \cdots & x_n \\ \vdots & & & \\ x_1 & x_2 & \cdots & x_n \end{bmatrix}_{m\times n};\boldsymbol{B}=\begin{bmatrix} a & b \\ a & b \\ \vdots & \vdots \\ a & b \end{bmatrix}_{n\times 2};$$

$$\boldsymbol{C}=\begin{bmatrix} a^p & b^p \\ a^q & a^q \end{bmatrix}_{2\times 2};\boldsymbol{D}=\begin{bmatrix} a^{\frac{1}{2}} & b^{\frac{1}{2}} & c^{\frac{1}{2}} \\ a^{\frac{3}{2}} & b^{\frac{3}{2}} & c^{\frac{3}{2}} \end{bmatrix}_{2\times 3};\boldsymbol{E}=\begin{bmatrix} a & b & c \\ A & B & C \end{bmatrix}_{2\times 3}$$

(1) 由$\boldsymbol{A}(\prod \boldsymbol{A}_j) \geqslant \prod \boldsymbol{A}(\boldsymbol{A}_j)$或不等式⑥即证;

(2) 由$\boldsymbol{A}(\prod \boldsymbol{B}_j) \geqslant \prod \boldsymbol{A}(\boldsymbol{B}_j)$或不等式⑥即证;

若此题中的条件变为$a,b \in \mathbf{R}$,则可构造出如下可同序矩阵$\boldsymbol{B}=\begin{bmatrix} a^2 & b^2 \\ a^2 & b^2 \\ \vdots & \vdots \\ a^2 & b^2 \end{bmatrix}_{n\times 2}$,由

$\boldsymbol{A}(\prod \boldsymbol{B}_j) \geqslant \prod \boldsymbol{A}(\boldsymbol{B}_j)$亦即证;

(3) 由$\boldsymbol{A}(\prod \boldsymbol{C}_j) \geqslant \prod \boldsymbol{A}(\boldsymbol{C}_j)$或不等式⑥有

$$\frac{a^{p+q}+b^{p+q}}{2} \geqslant \frac{a^p+b^p}{2} \cdot \frac{a^q+b^q}{2}$$

$$2(a^{p+q}+b^{p+q}) \geqslant (a^p+b^p)\cdot(a^q+b^q)=a^{p+q}+a^pb^p+a^pb^q+b^{p+q}$$

由此即证.

(4) 由$\boldsymbol{A}(\prod \boldsymbol{D}_j) \geqslant \prod \boldsymbol{A}(\boldsymbol{D}_j)$或不等式⑥,有

$$\frac{a^2+b^2+c^2}{3} \geqslant \frac{a^{\frac{1}{2}}+b^{\frac{1}{2}}+c^{\frac{1}{2}}}{3} \cdot \frac{a^{\frac{3}{2}}+b^{\frac{3}{2}}+c^{\frac{3}{2}}}{3}$$

即

$$3(a^2+b^2+c^2) \geqslant (a^{\frac{1}{2}}+b^{\frac{1}{2}}+c^{\frac{1}{2}})\cdot(a^{\frac{3}{2}}+b^{\frac{3}{2}}+c^{\frac{3}{2}})=$$

$$(a+b)\sqrt{ab}+(b+c)\sqrt{bc}+(c+a)\sqrt{ca}+a^2+b^2+c^2$$

上式化简整理即证得原不等式.

(5) 由$\boldsymbol{A}(\prod \boldsymbol{E}_j) \geqslant \prod \boldsymbol{A}(\boldsymbol{E}_j)$或不等式⑥,注意$A+B+C=\pi$即证.

例2　试证明:$2\sqrt[n]{n} \geqslant \sqrt[n]{n+\sqrt[n]{n}}+\sqrt[n]{n-\sqrt[n]{n}}\ (n \in \mathbf{N})$.(《数学通报》1992年9期数学问题794题)

证明　作出可同序矩阵$\begin{bmatrix} \sqrt[n]{n+\sqrt[n]{n}} & \sqrt[n]{n-\sqrt[n]{n}} \\ \vdots & \vdots \\ \sqrt[n]{n+\sqrt[n]{n}} & \sqrt[n]{n-\sqrt[n]{n}} \end{bmatrix}_{n\times 2}$

则由不等式⑥有

$$\frac{1}{2}\left[\left(\sqrt[n]{n+\sqrt[n]{n}}\right)^n+\left(\sqrt[n]{n-\sqrt[n]{n}}\right)^n\right] \geqslant \left(\frac{\sqrt[n]{n+\sqrt[n]{n}}+\sqrt[n]{n-\sqrt[n]{n}}}{2}\right)^n$$

$$2n > 2\left(\frac{\sqrt[n]{n+\sqrt[n]{n}}+\sqrt[n]{n-\sqrt[n]{n}}}{2}\right)^n$$

$$2\sqrt[n]{n} \geqslant \sqrt[n]{n+\sqrt[n]{n}}+\sqrt[n]{n-\sqrt[n]{n}}$$

例 3 设任意平面凸 m 边形的内角分别为 $A_1,A_2,\cdots,A_m$(用弧度表示),$m\in\mathbf{N}$ 且 $m\geqslant 3$,又 $n\in\mathbf{N}$. 求证

$$\frac{1}{A_1^n}+\frac{1}{A_2^n}+\cdots+\frac{1}{A_m^n}\geqslant\frac{m^{n+1}}{[(m-2)\pi]^n}$$

(注:当 $m=3$ 时,为《数学通报》1985 年第 7 期征解题)

证明 作出可同序矩阵

$$\begin{bmatrix}\frac{1}{A_1} & \frac{1}{A_2} & \cdots & \frac{1}{A_m}\\ \frac{1}{A_1} & \frac{1}{A_2} & \cdots & \frac{1}{A_m}\\ \vdots & \vdots & & \vdots\\ \frac{1}{A_1} & \frac{1}{A_2} & \cdots & \frac{1}{A_m}\end{bmatrix}_{n\times m}$$

注意到 $(A_1+A_2+\cdots+A_m)(\frac{1}{A_1}+\frac{1}{A_2}+\cdots+\frac{1}{A_m})\geqslant m^2$ 及 $\sum_{j=1}^{m}A_i=(m-2)\pi$,由不等式⑥,有

$$\frac{1}{m}(\frac{1}{A_1^n}+\frac{1}{A_2^n}+\cdots+\frac{1}{A_m^n})\geqslant(\frac{\frac{1}{A_1}+\frac{1}{A_2}+\cdots+\frac{1}{A_m}}{m})^n\geqslant[\frac{m}{(m-2)\pi}]^n=$$

$$\frac{m^n}{[(m-2)\pi]^n}$$

由此即证.

例 4 设 $\triangle ABC$ 的三边长分别为 a,b,c,其面积为 S. 求证:$a^n+b^n+c^n\geqslant 2^n\cdot 3^{1-\frac{n}{4}}\cdot S^{\frac{n}{2}}$,$(n\in\mathbf{N})$.(注:当 $n=2$,即为外森比克不等式 $a^2+b^2+c^2\geqslant 4\sqrt{3}S$.)

证明 设 $\frac{1}{2}(a+b+c)=p$,由海伦公式,有

$$S=\sqrt{p(p-a)(p-b)(p-c)}\leqslant\sqrt{p\cdot(\frac{p}{3})^2}=\frac{p^2}{3\sqrt{3}}$$

所以 $$p\geqslant(3\sqrt{3}S)^{\frac{1}{2}}$$

构造可同序矩阵 $\begin{bmatrix}a & b & c\\ a & b & c\\ \vdots & \vdots & \vdots\\ a & b & c\end{bmatrix}_{n\times 3}$,由不等式⑥,则有

$$\frac{1}{3}(a^n+b^n+c^n)\geqslant(\frac{a+b+c}{3})^n=(\frac{2p}{3})^n\geqslant$$

$$[\frac{2(3\sqrt{3}S)^{\frac{1}{2}}}{3}]^n=2^2\cdot 3^{-\frac{n}{4}}\cdot S^{\frac{n}{2}}$$

所以 $$a^n+b^n+c^n\geqslant 2^n\cdot 3^{1-\frac{n}{4}}\cdot S^{\frac{n}{2}}$$

例 5　设 $x_i\in\mathbf{R}^+,i=1,2,\cdots,n$，且 $\sum\limits_{i=1}^{n}x_i=S,a,b\in\mathbf{R}^+$.

求证：$\sum\limits_{i=1}^{n}(ax_i+\frac{b}{x_i})^m\geqslant n(\frac{aS}{n}+\frac{bn}{S})^m,(m\in\mathbf{N})$.

（注：当 $a=b=1,m=2,S=1$ 时为《数学通报》1985 年第 7 题数学问题 362 题）

证明　由 $(x_1+x_2+\cdots+x_n)(\frac{1}{x_1}+\frac{1}{x_2}+\cdots+\frac{1}{x_n}\geqslant n^2$，及 $\sum\limits_{i=1}^{n}x_i=S$，有 $\frac{1}{x_1}+\frac{1}{x_2}+\cdots+\frac{1}{x_n}\geqslant\frac{n^2}{S}$.

构造可同序矩阵 $\begin{bmatrix}ax_1+\frac{b}{x_1} & ax_2+\frac{b}{x_2} & \cdots & ax_n+\frac{b}{x_n}\\ ax_1+\frac{b}{x_1} & ax_2+\frac{b}{x_2} & \cdots & ax_n+\frac{b}{x_n}\\ \vdots & \vdots & & \vdots\\ ax_1+\frac{b}{x_1} & ax_2+\frac{b}{x_2} & \cdots & ax_n+\frac{b}{x_n}\end{bmatrix}_{m\times n}$，由不等式⑥，有

$$(ax_1+\frac{b}{x_1})^m+(ax_2+\frac{b}{x_2})^m+\cdots+(ax_n+\frac{b}{x_n})^m\geqslant n(\frac{ax_1+\frac{b}{x_1}+ax_2+\frac{b}{x_2}+\cdots+ax_n+\frac{b}{x_n}}{n})^m=$$

$$n[\frac{aS+b(\frac{1}{x_1}+\frac{1}{x_2}+\cdots+\frac{1}{x_n})}{n}]^m=$$

$$n(\frac{aS}{n}+\frac{bn}{S})^m$$

例 6　(1) 设 $a+b+c+d+e=8,a^2+b^2+c^2+d^2+e^2=16$，求 e 的最大值.（美国第 7 届数学奥林匹克题）

(2) 已知 $x+2y+3z+4u+5v=30$，求 $w=x^2+2y^2+3z^2+4u^2+5v^2$ 的最小值.（《数学通报》1988 年第 3 题数学问题 522 题）

证明　(1) 作出可同序矩阵 $\begin{bmatrix}|a| & |b| & |c| & |d|\\ |a| & |b| & |c| & |d|\end{bmatrix}_{2\times 4}$，则由不等式⑥，有

$$16-e^2=a^2+b^2+c^2+d^2\geqslant 4(\frac{|a|+|b|+|c|+|d|}{4})^2\geqslant$$

$$4(\frac{a+b+c+d}{4})^2=4(\frac{8-e}{4})^2$$

即 $4(16-e^2)\geqslant(8-e)^2$. 求得 $0\leqslant e\leqslant\frac{16}{5}$，由(Ⅲ)的等号成立的条件知 $a=b=c=d=\frac{6}{5}$ 时 $e=\frac{16}{5}$，故 e 的最大值为 $\frac{16}{5}$.

(2) 作出可同序矩阵

$$\begin{bmatrix}|x| & |y| & |y| & |z| & |z| & |z| & |u| & |u| & |u| & |u| & |v| & |v| & |v| & |v| & |v|\\ |x| & |y| & |y| & |z| & |z| & |z| & |u| & |u| & |u| & |u| & |v| & |v| & |v| & |v| & |v|\end{bmatrix}_{2\times 15}$$

则由不等式⑥,有

$$\frac{1}{15}(x^2+2y^2+3z^2+4u^2+5v^2) \geqslant \left(\frac{|x|+2|y|+3|z|+4|u|+5|v|}{15}\right)^2 \geqslant$$

$$\left(\frac{x+2y+3z+4u+5v}{15}\right)^2 = 4$$

即 $$x^2+2y^2+3z^2+4u^2+5v^2 \geqslant 60$$

由⑥的等号成立的条件知 $x=y=z=u=v=2$ 时,所求最小值为60.

13.6.3 不等式的证明与非负实数矩阵元素的几何平均值关系式

对于不等式:设 $a,b,c\in \mathbf{R}^+$,由 $a+b+c\geqslant 3\sqrt[3]{abc}$ 有

$$[(a+b+c)^3]^{\frac{1}{3}} \geqslant \sqrt[3]{abc}+\sqrt[3]{abc}+\sqrt[3]{abc} \qquad ⑦$$

其中等号当且仅当 $a=b=c$ 时取得.

如果我们也用矩阵的观点来看待这个不等式,即令 $\boldsymbol{A}=\begin{bmatrix} a & b & c\\ b & c & a\\ c & a & b\end{bmatrix}_{3\times 3}$,则⑦可表述为:

非负实数矩阵 $\boldsymbol{A}$ 的每列元素之和的几何平均值不小于其每行元素的几何平均值之和.并简记为 $G(\sum \boldsymbol{A}_j) \geqslant \sum G(\boldsymbol{A}_j)$.

不等式⑦及其矩阵表述也可以推广为更一般的情形:设 $a_{ij}\geqslant 0, i=1,2,\cdots,n, j=1,2,\cdots,m$. 令

$$\boldsymbol{A}=\begin{bmatrix} a_{11} & a_{12} & \cdots & a_{1m}\\ a_{21} & a_{22} & \cdots & a_{2m}\\ \vdots & \vdots & \vdots & \vdots\\ a_{n1} & a_{n2} & \cdots & a_{nm}\end{bmatrix}_{n\times m}$$

此时 $\boldsymbol{A}$ 不一定要求是可同序矩阵. 可以证明:非负实数矩阵的元素的上述几何平均值关系式仍然成立,且用不等式表示为

$$\prod_{j=1}^{m}\left(\sum_{i=1}^{n}a_{ij}\right)^{\frac{1}{m}} \geqslant \sum_{i=1}^{n}\left(\prod_{j=1}^{m}a_{ij}\right)^{\frac{1}{m}},\text{即 } G(\sum \boldsymbol{A}_j) \geqslant \sum G(\boldsymbol{A}_j) \qquad ⑧$$

其中等号成立的充要条件是矩阵 A 至少有一列元素都为0或者所有行的元素成比例.

我们证明如下:对于 $n\times m$ 矩阵 $\boldsymbol{A}=(a_{ij})_{n\times m}$,设 $\boldsymbol{A}_j=\sum\limits_{i=1}^{n}a_{ij}, j=1,2,\cdots m; G_i=\prod\limits_{j=1}^{m}a_{ij}, i=1,2,\cdots,n$.

若有某一 $A_j=0$,则由非负实数的性质有 $a_{1j}=a_{2j}=\cdots=a_{nj}=0$,此时必有 $G_1=G_2=\cdots=G_n=0$,不等式⑧显然成立.

若所有 $A_j>0$,则可对 m 个非负实数 $\frac{a_{i1}}{A_1},\frac{a_{i2}}{A_2},\cdots,\frac{a_{im}}{A_m}$,应用算术—几何平均值不等式,即有

$$\frac{a_{i1}}{A_1}+\frac{a_{i2}}{A_2}+\cdots+\frac{a_{im}}{A_m} \geqslant m\left[\frac{G_i}{\prod\limits_{j=1}^{m}A_j}\right]^{\frac{1}{m}} (i=1,2,\cdots,n)$$

将上述 n 个不等式两边相加,即有

$$m \geqslant m \cdot \frac{\sum_{i=1}^{n} G_i^{\frac{1}{m}}}{\prod_{j=1}^{m} A^{\frac{1}{m}}}$$

即
$$\prod_{j=1}^{m} A^{\frac{1}{m}} \geqslant \sum_{i=1}^{n} G_i^{\frac{1}{m}}$$

故
$$\prod_{j=1}^{m} \left(\sum_{i=1}^{n} a_{ij} \right)^{\frac{1}{m}} \geqslant \sum_{i=1}^{n} \left(\prod_{j=1}^{m} a_{ij} \right)^{\frac{1}{m}}$$

此时等号成立的条件由 $\frac{a_{i1}}{A_1} = \frac{a_{i2}}{A_2} = \cdots = \frac{a_{im}}{A_m}$ 即可推得.

运用非负实数矩阵元素的这种几何平均值关系,可以更灵活地、更简捷地证明大量的不等式,并且为推广不等式、创造新不等式拓宽了途径.

例 1　试证下列不等式:

(1) $a^4 + b^4 + c^4 + d^4 \geqslant a^2b^2 + b^2c^2 + c^2d^2 + d^2a^2$;

(2) $n! \leqslant \left(\frac{n+1}{2}\right)^n, n \in \mathbf{N}$;

(3) 设 $a,b,c \in \mathbf{R}^+$,则 $\frac{a^2}{a+b} + \frac{b^2}{b+c} + \frac{c^2}{c+a} \geqslant \frac{1}{2}(a+b+c)$;

(4) 设 $n \in \mathbf{N}$,求证:$2\sqrt[n]{n} \geqslant \sqrt[n]{n+\sqrt[n]{n}} + \sqrt[n]{n-\sqrt[n]{n}}$;

(5) 设 α,β,γ 均为锐角,且 $\sin^2\alpha + \sin^2\beta + \sin^2\gamma = 1$,则 $\frac{\sin^3\alpha}{\sin\beta} + \frac{\sin^3\beta}{\sin\gamma} + \frac{\sin^3\gamma}{\sin\alpha} \geqslant 1$;

(6) 设 $\triangle ABC$ 的三边长为 a,b,c,其面积为 S,求证:$a^n + b^n + c^n \geqslant 2^n \cdot 3^{1-\frac{n}{4}} \cdot S^{\frac{n}{2}}, n \in \mathbf{N}$.

证明　分别构造下列六个矩阵,运用不等式(Ⅳ)即 $G(\sum \boldsymbol{A}_j) \geqslant \sum G(\boldsymbol{A}_j)$ 可证得.

$$\begin{bmatrix} a^4 & b^4 \\ b^4 & c^4 \\ c^4 & d^4 \\ d^4 & a^4 \end{bmatrix}_{4\times 2};\quad \begin{bmatrix} 1 & 2 & 3 & \cdots & n \\ 2 & 3 & 4 & \cdots & 1 \\ \vdots & \vdots & \vdots & & \vdots \\ n & 1 & 2 & \cdots & n-1 \end{bmatrix}_{n\times n};\quad \begin{bmatrix} \frac{a^2}{a+b} & a+b \\ \frac{b^2}{b+c} & b+c \\ \frac{c^2}{c+a} & c+a \end{bmatrix}_{3\times 2};$$

$$\begin{bmatrix} 1+\frac{\sqrt[n]{n}}{n} & 1 & \cdots & 1 \\ 1-\frac{\sqrt[n]{n}}{n} & 1 & \cdots & 1 \end{bmatrix}_{2\times n};\quad \begin{bmatrix} \frac{\sin^3\alpha}{\sin\beta} & \frac{\sin^3\alpha}{\sin\beta} & \sin^2\beta \\ \frac{\sin^3\beta}{\sin\gamma} & \frac{\sin^3\beta}{\sin\gamma} & \sin^2\gamma \\ \frac{\sin^3\gamma}{\sin\alpha} & \frac{\sin^3\gamma}{\sin\alpha} & \sin^2\alpha \end{bmatrix}_{3\times 3};\quad \begin{bmatrix} a^n & 1 & \cdots & 1 \\ b^n & 1 & \cdots & 1 \\ c^n & 1 & \cdots & 1 \end{bmatrix}_{3\times n}$$

例 2　设 $a_i \in \mathbf{R}^+, i = 1,2,\cdots,n, \sum_{i=1}^{n} a_i = 2S, m \in \mathbf{N}$. 求证:$\frac{a_1^m}{a_2+a_3} + \frac{a_2^m}{a_3+a_4} + \cdots + \frac{a_n^m}{a_1+a_2} \geqslant \left(\frac{2}{n}\right)^{m-2} \cdot S^{m-1}$.

(注:当 $m=3$ 时,则为第28届国际数学奥林匹克预选题;若 $n=3$, $m=1$. 则为1963年莫斯科奥林匹克九年级题;若 $n=3$, $m=2$,则为第2届"友谊杯" 国际数学邀请赛十年级题.)

证明 构造 $n\times m$ 矩阵

$$\begin{bmatrix} \dfrac{a_1^m}{a_2+a_3} & a_2+a_3 & 1\cdots1 \\ \dfrac{a_2^m}{a_3+a_4} & a_3+a_4 & 1\cdots1 \\ \vdots & \vdots & \vdots \\ \dfrac{a_n^m}{a_1+a_2} & a_1+a_2 & \underbrace{1\cdots1}_{m-2\text{列}} \end{bmatrix}_{n\times m}$$

由 $G(\sum \boldsymbol{A}_j)\geqslant \sum G(\boldsymbol{A}_j)$ 即证.

例3 求证下列不等式.

(1) 若 $a,b,c\in\mathbf{R}^+$,且 $5a^4+4b^4+6c^4=90$,则 $5a^3+2b^3+3c^3\leqslant45$;

(2) 若 $a,b,c\in\mathbf{R}^+$,且 $2a+3b+c=14$,则 $3a^3+2b^3+6c^3\geqslant84$.

(《数学通报》1996,1:21 ~ 22 中例1,例5)

证明 构造 3×4 矩阵 $\boldsymbol{A}$ 和 3×6 矩阵 $\boldsymbol{B}$.

$$\boldsymbol{A}=\begin{bmatrix} 5a^4 & 5a^4 & 5a^4 & 80 \\ 4b^4 & 4b^4 & 4b^4 & 4 \\ 6c^4 & 6c^4 & 6c^4 & 6 \end{bmatrix}_{3\times4}$$

$$\boldsymbol{B}=\begin{bmatrix} 3a^3 & 3a^3 & (\dfrac{1}{3})^2 & 4 & 4 & 4 \\ 2b^3 & 2b^3 & (\dfrac{1}{2})^2 & 9 & 9 & 9 \\ 6c^3 & 6c^3 & (\dfrac{1}{6})^2 & 1 & 1 & 1 \end{bmatrix}_{3\times6}$$

由 $G(\sum \boldsymbol{A}_j)\geqslant \sum G(\boldsymbol{A}_j)$ 即证得式(1),(2).

例4 设 $x_i>0$, $i=1,2,\cdots,n$, $n\geqslant2$, $n\in\mathbf{N}$.

求证:$(\dfrac{x_0}{x_1})^{n+1}+(\dfrac{x_1}{x_2})^{n+1}+\cdots+(\dfrac{x_{n-1}}{x_n})^{n+1}+(\dfrac{x_n}{x_0})^{n+1}\geqslant\dfrac{x_1}{x_0}+\dfrac{x_2}{x_1}+\cdots+\dfrac{x_n}{x_{n-1}}+\dfrac{x_0}{x_n}$.

(1986年中国数学奥林匹克集训题推广,1990年浙江数学夏令营试题)

证明 根据题设不等式两边中幂的底成倒数关系,又若考虑其乘积有相消元素,故构造如下 $(n+2)\times(n+1)$ 阶矩阵

$$\begin{bmatrix} (\frac{x_0}{x_1})^{n+1} & (\frac{x_1}{x_2})^{n+1} & \cdots & (\frac{x_{n-1}}{x_n})^{n+1} & (\frac{x_n}{x_0})^{n+1} \\ (\frac{x_1}{x_2})^{n+1} & (\frac{x_2}{x_3})^{n+1} & \cdots & (\frac{x_n}{x_0})^{n+1} & 1 \\ (\frac{x_2}{x_3})^{n+1} & (\frac{x_3}{x_4})^{n+1} & \cdots & 1 & (\frac{x_0}{x_1})^{n+1} \\ \vdots & \vdots & & \vdots & \vdots \\ 1 & (\frac{x_0}{x_1})^{n+1} & \cdots & (\frac{x_{n-2}}{x_{n-1}})^{n} & (\frac{x_{n-1}}{x_n})^{n} \end{bmatrix}_{(n+2)\times(n+1)}$$

由 $G(\sum \boldsymbol{A}_j) \geqslant \sum G(\boldsymbol{A}_j)$，有

$$\{[(\frac{x_0}{x_1})^{n+1} + (\frac{x_1}{x_2})^{n+1} + \cdots + (\frac{x_{n-1}}{x_n})^{n+1} + (\frac{x_n}{x_0})^{n+1} + 1]^{n+1}\}^{\frac{1}{n+1}} \geqslant$$

$$1 + \frac{x_1}{x_0} + \frac{x_2}{x_1} + \cdots + \frac{x_n}{x_{n-1}} + \frac{x_0}{x_n}$$

由此即证.

例 5　设 $a,b,c \in \mathbf{R}^+$，且 $abc = 1$，当 p 为大于 2 的实数时，有如下不等式成立

$$\frac{1}{a^p(b+c)} + \frac{1}{b^p(c+a)} + \frac{1}{c^p(a+b)} \geqslant \frac{3}{2}$$

(《数学通报》1996 年 5 期数学问题 1013 题及 IMO36 - 3 题的推广)

证明　由于所证不等式可变形为

$$\frac{abc}{a^p(b+c)} + \frac{abc}{b^p(c+a)} + \frac{abc}{c^p(a+b)} = \frac{(\frac{1}{a})^{p-1}}{M - \frac{1}{a}} + \frac{(\frac{1}{b})^{p-1}}{M - \frac{1}{b}} + \frac{(\frac{1}{c})^{p-1}}{M - \frac{1}{c}} \geqslant \frac{3}{2}$$

其中 $M = \frac{1}{a} + \frac{1}{b} + \frac{1}{c}$. 构造 3×2 矩阵

$$\begin{bmatrix} \frac{(\frac{1}{a})^{p-1}}{M - \frac{1}{a}} & M - \frac{1}{a} \\ \frac{(\frac{1}{b})^{p-1}}{M - \frac{1}{b}} & M - \frac{1}{b} \\ \frac{(\frac{1}{c})^{p-1}}{M - \frac{1}{c}} & M - \frac{1}{c} \end{bmatrix}_{3\times 2}$$

由 $G(\sum \boldsymbol{A}_j) \geqslant \sum G(\boldsymbol{A}_j)$，有

$$\left\{\left[\frac{(\frac{1}{a})^{p-1}}{M-\frac{1}{a}}+\frac{(\frac{1}{b})^{p-1}}{M-\frac{1}{b}}+\frac{(\frac{1}{c})^{p-1}}{M-\frac{1}{c}}\right]\cdot\left(3M-\frac{1}{a}-\frac{1}{b}-\frac{1}{c}\right)\right\}^{\frac{1}{2}}\geqslant\left(\frac{1}{a}\right)^{\frac{p-1}{2}}+\left(\frac{1}{b}\right)^{\frac{p-1}{2}}+\left(\frac{1}{c}\right)^{\frac{p-1}{2}}$$

即

$$\frac{(\frac{1}{a})^{p-1}}{M-\frac{1}{a}}+\frac{(\frac{1}{b})^{p-1}}{M-\frac{1}{b}}+\frac{(\frac{1}{c})^{p-1}}{M-\frac{1}{c}}\geqslant\frac{1}{2M}\left[\left(\frac{1}{a}\right)^{\frac{p-1}{2}}+\left(\frac{1}{b}\right)^{\frac{p-1}{2}}+\left(\frac{1}{c}\right)^{\frac{p-1}{2}}\right]^2\geqslant\qquad(*)$$

$$\frac{1}{2M}\left\{3\left(\frac{1}{a}+\frac{1}{b}+\frac{1}{c}\right)^{\frac{p-1}{2}}\right\}^2=\frac{1}{2M}\cdot 9\cdot\left(\frac{M}{3}\right)^{p-1}=\frac{3}{2}\cdot\left(\frac{M}{3}\right)^{p-2}=$$

$$\frac{3}{2}\left[\frac{1}{3}\left(\frac{1}{a}+\frac{1}{b}+\frac{1}{c}\right)\right]^{p-2}\geqslant\frac{3}{2}\left(\sqrt[3]{\frac{1}{a}\cdot\frac{1}{b}\cdot\frac{1}{c}}\right)^{p-2}=\frac{3}{2}$$

其中式（＊）$\left(\frac{1}{a}\right)^{\frac{p-1}{2}}+\left(\frac{1}{b}\right)^{\frac{p-1}{2}}+\left(\frac{1}{c}\right)^{\frac{p-1}{2}}\geqslant 3\left[\frac{1}{3}\left(\frac{1}{a}+\frac{1}{b}+\frac{1}{c}\right)\right]^{\frac{p-1}{2}}$ 是由不等式 $\boldsymbol{A}(\prod \boldsymbol{M}_j)\geqslant\prod \boldsymbol{A}(\boldsymbol{M}_j)$ 证得.

例6 已知 a,b 是正的常数，$n\in\mathbf{N}$，x 为锐角，试求函数 $f(x)=a\sin^n x+b\cos^n x$ 的最小值.

解 构造 $2\times n$ 矩阵

$$\begin{bmatrix} a\sin^n x & a\sin^n x & \underbrace{\left(\frac{1}{a}\right)^{\frac{2}{n-2}}\cdots\left(\frac{1}{a}\right)^{\frac{2}{n-2}}} \\ b\cos^n x & b\cos^n x & \underbrace{\left(\frac{1}{b}\right)^{\frac{2}{n-2}}\cdots\left(\frac{1}{b}\right)^{\frac{2}{n-2}}}_{n-2\text{列}} \end{bmatrix}_{2\times n}$$

由 $G(\sum \boldsymbol{A}_j)\geqslant\sum G(\boldsymbol{A}_j)$，有

$$\left\{(a\sin^n x+b\cos^n x)^2\left[\left(\frac{1}{a}\right)^{\frac{2}{n-2}}+\left(\frac{1}{b}\right)^{\frac{2}{n-2}}\right]^{n-2}\right\}^{\frac{1}{n}}\geqslant\sin^2 x+\cos^2 x=1$$

即

$$a\sin^n x+b\cos^n x\geqslant\left[\frac{1}{\left(\frac{1}{a}\right)^{\frac{2}{n-2}}+\left(\frac{1}{b}\right)^{\frac{2}{n-2}}}\right]^{\frac{n-2}{2}}$$

其中等号当且当 $a\sin^n x:b\cos^n x=\left(\frac{1}{a}\right)^{\frac{2}{n-2}}:\left(\frac{1}{b}\right)^{\frac{2}{n-2}}$，即 $x=\arctan\left(\frac{b}{a}\right)^{\frac{1}{n-2}}$ 时取得，故所求最小值为 $\left[\frac{1}{\left(\frac{1}{a}\right)^{\frac{2}{n-2}}+\left(\frac{1}{b}\right)^{\frac{2}{n-2}}}\right]^{\frac{n-2}{2}}$.

13.6.4 不等式的证明与非负实数矩阵元素的权方积关系式

设 $a,b,c\in\mathbf{R}^+$，作出 3×3 可同序矩阵 $\boldsymbol{M}$ 和其乱序阵 $\boldsymbol{M}'$

$$\boldsymbol{M}=\begin{bmatrix} a^{\frac{1}{2}} & b^{\frac{1}{2}} & c^{\frac{1}{2}} \\ a^{\frac{1}{3}} & b^{\frac{1}{3}} & c^{\frac{1}{3}} \\ a^{\frac{1}{6}} & b^{\frac{1}{6}} & c^{\frac{1}{6}} \end{bmatrix}_{3\times 3},\boldsymbol{M}'=\begin{bmatrix} a^{\frac{1}{2}} & b^{\frac{1}{2}} & c^{\frac{1}{2}} \\ b^{\frac{1}{3}} & c^{\frac{1}{3}} & a^{\frac{1}{3}} \\ c^{\frac{1}{6}} & a^{\frac{1}{6}} & b^{\frac{1}{6}} \end{bmatrix}_{3\times 3}$$

则由 $S(\boldsymbol{M}) \geqslant S(\boldsymbol{M}')$（即非负实数可同序矩阵的和积关系），有

$$a+b+c \geqslant a^{\frac{1}{2}}b^{\frac{1}{3}}c^{\frac{1}{6}}+b^{\frac{1}{2}}c^{\frac{1}{3}}a^{\frac{1}{6}}+c^{\frac{1}{2}}a^{\frac{1}{3}}b^{\frac{1}{6}}$$

亦即

$$(a+b+c)^{\frac{1}{2}}\cdot(a+b+c)^{\frac{1}{3}}\cdot(a+b+c)^{\frac{1}{6}} \geqslant a^{\frac{1}{2}}b^{\frac{1}{3}}c^{\frac{1}{6}}+b^{\frac{1}{2}}c^{\frac{1}{3}}a^{\frac{1}{6}}+c^{\frac{1}{2}}a^{\frac{1}{3}}b^{\frac{1}{6}} \quad ⑨$$

其中等号当且仅当 $a=b=c$ 时取得.

如果我们仍用矩阵的观点来看待这个不等式，即令 $\boldsymbol{A}=\begin{matrix} \frac{1}{2} & \frac{1}{3} & \frac{1}{6} \\ \end{matrix}\begin{bmatrix} a & b & c \\ b & c & a \\ c & a & b \end{bmatrix}_{3\times 3}$，则 ⑨ 可表述为非负实数矩阵 $\boldsymbol{A}$ 的每列元素之和的权方积不小于其每行元素的权方积之和. 并简记为

$$p(\sum \boldsymbol{A}_i) \geqslant p(\boldsymbol{A}_i)$$

此时，我们注意到矩阵 $\boldsymbol{A}$ 的第 1,2,3 列上方的幂指数分别为 $\frac{1}{2},\frac{1}{3},\frac{1}{6}$，且 $\frac{1}{2}+\frac{1}{3}+\frac{1}{6}=1$，于是可发现不等式 ⑦ 也满足这个条件，从而可知 ⑦ 是 ⑨ 的一种特殊情形，⑨ 是 ⑦ 的一般情形，只需满足各列上方的幂指数和为 1 即可.

不等式 ⑨ 及其矩阵表述也可以推广为更一般的情形：设 $a_{ij} \geqslant 0, q_j > 0, i=1,2,\cdots,n, j=1,2,\cdots,m$，且 $q_1+q_2+\cdots+q_m \geqslant 1$，令

$$\boldsymbol{A}=\begin{matrix} q_1 & q_2 & \cdots & q_m \end{matrix}\begin{bmatrix} a_{11} & a_{12} & \cdots & a_{1m} \\ a_{21} & a_{22} & \cdots & a_{2m} \\ \vdots & \vdots & & \vdots \\ a_{n1} & a_{n2} & \cdots & a_{nm} \end{bmatrix}_{n\times m}$$

此时 $\boldsymbol{A}$ 不一定要求是可同序的. 可以证明：非负实数矩阵的元素的上述权方积关系式仍然成立，且用不等式表示为

$$\prod_{j=1}^{m}(\sum_{i=1}^{n} a_{ij})^{q_j} \geqslant \prod_{i=1}^{n}\sum_{j=1}^{m} a_{ij}^{q_j}，即 p(\sum \boldsymbol{A}_i) \geqslant \sum p(\boldsymbol{A}_i) \quad ⑩$$

其中等号成立的充要条件是 $q_1+q_2+\cdots+q_m=1$，且 $\frac{a_{i1}}{\sum\limits_{i=1}^{n} a_{i1}}=\frac{a_{i2}}{\sum\limits_{i=1}^{n} a_{i2}}=\cdots=\frac{a_{im}}{\sum\limits_{i=1}^{n} a_{im}}, i=1,2,\cdots,n$.

为了给出它的证明，我们先证一个结论：

设 $n \geqslant 2, a_i > 0, b_{ij} > 0, p_j > 0, i=1,2,\cdots,n, j=1,2,\cdots,k, p_0, p$ 为实数且 $p\cdot p_0 > 0$，$p_0-(p_1+p_2+\cdots+p_k) \leqslant p$，则

$$(\sum_{i=1}^{n}\frac{a_i^{p_0}}{b_{i_1}^{p_1}\cdot b_{i_2}^{p_2}\cdot\cdots\cdot b_{i_k}^{p_k}})^{p} \geqslant \frac{(\sum\limits_{i=1}^{n} a_i^{p})^{p_0}}{(\sum\limits_{i=1}^{n} b_{i1}^{p})^{p_1}\cdots(\sum\limits_{i=1}^{n} b_{ik}^{p})^{p_k}} \quad ⑪$$

并且当 $p_0>0,p>0$ 时，式⑪中等号成立的充要条件是 $p_0-(p_1+p_2+\cdots+p_k)=p$，且当 $i=1,2,\cdots,n$，有

$$\frac{b_{i0}^p}{\sum_{i=1}^n b_{i0}^p}=\frac{b_{i1}^p}{\sum_{i=1}^n b_{i1}^p}=\cdots=\frac{b_{ik}^p}{\sum_{i=1}^n b_{ik}^p}\left(\text{其中 } b_{i0}^p \xlongequal{\triangle} \frac{a_i^{p_0}}{b_{i1}^{p_1}\cdots b_{ik}^{p_k}}\right) \tag{⑫}$$

当 $p_0<0,p<0$ 时，式⑪中等号成立的充要条件是 $p_0-(p_1+p_2+\cdots+p_k)=p$，且当 $i=1,2,\cdots,n$，有

$$\frac{a_i^p}{\sum_{i=1}^n a_i^p}=\frac{b_{i1}^p}{\sum_{i=1}^n b_{i1}^p}=\cdots=\frac{b_{ik}^p}{\sum_{i=1}^n b_{ik}^p} \tag{⑬}$$

这个结论⑪的证明：当 $p_0>0,p>0$ 时，设 $b_{i_0}^p=\frac{a_i^{p_0}}{b_{i1}^{p_1}\cdot b_{i2}^{p_2}\cdot\cdots\cdot b_{ik}^{p_k}}$，$i=1,2,\cdots,n$，$\frac{p_j}{p_0}=\theta,j=1,2,\cdots,k$，$\frac{p}{p_0}=\theta_0$，$\theta=\theta_0+\theta_1+\cdots+\theta_k$，并记式⑪的左端为 M，右端为 N. 于是，由已知条件得 $\theta\geqslant 1$，且有

$$\frac{N}{M}=\frac{\left(\sum_{i=1}^n a_i^p\right)^{p_0}}{\left(\sum_{i=1}^n b_{i0}^p\right)^p\cdot\left(\sum_{i=1}^n b_{i1}^p\right)^{p_1}\cdot\cdots\cdot\left(\sum_{i=1}^n b_{ik}^p\right)^{p_k}}=$$

$$\left[\frac{\sum_{i=1}^n b_{i0}^{p\theta_0}\cdot b_{i1}^{p\theta_1}\cdot\cdots\cdot b_{ik}^{p\theta_k}}{\left(\sum_{i=1}^n b_{i0}^p\right)^{\theta_{i0}}\cdot\left(\sum_{i=1}^n b_{i1}^p\right)^{\theta_{i1}}\cdot\cdots\cdot\left(\sum_{i=1}^n b_{ik}^p\right)^{\theta_{ik}}}\right]^{p_0}=$$

$$\left[\sum_{i=1}^n\left(\frac{b_{i0}^p}{\sum_{i=1}^n b_{i0}^p}\right)^{\theta_0}\cdot\left(\frac{b_{i1}^p}{\sum_{i=1}^n b_{i1}^p}\right)^{\theta_1}\cdot\cdots\cdot\left(\frac{b_{ik}^p}{\sum_{i=1}^n b_{ik}^p}\right)^{\theta_k}\right]^{p_0}\leqslant$$

$$\left[\sum_{i=1}^n\left(\frac{b_{i0}^p}{\sum_{i=1}^n b_{i0}^p}\right)^{\frac{\theta_0}{\theta}}\cdot\left(\frac{b_{i1}^p}{\sum_{i=1}^n b_{i1}^p}\right)^{\frac{\theta_1}{\theta}}\cdot\cdots\cdot\left(\frac{b_{ik}^p}{\sum_{i=1}^n b_{ik}^p}\right)^{\frac{\theta_k}{\theta}}\right]^{p_0}\leqslant$$

$$\left[\sum_{i=1}^n\left(\frac{\theta_0}{\theta}\cdot\frac{b_{i0}^p}{\sum_{i=1}^n b_{i0}^p}+\frac{\theta_1}{\theta}\cdot\frac{b_{i1}^p}{\sum_{i=1}^n b_{i1}^p}+\cdots+\frac{\theta_k}{\theta}\cdot\frac{b_{ik}^p}{\sum_{i=1}^n b_{ik}^p}\right)\right]^{p_0}=$$

$$\left(\frac{\theta_0}{\theta}+\frac{\theta_1}{\theta}+\cdots+\frac{\theta_k}{\theta}\right)^{p_0}=1^{p_0}=1$$

上述证明中，第一个不等号利用了指数函数的单调性：若 $0<a<1,x\leqslant y$，则 $a^x\geqslant a^y$，等号当且仅当 $x=y$ 时成立，而第二个不等号利用了加权的算术—几何平均值不等式：若 $a_i>0,q_i>0,i=1,2,\cdots,n$，且 $q_1+q_2+\cdots+q_n=1$，则 $a_1^{q_1}\cdot a_2^{q_2}\cdots a_n^{q_n}\leqslant q_1a_1+q_2a_2+\cdots+q_na_n$，等号当且仅当 $a_1=a_2=\cdots=a_n$ 时成立.

由上即知当 $p_0>0,p>0$ 时，式⑪成立，且由上述证明中等号成立的条件推知⑪中等号成立的充要条件为 $p_0-(p_1+\cdots+p_k)=p$ 及⑫.

当 $p_0 < 0, p < 0$ 时,令 $q = -p_0 > 0, q_0 = -p > 0$,于是 $q_0 - (p_1 + \cdots + p_k) = q$. 对正数 $u_i > 0, u_{ij} > 0, i = 1,2,\cdots,n, j = 1,2,\cdots,k$,由前面已证结论有

$$\left(\sum \frac{u_i^{q_0}}{u_{i1}^{p_1}\cdots u_{ik}^{p_k}}\right)^q \geqslant \frac{\left(\sum\limits_{i=1}^n u_i^q\right)^{q_0}}{\left(\sum\limits_{i=1}^n u_{i1}^q\right)^{p_1} \cdot \left(\sum\limits_{i=1}^n u_{i2}^q\right)^{p_2} \cdot \cdots \cdot \left(\sum\limits_{i=1}^n u_{ik}^q\right)^{p_k}}$$

且上式中等号成立的充要条件是 $q_0 - (p_1 + \cdots + p_k) = q$ 及 $\frac{u_{i0}^q}{\sum\limits_{i=1}^n u_{i0}^q} = \frac{u_{i1}^q}{\sum\limits_{i=1}^n u_{i1}^q} = \cdots = \frac{u_{ik}^q}{\sum\limits_{i=1}^n u_{ik}^q}$(其中 $u_{i0}^q \xlongequal{\triangle} \frac{u_i^{q_0}}{u_{i1}^{p_1}\cdots u_{ik}^{p_k}}, i = 1,2,\cdots,n$).

令 $u_{ij}^q = b_{ij}^p, \frac{u_i^{q_0}}{u_{i1}^{p_1}\cdots u_{ik}^{p_k}} = a_i^p, i = 1,2,\cdots,n, j = 1,2,\cdots,k$,则 $u_i^q = \frac{a_i^{p_0}}{b_{i1}^{p_1}\cdots b_{ik}^{p_k}}, i = 1,2,\cdots,n$,将其代入不等式及等号成立的条件整理后即知当 $p_0 < 0, p < 0$ 时,式⑪仍成立,且等号成立的充要条件是 $p_0 - (p_1 + \cdots + p_k) = p$ 及⑦.

下面给出式⑩的证明:在式⑪中,取 $k = m - 1, a_i = \frac{1}{a_{i1}}, b_{ij} = \frac{1}{a_{i\,j+1}}, -p_0 = q_1, p_j = q_{j+1}, p = -1, i = 1,2,\cdots,n, j = 1,2,\cdots,m-1$ 后,两边 -1 次方,将不等式换向即证得.

由于⑧是⑩的特殊情形,凡是运用⑧证明的不等式均可用⑩证明.

这里再给出运用式⑩证明不等式的例子.

例 1 设 $a, b, c \in \mathbf{R}^+$,求证

$$a^3 + b^3 + c^3 \geqslant b^2c + c^2a + a^2b$$

证明 构造矩阵

$$\begin{matrix} & q_1 & q_2 \\ \boldsymbol{A} = & \begin{bmatrix} a^3 & b^3 \\ b^3 & c^3 \\ c^3 & a^3 \end{bmatrix}_{3\times 2} \end{matrix}$$

其中 $q_1 = \frac{2}{3}, q_2 = \frac{1}{3}$,且 $q_1 + q_2 = 1$.

由 $p(\sum \boldsymbol{A}_i) \geqslant \sum p(\boldsymbol{A}_i)$,有

$$(a^3 + b^3 + c^3)^{\frac{2}{3}} \cdot (a^3 + b^3 + c^3)^{\frac{1}{3}} \geqslant (a^3)^{\frac{2}{3}} \cdot (b^3)^{\frac{1}{3}} + (b^3)^{\frac{2}{3}} \cdot (c^3)^{\frac{1}{3}} + (c^3)^{\frac{2}{3}} \cdot (a^3)^{\frac{1}{3}}$$

整理,即得

$$a^3 + b^3 + c^3 \geqslant b^2c + c^2a + a^2b$$

例 2 设 $a_i > 0, i = 1,2,\cdots,n$. 求证

$$\sum_{i=1}^n a_i^n \geqslant \sum_{i=1}^n a_i^{n-1} \cdot a_{i+1}(\text{其中 } a_{n+1} = a_1)$$

证明 构造矩阵

$$\boldsymbol{A}=\begin{array}{c}\begin{matrix} q_1 & q_2 \end{matrix}\\ \begin{bmatrix} a_1^n & a_2^n \\ a_2^n & a_3^n \\ \vdots & \vdots \\ a_n^n & a_1^n \end{bmatrix}_{n\times 2}\end{array}$$

其中 $q_1=\dfrac{n-1}{n}$,$q_2=\dfrac{1}{n}$,且 $q_1+q_2=1$.

由 $p(\sum \boldsymbol{A}_i)\geqslant \sum p(\boldsymbol{A}_i)$,则有

$$(a_1^n+a_2^n+\cdots+a_n^n)^{\frac{n-1}{n}}\cdot(a_1^n+a_2^n+\cdots+a_n^n)^{\frac{1}{n}}\geqslant(a_1^n)^{\frac{n-1}{n}}\cdot(a_2^n)^{\frac{1}{n}}+(a_2^n)^{\frac{n-1}{n}}\cdot(a_3^n)^{\frac{1}{n}}+\cdots+(a_n^n)^{\frac{n-1}{n}}\cdot(a_1^n)^{\frac{1}{n}}$$

即

$$a_1^n+a_2^n+\cdots+a_n^n\geqslant a_1^{n-1}\cdot a_2+a_2^{n-1}\cdot a_3+\cdots+a_n^{n-1}\cdot a_1$$

例 3 若 $a,b,c\in\mathbf{R}^+$,则

$$a^2+b^2+c^2\geqslant\frac{a+b}{2}\sqrt{ab}+\frac{b+c}{2}\sqrt{bc}+\frac{c+a}{2}\sqrt{ca}$$

证明 构造如下两个 3×3 矩阵及权方

$$\boldsymbol{A}=\begin{array}{c}\begin{matrix}\frac{1}{2} & \frac{1}{4} & \frac{1}{4}\end{matrix}\\ \begin{bmatrix} a^2 & a^2 & b^2 \\ b^2 & b^2 & c^2 \\ c^2 & c^2 & a^2 \end{bmatrix}_{3\times3}\end{array},\quad \boldsymbol{B}=\begin{array}{c}\begin{matrix}\frac{1}{2} & \frac{1}{4} & \frac{1}{4}\end{matrix}\\ \begin{bmatrix} b^2 & b^2 & a^2 \\ c^2 & c^2 & b^2 \\ a^2 & a^2 & c^2 \end{bmatrix}_{3\times3}\end{array}$$

由 $p(\sum \boldsymbol{A}_i)\geqslant \sum p(\boldsymbol{A}_i)$ 及 $p(\sum \boldsymbol{B}_i)\geqslant \sum p(\boldsymbol{B}_i)$,有

$$(a^2+b^2+c^2)^{\frac{1}{2}+\frac{1}{4}+\frac{1}{4}}\geqslant a\sqrt{ab}+b\sqrt{bc}+c\sqrt{ca}$$

及

$$(a^2+b^2+c^2)^{\frac{1}{2}+\frac{1}{4}+\frac{1}{4}}\geqslant b\sqrt{ab}+c\sqrt{bc}+a\sqrt{ca}$$

两式相加得

$$a^2+b^2+c^2\geqslant\frac{a+b}{2}\sqrt{ab}+\frac{b+c}{2}\sqrt{bc}+\frac{c+a}{2}\sqrt{ca}$$

例 4 设 a,b,c,d 均为非负实数,且 $ab+bc+cd+ad=1$. 求证:$\dfrac{a^2}{b+c+d}+\dfrac{b^2}{c+d+a}+\dfrac{c^2}{d+a+b}+\dfrac{d^2}{a+b+c}\geqslant\dfrac{2}{3}$.(IMO 预选题)

证明 构造如下矩阵

$$\begin{matrix} \frac{1}{2} & \frac{1}{4} & \frac{1}{4} \end{matrix}$$
$$\begin{bmatrix} \frac{a^2}{b+c+d} & b+c+d & b+c+d \\ \frac{b^2}{c+d+a} & c+d+a & c+d+a \\ \frac{c^2}{d+a+b} & d+a+b & d+a+b \\ \frac{d^2}{a+b+c} & a+b+c & a+b+c \end{bmatrix}_{4\times 3}$$

由 $p(\sum \boldsymbol{A}_i) \geqslant \sum p(\boldsymbol{A}_i)$，并注意到 $ab+bc+cd+ad=1$，且 a,b,c,d 均非负有 $1=(a+c)\cdot(b+d)\leqslant(\frac{a+b+c+d}{2})^2$，亦即 $a+b+c+d\geqslant 2$，有

$$(\frac{a^2}{b+c+d}+\frac{b^2}{c+d+a}+\frac{c^2}{d+a+b}+\frac{d^2}{a+b+c})^{\frac{1}{2}}\cdot[3(a+b+c+d)]^{\frac{1}{2}}\geqslant a+b+c+d$$

亦即 $$\frac{a^2}{b+c+d}+\frac{b^2}{c+d+a}+\frac{c^2}{d+a+b}+\frac{d^2}{a+b+c}\geqslant\frac{a+b+c+d}{3}\geqslant\frac{2}{3}$$

13.6.5　不等式的证明与非负实数矩阵元素的权方商关系式

设 $a,b,c\in\mathbf{R}^+$，由 $S(\boldsymbol{A})\geqslant S(\boldsymbol{A}')$（或 $G(\sum \boldsymbol{A}_j)\geqslant\sum G(\boldsymbol{A}_j)$）或两个正数的算术一几何平均值不等式，有

$$\begin{aligned} 2(a^4+b^4+c^4) &= a^4+b^4+a^4+c^4+b^4+c^4 \geqslant \\ & a^2b^2+a^2c^2+a^2b^2+b^2c^2+a^2c^2+b^2c^2 \geqslant \\ & 2abc(a+b+c) \end{aligned}$$

即 $$\frac{(a+b+c)^3}{(a+b+c)(a+b+c)}\leqslant\frac{a^3}{bc}+\frac{b^3}{ca}+\frac{c^3}{ab} \qquad ⑭$$

其中等号当且仅当 $a=b=c$ 时取得.

如果我们仍用矩阵的观点来看待这个不等式，即令 $\boldsymbol{A}=\begin{matrix} 3 & 1 & 1 \end{matrix}\begin{bmatrix} a & b & c \\ b & c & a \\ c & a & b \end{bmatrix}_{3\times 3}$，则⑭可表述为：

非负实数矩阵 $\boldsymbol{A}$ 的每列元素之和的权方商不大于其每行元素的权方商之和. 并简记为

$$Q(\sum \boldsymbol{A}_i)\geqslant\sum Q(\boldsymbol{A}_i)$$

此时，我们应注意到矩阵 $\boldsymbol{A}$ 的第 1,2,3 列上方的幂指数分别为 3,1,1，且 $3-(1+1)=1$.

不等式⑭及其矩阵表述也可以推广为更一般的情形：设 $a_{ij}\geqslant 0, q_j>0, i=1,2,\cdots,n, j=1,2,\cdots,m$ 且 $q_1-(q_2+q_3+\cdots+q_m)\leqslant 1$，令

$$A = \begin{matrix} & q_1 & q_2 & \cdots & q_n \\ & \left[\begin{matrix} a_{11} & a_{12} & \cdots & a_{1m} \\ a_{21} & a_{22} & \cdots & a_{2m} \\ \vdots & \vdots & & \vdots \\ a_{n1} & a_{n2} & \cdots & a_{nm} \end{matrix}\right]_{n\times m} \end{matrix}$$

此时$\boldsymbol{A}$不一定要求是可同序的. 可以证明:非负实数矩阵的元素的上述权方商关系式仍然成立,且用不等式表示为

$$\frac{(\sum\limits_{i=1}^{n} a_{i1})^{q_1}}{\prod\limits_{j=2}^{m}(\sum\limits_{i=1}^{n} a_{ij})^{q_j}} \leqslant \sum_{i=1}^{n} \frac{a_{ij}^{q_1}}{\prod\limits_{j=1}^{m} a_{ij}^{q_j}},\text{即 } Q(\sum A_i) \leqslant \sum Q(A_i) \tag{15}$$

其中等号成立的充要条件是$q_1-(q_2+\cdots+q_m)=1$,且

$$\frac{a'_{i1}}{\sum\limits_{i=1}^{n} a'_{i1}} = \frac{a_{i2}}{\sum\limits_{i=1}^{n} a_{i2}} = \cdots = \frac{a_{im}}{\sum\limits_{i=1}^{n} a_{im}}, a'_{i1} \xlongequal{\triangle} \frac{a_{i1}^{q_1}}{a_{i2}^{q_2}\cdots a_{im}^{q_m}}$$

对于式⑮的证明,我们仍然运用在上一节(不等式的证明与非负实数矩阵元素的权方积关系式)中的结论⑪. 在式⑪中,取$k=m-1,a_i=a_{i1},b_{ij}=a_{ij+1},p_0=q_1,p_j=q_{j+1},p=1,i=1,2,\cdots,n,j=1,2,\cdots,m-1$,由此即证.

下面我们给出⑮的应用例子:

例1 求证下列不等式:

(1) 设$x_1,x_2,\cdots,x_n\in\mathbf{R}^+$,求证:$\frac{x_1^2}{x_2}+\frac{x_2^2}{x_3}+\cdots+\frac{x_n^2}{x}\geqslant x_1+x_2+\cdots+x_n$;(1984年全国高中联赛题)

(2) 设α为锐角,求证:$\frac{1}{4}\sin^6\alpha+\frac{1}{9}\cos^6\alpha\geqslant\frac{1}{25}$;(《数学通报》1998年6期P12中例6)

(3) 设$a,b\in\mathbf{R}^+$且$a^3+b^3=2$,求证:$a+b\leqslant 2$;(同上例3)

(4) 设$a,b,c\in\mathbf{R}^+$,求证:$\frac{a^2}{b+c}+\frac{b^2}{c+a}+\frac{c^2}{a+b}\geqslant\frac{1}{2}(a+b+c)$;(第2届友谊杯国际邀请赛题)

(5) 设$a_1,a_2,\cdots,a_n\in\mathbf{R}^+$,且$\sum\limits_{i=1}^{n}a_i=S$,求证:$\sum\limits_{i=1}^{n}\frac{a_i^2}{S-a_i}\geqslant\frac{S}{n-1}$;(《数学通报》1994年第11期数学问题925)

(6) 设$a_1,a_2,\cdots,a_n\in\mathbf{R}^+$,且$\sum\limits_{i=1}^{n}a_i=1$,求证:$\sum\limits_{i=1}^{n}\frac{a_i}{2-a_i}\geqslant\frac{n}{2n-1}$;(1984年巴尔干竞赛题)

(7) 设$a_1,a_2,\cdots,a_n$是n个互不相同的自然数,证明:$1+\frac{1}{2}+\cdots+\frac{1}{n}<a_1+\frac{a_2}{2^2}+\cdots+\frac{a_n}{n^2}$;(IMO 20试题)

(8) 设 $a_i, b_i > 0, i=1,2,\cdots,n, m \in \mathbf{N}$. 求证: $\sum_{i=1}^{n} \frac{a_i^{m+1}}{b_i^m} \geqslant \frac{\left(\sum_{i=1}^{n} a_i\right)^{m+1}}{\left(\sum_{i=1}^{n} b_i\right)^m}$;(权方和不等式的特例)

(9) 设 $x_1, x_2, \cdots, x_n \in \mathbf{R}, y_1, y_2, \cdots, y_n \in \mathbf{R}^+$, 求证: $\frac{x_1^2}{y_1} + \frac{x_2^2}{y_2} + \cdots + \frac{x_n^2}{y_n} \geqslant \frac{(x_1 + x_2 + \cdots + x_n)^2}{y_1 + y_2 + \cdots + y_n}$;(《数学通报》1996 年 8 期数学问题 1023 题)

(10) 设 $a, b, c \in \mathbf{R}^+$, 且 $abc = 1$, 试证: $\frac{1}{a^3(b+c)} + \frac{1}{b^3(a+c)} + \frac{1}{c^3(a+b)} \geqslant \frac{3}{2}$.(《数学通报》1996 年 5 期数学问题 1013 或 IMO 36 试题)

证明　我们分别构造出如下十个矩阵

(1) $\begin{matrix} 2 & 1 \end{matrix}$ $\begin{bmatrix} x_1 & x_2 \\ x_2 & x_3 \\ \vdots & \vdots \\ x_n & x_1 \end{bmatrix}_{n\times 2}$;　(2) $\begin{matrix} 3 & 2 \end{matrix}$ $\begin{bmatrix} \sin^2\alpha & 2 \\ \cos^2\alpha & 3 \end{bmatrix}_{2\times 2}$;

(3) $\begin{matrix} 3 & 2 \end{matrix}$ $\begin{bmatrix} a & 1 \\ b & 1 \end{bmatrix}_{2\times 2}$;　(4) $\begin{matrix} 2 & 1 \end{matrix}$ $\begin{bmatrix} a & b+c \\ b & c+a \\ c & a+b \end{bmatrix}_{3\times 2}$;

(5) $\begin{matrix} 2 & 1 \end{matrix}$ $\begin{bmatrix} a_1 & S-a_1 \\ a_2 & S-a_2 \\ \vdots & \vdots \\ a_n & S-a_n \end{bmatrix}_{n\times 2}$;　(6) $\begin{matrix} 2 & 1 \end{matrix}$ $\begin{bmatrix} \sqrt{2} & 2-a_1 \\ \sqrt{2} & 2-a_2 \\ \vdots & \vdots \\ \sqrt{2} & 2-a_n \end{bmatrix}_{n\times 2}$;

(7) $\begin{matrix} 2 & 1 \end{matrix}$ $\begin{bmatrix} 1 & \frac{1}{a_1} \\ \frac{1}{2} & \frac{1}{a_2} \\ \vdots & \vdots \\ \frac{1}{n} & \frac{1}{a_n} \end{bmatrix}_{n\times 2}$;　(8) $\begin{matrix} m+1 & m \end{matrix}$ $\begin{bmatrix} a_1 & b_1 \\ a_2 & b_2 \\ \vdots & \vdots \\ a_n & b_n \end{bmatrix}_{n\times 2}$;

$$(9)\begin{bmatrix} |x_1| & y_1 \\ |x_2| & y_2 \\ \vdots & \vdots \\ |x_n| & y_n \end{bmatrix}_{n\times 2}^{\;2\qquad 1}; \qquad (10)\begin{bmatrix} \frac{1}{a} & a(b+c) \\ \frac{1}{b} & b(a+c) \\ \frac{1}{c} & c(a+b) \end{bmatrix}_{3\times 2}^{\;2\qquad 1}$$

(1) ~ (5) 由 $\sum Q(\boldsymbol{A}_i) \geqslant Q(\sum \boldsymbol{A}_i)$ 即证;

(6) 注意到$\frac{a_i}{2-a_i}=\frac{2}{2-a_i}-1$,由 $\sum Q(\boldsymbol{A}_i) \geqslant Q(\sum \boldsymbol{A}_i)$,有$\sum\limits_{i=1}^{n}\frac{2}{2-a_i} \geqslant \frac{(\sum\limits_{i=1}^{n}\sqrt{2})^2}{2n-1}=\frac{2n^2}{2n-1}$,从而$\sum\limits_{i=1}^{n}\frac{a_i}{2-a_i}=\sum\limits_{i=1}^{n}\frac{2}{2-a_i}-n \geqslant \frac{2n^2}{2n-1}-n=\frac{n}{2n-1}$.

(7) 注意到 $1+\frac{1}{2}+\cdots+\frac{1}{n} \geqslant \frac{1}{a_1}+\frac{1}{a_2}+\cdots+\frac{1}{a_n}$,由 $\sum Q(\boldsymbol{A}_i) \geqslant Q(\sum \boldsymbol{A}_i)$,有$\sum\limits_{i=1}^{n}\frac{a_i}{i^2} \geqslant \frac{(\sum\limits_{i=1}^{n}\frac{1}{i})^2}{\sum\limits_{i=1}^{n}a_i^{-1}} \geqslant \sum\limits_{i=1}^{n}\frac{1}{i}$.

(8) 由 $\sum Q(\boldsymbol{A}_i) \geqslant Q(\sum \boldsymbol{A}_i)$ 即证. 由此可知,对于《数学通报》1992 年第 4 期"不等式$\sum\limits_{k=1}^{n}\frac{x_k^2}{y_k} \geqslant \frac{(\sum\limits_{k=1}^{n}x_k)^2}{\sum\limits_{k=1}^{n}y_k}$的应用"中的例子,1994 年第 8 期 P36 中的例子,1998 年第 5 期 P21 中的例子等均可以运用"$\sum Q(\boldsymbol{A}_i) \geqslant Q(\sum \boldsymbol{A}_i)$"来证.

(9) 注意到$(|x_1|+\cdots+|x_n|)^2 \geqslant (x_1+x_2+\cdots+x_n)^2$,由 $\sum Q(\boldsymbol{A}_i) \geqslant Q(\sum \boldsymbol{A}_i)$ 即证.

(10) 注意到$\frac{(\frac{1}{a}+\frac{1}{b}+\frac{1}{c})^2}{2(ab+bc+ca)}=\frac{1}{2}(ab+bc+ca) \geqslant \frac{3}{2}\sqrt[3]{a^2b^2c^2}=\frac{3}{2}$(其中 $abc=1$),由 $\sum Q(\boldsymbol{A}_i) \geqslant Q(\sum \boldsymbol{A}_i)$ 即证.

例 2 求下列式中的最小值.

(1) 若 $x_i>0, i=1,2,\cdots,n$,且$\sum\limits_{i=1}^{n}x_i=1, \alpha \in \mathbf{R}^+$,求$\sum\limits_{i=1}^{n}\frac{i^{\alpha+1}}{x^{\alpha}}$的最小值;

(2) 若 $x+2y+3z+4u+5v=30$,求 $W=x^2+2y^2+3z^2+4u^2+5v^2$ 的最小值.

解 (1) 考察矩阵$\begin{bmatrix} 1 & x_1 \\ 2 & x_2 \\ \vdots & \vdots \\ n & x_n \end{bmatrix}_{n\times 2}^{\;\alpha+1\qquad \alpha}$,则由 $\sum Q(\boldsymbol{A}_i) \geqslant Q(\sum \boldsymbol{A}_i)$,有

$$\sum_{i=1}^{n}\frac{i^{\alpha+1}}{x_i^{\alpha}} \geqslant \frac{\left(\sum\limits_{i=1}^{n} i\right)^{\alpha+1}}{\left(\sum\limits_{i=1}^{n} x_i\right)^{\alpha}} = \left[\frac{1}{2}n(n+1)\right]^{\alpha+1}$$

其中等号成立的充要条件为$\frac{x_1}{1}=\frac{x_2}{2}=\cdots=\frac{x_n}{n}$，注意到$\sum\limits_{i=1}^{n} x_i=1$，知当$x_i=\frac{2i}{n(n+1)}(i=1,2,\cdots,n)$时，$\sum\limits_{i=1}^{n}\frac{i^{\alpha+1}}{x_i^{\alpha}}$的最小值为$\left[\frac{1}{2}n(n+1)\right]^{\alpha+1}$.

(2) 考察矩阵$\begin{bmatrix} |x| & 1 \\ 2|y| & 2 \\ \vdots & \vdots \\ 5|v| & 5 \end{bmatrix}_{5\times 2}$（列指数 2, 1），则由$\sum Q(\boldsymbol{A}_i) \geqslant Q(\sum \boldsymbol{A}_i)$，有

$$\frac{|x|^2}{1}+\frac{(2|y|)^2}{2}+\frac{(3|z|)^2}{3}+\frac{(4|u|)^2}{4}+\frac{(5|v|)^2}{5} \geqslant$$

$$\frac{(|x|+2|y|+3|z|+4|u|+5|v|)^2}{1+2+3+4+5} \geqslant$$

$$\frac{(x+2y+3z+4u+5v)^2}{15}$$

即

$$x^2+2y^2+3z^2+4u^2+5v^2 \geqslant \frac{30^2}{15}=60$$

其中等号当且仅当$\frac{|x|}{1}=\frac{2|y|}{2}=\frac{3|z|}{3}=\frac{4|u|}{4}=\frac{5|v|}{5}=\frac{30}{15}$，即$x=y=z=u=v=2$时，$W$取得最小值 60.

例 3　已知$x_1,x_2,\cdots,x_n \in \mathbf{R}^+, n \geqslant 2$，且$\sum\limits_{i=1}^{n} x_i=1$，求证：$\sum\limits_{i=1}^{n}\frac{x_i}{\sqrt{1-x_i}} \geqslant \frac{\sum\limits_{i=1}^{n}\sqrt{x_i}}{\sqrt{n-1}}$.（第四届全国冬令营试题）

证明　考虑矩阵$\boldsymbol{A}=\begin{bmatrix} 1 & \sqrt{1-x_1} \\ 1 & \sqrt{1-x_2} \\ \vdots & \vdots \\ 1 & \sqrt{1-x_n} \end{bmatrix}_{n\times 2}$（列指数 2, 1），由$\sum Q(\boldsymbol{A}_i) \geqslant Q(\sum \boldsymbol{A}_i)$，有

$$\sum_{i=1}^{n}\frac{1^2}{\sqrt{1-x_i}} \geqslant \frac{\left(\sum\limits_{i=1}^{n} 1\right)^2}{\sum\limits_{i=1}^{n}\sqrt{1-x_i}} = \frac{n^2}{\sum\limits_{i=1}^{n}\sqrt{1-x_i}} \quad ⑯$$

再考虑矩阵

$$B=\begin{bmatrix}\sqrt{1-x_1} & 1\\ \sqrt{1-x_2} & 1\\ \vdots & \vdots\\ \sqrt{1-x_n} & 1\end{bmatrix}_{n\times 2}^{\quad 2 \quad 1},C=\begin{bmatrix}\sqrt{x_1} & 1\\ \sqrt{x_2} & 1\\ \vdots & \vdots\\ \sqrt{x_n} & 1\end{bmatrix}_{n\times 2}^{\quad 2 \quad 1}$$

由 $\sum Q(\boldsymbol{B}_i)\geqslant Q(\sum \boldsymbol{B}_i)$ 及 $\sum Q(\boldsymbol{C}_i)\geqslant Q(\sum \boldsymbol{C}_i)$，有

$$n-1=\sum_{i=1}^{n}(\sqrt{1-x_i})^2\geqslant\frac{(\sum\limits_{i=1}^{n}\sqrt{1-x_i})^2}{\sum\limits_{i=1}^{n}1}=\frac{(\sum\limits_{i=1}^{n}\sqrt{1-x_i})^2}{n} \tag{17}$$

及

$$1=\sum_{i=1}^{n}(\sqrt{x_i})^2\geqslant\frac{(\sum\limits_{i=1}^{n}\sqrt{x_i})^2}{\sum\limits_{i=1}^{n}1}=\frac{(\sum\limits_{i=1}^{n}\sqrt{x_i})^2}{n} \tag{18}$$

由式⑰,⑱得

$$\sum_{i=1}^{n}\sqrt{1-x_i}\leqslant\sqrt{n(n-1)} \tag{19}$$

$$\sum_{i=1}^{n}\sqrt{x_i}\leqslant\sqrt{n} \tag{20}$$

由式⑯,⑲,⑳得

$$\sum_{i=1}^{n}\frac{x_i}{\sqrt{1-x_i}}=\sum_{i=1}^{n}\frac{1}{\sqrt{1-x_i}}-\sum_{i=1}^{n}\sqrt{1-x_i}\geqslant$$

$$\frac{n^2}{\sum\limits_{i=1}^{n}\sqrt{1-x_i}}-\sum_{i=1}^{n}\sqrt{1-x_i}\geqslant$$

$$\frac{n^2}{\sqrt{n(n-1)}}-\sqrt{n(n-1)}=$$

$$\frac{\sqrt{n}}{\sqrt{n-1}}\geqslant\frac{\sum\limits_{i=1}^{n}\sqrt{x_i}}{\sqrt{n-1}}$$

例 4 设 $a\in\mathbf{R}^+,a=1,2,\cdots,n,\sum\limits_{i=1}^{n}a_i=2S,m\in\mathbf{N}$. 求证

$$\frac{a_1^m}{a_2+a_3}+\frac{a_2^m}{a_3+a_4}+\cdots+\frac{a_n^m}{a_1+a_2}\geqslant(\frac{2}{n})^{m-2}S^{m-1}$$

证明 当 $m=1$ 时，考虑 $n\times 2$ 矩阵

$$
\begin{matrix} & q_1 & q_2 \\ A = & \left[\begin{matrix} \sqrt{a_1} & a_2 + a_3 \\ \sqrt{a_2} & a_3 + a_4 \\ \vdots & \vdots \\ \sqrt{a_n} & a_1 + a_2 \end{matrix}\right]_{n \times 2} \end{matrix}
$$

其中 $q_1 = 2, q_2 = 1$，且 $q_1 - q_2 = 1$.

由 $\sum Q(\boldsymbol{A}_i) \geqslant Q(\sum \boldsymbol{A}_i)$ 及 $(\sqrt{a_1} + \cdots + \sqrt{a_n})^2 \leqslant n(a_1 + \cdots + a_n)$ 即证.

当 $m \geqslant 2$ 时，考虑 $n \times 3$ 矩阵

$$
\begin{matrix} & q_1 & q_2 & q_3 \\ B = & \left[\begin{matrix} a_1 & a_2 + a_3 & 1 \\ a_2 & a_3 + a_4 & 1 \\ \vdots & \vdots & \vdots \\ a_n & a_1 + a_2 & 1 \end{matrix}\right]_{n \times 3} \end{matrix}
$$

其中 $q_1 = m, q_2 = 1, q_3 = m - 2$，且 $q_1 - (q_2 + q_3) = 1$.

由 $\sum Q(\boldsymbol{B}_i) \geqslant Q(\sum \boldsymbol{B}_i)$，有

$$
\frac{a_1^m}{a_2 + a_3} + \frac{a_2^m}{a_3 + a_4} + \cdots + \frac{a_n^m}{a_1 + a_2} \geqslant \frac{(a_1 + a_2 + \cdots + a_n)^m}{[(a_2 + a_3) + \cdots + (a_1 + a_2)](1 + \cdots + 1)^{m-2}} =
$$

$$
\left(\frac{2}{n}\right)^{m-2} \cdot S^{m-1}
$$

13.6.6　利用矩阵行列式的性质证明不等式

利用如下的矩阵行列式性质可以证明不等式.

设 $\boldsymbol{A} = \begin{bmatrix} a_1 & a_2 & \cdots & a_n \\ b_1 & b_2 & \cdots & b_n \end{bmatrix}, \boldsymbol{B} = \begin{bmatrix} c_1 & d_1 \\ c_2 & d_2 \\ \vdots & \vdots \\ c_n & d_n \end{bmatrix}$，则

$$
|\boldsymbol{A} \cdot \boldsymbol{B}| = \sum_{1 \leqslant i \leqslant j \leqslant n} \begin{vmatrix} a_i & a_j \\ b_i & b_j \end{vmatrix} \begin{vmatrix} c_i & d_i \\ c_j & d_j \end{vmatrix} = \sum_{1 \leqslant i \leqslant j \leqslant n} (a_i b_j - a_j b_i)(c_i d_j - c_j d_i)
$$

特别地 $|\boldsymbol{A} \cdot \boldsymbol{A}^{\mathrm{T}}| = \sum\limits_{1 \leqslant i \leqslant j \leqslant n} \begin{vmatrix} a_i & a_j \\ b_i & b_j \end{vmatrix} \begin{vmatrix} a_i & b_i \\ a_j & b_j \end{vmatrix} = \sum\limits_{1 \leqslant i \leqslant j \leqslant n} (a_i b_j - a_j b_i)^2$，其中 $\boldsymbol{A}^{\mathrm{T}}$ 表示 $\boldsymbol{A}$ 的转置矩阵.

例1　设 $a_1, a_2, \cdots, a_n$ 为正实数，求证

$$
\frac{n}{\frac{1}{a_1} + \frac{1}{a_2} + \cdots + \frac{1}{a_n}} \leqslant \frac{a_1 + a_2 + \cdots + a_n}{n} \leqslant \sqrt{\frac{a_1^2 + a_2^2 + \cdots + a_n^2}{n}}
$$

证明 设 $A=\begin{bmatrix} a_1 & a_2 & \cdots & a_n \\ 1 & 1 & \cdots & 1 \end{bmatrix}$，则 $|A\cdot A^{\mathrm T}|=\det\begin{bmatrix} \sum\limits_{i=1}^{n} a_i^2 & \sum\limits_{i=1}^{n} a_i \\ \sum\limits_{i=1}^{n} a_i & n \end{bmatrix}=n\sum\limits_{i=1}^{n} a_i^2-(\sum\limits_{i=1}^{n} a_i)^2$，而由上面的性质得 $|A\cdot A^{\mathrm T}|=\sum\limits_{1\leqslant i\leqslant j\leqslant n}(a_i-a_j)^2\geqslant 0$，因此 $n\sum\limits_{i=1}^{n} a_i^2-(\sum\limits_{i=1}^{n} a_i)^2\geqslant 0$，即

$$\frac{a_1+a_2+\cdots+a_n}{n}\leqslant\sqrt{\frac{a_1^2+a_2^2+\cdots+a_n^2}{n}}$$

当且仅当 $a_1=a_2=\cdots=a_n$ 时等号成立.

设 $A=\begin{bmatrix} \frac{1}{\sqrt{a_1}} & \frac{1}{\sqrt{a_2}} & \cdots & \frac{1}{\sqrt{a_n}} \\ \sqrt{a_1} & \sqrt{a_2} & \cdots & \sqrt{a_n} \end{bmatrix}$，则 $|A\cdot A^{\mathrm T}|=\det\begin{bmatrix} \sum\limits_{i=1}^{n}\frac{1}{a_i} & n \\ n & \sum\limits_{i=1}^{n} a_i \end{bmatrix}=(\sum\limits_{i=1}^{n}\frac{1}{a_i})(\sum\limits_{i=1}^{n} a_i)-n^2$，而另一方面 $|A\cdot A^{\mathrm T}|\geqslant 0$，因此 $(\sum\limits_{i=1}^{n}\frac{1}{a_i})(\sum\limits_{i=1}^{n} a_i)-n^2\geqslant 0$，即 $\dfrac{n}{\frac{1}{a_1}+\frac{1}{a_2}+\cdots+\frac{1}{a_n}}\leqslant\dfrac{a_1+a_2+\cdots+a_n}{n}$，当且仅当 $a_1=a_2=\cdots=a_n$ 时等号成立. 证毕.

例 2 设 $a_1,a_2,\cdots,a_n$ 为正实数，求证

$$\frac{a_1^2}{a_2}+\frac{a_2^2}{a_3}+\cdots+\frac{a_{n-1}^2}{a_n}+\frac{a_n^2}{a_1}\geqslant a_1+a_2+\cdots+a_n$$

证明 设 $A=\begin{bmatrix} \frac{a_1}{\sqrt{a_2}} & \frac{a_2}{\sqrt{a_3}} & \cdots & \frac{a_{n-1}}{\sqrt{a_n}} & \frac{a_n}{\sqrt{a_1}} \\ \sqrt{a_2} & \sqrt{a_3} & \cdots & \sqrt{a_n} & \sqrt{a_1} \end{bmatrix}$，则

$$|A\cdot A^{\mathrm T}|=\det\begin{bmatrix} \frac{a_1^2}{a_2}+\frac{a_2^2}{a_3}+\cdots+\frac{a_{n-1}^2}{a_n}+\frac{a_n^2}{a_1} & \sum\limits_{i=1}^{n} a_i \\ \sum\limits_{i=1}^{n} a_i & \sum\limits_{i=1}^{n} a_i \end{bmatrix}=$$

$$\left(\frac{a_1^2}{a_2}+\frac{a_2^2}{a_3}+\cdots+\frac{a_{n-1}^2}{a_n}+\frac{a_n^2}{a_1}\right)(\sum_{i=1}^{n} a_i)-(\sum_{i=1}^{n} a_i)^2$$

又 $\det AA^{\mathrm T}\geqslant 0$，因此

$$\left(\frac{a_1^2}{a_2}+\frac{a_2^2}{a_3}+\cdots+\frac{a_{n-1}^2}{a_n}+\frac{a_n^2}{a_1}\right)(\sum_{i=1}^{n} a_i)-(\sum_{i=1}^{n} a_i)^2\geqslant 0$$

即

$$\frac{a_1^2}{a_2}+\frac{a_2^2}{a_3}+\cdots+\frac{a_{n-1}^2}{a_n}+\frac{a_n^2}{a_1}\geqslant a_1+a_2+\cdots+a_n$$

当且仅当 $a_1=a_2=\cdots=a_n$ 时等号成立.

例 3　（柯西不等式）设 $a_1,a_2,\cdots,a_n\in\mathbf{R},b_1,b_2,\cdots,b_n\in\mathbf{R}$，则 $(\sum\limits_{i=1}^{n}a_ib_i)^2\leqslant(\sum\limits_{i=1}^{n}a_i^2)(\sum\limits_{i=1}^{n}b_i^2)$，等号成立当且仅当 $b_i=0$ 或存在 k 使得 $a_i=kb_i,i=1,2,\cdots,n.$

证明　设 $\boldsymbol{A}=\begin{bmatrix}a_1 & a_2 & \cdots & a_n\\ b_1 & b_2 & \cdots & b_n\end{bmatrix}$，$|\boldsymbol{A}\cdot\boldsymbol{A}^{\mathrm{T}}|=\det\begin{bmatrix}\sum\limits_{i=1}^{n}a_i^2 & \sum\limits_{i=1}^{n}a_ib_i\\ \sum\limits_{i=1}^{n}b_ia_i & \sum\limits_{i=1}^{n}b_i^2\end{bmatrix}=(\sum\limits_{i=1}^{n}a_i^2)(\sum\limits_{i=1}^{n}b_i^2)-(\sum\limits_{i=1}^{n}a_ib_i)^2$，而 $|\boldsymbol{A}\cdot\boldsymbol{A}^{\mathrm{T}}|\geqslant 0$，因此 $(\sum\limits_{i=1}^{n}a_i^2)(\sum\limits_{i=1}^{n}b_i^2)\geqslant(\sum\limits_{i=1}^{n}a_ib_i)^2$，当且仅当 $b_i=0$ 或存在常数 k 使得 $a_i=kb_i,i=1,2,\cdots,n$ 时等号成立.

例 4　设 $a_1,a_2,\cdots,a_n$ 为正实数，$n\geqslant 2,s=\sum\limits_{i=1}^{n}a_i$，求证

$$\frac{s}{s-a_1}+\frac{s}{s-a_2}+\cdots+\frac{s}{s-a_n}\geqslant\frac{n^2}{n-1}$$

证明　令 $\boldsymbol{A}=\begin{bmatrix}a_1 & a_2 & \cdots & a_n\\ 1 & 1 & \cdots & 1\end{bmatrix}.\boldsymbol{B}=\begin{bmatrix}\frac{1}{s-a_1} & 1\\ \frac{1}{s-a_2} & 1\\ \vdots & \vdots\\ \frac{1}{s-a_n} & 1\end{bmatrix}$，则

$$|\boldsymbol{A}\cdot\boldsymbol{B}|=\det\begin{vmatrix}\frac{a_1}{s-a_1}+\frac{a_2}{s-a_2}+\cdots+\frac{a_n}{s-a_n} & s\\ \frac{1}{s-a_1}+\frac{1}{s-a_2}+\cdots+\frac{1}{s-a_n} & n\end{vmatrix}=$$

$$n\left(\frac{a_1}{s-a_1}+\frac{a_2}{s-a_2}+\cdots+\frac{a_n}{s-a_n}\right)\cdot$$

$$\left(\frac{s}{s-a_1}+\frac{s}{s-a_2}+\cdots+\frac{s}{s-a_n}\right)$$

又由题不妨假设 $0<a_1\leqslant a_2\leqslant\cdots\leqslant a_n$，则对于 $1\leqslant i\leqslant j\leqslant n,(a_i-a_j)\left(\frac{1}{s-a_i}-\frac{1}{s-a_j}\right)\geqslant 0$，从而

$$|\boldsymbol{A}\cdot\boldsymbol{B}|=\sum_{1\leqslant i\leqslant j\leqslant n}\begin{vmatrix}a_i & a_j\\ 1 & 1\end{vmatrix}\begin{vmatrix}\frac{1}{s-a_i} & 1\\ \frac{1}{s-a_j} & 1\end{vmatrix}=\sum_{1\leqslant i\leqslant j\leqslant n}(a_i-a_j)\left(\frac{1}{s-a_i}-\frac{1}{s-a_j}\right)\geqslant 0$$

由于 $n\left(\frac{a_1}{s-a_1}+\frac{a_2}{s-a_2}+\cdots+\frac{a_n}{s-a_n}\right)=n\left(\frac{s}{s-a_1}+\frac{s}{s-a_2}+\cdots+\frac{s_n}{s-a_n}-n\right)$. 进一步整理得

$$n\left(\frac{s}{s-a_1}+\frac{s}{s-a_2}+\cdots+\frac{s}{s-a_n}-n\right)-\left(\frac{s}{s-a_1}+\frac{s}{s-a_2}+\cdots+\frac{s}{s-a_n}\right)\geqslant 0$$

即$\frac{s}{s-a_1}+\frac{s}{s-a_2}+\cdots+\frac{s}{s-a_n}\geqslant\frac{n^2}{n-1}$,当且仅当 $a_1=a_2=\cdots=a_n$ 时等号成立.

例5 (Shapiro不等式)设$0\leqslant a_i<1,i=1,2,\cdots,n,n\geqslant 2,a=\sum\limits_{i=1}^{n}a_i$,求证:$\sum\limits_{i=1}^{n}\frac{a_i}{1-a_i}\geqslant\frac{na}{n-a}$.

证明 令

$$\boldsymbol{A}=\begin{bmatrix}a_1 & a_2 & \cdots & a_n\\ 1-a_1 & 1-a_2 & \cdots & 1-a_n\end{bmatrix}$$

$$\boldsymbol{B}=\begin{bmatrix}\frac{1}{1-a_1} & 1\\ \frac{1}{1-a_2} & 1\\ \vdots & \vdots\\ \frac{1}{1-a_n} & 1\end{bmatrix}$$

则

$$|\boldsymbol{A}\cdot\boldsymbol{B}|=\det\begin{bmatrix}\frac{a_1}{1-a_1}+\frac{a_2}{1-a_2}+\cdots+\frac{a_n}{1-a_n} & a\\ n & n-a\end{bmatrix}=$$

$$(n-a)\left(\frac{a_1}{1-a_1}+\frac{a_2}{1-a_2}+\cdots+\frac{a_n}{1-a_n}\right)-na$$

又由题不妨假设$0\leqslant a_1\leqslant a_2\leqslant\cdots\leqslant a_n<1$,则对于$1\leqslant i\leqslant j\leqslant n$

$$[a_i(1-a_j)-a_j(1-a_i)]\left(\frac{1}{1-a_i}-\frac{1}{1-a_j}\right)=(a_i-a_j)\left(\frac{1}{1-a_i}-\frac{1}{1-a_j}\right)\geqslant 0$$

从而

$$|\boldsymbol{A}\cdot\boldsymbol{B}|=\sum_{1\leqslant i\leqslant j\leqslant n}\begin{vmatrix}a_i & a_j\\ 1-a_i & 1-a_j\end{vmatrix}\begin{vmatrix}\frac{1}{1-a_i} & 1\\ \frac{1}{1-a_j} & 1\end{vmatrix}=$$

$$\sum_{1\leqslant i\leqslant j\leqslant n}(a_i-a_j)\left(\frac{1}{1-a_i}-\frac{1}{1-a_j}\right)\geqslant 0$$

所以$(n-a)\left(\frac{a_1}{1-a_1}+\frac{a_2}{1-a_2}+\cdots+\frac{a_n}{1-a_n}\right)-na\geqslant 0$,即$\sum\limits_{i=1}^{n}\frac{a_i}{1-a_i}\geqslant\frac{na}{n-a}$.

例6 设 $a_i\geqslant 0$(或 $a_i\leqslant 0$),b_i,c_i 同为单调增加或单调减小,$i=1,2,\cdots,n$,求证:$(\sum\limits_{i=1}^{n}a_ib_i)\cdot(\sum\limits_{i=1}^{n}a_ic_i)\leqslant(\sum\limits_{i=1}^{n}a_i)(\sum\limits_{i=1}^{n}a_ib_ic_i)$.

证明 不妨设 $a_i\geqslant 0,i=1,2,\cdots,n,b_i\leqslant b_{i+1},c_i\leqslant c_{i+1},i=1,2,\cdots,n-1$,考虑两个矩

阵 $A=\begin{bmatrix}\sqrt{a_1} & \sqrt{a_2} & \cdots & \sqrt{a_n}\\ \sqrt{a_1}b_1 & \sqrt{a_2}b_2 & \cdots & \sqrt{a_n}b_n\end{bmatrix}$, $B=\begin{bmatrix}\sqrt{a_1} & \sqrt{a_1}c_1\\ \sqrt{a_2} & \sqrt{a_2}c_2\\ \vdots & \vdots\\ \sqrt{a_n} & \sqrt{a_n}c_n\end{bmatrix}$. 则

$$|A\cdot B|=\begin{vmatrix}\sum\limits_{i=1}^{n}a_i & \sum\limits_{i=1}^{n}a_ic_i\\ \sum\limits_{i=1}^{n}a_ib_i & \sum\limits_{i=1}^{n}a_ib_ic_i\end{vmatrix}=\left(\sum_{i=1}^{n}a_i\right)\left(\sum_{i=1}^{n}a_ib_ic_i\right)-\left(\sum_{i=1}^{n}a_ib_i\right)\left(\sum_{i=1}^{n}a_ic_i\right)$$

又 $|A\cdot B|=\sum\limits_{1\leqslant i<j\leqslant n}\begin{vmatrix}\sqrt{a_i} & \sqrt{a_j}\\ \sqrt{a_i}b_i & \sqrt{a_j}b_j\end{vmatrix}\cdot\begin{vmatrix}\sqrt{a_i} & \sqrt{a_i}c_i\\ \sqrt{a_j} & \sqrt{a_j}c_j\end{vmatrix}=\sum\limits_{1\leqslant i\leqslant j\leqslant n}a_ib_j(b_j-b_i)(c_j-c_i)\geqslant 0$. 故原不等式获证.

13.7　物品成本核算与运用矩阵乘法推求

核算物品成本,购物划价等算账问题是日常生产、生活中经常遇到的问题. 如果我们把有关数据排列成矩阵形式,同时使一矩阵各行上的项目同后一个矩阵各列的项目一致,这时利用矩阵的乘法:$(a_{ij})_{n\times m}\cdot(b_{ij})_{m\times l}=(c_{ij})_{n\times l}$,其中 $c_{ij}=a_{i1}\cdot b_{1j}+a_{i2}\cdot b_{2j}+\cdots+a_{im}\cdot b_{mj}$ 来求总成本,是一种行之有效且计算简便的方法.

例 1　某中学设计校服样品,每个男生的服装需用面料 1.5 米,内面布料 1.2 米,装饰带 3 条;每个女生服装需用面料 1.8 米,内面布料 1.5 米,装饰带 2 条. 面料 20 元/米,内面布料 10 元/米,装饰带每条 5 元,现先制作 8 套男生装和 10 套女生装样品共需多少元用料费?

解　所有数据可以排列出三个矩阵

男装　女装

$$A=\begin{bmatrix}8 & 10\end{bmatrix}$$

样品服装总数矩阵

面料　内面布料　装饰带

$$B=\begin{bmatrix}1.5 & 1.2 & 3\\ 1.8 & 1.5 & 2\end{bmatrix}\begin{matrix}\text{男装},\\ \text{女装}\end{matrix}$$

服装用料矩阵

价格

$$C=\begin{bmatrix}20\\ 10\\ 5\end{bmatrix}\begin{matrix}\text{面料}\\ \text{内面布料}\\ \text{装饰带}\end{matrix}$$

用料单价矩阵

服装制作的总价由如上三个矩阵的乘积得到,两个以上矩阵的乘积可以依次用矩阵乘

法的定义两个两个相乘

$$\left(\begin{bmatrix}1.5 & 1.2 & 3\\1.8 & 1.5 & 2\end{bmatrix}\cdot\begin{bmatrix}20\\10\\5\end{bmatrix}\right)\cdot\begin{bmatrix}8\\10\end{bmatrix}=\begin{bmatrix}30+12+15\\36+15+10\end{bmatrix}\cdot\begin{bmatrix}8\\10\end{bmatrix}=[1\ 066]$$

故共需 1 066 元.

例 2 一家食品店可以做三种不同规格的生日蛋糕,每种蛋糕配料的比例(以千克为单位来度量)可以用下面的配料矩阵 $\boldsymbol{P}$ 表示

$$\boldsymbol{P}=\text{蛋糕}\begin{matrix}\text{甲}\\\text{乙}\\\text{丙}\end{matrix}\overset{\begin{matrix}\text{水果} & \text{黄油} & \text{糖} & \text{面粉} & \text{鸡蛋} & \text{白兰地}\end{matrix}}{\begin{bmatrix}0.2 & 0.8 & 0.8 & 0.075 & 0.5 & 0.3\\0.15 & 0.6 & 0.6 & 0.05 & 0.4 & 0.2\\0.1 & 0.4 & 0.4 & 0.025 & 0.3 & 0.1\end{bmatrix}}$$

某一天,这家食品店根据预购单要做甲种蛋糕 2 个,乙种蛋糕 4 个,丙种蛋糕 3 个. 各种配料的单位质量的单价以元为单位,可以用物价矩阵 $\boldsymbol{Q}$ 表示出来

$$\boldsymbol{Q}=\overset{\begin{matrix}\text{水果} & \text{黄油} & \text{糖} & \text{面粉} & \text{鸡蛋} & \text{白兰地酒}\end{matrix}}{[6\quad 10\quad 5\quad 2\quad 10\quad 30]}$$

请核算一下这家食品店这一天生产生日蛋糕的总成本是多少元?

解 我们也把预购数量用矩阵 $\boldsymbol{R}$ 表示为

$$\boldsymbol{R}=\overset{\begin{matrix}\text{甲种} & \text{乙种} & \text{丙种}\end{matrix}}{[2\quad 4\quad 3]}$$

为了便于利用矩阵乘法,先取两个矩阵,使得前一个矩阵各行上的项目与后一个矩阵各列的项目一致. 设总成本为 W,则

$$\boldsymbol{W}=\left([2\quad 4\quad 3]\cdot\begin{bmatrix}0.2 & 0.8 & 0.8 & 0.075 & 0.5 & 0.3\\0.15 & 0.6 & 0.6 & 0.05 & 0.4 & 0.2\\0.1 & 0.4 & 0.4 & 0.025 & 0.3 & 0.1\end{bmatrix}\right)\cdot\begin{bmatrix}6\\10\\5\\4\\10\\30\end{bmatrix}=$$

$$[1.5\quad 5.2\quad 5.2\quad 4.25\quad 3.5\quad 1.7]\cdot\begin{bmatrix}6\\10\\5\\4\\10\\30\end{bmatrix}=$$

$$9+52+26+17+35+51=190.0(\text{元})$$

13.8 配平化学方程式与矩阵变换求解

在中学化学的学习中,配平化学方程式是经常要进行的工作,某些难度大的问题若借助于矩阵的知识来处理将显得简捷明快.

化学方程式是由化学式和系数组成的表示化学反应的等式,等式左边表示全部反应物的化学式和系数,等式右边表示全部生成物的化学式和系数.例如

$$14Cu_4SO_4+5FeS_2+12H_2O=7Cu_2S+5FeSO_4+2H_2SO_4$$

若将化学方程式中出现的所有元素规定一个次序,则方程式中的化学式可与 $1\times n$ 矩阵一一对应.例如在上述化学方程式中出现的元素规定一个顺序为"CuSOFeH"↔[CuSOFeH],则化学式 $CuSO_4$↔[11400],…H_2SO_4↔[01402].

一般地,设一个化学方程式中共出现 n 种元素,出现 i 种反应物,出现 j 种生成物,分别记为:$\boldsymbol{\alpha}_k=[a_{1k}\quad a_{2k}\quad\cdots\quad a_{nk}],k=1,2,\cdots,i;\boldsymbol{\beta}_s=[b_{1s}\quad b_{2s}\quad\cdots\quad b_{ns}],s=1,2,\cdots,j.$
这两个矩阵 $\boldsymbol{\alpha}_k,\boldsymbol{\beta}_s$ 中各元素均为非负整数,这样,每一个化学方程式就对应于矩阵等式

$$x_1\alpha_1+x_2\alpha_2+\cdots+x_i\alpha_i=y_1\beta_1+y_2\beta_2+\cdots+y_j\beta_j.$$

基于化学方程式等号两边每一元素的原子数目必须相等的原则,由上式可得决定系数 x_k 和 y_s 的齐次线性方程组

$$\begin{cases}a_{11}x_1+a_{12}x_2+\cdots+a_{1i}x_i=b_{11}y_1+b_{12}y_2+\cdots+b_{1j}y_j\\a_{21}x_1+a_{22}x_2+\cdots+a_{2i}x_i=b_{21}y_1+b_{22}y_2+\cdots+b_{2j}y_j\\\qquad\vdots\\a_{n1}x_1+a_{n2}x_2+\cdots+a_{ni}x_i=b_{n1}y_1+b_{n2}y_2+\cdots+b_{nj}y_j\end{cases}$$

记 $\boldsymbol{A}=(a_{tk})_{n\times i},\boldsymbol{B}=(b_{ts})_{n\times j},\boldsymbol{X}=[x_1\quad x_2\quad\cdots\quad x_i],\boldsymbol{Y}=[y_1\quad y_2\quad\cdots\quad y_j]$.则上述线性方程组可写为

$$\boldsymbol{AX}^{\mathrm{T}}=\boldsymbol{By}^{\mathrm{T}}(\text{其 }\boldsymbol{X}^{\mathrm{T}}\text{ 表 }\boldsymbol{X}\text{ 的转置})$$

从而

$$[\boldsymbol{A}\quad\boldsymbol{B}]\cdot\begin{bmatrix}\boldsymbol{X}^{\mathrm{T}}\\-\boldsymbol{Y}^{\mathrm{T}}\end{bmatrix}=0$$

为简便,可进一步写成 $\boldsymbol{C}\cdot\boldsymbol{Z}=0$.其中 $\boldsymbol{C}$ 为 $n\times m$ 阶矩阵,n 代表所给化学方程式中所含元素种数,m 代表反应物种数与生成物种数之和,即 $m=i+j$.$\boldsymbol{C}$ 中的元素为非负整数,且每一行对应一种元素,每一列对应一种化学式,它们均为非零矩阵.$\boldsymbol{Z}$ 为 $m\times 1$ 矩阵,其元素为非零有理数,代表化学方程式中的各项系数.其元素为正数时,表示它对应的化学式代表反应物之一;其元素为负数时,表示它对应的化学式代表生成物之一,根据化学方程式的意义,$k\boldsymbol{Z}$(k 为非零整数)都看作是等价的,即看作是同一系数组.

例1　配平下列化学方程式

$$Fe(OH)_2+O_2+H_2O\longrightarrow Fe(OH)_3$$

解　可令

$$z_1\cdot Fe(OH)_2+z_2\cdot O_2+z_3\cdot H_2O+z_4\cdot Fe(OH)_3=0$$

对应矩阵形式的方程组为

$$\begin{array}{c}\\ Fe\\ O\\ H\end{array}\begin{array}{c}\begin{array}{cccc}Fe(OH)_2 & O_2 & H_2O & Fe(OH)_3\end{array}\\ \begin{bmatrix}1 & 0 & 0 & 1\\2 & 2 & 1 & 3\\2 & 0 & 2 & 3\end{bmatrix}\end{array}\cdot\begin{bmatrix}z_1\\z_2\\z_3\\z_4\end{bmatrix}=0$$

基于化学方程式等号两边每一元素的原子数目必须相等的原则,故得不定方程组

$$\begin{cases} z_1 + z_4 = 0 \\ 2z_1 + 2z_2 + z_3 + 3z_4 = 0 \\ 2z_1 + 2z_3 + 3z_4 = 0 \end{cases}$$

若令 $z_1 = l$,则得 $z_4 = -l, z_2 = -\frac{l}{4}, z_3 = -\frac{l}{2}$. 故 $[z_1 \quad z_2 \quad z_3 \quad z_4] = k[4 \quad 1 \quad 2 \quad -4]$. 从而,有 $4Fe(OH)_2 + O_2 + 2H_2O = 4Fe(OH)_3$.

对于某些繁复的化学方程式的配平,还应将矩阵 $\boldsymbol{C}$ 进行行初等变换(即将某行同乘以一个非零常数;交换两行的位置;将某行同乘以某一个非零常数后再加到另一行对应元素上),变成 $\boldsymbol{C} = [\boldsymbol{E} \quad \boldsymbol{D}]$(其中 $\boldsymbol{E}$ 为单位矩阵,即主对角线上元素均为1,其余元素均为0的矩阵,且 $\boldsymbol{E},\boldsymbol{D}$ 是 $\boldsymbol{C}$ 经一系列初等行变换后的分块矩阵),再得不定方程组,而求得各个待求系数.

例2 配平下列化学方程式

$$CuSO_4 + FeS_2 + H_2O \longrightarrow Cu_2S + FeSO_4 + H_2SO_4$$

解 可令

$$z_1 \cdot CuSO_4 + z_2 \cdot FeS_2 + z_3 \cdot H_2O + z_4 \cdot Cu_2S + z_5 \cdot FeSO_4 + z_6 \cdot H_2SO_4 = 0$$

对应矩阵形式的方程组为

$$\begin{array}{c} \\ Cu \\ S \\ O \\ Fe \\ H \end{array} \begin{array}{c} \begin{array}{cccccc} CuSO_4 & FeS_2 & H_2O & Cu_2S & FeSO_4 & H_2SO_4 \end{array} \\ \begin{bmatrix} 1 & 0 & 0 & 2 & 0 & 0 \\ 1 & 2 & 0 & 1 & 1 & 1 \\ 4 & 0 & 1 & 0 & 4 & 4 \\ 0 & 1 & 0 & 0 & 1 & 0 \\ 0 & 0 & 2 & 0 & 0 & 2 \end{bmatrix} \end{array} \cdot \begin{bmatrix} z_1 \\ z_2 \\ z_3 \\ z_4 \\ z_5 \\ z_6 \end{bmatrix} = 0$$

并简记为 $\boldsymbol{C} \cdot \boldsymbol{Z} = 0$.

对 $\boldsymbol{C}$ 进行行初等变换,使得 $\boldsymbol{C} = [\boldsymbol{E} \quad \boldsymbol{D}]$,即有

$$\begin{bmatrix} 1 & 0 & 0 & 0 & 0 & \frac{7}{6} \\ 0 & 1 & 0 & 0 & 0 & \frac{5}{12} \\ 0 & 0 & 1 & 0 & 0 & 1 \\ 0 & 0 & 0 & 1 & 0 & -\frac{7}{12} \\ 0 & 0 & 0 & 0 & 1 & -\frac{5}{12} \end{bmatrix} \cdot \begin{bmatrix} z_1 \\ z_2 \\ z_3 \\ z_4 \\ z_5 \\ z_6 \end{bmatrix} = 0$$

基于化学方程式等号两边每一元素的原子数目必须相等的原则,得不定方程组

$$\begin{cases} z_1 + \frac{7}{5}z_6 = 0 \\ z_2 + \frac{5}{12}z_6 = 0 \\ z_3 + z_6 = 0 \\ z_4 - \frac{7}{12}z_6 = 0 \\ z_5 - \frac{5}{12}z_6 = 0 \end{cases} \Rightarrow \begin{cases} z_1 = -\frac{7}{6}k \\ z_2 = -\frac{5}{12}k \\ z_3 = -k \\ z_4 = \frac{7}{12}k \\ z_5 = \frac{5}{12}k \\ z_6 = k \end{cases}$$

故$[z_1\quad z_2\quad z_3\quad z_4\quad z_5\quad z_6] = l[14\quad 5\quad 12\quad -7\quad -5\quad -12]$.

从而 $$14CuSO_4 + 5FeS_2 + 12H_2O = 7Cu_2S + 5FeSO_4 + 12H_2SO_4$$

13.9　矩阵的其他应用

我们可以运用矩阵知识证明有关结论.

定义　数列 F_n 若满足 $F_{n+1} = kF_n + F_{n-1}, k \in \mathbf{N}^*, F_0 = 0, F_1 = 1$, 则称数列 F_n 为 k-Fibonacci 数列. 显然熟知的 Fibonacci 数列是当 $k = 1$ 时的情况.

结论　数列 F_n 为 k-Fibonacci 数列, 则 $F_{n+1}F_{n-1} - F_n^2 = (-1)^n$.

证明　采用矩阵方法证明.

(1) 先证明以下等式成立

$$\begin{pmatrix} F_{n+1} & F_n \\ F_n & F_{n-1} \end{pmatrix} = \begin{pmatrix} k & 1 \\ 1 & 0 \end{pmatrix}^2 \quad ①$$

采用数学归纳法证明, 当 $n = 1$ 时, $\begin{pmatrix} F_2 & F_1 \\ F_1 & F_0 \end{pmatrix} = \begin{pmatrix} k & 1 \\ 1 & 0 \end{pmatrix}$, 故结论成立.

假设当 $n = m$ 时, 结论成立, 即

$$\begin{pmatrix} F_{m+1} & F_m \\ F_m & F_{m-1} \end{pmatrix} = \begin{pmatrix} k & 1 \\ 1 & 0 \end{pmatrix}^m$$

则当 $n = m + 1$ 时, 将等式矩阵 $\begin{pmatrix} F_{m+1} & F_m \\ F_m & F_{m-1} \end{pmatrix} = \begin{pmatrix} k & 1 \\ 1 & 0 \end{pmatrix}^m$ 同乘以 $\begin{pmatrix} k & 1 \\ 1 & 0 \end{pmatrix}$ 则得

$$\begin{pmatrix} F_{m+2} & F_{m+1} \\ F_{m+1} & F_m \end{pmatrix} = \begin{pmatrix} k & 1 \\ 1 & 0 \end{pmatrix}^{m+1} \quad ②$$

从而式 ① 成立.

(2) 将矩阵等式 ① 两边同时取行列式后即得

$$F_{n+1}F_{n-1} - F_n^2 = (-1)^n$$

故结论成立, 并由此结论易得如下推论:

推论　$F_{2n+1}^2 - kF_{2n}F_{2n+1} - F_{2n}^2 = 1$.

由上述结论及推论可讨论如下问题:

问题　不定方程

$$x^2+kxy-y^2+1=0, k\in \mathbf{N}_+ \text{ (I)}$$

的非负整数解只有 k-Fibonacci 解,即 $x=F_{2n}, y=F_{2n+1}, n\in \mathbf{N}_+$.

证明　由推论可知当 $x=F_{2n}, y=F_{2n+1}, n\in \mathbf{N}_+$,满足方程式(1),$k$-Fibonacci 数列中当 $x=F_{2n}, y=F_{2n+1}, n\in \mathbf{N}_+$ 为不定方程式(1) 的解.

我们知道式(1) 的最小非负整数解是 $x=0, y=1$. 下证其只有 k-Fibonacci 数列的解.

引理 1　若 x_0, y_0 为方程(1) 的一组正整数解(非最小解),那么

$$\begin{cases}x=x_0+ky_0\\ y=kx_0+(k^2+1)y_0\end{cases} \quad \text{(II)}$$

或者

$$\begin{cases}x=(k^2+1)x_0-ky_0\\ y=y_0-kx_0\end{cases} \quad \text{(III)}$$

证明　将式(Ⅱ)直接代入方程式(Ⅰ)左边得$(x_0+kx_0)^2+k(x_0+ky_0)(kx_0+(k^2+1)y_0)-kx_0+(k^2+1)y_0)^2+1=x_0^2+kx_0y_0-y_0^2+1$.

而 x_0, y_0 为方程(Ⅰ)的一组正整数解,则 $x_0^2+kx_0y_0-y_0^2+1=0$,即

$$(x_0+ky_0)^2+k(x_0+ky_0)(kx_0+(k^2+1)y_0)-(kx_0+(k^2+1)y_0)^2+1=0$$

故式(Ⅱ)是方程(Ⅰ)的一组解,同理可证式(Ⅲ)也是方程(Ⅰ)的一组解.

运用同样的证明方法可得以下引理.

引理 2　若 x_0, y_0 为方程(Ⅰ)的一组正整数解,那么$\begin{cases}x=F_{2n-1}x_0+F_{2n}y_0\\ y=F_{2n}x_0+F_{2n+1}y_0\end{cases}$也是方程式(Ⅰ)的正整数解(递增构造解).

引理 3　若 x_k, y_k 为方程(Ⅰ)的一组正整数解,那么 x_k, y_k 一定表示成$\begin{cases}x_k=F_{2n-1}x_0+F_{2n}y_0\\ y_k=F_{2n}x_0+F_{2n+1}y_0\end{cases}$. 其中 x_0, y_0 为方程(Ⅰ)的一组正整数解.

由以上引理可知方程(Ⅰ)的通解形式为

$$\begin{cases}x=F_{2n-1}x_0+F_{2n}y_0\\ y=F_{2n}x_0+F_{2n+1}y_0\end{cases}$$

这里我们取 $x_0=0, y_0=1$,从而方程式(Ⅰ)的通解为$\begin{cases}x=F_{2n}\\ y=F_{2n+1}\end{cases}$ $(n=0,1,\cdots)$.

故方程式(Ⅰ)只有 k-Fibonacci 解,故问题得证.

思考题

1. 用矩阵知识证明下述不等式:

(1) $a,b,c\in \mathbf{R}^+$. 求证:$a+b+c\leqslant \dfrac{a^4+b^4+c^4}{abc}$;

(2) 若 $x>y, xy=1$,则$\dfrac{x^2+y^2}{x-y}\geqslant 2\sqrt{2}$;

(3) 若 $a+b>0$,n 是偶数,则$\dfrac{b^{n-1}}{a^n}+\dfrac{a^{n-1}}{b^n}\geqslant \dfrac{1}{a}+\dfrac{1}{b}$;

(4) 求证：$\sum_{i=1}^{n} \sin A_i \leqslant n - 1 + \prod_{i=1}^{n} \sin A_i$；

(5) 若 $a_i > 0, i = 1, 2, \cdots, n$, $\sum_{i=1}^{n} a_i = 1$，则 $\prod_{i=1}^{n}(1 + a_i) \leqslant (n + \frac{1}{n})^n$；

(6) 设 $a, b, c \in \mathbf{Z}^+$，求证：$a^{\frac{a}{a+b+c}} \cdot b^{\frac{b}{a+b+c}} \cdot c^{\frac{c}{a+b+c}} \geqslant \frac{1}{3}(a + b + c)$；

(7) 设 α, β, γ 均为锐角，且满足 $\cos^2\alpha + \cos^2\beta + \cos^2\gamma = 1$，求证：$\cot^2\alpha + \cot^2\beta + \cot^2\gamma \geqslant \frac{3}{2}$；

(8) 设 $x_i > 0, i = 1, 2, \cdots, n$，且 $\sum_{i=1}^{n} x_i = 1$. 求证：$\sum_{i=1}^{n} \frac{x_i^2}{1 - x_i} \geqslant \frac{1}{n - 1}$.

(9) 设 α, β 为锐角，$n \in \mathbf{N}_+$，求证

$$\frac{\sin^{n+2}\alpha}{\cos^n\beta} + \frac{\cos^{n+2}\alpha}{\sin^n\beta} \geqslant 1$$

(10) 设 α, β, γ 均为锐角，求证

$$\sin^3\alpha \cdot \cos^3\beta + \sin^3\alpha \cdot \sin^3\beta + \cos^3\alpha \geqslant \frac{\sqrt{3}}{3}$$

(11) 若 $x, y, z \in \mathbf{R}^+$，且 $x + y + z = 1$，求证

$$\frac{x^4}{y(1 - y^2)} + \frac{y^4}{z(1 - z^2)} + \frac{z^4}{x(1 - x^2)} \geqslant \frac{1}{8}$$

(12) 已知 $a, b \in \mathbf{R}^+$，且 $9a + 4b = 35$，求证

$$2a^4 + 3b^4 \geqslant 210$$

(13) 设任意凸 m 边形的内角分别为 $A_1, A_2, \cdots, A_m, m \in \mathbf{N}_+$，且 $n \geqslant 3, n \in \mathbf{N}_+$，求证

$$\sum_{i=1}^{m} \frac{1}{A_i^n} \geqslant \frac{m^{n+1}}{[(m - 2)\pi]^n}$$

(14) 在 $\triangle ABC$ 中，求证：$\cot^n A + \cot^n B + \cot^n C \geqslant \tan^n \frac{A}{2} + \tan^n \frac{B}{2} + \tan^n \frac{C}{2}$.

(15) 解方程组 $\begin{cases} 4x - 3y + z = 6 \\ 2x^4 + 12y^4 + 4z^4 = 3 \end{cases}$.

2. 某股份公司公开发行4 170万股股票，现共有1 652 158人申购，每人申购1 000股，现由计算机按申购先后次序给每个申购者一个编号，并在公证处监督下摇号决定中签号码，若申购者的编号的末位数(或末几位数) 与中签号相同者可以购买股票，问应摇出几个不同的一位数，几个不同的两位数，……，n 个不同的七位数？

3. 某种货物有三个产物，四个销地，从产地到销地的运价及产、销两地的供产量、需求量如下表(单位：元／吨，吨). 问怎样安排调运方案，才能使总运费最少？

运价 产地 / 销地	$B(1)$	$B(2)$	$B(3)$	$B(4)$	产量
甲(1)	1.5	2	0.3	3	100
乙(2)	7	0.8	1.4	2	80
丙(3)	1.2	0.3	2	2.5	50
销量	50	70	80	30	230

思考题参考解答

1.（1）由 $S\begin{bmatrix}a^2 & b^2 & c^2\\ b & c & a\\ c & a & b\end{bmatrix}\leqslant S\begin{bmatrix}a^2 & b^2 & c^2\\ a & b & c\\ a & b & c\end{bmatrix}$ 即证.

（2）由 $T\begin{bmatrix}x-y & \dfrac{2}{x-y}\\ x-y & \dfrac{2}{x-y}\end{bmatrix}=8, T\begin{bmatrix}x-y & \dfrac{2}{x-y}\\ \dfrac{2}{x-y} & x-y\end{bmatrix}=\left[\dfrac{(x-y)^2+2}{x-y}\right]^2=\left[\dfrac{(x^2+y^2)}{x-y}\right]^2$ 即证.

（3）由 $S\begin{bmatrix}\dfrac{1}{a^n} & \dfrac{1}{b_n}\\ b^{n-1} & a^{n-1}\end{bmatrix}\geqslant S\begin{bmatrix}\dfrac{1}{a^n} & \dfrac{1}{b^n}\\ a^{n-1} & b^{n-1}\end{bmatrix}$ 即证.

（4）由 $S\begin{bmatrix}\sin A_1 & 1 & \cdots & 1\\ 1 & \sin A_2 & \cdots & 1\\ \vdots & \vdots & & \vdots\\ 1 & 1 & \cdots & \sin A_n\end{bmatrix}\leqslant S\begin{bmatrix}\sin A_1 & 1 & \cdots & 1\\ \sin A_2 & 1 & \cdots & 1\\ \vdots & \vdots & & \vdots\\ \sin A_n & 1 & \cdots & 1\end{bmatrix}$ 即证.

（5）由 $\boldsymbol{A}=\begin{bmatrix}\dfrac{1}{n} & a_1 & a_1 & \cdots & a_1\\ \dfrac{1}{n} & a_1 & a_2 & \cdots & a_2\\ \vdots & \vdots & \vdots & & \vdots\\ \dfrac{1}{n} & a_n & a_n & \cdots & a_n\end{bmatrix}_{(n+1)\times(n+1)}$，其中第 $k+1$ 列有两个 a_k，其余全有，则 $\boldsymbol{A}$ 可同序，乱 $\boldsymbol{A}$，使 $\dfrac{1}{n},a_1,a_2,\cdots,a_n$ 进入每一列得 $\boldsymbol{A}'$，由 $T(\boldsymbol{A})\leqslant T(\boldsymbol{A}')$ 即证.

或由 $\boldsymbol{A}=\begin{bmatrix}1+a_1 & 1+a_2 & \cdots & 1+a_n\\ 1+a_1 & 1+a_2 & \cdots & 1+a_n\\ \vdots & \vdots & & \vdots\\ 1+a_1 & 1+a_2 & \cdots & 1+a_n\end{bmatrix}_{n\times n}$ 可同序，乱 $\boldsymbol{A}$ 使 $1+a_1,1+a_2,\cdots,1+a_n$ 进入每一列，得 $\boldsymbol{A}'$，由 $T(\boldsymbol{A})\leqslant T(\boldsymbol{A}')$ 亦即证.

（6）令 $\boldsymbol{A}=\begin{bmatrix}\dfrac{1}{a}\cdots\dfrac{1}{a} & \dfrac{1}{b}\cdots\dfrac{1}{b} & \dfrac{1}{c}\cdots\dfrac{1}{c}\\ \dfrac{1}{b}\cdots\dfrac{1}{b} & \dfrac{1}{c}\cdots\dfrac{1}{c} & \dfrac{1}{a}\cdots\dfrac{1}{a}\\ \vdots & \vdots & \vdots\\ \dfrac{1}{c}\cdots\dfrac{1}{c} & \dfrac{1}{a}\cdots\dfrac{1}{a} & \dfrac{1}{b}\cdots\dfrac{1}{b}\end{bmatrix}_{(a+b+c)\times(a+b+c)}$，其中每行、每列均有 a 个 $\dfrac{1}{a}$，b 个 $\dfrac{1}{b}$，c 个 $\dfrac{1}{c}$，由 $G(\sum \boldsymbol{A}_j)\geqslant \sum G(\boldsymbol{A}_j)$ 即证.

（7）令 $a=\cos^2\alpha,b=\cos^2\beta,c=\cos^2\alpha$，则 $a+b+c=1$ 且 $\cot^2\alpha+\cot^2\beta+\cot^2\gamma=\dfrac{1}{1-a}+$

$\frac{b}{1-b}+\frac{1}{1-c}=\frac{a^2}{1-a}+\frac{b^2}{1-b}+\frac{c^2}{1-c}+a+b+c.$

令 $\boldsymbol{A}=\begin{bmatrix}\frac{a^2}{1-a} & 1-a\\ \frac{b^2}{1-b} & 1-b\\ \frac{c^2}{1-c} & 1-c\end{bmatrix}_{3\times 2}$，由 $G(\sum \boldsymbol{A}_j)\geqslant \sum G(\boldsymbol{A}_j)$ 即证.

(8) 令 $\boldsymbol{A}=\begin{bmatrix}\frac{x_1^2}{1-x_1} & 1-x_1\\ \frac{x_2^2}{1-x^2} & 1-x_2\\ \vdots & \vdots\\ \frac{x_n^2}{1-x_n} & 1-x_n\end{bmatrix}_{n\times 2}$，由 $G(\sum \boldsymbol{A}_j)\geqslant \sum G(\boldsymbol{A}_j)$ 即证.

(9) 令 $\boldsymbol{A}=\begin{bmatrix}\frac{\sin^{n+2}\alpha}{\cos^n\beta} & \frac{\sin^{n+2}\alpha}{\cos^n\beta} & \cos^2\beta & \cdots & \cos^2\beta\\ \frac{\cos^{n+2}\alpha}{\cos^n\beta} & \frac{\cos^{n+2}\alpha}{\cos^n\beta} & \sin^2\beta & \cdots & \sin^2\beta\end{bmatrix}_{2\times(n+2)}$，由 $G(\sum \boldsymbol{A}_j)\geqslant \sum G(\boldsymbol{A}_j)$ 即证.

(10) 令 $\boldsymbol{A}=\begin{bmatrix}\sin^3\alpha\cdot\cos^3\beta & \sin^3\alpha\cdot\cos^3\beta & 1\\ \sin^3\alpha\cdot\sin^3\beta & \sin^3\alpha\cdot\sin^3\beta & 1\\ \cos^3\alpha & \cos^3\alpha & 1\end{bmatrix}_{3\times 3}$，由 $G(\sum \boldsymbol{A}_j)\geqslant \sum G(\boldsymbol{A}_j)$ 即证.

(11) 令 $\boldsymbol{A}=\begin{bmatrix}\frac{x^4}{y(1-y^2)} & y & 1-y & 1+y\\ \frac{y^4}{z(1-z^2)} & z & 1-z & 1+z\\ \frac{z^4}{x(1-x^2)} & x & 1-x & 1+x\end{bmatrix}_{3\times 4}$，由 $G(\sum \boldsymbol{A}_j)\geqslant \sum G(\boldsymbol{A}_j)$ 即证.

(12) 令 $\boldsymbol{A}=\begin{bmatrix}2a^4 & 2a^4 & 2a^4 & (\frac{1}{2})^3 & 27 & \cdots & 27\\ 3b^4 & 3b^4 & 3b^4 & (\frac{1}{3})^3 & 8 & \cdots & 8\end{bmatrix}_{2\times 12}$，由 $G(\sum \boldsymbol{A}_j)\geqslant \sum G(\boldsymbol{A}_j)$ 即证. 其中注意到 $\frac{2a^4}{9a}=\frac{3b^4}{4b}=\frac{210}{35}$，即 $a=3,b=2$ 时，$2a^4+3b^4=210$ 成立.

(13) 令 $\boldsymbol{M}=\begin{bmatrix}q_1 & q_2\\ 1 & A_1\\ 1 & A_2\\ \vdots & \vdots\\ 1 & A_m\end{bmatrix}_{m\times 2}$，其中 $q_1=n+1,q_2=n$，由 Q 不等式即证.

(14) 令 $\boldsymbol{A}=\begin{bmatrix}\cot B & \cot C\\ \cot B & \cot C\\ \vdots & \vdots\\ \cot B & \cot C\end{bmatrix}_{n\times 2}$，由 $A(\sum \boldsymbol{A}_j)\geqslant \sum A(\boldsymbol{A}_j)$，有

$$\frac{1}{2}(\cot^n B+\cot^n C)\geqslant\left(\frac{\cot B+\cot C}{2}\right)^n=\left[\frac{\sin(B+C)}{2\sin B\cdot\sin C}\right]^n=$$

$$\left(\frac{1}{2}\right)^n\left[\frac{2\sin A}{\cos(B-C)-\sin(B+C)}\right]^n\geqslant$$

$$\left(\frac{1}{2}\cdot\frac{2\sin A}{1+\cos A}\right)^n=\tan^n\frac{A}{2}.$$

同理，得另两式，从而即证.

(15) 令 $\boldsymbol{A}=\begin{bmatrix}P_1 & P_2\\ |4x| & 8\\ |-3y| & 3\\ |z| & 1\end{bmatrix}$，其中 $P_1=4$，$P_2=3$.

由 Q 不等式，并注意 $\frac{|4x|}{8}=\frac{-3y}{3}=\frac{z}{1}=\frac{6}{12}$ 时，等号成立. 由此即证.

2. 按4 170万股股票，每人1 000股计算，其可有41 700人购买股票. 由于中签率 $r=\frac{41\ 700}{1\ 652\ 158}\approx 0.025$，所以摇出的中签号码至少是两位数(否则中签人数超过41 700).

当中签号码是某个两位数时，中签人数为16 521个或16 522个(当这个两位数 $a\leqslant 58$ 时，有16 522个人中签，当 $a>58$ 时，有16 521个人中签). 又由于 $\left[\frac{41\ 700}{16\ 522}\right]=2$，所以可摇2个两位数，余下的可中签人数在8 656(41 700 − 2 × 16 522)至8 658(41 700 − 2 × 16 521)之间. 当中签号码是某个三位数时，中签人数为1 652个或1 653个，又由于 $\left[\frac{8\ 658}{1\ 653}\right]=5$，所以可摇5个三位数，类推下表：

中签号码位数	中签人数	中签号码个数	中签号码总人数	累计总人数
1	165 215 ~ 165 216	0		0
2	16 521 ~ 16 522	2	33 042 ~ 33 044	33 042 ~ 33 044
3	1 652 ~ 1 653	5	8 260 ~ 8 265	41 302 ~ 41 309
4	165 ~ 166	2	330 ~ 332	41 632 ~ 41 641
5	16 ~ 17	3	48 ~ 51	41 680 ~ 41 692
6	1 ~ 2	9	9 ~ 18	41 689 ~ 41 710
7	0 ~ 1	1	0	41 689 ~ 41 711

3. 作出下表即可：

	$B(1)$	$B(2)$	$B(3)$	$B(4)$	
甲(1)	20	0	80	0	100
乙(2)	0	50	0	30	80
丙(3)	30	20	0	0	50
	50	70	80	30	230

参考文献

[1] 华罗庚.从祖冲之的圆周率谈起[M].北京:人民教育出版社,1964.
[2] 张奠宙,等.现代数学与中学数学[M].上海:上海教育出版社,1990.
[3] 张奠宙.初中数学应用题基本训练[M].上海:华东师范大学出版社,1994.
[4] 沈翔,等.高中数学应用200例[M].上海:华东师范大学出版社,1997.
[5] 宣立新,马明.周期函数初论[M].合肥:安徽教育出版社,1990.
[6] 蒋声.形形色色的曲线[M].上海:上海教育出版社,1985.
[7] 王占元.有趣的数学[M].北京:北京教育出版社,1996.
[8] 李实.物体形状漫谈[M].上海:上海人民出版社,1976.
[9] Ъ А КОРДЕМСКИЙ, Н В РУСАЛЕВ. 奇妙的正方形[M].北京:中国青年出版社,1955.
[10] 翟连林.谈天说地话方圆[M].郑州:河南教育出版社,1986.
[11] 吕学礼.学习曲线[J].中学数学教学,1984(3):20-21.
[12] 吕学礼.古代的一些天文测量[J].中学数学教学,1984(3):34.
[13] 井中.叠砖问题[J].中学生数学,1984(4):41.
[14] 潘国本.有关钟表的应用问题[J].中学生数学,1985(1):22-23.
[15] 查有梁.奇妙的连分数[J].中学生数学,1984(2):16-17.
[16] 熊列.锯齿波函数的一个新用场[J].数学教学研究,1988(3):35-36.
[17] 秦源.弹性函数在交通安全系统中的应用[J].数学通报,1993(11):40-41.
[18] 倪瑞祥.三角形费马点性质及其在一类最优化实际问题中的应用[J].福建中学数学,1998(3):16-17.
[19] 胡炳生.几何图形在商标设计中的应用[J].数学通报,1997(1):34-36.
[20] 林萱华.种群遗传与几何变换[J].福建中学数学,1986(5):15-17.
[21] 张顺燕.数学的思想、方法和应用[M].北京:北京大学出版社,1997.
[22] 于照光,等.中奖心理人皆有,巧用概率促销售[J].数学通讯,1997(11):44-45.
[23] 司存瑞.用概率方法解排列组合问题[J].中学数学(江苏),1991(10):27-28.
[24] 易南轩.数学美拾趣[M].北京:科学出版社,2005.
[25] 方程.三进数与猜年龄游戏[J].中学生数学,1995(2):9.
[26] 虞涛.有关数据处理的应用题两则[J].中学生数学,2000(8):17.
[27] 蔡元新.线性规划的应用[J].福建中学数学,2001(2):24-26.
[28] 龙吉才.巧夺天工的蜂房构造[J].中学生数学,1996(2):12-13.
[29] 张国坤.一个递推数列在实际问题中的应用[J].数学通讯,2000(6):44.
[30] 张锐."等值线"概念的推广及应用[J].数学教学研究,1999(6):38-39.
[31] 徐传胜.概率论与红楼梦[J].数学通报,2004(1):36-38.
[32] 易伦,李上红.概率在生活中的几点应用[J].数学通讯,2002(10):44-45.
[33] 高琦,刘碧波.趣谈概率[J].数学通讯,2002(17):48-49.

[34] 胡炳生.彩票中的概率统计问题[J].中学数学教学,2001(4):9-11.
[35] 张爱芹.概率知识在医学中的应用举例[J].数学通讯,2004(21):19-20.
[36] 徐庆林.集合在受限排列组合问题的应用[J].数学通报,2004(9):27-28.
[37] 慕泽刚.用集合解释和研究概率问题[J].中学数学杂志(高中),2006(2):21-23.
[38] 乔希民.几个代数问题的概率模型[J].数学通讯,2005(1):17-18.
[39] 刘世泽.历法中的数学[J].数学通讯,2006(18):45-47.

作者出版的相关书籍与发表的相关文章目录

[1] 矩阵的初等应用[M]. 长沙:湖南科学技术出版社,1996.
[2] 关于中学数学应用研究的几点思考[J]. 数学教育学报,2000(1):85-89.
[3] 3 的剩余类及应用[J]. 中等数学,1991(3):5-8.
[4] 位似变换及应用[J]. 中等数学. 1994(2):1-3.
[5] 根轴的性质及应用[J]. 中等数学,2004(1):6-10.
[6] 完全四边形的性质应用举例[J]. 中等数学,2006(10):16-20.
[7] 两个不等式的应用举例[J]. 中学数学研究,1987(8):27-28.
[8] 函数不动点及应用[J]. 中学教研(数学),1993(3):29-32.
[9] 多项式的拉格朗日公式及应用[J]. 中学教研(数学),1994(11):32-36.
[10] 数的二进位制及应用[J]. 中学数学(苏州),1990(10):23-25.
[11] 三面角的性质及应用[J]. 中学数学(苏州),1992(5):40-43.
[12] 三角形内心的性质及应用[J]. 中学数学教学参考,2002(3):59-62.
[13] 三角形外心的性质及应用[J]. 中学数学教学参考,2002(4):54-57.
[14] 三角形重心的性质及应用[J]. 中学数学教学参考,2002(5):55-58.
[15] 三角形垂心的性质及应用[J]. 中学数学教学参考,2002(6):47-50.
[16] 三角形旁心的性质及应用[J]. 中学数学教学参考,2002(7):54-56.
[17] 梅涅劳斯定理及其应用[J]. 中学数学教学参考,2003(7):52-55.
[18] 塞瓦定理及其应用[J]. 中学数学教学参考,2003(8):55-59.
[19] 托勒迷定理及应用[J]. 中学数学教学参考,2003(9):57-60.
[20] 西姆松定理及应用[J]. 中学数学教学参考,2003(10):51-54.
[21] 三角形巧合点面的一些性质及应用[J]. 中学数学月刊,2002(6):41-44.
[22] 初等复合函数的若干性质及应用[J]. 数学月刊,1993(10):5-8.
[23] "可逆还原原理" 及应用[J]. 教与学报. 1987(25).

哈尔滨工业大学出版社刘培杰数学工作室 已出版(即将出版)图书目录

书名	出版时间	定价	编号
新编中学数学解题方法全书(高中版)上卷	2007—09	38.00	7
新编中学数学解题方法全书(高中版)中卷	2007—09	48.00	8
新编中学数学解题方法全书(高中版)下卷(一)	2007—09	42.00	17
新编中学数学解题方法全书(高中版)下卷(二)	2007—09	38.00	18
新编中学数学解题方法全书(高中版)下卷(三)	2010—06	58.00	73
新编中学数学解题方法全书(初中版)上卷	2008—01	28.00	29
新编中学数学解题方法全书(初中版)中卷	2010—07	38.00	75
新编中学数学解题方法全书(高考复习卷)	2010—01	48.00	67
新编中学数学解题方法全书(高考真题卷)	2010—01	38.00	62
新编中学数学解题方法全书(高考精华卷)	2011—03	68.00	118
新编平面解析几何解题方法全书(专题讲座卷)	2010—01	18.00	61
新编中学数学解题方法全书(自主招生卷)	2013—08	88.00	261
数学眼光透视(第2版)	2017—06	78.00	732
数学思想领悟	2008—01	38.00	25
数学应用展观(第2版)	2017—08	68.00	737
数学建模导引	2008—01	28.00	23
数学方法溯源	2008—01	38.00	27
数学史话览胜(第2版)	2017—01	48.00	736
数学思维技术	2013—09	38.00	260
数学解题引论	2017—05	48.00	735
从毕达哥拉斯到怀尔斯	2007—10	48.00	9
从迪利克雷到维斯卡尔迪	2008—01	48.00	21
从哥德巴赫到陈景润	2008—05	98.00	35
从庞加莱到佩雷尔曼	2011—08	138.00	136
数学奥林匹克与数学文化(第一辑)	2006—05	48.00	4
数学奥林匹克与数学文化(第二辑)(竞赛卷)	2008—01	48.00	19
数学奥林匹克与数学文化(第二辑)(文化卷)	2008—07	58.00	36′
数学奥林匹克与数学文化(第三辑)(竞赛卷)	2010—01	48.00	59
数学奥林匹克与数学文化(第四辑)(竞赛卷)	2011—08	58.00	87
数学奥林匹克与数学文化(第五辑)	2015—06	98.00	370

哈尔滨工业大学出版社刘培杰数学工作室已出版(即将出版)图书目录

书　名	出版时间	定　价	编号
世界著名平面几何经典著作钩沉——几何作图专题卷(上)	2009-06	48.00	49
世界著名平面几何经典著作钩沉——几何作图专题卷(下)	2011-01	88.00	80
世界著名平面几何经典著作钩沉(民国平面几何老课本)	2011-03	38.00	113
世界著名平面几何经典著作钩沉(建国初期平面三角老课本)	2015-08	38.00	507
世界著名解析几何经典著作钩沉——平面解析几何卷	2014-01	38.00	264
世界著名数论经典著作钩沉(算术卷)	2012-01	28.00	125
世界著名数学经典著作钩沉——立体几何卷	2011-02	28.00	88
世界著名三角学经典著作钩沉(平面三角卷Ⅰ)	2010-06	28.00	69
世界著名三角学经典著作钩沉(平面三角卷Ⅱ)	2011-01	38.00	78
世界著名初等数论经典著作钩沉(理论和实用算术卷)	2011-07	38.00	126

书　名	出版时间	定　价	编号
发展你的空间想象力	2017-06	38.00	785
走向国际数学奥林匹克的平面几何试题诠释(上、下)(第1版)	2007-01	68.00	11,12
走向国际数学奥林匹克的平面几何试题诠释(上、下)(第2版)	2010-02	98.00	63,64
平面几何证明方法全书	2007-08	35.00	1
平面几何证明方法全书习题解答(第1版)	2005-10	18.00	2
平面几何证明方法全书习题解答(第2版)	2006-12	18.00	10
平面几何天天练上卷·基础篇(直线型)	2013-01	58.00	208
平面几何天天练中卷·基础篇(涉及圆)	2013-01	28.00	234
平面几何天天练下卷·提高篇	2013-01	58.00	237
平面几何专题研究	2013-07	98.00	258
最新世界各国数学奥林匹克中的平面几何试题	2007-09	38.00	14
数学竞赛平面几何典型题及新颖解	2010-07	48.00	74
初等数学复习及研究(平面几何)	2008-09	58.00	38
初等数学复习及研究(立体几何)	2010-06	38.00	71
初等数学复习及研究(平面几何)习题解答	2009-01	48.00	42
几何学教程(平面几何卷)	2011-03	68.00	90
几何学教程(立体几何卷)	2011-07	68.00	130
几何变换与几何证题	2010-06	88.00	70
计算方法与几何证题	2011-06	28.00	129
立体几何技巧与方法	2014-04	88.00	293
几何瑰宝——平面几何500名题暨1000条定理(上、下)	2010-07	138.00	76,77
三角形的解法与应用	2012-07	18.00	183
近代的三角形几何学	2012-07	48.00	184
一般折线几何学	2015-08	48.00	503
三角形的五心	2009-06	28.00	51
三角形的六心及其应用	2015-10	68.00	542
三角形趣谈	2012-08	28.00	212
解三角形	2014-01	28.00	265
三角学专门教程	2014-09	28.00	387
距离几何分析导引	2015-02	68.00	446
图天下几何新题试卷.初中	2017-01	58.00	714

哈尔滨工业大学出版社刘培杰数学工作室 已出版(即将出版)图书目录

书　名	出版时间	定　价	编号
圆锥曲线习题集(上册)	2013－06	68.00	255
圆锥曲线习题集(中册)	2015－01	78.00	434
圆锥曲线习题集(下册・第1卷)	2016－10	78.00	683
论九点圆	2015－05	88.00	645
近代欧氏几何学	2012－03	48.00	162
罗巴切夫斯基几何学及几何基础概要	2012－07	28.00	188
罗巴切夫斯基几何学初步	2015－06	28.00	474
用三角、解析几何、复数、向量计算解数学竞赛几何题	2015－03	48.00	455
美国中学几何教程	2015－04	88.00	458
三线坐标与三角形特征点	2015－04	98.00	460
平面解析几何方法与研究(第1卷)	2015－05	18.00	471
平面解析几何方法与研究(第2卷)	2015－06	18.00	472
平面解析几何方法与研究(第3卷)	2015－07	18.00	473
解析几何研究	2015－01	38.00	425
解析几何学教程.上	2016－01	38.00	574
解析几何学教程.下	2016－01	38.00	575
几何学基础	2016－01	58.00	581
初等几何研究	2015－02	58.00	444
大学几何学	2017－01	78.00	688
关于曲面的一般研究	2016－11	48.00	690
十九和二十世纪欧氏几何学中的片段	2017－01	58.00	696
近世纯粹几何学初论	2017－01	58.00	711
拓扑学与几何学基础讲义	2017－04	58.00	756
物理学中的几何方法	2017－06	88.00	767
平面几何中考.高考.奥数一本通	2017－07	28.00	820
几何学简史	2017－08	28.00	833
俄罗斯平面几何问题集	2009－08	88.00	55
俄罗斯立体几何问题集	2014－03	58.00	283
俄罗斯几何大师——沙雷金论数学及其他	2014－01	48.00	271
来自俄罗斯的5000道几何习题及解答	2011－03	58.00	89
俄罗斯初等数学问题集	2012－05	38.00	177
俄罗斯函数问题集	2011－03	38.00	103
俄罗斯组合分析问题集	2011－01	48.00	79
俄罗斯初等数学万题选——三角卷	2012－11	38.00	222
俄罗斯初等数学万题选——代数卷	2013－08	68.00	225
俄罗斯初等数学万题选——几何卷	2014－01	68.00	226
463个俄罗斯几何老问题	2012－01	28.00	152
超越吉米多维奇.数列的极限	2009－11	48.00	58
超越普里瓦洛夫.留数卷	2015－01	28.00	437
超越普里瓦洛夫.无穷乘积与它对解析函数的应用卷	2015－05	28.00	477
超越普里瓦洛夫.积分卷	2015－06	18.00	481
超越普里瓦洛夫.基础知识卷	2015－06	28.00	482
超越普里瓦洛夫.数项级数卷	2015－07	38.00	489
初等数论难题集(第一卷)	2009－05	68.00	44
初等数论难题集(第二卷)(上、下)	2011－02	128.00	82,83
数论概貌	2011－03	18.00	93
代数数论(第二版)	2013－08	58.00	94
代数多项式	2014－06	38.00	289
初等数论的知识与问题	2011－02	28.00	95
超越数论基础	2011－03	28.00	96
数论初等教程	2011－03	28.00	97
数论基础	2011－03	18.00	98
数论基础与维诺格拉多夫	2014－03	18.00	292

哈尔滨工业大学出版社刘培杰数学工作室已出版(即将出版)图书目录

书 名	出版时间	定 价	编号
解析数论基础	2012-08	28.00	216
解析数论基础(第二版)	2014-01	48.00	287
解析数论问题集(第二版)(原版引进)	2014-05	88.00	343
解析数论问题集(第二版)(中译本)	2016-04	88.00	607
解析数论基础(潘承洞,潘承彪著)	2016-07	98.00	673
解析数论导引	2016-07	58.00	674
数论入门	2011-03	38.00	99
代数数论入门	2015-03	38.00	448
数论开篇	2012-07	28.00	194
解析数论引论	2011-03	48.00	100
Barban Davenport Halberstam 均值和	2009-01	40.00	33
基础数论	2011-03	28.00	101
初等数论 100 例	2011-05	18.00	122
初等数论经典例题	2012-07	18.00	204
最新世界各国数学奥林匹克中的初等数论试题(上、下)	2012-01	138.00	144,145
初等数论(Ⅰ)	2012-01	18.00	156
初等数论(Ⅱ)	2012-01	18.00	157
初等数论(Ⅲ)	2012-01	28.00	158
平面几何与数论中未解决的新老问题	2013-01	68.00	229
代数数论简史	2014-11	28.00	408
代数数论	2015-09	88.00	532
代数、数论及分析习题集	2016-11	98.00	695
数论导引提要及习题解答	2016-01	48.00	559
素数定理的初等证明.第2版	2016-09	48.00	686
数论中的模函数与狄利克雷级数(第二版)	2017-11	78.00	837
谈谈素数	2011-03	18.00	91
平方和	2011-03	18.00	92
复变函数引论	2013-10	68.00	269
伸缩变换与抛物旋转	2015-01	38.00	449
无穷分析引论(上)	2013-04	88.00	247
无穷分析引论(下)	2013-04	98.00	245
数学分析	2014-04	28.00	338
数学分析中的一个新方法及其应用	2013-01	38.00	231
数学分析例选:通过范例学技巧	2013-01	88.00	243
高等代数例选:通过范例学技巧	2015-06	88.00	475
三角级数论(上册)(陈建功)	2013-01	38.00	232
三角级数论(下册)(陈建功)	2013-01	48.00	233
三角级数论(哈代)	2013-06	48.00	254
三角级数	2015-07	28.00	263
超越数	2011-03	18.00	109
三角和方法	2011-03	18.00	112
整数论	2011-05	38.00	120
从整数谈起	2015-10	28.00	538
随机过程(Ⅰ)	2014-01	78.00	224
随机过程(Ⅱ)	2014-01	68.00	235
算术探索	2011-12	158.00	148
组合数学	2012-04	28.00	178
组合数学浅谈	2012-03	28.00	159
丢番图方程引论	2012-03	48.00	172
拉普拉斯变换及其应用	2015-02	38.00	447
高等代数.上	2016-01	38.00	548
高等代数.下	2016-01	38.00	549

哈尔滨工业大学出版社刘培杰数学工作室
已出版(即将出版)图书目录

书　　名	出版时间	定　价	编号
高等代数教程	2016-01	58.00	579
数学解析教程.上卷.1	2016-01	58.00	546
数学解析教程.上卷.2	2016-01	38.00	553
数学解析教程.下卷.1	2017-04	48.00	781
数学解析教程.下卷.2	2017-06	48.00	782
函数构造论.上	2016-01	38.00	554
函数构造论.中	2017-06	48.00	555
函数构造论.下	2016-09	48.00	680
数与多项式	2016-01	38.00	558
概周期函数	2016-01	48.00	572
变叙的项的极限分布律	2016-01	18.00	573
整函数	2012-08	18.00	161
近代拓扑学研究	2013-04	38.00	239
多项式和无理数	2008-01	68.00	22
模糊数据统计学	2008-03	48.00	31
模糊分析学与特殊泛函空间	2013-01	68.00	241
谈谈不定方程	2011-05	28.00	119
常微分方程	2016-01	58.00	586
平稳随机函数导论	2016-03	48.00	587
量子力学原理・上	2016-01	38.00	588
图与矩阵	2014-08	40.00	644
钢丝绳原理:第二版	2017-01	78.00	745
代数拓扑和微分拓扑简史	2017-06	68.00	791
受控理论与解析不等式	2012-05	78.00	165
解析不等式新论	2009-06	68.00	48
建立不等式的方法	2011-03	98.00	104
数学奥林匹克不等式研究	2009-08	68.00	56
不等式研究(第二辑)	2012-02	68.00	153
不等式的秘密(第一卷)	2012-02	28.00	154
不等式的秘密(第一卷)(第2版)	2014-02	38.00	286
不等式的秘密(第二卷)	2014-01	38.00	268
初等不等式的证明方法	2010-06	38.00	123
初等不等式的证明方法(第二版)	2014-11	38.00	407
不等式・理论・方法(基础卷)	2015-07	38.00	496
不等式・理论・方法(经典不等式卷)	2015-07	38.00	497
不等式・理论・方法(特殊类型不等式卷)	2015-07	48.00	498
不等式的分拆降维降幂方法与可读证明	2016-01	68.00	591
不等式探究	2016-03	38.00	582
不等式探秘	2017-01	88.00	689
四面体不等式	2017-01	68.00	715
数学奥林匹克中常见重要不等式	2017-09	38.00	845
同余理论	2012-05	38.00	163
[x]与{x}	2015-04	48.00	476
极值与最值.上卷	2015-06	28.00	486
极值与最值.中卷	2015-06	38.00	487
极值与最值.下卷	2015-06	28.00	488
整数的性质	2012-11	38.00	192
完全平方数及其应用	2015-08	78.00	506
多项式理论	2015-10	88.00	541

哈尔滨工业大学出版社刘培杰数学工作室已出版(即将出版)图书目录

书 名	出版时间	定 价	编号
历届美国中学生数学竞赛试题及解答(第一卷)1950—1954	2014—07	18.00	277
历届美国中学生数学竞赛试题及解答(第二卷)1955—1959	2014—04	18.00	278
历届美国中学生数学竞赛试题及解答(第三卷)1960—1964	2014—06	18.00	279
历届美国中学生数学竞赛试题及解答(第四卷)1965—1969	2014—04	28.00	280
历届美国中学生数学竞赛试题及解答(第五卷)1970—1972	2014—06	18.00	281
历届美国中学生数学竞赛试题及解答(第六卷)1973—1980	2017—07	18.00	768
历届美国中学生数学竞赛试题及解答(第七卷)1981—1986	2015—01	18.00	424
历届美国中学生数学竞赛试题及解答(第八卷)1987—1990	2017—05	18.00	769
历届 IMO 试题集(1959—2005)	2006—05	58.00	5
历届 CMO 试题集	2008—09	28.00	40
历届中国数学奥林匹克试题集(第 2 版)	2017—03	38.00	757
历届加拿大数学奥林匹克试题集	2012—08	38.00	215
历届美国数学奥林匹克试题集:多解推广加强	2012—08	38.00	209
历届美国数学奥林匹克试题集:多解推广加强(第 2 版)	2016—03	48.00	592
历届波兰数学竞赛试题集.第 1 卷,1949~1963	2015—03	18.00	453
历届波兰数学竞赛试题集.第 2 卷,1964~1976	2015—03	18.00	454
历届巴尔干数学奥林匹克试题集	2015—05	38.00	466
保加利亚数学奥林匹克	2014—10	38.00	393
圣彼得堡数学奥林匹克试题集	2015—01	38.00	429
匈牙利奥林匹克数学竞赛题解.第 1 卷	2016—05	28.00	593
匈牙利奥林匹克数学竞赛题解.第 2 卷	2016—05	28.00	594
超越普特南试题:大学数学竞赛中的方法与技巧	2017—04	98.00	758
历届国际大学生数学竞赛试题集(1994—2010)	2012—01	28.00	143
全国大学生数学夏令营数学竞赛试题及解答	2007—03	28.00	15
全国大学生数学竞赛辅导教程	2012—07	28.00	189
全国大学生数学竞赛复习全书(第 2 版)	2017—05	58.00	787
历届美国大学生数学竞赛试题集	2009—03	88.00	43
前苏联大学生数学奥林匹克竞赛题解(上编)	2012—04	28.00	169
前苏联大学生数学奥林匹克竞赛题解(下编)	2012—04	38.00	170
历届美国数学邀请赛试题集	2014—01	48.00	270
全国高中数学竞赛试题及解答.第 1 卷	2014—07	38.00	331
大学生数学竞赛讲义	2014—09	28.00	371
普林斯顿大学数学竞赛	2016—06	38.00	669
亚太地区数学奥林匹克竞赛题	2015—07	18.00	492
日本历届(初级)广中杯数学竞赛试题及解答.第 1 卷(2000~2007)	2016—05	28.00	641
日本历届(初级)广中杯数学竞赛试题及解答.第 2 卷(2008~2015)	2016—05	38.00	642
360 个数学竞赛问题	2016—08	58.00	677
奥数最佳实战题.上卷	2017—06	38.00	760
奥数最佳实战题.下卷	2017—05	58.00	761
哈尔滨市早期中学数学竞赛试题汇编	2016—07	28.00	672
全国高中数学联赛试题及解答:1981—2015	2016—08	98.00	676
20 世纪 50 年代全国部分城市数学竞赛试题汇编	2017—07	28.00	797
高考数学临门一脚(含密押三套卷)(理科版)	2017—01	45.00	743
高考数学临门一脚(含密押三套卷)(文科版)	2017—01	45.00	744
新课标高考数学题型全归纳(文科版)	2015—05	72.00	467
新课标高考数学题型全归纳(理科版)	2015—05	82.00	468
洞穿高考数学解答题核心考点(理科版)	2015—11	49.80	550
洞穿高考数学解答题核心考点(文科版)	2015—11	46.80	551
高考数学题型全归纳:文科版.上	2016—05	53.00	663
高考数学题型全归纳:文科版.下	2016—05	53.00	664
高考数学题型全归纳:理科版.上	2016—05	58.00	665
高考数学题型全归纳:理科版.下	2016—05	58.00	666

哈尔滨工业大学出版社刘培杰数学工作室已出版(即将出版)图书目录

书　名	出版时间	定　价	编号
王连笑教你怎样学数学:高考选择题解题策略与客观题实用训练	2014－01	48.00	262
王连笑教你怎样学数学:高考数学高层次讲座	2015－02	48.00	432
高考数学的理论与实践	2009－08	38.00	53
高考数学核心题型解题方法与技巧	2010－01	28.00	86
高考思维新平台	2014－03	38.00	259
30 分钟拿下高考数学选择题、填空题(理科版)	2016－10	39.80	720
30 分钟拿下高考数学选择题、填空题(文科版)	2016－10	39.80	721
高考数学压轴题解题诀窍(上)	2012－02	78.00	166
高考数学压轴题解题诀窍(下)	2012－03	28.00	167
北京市五区文科数学三年高考模拟题详解:2013～2015	2015－08	48.00	500
北京市五区理科数学三年高考模拟题详解:2013～2015	2015－09	68.00	505
向量法巧解数学高考题	2009－08	28.00	54
高考数学万能解题法(第 2 版)	即将出版	38.00	691
高考物理万能解题法(第 2 版)	即将出版	38.00	692
高考化学万能解题法(第 2 版)	即将出版	28.00	693
高考生物万能解题法(第 2 版)	即将出版	28.00	694
高考数学解题金典(第 2 版)	2017－01	78.00	716
高考物理解题金典(第 2 版)	即将出版	68.00	717
高考化学解题金典(第 2 版)	即将出版	58.00	718
我一定要赚分:高中物理	2016－01	38.00	580
数学高考参考	2016－01	78.00	589
2011～2015 年全国及各省市高考数学文科精品试题审题要津与解法研究	2015－10	68.00	539
2011～2015 年全国及各省市高考数学理科精品试题审题要津与解法研究	2015－10	88.00	540
最新全国及各省市高考数学试卷解法研究及点拨评析	2009－02	38.00	41
2011 年全国及各省市高考数学试题审题要津与解法研究	2011－10	48.00	139
2013 年全国及各省市高考数学试题解析与点评	2014－01	48.00	282
全国及各省市高考数学试题审题要津与解法研究	2015－02	48.00	450
新课标高考数学——五年试题分章详解(2007～2011)(上、下)	2011－10	78.00	140,141
全国中考数学压轴题审题要津与解法研究	2013－04	78.00	248
新编全国及各省市中考数学压轴题审题要津与解法研究	2014－05	58.00	342
全国及各省市 5 年中考数学压轴题审题要津与解法研究(2015 版)	2015－04	58.00	462
中考数学专题总复习	2007－04	28.00	6
中考数学较难题、难题常考题型解题方法与技巧. 上	2016－01	48.00	584
中考数学较难题、难题常考题型解题方法与技巧. 下	2016－01	58.00	585
中考数学较难题常考题型解题方法与技巧	2016－09	48.00	681
中考数学难题常考题型解题方法与技巧	2016－09	48.00	682
中考数学选择填空压轴好题妙解 365	2017－05	38.00	759
中考数学小压轴汇编初讲	2017－07	48.00	788
中考数学大压轴专题微言	2017－09	48.00	846
北京中考数学压轴题解题方法突破(第 2 版)	2017－03	48.00	753
助你高考成功的数学解题智慧:知识是智慧的基础	2016－01	58.00	596
助你高考成功的数学解题智慧:错误是智慧的试金石	2016－04	58.00	643
助你高考成功的数学解题智慧:方法是智慧的推手	2016－04	68.00	657
高考数学奇思妙解	2016－04	38.00	610
高考数学解题策略	2016－05	48.00	670
数学解题泄天机	2016－06	48.00	668
高考物理压轴题全解	2017－04	48.00	746
高中物理经典问题 25 讲	2017－05	28.00	764
2016 年高考文科数学真题研究	2017－04	58.00	754
2016 年高考理科数学真题研究	2017－04	78.00	755
初中数学、高中数学脱节知识补缺教材	2017－06	48.00	766
赢在小题	2017－08	48.00	834
高考数学核心素养解读	2017－09	38.00	839
高考数学客观题解题方法和技巧	2017－10	38.00	847

哈尔滨工业大学出版社刘培杰数学工作室已出版(即将出版)图书目录

书 名	出版时间	定 价	编号
新编 640 个世界著名数学智力趣题	2014－01	88.00	242
500 个最新世界著名数学智力趣题	2008－06	48.00	3
400 个最新世界著名数学最值问题	2008－09	48.00	36
500 个世界著名数学征解问题	2009－06	48.00	52
400 个中国最佳初等数学征解老问题	2010－01	48.00	60
500 个俄罗斯数学经典老题	2011－01	28.00	81
1000 个国外中学物理好题	2012－04	48.00	174
300 个日本高考数学题	2012－05	38.00	142
700 个早期日本高考数学试题	2017－02	88.00	752
500 个前苏联早期高考数学试题及解答	2012－05	28.00	185
546 个早期俄罗斯大学生数学竞赛题	2014－03	38.00	285
548 个来自美苏的数学好问题	2014－11	28.00	396
20 所苏联著名大学早期入学试题	2015－02	18.00	452
161 道德国工科大学生必做的微分方程习题	2015－05	28.00	469
500 个德国工科大学生必做的高数习题	2015－06	28.00	478
360 个数学竞赛问题	2016－08	58.00	677
德国讲义日本考题. 微积分卷	2015－04	48.00	456
德国讲义日本考题. 微分方程卷	2015－04	38.00	457
二十世纪中叶中、英、美、日、法、俄高考数学试题精选	2017－06	38.00	783
中国初等数学研究　2009 卷(第 1 辑)	2009－05	20.00	45
中国初等数学研究　2010 卷(第 2 辑)	2010－05	30.00	68
中国初等数学研究　2011 卷(第 3 辑)	2011－07	60.00	127
中国初等数学研究　2012 卷(第 4 辑)	2012－07	48.00	190
中国初等数学研究　2014 卷(第 5 辑)	2014－02	48.00	288
中国初等数学研究　2015 卷(第 6 辑)	2015－06	68.00	493
中国初等数学研究　2016 卷(第 7 辑)	2016－04	68.00	609
中国初等数学研究　2017 卷(第 8 辑)	2017－01	98.00	712
几何变换(Ⅰ)	2014－07	28.00	353
几何变换(Ⅱ)	2015－06	28.00	354
几何变换(Ⅲ)	2015－01	38.00	355
几何变换(Ⅳ)	2015－12	38.00	356
博弈论精粹	2008－03	58.00	30
博弈论精粹. 第二版(精装)	2015－01	88.00	461
数学 我爱你	2008－01	28.00	20
精神的圣徒　别样的人生——60 位中国数学家成长的历程	2008－09	48.00	39
数学史概论	2009－06	78.00	50
数学史概论(精装)	2013－03	158.00	272
数学史选讲	2016－01	48.00	544
斐波那契数列	2010－02	28.00	65
数学拼盘和斐波那契魔方	2010－07	38.00	72
斐波那契数列欣赏	2011－01	28.00	160
数学的创造	2011－02	48.00	85
数学美与创造力	2016－01	48.00	595
数海拾贝	2016－01	48.00	590
数学中的美	2011－02	38.00	84
数论中的美学	2014－12	38.00	351
数学王者　科学巨人——高斯	2015－01	28.00	428
振兴祖国数学的圆梦之旅:中国初等数学研究史话	2015－06	98.00	490
二十世纪中国数学史料研究	2015－10	48.00	536
数字谜、数阵图与棋盘覆盖	2016－01	58.00	298
时间的形状	2016－01	38.00	556
数学发现的艺术:数学探索中的合情推理	2016－07	58.00	671
活跃在数学中的参数	2016－07	48.00	675

哈尔滨工业大学出版社刘培杰数学工作室已出版(即将出版)图书目录

书　名	出版时间	定　价	编号
数学解题——靠数学思想给力(上)	2011－07	38.00	131
数学解题——靠数学思想给力(中)	2011－07	48.00	132
数学解题——靠数学思想给力(下)	2011－07	38.00	133
我怎样解题	2013－01	48.00	227
数学解题中的物理方法	2011－06	28.00	114
数学解题的特殊方法	2011－06	48.00	115
中学数学计算技巧	2012－01	48.00	116
中学数学证明方法	2012－01	58.00	117
数学趣题巧解	2012－03	28.00	128
高中数学教学通鉴	2015－05	58.00	479
和高中生漫谈:数学与哲学的故事	2014－08	28.00	369
算术问题集	2017－03	38.00	789
自主招生考试中的参数方程问题	2015－01	28.00	435
自主招生考试中的极坐标问题	2015－04	28.00	463
近年全国重点大学自主招生数学试题全解及研究. 华约卷	2015－02	38.00	441
近年全国重点大学自主招生数学试题全解及研究. 北约卷	2016－05	38.00	619
自主招生数学解证宝典	2015－09	48.00	535
格点和面积	2012－07	18.00	191
射影几何趣谈	2012－04	28.00	175
斯潘纳尔引理——从一道加拿大数学奥林匹克试题谈起	2014－01	28.00	228
李普希兹条件——从几道近年高考数学试题谈起	2012－10	18.00	221
拉格朗日中值定理——从一道北京高考试题的解法谈起	2015－10	18.00	197
闵科夫斯基定理——从一道清华大学自主招生试题谈起	2014－01	28.00	198
哈尔测度——从一道冬令营试题的背景谈起	2012－08	28.00	202
切比雪夫逼近问题——从一道中国台北数学奥林匹克试题谈起	2013－04	38.00	238
伯恩斯坦多项式与贝齐尔曲面——从一道全国高中数学联赛试题谈起	2013－03	38.00	236
卡塔兰猜想——从一道普特南竞赛试题谈起	2013－06	18.00	256
麦卡锡函数和阿克曼函数——从一道前南斯拉夫数学奥林匹克试题谈起	2012－08	18.00	201
贝蒂定理与拉姆贝克莫斯尔定理——从一个拣石子游戏谈起	2012－08	18.00	217
皮亚诺曲线和豪斯道夫分球定理——从无限集谈起	2012－08	18.00	211
平面凸图形与凸多面体	2012－10	28.00	218
斯坦因豪斯问题——从一道二十五省市自治区中学数学竞赛试题谈起	2012－07	18.00	196
纽结理论中的亚历山大多项式与琼斯多项式——从一道北京市高一数学竞赛试题谈起	2012－07	28.00	195
原则与策略——从波利亚"解题表"谈起	2013－04	38.00	244
转化与化归——从三大尺规作图不能问题谈起	2012－08	28.00	214
代数几何中的贝祖定理(第一版)——从一道IMO试题的解法谈起	2013－08	18.00	193
成功连贯理论与约当块理论——从一道比利时数学竞赛试题谈起	2012－04	18.00	180
素数判定与大数分解	2014－08	18.00	199
置换多项式及其应用	2012－10	18.00	220
椭圆函数与模函数——从一道美国加州大学洛杉矶分校(UCLA)博士资格考题谈起	2012－10	28.00	219
差分方程的拉格朗日方法——从一道2011年全国高考理科试题的解法谈起	2012－08	28.00	200

哈尔滨工业大学出版社刘培杰数学工作室已出版（即将出版）图书目录

书　名	出版时间	定　价	编号
力学在几何中的一些应用	2013－01	38.00	240
高斯散度定理、斯托克斯定理和平面格林定理——从一道国际大学生数学竞赛试题谈起	即将出版		
康托洛维奇不等式——从一道全国高中联赛试题谈起	2013－03	28.00	337
西格尔引理——从一道第18届IMO试题的解法谈起	即将出版		
罗斯定理——从一道前苏联数学竞赛试题谈起	即将出版		
拉克斯定理和阿廷定理——从一道IMO试题的解法谈起	2014－01	58.00	246
毕卡大定理——从一道美国大学数学竞赛试题谈起	2014－07	18.00	350
贝齐尔曲线——从一道全国高中联赛试题谈起	即将出版		
拉格朗日乘子定理——从一道2005年全国高中联赛试题的高等数学解法谈起	2015－05	28.00	480
雅可比定理——从一道日本数学奥林匹克试题谈起	2013－04	48.00	249
李天岩－约克定理——从一道波兰数学竞赛试题谈起	2014－06	28.00	349
整系数多项式因式分解的一般方法——从克朗耐克算法谈起	即将出版		
布劳维不动点定理——从一道前苏联数学奥林匹克试题谈起	2014－01	38.00	273
伯恩赛德定理——从一道英国数学奥林匹克试题谈起	即将出版		
布查特－莫斯特定理——从一道上海市初中竞赛试题谈起	即将出版		
数论中的同余数问题——从一道普特南竞赛试题谈起	即将出版		
范·德蒙行列式——从一道美国数学奥林匹克试题谈起	即将出版		
中国剩余定理：总数法构建中国历史年表	2015－01	28.00	430
牛顿程序与方程求根——从一道全国高考试题解法谈起	即将出版		
库默尔定理——从一道IMO预选试题谈起	即将出版		
卢丁定理——从一道冬令营试题的解法谈起	即将出版		
沃斯滕霍姆定理——从一道IMO预选试题谈起	即将出版		
卡尔松不等式——从一道莫斯科数学奥林匹克试题谈起	即将出版		
信息论中的香农熵——从一道近年高考压轴题谈起	即将出版		
约当不等式——从一道希望杯竞赛试题谈起	即将出版		
拉比诺维奇定理	即将出版		
刘维尔定理——从一道《美国数学月刊》征解问题的解法谈起	即将出版		
卡塔兰恒等式与级数求和——从一道IMO试题的解法谈起	即将出版		
勒让德猜想与素数分布——从一道爱尔兰竞赛试题谈起	即将出版		
天平称重与信息论——从一道基辅市数学奥林匹克试题谈起	即将出版		
哈密尔顿－凯莱定理：从一道高中数学联赛试题的解法谈起	2014－09	18.00	376
艾思特曼定理——从一道CMO试题的解法谈起	即将出版		
一个爱尔特希问题——从一道西德数学奥林匹克试题谈起	即将出版		
有限群中的爱丁格尔问题——从一道北京市初中二年级数学竞赛试题谈起	即将出版		
贝克码与编码理论——从一道全国高中联赛试题谈起	即将出版		
帕斯卡三角形	2014－03	18.00	294
蒲丰投针问题——从2009年清华大学的一道自主招生试题谈起	2014－01	38.00	295
斯图姆定理——从一道"华约"自主招生试题的解法谈起	2014－01	18.00	296
许瓦兹引理——从一道加利福尼亚大学伯克利分校数学系博士生试题谈起	2014－08	18.00	297
拉姆塞定理——从王诗宬院士的一个问题谈起	2016－04	48.00	299
坐标法	2013－12	28.00	332
数论三角形	2014－04	38.00	341
毕克定理	2014－07	18.00	352
数林掠影	2014－09	48.00	389
我们周围的概率	2014－10	38.00	390
凸函数最值定理：从一道华约自主招生题的解法谈起	2014－10	28.00	391
易学与数学奥林匹克	2014－10	38.00	392

哈尔滨工业大学出版社刘培杰数学工作室 已出版(即将出版)图书目录

书　名	出版时间	定　价	编号
生物数学趣谈	2015－01	18.00	409
反演	2015－01	28.00	420
因式分解与圆锥曲线	2015－01	18.00	426
轨迹	2015－01	28.00	427
面积原理:从常庚哲命的一道 CMO 试题的积分解法谈起	2015－01	48.00	431
形形色色的不动点定理:从一道 28 届 IMO 试题谈起	2015－01	38.00	439
柯西函数方程:从一道上海交大自主招生的试题谈起	2015－02	28.00	440
三角恒等式	2015－02	28.00	442
无理性判定:从一道 2014 年"北约"自主招生试题谈起	2015－01	38.00	443
数学归纳法	2015－03	18.00	451
极端原理与解题	2015－04	28.00	464
法雷级数	2014－08	18.00	367
摆线族	2015－01	38.00	438
函数方程及其解法	2015－05	38.00	470
含参数的方程和不等式	2012－09	28.00	213
希尔伯特第十问题	2016－01	38.00	543
无穷小量的求和	2016－01	28.00	545
切比雪夫多项式:从一道清华大学金秋营试题谈起	2016－01	38.00	583
泽肯多夫定理	2016－03	38.00	599
代数等式证题法	2016－01	28.00	600
三角等式证题法	2016－01	28.00	601
吴大任教授藏书中的一个因式分解公式:从一道美国数学邀请赛试题的解法谈起	2016－06	28.00	656
易卦——类万物的数学模型	2017－08	68.00	838
中等数学英语阅读文选	2006－12	38.00	13
统计学专业英语	2007－03	28.00	16
统计学专业英语(第二版)	2012－07	48.00	176
统计学专业英语(第三版)	2015－04	68.00	465
幻方和魔方(第一卷)	2012－05	68.00	173
尘封的经典——初等数学经典文献选读(第一卷)	2012－07	48.00	205
尘封的经典——初等数学经典文献选读(第二卷)	2012－07	38.00	206
代换分析:英文	2015－07	38.00	499
实变函数论	2012－06	78.00	181
复变函数论	2015－08	38.00	504
非光滑优化及其变分分析	2014－01	48.00	230
疏散的马尔科夫链	2014－01	58.00	266
马尔科夫过程论基础	2015－01	28.00	433
初等微分拓扑学	2012－07	18.00	182
方程式论	2011－03	38.00	105
初级方程式论	2011－03	28.00	106
Galois 理论	2011－03	18.00	107
古典数学难题与伽罗瓦理论	2012－11	58.00	223
伽罗华与群论	2014－01	28.00	290
代数方程的根式解及伽罗瓦理论	2011－03	28.00	108
代数方程的根式解及伽罗瓦理论(第二版)	2015－01	28.00	423
线性偏微分方程讲义	2011－03	18.00	110
几类微分方程数值方法的研究	2015－05	38.00	485
N 体问题的周期解	2011－03	28.00	111
代数方程式论	2011－05	18.00	121
线性代数与几何:英文	2016－06	58.00	578
动力系统的不变量与函数方程	2011－07	48.00	137
基于短语评价的翻译知识获取	2012－02	48.00	168
应用随机过程	2012－04	48.00	187
概率论导引	2012－04	18.00	179

哈尔滨工业大学出版社刘培杰数学工作室
已出版(即将出版)图书目录

书　名	出版时间	定　价	编号
矩阵论(上)	2013－06	58.00	250
矩阵论(下)	2013－06	48.00	251
对称锥互补问题的内点法:理论分析与算法实现	2014－08	68.00	368
抽象代数:方法导引	2013－06	38.00	257
集论	2016－01	48.00	576
多项式理论研究综述	2016－01	38.00	577
函数论	2014－11	78.00	395
反问题的计算方法及应用	2011－11	28.00	147
初等数学研究(Ⅰ)	2008－09	68.00	37
初等数学研究(Ⅱ)(上、下)	2009－05	118.00	46,47
数阵及其应用	2012－02	28.00	164
绝对值方程—折边与组合图形的解析研究	2012－07	48.00	186
代数函数论(上)	2015－07	38.00	494
代数函数论(下)	2015－07	38.00	495
偏微分方程论:法文	2015－10	48.00	533
时标动力学方程的指数型二分性与周期解	2016－04	48.00	606
重刚体绕不动点运动方程的积分法	2016－05	68.00	608
水轮机水力稳定性	2016－05	48.00	620
Lévy 噪音驱动的传染病模型的动力学行为	2016－05	48.00	667
铣加工动力学系统稳定性研究的数学方法	2016－11	28.00	710
时滞系统:Lyapunov 泛函和矩阵	2017－05	68.00	784
粒子图像测速仪实用指南:第二版	2017－08	78.00	790
数域的上同调	2017－08	98.00	799
趣味初等方程妙题集锦	2014－09	48.00	388
趣味初等数论选美与欣赏	2015－02	48.00	445
耕读笔记(上卷):一位农民数学爱好者的初数探索	2015－04	28.00	459
耕读笔记(中卷):一位农民数学爱好者的初数探索	2015－05	28.00	483
耕读笔记(下卷):一位农民数学爱好者的初数探索	2015－05	28.00	484
几何不等式研究与欣赏.上卷	2016－01	88.00	547
几何不等式研究与欣赏.下卷	2016－01	48.00	552
初等数列研究与欣赏・上	2016－01	48.00	570
初等数列研究与欣赏・下	2016－01	48.00	571
趣味初等函数研究与欣赏.上	2016－09	48.00	684
趣味初等函数研究与欣赏.下	即将出版		685
火柴游戏	2016－05	38.00	612
智力解谜.第1卷	2017－07	38.00	613
智力解谜.第2卷	2017－07	38.00	614
故事智力	2016－07	48.00	615
名人们喜欢的智力问题	即将出版		616
数学大师的发现、创造与失误	即将出版		617
异曲同工	即将出版		618
数学的味道	即将出版		798
数贝偶拾——高考数学题研究	2014－04	28.00	274
数贝偶拾——初等数学研究	2014－04	38.00	275
数贝偶拾——奥数题研究	2014－04	48.00	276
集合、函数与方程	2014－01	28.00	300
数列与不等式	2014－01	38.00	301
三角与平面向量	2014－01	28.00	302
平面解析几何	2014－01	38.00	303
立体几何与组合	2014－01	28.00	304
极限与导数、数学归纳法	2014－01	38.00	305
趣味数学	2014－03	28.00	306
教材教法	2014－04	68.00	307
自主招生	2014－05	58.00	308
高考压轴题(上)	2015－01	48.00	309
高考压轴题(下)	2014－10	68.00	310

哈尔滨工业大学出版社刘培杰数学工作室已出版(即将出版)图书目录

书　　名	出版时间	定　价	编号
从费马到怀尔斯——费马大定理的历史	2013－10	198.00	Ⅰ
从庞加莱到佩雷尔曼——庞加莱猜想的历史	2013－10	298.00	Ⅱ
从切比雪夫到爱尔特希(上)——素数定理的初等证明	2013－07	48.00	Ⅲ
从切比雪夫到爱尔特希(下)——素数定理 100 年	2012－12	98.00	Ⅲ
从高斯到盖尔方特——二次域的高斯猜想	2013－10	198.00	Ⅳ
从库默尔到朗兰兹——朗兰兹猜想的历史	2014－01	98.00	Ⅴ
从比勃巴赫到德布朗斯——比勃巴赫猜想的历史	2014－02	298.00	Ⅵ
从麦比乌斯到陈省身——麦比乌斯变换与麦比乌斯带	2014－02	298.00	Ⅶ
从布尔到豪斯道夫——布尔方程与格论漫谈	2013－10	198.00	Ⅷ
从开普勒到阿诺德——三体问题的历史	2014－05	298.00	Ⅸ
从华林到华罗庚——华林问题的历史	2013－10	298.00	Ⅹ
吴振奎高等数学解题真经(概率统计卷)	2012－01	38.00	149
吴振奎高等数学解题真经(微积分卷)	2012－01	68.00	150
吴振奎高等数学解题真经(线性代数卷)	2012－01	58.00	151
钱昌本教你快乐学数学(上)	2011－12	48.00	155
钱昌本教你快乐学数学(下)	2012－03	58.00	171
高等数学解题全攻略(上卷)	2013－06	58.00	252
高等数学解题全攻略(下卷)	2013－06	58.00	253
高等数学复习纲要	2014－01	18.00	384
三角函数	2014－01	38.00	311
不等式	2014－01	38.00	312
数列	2014－01	38.00	313
方程	2014－01	28.00	314
排列和组合	2014－01	28.00	315
极限与导数	2014－01	28.00	316
向量	2014－09	38.00	317
复数及其应用	2014－08	28.00	318
函数	2014－01	38.00	319
集合	即将出版		320
直线与平面	2014－01	28.00	321
立体几何	2014－04	28.00	322
解三角形	即将出版		323
直线与圆	2014－01	28.00	324
圆锥曲线	2014－01	38.00	325
解题通法(一)	2014－07	38.00	326
解题通法(二)	2014－07	38.00	327
解题通法(三)	2014－05	38.00	328
概率与统计	2014－01	28.00	329
信息迁移与算法	即将出版		330
方程(第 2 版)	2017－04	38.00	624
三角函数(第 2 版)	2017－04	38.00	626
向量(第 2 版)	即将出版		627
立体几何(第 2 版)	2016－04	38.00	629
直线与圆(第 2 版)	2016－11	38.00	631
圆锥曲线(第 2 版)	2016－09	48.00	632
极限与导数(第 2 版)	2016－04	38.00	635

哈尔滨工业大学出版社刘培杰数学工作室已出版(即将出版)图书目录

书　名	出版时间	定　价	编号
美国高中数学竞赛五十讲.第1卷(英文)	2014－08	28.00	357
美国高中数学竞赛五十讲.第2卷(英文)	2014－08	28.00	358
美国高中数学竞赛五十讲.第3卷(英文)	2014－09	28.00	359
美国高中数学竞赛五十讲.第4卷(英文)	2014－09	28.00	360
美国高中数学竞赛五十讲.第5卷(英文)	2014－10	28.00	361
美国高中数学竞赛五十讲.第6卷(英文)	2014－11	28.00	362
美国高中数学竞赛五十讲.第7卷(英文)	2014－12	28.00	363
美国高中数学竞赛五十讲.第8卷(英文)	2015－01	28.00	364
美国高中数学竞赛五十讲.第9卷(英文)	2015－01	28.00	365
美国高中数学竞赛五十讲.第10卷(英文)	2015－02	38.00	366
IMO 50年.第1卷(1959－1963)	2014－11	28.00	377
IMO 50年.第2卷(1964－1968)	2014－11	28.00	378
IMO 50年.第3卷(1969－1973)	2014－09	28.00	379
IMO 50年.第4卷(1974－1978)	2016－04	38.00	380
IMO 50年.第5卷(1979－1984)	2015－04	38.00	381
IMO 50年.第6卷(1985－1989)	2015－04	58.00	382
IMO 50年.第7卷(1990－1994)	2016－01	48.00	383
IMO 50年.第8卷(1995－1999)	2016－06	38.00	384
IMO 50年.第9卷(2000－2004)	2015－04	58.00	385
IMO 50年.第10卷(2005－2009)	2016－01	48.00	386
IMO 50年.第11卷(2010－2015)	2017－03	48.00	646
历届美国大学生数学竞赛试题集.第一卷(1938—1949)	2015－01	28.00	397
历届美国大学生数学竞赛试题集.第二卷(1950—1959)	2015－01	28.00	398
历届美国大学生数学竞赛试题集.第三卷(1960—1969)	2015－01	28.00	399
历届美国大学生数学竞赛试题集.第四卷(1970—1979)	2015－01	18.00	400
历届美国大学生数学竞赛试题集.第五卷(1980—1989)	2015－01	28.00	401
历届美国大学生数学竞赛试题集.第六卷(1990—1999)	2015－01	28.00	402
历届美国大学生数学竞赛试题集.第七卷(2000—2009)	2015－08	18.00	403
历届美国大学生数学竞赛试题集.第八卷(2010—2012)	2015－01	18.00	404
新课标高考数学创新题解题诀窍:总论	2014－09	28.00	372
新课标高考数学创新题解题诀窍:必修1～5分册	2014－08	38.00	373
新课标高考数学创新题解题诀窍:选修2－1,2－2,1－1,1－2分册	2014－09	38.00	374
新课标高考数学创新题解题诀窍:选修2－3,4－4,4－5分册	2014－09	18.00	375
全国重点大学自主招生英文数学试题全攻略:词汇卷	2015－07	48.00	410
全国重点大学自主招生英文数学试题全攻略:概念卷	2015－01	28.00	411
全国重点大学自主招生英文数学试题全攻略:文章选读卷(上)	2016－09	38.00	412
全国重点大学自主招生英文数学试题全攻略:文章选读卷(下)	2017－01	58.00	413
全国重点大学自主招生英文数学试题全攻略:试题卷	2015－07	38.00	414
全国重点大学自主招生英文数学试题全攻略:名著欣赏卷	2017－03	48.00	415
数学物理大百科全书.第1卷	2016－01	418.00	508
数学物理大百科全书.第2卷	2016－01	408.00	509
数学物理大百科全书.第3卷	2016－01	396.00	510
数学物理大百科全书.第4卷	2016－01	408.00	511
数学物理大百科全书.第5卷	2016－01	368.00	512

哈尔滨工业大学出版社刘培杰数学工作室已出版(即将出版)图书目录

书　名	出版时间	定　价	编号
劳埃德数学趣题大全.题目卷.1:英文	2016-01	18.00	516
劳埃德数学趣题大全.题目卷.2:英文	2016-01	18.00	517
劳埃德数学趣题大全.题目卷.3:英文	2016-01	18.00	518
劳埃德数学趣题大全.题目卷.4:英文	2016-01	18.00	519
劳埃德数学趣题大全.题目卷.5:英文	2016-01	18.00	520
劳埃德数学趣题大全.答案卷:英文	2016-01	18.00	521
李成章教练奥数笔记.第1卷	2016-01	48.00	522
李成章教练奥数笔记.第2卷	2016-01	48.00	523
李成章教练奥数笔记.第3卷	2016-01	38.00	524
李成章教练奥数笔记.第4卷	2016-01	38.00	525
李成章教练奥数笔记.第5卷	2016-01	38.00	526
李成章教练奥数笔记.第6卷	2016-01	38.00	527
李成章教练奥数笔记.第7卷	2016-01	38.00	528
李成章教练奥数笔记.第8卷	2016-01	48.00	529
李成章教练奥数笔记.第9卷	2016-01	28.00	530
朱德祥代数与几何讲义.第1卷	2017-01	38.00	697
朱德祥代数与几何讲义.第2卷	2017-01	28.00	698
朱德祥代数与几何讲义.第3卷	2017-01	28.00	699
zeta 函数,q-zeta 函数,相伴级数与积分	2015-08	88.00	513
微分形式:理论与练习	2015-08	58.00	514
离散与微分包含的逼近和优化	2015-08	58.00	515
艾伦·图灵:他的工作与影响	2016-01	98.00	560
测度理论概率导论,第2版	2016-01	88.00	561
带有潜在故障恢复系统的半马尔柯夫模型控制	2016-01	98.00	562
数学分析原理	2016-01	88.00	563
随机偏微分方程的有效动力学	2016-01	88.00	564
图的谱半径	2016-01	58.00	565
量子机器学习中数据挖掘的量子计算方法	2016-01	98.00	566
量子物理的非常规方法	2016-01	118.00	567
运输过程的统一非局部理论:广义波尔兹曼物理动力学,第2版	2016-01	198.00	568
量子力学与经典力学之间的联系在原子、分子及电动力学系统建模中的应用	2016-01	58.00	569
算术域:第3版	2017-08	158.00	820
第19~23届"希望杯"全国数学邀请赛试题审题要津详细评注(初一版)	2014-03	28.00	333
第19~23届"希望杯"全国数学邀请赛试题审题要津详细评注(初二、初三版)	2014-03	38.00	334
第19~23届"希望杯"全国数学邀请赛试题审题要津详细评注(高一版)	2014-03	28.00	335
第19~23届"希望杯"全国数学邀请赛试题审题要津详细评注(高二版)	2014-03	38.00	336
第19~25届"希望杯"全国数学邀请赛试题审题要津详细评注(初一版)	2015-01	38.00	416
第19~25届"希望杯"全国数学邀请赛试题审题要津详细评注(初二、初三版)	2015-01	58.00	417
第19~25届"希望杯"全国数学邀请赛试题审题要津详细评注(高一版)	2015-01	48.00	418
第19~25届"希望杯"全国数学邀请赛试题审题要津详细评注(高二版)	2015-01	48.00	419
闵嗣鹤文集	2011-03	98.00	102
吴从炘数学活动三十年(1951~1980)	2010-07	99.00	32
吴从炘数学活动又三十年(1981~2010)	2015-07	98.00	491

哈尔滨工业大学出版社刘培杰数学工作室已出版(即将出版)图书目录

书 名	出版时间	定 价	编号
物理奥林匹克竞赛大题典——力学卷	2014-11	48.00	405
物理奥林匹克竞赛大题典——热学卷	2014-04	28.00	339
物理奥林匹克竞赛大题典——电磁学卷	2015-07	48.00	406
物理奥林匹克竞赛大题典——光学与近代物理卷	2014-06	28.00	345
历届中国东南地区数学奥林匹克试题集(2004~2012)	2014-06	18.00	346
历届中国西部地区数学奥林匹克试题集(2001~2012)	2014-07	18.00	347
历届中国女子数学奥林匹克试题集(2002~2012)	2014-08	18.00	348
数学奥林匹克在中国	2014-06	98.00	344
数学奥林匹克问题集	2014-01	38.00	267
数学奥林匹克不等式散论	2010-06	38.00	124
数学奥林匹克不等式欣赏	2011-09	38.00	138
数学奥林匹克超级题库(初中卷上)	2010-01	58.00	66
数学奥林匹克不等式证明方法和技巧(上、下)	2011-08	158.00	134,135
他们学什么:原民主德国中学数学课本	2016-09	38.00	658
他们学什么:英国中学数学课本	2016-09	38.00	659
他们学什么:法国中学数学课本.1	2016-09	38.00	660
他们学什么:法国中学数学课本.2	2016-09	28.00	661
他们学什么:法国中学数学课本.3	2016-09	38.00	662
他们学什么:苏联中学数学课本	2016-09	28.00	679
高中数学题典——集合与简易逻·函数	2016-07	48.00	647
高中数学题典——导数	2016-07	48.00	648
高中数学题典——三角函数·平面向量	2016-07	48.00	649
高中数学题典——数列	2016-07	58.00	650
高中数学题典——不等式·推理与证明	2016-07	38.00	651
高中数学题典——立体几何	2016-07	48.00	652
高中数学题典——平面解析几何	2016-07	78.00	653
高中数学题典——计数原理·统计·概率·复数	2016-07	48.00	654
高中数学题典——算法·平面几何·初等数论·组合数学·其他	2016-07	68.00	655
台湾地区奥林匹克数学竞赛试题.小学一年级	2017-03	38.00	722
台湾地区奥林匹克数学竞赛试题.小学二年级	2017-03	38.00	723
台湾地区奥林匹克数学竞赛试题.小学三年级	2017-03	38.00	724
台湾地区奥林匹克数学竞赛试题.小学四年级	2017-03	38.00	725
台湾地区奥林匹克数学竞赛试题.小学五年级	2017-03	38.00	726
台湾地区奥林匹克数学竞赛试题.小学六年级	2017-03	38.00	727
台湾地区奥林匹克数学竞赛试题.初中一年级	2017-03	38.00	728
台湾地区奥林匹克数学竞赛试题.初中二年级	2017-03	38.00	729
台湾地区奥林匹克数学竞赛试题.初中三年级	2017-03	28.00	730
不等式证题法	2017-04	28.00	747
平面几何培优教程	即将出版		748
奥数鼎级培优教程.高一分册	即将出版		749
奥数鼎级培优教程.高二分册	即将出版		750
高中数学竞赛冲刺宝典	即将出版		751

哈尔滨工业大学出版社刘培杰数学工作室
已出版(即将出版)图书目录

书　名	出版时间	定　价	编号
斯米尔诺夫高等数学.第一卷	2017－02	88.00	770
斯米尔诺夫高等数学.第二卷.第一分册	2017－02	68.00	771
斯米尔诺夫高等数学.第二卷.第二分册	2017－02	68.00	772
斯米尔诺夫高等数学.第二卷.第三分册	2017－02	48.00	773
斯米尔诺夫高等数学.第三卷.第一分册	2017－06	48.00	774
斯米尔诺夫高等数学.第三卷.第二分册	2017－02	58.00	775
斯米尔诺夫高等数学.第三卷.第三分册	2017－02	68.00	776
斯米尔诺夫高等数学.第四卷.第一分册	2017－02	48.00	777
斯米尔诺夫高等数学.第四卷.第二分册	2017－02	88.00	778
斯米尔诺夫高等数学.第五卷.第一分册	2017－04	58.00	779
斯米尔诺夫高等数学.第五卷.第二分册	2017－02	68.00	780
初中尖子生数学超级题典.实数	2017－07	58.00	792
初中尖子生数学超级题典.式、方程与不等式	2017－08	58.00	793
初中尖子生数学超级题典.圆、面积	2017－08	38.00	794
初中尖子生数学超级题典.函数、逻辑推理	2017－08	48.00	795
初中尖子生数学超级题典.角、线段、三角形与多边形	2017－07	58.00	796

联系地址:哈尔滨市南岗区复华四道街10号　哈尔滨工业大学出版社刘培杰数学工作室
网　　址:http://lpj.hit.edu.cn/
邮　　编:150006
联系电话:0451－86281378　　13904613167
E-mail:lpj1378@163.com